Upgrade

21세기 상하수도기술사 ①

상하수도기술사 **박휘혜 · 김영노**

PROFESSIONAL-ENGINEER

예문사

머리말

기술계의 꽃이라고 하는 상하수도 기술사를 준비하는 수험자 여러분과 이렇게 책을 통해 만나게 되어 영광입니다.

기술사법 개정에 따른 인정기술사 제도의 폐지와 더불어 기술사 고유영역을 설정하는 방안 추진과 국가 간 상호 인정에 따라 기술사에 대한 수요와 전망은 그 어느 때보다 더 커질 것이라 생각합니다. 특히, 건기법 기술자 역량지수 점수제도 시행으로 기술사 자격 취득은 이제 선택이 아닌 필수가 되었습니다.

국내뿐 아니라 세계 각국에서 겪고 있는 물부족 현상을 고려할 때 이제 "물 쓰듯"이라는 관용어는 의미가 무색할 만큼, 물은 그 어떤 자원보다 귀한 것이 되었습니다. 미래 전략사업의 하나로 물을 찾거나 공급하고 또 사용한 물을 재처리 · 재이용하는 물산업의 시대가 도래했으며 이와 함께 상하수도 분야에서도 녹색성장 산업의 중요성이 점차 부각되고 있습니다.

또한 현재 국내에서 발생하고 있는 싱크홀 문제로 이제 상하수도 분야는 물의 공급과 하수의 처리 분야에서 벗어나 물의 양적 · 질적인 공급, 관로의 유지관리, 재처리 및 재이용 분야로 확대되고 있는 실정이며, 특히 전국적인 노후관로의 정밀조사 용역 시행에 따라 향후 다른 어떤 분야의 기술사보다도 상하수도 기술사의 역할과 책임은 막중해질 것입니다.

본 교재는 상하수도 및 수질관리 기술사의 기출문제 중에서 향후 출제가 예상되는 문제를 중심으로 선정하였으며, 수험자 및 이 분야에 종사하는 기술자들이 알아 두면 유용한 자료가 되도록 집필하였습니다. 또한 수험생의 이해를 돕기 위해 전국에서 발주한 BTL 및 턴키 자료를 많이 수록하였습니다. 본 교재는 시중에 출판된 전공서적과는 달리 기술사 시험을 위한 교재이므로 간혹 독자와 견해가 다르거나 오류 및 미비점이 발견되더라도 널리 양해해 주시기 바라며 많은 지도와 충고 부탁드립니다.

누군가 이 세상에서 가장 긴 거리는 머리에서 발까지라고 했습니다. 이는 머리로 생각한 것을 발로 실천해야 함을 강조한 얘기이며 제가 늘 나태함에 빠질 때 생각하는 말입니다.

≪10년 후≫의 작가 그레그 레이드는 "꿈을 날짜와 함께 적어 놓으면 목표가 되고, 목표를 잘게 나누면 계획이 되며, 계획을 실행에 옮기면 꿈이 현실이 된다."고 하였습니다. 독자 여러분도 이 책을 통해 상하수도 기술사를 목표가 아닌 현실로 이루시기를 바랍니다.

본 교재가 독자 여러분의 좋은 길잡이가 되길 바라며, 끝으로 출판을 위해 애써 주신 예문사 직원분들과 유용한 자료 수집에 도움을 주신 부산대학교 홍성철 교수님, 동명기술공단 정의철 전무, 한올엔지니어링 김태현 부사장, 저의 고굉지신(股肱之臣)과 같은 수성엔지니어링 윤효식 차장, 새로운 보금자리에서 자리잡도록 지도편달을 아끼지 않으신 수성엔지니어링 박미례 회장님, 원상희 대표님에게도 감사를 표하며 늘 곁에서 힘이 되어준 아내 미란과 우리 딸 지음(智馨)에게도 고마움을 전합니다.

저자 **박 휘 혜** 배상

차 례

CHAPTER 01 수질관리

차 례

차 례

CHAPTER 02 정수처리

차 례

CONTENTS

차 례

수질관리

알칼리도(Alkalinity)

1. 정의

1) 알칼리도란 산(H_2SO_4)을 중화시키는 능력의 척도

2) 수중의 수산화물(OH^-), 탄산염(CO_3^{-2}), 중탄산염(HCO_3^-)의 형태로 함유하고 있는 성분을 이에 대응하는 탄산칼슘($CaCO_3$) 형태로 환산하여 mg/L 단위로 나타낸 것

3) 알칼리도 $= [CO_3^{-2}] + [HCO_3^-] + [OH^-]$

4) 알칼리도의 계산

① 알칼리 유발물질의 종류가 주어진 경우

$$알칼리도(mg/L) = 유발물질(mg/L) \times \frac{50}{유발물질의\ 당량}$$

$$= 유발물질당량(meq/L) \times 50$$

② 산의 주입 부피가 주어진 경우

$$알칼리도(mg/L\ as\ CaCO_3) = A \times N \times f \times \frac{1,000}{V} \times 50$$

여기서, A : 주입한 산의 부피(mL)

　　　　N : 주입한 산의 노르말 농도(eq/L)

　　　　f : Factor

　　　　V : 시료의 양(mL)

2. 알칼리도의 종류

2.1 P – Alkalinity(P – Alk)

알칼리성 용액에 산을 주입, 중화시켜 pH 8.3(지시약 p.p)까지 낮추는 데 소모된 산의 양을 이에 대응하는 $CaCO_3$(mg/L)로 환산한 값

2.2 M – Alkalinity(M – Alk)

pH 4.5(지시약 M.O)까지 낮추는 데 소모된 산의 양을 대응하는 $CaCO_3$(mg/L)로 환산한 값

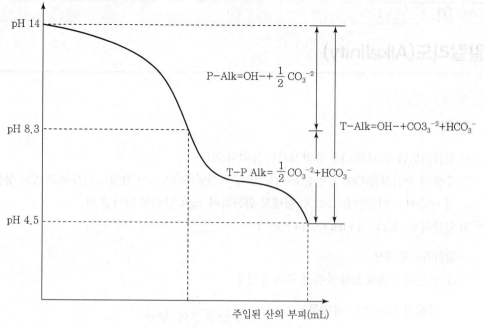

[산의 주입에 따른 pH의 변화와 알칼리도]

3. 알칼리도의 특성

1) 자연수 중의 알칼리도는 대부분 중탄산에 의한 것

이는 OH^-와 CO_3^{-2}는 CO_2에 의해 HCO_3^-로 변화되기 때문

2) CO_3^{-2}와 OH^-는 수중에서 OH^-를 나타내므로 pH 증가

3) HCO_3^-는 OH^-를 나타내지 않으므로 pH가 증가하지 않으나 가열 시에는 CO_2가 낮아지고 OH^-를 나타내므로 pH 증가(하절기 수온 상승 시 pH 증가 가능성)

4. 알칼리도 자료의 응용

4.1 화학적 응집

1) 황산알루미늄이 가수분해해서 수산화알루미늄으로 될 때 알칼리도를 필요로 하기 때문
2) 응집에 필요한 알칼리도(원수의 탁도 100 이하) : 30~50mg/L
3) 상대적으로 알칼리도가 높을 경우 응집제 소모량 증가

4.2 물의 연수화

석회 및 소다회의 소요량 계산

4.3 부식제어

1) 부식과 관련된 지표인 LI지수 계산

2) $LI = pH - pHs$

   $pHs = 8.313 - \log[Ca^{+2}] - \log[Alk] + S$

3) 알칼리도가 200mg/L 이하 존재 시 철관 부식 우려

4.4 폐수와 슬러지의 완충용량 계산

4.5 질산화 작용

1) 암모니아성 질소 1g을 산화시키기 위해서는 4.6g의 산소와 7.2g의 알칼리도가 필요

2) 탈질산화 반응 : 3.6g의 알칼리도 생성

4.6 혐기성 소화 : 알칼리도 2,000~5,000mg/L가 최적

4.7 슬러지 개량

1) 알칼리도가 높을수록 응집제 소비량 증가 : 비경제적

2) 수세공정에서 알칼리도 2,000~4,000 → 400~600mg/L로 조정 필요

5. 알칼리도 반응물질

NaOH, 소석회(CaO), 소다회(Na_2CO_3)

Key Point +

- 111회, 123회
- 알칼리도에 관한 문제는 1교시 문제로 자주 출제됨
- 출제 빈도는 낮으나 pH, 물의 부식성, 경도 등과 관련하여 숙지 필요
- 알칼리도의 종류와 그래프 및 수중에서의 거동은 숙지하기 바람

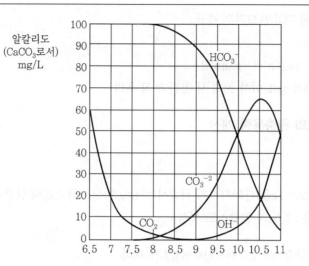

알칼리도
($CaCO_3$로서)
mg/L

[pH와 알칼리의 평형관계(T - Alk = 100mg/L)]

❍ T - Alk와 P - Alk의 관계

산 주입결과	알칼리도의 주요 성분		
	OH^-	CO_3^{-2}	HCO_3^-
P = T	T	0	0
P = 0	0	0	T
P = 0.5T	0	2P	0
P < 0.5T	0	2P	T - 2P
P > 0.5T	2P - T	2(T - P)	0

완충용액(Buffer Solution)

1. 개요

1) 완충작용이 환경공학에 적용되는 예

   ① 폐수 : 폐수에 산이나 알칼리를 첨가할 때 순수한 물보다 어느 한도 범위 내에서는 훨씬 더 많이 투입되어야만 동일한 pH 변화를 일으킨다.

   ② 하수 : 도시하수는 수중에 탄산과 탄산염 등이 용존되어 있어 순수한 물에 비해 외부의 산, 알칼리 투입에 대해서 pH 변화가 적다.

2. 정의

1) **완충용액** : 용액에 소량의 강산 또는 강염기를 가할 때 어느 한도 내에서 pH 변화가 거의 없는 용액

2) **완충작용** : pH 변화에 대응하는 작용

3) 완충용액은 주로 ① 약산과 그 염(그 약산의 강염기의 염 : 강전해질) 또는 ② 약염기와 그 염(그 약염기의 강산의 염 : 강전해질)인 경우이다. 즉, 완충용액에 포함된 성분에 의한 공통이온효과에 의하여 강산 또는 강염기를 가하거나 희석하여도 pH가 크게 변하지 않는 용액이 완충용액이다.

4) 완충용액은 그 용액 속에 두 가지 서로 다른 성분이 포함되어 있어 한 성분은 H^+이온과 반응할 수 있고 다른 성분은 OH^-이온과 반응할 수 있어야 한다.

5) 완충용액은 상호 간에 서로 반응하지 않아야 한다.

3. 이론

1) 자연상태의 물 중에는 대기 중에서 용해되어진 CO_2와 유기물의 분해의 산물로서 CO_2 등이 용존되어 있으면서 다음과 같은 평형상태를 유지하고 있다.

$$CO_2 + H_2O \leftrightarrow H_2CO_3 \leftrightarrow HCO_3^- + H^+ \quad \cdots\cdots\cdots\cdots ①$$
$$\uparrow \downarrow$$
$$CO_3^{2-} + H^+$$
$$H_2CO_3 \leftrightarrow HCO_3^- + H^+ \quad \cdots\cdots\cdots\cdots ②$$
$$H_2CO_3^- \leftrightarrow CO_3^{2-} + H^+ \quad \cdots\cdots\cdots\cdots ③$$

H_2CO^{3-}는 ②에서 양성자 수용체로서 염기

③에서는 양성자 공여체로서 산으로 작용한다.

②에서 $K_1 = \dfrac{[HCO_3^-][H^+]}{[H_2CO_3]}$ .... ②′

③에서 $K_2 = \dfrac{[CO_2^{-2}][H^+]}{[HCO_3^-]}$ .... ③′

여기서, K_1, K_2는 온도 T(절대온도)의 함수로 나타낼 수 있음

한편 $pH = \log \dfrac{1}{[H^+]}$ 이므로,

②′식에서 $[H^+] = K_1 \dfrac{[H_2CO_3]}{[HCO_3^-]}$

양변에 $-\log$를 취하면

$-\log[H^+] = -\log K_1 - \log \dfrac{[H_2CO_3]}{[HCO_3^-]}$

따라서, $pH = P_{K_1} + \log \dfrac{[HCO_3^-]}{[H_2CO_3]}$ (즉, 완충용액의 $pH = pK_a + \log \dfrac{[Acid]}{[Base]}$)

∴ 온도와 pH가 주어지면(즉, K_1이 고정) 탄산계로 완충된 폐수의 경우

$\dfrac{[HCO_3^-]}{[H_2CO_3]}$ 값을 구할 수가 있다.

대부분의 탄산−완충폐수의 pH는 6.5~8.5이다.

4. 완충용액의 예

1) 초산염완충액 = 초산나트륨($CH_3COOHNa$) + 초산(CH_3COOH)
2) 염화암모늄 · 암모니아완충액 = 염화암모늄 + 암모니아수
3) 인산염완충액 = KH_2PO_4 + Na_2HPO_4

산도(Acidity)

1. 개요

1) 산도의 정의 : 대상 용액이 알칼리(NaOH)를 중화시킬 수 있는 능력

2) 수중에 함유되어 있는 탄산, 황산(Mineral Acid, 무기산), 유기산 등의 산을 소정의 pH까지 중화하는 데 소요되는 알칼리의 양을 이에 대응하는 탄산칼슘($CaCO_3$)으로 환산하여 mg/L로 나타낸 것

2. 자연계의 탄산존재 형태

1) 자연수의 산도는 주로 수중에 용해되어 있는 이산화탄소(CO_2)에 의한 유리탄산

2) **종속성 유리탄산** : 유리탄산 < 20mg/L

   ① 수중의 알칼리분(탄산칼슘)을 중탄산알칼리로 변화시키는 데 필요한 정도의 탄산

   ② 부식성은 없다.

3) **침식성 유리탄산** : 유리탄산 > 20mg/L

   ① 종속성 유리탄산 농도 이상의 유리탄산은 pH를 낮게 한다.

   ② 부식성이 있는 유리탄산

4) **호소, 저수지 등의 표층수**

   조류의 광합성으로 낮에는 이산화탄소가 소비되어 탄산농도의 농도가 낮다.

5) **심층수**

   심층수는 혐기성 또는 호기성균에 의해 저니의 유기물질이 분해되면서 발생된 이산화탄소로 탄산농도가 높다.

3. 측정방법

3.1 M – 산도(메틸오렌지 산도, 무기산도(Mineral Acidity))

1) 시료수에 메틸오렌지 지시약을 넣고 NaOH로 pH 4.5까지 적정하여 소비된 알칼리량을 탄산칼슘량($CaCO_3$)으로 환산한 산도

2) 통상 pH 4.5 이하의 산도는 광산과 유기산에 의한 산도

3.2 총산도(T – 산도, or P – 산도)

1) 페놀프탈레인 지시약을 넣고 pH 8.3까지 적정하여 소비된 알칼리량과 M – 산도 알칼리량을 합하여 탄산칼슘의 양으로 환산한 산도

2) pH 4.5 이상의 산도는 유리탄산에 의한 산도

pH

1. 정의

1) 수소이온농도의 역수를 상용대수로 표시한 값

2) 범위 : 0~14

   ① pH < 7 : 산성

   ② pH = 7 : 중성

   ③ pH > 7 : 알칼리성

3) pH

$$pH = -\log[H^+] = \frac{1}{\log[H^+]}$$

2. pH 관계식

K_w(물의 이온화적 상수)$=[H^+][OH^-]=10^{-14}$

$\log K_w = \log[H^+] + \log[OH^-]$

$pH = -\log[H^+],\ pOH = \log[H^-]$

$\therefore 14 = pH + pOH$

강전리	산	$pH = -\log[H^+] = \log\left(\dfrac{1}{[H^+]}\right)$ $[H^+] = 10^{-pH}$
	염기	$pH = 14 + \log[OH^-]$ $[OH^-] = 10^{-pOH}$
약전리	해리도가 주어진 경우	$pH = -\log[C \cdot \alpha]$
	해리도가 주어지지 않은 경우	$pH = -\log[\sqrt{K_a \cdot C}]$
완충용액		$pH = pK_a + \log\left(\dfrac{[약산의\ 염]}{[약산]}\right)$ $= -\log(K_a) + \log\left(\dfrac{[약산의\ 염]}{[약산]}\right)$

3. 수원별 pH

1) 음용수 수질기준

pH 5.8~8.5

2) 자연수

① 수중에 용해되어 있는 CO_2의 양에 따라 영향을 받음

② 보통 pH 7.0~7.2

③ CO_2가 많을수록 pH는 낮아짐

3) 지표수

지표수는 CO_2를 지하수에 비해 적게 함유하여 pH 7 이상의 약알칼리성이다.

4) 지하수

지하수는 토양 중의 생물학적 작용에 의하여 발생된 CO_2에 의해 pH는 6.0~6.8 정도이다.

5) 조류

조류 번성 시 pH 9~10 정도로 상승

6) 물을 끓임

CO_2의 발산으로 pH 상승

7) 강우

① 정상적 강우 : pH 5.67 이상(CO_2 함량 0.03%, 25℃ 기준)

② 대기오염물질(SO_x, NO_x)에 의해 산성강우(pH 5.6 이하) 발생 우려

4. pH의 영향

4.1 응집

1) 응집제는 각 종류별 적정 pH가 존재

① 응집제의 응집작용 최대, Floc의 용해도가 최소

② Alum : pH 5.5~7.5

③ 황산제2철($Fe(SO_4)_3$) : pH 8.5 부근

④ 황산제1철 : pH 4 부근

4.2 물의 부식성

1) LI = pH − pHs

2) LI < 0 : 부식성

3) 일반적으로 pH 8 이하에서 부식성을 나타냄

4.3 염소소독

1) 유리잔류염소

① 가수분해 : $Cl_2 + H_2O \rightarrow HOCl + H^+ + Cl^-$ (pH $\leq$ 7)

② 이온화 : $HOCl \rightarrow H^+ + OCl^-$ (pH > 7)

③ HOCl의 살균력이 OCl^- 보다 80배 정도 강함

④ 따라서, 유리잔류염소로 소독 시 pH가 낮을수록 HOCl의 생성량이 증가하여 살균력 증가

2) 결합잔류염소

① $HOCl + NH_3 \rightarrow H_2O + NH_2Cl$ (Monochloramine : pH $\geq$ 8.5)

② $HOCl + NH_2Cl \rightarrow H_2O + NHCl_2$ (Dichloramine : 4.5 < pH < 8.5)

③ $HOCl + NHCl_2 \rightarrow H_2O + NCl_3$ (Trichloramine : pH $\leq$ 4.5)

④ 모노클로라민이 살균력이 가장 강함 → pH 8.5 이상에서 반응하는 것이 효과적

4.4 미생물

1) 미생물 성장의 극한치

pH 4~9

2) 성장의 최적 pH : pH 6.5~7.5

① 약알칼리성 : 박테리아

② 약산성 : 조류 및 균류(Fungi)

3) 질산화 과정 시 pH 저하

알칼리제 주입이 필요

Key Point ✦

119회 출제

ORP(Oxidation Reduction Potential : Redox Potential or ORP)

1. 개요

1) 하수 또는 슬러지가 어느 정도의 호기성인지 혐기성인지 나타내는 산화−환원의 질적 표시이다. ORP는 미생물의 유기물 분해 시 배출되는 산화환원효소의 증감을 직접 측정하기 때문에 보다 정확한 슬러지의 상태점검이 가능하다.

2) 용액 중의 산화−환원력의 척도

3) 포기조 내의 미생물 활동상태에 대응하는 지료로 사용

4) 오염정도를 신속하게 판정하는 측정수단으로 하수처리의 관리 · 제어에 활용

5) ORP 측정은 계열의 강도측정은 가능하나 용량측정은 불가능

6) 산화제나 환원제의 농도는 알 수 없으나 양자의 농도비는 알 수 있다.

7) ORP 값이

① (+)일 경우 : Luxury Uptake(인 과잉섭취)

㉮ 인 방출은 억제

㉯ 질산화

② (−)일 경우 : 인 방출

그 절대치가 클수록 방출량이 많아진다.

③ A2O 방식일 경우

㉮ 혐기조 : −250~−100mV

㉯ 무산소조 : 0~−100mV

8) 하천에서는 DO와 비례관계, H_2S와는 반비례관계

9) **측정법** : 금속전극법

표준수소전극치를 0으로 하고 이를 기준으로 수소보다 높은 것은 (+), 낮은 것은 (−)로 한다.

10) 정기적으로 비교전극 내부액의 보충, 전극의 세정 및 표준액에 의한 계기의 조정이 필요

세정방법 : 물세정, 초음파세정법 및 약품에 의한 세정

11) 침적형 검출단은 기포가 체류하지 않는 방향으로 설치하여 유속이 0.3~2m/sec의 장소를 선정하여 방우형 구조로 한다.

12) **산화 · 환원 전위(Nernst식)** : 25℃ 기준

$$E = E_o + \frac{0.05916}{n}\log\frac{[OX]}{[Red]}$$

여기서, E_o : 표준상태의 전위(V)

[OX] : 산화제 Mol 농도

[Red] : 환원제 Mol 농도

n : 반응 중에 이동한 전자의 Mol 수

13) 생물학적 고도처리를 하는 처리장의 경우 질산화, 탈질, 인 방출 및 인 섭취의 개략적인 효율을 신속하게 측정하는 데 사용 가능하다.

14) 간단한 측정과 제어가 가능하므로 공정관리에 효율적으로 적용시킬 수 있다.

① SBR, 간헐폭기공정에서 폭기 및 비폭기 시간 결정에 유용하게 사용

② 특히 고도처리 시 생물반응조 계측센서로 활용 가능성이 증대

15) 암모니아의 질산화와 그에 따라 생성되는 NO_3-N를 적정 시간에 효율적으로 탈질시키기 위해서는 자동제어가 필요하며, 그 제어인자로 ORP 값은 매우 효과적이다.

Key Point ✦

- 77회, 113회, 120회 출제
- 출제 빈도는 낮으나, 하수처리장 에너지 자립화와 관련한 문제 출제 시 ORP 미터를 송풍기와 연동 운전하여 저부하 시 송풍동력을 줄일 수 있다는 내용을 제안사항으로 기술할 것
- 질산화 탈질 관련 문제 출제 시 ORP 내용을 기술할 것

BOD, COD와 SS의 관계

1. BOD와 COD의 관계

1.1 COD_{cr}과 BOD_u의 관계

일반적인 하 · 폐수 : $COD_{cr} > BOD_u$

1.2 COD_{Mn}과 BOD_5의 관계

1) 미처리 생활하수

① $BOD_5 > COD_{Mn}$

② 미생물에 의해 분해가 용이한 물질이 많음

2) 생물학적 처리수

① $BOD_5 < COD_{Mn}$

② 생물학적 처리수는 미생물에 의해 분해가 가능한 물질은 대부분 분해

③ 생물학적 처리수가 : $BOD_5 > COD_{Mn}$인 경우

㉮ 처리시설에서 BOD_5가 충분히 처리되지 않은 경우

㉯ BOD_5 시험 중 질산화가 5일 이전에 일찍 발생하여 NOD가 측정된 경우

㉰ COD_{Mn} 시험에 방해물질이 포함되어 COD_{Mn}이 적게 측정된 경우

④ COD_{Mn}이 BOD_5보다 지나치게 큰 경우

㉮ 생물학적으로 분해되기 어려운 난분해성 물질이 많이 존재하거나

㉯ 미생물에 대한 독성물질이 포함된 경우 BOD_5 시험이 방해를 받아 BOD_5가 낮은 농도로 측정되었거나

㉰ 검수 중에 아질산염, 염소이온, 제일철염, 황화물 등의 무기환원성 물질이 다량 존재하여 COD_{Mn}이 높게 측정된 경우

즉 생물학적 처리가 적합하지 않다.

1.3 COD_{cr}과 BOD_5의 관계

$$BOD = IBOD + SBOD$$

$$COD = ICOD + SCOD$$

$$= BDCOD + NBDCOD$$

$$ATTICOD = BDICOD + NBDICOD$$

$$ATTNBDICOD = ICOD - IBOD_U$$

$$ATTBDCOD = BOD_U + K \times BOD_5$$

$$NBDCOD = COD - BOD_U$$

여기서, ATTI : Insouble, S : Souble

BD : Biodegradable, NBD : Non $-$ Biodegradable

ATTK : BOD_U / BOD_5(생하수 : 1.46, 처리수 : 1.2)

1.4 COD와 SS의 관계

$$ICOD : NBDICOD = VSS : NBDVSS$$

$$\text{생물학적 분해 불가능한 휘발성 부유물질의 양} = \text{휘발성 부유물질} \times \frac{\text{생물학적 분해 가능한 COD}}{\text{불용성 COD}}$$

$$\therefore NBDVSS = VSS \times \frac{NBDICOD}{ICOD}$$

1) FSS와 NBDVSS가 높은 경우는 생물분해 불가능한 SS가 많음을 의미하며 생물학적 처리가 적합하지 않음을 의미

2) TSS가 TDS에 비해 지나치게 높은 경우 1차침전지를 생략할 수 있다.

호소수 기준을 COD로 설정한 이유

1. BOD & COD

BOD(Biological Oxygen Demand)	COD(Chemical Oxygen Demand)

• 생물학적 산소요구량
  수중의 유기물을 호기성 미생물이 산화·분해하는
  데 필요한 산소요구량(산소소비량)
• 유기물의 오염도를 나타내는 지표
• 하천에서의 산소고갈(소모) 정도를 나타내는 지표
• 미생물에 의해 산화되는 산소요구량이므로 측정
  치의 차이가 발생할 우려
• 소요시간 : 5일/20℃
• 측정대상 : 하천수, 생활하수
	• 화학적 산소요구량
	• 유기물의 오염도를 나타내는 지표
	• 주로 난분해성 물질 측정에 이용
	• 산화제($KMnO_4$, $K_2Cr_2O_7$)
	• 측정시간 : 2시간
	• 일반적으로 COD > BOD
	• 측정대상 : 공장폐수, 호소수, 해수(알칼리성 $KMnO_4$)
	• 분해율 : $KMnO_4$ 60%
	      $K_2Cr_2O_7$ 80%

• COD > BOD : 폐수 내에 생화학적으로 분해가 안 되는 물질(난분해성 물질)을 함유하고 있거나, 미생물
         에 독성을 끼치는 물질의 함유를 의미
• BOD > COD : BOD 측정 중에 질산화가 발생(NOD)하였거나, COD 측정에 방해되는 물질의 함유를
         의미
• 다른 유기물 오염지표와의 관계
 ThOD > TOD > COD > BOD > TOC

2. 호소 수질기준 COD 설정 이유

2.1 개요

1) 하천은 유하시간이 짧아 생물에 의해 산화되기 쉬운 유기물만 규제할 필요가 있음
2) 호소나 해역은 체류시간이 길므로 유기물 전량을 규제할 필요성이 있음

2.2 COD 설정 이유

1) 하천 : 수질기준 BOD

   ① 하천의 흐름이 호소에 비해 매우 커서 생물학적 작용이 매우 크게 작용

   ② 하천의 탈산소계수 및 재폭기계수 등 자정작용과 관련

2) 호소 : 수질기준 COD

   ① 식물성 플랑크톤과 염소이온의 영향 등 하천과 다른 수질특성을 가짐

   ② BOD를 측정할 경우 방해물질의 영향이 커서 정확한 데이터를 얻기 어려움

③ 조류의 영향

 ㉮ 하천에 비하여 많은 양의 조류가 존재함으로 조류에 의한 광합성 및 호흡작용 등에 따라 수환경에 많은 변화를 초래

 ㉯ BOD 분석 시 : 5일간 배양하는 과정에서 유기물의 분해에 의한 산소소비량 외에 조류의 호흡에 의한 산소소비량도 동시에 측정되어 BOD값이 원래보다 높게 검출

 ㉰ 조류 역시 유기물로서 사멸 후 그 자체가 오염물질이 되어 수중 용존산소를 소비

 ㉱ BOD의 경우 사멸된 조류는 산소소모량으로 측정이 가능하지만 조류생체의 경우는 측정이 불가능하기 때문에 측정결과의 신뢰도가 떨어짐

④ COD 설정

 ㉮ COD는 산화제를 이용하여 시료 중에 있는 유기물을 강제로 산화시켜 안정화

 ㉯ 상기의 방해영향을 받지 않을 뿐만 아니라

 ㉰ 조류생체에 의한 산소소모량도 측정이 가능

 ㉱ 조류에 의한 산소소모량까지 정량화하기 위해 COD 설정

NOD(Nitrogenous Oxygen Demand)

1. 정의

1) 폐수 중의 유기질소는 미생물 반응에 의해 암모니아로 전환되고, 암모니아는 질산화 반응에 관여하는 미생물인 질산화 균에 의해 질산화된다.

2) 이때 필요한 산소량을 질화성 산소요구량(NOD)이라 한다.

2. BOD와의 관계

1) BOD병에 시료를 식종하고 경과일수별 BOD 값을 플롯하면 그림과 같다.

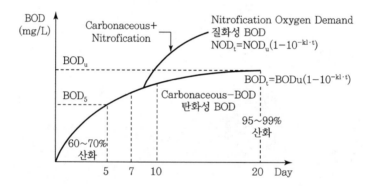

2) 1단계 BOD(탄소성 BOD : Carbonaceous BOD(C – BOD))

   ① 초기 약 6~7일간은 성장속도가 빠른 종속 영양 박테리아에 의해 유기물질이 분해되어 주로 탄소성 BOD가 나타남

   ② ex) 탄수화물, 단백질 $+ O_2 \rightarrow CO_2 + H_2O$

3) 2단계 BOD(질화성 BOD : Nitrogeneous Oxygen Demand(NOD))

   ① 6~7일이 넘으면 독립영양박테리아가 성장하여 질소화합물이 분해되어 질소성 BOD가 나타나서 탄소성 BOD와 질소성 BOD가 동시에 검출됨

   ② 일반적으로 유기물질의 생물학적 산화작용이 완만히 일어나면

      ㉮ 20일간 : 약 95~99% 산화

      ㉯ 5일간 : 약 60~75% 산화

   ③ 즉, 이 시기에 질소화합물이 호기성 조건에서 미생물에 의해 분해되어 질산화가 발생되는데 이때 소요되는 산소 요구량을 NOD라고 한다.

3. 질산화

1) 질산화 반응은 Nitrosomonas에 의해서 NH_4-N를 NO_2-N로 전환하는 반응과 Nitrobacter에 의하여 NO_2-N를 NO_3-N로 전환하는 반응이다.

$$NH_4-N + 3/2O_2 \rightarrow NO_2-N + H_2O + 2H^+ \text{(Nitrosomonas)}$$
$$+ \ NO_2-N + 1/2O_2 \rightarrow NO_3-N\text{(Nitrobacter)}$$
$$\overline{NH_4-N + 2O_2 \rightarrow NO_3-N + H_2O + 2H^+}$$

2) 질산화 반응(독립영양미생물)에서 생성되는 에너지는 질산화 미생물이 CO_2, HCO_3^-, CO_3^{-2}(알칼리도 유발물질 → 무기탄소원(에너지원)) 등과 같은 무기탄소원으로부터 자신에게 필요한 유기물질을 합성하는 데 사용

3) 상기 식에서 1g의 NH_4-N을 산화시키기 위해 4.6g의 산소가 필요하고 7.2g의 알칼리도가 소모된다.

4) NOD = 4.6 TKN(유기질소 + 암모니아성 질소)

4. NOD의 영향

1) BOD는 C-BOD와 N-BOD의 합(공정시험법)

2) 유기물 농도만 측정 : C-BOD
통상적으로 유기물질의 농도만을 측정하기 위한 목적으로는 주로 탄소성 BOD가 검출되는 5일 BOD(BOD_5)가 사용

3) 측정 시료액에 질산화 박테리아의 농도가 높으면 질소성 BOD(N-BOD)가 5일 이전에 측정되어 BOD 값이 증가한다.

4) 도시하수와 같이 BOD가 높은 하수에서는 보통 질산화가 일어나지 않으나 처리된 폐수나 강 및 호수에서는 호기성 상태에서 충분한 질산화가 이루어져 C-BOD보다 N-BOD가 높은 농도를 나타내는 경우가 있다.
따라서 수중의 산소 소모 면에서 N-BOD를 무시할 수 없다.

5) BOD_5 측정 시 NOD를 배제하기 위해서 질산화 억제제를 사용하여야 함

TOC I (Total Organic Carbon I)

관련 문제 : 유기물오염지표

1. TOC

1) 정의
총유기탄소량(Total Organic Carbon)으로 유기물을 고온(950℃)에서 산화시켜 발생되는 CO_2 발생량을 적외선 분석기로 측정하여 나타낸 유기물량

2) 장점
① 측정이 대단히 빠르기 때문에 편리

② TOC는 COD 또는 BOD 값과 상관지을 수 있다.

③ 탄소분석에 요구되는 시간이 몇 분 정도로 짧기 때문에 이러한 상관관계를 이용하여 처리장의 효율적 계측운영이 가능

3) 단점
① 측정된 TOC는 실제치보다 약간 작은 경향을 나타낸다.

② TOC 분석의 가장 큰 오차 원인은 주입시료 속에 포함된 고형물

　즉, 주입되는 시료의 양이 대단히 적기 때문에 큰 유기입자의 존재 유무는 측정치에 상당한 오차를 발생

4) 다른 유기물지표와의 관계
① COD/TOC비는 산소에 대한 탄소의 몰비(32/12＝2.66)에 접근하게 되나 여러 가지 유기물의 화학적 산화성의 차이로 COD/TOC비는 넓은 범위에서 변동한다.

② 도시하수 유입수의 경우 : COD/TOC＝3.1～4.6

　　　　　　　　　　　　　 BOD/TOC＝1.2～1.6

5) 다른 유기물오염지표와의 관계
ThOD > TOD > COD > BOD_u > BOD_5 > TOC

2. ThOD(이론적 산소요구량 : Theoretical Oxygen Demand)

폐수 중에 포함된 유기화합물과 질소화합물의 조성으로부터 이들이 완전히 산화·분해되는 데 소요되는 산소량을 이들 물질의 산화반응식으로부터 이론적으로 산출한 값

3. TOD(Total Oxygen Demand)

1) 전산소요구량 또는 총산소요구량이라고 하며 시료를 연소시켜 연소 시에 소비되는 산소의 총량을 나타낸다.

2) **측정법** : 백금촉매가 들어있는 연소관을 900℃로 유지하여 여기에 산소를 함유한 질소가스를 넣은 후, 질소운반 기체 내에 있는 산소량의 변동을 측정하여 검수 중의 산소요구량을 직접 정량하여 측정

3) TOD값에는 난분해성 물질과 중크롬산칼륨으로 산화되지 않는 유기물질의 산소요구량이 포함

4) 미생물, 온도, pH, 독성물질 등 미생물 성장환경이나 산화제의 산화반응인자에 영향을 받지 않는다.

Key Point ✦

- 101회, 104회, 121회 출제
- 반드시 유기물오염지표와의 상관관계 숙지가 필요함
- SUVA$_{254}$와 연관된 답안기술이 필요함
- DBP$_s$ 생성 여부를 결정짓는 사전 지표 및 GAC 운영지표로 활용해야 한다는 내용을 반드시 기술할 필요가 있음
- 유기물지표의 정의를 확실하게 숙지할 필요가 있음

TOC Ⅱ(Total Organic Carbon Ⅱ)

1. TOC

1) 정의

총유기탄소량(Total Organic Carbon)으로 유기물을 고온(950℃)에서 산화시켜 발생되는 CO_2 발생량을 적외선 분석기로 측정하여 나타낸 유기물량

2) 구분

① TOC는 DOC(용존유기탄소)와 POC(입자성 유기탄소)로 구분

② DOC

㉮ 수계 내에서 POC는 대부분 침강되어 제거되기 때문에 DOC가 더 중요한 환경학적 의미를 갖는다.

㉯ 구분

- 생화학적 분해정도에 따라 생분해성(Labile DOC, LDOC)과 난분해성(Refractory DOC, RDOC)으로 구분된다.
- DOC는 염소소독부산물의 주요한 전구물질이며
- 특히, RDOC는 LDOC에 비하여 더 많은 DBPs를 생성하는 것으로 알려져 있다.
- RDOC의 주요 구성물질
  - Polyphenolic Compound 또는 Polyaromatic Compound로 구성되어 있어
  - UV 파장인 254nm(UVA 254nm)에 대해 높은 흡광도를 보인다.
  - 따라서, DOC 농도에 따른 UV 비흡광비는 난분해성 부식질의 농도를 나타내는 지표로서 사용하고 있다.
  - 즉, UVA 254nm와 TOC 농도 간에 상관성이 매우 높기 때문에 TOC를 구성하는 DOC는 수생태계 내 유기물의 기원을 규명하는 중요한 단서로 작용하며
  - 호수나 하천의 영양상태(Trophic State)에 대한 정보를 제공하며
  - 부영양화가 될수록 DOC의 농도가 높게 나타난다.

3) 장점

① 측정이 간편하고 대단히 빠르기 때문에 편리

② TOC는 COD 또는 BOD값과 상관 지을 수 있다.

③ 탄소분석에 요구되는 시간이 몇 분 정도로 짧기 때문에 이러한 상관관계를 이용하여 처리장의 효율적 계측운영이 가능

④ 난분해성 등에 관계없이 유기물질의 측정이 가능
⑤ TOC 분석은 별도의 전처리 과정을 거치지 않고 소량의 시료만으로도 정확하게 분석할 수 있어 실시간 오염원에 대한 통제와 방지시설 운영관리가 가능하다.
⑥ TOC를 적용하면 보다 더 정확한 유기물량 산정이 가능하여 이수안정성을 추구하는 호소관리의 정확한 제어목표를 결정할 수 있어, 수계의 난분해성 물질의 모니터링 및 제어를 통해 수질개선에 기여할 수 있다.

4) 단점

① 측정된 TOC는 실제치보다 약간 작은 경향을 나타낸다.
② TOC 분석의 가장 큰 오차 원인은 주입시료 속에 포함된 고형물 즉, 주입되는 시료의 양이 대단히 적기 때문에 큰 유기입자의 존재유무는 측정치에 상당한 오차를 발생

5) 다른 유기물지표와의 관계

① COD/TOC비는 산소에 대한 탄소의 몰비($32/12 = 2.66$)에 접근하게 되나 여러 가지 유기물의 화학적 산화성의 차이로 COD/TOC비는 넓은 범위에서 변동한다.
② 도시하수 유입수의 경우 : COD/TOC = $3.1 \sim 4.6$
  BOD/TOC = $1.2 \sim 1.6$

6) 다른 유기물오염지표와의 관계

$ThOD > TOD > COD > BOD_u > BOD_5 > TOC$

7) TOC 유발물질

① 고분자 유기물질 : 휴믹산, 펄빅산
② 저분자 유기물질 : 아세틸기를 함유한 저분자 유기물질

8) TOC의 활용

① 소독부산물질 제어
  ㉮ 원수 중 유기물질을 제거하면 THMs의 생성량을 크게 줄일 수 있다. (Edward(1985))
  ㉯ 미국이나 유럽의 경우 소독부산물에 대한 종류와 농도에 대한 규제가 강화됨에 따라 공정설계 및 운영지표로서 소독부산물의 전구물질이 될 수 있는 TOC 처리효율 향상을 목표로 삼고 있다.
② GAC의 운영지표
  ㉮ TOC는 GAC의 운영지표 중 하나로, GAC 재생결정 시 기준으로 이용되기도 한다.
  ㉯ 고분자 물질로 이루어진 TOC가 입상활성탄의 Micro Pore를 폐색시켜 흡착능력을 저하시킨다.
  ㉰ 운영기간이 경과할수록 비표면적이 감소하여 TOC 제거율도 감소

2. ThOD(이론적 산소요구량 : Theoretical Oxygen Demand)

폐수 중에 포함된 유기화합물과 질소화합물의 조성으로부터 이들이 완전히 산화·분해되는 데 소요되는 산소량을 이들 물질의 산화반응식으로부터 이론적으로 산출한 값

3. TOD(Total Oxygen Demand)

1) 전산소요구량 또는 총산소요구량이라고 하며 시료를 연소시켜 연소 시에 소비되는 산소의 총량을 나타낸다.
2) 측정법 : 백금촉매가 들어있는 연소관을 900℃로 유지하여 여기에 산소를 함유한 질소가스를 넣은 후, 질소운반기체 내에 있는 산소량의 변동을 측정하여 검수 중의 산소요구량을 직접 정량하여 측정
3) TOD값에는 난분해성 물질과 중크롬산칼륨으로 산화되지 않는 유기물질의 산소요구량이 포함
4) 미생물, 온도, pH, 독성물질 등 미생물 성장환경이나 산화제의 산화반응인자에 영향을 받지 않는다.

4. 결론

1) 국내에서는 전술한 TOC의 중요성에도 불구하고 국내 하천과 호수에서 유기물의 지표는 BOD와 COD 중심으로 이루어졌으며, 상대적으로 TOC와 DOC에 관한 연구 자료의 축적이 매우 미흡한 실정이다.
2) 따라서, 기존의 BOD 중심에서 벗어나 난분해성 유기물에 중점을 둔 TOC로의 지표전환이 절실히 필요하다고 판단된다.

Key Point ✦

115회, 117회, 119회, 124회, 126회, 127회, 128회 출제

박테리아의 이론적 산소요구량(ThOD)

1. ThOD(이론적 산소요구량 : Theoretical Oxygen Demand)

1) 폐수 중에 포함된 유기화합물과 질소화합물의 조성으로부터 이들이 완전히 산화·분해되는 데 소요되는 산소량
2) 상기물질의 산화반응식으로부터 이론적으로 산출한 값

2. TOD(Total Oxygen Demand)

1) 전산소요구량 또는 총산소요구량이라고 하며 시료를 연소시켜 연소 시에 소비되는 산소의 총량을 나타낸다.
2) 측정법 : 백금촉매가 들어있는 연소관을 900℃로 유지하여 여기에 산소를 함유한 질소가스를 넣은 후, 질소운반기체 내에 있는 산소량의 변동을 측정하여 검수 중의 산소요구량을 직접 정량하여 측정
3) TOD값에는 난분해성 물질과 중크롬산칼륨으로 산화되지 않는 유기물질의 산소요구량포함
4) 미생물, 온도, pH, 독성물질 등 미생물 성장환경이나 산화제의 산화반응인자에 영향을 받지 않는다.

3. TOC

총유기탄소량(Total Organic Carbon)으로 유기물을 고온(950℃)에서 산화시켜 발생되는 CO_2 발생량을 적외선 분석기로 측정하여 나타낸 유기물량

4. 다른 유기물오염지표와의 관계

$ThOD > TOD > COD > BOD_u > BOD_5 > TOC$

5. 박테리아 100mg의 이론적 산소요구량(ThOD)

$$C_5H_7O_2N + 5O_2 \rightarrow 5CO_2 + 2H_2O + NH_3$$

- 박테리아($C_5H_7O_2N$)의 분자량 : 113g

- 산소(O_2)의 분자량 : 32g

∴ Bacteria 100g의 이론적 산소요구량(Thod)

  $113g : (5 \times 32g) = 0.1g : x$

∴ $x = 0.142gO_2$

SUVA$_{254}$

1. 정의 및 개요

1) SUVA$_{254}$는 Specific UV Absorbance로서 자외선 중에서 특정 파장(254nm)을 이용한 자외선 흡광
   도법으로

2) UV 254nm에서 흡수한 빛의 양으로 물속의 유기물 농도를 분석하는 데 이용

2. UV와 SUVA$_{254}$

2.1 UV

통상적인 자외선을 의미

2.2 UVA$_{254}$

자외선 흡광도로 UV는 용액 중의 방향족 화합물(불포화 탄소화합물 – 휴믹물질)과 민감하게 반응
하여 흡수되며 이때 흡수된 빛의 양이 UVA$_{254}$이다.

2.3 SUVA$_{254}$

$$SUVA_{254} = \frac{UVA_{254}}{DOC} \times 100 \,(cm^{-1}/mg/L)$$

여기서, DOC : 용존유기탄소

3. SUVA$_{254}$의 측정 의의

1) 용존성 유기물질 중에서 소독부산물(DBPs)을 형성하는 휴믹물질을 분석하기 위하여

2) 방향족 화합물과의 반응값 UVA$_{254}$를 DOC에 대한 비율로 표시한 값

3) SUVA$_{254}$가 클수록 용존 유기물 중 불포화 지방산의 비율이 큰 것으로 판단

4) 즉, DOC의 주요 구성 성분인 휴믹물질의 정도를 판단하는 수단으로 활용

   ① 휴믹 : 소수성이 강함, 휴믹산과 펄빅산이 대표적

   ② 비휴믹 : 친수성 경향이 강함

5) SUVA$_{254}$가 클수록 염소소독 시 소독부산물(DBPs)을 형성할 가능성이 증대

6) $SUVA_{254} \leq 3$

　① 상대적으로 휴믹물질의 농도가 낮음

　② 유기물의 특성 : 친수성, 방향족성이 낮음

　③ 분자량이 상대적으로 낮다.

7) $SUVA_{254}$: 4~5

　① DOC 형태의 휴믹물질이 상대적으로 많음

　② 유기물의 특성 : 소수성이 강하고, 방향족 유기물이 많음

　③ 분자량이 비교적 큰 유기물로 구성

8) $SUVA_{254}$는 물속에 존재하는 유기물의 물리화학적 특성을 유용하게 나타냄

9) 적은 시료량으로도 짧은 시간 내에 측정이 가능

4. 기타 용존유기물질(DOC) 지표

TOC, DOC, UV_{254} 흡광도, BOD, COD, 탁도 등

5. 우리나라 수계의 특징

1) 우리나라 수계 : DOC 농도는 겨울철에 높은 경향

2) UV_{254}

　① 수계 상류의 방류량 및 강우량과 밀접한 상관관계

　② 이는 여름철 강우에 의해 UV 흡광도를 유발하는 물질의 유입 때문

3) 우리나라 수계는 SUVA 4 이하로 낮은 편이며 휴믹과 비휴믹, 소수성과 친수성이 공존하는 특성

4) SUVA의 최솟값과 최댓값의 차이가 커서 계절별 또는 월별 변화가 크다.

5) 내부생성이 높은 표수층에서 SUVA가 낮다.

Key Point

- 84회, 104회, 124회 출제
- 상기 문제는 향후 중요한 기본적인 이론으로 자주 출제가 예상되며 TOC의 중요성과 함께 측정의의를 반드시 숙지할 필요가 있음

경도(Hardness)

1. 정의

물속에 녹아 있는 Ca^{2+}, Mg^{2+}, Fe^{2+}, Mn^{2+}, Sr^{2+} 등 2가 양이온을 이에 대응하는 $CaCO_3$량으로 환산하여 mg/L로 나타낸 값으로 물의 세기 정도를 말한다.

2. 물의 분류

1) 수중의 Ca^{2+}, Mg^{2+}는 주로 지질에서 오는 것이나 해수, 공장폐수, 하수 등의 혼입에 의한 것일 수도 있다.

2) 경도의 정도에 따른 물의 분류는 다음과 같다.
   ① 0~75mg/L : 연수(Soft)
   ② 75~150mg/L : 적당한 경수(Moderate)
   ③ 150~300mg/L : 경수(Hard)
   ④ 300mg/L 이상 : 고경수(Heavy)

3. 탄산경도와 비탄산경도

경도는 일시경도와 영구경도로 구분되고 양자를 합한 것을 총경도라고 한다.

3.1 일시경도

1) Ca^{2+}, Mg^{2+} 등이 알칼리도를 이루는 탄산염(CO_3^{-2}), 중탄산염(HCO_3^-)과 결합하여 존재하면 이를 탄산경도(Carbonate Hardness)라 하고

2) 끓임에 의하여 연화되므로 일시경도(Temporary Hardness)라 한다.

3.2 영구경도

1) 2가 양이온 염소이온, 황산이온, 질산이온 등과 화합물을 이루고 있을 때 나타내는 경도는 비탄산경도(Non－carbonate Hardness)라고 하며

2) 끓임에 의하여 제거되지 않으므로 영구경도(Permanent Hardness)라 한다.

3.3 총경도

총경도＝탄산경도(일시경도)＋비탄산경도(영구경도)

3.4 가경도(유사경도, Pseudo－Hardness)

1) 상당량의 Na^+을 포함하고 있는 해수, 염분이 포함되어 있는 물과 기타의 물은 공통이온효과

(Common Ion Effect)로 인하여 비누의 작용을 방해한다.

2) 나트륨은 경도를 유발하는 양이온은 아니지만, Na^+이 높은 농도로 존재할 때는 경도와 유사한 현상이 일어난다.

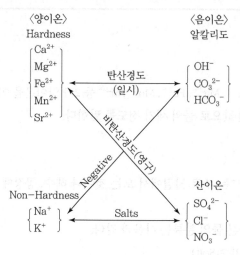

[일시경도와 영구경도]

4. 경도와 알칼리도의 관계

1) 총경도와 알칼리도의 관계에서 경도 종류를 다음과 같이 판별할 수 있다.

2) 총경도 < 알칼리도, 총경도＝탄산경도

3) 총경도 > 알칼리도, 알칼리도＝탄산경도

5. 경수에 의한 영향

1) 세제효과를 감소시켜 세제의 소모를 증가시킨다.

2) 보일러나 수도관에 $CaCO_3$, $CaSO_4$ 등 스케일을 형성시켜 보일러의 열전도율을 저하시키고 배관을 폐쇄시킴

3) 음용수 기준 300ppm : 실제 100ppm 이하가 좋다. 고농일 경우 설사 유발

4) 경수는 화학적 처리 시에 약품(응집제) 주입량을 증가시킬 수 있다.

경도가 높은 경우 경도유발물질이 먼저 알칼리도 유발물질과 반응하여 알칼리도가 감소

Key Point +

- 82회, 88회, 94회, 96회 출제
- 경도와 관련된 문제는 자주 출제되며 기본적으로 알아야 할 내용임
- 경도와 알칼리도와의 관계에 대해서는 숙지하기 바람(경도 유발물질은 알칼리도 유발물질과 먼저 반응)
- 시험에 출제될 경우 그림은 반드시 기재해야 함

경수의 연수법

1. 개요

1) 물속에 녹아 있는 Ca^{2+}, Mg^{2+}, Fe^{2+}, Mn^{2+}, Sr^{2+} 등 2가 양이온을 이에 대응하는 $CaCO_3$량으로 환산하여 mg/L로 나타낸 값으로 물의 세기 정도를 말한다.

2) 경도의 정도에 따른 물의 분류
   ① 0~75mg/L : 연수(Soft)
   ② 75~150mg/L : 적당한 경수(Moderate)
   ③ 150~300mg/L : 경수(Hard)
   ④ 300mg/L 이상 : 고경수(Heavy)

3) 일시경도
   ① Ca^{+2}, Mg^{+2}등이 알칼리도를 이루는 탄산염(CO_3^{-2}), 중탄산염(HCO_3^-)과 결합하여 존재하면 이를 탄산경도(Carbonate Hardness)라 하고
   ② 끓임에 의하여 연화되므로 일시경도(Temporary Hardness)라 한다.

4) 영구경도
   ① 2가 양이온 염소이온, 황산이온, 질산이온 등과 화합물을 이루고 있을 때 나타내는 경도는 비탄산경도(Non-Carbonate Hardness)라고 하며
   ② 끓임에 의하여 제거되지 않으므로 영구경도(Permanent Hardness)라 한다.

2. 경수의 연수법

2.1 자비법

1) 물을 끓여 일시경도를 제거하는 방법
2) 에너지 소모량이 많아 비경제적 : 소규모 처리시설에 제한적인 적용

2.2 이온교환법

1) 개요
   ① 수중의 칼슘, 마그네슘, 철이온을 이온교환수지(합성 Zeolite)의 나트륨이온과 교환시켜 제거
   ② Zeolite는 식염수로 재생하면서 계속 사용하는 방법 : 경도성분이 유출부에서 검출될 경우
   ③ 보통 강산성 양이온 교환수지를 사용

2) 이온교환방법

$$Na_2Z + \{Ca, Mg, Fe\}(HCO_3)^2 \rightarrow \{Ca, Mg, Fe\}Z + 2NaHCO_3$$

$$Na_2Z + \{Ca, Mg, Fe\}SO_4 \rightarrow \{Ca, Mg, Fe\}Z + Na_2SO_4$$

3) 재생반응

$$\{Ca, Mg, Fe\}Z + 2NaCl \rightarrow Na_2Z + \{Ca, Mg, Fe\}Cl_2$$

4) 특징

① 모든 경도물질의 제거 가능

② 탁도가 높은 물에는 적용이 곤란

③ 설치부지가 적고 슬러지의 발생이 없다.

④ 초기 투자비가 많이 소요

⑤ 해수담수화에도 적용 가능

⑥ 이온교환과정에서 원수의 pH 변동은 없으며 CO_2가 원수에 존재하던 양 이상 발생하지 않아 탈탄산 장치가 필요 없다.

⑦ 소규모에는 적합하나 해수에는 비경제적

2.3 석회소다법(Lime – Soda Process)

1) 개요

① 경도가 높은 물에 소석회를 첨가하여 Ca과 Mg의 중탄산염경도(일시경도)를 탄산칼슘 또는 수산화마그네슘으로 침전시켜 제거하는 방법으로 수산화칼슘($Ca(OH)_2$)을 사용하여 CO_3^{-2}를 제거할 수 있으며, CO_3와 관련 없는 과량의 칼슘경도 성분은 소석회를 사용하여 추가로 줄일 수 있다.

② 종류 : 상온법과 가열법 → 주로 상온법 사용

③ 약품사용량은 이론량보다 약 10% 더 첨가한다.

2) 반응식

$$Ca(HCO_3)_2 + Ca(OH)_2 \rightarrow 2CaCO_3 \downarrow + 2H_2O$$

$$Mg(HCO_3)_2 + Ca(OH)_2 \rightarrow Mg(OH)_2 \downarrow + CaCO_3 \downarrow + H_2O + CO_2$$

$$Mg\{Cl_2, SO_4\} + Ca(OH)_2 \rightarrow Mg(OH)_2 \downarrow + Ca\{Cl_2, SO_4\}$$

3) 특징

비탄산염 마그네슘경도는 완전히 제거되지 않고 비탄산염 칼슘경도(영구경도)로 전환되므로 비탄산염 칼슘경도는 다음 반응식과 같이 소석회를 첨가하여 탄산칼슘으로 제거해야 한다.

$$Ca\{Cl_2, SO_4\} + Na_2CO_3 \rightarrow CaCO_3 \downarrow + Na_2\{Cl_2, SO_4\}$$

2.4 기타 처리

1) 역삼투법
2) 흡착법 : Zeolite

Key Point
- 82회, 98회 출제
- 연수법의 종류는 반드시 숙지할 것
- 실제 문제로 출제될 경우 개요부분을 더 간략히(일시경도, 영구경도의 설명 정도만) 하고 반응식을 제외하여 전체 1.5page 정도로 작성할 것

연수화 과정 시 재탄화(Recarbonation)

1. 개요

1) 스케일 생성 억제를 위해 경수를 연수화하는 과정에서 경도를 과도하게 제거할 경우, 탄산경도 (알칼리도)와 칼슘이온농도가 낮아져 물의 부식성이 증가(LI 감소)함

2) 경도가 낮은 물의 적정 경도 유지를 위해서 재탄화 필요

3) 물에 CO_2를 공급하여 $CaCO_3$를 용해시키는 공정

2. 재탄화 목적

1) LI가 낮아 부식성이 강한 물의 부식성 완화

   → Ca^{+2} 이온과 알칼리도 증가로 LI 값 증대

   $LI = pH($물의 실제 $pH) - pHs($이론적 $pH)$

   $pHs = 8.313 - log[Alk] - log[Ca^{+2}] + S($보정치$)$

2) 적정 경도 유지

3) pH 저감

3. 재탄화 방법

3.1 $CaCO_3$와 CO_2 공급

1) 물에 CO_2를 공급하여 $CaCO_3$를 용해

2) $CaCO_3 + CO_2 + H_2O \leftrightarrow Ca(HCO_3)_2$

3.2 금속이온 봉쇄약품 첨가

메타인산염 또는 오르소인산염 사용

4. 제안사항

1) 부식성을 개선하기 위해 탄산칼슘 등 부식억제제를 과다하게 주입할 경우 탁도유발, 잔류염소 유지 곤란, After Growth, 인체 영향(체내 칼슘 소모, 결석 초래 등)의 문제 유발

2) 따라서 LI를 지표로 하여 pH, 알칼리도를 동시에 조절하여(pH 증가) 금속 용출의 용해도를 감소 시키는 방법이 효과적임

탁도(Turbidity)

1. 탁도의 정의

1) 물의 탁한 정도를 나타내는 것

2) NTU로 표시

① 40NTU인 표준액과 측정시료의 빛의 산란 정도를 비교하는 방법

② 산란 정도가 높을수록 고탁도

③ 표준시약 : Formazin Polymer

④ 흡광도 범위 : 400~600nm

3) 물속에서 탁도를 유발하는 물질

미세 무기물질(토사류 등), 천연유기물(NOM), 미생물(박테리아), 조류(Algae)

4) 탁도 유발물질의 크기는 분산질의 종류, 농도, 난류도 등에 따라 변한다.

2. 탁도의 의의

1) 심미감

공급용수를 받는 소비자는 탁도가 없는 깨끗한 물을 기대한다.

2) 여과성

고탁도 시 : 여과저항 증가, 손실수두 증가, 여과지속시간 감소

3) 소독성

① 탁도가 높으면 병원성 미생물이 입자에 둘러싸여 소독제로부터 보호될 수 있다.

② 소독제의 소독력 저하, 염소주입량 증대, DBPs 생성이 증대될 우려

3. 정수시설에서의 영향

3.1 응집과 침전

1) 응집제 주입량 증가

2) 슬러지 발생량 증가

3) 응집효율 저하

4) 응집보조제 필요

5) 높은 교반강도 필요

6) 침전효율 저하

7) 슬러지 발생량 증가

3.2 여과

1) 여과지 손실수두 증가

2) 여과지속시간 단축

3) 잦은 역세척 필요

4) 여과효율 저하

5) 병원성 원생동물의 제거효율 저하

6) After－Growth 발생 우려

3.3 염소소독

1) 소독력 저하

2) 염소주입량 증가

3) 소독부산물(DBPs)의 생성증가 우려

   탁도 중 유기물질의 농도가 높을 경우

4) UV 소독력 저하

4. 탁도의 측정

1999년 탁도단위를 NTU로 개정

4.1 분류

1) 기기분석법 : NTU, FTU

   상수원수와 같이 낮은 탁도의 시료를 측정하는 데 유효

2) 육안법 : JTU

4.2 탁도의 단위

단위	측정방법
NTU (Nephelometric Turbidity Unit)	• 음용수수질기준에 정해진 탁도단위 • 물속의 혼탁입자에 의한 산란광을 조사광의 90° 위치에서 Nephelometer를 사용하여 측정한다(산란광을 측정). • 탁도의 음용수 수질기준 : 0.5NTU(수돗물 기준) 이하
FTU (Formazin Turbidity Unit)	• 포마진 탁도단위 • 적외선 광원을 채택한 Nephelometer를 사용하여 탁도를 측정 • FTU는 산란광이 아닌 투과광으로 측정하는 측정단위
Kaolin탁도(°)	• 과거 음용수 수질기준으로 사용되었던 탁도단위 • 물속에 카오린 1mg/L을 함유한 물의 탁도를 1°(또는 1ppm)로 기준하여 광전분광 광도계로 측정한다.
JTU (Jackson Turbidity Unit)	• 눈금이 있는 Mass-cylinder에 시료를 넣어 촛불 위에 올려놓고 상부에서 보면 탁도에 따라서 불꽃이 보이는 깊이가 달라지는 원리를 이용한 육안측정법

Key Point +

• 77회, 80회, 93회 출제
• 탁도의 경우 출제 빈도가 다소 낮으나 기본적으로 알아야 할 내용임
• 특히 탁도와 관련된 문제가 출제된다면 탁도의 의의와 정수장에서의 탁도의 영향은 반드시 기술할 필요가 있음
• 정수장에서의 영향은 정수장의 계통도를 생각하면서 단위조작별 문제점을 기술할 필요가 있음

AOC, BDOC

1. 정의

1) AOC(Assimilable Organic Carbon) : 세포동화 가능 유기탄소
2) DOC(Dissolved Organic Carbon) : 유기탄소 중 용존성 유기탄소
3) BDOC(Biological Dissolved Organic Carbon) : 생물학적 분해가 가능한 용존성 유기탄소

2. AOC, BDOC의 분석 이유

1) 오존처리 후 생성되는 대부분의 최종유기물은 극성이며 생분해성이어서 쉽게 분해된다.
2) 유기물의 농도(AOC, BDOC)가 비교적 높은 원수의 경우 오존처리 후 생물학적 처리공정이 있다면 오존분산물을 먹이로 하는 미생물이 번식하게 되어 세균학적으로 안전한 음용수를 기대할 수 없게 된다.
3) 따라서, 수처리 급수과정에서 처리수의 미생물 재증식(Regrowth) 억제가 필요하다.
AOC, BDOC가 높을 경우 After-Growth, Regrowth 발생 우려

3. 생물학적 분해도를 평가하는 방법

1) 미생물에 의한 생물학적 분해도를 평가하는 방법에는 BDOC와 AOC 등이 있다.
2) 지표수의 DOC 존재 형태
   ① 미생물에 의하여 분해 가능한 형태(BDOC라 하며 TOC로 분석)
   ② 미생물 성장에 이용되지 않는 난분해성 유기불(ROC : Refractory Organic Carbon)의 형태로 존재
3) AOC는 BDOC 중 미생물의 Cell Mass로 전환되는 유기탄소의 양을 의미하며 어느 특정균주의 특정화합물 농도와 비례관계를 구하여 특정화합물에 대한 농도로 표시한다.

4. AOC의 측정

1) AOC 측정에 사용할 특정균주를 이용한다.
2) 공사균주를 배양하고 AOC 측정용 시료는 멸균한다.
3) 멸균한 시료에 균주를 주입하여 25℃에서 3~5일간 배양한다.
4) 배양 후 생성된 집락수를 계산하여 공시세균수를 측정하고 AOC 농도를 계산한다.

5. BDOC의 측정

$$BDOC = 초기\ DOC - 최종\ DOC$$

1) 초기 DOC : 시료를 $0.2\mu m$ Membrane Filter로 여과한 후 그 여액을 TOC로 분석
2) 최종 DOC : 초기 DOC의 시료를 접종액을 이용하여 배양한 후의 DOC를 최종 DOC라 한다.

LI(Langelier Index)

1. 개요

1) 물의 부식성을 판별하는 지수 : SI(포화지수)라고도 함

2) $CaCO_3$을 용해시킬 것인지, 석출시킬 것인지를 예측할 수 있는 지표

3) LI = pH − pHs

   ① pH : 물의 실질적인 pH

   ② pHs : 이론적 pH

     $CaCO_3$을 석출시키지도 않고 용해시키지도 않는 평형상태일 때의 pH

     LI = pH − pHs

     $pHs = 8.313 - \log[Alk] - \log[Ca^{++}] + S$

        여기서, [Alk] : 총알칼리도(meq/L)

              [Ca^{++}] : 칼슘이온량(meq/L)

              S : 보정치

     $S = \dfrac{2\sqrt{\mu}}{1 + \sqrt{\mu}}$

        여기서, μ : $2.5 \times 10^{-5} S_d$

             S_d : 용해성 물질(mg/L)

2. 영향

2.1 LI > 0

1) $CaCO_3$ 과포화 석출

2) 피막 형성(Scale 형성)

3) 관내의 통수능력 저하

4) 상수도 시설 장애

5) 관의 내구연한 감소

2.2 LI = 0

이상적인 형태, 평형상태

2.3 LI < 0

　　1) 적수와 흑수 발생

　　2) $CaCO_3$ 불포화

　　3) 콘크리트 구조물 열화

　　4) 관의 내면부식 심화

　　5) 누수발생 우려 증가

　　6) 토사유입 우려

　　7) 교차연결 우려

3. 영향인자

　　1) 물의 pH

　　2) 칼슘이온량

　　3) 알칼리도

　　4) 용해성 물질량

　　5) 온도 : 1℃ 증가 시 → 1.5×10^{-2} 증가

4. 유지관리

4.1 LI < 0

　　1) 관의 라이닝

　　2) 관갱생

　　3) 방청제 주입

　　4) 관세척

　　5) 불포화수지 도포

　　6) 관부식에 강한 재질 선택

4.2 LI > 0

　　1) 관교체 : 통수능력 확보, 관의 내구연한 증가

　　2) 관세척, 관갱생

Key Point　✦

- 74회, 93회, 97회, 114회, 116회, 118회, 131회 출제
- 부식지수는 1차 시험에 1교시 문제로 자주 출제되는 문제임
- LI의 공식, 영향과 대책부분은 반드시 숙지하기 바람
- 관내면부식에서도 LI를 언급하여 기술할 필요가 있음

RSI지수

Ryznar(안정지수, RSI, Ryznar Stability Index)
• 상업적 목적(스케일 형성 여부)으로 많이 사용
• RSI = 2pHs − pH

구분	내용
RSI < 5.5	다량의 스케일 형성
5.5 < RSI < 6.2	스케일 일부 형성
6.2 < RSI < 6.8	스케일의 문제점 없음
6.8 < RSI < 8.5	부식성
8.5 < RSI	부식성이 매우 높음

SAR(Sodium Adsorption Ratio)

1. 정의

1) SAR은 농업용수의 수질을 나타내는 지표로서 관개용수의 나트륨 흡착비를 나타냄
2) 농업용수 내의 Na 함유도를 나타냄
3) SAR이 높을수록 배수가 안 되는 토양이 된다.

$$SAR = \frac{Na^+}{\sqrt{\dfrac{Ca^{+2} + Mg^{+2}}{2}}} \quad 또는 \quad \frac{Na}{Na + Ca + Mg + K} \times 100$$

여기서, Na, Ca, mg, K의 단위 : 이온의 당량농도(meq/L)

2. 영향

1) 농업용수 내에 Na의 양이 Mg과 Ca의 양에 비해 과다하면
   ① Na이 Ca과 치환되어 배수가 불량한 토양이 되며 경작에 어려운 토질로 변한다.
   ② 나트륨의 경우 수화작용의 범위가 아주 넓어 점토토양을 분산하는 원인으로 작용
      ㉮ 토양 공극의 크기가 감소하고, 물의 투수성 저하
      ㉯ Ca^{+2}, Mg^{+2}은 Na^+보다 더 강하게 점토의 표면과 결합
   ③ 농업용수에 염도가 큰 경우 삼투압으로 인하여 식물의 성장이 저해
      식물의 양분흡수 방해
   ④ 즉, 흙 속에 Na이온의 함유도가 높을수록 SAR이 커져 투수성이 감소하게 되어 배수가 잘 안
      되고 통기성이 저하된다.
      팽윤성 점토의 집적에 의해 토양의 물성이 악화되며, 급격히 팽윤되어 공극을 폐쇄하여 투수
      성을 악화시키고, 토양의 니토화와 배수불량 및 침수(Water Logging)의 원인이 된다.
2) 토양은 Na에 의해서 일반적으로 알칼리성이 되나 물속의 H^+에 의해서 치환되어 산성이 된다.
   ① 산성토양에서는 Ca의 섭취가 불량하게 되고 Na와 쉽게 치환되어 Ca결핍이 되며
   ② 뿌리균과 질소고정균 같은 유용한 미생물의 활동도 저하된다.
3) 경수(Ca + Mg > 150mg/L)가 연수보다 흙에 좋은 영향을 미친다.
4) SAR이 26까지는 토양에 문제가 발생하지 않는다고 함

5) 식물의 성장은 토양의 구조 즉 배수와 통기성 같은 물리적 요인과 염도, Na농도, 용수 내의 부유 물질과 유기물질 같은 화학적인 요인과 직간접적으로 관련되어 있다.

　① 식물의 성장은 용수의 수질보다는 토양의 배수성과 통기성이 중요하다.

　② 따라서, 농업용수는 토양과 수질을 함께 고려하여야 한다.

3. SAR이 토양에 미치는 영향

SAR	0~10	10~18	18~26	26 이상
영향 정도	작음	중간	많음	매우 많음

4. SAR이 높은 경우의 대책

1) 지하수위가 높은 경우 배수에 의해 수위를 낮춘다.

2) 석회 등을 주입하여 치환성 Ca 포화도를 높인다.

3) 재염관개로 $NaOH$, $NaHCO_3$, Na_2CO_3를 하층토로 이동시킨다.

4) 내알칼리 – 내침수성 식물을 재배하여 유기질 잔사를 포장으로 환원시킨다.

5) 심경(深耕) 등으로 하층토의 물리성을 개량한다.

청색증(Blue Baby)

1. 개요

공장의 폐수, 분뇨, 축산폐수, 오수 등으로 오염된 물에 존재하는 단백질 내의 아미노산이 가수분해되어 암모니아성 질소로 변한 후 하천, 호소, 지하수 등에서 호기성 미생물의 산화작용을 받아 질산성 질소로 산화된다.

2. 영향

질산성 질소가 오염된 물을 섭취하면 질산성 질소는 체내에 흡수되어 혈액에 존재하는 헤모글로빈과 반응하여 질산성 질소가 아질산성 질소로 환원되면서 헤모글로빈을 메타헤모글로빈으로 산화시켜 헤모글로빈과 산소와의 결합력을 떨어뜨린다.

1) 일반적으로 인체 내 헤모글로빈의 1~2%는 메타헤모글로빈의 형태로 존재

2) 그러나 이 비율이 10%를 넘을 경우 청색증이 나타나게 되며

3) 30~40%에 이르면 무산소증에 걸리게 된다.

4) 성인에게는 발생하지 않으며 주로 백일 이전의 어린아이에게서 나타난다.

Key Point ◆

116회 출제

환경호르몬(EED : Environmental Endocrine Distruptors)

1. 개요

1) 환경호르몬이란 생물체의 정상적인 대사과정에서 생성·분해되는 내분비물질이 아니라

2) 인간의 산업활동을 통해서 생성되어 방출된 화학물질로 생물체에 흡수되면 내분비계의 정상적인 기능을 방해하거나 교란시키는 환경성 내분비교란물질을 말한다.

3) 즉, 환경호르몬은 생물체 체내로 유입되어 마치 호르몬인 것처럼 작용해 생물체의 기능을 교란 및 균형을 깨뜨린다.

2. 환경호르몬의 종류

1) 다이옥신류(75종)

2) DDT, DES, PCB류(209종)

3) 퓨란류(135종)

4) 농약 등의 합성화학물질

5) 스티로폼의 주성분인 스티렌이성체(환경호르몬으로 의심)

3. 발생원

1) 유기염소계 약품의 제조공정

2) 폐기물의 소각공정

3) 농약의 제조공정

4) 합성수지의 제조 및 사용공정

4. 영향

1) 인간 : 생식기능 저하, 기형, 암 유발, 남성의 정자 수 감소, 생리균형 파괴

2) 동물 : 성기이상, 생식불능

5. 대책

1) 환경호르몬에 대한 현황과 영향의 규명
2) 환경호르몬의 국내 피해조사 및 위해성 평가
3) 환경호르몬의 지정 및 규제방안 마련
4) 환경호르몬의 검사방법 개발
5) 환경호르몬의 배출원 관리방안 마련

Key Point +

116회 출제

대장균군(총대장균)

1. 서론

1) 하천수 또는 정수과정을 통해 수돗물을 공급할 때 병원성 미생물의 존재여부는 공공의 안정성과 직결된 문제이다.
2) 따라서, 병원성 미생물의 존재여부를 사전에 진단하고 조치를 취할 필요가 있다.
3) 오염된 물과 하수에는 병원성 미생물의 개체수가 매우 적기 때문에 분리, 확인이 어렵다.
4) 따라서, 비교적 개체수가 많이 발견되고 실험이 용이한 대장균을 흔히 지표생물로서 사용한다.
5) 대장균 중 E.Coli는 그 근원이 전부 배설물에 의한 것이지만, 일부 대장균의 경우 토양 속에서도 검출된다.
6) 따라서, 토양 속에서 검출되는 대장균을 배제하고 E.Coli만을 측정하기는 매우 어려우므로
7) 총대장균을 측정하여 대소변(분변)의 오염여부를 판단하기 위한 지표로 사용할 필요가 있다.

2. 정의

1) 대장균이라 함은 그람음성, 무아포성 간균으로 유당을 분해해서 가스와 산을 생성하는 모든 호기성 또는 통성혐기성균을 말한다.
2) 먹는물 수질기준에는 총대장균군, 대장균, 분원성 대장균군으로 분류
　① 이는 미생물의 분류상 구분이라기보다는 검사방법에 의하여 구분되는 특징
　② 대장균군 > 분원성 대장균군 > 대장균

3. 분류

3.1 대장균군(총대장균)

1) 정의 : 전술한 정의
2) 가장 많은 수가 검출되므로 가장 큰 폭의 안전도를 제공 → 먹는물 지표세균으로 사용
3) 그러나, 분원성이 아닌 세균이 많이 포함되기 때문에 분원성 오염의 지표로서는 신뢰성이 낮다.

3.2 분원성 대장균

1) 정의 : 대장균군과 동일
2) 배양온도가 44℃로 높기 때문에 열저항성 대장균군이라고도 한다.

3) 장내세균이 자랄 수 있는 온도에서 배양하므로 분원성 오염에 대한 지표의 신뢰성이 높다.

3.3 대장균

1) 온혈동물의 장내 우점종을 이루는 통성혐기성균
2) 분원성 오염에 대한 특이성이 가장 높아 가장 신뢰할 수 있는 분원성 오염지표

4. 대장균의 측정의의

1) 인축의 장내에 서식하므로 소화기계 수인성 전염병원균의 추정이 가능함
2) 소화기계 전염병원균은 언제나 대장균과 함께 존재
3) 소화기계통 병원균보다 저항력이 강하고 일반세균보다 약하다. 또한 수중에서도 병원균보다 오래 생존한다. 따라서 대장균군이 검출되지 않으면 대부분의 병원균이 사멸된 것으로 볼 수 있다.
4) 병원균보다 검출이 용이하고 신속함
5) 시험의 정밀도가 높고 극히 적은 양도 검출이 가능함

5. 시험방법

5.1 시험방법의 개요

1) 환경기준에 의한 대장균 시험(개/100mL) : 최적확수시험법(MPN), 막여과 시험법
2) 배출허용기준에 의한 대장균 시험(개/mL) : 평판집락시험법

5.2 시험방법

1) 최적확수시험법
   ① 시료를 유당이 포함된 배지에 배양할 때 대장균군이 증식하면서 가스를 생성하는데 이때의 양성시험관 수를 확률적인 수치의 최적확수로 표시하는 방법
   ② 시험방법(정성시험)
   대장균군의 정성시험은 추정시험, 확정시험 및 완전시험의 3단계로 나눈다.
   ㉮ 추정시험
   • 대장균의 농도에 따라 희석도를 달리하여 조제한 검수 100mL를
   • 5개의 유당 부이온배지가 들어있는 발효관에서 35 ± 0.5℃에서 24 ± 3시간 배양
   ㉯ 확정시험
   가스발생이 확인된 추정시험 시료를 BGLB 발효관에서 35 ± 0.5℃의 온도로 48 ± 3시간 배양시켜 가스발생여부를 관찰
   ㉰ 완전시험
   Endo배지 혹은 EMB 평판배지에서 35 ± 0.2℃의 온도에서 24 ± 3시간 배양시켜 콜로니

생성을 확인하고 집락을 그람염색하여 확인

③ 정량시험

㉮ MPN(Most Probable Number)은 최적확수 또는 최확수라고 하며 시료 100mL 내에 존재하는 균의 수를 말하며, 확률적으로 그 수치를 산정하는 것으로 이론상 가장 가능한 수치를 말한다.

㉯ 대장균군의 정량시험법으로 공식은 Tomas 근사식으로 전부양성으로 나타난 시료를 제외하고 계산한다.

$$MPN = \frac{100 \times 양성관수}{\sqrt{음성시료(mL) \times 전시료(mL)}}$$

2) 막여과시험법

① 측정원리

㉮ 시료의 종류 및 특성에 따라 시료량을 조정하여 취하며

㉯ 여과시료가 1mL 이하인 경우에는 멸균된 희석수를 사용하여 적당히 희석한 후 막여과(0.45 μm) 하고

㉰ 그 여과막을 M−Endo(또는 LES Endo Agar) 배지에서 배양시킬 때

㉱ 대장균군이 Lactase를 발효하여 Aldehyde를 생성하면서 붉은 색의 광택을 내는 집락을 형성하므로

㉲ 이 집락수를 계수하여 대장균군의 농도를 구한다.

3) 평판집락법

① 측정원리

㉮ 시료를 유당이 함유된 한천배지에서 배양할 때 대장균군이 증식하면서 산을 생성하고 하나의 집락을 형성

㉯ 이때 생성된 산은 지시약인 뉴트랄레드(Neutral Red)를 진한 적색으로 변화시켜 전형적인 대장균군의 집락이 형성되어 식별이 가능하며

㉰ 형성된 집락수를 계수하여 농도를 구한다.

6. 대장균시험법의 특징

6.1 MPN법

완전시험법까지 하면 대장균군에 속한 세균을 확인할 수 있어 정확도가 높다.

6.2 막여과시험법

1) 대장균군수가 적을 때 유효한 시험방법

2) 다량의 시료를 여과하므로 실제의 균수에 가까운 고도의 신빙성 있는 결과를 얻을 수 있다.

3) 실험시간이 최적확수시험법의 1/4 정도 소요

6.3 평판집락법

시험방법이 간단하지만 대장균군만을 계수

7. 결론

1) 먹는물 수질기준 만족을 위해 정수장의 C.T값 증가가 필요하며

2) 염소보다 소독력이 강한 소독제(O_3, UV)의 사용도 고려할 필요가 있으며

3) 급·배수과정에서 발생할 수 있는 세균부활(After-Growth)을 방지하기 위한 재염소주입도 고려

4) 또한 단지 소독력 증대, C.T값 증가를 위해 염소투입량을 증대할 경우 THMs 등의 DBPs의 생성이 우려되므로 이에 대한 대책도 필요

5) 하수처리의 경우 대장균 또는 병원성 원생동물에 의한 피해를 줄이기 위해 2003년 1월 1일부터 대장균군에 대한 기준이 마련되었다.

6) 특히 하수의 경우 많은 유기물이 존재하기 때문에 염소소독 시 THMs 등에 의한 수역의 2차 오염을 방지하기 위하여 염소 외 오존, UV 등의 소독설비가 바람직하다.

Key Point +

- 78회, 79회, 117회, 121회 출제
- 상기 문제의 경우 25점뿐만 아니라 MPN, 대장균군, 총대장균 또는 계산문제 등으로 1교시 문제로도 출제가 가능
- MPN법에서의 실험절차, 계산방법 등은 숙지하기 바람
- 대장균의 측정의의와 환경기준과 배출수허용기준의 실험법의 차이도 숙지하기 바람

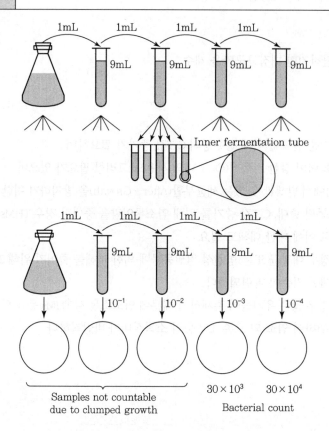

Samples not countable
due to clumped growth

Bacterial count

30×10^3 30×10^4

[문제] 어느 시료를 시험한 결과가 아래 표와 같았다. MPN/100mL를 구하시오.

시료량(mL)	시험관 수	양성관 수
100	5	5
10	5	3
1	5	1
0.1	5	0

100mL 5개 시료는 모두 양성이기 때문에 계산에서는 제외한다.

$$MPN = \frac{100 \times 양성관의\ 수}{\sqrt{음성시료(mL) \times 전시료(mL)}} = \frac{100 \times 4}{\sqrt{24.5 \times 55.5}} = 10.84 ≒ 11$$

• 양성관의 숫자 : 4
• 음성시료 = 24.5mL
• 전시료 = 55.5mL

$$∴ MPN = \frac{100 \times 4}{\sqrt{24.5 \times 55.5}} = 10.84 ≒ 11$$

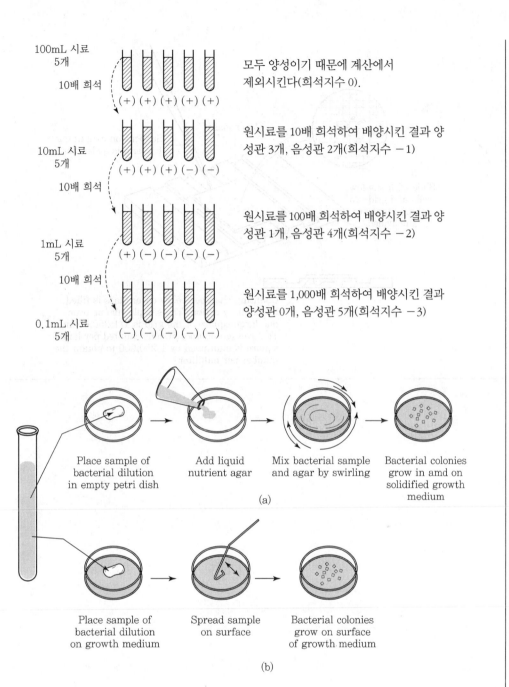

100mL 시료
5개

10배 희석

(+) (+) (+) (+) (+)

모두 양성이기 때문에 계산에서
제외시킨다(희석지수 0).

10mL 시료
5개

10배 희석

(+) (+) (+) (−) (−)

원시료를 10배 희석하여 배양시킨 결과 양
성관 3개, 음성관 2개(희석지수 −1)

1mL 시료
5개

10배 희석

(+) (−) (−) (−) (−)

원시료를 100배 희석하여 배양시킨 결과 양
성관 1개, 음성관 4개(희석지수 −2)

0.1mL 시료
5개

(−) (−) (−) (−) (−)

원시료를 1,000배 희석하여 배양시킨 결과
양성관 0개, 음성관 5개(희석지수 −3)

Place sample of
bacterial dilution
in empty petri dish

Add liquid
nutrient agar

Mix bacterial sample
and agar by swirling

Bacterial colonies
grow in amd on
solidified growth
medium

(a)

Place sample of
bacterial dilution
on growth medium

Spread sample
on surface

Bacterial colonies
grow on surface
of growth medium

(b)

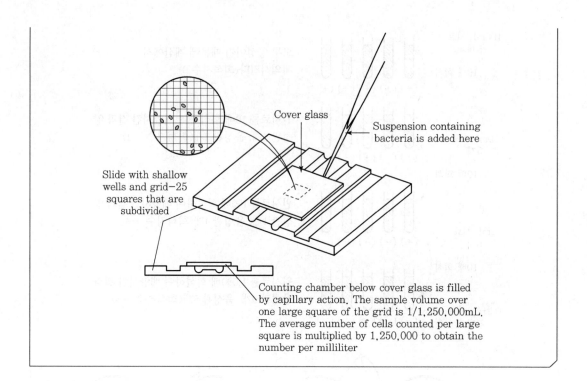

Cover glass

Suspension containing
bacteria is added here

Slide with shallow
wells and grid—25
squares that are
subdivided

Counting chamber below cover glass is filled
by capillary action. The sample volume over
one large square of the grid is 1/1,250,000mL.
The average number of cells counted per large
square is multiplied by 1,250,000 to obtain the
number per milliliter

하천, 호소, 해역의 대장균군 환경기준

1. 개요

1) 대장균이라 함은 그람음성, 무아포성 간균으로 유당을 분해해서 가스와 산을 생성하는 모든 호기성 또는 통성혐기성균을 말한다.

2) 먹는물 수질기준에는 총대장균군, 대장균, 분원성 대장균군으로 분류
① 이는 미생물의 분류상 구분이라기보다는 검사방법에 의하여 구분되는 특징
② 대장균군 > 분원성 대장균군 > 대장균

2. 대장균의 측정의의

1) 인축의 장내에 서식하므로 소화기계 수인성 전염병원균의 추정이 가능함
2) 소화기계 전염병원균은 언제나 대장균과 함께 존재
3) 소화기계통 병원균보다 저항력이 강하고 일반세균보다 약하다. 또한 수중에서도 병원균보다 오래 생존
   따라서, 대장균군이 검출되지 않으면 대부분의 병원균이 사멸된 것으로 볼 수 있다.
4) 병원균보다 검출이 용이하고 신속함
5) 시험의 정밀도가 높고 극히 적은 양도 검출이 가능함

3. 하천 및 호소의 환경기준

등급		기준	
		대장균군(군수/100mL)	
		총대장균군	분원성대장균군
매우 좋음	Ia	50 이하	10 이하
좋음	Ib	500 이하	100 이하
약간 좋음	II	1,000 이하	200 이하
보통	III	5,000 이하	1,000 이하
약간 나쁨	IV	–	–
나쁨	V	–	–
매우 나쁨	VI	–	–

4. 해역의 환경기준

(단위 : mg/L, 개체수/100mL)

등급	기준						
	pH	COD	DO	총대장균군	용매추출유분	T-N	T-P
Ⅰ	7.8~8.3	1 이하	7.5 이상	1,000 이하	0.01 이하	0.3 이하	0.03 이하
Ⅱ	6.5~8.5	2 이하	5 이상	1,000 이하	0.01 이하	0.6 이하	0.05 이하
Ⅲ	6.5~8.5	4 이하	2 이상	-	-	1.0 이하	0.09 이하

오염지표 미생물(Indicator Microorganism)

1. 개요

1) 정의

주변환경 분포에 따라 양상이 변화함으로써 환경변화의 정도를 알려주는 생물을 지표생물이라 하며, 이것이 미생물이면 지표미생물이라 함

2) 생물학적 평가

① 물리 · 화학적 분석 : 늘 변하는 생태계의 특성을 이들 인자에만 의존하기에는 무리가 있음

② 수질오염은 주변 환경변화를 초래하며

③ 서식환경의 영향을 끊임없이 받는 생물의 분포 및 종조성을 조사하여 이들의 변화에 따른 수질오염을 평가할 필요성이 있음

④ 생물학적 평가가 물리 · 화학적 평가보다 훨씬 근본적 평가가 될 수 있다.

2. 수인성 질병

1) 배설물 오염과 밀접한 관계

2) 병원성 미생물의 특징

① 비병원성 미생물에 비해 적게 분포하며 그 종류가 많음

② 검출방법이 까다로움

③ 검사자의 오염 우려

3) 수인성 질병 원인균의 존재 유무 파악

① 상기의 병원성 미생물의 특징에 의해 병원성 미생물을 직접 측정하지 않고

② 비병원성이지만 분원성 오염물 즉, 배설물과 관련성이 높은 특정미생물의 분포상황을 대신 측정

③ 수인성 질병 원인균의 존재 유무를 파악하는 것이 일반적임

3. 오염지표 미생물의 조건

1) 수인성 질병의 원인이 되는 병원균으로 오염된 물에서는 언제나 검출됨

－오염되지 않은 물에서는 검출되지 않거나 개체수가 매우 적을 것

2) 배설물에 다량 존재

3) 자연조건에서나 수처리공정에서 생장이나 활성 양상이 병원균과 비슷할 것

4) 검출, 동정, 계수가 용이할 것

5) 오염원이 병원균과 동일할 것

4. 지표미생물의 예

1) 대장균군(Coliform Bacteria)

2) 분원성 대장균군(분변성 대장균군, Fecalcoliform Bacteria)

3) 분원성 연쇄성 구균(분변성 대장균군, Streptococci)

Key Point ✦

112회, 117회, 121회 출제

크립토스포리디움(Cryptosporidium)

1. 개요

1) 크립토스포리디움은 감염된 사람이나 동물의 대변 속에 있는 기생충으로 물을 통해 전염됨
2) 염소에 대한 내성을 갖고 있어 여과지의 철저한 관리가 필요

2. 감염 시 증상

설사, 복통, 구토 등

3. 대책

3.1 취수원

1) 상수원의 오염 여부 파악
2) 오염원 관리

3.2 정수장

1) 탁도, 대장균을 지표로 관리
2) 응집침전 효율 증대
3) 급속여과법, 완속여과법, 막여과법 처리
   ① 급속여과처리 시 응집제 주입
   ② 적절한 역세척(공기세척 + 물세척)
   ③ 적절한 시동방수 실시
   ④ 매월 측정된 시료의 95% 이상이 0.3NTU(급속여과), 0.5NTU(완속여과)를 초과하지 않아야 하고, 개별 여과지 유출수의 탁도가 1.0NTU를 초과하지 않아야 함
4) **소독효과 증대** : 오존, UV 소독 채용

4. 제안사항

1) 배슬러지지의 상징수는 크립토스포리디움의 오염 우려가 있으므로 정수공정으로 절대로 반송해서는 안 됨
2) 여과지 유출수 탁도 관리 시 0.3NTU 이하에서는 크립토스포리디움 포낭과의 상관관계가 떨어지므로 Particle counter를 병행하여 측정하는 것이 바람직

| Key Point * |

79회, 106회, 117회, 121회, 131회 출제

용존산소부족곡선(Oxygen Sag Curve)

관련 문제 : Streeter-Phelps 모델

1. 개요

1) 하천에 유기오염물질(BOD)이 유입되고 재포기가 일어날 때 물의 흐름에 따른 DO 부족량의 단면도를 보면 스푼모양(Spoon Shaped)을 이룬다.

① 하천에 오염물질이 유입되면 그 유하시간에 따라 하천의 DO가 점차 감소되며

② 소비되는 산소량보다 대기로부터 공급되는 산소량이 커지면 수중의 DO 농도는 다시 증가하게 된다.

③ 하천에서의 산소 결핍은 산소소비와 재폭기의 함수이며

④ 산소부족량의 시간에 대한 변화율은 하천에서 두 과정(산소소비, 재폭기)의 합으로 나타낸다.

2) 이 곡선을 용존산소부족곡선 또는 용존산소수하곡선이라 부른다.

3) 산소부족량이란 주어진 수온에서 포화산소량과 실제 용존산소량의 차이를 말한다.

4) 하천에서 DO 농도를 변화시키는 2가지 주요 기구는

① 미생물에 의한 유기물질의 호기성 분해에 따른 DO 소모와

② 재폭기를 통한 물에 공기 중에 존재하는 산소를 공급하는 것이다.

2. Streeter-Phelps 모델

2.1 가정

1) 오염부하량의 산정은 점오염원을 기준으로 한다.

2) 하천에 오염물이 유입되면 전체 단면으로 완전히 혼합된다.

3) 하천의 축방향(흐름방향)의 확산을 무시한다.

4) 하천의 시간별 DO 농도 변화량은 정상상태에 있다.

5) 임의 지점의 탈산소율은 그 지점의 BOD 농도에 비례한다.

6) 호기성 미생물에 의한 유기물질의 분해반응은 1차 반응이다.

2.2 적용 시 주의사항

1) 조류와 슬러지의 퇴적물을 무시할 수 있고

2) 단면이 균일한 유로에만 적용 가능

3. 용존산소부족곡선 사용 시 알아야 할 항목(변수)

수온, 하류의 최종 BOD, DO, K_1, K_2, 하수방출지점에서 측정지점까지의 소요시간

4. 유기물질의 분해에 따른 탈산소화

1) 하천에서 유기물은 미생물에 의한 호기성 분해로 1차 반응으로 표현되며 경과시간에 따라 그 농도는 반응속도에 비례한다.

$$\frac{dL_t}{d_t} = -K_1 \cdot L_o$$

여기서, L_t : t (일)후 BOD 농도(mg/L)

L_o : 초기의 BOD 농도(mg/L)

K_1 : 탈산소계수

위 식을 $t = 0$일 때 L_o에서 $t = t$일 때 L_t까지 적분하면

$$\ln \frac{L_t}{L_o} = -K_1 t$$

$$\frac{L_t}{L_o} = e^{-K_1 t}$$

$$L_t = L_o \cdot e^{-K_1 t}$$

$$L_t = L_o \cdot 10^{-K_1 t}$$

여기서, K_1 : 하천하류에서 여러 지점의 BOD를 측정하여 구함

5. 재포기량

1) 시간 t에서 대기로부터 수중으로의 산소용해율, 즉 재포기계수는 주로 수심의 함수이고 다음의 인자에 의해 영향을 받는다.

① 수온   ② 산소부족량
③ 수면난류상태   ④ 불순물의 농도
⑤ 재포기율   ⑥ 유기물질의 산하속도

2) 1차 반응으로 간주

$$\frac{dD_t}{dt} = -K_2 D_o$$

여기서, K_2 : 재포기계수, D_t : 시간 t일 때 산소 부족량(mg/L)

D_o : 초기 DO 부족량(mg/L), t : 시간(일)

위 식을 $t=0$일 때 D_o에서 $t=t$일 때 D_t까지 적분하면

$$\ln\frac{D_t}{D_o} = -K_2 \cdot t$$

$$\frac{D_t}{D_o} = e^{-K_2 \cdot t}$$

$$D_t = D_o \cdot e^{-K_2 \cdot t}$$

$$D_t = D_o \cdot 10^{-K_2 \cdot t}$$

6. 용존산소부족량

하천 중의 BOD량을 L, 탈산소계수를 K_1, 재포기계수를 K_2라 하면 용존산소부족량의 미분방정식은 다음과 같다.

$$\frac{dD_t}{dt} = K_1 L_t - K_2 D_t$$

위 식을 적분하여 상용대수로 고치면

$$D_t = \frac{K_1 L_o}{K_2 - K_1}\left(10^{-K_1 t} - 10^{-K_2 t}\right) + D_o 10^{-K_2 t}$$

여기서, D_t : t일 후의 DO 부족량(mg/L)

L_o : 전체 BOD(mg/L)

D_o : 초기 DO 부족량(mg/L)

K_1 : 탈산소계수(d^{-1})

K_2 : 재포기계수(d^{-1})

7. 임계점

용존산소농도가 가장 낮아질 때까지 걸리는 임계시간(t_c)과 임계시간에서의 산소부족농도(D_c)는 다음과 같다.

$$t_c = \frac{1}{K_1(f-1)} \log\left(f \times \left[1-(f-1)\frac{D_o}{L_o}\right]\right)$$

$$D_c = \frac{L_o}{f} 10^{-K_1 \cdot t}$$

여기서, f : 자정계수(K_2/K_1)

8. 변곡점

변곡점이 나타나는 시간 t_L와 t_c에서 DO 부족농도는 아래 식으로 계산

$$t_L = \frac{1}{K_1(f-1)} \log f + t_c$$

$$\log D_L = \log\left(\frac{f+1}{f^2}\right) + \log L_o - K_1 \cdot t_L$$

$f = 1$일 때 아래 식을 사용한다.

$$t_c = 0.434\left(1 - \frac{D_o}{L_o}\right)\frac{1}{K_1}$$

$$t_L = 0.434\left(2 - \frac{D_o}{L_o}\right)\frac{1}{K_1}$$

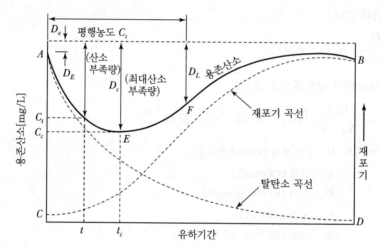

여기서, E : 임계점　　F : 변곡점　　D_o : 초기 $t = 0$일 때의 DO 부족량
　　　　D_c : 임계부족량　　　　　　D_t : 변곡점에서의 DO 부족량
　　　　t_c : 임계시간　　　　　　　t_L : 변곡점까지의 시간

[DO Sag－Curve]

┌ Key Point ＊┐

111회 출제

용존산소(DO : Dissolved Oxygen)

1. 개요

1) 용존산소(DO)는 물속에 산소가 얼마나 녹아 있는가를 나타내는 수치로서

2) 수질오염 정도를 나타내는 지표로 사용된다.

3) 수질오염 정도

  ① DO가 높을 경우 : 하천의 오염 정도가 낮다.

  ② DO가 낮을 경우 : 하천의 오염 정도가 심하다.

4) DO의 포화농도 : 대기압 20℃에서 9.17ppm

2. 용존산소의 특징

1) 용존산소 포화농도는 20℃에서 9.17ppm이다.

2) 수중의 용존산소는 하천의 유속이 빠를수록 증가한다.

3) 수중의 용존산소는 온도가 낮을수록 증가한다.

  하천의 온도가 높을수록 미생물의 신진대사 속도가 빨라지기 때문에 용존산소 소비속도 또한 증가한다.

4) 수중에 가해지는 산소의 압력이 클수록 증가한다.

5) 수중에 환원제(SO_3^{-2}, NO_2^-, Fe^{+2})가 있는 경우에는 DO 농도가 감소한다.

  ① 질산염(NO_3^-)은 질산화 과정을 통해서 생성되는 최종물질이므로 물속의 용존산소를 소비시키지 않는다.

  ② 황산염(SO_4^{-2})과 제2망간염(Mn^{+4})은 더 이상 산화가 진행되지 않기 때문에 물속의 용존산소량을 더 이상 소비하지 않는다.

6) 물속의 염류농도가 높을수록 용존산소의 농도는 감소한다.

  ① 담수의 용존산소가 해수보다 높다.

  ② 담수가 해수에 비해 염분의 함유량이 적기 때문

7) 용존산소의 농도가 2ppm 이상인 경우에는 악취가 발생하지 않는다.

8) 수면의 교란이 심할수록 산소 용해율 증가

  수면의 교란이 클수록 수면과 산소가 접하는 면적이 증가

3. 헨리(Henry)의 법칙

1) 일정한 온도에서 일정량의 용매에 녹는 기체의 질량은 압력에 비례하지만 부피는 압력에 관계 없이 일정하다는 법칙

$$P_B = H \cdot x_B$$

> 여기서, x_B : 용액 속에 녹아있는 B성분의 몰분율
> H : 압력과 무관하나 온도에 의존하는 헨리상수
> P_B : B성분의 분압(atm)

2) 물속의 용존산소 용해도와 관련이 있다.

3) Henry법칙을 적용할 수 있는 기체

① 용해도가 비교적 낮은 기체

② 이산화탄소(CO_2), 산소(O_2), 질소(N_2) 등이 대표적이다.

4) 헨리상수(H)

① 헨리상수(H)란 어떤 기체 1M을 녹이는 데 필요한 압력을 의미한다.

② 그러므로 H의 단위는 atm · L/mole이다.

③ 일반적으로 헨리상수값이 큰 기체일수록 물에 녹기 어려운 기체이다.

5) 기체의 용해도

$$C_s = K_s \cdot P_{O_2}$$

> 여기서, C_s : 수중의 용존산소포화농도(20℃, 1atm(9.17ppm))
> K_s : 산소흡수계수(mL/L · atm)
> P_{O_2} : 산소분압(mmHg)

$$※ \ P = HC$$

$$\therefore \ C = \frac{1}{H}P$$

$$C = K_s \cdot P$$

4. 산소전달

4.1 산소전달속도식

$$\frac{dC}{dt} = K_{La}(C_s - C_t)$$

> 여기서, K_{La} : 총괄기체 이전계수(hr^{-1})
> C_s : 포화산소농도(mg/L)
> C_t : 현재의 용존산소농도(mg/L)

4.2 특징

1) 포화 DO 농도와 현재 DO 농도의 차가 클수록 산소전달속도는 커진다.
   수중의 용존산소농도가 작을수록 증가
2) 기포가 작을수록 커진다.
3) 교반강도가 클수록 크다.
4) 공기 중의 산소분압에 비례
5) 계면 재생률이 작을수록 감소
6) 접촉시간이 길수록 증가

BOD 측정의 한계

1. BOD 측정의 한계

BOD 시험은 아래와 같은 결함을 가지고 있으나 수중 유기물질의 분해반응은 그 자체가 생물학적 반응이므로 이러한 결함에도 불구하고 폐수처리효율을 나타내는 지표로 많이 이용되고 있다.

1) BOD 측정은 자연상태에서 존재하는 호기성 미생물을 이용하므로 측정시료에 존재하는 호기성 박테리아의 종류, 농도 및 순화정도에 따라 BOD값이 변화한다.

2) 또한, 활성이 있어야 하고 순화(Acclimated)된 높은 농도의 식종박테리아가 필요

3) 호기성 미생물에 유해한 독성물질이 측정시료에 함유되어 있으면 정확한 BOD 측정이 곤란하다(식종이 필요).

4) 측정시료에 질산화 박테리아의 농도가 높으면 질소성 BOD가 5일 이전에 측정되어 BOD값이 증가한다.

5) BOD값은 측정시료액의 난분해성 유기물질의 농도를 알 수 없고 생분해성 유기물질의 농도만 알 수 있다.

6) 고형물을 함유한 폐수에 대하여는 화학양론을 적용하기 어렵다.

7) BOD 시험에 장시간(5일 이상)이 필요하여 DO 소비율이 허용범위를 벗어나거나 실험에 실패하면 재시험이 곤란하다.

8) 시험결과의 오차가 크다(BOD$_5$의 표준오차 : 18.5%).

DO 측정방법(윙클러 – 아지드화나트륨 변법)

1. 측정원리

1) 황산망간과 알칼리성 요오드화칼륨용액을 넣을 때 생기는 수산화제일망간이 시료 중의 용존산소에 의해 수산화제이망간으로 산화되고
2) 황산 산성에서 용존산소량에 대응하는 요오드를 유리시킨 후
3) 유리된 요오드를 티오황산나트륨으로 적정하여 용존산소의 양을 정량한다.

2. 전제 조건 및 정량범위

1) 아질산염 5mg/L 이하, 제일철염 1mg/L 이하에서 방해를 받지 않으며 하천수 및 폐수에 적용한다.
2) 정량범위는 0.1mg/L 이상이다.

3. 반응식

1) $MnSO_4 + 2NaOH \longrightarrow Na_2SO_4 + Mn(OH)_2 \downarrow$ (백색침전)
2) $2Mn(OH)_2 + 1/2O_2 + H_2O \longrightarrow 2Mn(OH)_3 \downarrow$ (갈색침전)
3) $2Mn(OH)_3 + 2KI + 3H_2SO_4 \longrightarrow I_2 + 2MnSO_4 + K_2SO_4 + 6H_2O$
4) $I_2 + 2Na_2S_2O_3 \longrightarrow 2NaI + Na_2S_4O_6$ (적정반응)

4. 시료의 전처리

4.1 시료가 착색되거나 현탁되어 있을 경우 : 칼륨명반 응집침전법

상기와 같은 경우 용존산소의 정량이 곤란하기 때문에 칼륨명반 응집처리를 통해 현탁물질을 아래의 방법으로 제거시킨다.

1) 시료를 마개가 있는 1L 유리병에 기포가 생기지 않도록 채움
2) 칼륨명반용액 10mL + 암모니아수 1~2mL를 공기가 들어가지 않도록 채움
3) 1분간 교반 후 10분간 정치하여 침전물을 침강시킴
4) 고무관 등으로 Syphon 작용을 이용하여 상등액을 BOD병에 인출하여 시료로 사용

4.2 활성슬러지 Floc이 존재하는 경우 : 황산구리 – 술퍼민산법

시료에 활성슬러지의 미생물 Floc이 형성되었을 경우에는 정량에 방해를 주기 때문에 황산구리를 이용한 응집처리를 통해서 제거한다.

1) 시료를 마개가 있는 1L 유리병에 기포가 생기지 않도록 채움
2) 황산구리 – 술퍼민산용액 10mL를 공기가 들어가지 않도록 첨가 후
3) 1분간 잘 흔들고 10분간 정치하여 침전물을 침강시킴
4) 고무관 등으로 Syphon 작용을 이용하여 상등액을 BOD병에 인출하여 시료로 이용

4.3 산화성 물질을 함유한 경우

염소이온(Cl^-)은 적정시약인 티오황산나트륨($2Na_2S_2O_3$)을 산화시키므로 용존산소량을 과대평가할 수 있으므로 전처리를 통해서 제거한다.

4.4 제2철염(Fe^{+3})이 공존하는 경우

1) 제2철염이 100~200mg/L 함유되어 있는 시료의 경우에는 요오드를 유리하여 용존산소를 과대평가할 수 있으므로
2) 불화칼륨용액(KF : 30% 또는 300g/L) 1mL를 가해서 제거한다.

5. 아질산염(Nitrite Ion)의 용존산소 정량 방해 및 제거

1) 주로 생물학적 프로세스를 이용하는 하수처리장 유출수에서 나타난다.
2) 아질산염은 산성조건에서 I^-을 자유 I_2로 산화시킨다.

   $2NO_2^- + 2I^- + 4H^+ \rightarrow I_2 + N_2O_2 + 2H_2O$

3) 아질산염에 의한 방해가 있을 때는 영구 종말점을 얻을 수 없다. 즉, 산소에 의해서 N_2O_2가 산화되어서 다시 아질산염이 나타난다.

   $N_2O_2 + 1/2O_2 + H_2O \rightarrow 2NO_2^- + 2H^+$

4) 이와 같은 아질산염은 아지드화나트륨(NaN_3)을 사용하여 제거할 수 있다.

   $NaN_3 + N^+ \rightarrow HN_3 + Na^+$

   $HN_3 + NO_2^- + H^+ \rightarrow N_2 + N_2O + H_2O$

6. 용존산소 측정공식

6.1 적정시약이 0.025N – $Na_2S_2O_3$ 사용한 경우

$$DO(mg/L) = a \times f \times \frac{V_1}{V_2} \times \frac{1,000}{V_1 - R} \times 0.2$$

여기서, a : 적정에 소비된 0.025N – 티오황산나트륨(mL)

f : 0.025N – 티오황산나트륨의 역가(Factor)

V_1 : 전체의 시료량(mL)

V_2 : 적정에 사용한 시료량(mL)

R : 황산망간용액($MnSO_4$)과 알칼리성 요오드화칼륨(KI)

– 아지드화나트륨(NaN_3) 용액의 첨가량(mL)

6.2 적정시약이 0.01N – $Na_2S_2O_3$ 사용한 경우

$$DO(mg/L) = a \times f \times \frac{V_1}{V_2} \times \frac{1,000}{V_1 - R} \times 0.08$$

여기서, a : 적정에 소비된 0.01N – 티오황산나트륨(mL)

f : 0.01N – 티오황산나트륨의 역가(Factor)

7. 용존산소 측정방법

1) 시료 준비

2) 용존산소 측정병(300mL)

① $MnSO_4$ 용액 1mL

② 알칼리성 KI – NaN_3 용액 1mL

3) 마개를 닫고 약 1분간 병회전

4) 정치하여 1/3로 침전 : $(MnO(OH)_2) \downarrow$

H_2SO_4 1mL

5) 마개를 닫고 병회전 : 침전물 완전 용해

폐수인 경우 약 2분간 병을 회전하고 2분 이상 정치시킨 후 미세한 침전물이 없도록 병을 흔든다.

6) 200mL 삼각플라스크에 분취

① N/40 – $Na_2S_2O_3$(황색)

② 전분액 1mL(청색) : 황색이 희박해지면 지시약 전분 용액을 가한다.

7) 적정

종말점 : 청색 → 무색

먹는물 수질기준

1. 개요

1) 우리나라의 먹는물의 분류

수돗물, 샘물, 먹는샘물, 먹는염지하수, 먹는해양심층수 및 먹는물공동시설 등을 포함

2) 수돗물 수질기준

① 분류

㉮ 미생물에 관한 기준

㉯ 건강상 유해영향 무기물질에 관한 기준

㉰ 건강상 유해영향 유기물질에 관한 기준

㉱ 소독제 및 소독부산물에 관한 기준 : 샘물, 먹는샘물, 염지하수, 먹는염지하수, 먹는해양심층수 및 먹는물 공동시설의 물은 제외

㉲ 방사능에 관한 기준 : 염지하수의 경우에만 적용한다.

② 총 66개 항목

2. 수질기준(2021. 9. 16 시행)

2.1 미생물에 관한 기준(총 6개 항목)

1) 일반세균은 1mL 중 100CFU(Colony Forming Unit)를 넘지 아니할 것. 다만, 샘물 및 염지하수의 경우에는 저온일반세균은 20CFU/mL, 중온일반세균은 5CFU/mL를 넘지 아니하여야 하며, 먹는샘물, 먹는염지하수 및 먹는해양심층수의 경우에는 병에 넣은 후 4℃를 유지한 상태에서 12시간 이내에 검사하여 저온일반세균은 100CFU/mL, 중온일반세균은 20CFU/mL를 넘지 아니할 것

2) 총 대장균군은 100mL(샘물·먹는샘물, 염지하수·먹는염지하수 및 먹는해양심층수의 경우에는 250mL)에서 검출되지 아니할 것. 다만, 제4조제1항제1호나목 및 다목에 따라 매월 또는 매분기 실시하는 총 대장균군의 수질검사 시료(試料) 수가 20개 이상인 정수시설의 경우에는 검출된 시료 수가 5퍼센트를 초과하지 아니하여야 한다.

3) 대장균·분원성 대장균군은 100mL에서 검출되지 아니할 것. 다만, 샘물·먹는샘물, 염지하수·먹는염지하수 및 먹는해양심층수의 경우에는 적용하지 아니한다.

4) 분원성 연쇄상구균·녹농균·살모넬라 및 쉬겔라는 250mL에서 검출되지 아니할 것(샘물·먹는샘물, 염지하수·먹는염지하수 및 먹는해양심층수의 경우에만 적용한다)

5) 아황산환원혐기성포자형성균은 50mL에서 검출되지 아니할 것(샘물·먹는샘물, 염지하수·먹는염지하수 및 먹는해양심층수의 경우에만 적용한다)

6) 여시니아균은 2L에서 검출되지 아니할 것(먹는물공동시설의 물의 경우에만 적용한다)

2.2 건강상 유해영향 무기물질에 관한 기준(총 14개 항목)

1) 납은 0.01mg/L를 넘지 아니할 것

2) 불소는 1.5mg/L(샘물·먹는샘물 및 염지하수·먹는염지하수의 경우에는 2.0mg/L)를 넘지 아니할 것

3) 비소는 0.01mg/L(샘물·염지하수의 경우에는 0.05mg/L)를 넘지 아니할 것

4) 셀레늄은 0.01mg/L(염지하수의 경우에는 0.05mg/L)를 넘지 아니할 것

5) 수은은 0.001mg/L를 넘지 아니할 것

6) 시안은 0.01mg/L를 넘지 아니할 것

7) 크롬은 0.05mg/L를 넘지 아니할 것

8) 암모니아성 질소는 0.5mg/L를 넘지 아니할 것

9) 질산성 질소는 10mg/L를 넘지 아니할 것

10) 카드뮴은 0.005mg/L를 넘지 아니할 것

11) 보론은 1.0mg/L를 넘지 아니할 것(염지하수의 경우에는 적용하지 아니한다)

12) 브롬산염은 0.01mg/L를 넘지 아니할 것(먹는샘물, 염지하수·먹는염지하수, 먹는해양심층수 및 오존으로 살균·소독 또는 세척 등을 하여 음용수로 이용하는 지하수만 적용한다)

13) 스트론튬은 4mg/L를 넘지 아니할 것(먹는염지하수 및 먹는해양심층수의 경우에만 적용한다)

14) 우라늄은 30μg/L를 넘지 않을 것[수돗물(지하수를 원수로 사용하는 수돗물을 말한다), 샘물, 먹는샘물, 먹는염지하수 및 먹는물공동시설의 물의 경우에만 적용한다)]

2.3 건강상 유해영향 유기물질에 관한 기준(총 18개 항목)

1) 페놀은 0.005mg/L를 넘지 아니할 것

2) 다이아지논은 0.02mg/L를 넘지 아니할 것

3) 파라티온은 0.06mg/L를 넘지 아니할 것

4) 페니트로티온은 0.04mg/L를 넘지 아니할 것

5) 카바릴은 0.07mg/L를 넘지 아니할 것

6) 1,1,1-트리클로로에탄은 0.1mg/L를 넘지 아니할 것

7) 테트라클로로에틸렌은 0.01mg/L를 넘지 아니할 것

8) 트리클로로에틸렌은 0.03mg/L를 넘지 아니할 것

9) 디클로로메탄은 0.02mg/L를 넘지 아니할 것

10) 벤젠은 0.01mg/L를 넘지 아니할 것

11) 톨루엔은 0.7mg/L를 넘지 아니할 것

12) 에틸벤젠은 0.3mg/L를 넘지 아니할 것

13) 크실렌은 0.5mg/L를 넘지 아니할 것

14) 1,1 − 디클로로에틸렌은 0.03mg/L를 넘지 아니할 것

15) 사염화탄소는 0.002mg/L를 넘지 아니할 것

16) 1,2 − 디브로모 − 3 − 클로로프로판은 0.003mg/L를 넘지 아니할 것

17) 1,4 − 다이옥산은 0.05mg/L를 넘지 아니할 것

18) 포름알데히드는 0.5mg/L를 넘지 아니할 것

2.4 소독제 및 소독부산물에 관한 기준(총 10개 항목)

1) 잔류염소(유리잔류염소를 말한다)는 4.0mg/L를 넘지 아니할 것

2) 총트리할로메탄은 0.1mg/L를 넘지 아니할 것

3) 클로로포름은 0.08mg/L를 넘지 아니할 것

4) 브로모디클로로메탄은 0.03mg/L를 넘지 아니할 것

5) 디브로모클로로메탄은 0.1mg/L를 넘지 아니할 것

6) 클로랄하이드레이트는 0.03mg/L를 넘지 아니할 것

7) 디브로모아세토니트릴은 0.1mg/L를 넘지 아니할 것

8) 디클로로아세토니트릴은 0.09mg/L를 넘지 아니할 것

9) 트리클로로아세토니트릴은 0.004mg/L를 넘지 아니할 것

10) 할로아세틱에시드(디클로로아세틱에시드, 트리클로로아세틱에시드 및 디브로모아세틱에시드의 합으로 한다)는 0.1mg/L를 넘지 아니할 것

2.5 심미적 영양물질에 관한 기준(총 15개 항목)

1) 경도(硬度)는 1,000mg/L(수돗물의 경우 300mg/L, 먹는염지하수 및 먹는해양심층수의 경우 1,200mg/L)를 넘지 아니할 것. 다만, 샘물 및 염지하수의 경우에는 적용하지 아니한다.

2) 과망간산칼륨 소비량은 10mg/L를 넘지 아니할 것

3) 냄새와 맛은 소독으로 인한 냄새와 맛 이외의 냄새와 맛이 있어서는 아니될 것. 다만, 맛의 경우는 샘물, 염지하수, 먹는샘물 및 먹는물공동시설의 물에는 적용하지 아니한다.

4) 동은 1mg/L를 넘지 아니할 것

5) 색도는 5도를 넘지 아니할 것

6) 세제(음이온 계면활성제)는 0.5mg/L를 넘지 아니할 것. 다만, 샘물·먹는샘물, 염지하수·먹는염지하수 및 먹는해양심층수의 경우에는 검출되지 아니하여야 한다.

7) 수소이온 농도는 pH 5.8 이상 pH 8.5 이하이어야 할 것. 다만, 샘물, 먹는샘물 및 먹는물공동시설의 물의 경우에는 pH 4.5 이상 pH 9.5 이하이어야 한다.

8) 아연은 3mg/L를 넘지 아니할 것

9) 염소이온은 250mg/L를 넘지 아니할 것(염지하수의 경우에는 적용하지 아니한다)

10) 증발잔류물은 500mg/L를 넘지 아니할 것. 다만, 샘물 및 염지하수의 경우에는 적용하지 아니하며, 먹는샘물, 먹는염지하수 및 먹는해양심층수의 경우에는 미네랄 등 무해성분을 제외한 증발잔류물이 500mg/L를 넘지 아니하여야 한다.

11) 철은 0.3mg/L를 넘지 아니할 것. 다만, 샘물 및 염지하수의 경우에는 적용하지 아니한다.

12) 망간은 0.3mg/L(수돗물의 경우 0.05mg/L)를 넘지 아니할 것. 다만, 샘물 및 염지하수의 경우에는 적용하지 아니한다.

13) 탁도는 1NTU(Nephelometric Turbidity Unit)를 넘지 아니할 것. 다만, 지하수를 원수로 사용하는 마을상수도, 소규모급수시설 및 전용상수도를 제외한 수돗물의 경우에는 0.5NTU를 넘지 아니하여야 한다.

14) 황산이온은 200mg/L를 넘지 아니할 것. 다만, 샘물, 먹는샘물 및 먹는물공동시설의 물은 250mg/L를 넘지 아니하여야 하며, 염지하수의 경우에는 적용하지 아니한다.

15) 알루미늄은 0.2mg/L를 넘지 아니할 것

2.6 방사능에 관한 기준(염지하수의 경우에만 적용한다.)

1) 세슘($Cs-137$)은 4.0mBq/L를 넘지 아니할 것
2) 스트론튬($Sr-90$)은 3.0mBq/L를 넘지 아니할 것
3) 삼중수소는 6.0Bq/L를 넘지 아니할 것

Key Point +

- 출제 빈도는 다소 낮지만, 소독부산물에 관한 기준은 DBPs, HAA와 같은 문제가 출제될 경우 기술할 필요가 있음
- 또한 기준의 분류(미생물, 심미적 영향물질)는 대제목으로 숙지하기 바람
- 방사능에 관한 기준에 대한 숙지도 더불어 필요함

먹는물(정수) 수질기준

먹는물의 수질기준은 다음과 같다.

구분	성분명	수질기준	구분	성분명	수질기준
미생물	일반세균	100CFU/mL 이하	건강상 유해영향 유기물질	사염화탄소	0.002mg/L 이하
	총대장균군	불검출/100mL		1.2-디브로모-3-클로로프로판	0.003mg/L 이하
	대장균/분원성 대장균군	불검출/100mL		1,4-다이옥산	0.05mg/L 이하
건강상 유해영향 무기물질	납	0.01mg/L 이하	소독제 및 소독 부산물질	유리잔류염소	4.0mg/L 이하
	불소	1.5mg/L 이하		총트리할로메탄	0.1mg/L 이하
	비소	0.01mg/L 이하		클로로포름	0.08mg/L 이하
	셀레늄	0.01mg/L 이하		브로모디클로로메탄	0.03mg/L 이하
	수은	0.001mg/L 이하		디브로모클로로메탄	0.1mg/L 이하
	시안	0.01mg/L 이하		클로랄하이드레이트	0.03mg/L 이하
	크롬	0.05mg/L 이하		디브로모아세토니트릴	0.1mg/L 이하
	암모니아성 질소	0.5mg/L 이하		디클로로아세토니트릴	0.09mg/L 이하
	질산성 질소	10mg/L 이하		트리클로로아세토니트릴	0.004mg/L 이하
	보론	1.0mg/L 이하		할로아세틱에시드	0.1mg/L 이하
	카드뮴	0.005mg/L 이하	심미적 영향물질	경도	300mg/L 이하
건강상 유해영향 유기물질	페놀	0.005mg/L 이하		과망간산칼륨 소비량	10mg/L 이하
	다이아지논	0.02mg/L 이하		냄새, 맛	무취, 무미
	파라티온	0.06mg/L 이하		동	1.0mg/L 이하
	페니트로티온	0.04mg/L 이하		색도	5도 이하
	카바릴	0.07mg/L 이하		세제(음이온계면활성제)	0.5mg/L 이하
	1.1.1-트리클로로에탄	0.1mg/L 이하		수소이온농도(pH)	5.8~8.5
	테트라클로로에틸렌	0.01mg/L 이하		아연	3.0mg/L 이하
	트리클로로에틸렌	0.03mg/L 이하		염소이온	250mg/L 이하
	디클로로메탄	0.02mg/L 이하		증발잔류물	500mg/L 이하
	벤젠	0.01mg/L 이하		철	0.3mg/L 이하
	톨루엔	0.7mg/L 이하		망간	0.3mg/L 이하
	에틸벤젠	0.3mg/L 이하		탁도	0.5NTU 이하
	크실렌	0.5mg/L 이하		황산이온	200mg/L 이하
	1.1디클로로에틸렌	0.03mg/L 이하		알루미늄	0.2mg/L 이하

생물학적 오염도

관련 문제 : 생물학적 수질판정방법, BIP & BI

1. 개요

1) 수중생물은 종류에 따라 자기가 좋아하는 오염도를 가진 수중에서 잘 번식하는 성질이 있다.
   즉, 수질오염도에 대응하여 거기에 생존하는 생물의 종류는 결정되어 있다.

2) 이러한 양자의 관계(즉, 수질오염도와 지표생물)를 미리 조사하여 두면 수중생물의 종류와 개체
   수를 조사함으로써 물의 오염도를 판정할 수 있다.

3) 이와 같은 생물학적 오염도를 바탕으로 하천이나 호소의 수질을 판정하는 방법을 생물학적 수
   질판정법이라 한다.

2. BIP(Biological Index of Water Pollution)

1) 일반적

　① 청정수 : 조류와 같이 엽록소를 가진 식물성 생물이 많다.

　② 오탁수 : 단세포 원생동물과 같이 엽록소가 없는 동물성 생물이 많다.

2) BIP

　① 전체 생물 수에 대한 무색(무엽록체) 생물수의 비율을 BIP라 한다.

$$BIP(\%) = \frac{무색(무엽록체)\ 생물수}{전생물수} \times 100$$

$$= \frac{B}{A+B} \times 100$$

　　　여기서, A : 검수 1mL 중의 유엽록체 생물수
　　　　　　　B : 검수 1mL 중의 무엽록체 생물수

3) 오염도가 높은 경우

　① A(유엽록체 생물)가 줄어들고 B(무엽록체 생물)가 증가

　② BIP값이 증가

4) 전형적인 BIP값

　① 청정한 하천 : 2% 이하

　② 저수지나 일반 하천 : 10∼20%

　③ 하수 등의 오염수 : 20% 이상

3. BI(Biotic Index)

1) 육안적 생물을 대상

2) BI

$$BI(\%) = \frac{2A+B}{A+B+C} \times 100$$

여기서, A : 청수성 미생물(오염에 약한 종류)
B : 광범위성 미생물
C : 오수성 미생물(오염에 강한 종류)

3) BI(%) 값이 클수록 : 맑은 물, BIP와는 역관계

4) 전형적인 BI(%)값
① 깨끗한 하천 : 20% 이상
② 약간 오염된 하천 : 10~20%
③ 심하게 오염된 하천 : 10% 이하

4. BIP와 BI의 차이점

1) BIP에서는 생물종류의 동정이 필요 없으나
2) BI에서는 생물의 동정이 필요
따라서, 해당생물이 오염성인지 아닌지에 대한 전문지식 필요

Key Point +

- 77회, 94회 출제
- 본 문제는 상하수도기술사 문제에서 자주 출제되는 문제는 아니지만 하천의 자정작용이나 오염과 관련된 문제
가 출제될 경우 상기 문제의 개요를 언급한다면 다른 수험자와 차이가 있는 답안작성이 될 것으로 판단됨
  예 하천의 자정작용인 Whipple Method에 적용

성층현상과 물의 전도현상

1. 개요

1) 호소나 저수지의 성층화는 수심에 따른 온도변화로 인해 발생되는 물의 밀도차에 의해 발생
   물의 수직운동이 없는 겨울, 여름에 발생 : 겨울보다 여름에 뚜렷
2) 봄과 가을에는 저수지의 수직혼합(Turn Over)이 활발히 진행되어 분명한 열밀도층의 구분이 없어지게 된다.

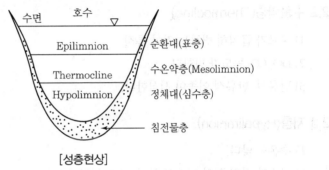

[성층현상]

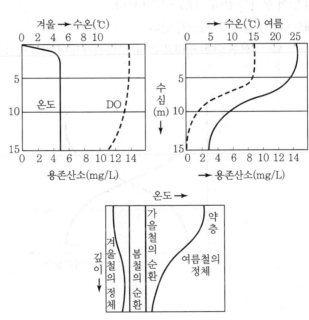

[전도현상]

2. 성층현상(Stratification)

저수지의 물이 수심에 따라 여러 개의 층으로 분리되는 현상

2.1 표층(Epilimnion)

1) 수온이 높다.

2) 대기 중의 산소가 재포기되어 DO 풍부

3) 조류의 광합성에 의해 DO 풍부

4) 난류성 어종이 서식

5) 철, 망간이 Fe^{3+}, Mn^{3+} 형태로 존재 : $Fe(PO_4)_3$ 형태로 침전되어 농도가 낮다.

6) 조류의 광합성으로 CO_2가 소모되어 pH가 높다.

2.2 수온약층(Thermocline)

1) 온도가 급격히 변하는 것이 특징

2) DO, CO_2 농도가 변한다.

3) 난류성, 한류성 어종이 서식한다.

2.3 저층(Hypolimnion)

1) 수온이 낮다.

2) 산소가 거의 없어 혐기성 상태 : DO 농도가 낮다.

3) 유기물 분해로 CO_2가 생성되어 pH가 낮다.

4) 철, 망간이 Fe^{+2}, Mn^{+2}(환원상태) 형태로 존재하고 pH가 낮아 철과 망간이 용출되어 농도가 높다.

5) H_2S가 검출

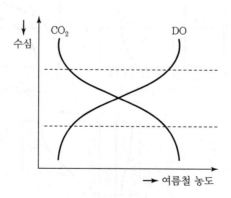

3. 전도현상과 계절별 현상

3.1 봄의 순환

1) 최대밀도온도(4℃)에 도달하면 밀도가 커져서 침강한다.
2) 바람에 의한 물의 전도(Turn-over) 현상이 발생
3) 낮이나 야간의 온도변화에 의해 안정이 파괴되어 연직 방향의 순환 발생

3.2 여름의 정체

1) 수면이 따뜻해져 가벼운 물이 밀도가 큰 물 위에 놓인다.
2) 온도차가 커져 순환현상은 점점 상부층의 물에만 한정
3) 여름철 수심에 따라 순환대, 변환대, 정체대로 성층현상

3.3 가을의 대순환

1) 수면이 차가워져 최대밀도온도(4℃)에 도달하면 평형이 파괴되어 물이 교환
2) 전체의 물이 순환, 혼합되어 등온상태
3) 수면의 온도가 4℃ 이하로 되면 다시 밀도가 낮아져 점차 겨울의 정체로 된다.

3.4 겨울의 정체

1) 수면 결빙, 수면 교란이 없다.
2) 물이 연직, 수평 방향의 이동이 없다.
3) 비교적 안정된 평형상태, 저온수 or 상층에 위치한다.

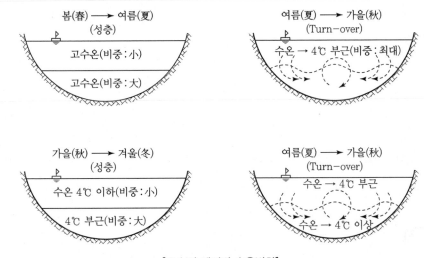

[호수의 계절별 수온변화]

4. 전도현상 발생 시 문제점

1) 탁도 증가

2) **영양물질의 용출 우려**
 ① 표층에서 조류발생 시 영양물질로 작용하여 조류의 번식을 가속화
 ② 조류사멸 시 및 저층의 혐기화 시 발생

3) **정수장의 장애유발** : DBPs 생성 우려, 응집장애, 부식, 응집효율 저하

4) **표층의 수질악화**
 정수처리 시 전도현상 문제점을 최소화시키는 방안 강구 필요

5) **전도현상, 성층현상**
 단기적으로는 많은 문제점을 유발하지만, 장기적으로는 호소의 자정작용으로 작용

Key Point +

- 87회, 91회, 105회, 119회, 131회 출제
- 출제 빈도는 낮으나 상기 문제 출제 시 각 층의 특징과 그래프 및 문제점에 대한 기술은 반드시 필요함
- 특히, 철 망간의 거동에 대한 기술은 반드시 필요함

부영양화(Eutrophication)

1. 서론

1) 해역이나 호소에 있어서 영양염류가 적은 곳은 플랑크톤이 적고 투명도가 높은데 이와 같은 수역을 빈영양이라고 하며

2) 반면 영양염류가 높은 곳에서는 조류가 많이 발생하여 투명도가 낮은데 이와 같은 수역을 부영양이라고 한다.

3) 특히, 하천이나 호소, 해안 등지에서 각종 오염물질의 유입으로 빈영양에서 부영양으로 변하는 현상을 부영양화라고 하며

4) 수역의 부영양화에 의해 발생된 조류는 호소 및 정수장 등에서 여러 문제점을 유발하므로 발생원에 따른 적절한 대처가 필요하다.

2. 발생원인

2.1 호수 외적 요인

1) 삼림지 등에서 천연유기물질(NOM)의 유입

   THM_{FP}로 작용 : 휴믹산, 펄빅산

2) 농경지의 배수

3) 처리 또는 미처리된 도시하수, 공장폐수 유입

4) 가두리 양식장의 사료

5) 합성세제의 유입

6) 비점오염물질의 유입 : 특히 초기강우 시

2.2 호수 내적 요인

1) 조류성장 왕성

2) 성장조류의 사체가 호저에 퇴적 : 영양염류 재용출, 혐기화 유발

3) 유입유기물의 호저퇴적

2.3 기후조건

1) 일조량, 일조시간, 수온 등 조류의 광합성 인자 : 일조량이 많고, 일조시간이 길고, 수온이 높을수록 조류성장 왕성

2) 조류성장시기 : 봄철~늦가을

3) 조류성장억제 : 수온 10℃ 이하, 동절기 수질회복

3. 문제점

3.1 급수과정

1) 이취미 발생 : Geosmin, 2－MIB
2) 여과지 폐색, 여과저항 증가, 손실수두 증가, 여과지속시간 감소, 잦은 역세척
3) 문제점 해결을 위한 시설투자비, 유지관리비 증대
4) 시설구조물의 부식 유발
5) 배관계통 장애유발, 수질장애
6) 응집, 침전작용 저해
7) 전염소 처리 시 THMs의 발생증가 우려
8) 저층의 혐기화에 따라 철, 망간의 용출
9) 조류독소물질 발생 : Microcystin
10) 소독부산물질(DBPs)의 발생량 증가 우려
11) 염소소독력 저하

3.2 심미적, 재산상 피해

1) COD 상승 : 잠재적인 COD 발생원
2) 투명도 악화
3) 고급어종이 사라지고 저급어종이 성장
4) DO의 부족과 조류 부산물질인 독소에 의해 어패류 폐사
5) 관광지로서 가치상실
6) 수초증식으로 각종 피해 유발

4. 대책

4.1 호소 외적 대책

1) 오염발생원 중심의 처리
   ① 소규모 공공하수처리시설의 건설 및 고도화
   ② 광역상수원 상류 하수도정비
2) 하수처리장의 증설 및 고도처리로 영양물질의 배출 저감
3) 하수처리장 방류수의 유로변경
4) 수역주변의 오염발생원의 철저한 관리

5) 수생식물의 식재 정화법

6) 초기강우 대책 수립

BMPs 처리기술의 도입 : 초기강우에 의한 비점오염물질의 제거

7) 다목적댐 상류의 하수도 확충사업의 추진과 철저한 관리

4.2 호소 내적 대책

1) 알루미늄염을 첨가하여 영양염류의 불활성화

① 호소수의 인산염 제거효율 향상

② 식물플랑크톤의 Biomass의 감소효과가 높다.

③ 생물에게 미치는 독성과 2차오염 유발 가능성 존재

④ 알루미늄 투여량 : 인의 농도 및 형태, pH, 알칼리도에 따른 검토

⑤ 투여시기 : 성층현상이 발생하기 직전에 효과적

2) 외부의 수류를 끌어들여 수교환율을 높임

3) 심층폭기나 강제순환

4) 영양염류의 농도가 높은 심층수의 방류

5) 저질토를 합성수지 등으로 도포하여 저질토에서 영양염류의 용출을 방지

6) 저질토의 준설

7) 차광막을 설치하여 조류증식에 필요한 광을 차단

8) 수체로부터 수초 및 부착조류의 제거

9) 생물학적 제어 : 조류의 성장을 먹이연쇄와 기생관계를 통해 제어

10) 황산동 투입

① 일시적이고 즉각적인 효과를 위해

② 수생태계의 독성유발 가능성 존재

③ 2차 오염 유발 가능성 존재

④ 조류제어를 위해 필요한 양을 일시에 투입

11) 선택적 취수

5. 결론

1) 수역의 부영양화를 위해서는 무엇보다도 수역으로 유입되는 영양염류의 제어가 무엇보다 필요하다.

2) 이를 위해 수역상류지역의 하수처리시설의 고도처리실시와 소규모 공공하수처리시설과 같은 발생원 중심처리가 필요하며

3) 수역의 오염에 많은 부분을 차지하는 비점오염원의 관리와 제어를 위한 최적관리기술 도입에 의한 제어를 중장기적인 계획에 의해 수립할 필요가 있다.

4) 또한 부영양화가 진행된 수원의 원수를 사용하는 정수장의 경우 조류발생에 의해 발생되는 문제점을 해결하기 위해 우선적으로 유입원수의 수질파악을 통하여 각 처리장별 제거물질을 제거하기 위한 고도정수처리공정의 도입이 필요하다.

5) 다시 한번 정리하면 부영양화 제어를 위해 우선적으로는 호소로 유입되는 영양물질의 저감대책(고도처리, 초기강우 처리)이 무엇보다도 필요하며, 정수장에서는 오염물질별 고도정수처리의 도입이 필요하다.

Key Point

111회, 117회, 119회, 122회, 125회, 126회, 129회 출제

조류의 광합성

1. 조류의 광합성

$CO_2 + H_2O \leftrightarrow$ 새로운 세포$(CH_2O) + O_2 \uparrow + H_2O$

2. 조류의 광합성 인자

1) 일조량
2) 일조시간
3) 수온

3. DO & pH 변화

3.1 낮

1) 조류는 광합성 활동 중에 CO_2를 이용하며 CO_2는 pH를 저하시키므로 이의 제거를 통한 pH가 상승한다.
2) 조류에 의한 CO_2제거는 HCO_3^-으로부터 CO_3^{-2}, OH^-로 알칼리 형태의 변화가 일어난다.

$CO_2 + H_2O \leftrightarrow H_2CO_3 \leftrightarrow HCO_3^- + H^+$

$2HCO_3 \leftrightarrow CO_3^{-2} + H_2O + CO_2$

$CO_3^{-2} + H_2O \leftrightarrow 2OH^- + CO_2$

3) 이때 pH는 10~11까지 상승
4) DO는 조류의 광합성에 의해 낮 동안 높은 농도를 유지
5) 조류는 광합성 작용을 하는 식물로써 탄소를 얻기 위하여 CO_3^{-2}나 HCO_3^- 이온을 이용하고 산소를 생성한다.
   ① CO_3^{-2}나 HCO_3^- 알칼리도는 감소
   ② OH^- 알칼리도는 증가

3.2 밤

1) 광합성보다는 호흡작용으로 CO_2를 생산한다.
2) CO_2를 생산하고 O_2를 흡수하므로 pH가 낮아진다.
3) DO도 감소한다.

4. DO & pH 변화 곡선

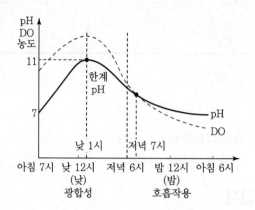

조류 경보제

1. 개요

1) 상수원 내의 조류는 pH 변화와 용존산소 고갈 등의 수질저하문제를 야기

2) 또한 곰팡이 냄새를 유발하는 Geosmin, 2−MIB와 독성물질을 유발하는 남조류는 정수장의 성능을 저하시켜 수돗물의 맛·냄새 유발

3) 이와 같은 문제로 인하여 상수원 내의 조류 관리는 중요성을 가짐

4) 특히 남조류는 하절기 주로 부영양화된 수역에서 많이 발생되며 독성물질(마이크로시스틴 등)을 생산하는 종이 다수 포함되어 있다. 따라서 유해 남조류가 생산하는 독성 물질이 상수원수에 포함될 경우 미칠 수 있는 건강 위해성을 사전에 방지하기 위함이다.

5) **목적** : 하절기, 갈수기의 수질환경 악화에 대비한 하천 수질관리 강화로 조류 발생에 의한 물고기 폐사, 수돗물 생산성 저하 등 사전예방

2. 조류경보 발령기준

경보단계		남조류 세포수(세포/mL)
상수원 구간	관심	2회 연속 채취 시 남조류 세포수가 1,000 세포/mL 이상 10,000 세포/mL 미만
	경계	2회 연속 채취 시 남조류 세포수가 10,000 세포/mL 이상 1,000,000 세포/mL 미만
	조류 대발생	2회 연속 채취 시 남조류 세포수가 1,000,000 세포/mL 이상
	해제	2회 연속 채취 시 남조류 세포수가 1,000 세포/mL 미만
친수 활동 구간	관심	2회 연속 채취 시 남조류 세포수가 20,000 세포/mL 이상 100,000 세포/mL 미만
	경계	2회 연속 채취 시 남조류 세포수가 100,000 세포/mL 이상
	해제	2회 연속 채취 시 남조류 세포수가 20,000 세포/mL 미만

1) 발령주체는 위 표의 발령·해제 기준에 도달하는 경우에도 강우 예보 등 기상상황을 고려하여 조류경보를 발령·해제하지 않을 수 있다.

2) 남조류 세포수는 마이크로시스티스(*Microcystis*), 아나베나(*Anabenna*), 아파니조메논(*Aphanizomenon*), 오실라토리아(*Oscillatoria*) 속 세포수의 합을 말한다.

3) 조류경보 발령은 지점명(하천·호소명)을 대상으로 하며, 발령일자에 해제일은 포함하지 않는다.

3. 조류경보 단계별 조치사항(상수원 구간)

3.1 관심단계

관계기관	상수원구간
4대강(한강, 낙동강, 금강, 영산강)물환경연구소장	• 1회/주 이상 시료 분석(남조류 세포수, 클로로필−a) • 시험분석 결과를 발령기관으로 신속하게 통보
수면관리자	취수구와 조류가 심한 지역에 대한 차단막 설치 등 조류제거 조치 실시
취수장, 정수장	정수처리 강화(활성탄 처리, 오존 처리)
유역 · 지방 환경청장	• 관심경보 발령 • 주변오염원에 대한 지도 · 단속
홍수통제소장 한국수자원공사사장	댐, 보 여유량 확인 통보
한국환경공단이사장	• 환경기초시설 수질자동측정자료 모니터링 실시 • 하천구간 조류 예방, 제거에 관한 사항 지원

3.2 경계단계

관계기관	상수원구간
4대강 물환경연구소장	• 주 2회 이상 시료 채취분석(남조류 세포수, 클로로필−a, 냄새물질, 독소) • 시험분석 결과를 바탕으로 신속하게 통보
수면관리자	취수구와 조류가 심한 지역에 대한 차단막 설치 등 조류 제거 조치 실시
취수장, 정수장 관리자	• 조류증식 수심 이하로 취수구 이동 • 정수처리 강화(활성탄 처리, 오존처리) • 정수의 독소분석 실시
유역 · 지방 환경청장	• 경계경보 발령 및 대중매체를 통한 홍보 • 주변오염원에 대한 단속 강화 • 낚시, 수상스키, 수영 등 친수활동, 어패류 어획, 식용, 가축 방목 등의 자제 권고 및 이에 대한 공지(현수막 설치 등)
홍수통제소장 한국수자원공사사장	기상상황, 하천수문 등을 고려한 방류량 산정
한국환경공단이사장	• 환경기초시설 및 폐수배출사업장 관계기관 합동점검 시 지원 • 하천구간 조류 제거에 관한 사항 지원 • 환경기추시설 수질자동측정자료 모니터링 강화

3.3 조류대발생 단계

관계기관	상수원구간
4대강 물환경연구소장	• 주 2회 이상 시료 채취 · 분석(남조류 세포수, 클로로필−a, 냄새물질, 독소) • 시험분석 결과를 발령기관으로 신속하게 통보
수면관리자	• 취수구와 조류가 심한 지역에 대한 차단막 설치 등 조류 제거 조치 실시 • 황토 등 조류제거물질 살포, 조류 제거선 등을 이용한 조류 제거 조치 실시
취수장, 정수장 관리자	• 조류증식 수심 이하로 취수구 이동 • 정수 처리 강화(활성탄 처리, 오존 처리) • 정수의 독소분석 실시
유역 · 지방 환경청장	• 조류대발생 경보 발령 및 대중매체를 통한 홍보 • 주변오염원에 대한 지속적인 단속 강하 • 낚시, 수상스키, 수영 등 친수활동, 어패류 어획, 식용, 가축 방목 등의 금지 및 이에 대한 공지(현수막 설치 등)
홍수통제소장 한국수자원공사사장	댐, 보 방류량 조정
한국환경공단이사장	• 환경기초시설 및 폐수배출사업장 관계기관 합동점검 시 지원 • 하천구간 조류 제거에 관한 사항 지원 • 환경기초시설 수질자동측정자료 모니터링 강화

3.4 경보해제

관계기관	상수원구간
4대강 물환경연구소장	시험분석 결과를 발령기관으로 신속하게 통보
유역 · 지방 환경청장	각종 경보 해제 및 대중매체 등을 통한 홍보

4. 조류경보 단계별 조치사항(친수활동 구간)

4.1 관심단계

관계기관	상수원구간
4대강 물환경연구소장	• 주 1회 이상 조류발생 상황 분석(남조류 세포수, 클로로필−a, 냄새물질, 독소) • 시험분석 결과를 발령기관으로 신속하게 통보
유역 · 지방 환경청장	• 관심경보 발령 • 낚시 · 수상스키 · 수영 등 친수활동, 어패류 어획 · 식용 등의 자제 권고 및 이에 대한 공지(현수막 설치 등) • 필요한 경우 조류제거물질 살포 등 조류 제거 조치

4.2 경계단계

관계기관	상수원구간
4대강 물환경연구소장	• 주 2회 이상 조류발생 상황 분석(남조류 세포수, 클로로필−a, 냄새물질, 독소) • 시험분석 결과를 발령기관으로 신속하게 통보
유역 · 지방 환경청장	• 관심경보 발령 • 낚시 · 수상스키 · 수영 등 친수활동, 어패류 어획 · 식용 등의 자제 권고 및 이에 대한 공지(현수막 설치 등) • 필요한 경우 조류제거물질 살포 등 조류 제거 조치

4.3 해제단계

관계기관	상수원구간
4대강 물환경연구소장	시험분석 결과를 발령기관으로 신속하게 통보
유역 · 지방 환경청장	각종 경보 해제 및 대중매체 등을 통한 홍보

Key Point ◆

115회, 116회, 117회, 118회, 120회 출제

적조(Red Tide)

1. 개요

1) 적조현상은 공장폐수나 도시하수의 유입으로 내만과 같은 폐쇄성 해역에서 부영양화가 일어나 해수 중에 부유생활을 하는 미소한 생물, 주로 식물성 플랑크톤이 단시간에 증식한 결과로 해수 가 적색 내지 갈색을 띠는 현상이다.

2) 일반적으로 담수에서 부영양화에 의해 발생되는 수화(Water Bloom)는 정의로 따지면 적조에 들어가나, 담수역에 있어서 적조현상의 현저한 예라고 할 수 있다.

2. 발생원인

1) 플랑크톤의 증식을 위한 햇빛이 강하고 수온이 높을 때

2) 질소, 인 등의 영양염류가 풍부하고 규소, Ca, Mg 등의 무기물 및 비타민 존재 시

3) 정체수역의 경우

4) 담수의 유입이나 강우로 비중이 약해진 해수가 상층에 존재하고 염분의 농도가 낮을 때

5) 해역에서 상승류 현상으로 PO_4^{-3}가 상부로 이동하여 영양염류 공급이 이루어질 때

6) 육지의 비점오염물질 유입 : 장마철

3. 피해

1) 플랑크톤의 대량 증식 후 분해에 의해 DO를 과도하게 소비하여 DO 결핍으로 H_2S, CO_2가 증가 하여 어패류 질식사

2) 적조생물이 방출하는 독소로 인해 어패류 폐사

3) 점액물질이 많은 플랑크톤이 어류의 아가미에 부착되어 호흡장애로 질식사

4) 생태계에 심각한 악영향 및 해수욕 불가능

5) 수질변동에 의해 환경조건의 악화

4. 대책

4.1 부영양화 방지

1) 영양염류 및 조류증식 물질의 해양유입 방지

2) 하·폐수의 고도처리

3) 하·폐수의 처리수 재이용으로 발생부하량 감소

4) 양식제한 및 금지 또는 적정 양식기술개발

5) 연안에서의 각종 오염원 유입 방지

6) 특히 장마철 우수에 의한 비점오염물질의 유입을 저감할 수 있는 대책이 필요

4.2 기타

1) 준설 등에 의한 연안수역의 저질 제거

2) 공유수면 매립 제한

3) 해수교환

4) 영양염류 회수

5) 영양염류의 용출 억제

6) 황토 살포

7) 저질의 회복 : 포기 등

Key Point ✦

111회 출제

AGP(Algal Growth Potential)

1. 개요

1) AGP(Algal Growth Potential or AAP : Algal Assay Potential)란 물이 가지고 있는 부영양화의 잠 재능력(Potential)을 평가하기 위한 지표로서

2) 조류의 잠재적인 증식능력을 나타낸다.

3) 조류를 이용한 일종의 생물검정

2. 측정

1) 시료수에 남조류, 녹조류, 클로렐라 등의 조류를 식종

2) 20℃, 4,000Lux의 광도에서 조류의 증식이 정상기(최대농도, 보통 조류농도의 증가율이 1일 5% 이하, 1~2주 내)에 도달할 때까지 배양

3) 증식된 조류의 양을 건조중량(mg/L)으로 나타낸 값

3. AGP에 의한 부영양화 판정법

빈영양	중영양	부영양	극부영양
1mg/L 이하	1~5mg/L	5~50mg/L	50mg/L 이상

4. AGP의 응용

1) 하천, 호소 등에 대한 부영양화 정도와 부영양화 잠재능력을 판정

2) 대상수계의 제한영양염류의 종류를 추정
   ① N/P비가 5~10 이상일 때 : P가 제한 영양염
   ② N/P비가 5~10 이하일 때 : N이 제한 영양염

3) 탈질, 탈인 등의 처리효과 파악
   ① 처리수와 유입수의 AGP 측정
   ② AGP 측정 시 사용되는 표준종 S. capricornutum

4) 유입오수의 영향평가

　시험대상 혼합수의 AGP를 측정하여 대조 시료수의 AGP와 비교 평가

5) 조류가 이용 가능한 영양염류량을 산정

　이용가능 영양염의 농도와 증식량의 상관관계의 정립

6) 조류증식에 대한 저해물질의 유무평가

　저해물질별 농도별 AGP 시험결과에 의한 평가

TSI(Trophic State Index)

1. 개요

1) 수체 내에서 부영양화의 발생여부와 진행정도를 평가하는 것은 부영양화의 예측 및 대책수립에 있어 필수적인 단계

2) 부영양화 평가방법에는

① 정성적 평가지표, 정량적 평가방법, 부영양화 지수에 의한 평가방법이 있다.

② TSI는 부영양화 지수에 의한 평가방법

2. 부영양화 평가지표

2.1 정성적 평가지표

1) 부영양과 빈영양의 특징을 기초로 하여 다수의 전문가가 부영양화의 발생여부 및 진행정도를 평가한 결과를 검토하여 종합적으로 부영양화를 평가하는 방법

2) 부영양화

영양염류 농도 증가, 녹색 내지 황색으로 변화, 투명도 저하, 저수층의 혐기성화, 수체 내에 남조류 등 동물성 플랑크톤 및 윤형동물류의 증가

2.2 정량적 평가지표

1) 단일 Parameter에 의한 평가

① 수체의 물리 · 화학적, 생물학적 특성을 잘 나타내는 수질항목 중 부영양화와 밀접한 관계를 가지고 있는 대표적인 항목 한 개를 선택하여 이 항목을 중심으로 부영양화를 평가하는 방법

② 영양염류 : $T-N$ 5mg/L, $T-P$ 0.1mg/L 이상

③ Chlorophill$-a$ 농도

④ 투명도 : 직경 30cm 흰색원판 수체 내에 담가 보이지 않는 깊이 측정

보상심도 : 광합성과 호흡이 균형이 되고 순생산량이 0이 되는 심도

⑤ 용존산소 분포

⑥ 1차 생산력

2) 복수항목에 의한 부영양화 평가기준(EPA)

① 부영양화 현상과 밀접한 관계를 가지고 있는 여러 개의 수질항목을 정하여 평가하는 방법

② 수체의 수리수문학적, 물리화학적, 생물학적 특성을 종합적으로 고려한다.

구분	빈영양	중영양	부영양
총인(μg/m^3)	< 10	10~20	20~25
클로로필$-$a(μg/m^3)	< 4	4~10	10
투명도(m)	> 3.7	20~3.7	2.0
심층수의 포화	> 80	10~80	10

2.3 부영양화 지수에 의한 방법

1) Carlson의 TSI지수

① 부영양화의 발생여부 및 진행정도를 0에서 100 사이의 단일한 연속적인 수치로 표시

② TSI지수는 물의 투명도(SD)만을 측정하여 물의 부영양화를 평가

③ Carlson은 투명도와 클로로필$-$a, 총인 농도 중 어느 한 항목만을 측정하여도 부영양화 지수를 표현할 수 있도록 투명도, 클로로필$-$a, 총인에 관한 부영양화 지수를 각각 작성

④ 투명도가 64m일 때 부영양화 지수는 0이다.

⑤ 투명도에 영향을 주는 인자는 식물성 플랑크톤만이라는 조건

⑥ 부영양화 지수가 40 이하 : 빈영양, 40~50 : 중영양, 50 이상 : 부영양

TSI와 투명도	$TSI(SD) = 10\left[\dfrac{6-\ln(SD)}{\ln_2}\right]$ 여기서, SD : 특수투명판(sec × disk)에 의한 물의 투명도(m)
TSI와 chlorophyll$-$a	$TSI(Chl) = 10\left[6-\dfrac{2.04-0.68\ln(Chl)}{\ln_2}\right]$ 여기서, Chl : 시료수의 Chlorophyll$-$a 농도(μg/L)
TSI와 총인	$TSI(T-P) = 10\left[6-\dfrac{\ln(48/TP)}{\ln_2}\right]$ 여기서, T$-$P : 시료수의 T$-$P 농도(μg/L)

⑦ 투명도(SD)와 식물성 플랑크톤의 농도

수중 현탁물의 대부분이 식물성 플랑크톤이라고 가정하면 투명도와 조류량(식물성 플랑크톤)의 사이에는 다음과 같은 관계가 성립

투명도(SD)와 식물성 플랑크톤의 농도

$$SD = \frac{\ln(I_2/I_0)}{K_w + \alpha C}$$

여기서, I_0 : 수표면에서의 빛 강도

I_2 : 투명도판이 보이지 않는 수심에서의 빛의 강도

K_w : 용존물질에 의한 광소산 계수

α : 조류에 의한 광소산 계수

C : 식물성 플랑크톤의 농도

2) 수정 Carlson 지수

① Carlson 지수는 수중현탁물질의 대부분이 식물성 플랑크톤이라고 가정

㉮ 연구결과에 의하면 조류 외 다른 물질의 흡광계수에 의한 오차가 크게 나타나

㉯ 투명도 대신 클로로필-a(Chlorophyll-a) 농도를 기준으로 한 수정 Carlson 지수(TSI_m)

② 수정 Carlson 지수

㉮ TSI 100 : 클로로필-a 농도 1,000(μg/L)

㉯ TSI 0 : 클로로필-a 농도 0.1(μg/L)로 가정

TSI와 클로로필-a	$TSI_m = 10 \times \left(2.46 + \dfrac{\ln(Chl)}{\ln 2.5}\right)$
TSI와 투명도	$TSI_m(SD) = 10 \times \left(2.46 + \dfrac{3.69 - 1.53\ln(SD)}{\ln 2.5}\right)$
TSI와 총인	$TSI_m(TP) = 10 \times \left(2.46 + \dfrac{6.71 + 1.15\ln(TP)}{\ln 2.5}\right)$

• Chlorophyll-a

  - Chlorophyll-a의 농도는 수중의 조류발생정도를 나타내는 지표로 이용

  - Chlorophyll-a는 광합성을 하는 조류세포를 구성하는 엽록소 성분의 일종으로

  - 통상 조류에는 1% 정도의 Chlorophyll-a가 함유되어 있다.

• 보상심도(Compensation Depth)

  - 광합성에 이용되는 CO_2의 양과 호흡으로 방출되는 CO_2의 양이 같을 때의 수심을 말함

  - 조류 등 수생식물은 보상심도 이상의 유광층(Photic Layer)에서 생장한다.

Key Point *

116회 출제

Microcystin

1. 서론

1) 호수나 저수지와 같은 수원의 경우 과대한 영양염류의 유입으로 부영양화가 발생하며 그로인해 하절기 남조류에 의한 녹조현상이 빈번하게 발생

2) 이 녹조현상으로 인해 발생되는 문제점 중 가장 중요한 것이 조류에 의한 이취미(2-MIB, Geosmin) 문제와 독성물질의 생산이다.

3) 우리나라 상수원에서도 호수나 하천에서 유독성 남조류에 의한 녹조현상이 빈번하게 발생되고 있어 인체의 위해성과 더불어 고도정수처리의 필요성이 대두되고 있다.

4) Microcystin이 생산하는 독소는 간독소로서 발암 Promoter로 작용할 가능성도 있어 적절한 처리가 필요한 실정이다.

2. Microcystin의 구조

1) 총 7개의 아미노산으로 이루어진 분자량 1,000 정도의 환상펩타이드이다.
   ① 5종류의 구성 아미노산을 공통골격으로 가지고 있다.
   ② 비보존적 위치에서 성분에 따라 변화하는 2종의 L-amino Acid(R_1, R_2)로 구성
   ③ 7개의 아미노산 잔기에서 일반적으로 1, 3, 5, 6, 7번 잔기에는 공통적인 아미노산을
   ④ 2번과 4번의 아미노산의 잔기는 다양하게 변하여 많은 Microcystin을 이룸

2) 현재까지 약 60여 가지의 변종이 밝혀져 있다.

3) 자연계에서 발견되는 Microcystin은 microcystin-LR, -LA, -RR, -YR, -YA 등이 대부분

3. 남조류 독소

1) 지금까지 알려진 남조류 중 약 25종의 남조류가 독소를 가짐

2) 그 작용기작에 따라 간독소(Hepatotoxin), 신경독소(Neurotoxin), Endotoxin으로 구분

3) 독소를 생산하는 조류들은 대부분 담수에서 발견되며 일부는 해양에도 존재

Toxin	생산 조류	피해
Hepatotoxin	Microcystis, Anabaena, Oscillatoria	간독성, 만성감염 및 암 유발
Neurotoxin	Anabaena	근육신경계차단, 마비유발, 호흡곤란, 치사기록은 없음
Endotoxin	대부분의 남조류	피부, 눈 등의 발진, 알레르기 유발

4. Microcystin의 독성(Hepatotoxin)

1) Microcystin은 Protein Phosphatase 1, 2A의 작용을 저해하여 간 내 글리코겐을 고갈시키며 간기 능장애를 유발하여 발암 Promoter로 작용

2) 간출혈 및 간기능 부전 등의 급성 독성

5. Microcystin의 특징

1) Microcystin은 세포 내 독성물질로서 세포가 파괴되지 않는 동안에는 세포 내에 존재하며 외부로 유출되지 않는다.

2) 세포가 노화되어 자기분해가 일어나거나 살조제 등에 의해 분해가 일어날 때 Microcystin은 세포 외로 유출되어 수중에 존재
   ① 따라서, Microcystis가 대량 발생 시 황산동의 사용 시 유출가능
   ② 정수처리에서 전염소처리를 할 때 유출가능(중간염소처리 효과적)

3) 열에 대해 매우 안정적
   Anabaena의 독소는 가열 시 파괴

4) 어두운 곳에서 실온에 방치하면 거의 분해되지 않음
   ① 어두운 곳에서 냉동보관할 경우 수년간 보관 가능
   ② 끓는 물에서도 천천히 분해
   ③ Microcystin을 섭취한 물고기 분해 시도 천천히 분해

5) Microcystin은 비휘발성

6) pH에 안정적

7) 물, 에탄올, 아세트산에 용해성

6. Microcystin의 수질기준

1) 현재까지 호주, 캐나다, 영국 등 3개 국가에서 먹는물 중의 Microcystin에 대한 No−Adversem 또는 최대허용수준을 설정하려고 하고 있다.

2) 캐나다
   Microcystin−LR의 권장 최대허용수준 : $0.5\mu g/L$

3) WHO
   Microcystin의 가이드라인을 $1.0\mu g/L$로 정함

7. 대책

1) 수역의 부영양화 방지
2) 수역의 부영양화 발생 시 황산동의 살포 방지(체외유출 가능성)
3) 상수원수 등에 대해 독성물질생산 Microcystin에 대한 현황파악 및 지속적인 모니터링
4) Microcystin에 대한 수질기준 마련

5) 정수장
   ① 전염소처리 대신 중간염소처리로 전환
   ② 활성탄 흡착, 오존산화, AOP 등의 고도정수처리 필요
     일반적인 정수처리로서는 완전한 제거가 어려움

8. 결론

1) 남조류가 대량 발생한 호수물을 직접 마시는 경우는 희박하지만 정수처리 과정에 존재할 경우 미량이라도 인간에게 노출될 우려가 있다.
2) 무엇보다 수역의 부영양화 방지가 우선 : 상류지역의 소규모 공공하수처리시설 설치, 하수처리장의 고도처리
3) 수원의 지속적인 모니터링이 필요하며
4) 기존 정수장의 실태조사
5) 하절기 남조류의 대발생 시 고도정수처리로의 전환이 필요
6) Microcystin에 대한 수질기준 마련 필요
7) 처리장 내 부착조류의 발생방지

Key Point +

- 129회 출제
- Microcystin의 경우 출제된 적은 없으나 수질관리기술사에서는 출제
- 최근 수역의 부영양화와 함께 문제가 되고 있는 1 – 4 – 다이옥산과 함께 향후 출제될 확률도 있음
- 단독 문제로 출제되지 않더라도 부영양화, 조류 발생의 문제점으로 간략히 기술할 필요는 있음

Adda : 3−amino−methoxy−10phenyl−2,6,8−trimethyl−deca−4,6−dienoic acid

[Microcystin − RR의 구조]

○ 조류 기원성 소독부산물질

Kinds	Compounds	Abbreviation	Formula
Trihalomethane (THMs)	chloroform	CF	$CHCl_3$
	bromodichloromethane	BDCM	$CHBrCl_2$
	bromoform	BF	$CHBr_3$
	dibromochloromethane	DBCM	$CHBr_2Cl$
Haloaceticacid (HAAs)	chloroacetic acid	MCAA	$C_2H_3ClO_2$
	dichloroacetic acid	DCAA	$C_2H_2Cl_2O_2$
	trichloroacetic acid	TCAA	C_2HClO_2
	monobromoacetic acid	MBAA	$C_2H_3ClO_2$
	bromochloroacetic acid	BCAA	$C_2H_3ClO_2$
	dibromoacetic acid	DBAA	$C_2H_3ClO_2$
Haloacetonitrile (HANs)	trichloroacetonitrile	TCAN	C_2Cl_3N
	dichloroacetonitrile	DCAN	$C_2Cl_2N_2$
	bromochloroacetonitrile	BCAN	C_2BrClN_2
	dibromoacetonitrile	DBAN	$C_2Br_2N_2$
Haloketones	1,1−dichloropropanone	DCP	$C_3H_4Cl_2O$
	1,1,1−trichloropropanone	TCP	$C_3H_5Cl_3O$
	1,2−dibromo−3−chloropropane	DBCP	
	1,2−dibromoethane	DBE	
Halopicrine	chloropicrine	CP	CCl_3NO_2
Chloralhydrate	chloral hydtrate	CH	$C_2H_3Cl_3O_2$

하천의 유량측정(유속면적법 : Velocity – Area Method)

1. 유속면적법(Velocity – Area Method)

1.1 개요

1) 지점 선정

유황이 일정하고 하상의 상태가 고른 지점을 선정

2) 측정점

물이 흐르는 방향과 직각이 되도록 하천의 양끝을 로프로 고정하고 등간격으로 측정점 선정

3) 유량산출(수심과 유속측정)

아래 그림과 같이 통수단면을 여러 개의 소구간으로 나누어 각 소구간의 수심과 1~2개 지점의 유속을 측정하여 유량산출

1.2 유량산출

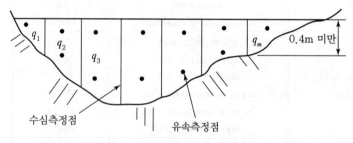

[유속 – 면적법에 의한 유량측정법]

$$Q = q_1 + q_2 + \ldots\ldots + q_m$$

여기서, Q : 총유량, q_m : 소구간 유량

$$q_m = A_m \times V_m$$

여기서, A_m : 소구간의 단면적, V_m : 소구간의 평균유속

1) 표면법

$$V_m = 0.85 V_8$$

2) 1점법

$$V_m = V_{0.6}$$

3) 2점법

$$V_m = \frac{(V_{0.2} + V_{0.8})}{2}$$

4) 3점법

$$V_m = \frac{(V_{0.2} + 2V_{0.6} + V_{0.8})}{4}$$

5) 4점법

$$V_m = \frac{(V_{0.2} + V_{0.4} + V_{0.6} + V_{0.8})}{5} + \frac{1}{2}\left(V_{0.2} + \frac{V_{0.2}}{2}\right)$$

2. 유의사항

1) 대표유속이 측정 가능한 지점을 선정한다.

2) 특정지역(정체지역, 부유물질이 많은 지역)은 피하는 것이 좋다.

3) 댐과 같이 수문조작에 의해 유속 및 유량변동이 일어날 수 있는 지점은 피하는 것이 좋다.

4) 최대유속은 일반적으로 수면으로부터 수심의 1/10~4/10 정도이다.

호소수와 하천수 채수방법

1. 호소수 채수방법

1) 최저수심이 5m 이하인 경우 : 상층수만 채수

2) 최저수심이 5m 이상인 경우
   ① 상층수 : 수표면으로부터 아래로 5m 사이에서 채수
   ② 중층수 : 전체 수심의 1/2에 해당되는 수심에서 채수
   ③ 저층수 : 호소바닥으로부터 위로 5m 사이에서 채수
   ④ 표층에 조류경보수준 이상으로 클로로필-a(Chlorophyll-a)가 분포할 때는 평균적인 수질 자료를 얻을 수 있도록 채수지점을 증가하여 채수

3) 평균계산방법
   ① 수심별 시료를 분석하고 수심값과 측정결과를 보존한 후, 아래 요령에 따라 지점별 평균을 산출
   ② 채수한 수심의 간격이 똑같은 경우 : 산술평균하여 지점평균을 산출
   ③ 다양한 수심에서 채수한 경우 : 항목별 측정결과를 수심에 따라 가중평균하여 지점평균을 산출

2. 하천수의 시료채취방법

1) 하천수의 수질분석 목적에 따라 적절한 채수지점을 선정한다.
2) 하천의 본류와 지류가 합류하는 경우에는 합류 이전의 각 지점과 합류 이후 충분히 혼합된 지점에서 각각 채수
3) 하천의 단면에서 수심이 가장 깊은 수면의 지점과 그 지점을 중심으로 하여 좌우로 수면폭을 2등분한 각 지점의 수면으로부터
   ① 수심이 2m 미만 : 수심의 1/3에서 채수
   ② 수심이 2m 이상 : 수심의 1/3, 2/3에서 각각 채수

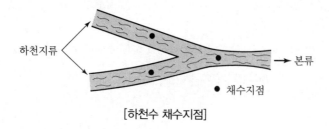

[하천수 채수지점]

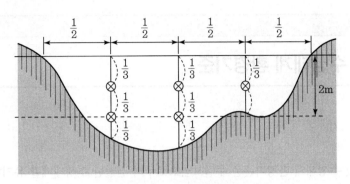

[하천수 채수 위치(단면)]

● 해수의 시료 채취

해수의 깊이	측정 위치
수심이 5m 이하인 곳	표층수, 저층수에서 채취
수심이 5~10m인 곳	표층수, 수심의 $\frac{1}{2}$인 지점, 저층수
수심이 10~20m인 곳	표층수, 수심의 $\frac{1}{3}$과 $\frac{2}{3}$인 지점, 저층수
수심이 20m 이상인 곳	표층수, 5m 층수, 10m 층수 그 이후로는 10m 단위로 채수, 저층수

Key Point

- 상하수도기술사 문제로 출제된 적은 없지만 향후 1교시 문제로 출제될 가능성 존재
- 하천의 유량측정방법(유속 – 면적법)과 함께 이해할 필요가 있으며 수심에 따른 지점의 차이점은 숙지하기 바람

수질 및 수생태계 환경기준

1. 개요

1) 수질 및 수생태계 환경기준은 수질오염으로부터 건전한 수생태계를 유지하고, 물의 이용 목적에 적합한 수질보전을 위한 미래지향적이고 행정적인 정책목표이다.

2) 우리나라는 수역별, 항목별로 수질 및 수생태계 환경기준이 설정되어 있다.

3) 수역별로는 하천, 호소로 구분하고 항목별로는

① 생활환경기준인 pH, BOD, TOC, SS, DO, 총대장균군수, 총질소, 총인 등 9개 항목

② 사람의 건강보호기준인 Cd, As, CN, Hg, 유기인, Pb, 6가크롬, PCB, 음이온계면활성제 등 20개 항목으로 구분하고 있다.

4) 또한 등급별로는 하천, 호소에 7개 등급으로 구분하여 각각 기준을 차등 설정하여 관리하고 있다.

5) 한편, 환경기준 달성을 위해 전국 하천과 호소에 대한 수질 및 수생태계 목표기준과 달성기간을 설정하여 수질관리목표로 삼아 관리하고 있다.

2. 하천

2.1 사람의 건강보호 기준

항목	기준값(mg/L)
카드뮴(Cd)	0.005 이하
비소(As)	0.05 이하
시안(CN)	검출되어서는 안 됨(검출한계 0.01)
수은(Hg)	검출되어서는 안 됨(검출한계 0.001)
유기인	검출되어서는 안 됨(검출한계 0.0005)
폴리크로리네이티드비페닐(PCB)	검출되어서는 안 됨(검출한계 0.0005)
납(Pb)	0.05 이하
6가크롬(Cr^{6+})	0.05 이하
음이온계면활성제(ABS)	0.5 이하
사염화탄소	0.004 이하
1, 2-디클로로에탄	0.03 이하
테트라클로로에틸렌(PCE)	0.04 이하

항목	기준값(mg/L)
디클로로메탄	0.02 이하
벤젠	0.01 이하
클로로포름	0.08 이하
디에틸헥실프탈레이트(DEHP)	0.008 이하
안티몬	0.02 이하
1,4 – 다이옥세인	0.05 이하
포름알데히드	0.5 이하
헥사클로로벤젠	0.00004 이하

2.2 생활환경 기준

등급		상태 (캐릭터)	기준							
			수소 이온 농도 (pH)	생물화학적 산소요구량 (BOD) (mg/L)	총유기 탄소량 (TOV) (mg/L)	부유 물질량 (SS) (mg/L)	용존 산소량 (DO) (mg/L)	총인 (T – P) (mg/L)	대장균군 (군수/100mL)	
									총 대장균군	분원성 대장균군
매우 좋음	Ia		6.5~8.5	1 이하	2 이하	25 이하	7.5 이상	0.02 이하	50 이하	10 이하
좋음	Ib		6.5~8.5	2 이하	2 이하	25 이하	5.0 이상	0.04 이하	500 이하	100 이하
약간 좋음	II		6.5~8.5	3 이하	4 이하	25 이하	5.0 이상	0.1 이하	1,000 이하	200 이하
보통	III		6.5~8.5	5 이하	5 이하	25 이하	5.0 이상	0.2 이하	5,000 이하	1,000 이하
약간 나쁨	IV		6.0~8.5	8 이하	6 이하	100 이하	2.0 이상	0.3 이하	–	–
나쁨	V		6.0~8.5	10 이하	8 이하	쓰레기 등이 떠 있지 아니할 것	2.0 이상	0.5 이하	–	–
매우 나쁨	VI		–	10 초과	8 초과	–	2.0 미만	0.5 초과	–	–

1) 등급별 물상태

① 매우 좋음 : 용존산소가 풍부하고 오염물질이 없는 청정상태의 생태계로 간단한 정수처리 후 생활용수 사용

② 좋음 : 용존산소가 많은 편이며, 오염물질이 거의 없는 청정상태에 근접한 생태계

③ 약간 좋음 : 약간의 오염물질은 있으나 용존산소가 많은 상태의 다소 좋은 생태계로 일반적 정수처리 후 생활용수 또는 수영용수 사용

④ 보통 : 용존산소를 소모하는 오염물질이 보통수준에 달하는 일반 생태계로 고도의 정수처리 후 생활용수로 이용하거나 일반적 정수처리 후 공업용수로 사용

⑤ 약간 나쁨 : 상당량의 용존산소를 소모하는 오염물질이 있어 영향을 받는 생태계로 농업용수로 사용하거나, 고도의 정수처리 후 공업용수로 이용, 낚시 가능

⑥ 나쁨 : 과량의 용존산소를 소모하는 오염물질이 있어 물고기가 드물게 관찰되는 빈곤한 생태계로 산책 등 국민의 일상생활에 불쾌감을 유발하지 않는 한계이며, 특수한 정수처리 후 공업용수로 사용

⑦ 매우 나쁨 : 용존산소가 거의 없는 오염된 물로 물고기가 살 수 없음

2) 용수는 당해 등급보다 낮은 등급의 용도로 사용할 수 있음

3) 수소이온농도(pH) 등 각 기준항목에 대한 오염도 현황, 용수처리방법 등을 종합적으로 검토하여 그에 맞는 처리방법에 따라 용수를 처리하는 경우에는 당해 등급보다 높은 등급의 용도로도 사용할 수 있음

3. 호소

3.1 사람의 건강보호기준

하천의 사람의 건강보호기준과 같다.

3.2 생활환경기준

등급		상태 (캐릭터)	기준								
			수소 이온 농도 (pH)	총유기 탄소량 (TOC) (mg/L)	부유 물질량 (SS) (mg/L)	용존 산소량 (DO) (mg/L)	총인 (T-P) (mg/L)	총질소 (T-N) (mg/L)	클로로 필-a (Chl-a) (mg/m³)	대장균군 (군수/100mL)	
										총 대장균군	분원성 대장균군
매우 좋음	Ia		6.5~8.5	2 이하	1 이하	7.5 이상	0.01 이하	0.2 이하	5 이하	50 이하	10 이하
좋음	Ib		6.5~8.5	3 이하	5 이하	5.0 이상	0.02 이하	0.3 이하	9 이하	500 이하	100 이하

등급		상태 (캐릭터)	기준								
			수소 이온 농도 (pH)	총유기 탄소량 (TOC) (mg/L)	부유 물질량 (SS) (mg/L)	용존 산소량 (DO) (mg/L)	총인 (T-P) (mg/L)	총질소 (T-N) (mg/L)	클로로 필-a (Chl-a) (mg/m³)	대장균군 (군수/100mL)	
										총 대장균군	분원성 대장균군
약간 좋음	II		6.5~8.5	4 이하	5 이하	5.0 이상	0.03 이하	0.4 이하	14 이하	1,000 이하	200 이하
보통	III		6.5~8.5	5 이하	15 이하	5.0 이상	0.05 이하	0.6 이하	20 이하	5,000 이하	1,000 이하
약간 나쁨	IV		6.0~8.5	6 이하	15 이하	2.0 이상	0.10 이하	1.0 이하	35 이하	–	–
나쁨	V		6.0~8.5	8 이하	쓰레기 등이 떠 있지 아니할 것	2.0 이상	0.15 이하	1.5 이하	70 이하	–	–
매우 나쁨	VI		–	8 초과	–	2.0 미만	0.15 초과	1.5 초과	70 초과	–	–

1) 총인, 총질소의 경우 총인에 대한 총질소의 농도 비율이 7 미만일 경우에는 총인의 기준은 적용하지 아니하며, 그 비율이 16 이상일 경우에는 총질소의 기준을 적용하지 아니한다.
2) 등급별 물상태는 하천의 등급별 물상태와 같다.
3) 상태(캐릭터) 도안 모형 및 도안 요령은 하천의 생활환경기준과 같다.

4. 해역

4.1 생활환경

항목	수소이온농도 (pH)	총대장균군 (총대장균군수/100mL)	용매추출유분 (mg/L)
기준	6.5~8.5	1,000 이하	0.01 이하

4.2 생태기반 해수수질 기준

등급	수질평가 지수값(Water Quality Index)
I (매우 좋음)	23 이하
II (좋음)	24~33
III (보통)	34~46
IV (나쁨)	47~59
V (아주 나쁨)	60 이상

1) 수질평가지수(수질평가지수 항목별 점수를 이용하여 계산)

> **수질평가지수(WQI : Water Quality Index)**
> = 10×[저층산소포화도(DO)]+6×[(식물플랑크톤 농도(Chl－a)+투명도(SD))/2]+4×[(용존무기질소 농도(DIN)+용존무기인 농도(DIP))/2]

2) 수질평가지수 항목별 점수

항목별 점수	대상항목	
	Chl－a(μg/L), DIN(μg/L), DIP(μg/L)	DO(포화도, %), 투명도(m)
1	기준값 이하	기준값 이상
2	<기준값+0.10×기준값	>기준값－0.10×기준값
3	<기준값+0.25×기준값	>기준값－0.25×기준값
4	<기준값+0.50×기준값	>기준값－0.50×기준값
5	≥기준값+0.50×기준값	≤기준값－0.50×기준값

* 기준값은 「수질평가지수 항목의 해역별 기준값」을 적용

3) 수질평가지수 항목의 해역별 기준값

대상항목 \ 생태구역	Chl－a (μg/L)	저층 DO (포화도,%)	표층DIN (μg/L)	표층DIP (μg/L)	투명도 (m)
동해	2.1		140	20	8.5
대한해협	6.3		220	35	2.5
서남해역	3.7	90	230	25	0.5
서해중부	2.2		425	30	1.0
제주	1.6		165	15	8.0

* 저층 : 해저 바닥으로부터 최대 1m 이내의 수층

4.3 해양생태계 보호 기준

(단위 : μg/L)

중금속류	구리	납	아연	비소	카드뮴	크롬(6가)	수은	니켈
단기기준*	3.0	7.6	34	9.4	19	200	1.8	11
장기기준**	1.2	1.6	11	3.4	2.2	2.8	1.0	1.8

* 단기기준 : 1회성 관측값과 비교 적용

** 장기기준 : 연간평균값(최소 사계절 조사 자료)과 비교 적용

4.4 사람의 건강보호

등급	항목	기준(mg/L)
전수역	6가크롬(Cr^{6+})	0.05
	비소(As)	0.05
	카드뮴(Cd)	0.01
	납(Pb)	0.05
	아연(Zn)	0.1
	구리(Cu)	0.02
	시안(CN)	0.01
	수은(Hg)	0.0005
	폴리클로리네이티드비페닐(PCB)	0.0005
	다이아지논	0.02
	파라티온	0.06
	말라티온	0.25
	1.1.1-트리클로로에탄	0.1
	테트라클로로에틸렌	0.01
	트리클로로에틸렌	0.03
	디클로로메탄	0.02
	벤젠	0.01
	페놀	0.005
	음이온계면활성제(ABS)	0.5

환경기준

1. 환경기준

1) 환경기준은 국민의 건강보호와 쾌적한 수질환경을 조성하기 위하여 정부가 설정한 환경행정상의 기준

2) 환경기준은 유지되어야 할 바람직한 기준

3) 행정상의 정책목표

4) 사람의 건강 등을 유지하기 위한 최저한도로서가 아니라 보다 적극적으로 유지되어야 바람직한 목표

5) 오염이 현재 진행되지 않은 지역에 대해 적어도 지금보다 악화되지 않도록 환경기준을 설정하고 이를 유지하는 것이 바람직하다.

6) 환경기준의 수범자 : 행정기관

2. 배출허용기준

1) 배출허용기준은 산업활동에서 물의 이용자가 물을 이용한 후 하천, 호소 및 해역에 배출할 때 지켜야 하는 최소한의 법적 의무이며 허용치이다.

2) 즉, 설정된 환경기준을 유지하기 위한 규제수단

3) 개별시설에 대한 기준

4) 배출허용기준의 수범자 : 이용자

3. 방류수허용기준

1) 방류수허용기준은 배출허용기준과 유사하나 배출허용기준은 개별시설에 대한 규제인 반면 방류수허용기준은 종합적인 처리 후 방류 시의 규제기준

2) 법적 규제수단

3) 하수처리시설, 폐수처리시설, 분뇨처리시설, 가축분뇨처리시설 등 공공기관이 관리자로 되어 있다.

4) 배출허용기준보다 엄격하다.
   ① 방류농도기준이 보다 낮게 책정
   ② 배출허용기준을 적용받는 업체의 배출수를 종말처리시설에서 처리하기 때문
   ③ 또한 개별업체의 배출수의 양이 소량

5) 방류수수질기준의 수범자 : 공공기관

기술 근거 배출허용기준(BPT, BAT, BCT)

1. 개요

1) 1984년 헬싱키협약 이후 OECD 중심으로 배출허용기준 설정 시 도입

2) 미국은 점오염원 배출허용기준 설정에 도입(NPDES, Clean Water Act 근거)

3) 배출허용(방류)기준

   ① 수질에 기초한 배출규제(WQBELs : Water Quality−Based Effluent Limits)

   ② 기술에 기초한 배출규제(TBELs : Technology−Based Effluent Limits)

   ③ 둘 중 강력한 규제를 적용

4) TBELs 종류

   ① 직접배출시설 : BAT, BPT, BCT, BPJ, NSPS

   ② 간접배출시설 : PSES, PSNS

2. TBELs 종류 및 의미

1) BPT(Best Practicable Technology)

   ① 일반오염물질(BOD, COD, TSS, O&G 등)의 1차 처리 기술 근거 기준

   ② 비용/편익 고려

2) BAT(Best Available Economically Achievable Technology)

   ① 독성물질, 비일반오염물질에 대해 적용

   ② 비용/편익 고려하지 않음

   ③ 규제로 인한 잠재적인 직업 손실, 산업 분야별 비용 등 고려

3) BCT(Best Conventional Pollutant Control Technology)

   ① 일반오염물질의 2차 처리 기술 근거 기준

   ② 개별 업체 배출원의 2차 처리 비용과 공공하수처리장으로 연계처리 시 비용 비교·검토

4) BPJ(Best Professional Judgement)

   ① 배출허용기준이 법적으로 공표되지 않은 물질에 대해서 적용

   ② 전문가 집단의 판단에 의해 결정

5) NSPS(New Source Performance Standards)

　① 신규 오염물질에 대한 배출허용기준

　② 비용/편익 고려하지 않음

　③ 일반적으로 BAT 기준과 유사

6) 간접배출시설

　① PSES(Pretreatment Standards for Existing Sources)

　② PSNS(Pretreatment Standards for New Sources)

3. TBELs 특징

1) 배출시설의 허가기준이 되며, 업종별/배출규모별로 배출허용기준과 항목이 다름

2) 일반적으로 농도기준이 아닌 질량 기준

3) 주기적으로 새로운 처리기술 평가를 통해 업종별 기준 강화

4. 미국의 TMDL(Total Maximum Daily Loads, 일최대허용부하량)

1) 1991년부터 수질환경기준을 초과하는 수계에 대해 시행

2) 절차

　① EPA : 기본지침과 기술적 지원을 담당

　② 각 주정부 : TMDL이 필요한 지역목록을 작성하여 TMDL의 시행이 필요한 수계구간에 대해 TMDL계획 우선순위를 수립

3) 개념

$$TMDL = WLA + LA + MOS$$

　　여기서, WLA : Waste Load Allocation, 점오염원에 대한 할당부하량

　　　　　　LA : Load Allocation, 비점오염원에 대한 할당부하량

　　　　　　MOS : Margin of Safety, 수질모델링의 불확실성 보정을 위한 안전율

4) 오염원 관리

　① 점오염원 : NPDES에 의한 배출허가 적용

　② 비점오염원 : BMPs 적용

5) 업체 배출허가 갱신 시(5년) TMDL 및 BAT(최근 기준) 반영

5. BAT의 국내 도입 필요성

1) 배출규제의 형평성
업종에 따라 처리여력이 있는 업종이 있으나 동일 배출기준을 적용 받음

2) 신규 수질항목 추가 시 기준 설정 근거 부재
① 외국과 국내 수질환경 및 업체의 배출특성 차이로 외국기준 도입 시 문제점 야기
② BAT 평가를 통한 체계적인 배출허용기준 설정 필요

3) 수질오염총량관리제의 배출시설 오염부하량 산정 시 적용
① 현재 수질오염총량관리제의 관리대상 항목은 BOD와 TP임
② 배출시설별 실제로 배출하는 BOD와 TP양이 상이함에도 불구하고 현행 배출허용기준에 배출량을 적산하여 배출부하를 산정하고 있음
③ 업체에 따라서는 BOD 또는 TP를 전혀 배출하지 않음에도 불구하고 수질오염총량관리제를 적용받는 지역에 업체가 입주 시 오염부하 할당량을 적용받음
④ 따라서 보다 정확한 오염부하를 산정하기 위해서 배출시설에 BAT를 도입할 필요 있음
⑤ 또한, 대상항목 확대 시 신규 물질에 대한 정확한 오염부하 산정을 위해서도 BAT를 국내에 도입할 필요성이 있음

하천의 정화단계(Whipple Method)

1. 개요

Whipple은 하천에 하수 등 유기성 오염물질의 유입으로 인한 변화 상태를 분해지대(Degradation), 활발한 분해지대(Decomposition), 회복지대(Recovery), 정수지대(Clear Water)의 4지대로 구분하였다.

2. 정화단계

2.1 분해지대(Zone of Degradation)

1) 하수거의 방출지점과 가까운 하류에 위치

2) 여름철 온도에서 DO 포화도는 45% 정도에 해당한다.

3) 오염된 물의 물리적, 화학적 질이 저하되며, 오염에 약한 고등생물은 감소하고 오염에 강한 미생물이 증가한다.

4) 분해가 심해짐에 따라 오염에 잘 견디는 Fungi가 번식한다.

5) 분해지대는 희석 효과가 작은 하천에서 뚜렷이 나타난다.

6) 세균의 수가 증가하고 유기물을 많이 함유하는 슬러지의 침전이 많아진다.

7) DO 감소가 크게 늘어나고 CO_2는 증가한다.

8) 하천바닥이나 바위는 수중식물의 뿌리나 줄기로 덮인다.

9) 큰 하천에서는 물의 원상회복기간이 빠르기 때문에 분해지대의 식별이 어렵다.

2.2 활발한 분해지대(Zone of Active Decomposition)

1) ⇒ 가 거의 없어 부패상태이고 혐기성 분해가 진행되어 CO_2, H_2S 농도가 증가하게 된다.

2) 흑색 또는 회색의 슬러지 침전물이 형성되고 기체방울이 형성된다.

3) 혐기성 미생물이 호기성 미생물을 교체하며 Fungi는 사라진다.

4) 수중의 탄산가스농도와 암모니아성 질소의 농도 증가 : 혐기성 분해의 진행

5) 혐기성 세균이 번식하여 호기성 세균과 교체되며, 분해지대에서 나타난 Fungi대신 혐기성 세균이 번성하게 된다.

2.3 회복지대(Zone of Recovery)

1) 이 지대는 장거리에 걸쳐 나타난다.

2) 용존산소의 증가에 따라 물이 차츰 깨끗해지고 기체 방울의 발생이 중단된다.

3) 질산화 반응의 진행으로 NO_2-N, NO_3-N의 농도가 증가된다.

4) 조류가 많이 번성한다.

5) 세균의 수는 감소하고 원생동물, 윤충류, 갑각류가 증가한다.

6) 하류로 갈수록 혐기성 미생물 대신 Fungi가 성장한다.

7) 하류로 갈수록 큰 수중식물이 나타나기 시작한다.

2.4 정수지대(Zone of Clear Water)

1) 용존산소의 회복

2) 호기성 세균의 번식

3) 오염되지 않은 자연수처럼 보이며 많은 종류의 물고기가 다시 번식한다.

4) 대장균과 세균의 수는 감소하지만 한번 오염된 물은 적당한 처리를 하여야만 음용수로 사용할 수 있다.

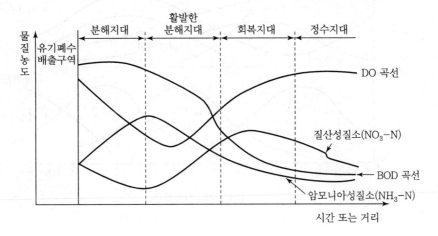

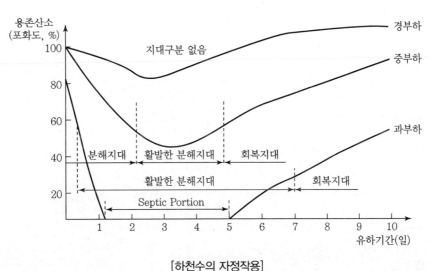

[하천수의 자정작용]

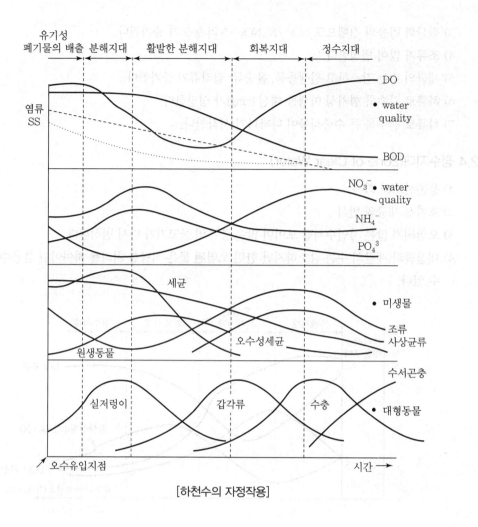

[하천수의 자정작용]

하상계수(Coefficient of River Regime)

1. 개요

1) 하상계수의 정의

하천의 최소유량과 최대유량의 비율을 말함

2) 하천의 유황을 나타내는 지표

유황의 거칠기 정도를 나타냄

3) 우리나라 하천의 하상계수는 1 : 300 정도

① 외국의 하천 1 : 20~100

② 외국하천에 비해 매우 높음

㉮ 하절기 태풍으로 인한 집중호우의 영향

㉯ 유역면적이 적고 산지가 많고

㉰ 우수의 지체시간이 짧기 때문

2. 하상계수의 영향

1) 하상계수가 크면

① 홍수피해가 자주 발생

② 내륙수운과 수력발전에 불리

③ 연중 필요한 용수량을 확보하기 위한 대규모 다목적 댐의 건설이 필요

3. 하상계수 개선의 필요성

1) 하상계수가 클수록 하천의 유량변동이 큼

치수와 이수 면에서 다루기 매우 힘든 하천

2) 홍수방지, 수자원 이용의 극대화

3) 하천의 건전한 생태계 및 하천경관의 유지

4) 하천의 자정능력 증대

5) 비점오염물질의 유출증가 우려 : 고랭지 비점오염원 관리 필요

4. 대책

4.1 홍수피해

1) 우수유출량 방지 : 우수침투시설, 우수저류시설

2) 저지대 침수 방지를 위한 대책 필요 : 우수조정지와 빗물 펌프장의 연계운전, 우수저류시설의 설치

3) 기존시설의 시설 개선 필요 : 차집관거 증설, 차집관거 용량증대, 차집방법 개선, 우수토실 개선

4) 식생형 장치시설

5) 산업단지 내 완충저류시설 설치

6) 기존 시설의 준설

7) 투수성 포장의 증대 : 지하수 함양 증대

8) 자연형 하도(河道)로의 개선

9) 우수관거의 용량증대

10) 빗물이용시설의 확대 보급

4.2 용수량 확보

1) 대규모 광역상수도의 확보

2) 기존 수원의 준설 등을 통한 용량 확보

3) 대체수원(취수원 다변화)의 확보 : 강변여과수, 복류수, 해수 담수화, 중수도, 하수처리수 재이용

4) 물공급정책의 추진과 함께 물수요관리 정책 병행

4.3 비점오염원 관리

1) 하상계수가 크면 비점오염원으로부터 비점오염물질의 유출이 증대되어

2) 수역의 수질악화 유발 가능성 내포

3) 따라서, 하상계수에 의한 문제점 해결책을 추진할 때 비점오염물질의 관리대책과 병행하여 추진

Key Point ✦

하상계수 단독출제문제가 아니더라도 최근 강우에 의한 침수 및 비점오염물질이동에 대한 문제가 출제될 경우 간략히 언급할 필요가 있음

수질모델링(Modeling)

1. 서론

1) 인구의 증가와 도시집중, 산업의 발달에 따라 용수수요가 증대되고, 이에 따라 수질악화가 가속화 되고 있으며

2) 적정수질을 갖춘 지표수의 확보가 커다란 문제로 대두되고 있다.

3) 특히, 대규모 오염원과 상수취수원이 공존하는 하천, 저수지 등에서의 수질문제는 오염문제 발생 시에만 임기응변식으로 대처할 것이 아니라 수질모델링을 이용한 장 · 단기 대책의 수립이 필요한 실정이다.

4) 이와 같이 오염이 심한 하천 또는 오염이 예상되는 하천의 수질관리를 위해 수질모델링을 통한 수질의 예측이 필요한 실정이며

5) 수질총량제의 실시에 의한 수질예측의 한 방법으로 수질모델링이 필요한 실정이다.

6) 특히 수질환경영향평가를 할 때 수질예측모델을 이용하면 개발사업이 가져올 수 있는 수질영향을 미리 파악할 수 있을 뿐만 아니라 저감방안의 모색에 활용할 수 있다.

2. 수질모델링의 개요

1) 수질은 각종 폐수의 유입, 수용수체의 유량, 유속, 기하학적 구조, 기상조건 등에 따라 계속 변하는데

2) 하천에서 물이 이동하면서 물리적, 화학적, 생물학적 작용에 의해 자정작용이 일어나며 수질이 변한다.

3) 물속에서 일어나는 기작을 수식화하여 수질을 예측하는 것을 수질모델링이라 한다.

4) 즉, 수질모델링은 수체의 수리학적 특성, 오염부하량, 생태계의 각종 인자를 매개변수로 하여 수식화하고 이를 토대로 수치해석과정을 거쳐 하천의 수질을 예측하고 환경용량을 평가하는 데 이용된다.

3. 수질모델링의 분류

3.1 Streeter – Phelps식

1) 1개의 수식으로 된 모델

2) DO 변동곡선의 계산을 위해 많이 사용

3.2 Package Type Model

- 여러 개의 수식이 결합되어 하천, 호수, 하구 등의 수질을 예측하는 데 많이 이용
- 공간성과 시간성에 따라 다음과 같이 분류

1) 공간성에 따른 분류

무차원 모델, 일차원 모델, 이차원 모델, 삼차원 모델

2) 시간성에 따른 분류

① 장기모델과 단기모델
② 동적모델 또는 정상상태 모델

4. 수질모델링의 절차 및 주요내용

4.1 모델의 설계 및 자료의 수집

1) 대상수계의 지역적 특성, 형상, 수문학적 요소를 고려하여 모델을 설계
2) 문헌조사와 현지조사를 통하여 모델에 입력할 자료를 수집

4.2 모델링 프로그램(CODE)의 선택

1) 모델링 프로그램(CODE)은 모델을 산술적으로 풀어나가기 위한 알고리즘을 포함한 컴퓨터 프로그램을 말하며
2) 모델을 산술적으로 풀기 위하여 매개변수와 알고리즘을 포함하는 컴퓨터프로그램을 선정

4.3 모델프로그램에 자료의 입력 및 가동

유입지천과 본류하천의 수온, 유량, 유속, 수질, 오염부하량, DO 농도 등의 필요한 자료를 컴퓨터 프로그램에 입력하고 모델을 가동

4.4 보정(Calibration)

모델에 의한 예측치가 실측치를 반영할 수 있도록 모델의 각종 매개변수 값을 조정하여 오차가 10 ~20% 이내가 되도록 보정

4.5 검증(Verification)

1) 보정이 완료되면 보정 시에 사용되지 않았던 유입지천의 유량과 수질 또는 오염부하량 본류수질 등의 입력자료를 이용하여 모델을 검증
2) 이 과정에서 예측치와 실측치 간의 차가 클 경우에는 모델의 보정과 검증을 반복하여 최종적으로 검증한다.

4.6 감응도 분석(Sensitivity Analysis)

1) 감응도 분석이란 수질관련 반응계수, 수리학적 입력계수, 유입지천의 유량과 수질 또는 오염부하량 등의 입력자료의 변화 정도가 수질항목 농도에 미치는 영향을 분석하는 것으로
2) 어떤 수질항목의 변화율이 입력자료의 변화율보다 클 경우에는 그 수질항목은 입력자료에 대하여 민감하다고 볼 수 있다.

4.7 수질예측 및 평가

1) 완성된 모델을 이용하여 장래 예측되는 각종 자료를 입력하여 수질을 예측하고 평가
2) 예측을 위한 모델 운영 시에는 최적 및 최악의 경우에 대하여 모델링을 실시한다.

5. 수질예측모델의 한계

수질예측모델을 이용하면 개발사업이 가져올 수 있는 수질영향을 미리 파악하여 저감방안을 모색할 수 있는 장점이 있으나 다음과 같은 한계가 있다.

1) 모든 반응기구를 수식화하는 것이 불가능하다.
2) 각종 매개변수 값의 결정이 어렵다.
3) 수질예측모델이 실측치를 반영할 수 있도록 보정, 검증, 감응도 분석 등이 필요함
4) 예측치와 실측치 간에 많은 차이가 발생할 수 있다.
5) 환경영향평가 시 개발사업이 수질에 영향을 적게 미치는 것처럼 하기 위하여 매개변수 값을 의도적으로 조작할 가능성이 있다.

6. 수질모델링 수행 시 문제점

1) 대상사업이 수용수체의 수질에 미치는 환경영향요소를 적절히 파악하지 못하는 경우가 많음
2) 개발사업에서 중요하게 고려되어야 하는 비점오염원들이 환경영향요소로 간주되지 않는 경우가 많음
3) 대상수계와 사업의 특성에 적절한 수질모델이 선정되어 사용되어야 하나 모델 선정이 제대로 이루어지지 않는 경우가 많음
4) 모델 적용 시 대상수체의 수질에 적절하게 모델계수가 보정되고 검증되어야 하나 보정 및 검증 과정이 생략되는 경우가 많음
5) 모델에서 이루어지는 수질반응은 여러 가지 수질항목이 연계하여 이루어지나 모델 적용 시 이를 고려하지 않는 경우가 많음
   - 예 용존산소예측을 위하여 질소성 산소요구량이나 퇴적물 산소요구량 같은 여러 가지 항목이 포함되어야 하나 이를 무시하는 경우가 많음

6) 사업으로 인하여 대상수계에서 나타날 수 있는 최악의 수질상태를 모델로 예측하여야 하나 이를 무시하는 경우가 많음

7. 개선방안

1) 대상수계와 사업특성에 적합한 모델선정 및 사용을 위한 지침을 제시하는 것이 필요
2) 모델에 대한 보정 검증과정 제시
3) 영향예측 시 여분의 안정도를 고려하여 가정되어야 할 예측조건 제시
4) 점오염 부하량 산정에 필요한 원단위를 표준화하고 비점오염물질을 산정하기 위한 방법 제시

8. 하천모델의 종류와 특징

8.1 Streeter Phelps 모델

1) 점오염원에 의한 오염부하량을 고려
2) 용존산소수지는 유기물질의 분해에 따른 DO 소비와 재폭기만을 고려

8.2 DO SAG - Ⅰ · Ⅱ · Ⅲ

1) 1차원 정상상태의 모델
2) 점오염원 및 비점오염원이 하천의 DO에 미치는 영향을 반영
3) 저질의 영향이나 광합성 작용에 의한 용존산소의 생성과 소모를 무시
4) Streeter - Phelps식을 기본으로 이용

8.3 QUAL - Ⅰ · Ⅱ

1) 유속, 수심, 조도계수에 의해 확산계수가 결정
2) 하천과 대기의 열복사와 열교환 고려
3) 1차원 모델
4) 우리나라 하천에 적용 가능 : KQUAL97은 우리나라 대형 하천에 적용 가능

8.4 WQRRS

1) 하천 및 호소의 부영양화를 고려한 생태계 모델
2) 하천의 수질, 수문학적 특성을 광범위하게 고려
3) 호소에서는 수심별 1차원 모델이 적용

8.5 AUT – QUAL

1) 폭이 좁은 작은 하천 등에 적용이 가능한 모델
2) 비점오염원의 영향을 고려

9. 결론

1) 수질환경평가나 수질총량제 실시에 의한 환경용량 결정, 각종 개발사업 시행에 있어 수질예측 모델을 이용하면 개발 사업이 가져올 수 있는 수질영향을 미리 파악하여 저감방안을 모색할 필요가 있으며
2) 우리나라의 지형, 기후, 수문 및 수질특성에 적합한 모형의 개발이 절실하고
3) 수질모델의 검정과 증명을 위한 좀 더 짜임새 있고 신속한 수질실측자료의 데이터베이스화가 절실히 요구
4) 일정 규모 이상의 개발 사업 시 수질예측모델에 의한 수질영향을 미리 파악할 수 있는 법적제도 마련

Key Point ◈

- 수질모델링은 수질관리기술사에서는 출제된 적이 있지만 상하수도에서는 출제된 적이 없음
- 향후 2차 수질오염총량제(환경용량 설정)의 실시와 함께 한번 정도는 출제 예상
- 전반적인 내용으로 정리를 했으니, 출제자의 의도에 따라(10점 or 25점) 답안 기술이 필요

SOD(Sediment Oxygen Demand)

관련 문제 : 침전물 산소요구량

1. 정의

SOD는 하천의 저질(퇴적층)에서 요구되는 산소요구량으로

1) 침강된 유기물질의 분해

2) **저서성 생물의 호흡** : BSOD(Biological Sediment Oxygen Demand) 생물학적 작용에 의해 발생

3) **환원성 물질의 산화작용** : CSOD(Chemical Sediment Oxygen Demand)

2. SOD의 특징

1) SOD는 수심이 깊고 유속이 빠른 하천보다는

2) 유속이 느리고 수심이 낮은 하천에서 DO 소모율이 커지는 특징

3) **호소일 경우** : 심수층의 DO 소모에 가장 큰 역할을 담당

4) **SOD에 미치는 환경요인** : 수온, 저수층의 DO, 유속, 저서생물의 특성, 간극수와 저질 내 유기물질의 특성

5) 우리나라는 하천의 하상계수가 크기 때문에 적용하기 어렵다.

6) SOD는 하상계수가 크고 계절변화가 심한 곳에서는 적용하기 어렵다.

7) SOD는 수심이 깊고 유속이 빠른 하천에서는 적용하기 어렵다.

8) SOD는 유속이 느리고 수심이 얕은 하천에서는 그 값이 증가하는 경향이 있다.

3. 오염 정도 판단

SOD($g/m^2/day$)	오염 정도
< 1	Low Polluted
1~3	Moderate Polluted
3~10	Heavy Polluted

4. 측정

SOD 실험은 하천하상의 특성과 계절에 따라 크게 다르며 실험방법에 따라 다양한 값을 나타내어 정량화가 어렵다.

4.1 실험방법의 종류

1) 실험적인 방법

① 침전물을 채취하여 실험실로 이동하여 침전물 위의 물에서 소요되는 용존산소량을 측정

② 하천에서 일어나는 현상을 그대로 재현하는 데 어려움이 있다.

2) Benthic Chamber Technique

① 현장의 하천 바닥에 수체의 이동을 차단하는 챔버를 설치하여 챔버 내의 용존산소변화량을 측정하는 방법

② 설치된 챔버 내 외부의 수체이동을 완전히 차단하는 데 어려움이 있다.

4.2 실험적인 방법의 절차

1) 채취한 시료를 5cm 높이까지 채우고 BOD용 보강 희석수를 반응조에 채운 다음

2) 100~150mL/min의 유속으로 순환시킨다.

3) 시간 경과에 따른 용존산소소모량을 DO Meter를 이용하여 연속측정하고

4) 용존산소 감소율을 구하여 아래의 식으로 산소소비속도를 산출한다.

산소소비 속도	$\text{sedimental uptake rate} = \dfrac{O_2 \text{uptake} (mg/L/hr)}{A} \times V$
	여기서, V : Water Volume, A : Surface Area
SOD	$\text{SOD}(mg/m^2/day) = aC$ $\text{SOD}(mg/m^2/day) = 7.2 \times \dfrac{C}{0.7 + C}$ $\dfrac{d\text{SOD}}{dt} = \dfrac{-K_s A_s C}{V(KO_2 + C)}$ 여기서, a : 경험적 상수, C : DO 농도(mg/L) V : 저수층 용량(m^3), K_s : 반응률 상수($g/m^2/L$) K : 반포화 상수(1.4mg/L), A_s : 저질층 면적(m^2)

물의 순환(Hydrologic Cycle)

1. 서론

1) 물의 순환이란 대기권 내의 수분은 기상(氣相)으로 존재하다가 강수형태로 지표에 떨어져서 하천 또는 호소를 이루어 바다로 유출되기도 하고, 계속 지하로 침투되어 지하수가 되기도 한다.

2) 지표수나 지하수의 일부는 증발이나 증산에 의하여 또다시 대기권으로 되돌아가게 된다.

3) 이와 같은 물의 이동현상을 물의 순환 또는 수문순환이라고 한다.

4) 즉, 물은 각 분포 형태로 계속 이동하고 있는데, 이와 같은 물의 자연적인 이동현상을 말함

5) 물의 순환은 기체상태에서 액체상태로, 또 액체상태에서 고체상태로 변하는 물의 능력이 있어 가능하다.

2. 물순환의 원동력

1) **증발**(Evaporation) : 액체상태의 물이 비등점 이하에서 수증기로 변하는 것

2) **승화**(Sublimation) : 고체상태(눈, 얼음)의 물이 직접 수증기로 변하는 것

3) **응결**(Condensation) : 기체상태의 수증기가 액체상태의 물방울로 되는 것

4) **침강**(Deposition) : 수증기가 얼음으로 되는 것

5) **강우**(Precipitation)

   ① 대기 중의 수분과 구름이 지표면으로 내리는 현상

   ② 비, 눈, 우박

   ③ 천수의 Source

3. 물의 분포

1) 이용가능 물의 대부분은 해수

2) 이용가능 담수 중 대부분은 빙하

3) 결론적으로 우리가 실질적으로 이용가능한 담수는 아주 제한적이다.

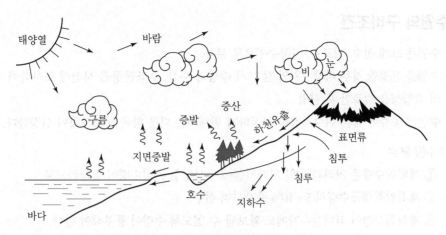

[물의 순환]

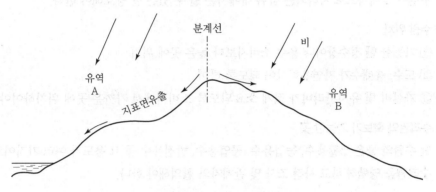

[지형에 의한 유역 분계선]

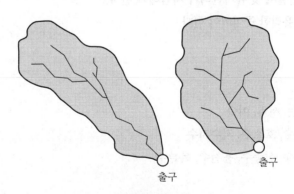

[전형적인 유역도]

4. 수원의 구비조건

- 수원은 크게 천수, 지표수, 지하수원으로 분류
- 수원을 선정할 경우 대상수원의 갈수 시 수량과 수질, 수리권 등을 사전에 조사하여 수원으로서의 적합성을 검토한 후 결정
- 수원의 종류에 따른 취수지점을 선정하기 위해서는 다음 항목을 조사하여 선정한다.

1) 수량 풍부

① 계획취수량은 처리과정 및 기타시설에서 상당한 손실수량이 발생하므로
② 계획일최대급수량의 5~10% 증가시켜 취수
③ 계획취수량이 최대갈수기에도 확보될 수 있도록 수량이 풍부해야 한다.

2) 수질 양호

수질은 경제적으로 처리되는 범위 내에서는 될 수 있는 한 양호해야 한다.

3) 수원 위치

① 가능한 한 정수장이나 용수 소비지보다 높은 곳에 위치
② 도수, 송배수가 자연유하식이 되도록 하며
③ 가설비 및 유지관리비가 적게 소요되도록 소비지에서 가까운 곳에 위치하여야 한다.

4) 수리권의 확보가 가능한 곳

한 수원의 물은 생활용수, 농업용수, 공업용수, 발전용수 등 그 용도가 여러 가지이므로 수원의 수리권을 명백히 하고 사전 조사 및 관계자와 협의해야 한다.

5) 수도시설의 건설 및 유지관리가 용이하며, 안전하고 확실해야 한다.
6) 수도시설의 건설비 및 유지관리가 저렴해야 한다.
7) 장래 확장 시 유리한 곳이어야 한다.

5. 수원의 종류

1) 천수 : 강우, 눈, 서리, 이슬
2) 지표수 : 하천수, 호소수, 저수지수
3) 지하수 : 천층수, 심층수, 용천수, 복류수
4) 해수
5) 하수 재이용수, 중수도수

6. 결론

1) 인구증가, 산업발달로 인한 수원의 오염이 심각하여 대책이 필요

  ① 호소수 : 부영양화로 인한 수원의 오염 저감대책 필요, 호소 내, 호소 외 대책

  ② 지표수 : 광역상수원 개발, 하수 산업폐수의 고도처리, 하수처리수 재이용

2) 산업의 발달, 도시화로 말미암아 이용 가능한 수자원이 부족한 실정

  ① 수원의 다변화와 더불어 물 공급정책과 수요정책을 병행하여 추진

  ② 강변여과수, 복류수, 해수담수화 기술개발 : 취수원의 다변화

  ③ 하수처리수 재이용, 중수도의 도입

  ④ 빗물이용시설의 확대 추진

3) 수원의 보호와 개발을 위해 현재 추진 중인 총량관리제, 비점오염물질 제어 등과 연계하여 추진
  함이 바람직

Key Point +

83회 상하수도기술사 1차 시험에 유사문제 출제

수자원의 종류 및 특성

1. 우수

우수는 지표수 및 해수가 증발 응결된 것으로 증류수이지만, 순수한 물은 아니다. 그러나 자연수 중에서는 비교적 불순물의 함량이 낮다.

1) 특징

① 대부분의 우수는 해수가 증발 생성되었기 때문에 해수와 주성분이 비슷하다.

② 주성분은 Na^+, K^+, Ca^{+2}, Mg^{+2}, SO_4^{-2}, Cl^- 등이다.

③ 해안에서 가까운 곳은 염분함량 변화가 크고, 내륙일수록 염분의 변화량이 적다.

④ 다른 자연수에 비해 무기염류의 함유량이 비교적 낮은 편이다.

⑤ 우수는 자정작용이 다른 수자원에 비해서 적은 편이다.

⑥ 대기 중의 CO_2, NOx, SOx 등에 의해 산성비(pH 5.6 이하)가 내릴 경우도 있다.

⑦ 용해성분이 적어 완충작용을 한다.

2. 지표수

1) 특징

① 유량, 유역의 특성, 계절 등에 따라 크게 다르며 가장 오염되기 쉽다.

② 지하수에 비하여 알칼리도 및 경도가 낮은 편이다.

③ 수질의 변동이 크고 유기물의 함량이 높다.

3. 지하수

1) 특징

① 수온의 변화가 적고 탁도가 낮다.

② 지층을 통과할 때 토양의 여과 및 이온교환에 의해 수질이 대체로 양호하다.

③ 경도나 무기염료의 농도가 높다.

④ 지층의 종류, 지역적인 수질의 차이가 크다.

⑤ 미생물과 오염물이 적다.

⑥ 세균에 의한 유기물의 분해(혐기성 환원작용)가 주된 생물작용이다.

⑦ 자정속도가 느리다.

⑧ 유속이 적고 국지적인 환경영향을 크게 받는다. 따라서 오염이 되기도 어렵지만 한번 오염되면 회복도 매우 어렵다.

⑨ 지하수는 유리탄산의 소모로 약산성을 나타낸다.

⑩ 수질분포

 ㉮ ORP(산화−환원전위) : 상층부−고(高), 하층부−저(低)

 ㉯ 유리탄산 : 상층부−대(大), 하층부−소(小)

 ㉰ 알칼리도 : 상층부−소(小), 하층부−대(大)

 ㉱ 염도 : 상층부−소(小), 하층부−대(大)

2) 지하수의 종류

① 천층수 : 제1불투수층 윗면을 흐르는 자유수면 지하수로 수질은 좋지만 심층수보다 경도는 낮다.

② 심층수 : 제1불투수층과 제2불투수층 사이에 흐르는 피압수면 지하수로 수질이 좋고 경도가 높다.

③ 용천수 : 지하수가 자연적으로 지표에 솟아난 물

④ 복류수(River−bed Water)

 ㉮ 하천이나 호수의 바닥 또는 변두리 자갈, 모래층에 함유되어 있는 물

 ㉯ 지표수와 지하수 양쪽의 중간 성질을 가지고 있지만 지하수로 분류한다.

⑤ 온천수 : 지하로부터 용출되는 섭씨 25℃ 이상의 온수로 인체에 해롭지 아니한 지하수를 말한다.

4. 해수

1) 특징

① 해수는 지구상의 대부분을 차지하고 있는 물로

② 염분 등 각종 용해성 성분이 많아 사용목적이 극히 한정되어 있다.

③ 염분은 금속을 부식시키고 배수를 나쁘게 하거나 토양을 척박하게 할 수도 있다.

④ 해수의 pH는 8.2이며, HCO_3^-의 완충용액이다.

⑤ 해수 내의 용존유기물은 평균 0.5mg/L 정도이다.

⑥ 해수 내의 전체 질소성분

 ㉮ 암모니아성 질소(NH_4-N) 및 유기질소 : 35%

 ㉯ NO_2-N 및 NO_3-N : 65%

⑦ Holy Seven : 해수의 7가지의 주요성분을 의미한다.

성분	Cl^-	Na^+	SO_4^{-2}	Mg^{+2}	Ca^{+2}	K^+	HCO_3^-
농도(mg/L)	18,900	10,560	2,560	1,270	400	380	142

⑧ 해수는 강전해질로서 1L에 35g의 염분을 함유한다.

⑨ 해수의 Mg/Ca의 비는 3~4 정도이다.

⑩ 해수의 밀도는 수온, 염분, 수압의 함수이며 수심이 깊을수록 증가한다.

Key Point ✚

127회 출제

수원 선정 시 고려사항

관련 문제 : 수원의 구비조건

1. 수원의 종류

1) 천수 : 강우, 우박 등

2) **지표수** : 하천수, 호소수, 저수지수

3) **지하수** : 천층수, 심층수, 복류수, 용천수, 강변여과수, 하상여과수

4) 해수

5) 하수재이용수, 중수도

2. 수원의 구비조건

1) 수량이 풍부하여야 한다.

최대갈수기에도 계획취수량을 안정적으로 취수 가능

2) 수질이 양호해야 한다.

① 정수비용의 절감

② 정수장에서의 2차 오염 방지 : DBPs 생성억제, 조류에 의한 이취미 및 독소물질 저감

3) **가능한 한 높은 곳에 위치**

① 자연유하식에 의한 도수 가능

② 가압식이 되는 경우 펌프설치비, 운영비가 소요

4) 상수소비지와 가까운 곳에 위치

5) 수리권 확보가 가능한 곳

6) 건설비 및 유지관리가 용이하며 안전이 확보되는 지점

7) 장래의 확장을 고려할 때 유리한 곳

8) **법적 제재의 영향이 적은 곳** : 상수원보호구역, 수변구역 등

9) 수질오염방지 및 관리에 적합한 장소

Key Point ✚

119회, 120회 출제

저수지 유효저수량 결정

1. 개요

1) 유효저수량은 과거의 기록 중 최대갈수년을 기준으로 하여 산출하는 것이 이상적이나
2) 이럴 경우 저수지 용량이 너무 커서 비경제적이므로
3) 일반적으로 10년 빈도의 갈수년을 기준으로 한다.
4) 유효저수량 산정방법에는 이론법과 가정법이 있다.

2. 저수지 유효저수량 산정 시 고려사항

1) 하천의 유량
2) 계획취수량
3) 하천의 유역면적 상황
4) **댐 하류의 책임방류량** : 하천의 유지용수량 포함
5) **저수지의 증발량** : 기상관측소 증발계 증발량의 70%를 적용
6) **침투량 또는 누수량** : 이론 저수량의 20%를 적용
7) **퇴사에 의한 저수량** : 약 100년간의 퇴사량을 적용
8) **겨울철 수면이 동결되는 경우** : 동결깊이를 고려(즉, 얼음두께를 고려)

3. 유효저수량

3.1 가정법

$$C = \frac{5,000}{\sqrt{0.8R}}$$

여기서, C : 저수지의 유효용량
R : 연평균강우량(10년 빈도의 갈수년을 기준(mm))

3.2 이론법

1) Ripple's Method(유량누가곡선)
① 순간 또는 월간의 하천유량과 계획취수량을 누가하여 각각의 유량누가곡선을 작성한 후에 두 곡선을 비교한다.
② 계획취수량 누가곡선을 평행하게 이동(① → ②, ③)
③ ABC가 접하는 최대 수직거리 BE와 BCD와 접하는 최대 수직거리 CF를 구함

④ 어느 가뭄 기간 BC에 대해서 부족수량은 CF이다.

⑤ 가뭄 기간 중 부족수량이 가장 큰 값이 그 기간의 유효저수량(CF)이 된다.

⑥ 만약 CF값이 가장 크다면 CF가 유효저수량이 된다.

⑦ 아래 그림에서 유효저수량 : CF, 만수위 : B, 저수위 : C, 저수시작점 : G

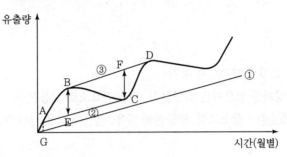

2) 유량도표에 의한 방법 : 면적법

순간 또는 월간의 하천유입유량을 그림과 같이 나타낸 후 계획취수량을 직선으로 긋고 이들 사이에 둘러싸인 면적(①~④) 중 최대인 것을 유효저수량으로 한다.

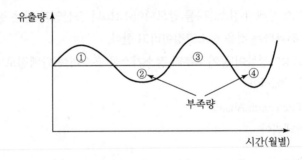

3) 급수량의 배수로 하는 방법

① 강우량이 많은 지역 : 급수량의 120일 분

② 강우량이 적은 지역 : 급수량의 200일 분

4. 결론

1) 저수지 유효용량 산정식 중 가장 큰 값을 산정하는 것이 바람직하며 약 20~30%의 여유를 둔다.

2) 최근 이상기후로 인하여 강우가 변동되는 경향이 크므로 최대갈수년 빈도를 10년보다 좀더 길게 여유를 두고 하는 것이 바람직하다고 판단되며 경제성 검토가 필요하다.

Key Point ✛

- 70회, 82회, 112회, 123회 출제
- 유효저수량 산정식과 그래프의 이해는 반드시 필요함
- Ripple's Method의 경우 유량조정조에서 거의 비슷한 개념으로 적용되므로 반드시 숙지하기 바람

질소의 순환

1. 개요

1) 질소는 대기 중에서 약 78%를 차지

2) 수역의 부영양화를 일으키는 영양물질, 즉 제한요소로 작용한다.

3) **자연계의 질소순환** : 질소고정, 광물질화 작용, 질산화 작용, 질소동화 작용, 탈질작용으로 이루어진다.

2. 질소의 순환

2.1 질소고정(Nitrogen Fixation)

1) 대기 중의 가스 상태의 질소(N_2)를 암모니아(NH_3)나 질산염과 같은 질소화합물로 생물적 혹은 공업적으로 전환하는 것을 질소고정이라고 한다.

2) 3가지 질소고정미생물이 공기로부터 질소가스를 흡수하여 단백질로 전환시킨다.

   ① 비공생적 박테리아

   ② 남조류(Blue Green Algae)

   ③ 공생적 박테리아

2.2 광물질화 작용(Ammonification, Mineralization)

1) 미생물이 동식물의 세포나 동물 배설물과 같은 유기질소화합물을 분해하여 무기성 질소의 형태로 방출하는 것

2) 가장 보편적인 질소화합물은 단백질로서 분해되어 암모니아(NH_3)나 암모니아성 질소($NH_4 - N$)가 된다.

2.3 질산화 작용(Nitrification)

1) 호기성 조건(DO ≥ 2.0mg/L)에서 질산화 미생물에 질소의 산화가 일어남

2) 질산화 미생물은 독립영양미생물이며

3) 질산화 과정을 통해 : 4.6mg/L의 DO가 소비되며, 7.2mg/L의 알칼리도가 소비된다.

4) 질산화 반응

$$NH_4 - N + 3/2O_2 \rightarrow NO_2 - N + H_2O + 2H^+ \text{(Nitrosomonas)}$$

$$\underline{+ \ NO_2 - N + 1/2O_2 \rightarrow NO_3 - N \text{(Nitrobacter)}}$$

$$NH_4 - N + 2O_2 \rightarrow NO_3 - N + H_2O + 2H^+$$

2.4 질소동화작용(Assimilation)

    1) 생물에 의한 질소의 섭취작용

    2) 식물체는 질소를 NH_4^+나 NO_3^-의 형태로 흡수

2.5 탈질작용(Denitrification)

    1) 무산소조건($DO \leq 0.5mg/L$)에서 NO_3-N나 NO_2-N의 일부가 N_2로 되는 작용

$$2NO_3-N+2\underline{H_2} \rightarrow 2NO_2-N+2H_2O$$
$$+\ 2NO_2-N+3\underline{H_2} \rightarrow N_2+2OH^-+2H_2O$$
$$\overline{2NO_3-N+5\underline{H_2} \rightarrow N_2+2ON^-+4H_2O}$$

$$\downarrow$$

        수소공여체
        ① 유입하수 중 유기물, ② 미생물 체내기질
        ③ 외부탄소원, ④ 자체생산

    2) 탈질과정이 일어나기 위해서는 C/N비가 4 이상 필요

    3) 탈질과정을 통해 3.6mg/L의 알칼리도 생성

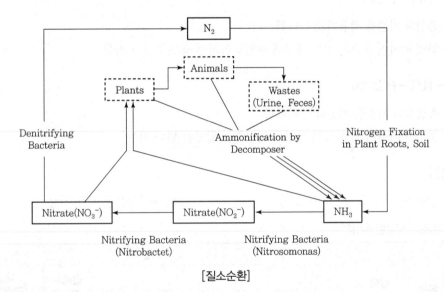

[질소순환]

T-N, T-P비와 최소량의 법칙(Law of Minimum)

1. 정의

1) 최소량의 법칙(Law of Minimum) 또는 최소인자 결정의 법칙

2) 식물의 성장을 결정하는 인자

① 많은 요소보다 부족한 요소가 식물의 성장을 결정한다는 이론

② 즉, 식물성장에 필요한 여러 영양소 중에서 최대치가 아니라 최소치의 영양소에 의해 성장이 결정된다.

2. 수질환경기준

2.1 T-N/T-P < 7

1) 총인의 기준을 적용하지 아니함

2) 인에 비하여 질소가 적기 때문에 부영양화의 발생은 질소가 좌우

2.2 T-N/T-P ≥ 16

1) 총질소의 기준을 적용하지 아니함

2) 질소에 비하여 인 농도가 작아 부영향화의 발생은 인이 좌우

2.3 현장

현장에서는 최소량의 법칙에도 불구하고 T-N, T-P의 허용농도를 모두 적용

○ 호소의 생활환경기준

등급		상태 (캐릭터)	기준								
			pH	TOC (mg/L)	SS (mg/L)	DO (mg/L)	T-P (mg/L)	T-N (mg/L)	클로로 필-a (Chl-a) (mg/m³)	대장균군 (군수/100mL)	
										총 대장균군	분원성 대장균군
매우 좋음	la		6.5~8.5	2 이하	1 이하	7.5 이상	0.01 이하	0.2 이하	5 이하	50 이하	10 이하
좋음	lb		6.5~8.5	3 이하	5 이하	5.0 이상	0.02 이하	0.3 이하	9 이하	500 이하	100 이하

등급		상태 (캐릭터)	기준							대장균군 (군수/100mL)	
			pH	TOC (mg/L)	SS (mg/L)	DO (mg/L)	T-P (mg/L)	T-N (mg/L)	클로로 필-a (Chl-a) (mg/m³)	총 대장균군	분원성 대장균군
약간 좋음	Ⅱ		6.5~8.5	4 이하	5 이하	5.0 이상	0.03 이하	0.4 이하	14 이하	1,000 이하	200 이하
보통	Ⅲ		6.5~8.5	5 이하	15 이하	5.0 이상	0.05 이하	0.6 이하	20 이하	5,000 이하	1,000 이하
약간 나쁨	Ⅳ		6.0~8.5	6 이하	15 이하	2.0 이상	0.10 이하	1.0 이하	35 이하	–	–
나쁨	Ⅴ		6.0~8.5	8 이하	쓰레기 등이 떠있지 아니할 것	2.0 이상	0.15 이하	1.5 이하	70 이하	–	–
매우 나쁨	Ⅵ		–	8 초과	–	2.0 미만	0.15 초과	1.5 초과	70 초과	–	–

T-N, TKN

관련 문제 : 질소의 형태

1. 개요

1) 폐수 중의 질소는 4가지 형태로 존재

유기질소, 암모니아성 질소, 아질산성 질소, 질산성 질소

2) 미처리 폐수 중의 주된 형태

유기질소와 암모니아성 질소

3) 자연계에서 질소는 질소산화에 의해 진행

암모니아성 질소(NH_4-N) → 아질산성 질소(NO_2-N) → 질산성 질소(NO_3-N)

4) 폐수 중의 질소의 문제

① 산소요구량을 나타내며(잠재적인 COD원으로 작용)

② 영양염류의 유출로 수역의 부영양화 유발

③ 질산화 과정과 탈질산화 과정에 의해 제거(생물학적 질소제거) 가능

2. 질소의 형태

2.1 암모니아성 질소(NH_4-N)

1) 암모늄염을 질소량으로 나타낸 것으로 암모니아(NH_3), 암모늄이온(NH_4^+), NH_3-N 등으로 표현

2) 암모니아성 질소는 질소질 유기물 분해 시 제1차로 생성되는 질소

3) 또한 NO_2^-, NO_3^-가 생물학적 or 화학적으로 환원되어 암모니아성 질소를 형성한다.

$$NH_4-N+3/2O_2 \rightarrow NO_2-N+H_2O+2H^+ \text{(Nitrosomonas)}$$

$$\underline{+ \ NO_2-N+1/2O_2 \rightarrow NO_3-N \text{(Nitrobacter)}}$$

$$NH_4-N+2O_2 \rightarrow NO_3-N+H_2O+2H^+$$

상기(질산화 반응) 식에서 1g의 NH_4-N를 산화시키기 위해서 4.6g의 산소가 필요하고 7.2g의 알칼리도가 소모된다.

2.2 아질산성 질소(NO_2-N)

1) 아질산염을 질소량으로 나타낸 것

2) 아질산, 아질산 이온(NO_2^-), 아질산염, NO_2-N 등으로 표시

3) NH_3가 산화하여 생기며 NO_3-N가 환원하여 생기는 수도 있다.

4) NO_2-N는 신속하고 용이하게 NO_3-N으로 전환된다.

2.3 질산성 질소(NO_3-N)

1) 질산염을 그 질소량으로 나타낸 것

2) 질산(초산), 초산이온(NO_3^-), 초산염, NO_3-N 등으로 표시한다.

3) 질소가 가장 안정한 형태 : 더 이상 산화가 진행되지 않으므로 질소질 분해의 최종생성물이다.

4) NO_3-N는 오래된 오염의 흔적을 나타냄
   ① 위생적 문제는 적으나
   ② 유아의 Blue-baby의 원인이 된다.

2.4 알부미노이드성 질소

1) 단백질 등의 유기성 질소가 가수분해균의 작용을 받아 아미노산 등으로 가수분해된 질소화합물

2) 암모니아성 질소로 가수분해되기 직전의 유기성 질소 화합물이다.

3) 알칼리성 과망간산칼륨($KMnO_4$)을 써서 산화할 때 NH_3-N로 분해되는 질소화합물

2.5 TKN(Total Kjeldahi Nitrogen)

1) 킬달질소는 킬달법에 의해 측정되는 산화되지 않은 질소화합물로

2) 유기성 질소와 무기성 질소 중 암모니아성 질소를 포함한다.

3) TKN＝암모니아성 질소＋유기성 질소

2.6 T-N(Total Nitrogen)

1) 총질소는 수중에 존재하는 모든 형태의 질소를 말함

2) 즉, 무기성 질소와 유기성 질소의 합

3) $T-N=TKN+NO_2-N+NO_3-N$

3. 수질관리 및 처리공정에서의 의미

1) 측정 방법
   ① $T-N$을 정량하는 방법(환경오염공정시험법)과
   ② TKN과 NO_2-N와 NO_3-N값을 합산하여 정량화 하는 방법이 있다.

2) 이 두 가지의 측정 방법은 측정 오차로 인해 두 값에 다소 오차가 발생할 수 있다.

Key Point ◆

115회, 120회 출제

생물관리기술(Biomanipulation)

1. 서론

1) 생물관리기술

① 수질개선을 위하여 자연수체의 수생생물의 군집을 관리하는 것을 말한다.

② 주로 수중의 먹이사슬을 관리하여 조류의 생산력을 조절하는 기술이 많이 이용

③ 자연정화의 기능을 인위적으로 극대화시키는 방법

2) 국내

① 부레옥잠을 이용한 Pilot - plant 규모의 하폐수처리, 오염된 저수지나 호수의 직접 정화에 주로 이용

② 생태공학적 개념 도입 : 자연형 하천, 인공습지, 인공식물섬

③ 부지확보, 기후적 제약, 수확물의 처리와 같은 문제가 뒤따르고 있다.

2. 생물관리기술의 분류

2.1 하향조절

1) 먹이사슬의 상위 영양단계에 있는 생물의 군집을 관리하는 방법

2) 섭식어류를 이용한 생산자 관리, 동물성 플랑크톤 섭식어류의 제거, 육식어류의 투입

3) 수중에서 먹이사슬의 가장 아래에 위치한 식물성 플랑크톤은

① 동물성 플랑크톤에 의해 먹히고

② 동물성 플랑크톤은 윤충류(Rotifer)와 갑각류에 먹힘

③ 윤충류와 갑각류는 어류에 먹힘

4) **동물성 플랑크톤** : 동물성 플랑크톤은 자연에서 조류 등의 식물성 플랑크톤을 먹이로 하여 조류의 양을 조절하는 데 중요한 역할을 한다.

2.2 상향조절

1) 영양물질이나 물리적 성장요인을 생물학적으로 조절하는 방법

2) 수생관속식물 및 부착조류의 영양염류 제거기능을 이용한 방법

3. 생물관리기술의 분류

3.1 초식어(Grass Fish)의 투입

1) 수초에 의한 수질오염이 있는 경우 초어를 투입하여 수초를 제거하는 방법

2) 물리화학적 제거방법에 비해 2차적 문제가 적으나

3) 초어의 과대 번식 시

　① 수초대의 완전 파괴, 어종의 산란장 파괴

　② 생태계의 변화 유발 우려

3.2 바이러스, 세균의 투입

1) 조류 이상증식에 대한 생물학적 관리방법

2) 바이러스 : 남조류의 제어

3) 세균, 곰팡이 : 조류분해

4) 원생동물, 미소동물, 재첩, 백연어 : 조류섭취

3.3 어패류에 의한 생물관리

1) 수심이 얕고 어패류가 많은 경우 : 조류가 작고 물이 투명함

2) 퇴적물에서 서식하는 저서생물 중 어패류가 부유물질을 거름

3) 고형물의 침전을 가속화 : 영양염류를 감소시켜 영양단계를 조절하므로 조류의 증식이 억제됨

3.4 육식어종의 투입

1) 배스 등의 육식어종 투입

　① 플랑크톤 섭식성 어류를 감소시키면

　② 동물성 플랑크톤의 현존량이 증가하고

　③ 그 결과로 식물성 플랑크톤의 현존량이 감소

3.5 자연형 하천

1) 도시화된 하천을 원래의 모습으로 되돌리는 방법

2) 자연재료(나무, 풀, 돌)를 이용하여 하천을 최대한 자연에 가깝게 관리하는 방법

3) 콘크리트 제방을 지양

4) 하천의 형태 : 직선을 피하고 여울이나 소를 최대한 이용하여 자연형태에 가깝게 정비

5) 효과 : 침식방지, 자정작용의 극대화, 생태적 서식처 조성, 친수공간 및 경관 확보, 교육적 효과

3.6 인공습지

1) 습지가 가지는 수질보전의 기능을 인위적으로 극대화

　　오염물질여과, 토사유실방지, 산소생산, 영양염류순환, 지하수함양, 홍수방지

2) 특징

　① 수질정화기능이 매우 높다.

　② 설치비와 유지관리비가 저렴하고 처리효율도 높다.

　③ 호수 부영양화의 원인물질 정화기능

　④ 병원성균의 제거

　⑤ 넓은 부지가 필요 : 부지의 제한이 없는 지역에 설치 가능

　⑥ 오수처리, 광산폐수, 축산폐수, 매립지의 침출수, 호수수질개선, 고도처리 등 여러 분야에 응용 가능

3.7 인공식물섬

1) 수질개선 및 경관창출

2) 호반침식 방지 및 보호

3) 각종 수생생물의 서식공간 창출

4) 태양광선 차단

　① 조류의 대량증식 억제

　② 식물체가 영양염류를 흡수하여 부영양화 방지

　③ 식물체의 뿌리가 미생물의 부착기질로 작용 : 유기물 및 영양염의 흡수 분해를 용이하게 함

　④ 동물성 플랑크톤의 개체 수 증가

　⑤ 어류, 갑각류의 개체 수 증가

4. 생물관리기술의 특징

1) 유지관리비용이 저렴 : 고비용의 전통적인 영양염류 관리에 비해 저렴

2) 2차 오염이 발생하지 않는다.

3) 물리화학적 처리 및 미생물학적 처리의 제한성을 보완

4) 비점오염원의 오염부하 억제

5) 생태계 내의 구조적 복잡성과 시기적 변동으로 적용이 제한적

6) 부지의 확보가 제한적

7) 고농도의 하폐수의 경우 유입원수에 대한 전처리가 필요

8) 제거물의 처리 문제

5. 결론(적용 시 고려사항)

1) 생물관리를 위해 기존 생태계에 새로운 생물종을 인위적으로 이입하는 것은 기존 생태계의 먹이사슬의 교란 우려 : 수질 및 생태계의 변화 우려

2) 생물관리기술을 현장에 접목하려면 생물관리기술의 적용방안, 생태계의 교란 문제 등에 관한 체계적이고 종합적인 조사와 연구가 사전에 이루어져야 한다.

3) 생물종의 투입 시 고유종의 투입을 우선 고려

4) 제거물의 재활용 고려
   ① 재활용 시설을 근거리에 위치
   ② 사료 및 퇴비화 고려
   ③ 유기비료 생산으로 농경지 환원

5) 조류의 제어, 유역관리의 향상, 화학적 처리의 문제점 해소를 위해 영양염의 관리를 통한 상향조절과 생태계 피라미드의 상위 영양단계 생물을 이용한 하향조절을 병행하여 종합적인 관리가 필요

습지

1. 습지의 정의

1) 습지란 간단히 물기가 많은 땅을 말한다.

2) 오랜 세월 동안 일정한 수심을 유지하기도 하고 비가 올 때만 일시적으로 습지가 되거나 우기동안에만 계절적으로 습지가 만들어지는 경우도 있다.

3) 따라서, 습지란 강물, 호숫물, 바닷물, 하구의 약간 짠물 등 매우 다양한 물을 포함한 땅과 가까이 접하는 곳이 습지 생태계이다.

4) 습지는 지역의 지형 및 기후 등에 의해 매우 다양한 모습의 습지를 보유 : 우리나라의 경우 해안 갯벌 습지, 낙동강변 습지

5) 습지의 성격도 매우 다양

6) 습지의 크기도 수십 m²에서 수백 km²에 이르기까지 다양

7) 특히 건조한 기후대에 위치한 지역에서의 습지는 매우 중요 : 그 지역 전체의 생물다양성을 유지하는 데 기여

2. 습지의 기능

2.1 생물다양성

1) 습지 내 서식하는 생물을 물 – 경계면 – 땅이라는 다양한 서식처가 존재
   수생 – 반수생 – 육상생물 등 다양

2) 고산습지, 산지습지의 경우
   ① 유기물이 오랫동안 퇴적되어 물의 pH가 낮아 독특한 생물들만 적응하여 서식하기도 함
   ② 우리나라 첫 람사등록 습지 : 강원도 인제군 대암산 용늪

3) 복잡한 먹이망 형성
   유기물의 생산과 분해과정에서 많은 생물들이 복잡하게 먹이망 형성

2.2 홍수조절

홍수 때 물을 머금었다가 배출 : 낙동강의 우포

2.3 지하수위 유지, 수질정화기능

1) 습지가 일정한 수위를 유지함으로써 안정된 지하수의 유지 가능
2) 습지에 서식하는 많은 생물들은 수질정화에 큰 기여
    ① 수생, 반수생 식물 등이 서식
    ② 식물 표면에 많은 미생물 부착
    ③ 유기물 흡수
    ④ 최근 습지생태계의 원리를 이용한 수질정화기법(인공습지)의 개발

2.4 심미적인 가치와 레크리에이션 기능 제공

2.5 경제성 있는 어패류 서식

지역주민의 경제활동에 기여

2.6 과거의 기록

1) 퇴적물 속에 포함된 꽃가루 등으로 과거의 식물변천사 또는 기후를 추정
2) 하천 배후 습지가 존재 시 홍수방지에 기여

3. 습지의 구성요소

99년 5월에 수정된 람사 기준

3.1 기준1

적절한 생물지리학적인 지역 단위에서 대표적이거나, 희귀하고 독특한 자연적 혹은 근자연적 습지의 예가 될 수 있는 습지

3.2 기준2

민감한 종, 멸종위기종, 혹은 심각하게 서식처가 위협당하고 있는 종 혹은 생태군집이 서식하고 있는 습지

3.3 기준3

어떤 특정 생물 지리지역에서 생물다양성을 유지하는 데 매우 중요한 동식물 군집을 유지하고 있는 습지

3.4 기준4

동식물종의 군집이 생활사의 중요한 부분(기간)을 보내거나 환경이 좋지 않을 때 피난처로 활용되는 중요한 습지

3.5 기준5

20,000마리 혹은 그 이상의 물새가 정기적으로 서식하는 습지

3.6 기준6

어떤 특정 물새의 종 혹은 각종 개체수가 전 세계 개체수의 1% 이상이 정기적으로 서식하는 습지

3.7 기준7

고유어종 혹은 해당과에 속하는 어류가 상당히 서식하거나, 습지의 가치를 잘 대변해 주는 어류군집이 서식하는 습지로 지구 전체의 생물다양성을 높이는 데 기여하는 습지

3.8 기준8

식량자원으로서 어류, 산란지, 은신처 및 회유하는 어류군이 이동하는 통로로서 중요한 역할을 하는 습지

4. 결론

1) 습지의 파괴와 소실이 갖는 의미는 단순히 도래하는 철새 수의 감소만이 아니라
2) 유기물 생산과 분해과정에서 많은 생물들이 복잡하게 먹이망으로 얽혀 있어 인접 생태계의 생물다양성 감소로 이어져 생물자원의 소실을 초래
3) 습지를 생물자원으로의 인식이 필요
4) 유전자원의 관리차원과 종의 보전측면에서 습지의 파괴나 소실을 방지하여야 함

인공습지(Constructed Wetland)

1. 서론

1) 최근까지 수자원 보호의 초점은 점오염원에 집중
2) 하수처리장과 폐수처리시설의 건설로 점오염원의 처리에 상당한 진전이 있었으나
3) 하천과 호소의 수질은 크게 향상되지 못한 실정이다.
4) 이러한 이유는 점오염원 이외에도 비점오염원이 대량으로 하천과 호소에 유입되기 때문이다.
5) 비점오염원은 넓게 확산되어 처리가 어렵기 때문에 이에 대한 대안으로 인공습지를 조성하는 방법이 주목을 받고 있다.
6) 따라서 최근까지 적용된 인공습지의 활용 즉, 소규모 처리시설, 하수처리시설의 재처리 및 비점 오염원의 처리시설로의 도입이 필요하다.

2. 인공습지의 정의

침전, 여과, 흡착, 미생물 분해, 식생 식물에 의한 정화 등 자연상태의 습지가 보유하고 있는 정화능 력을 인위적으로 향상시켜 비점오염물질 등을 저감시키는 시설을 말한다.

3. 인공습지의 분류

3.1 유입수의 흐름방향

1) 수평흐름형(HF : Horizontal Flow)
2) 연직흐름형(VF : Vertical Flow)

3.2 흐름형태

1) 자유수면 흐름형(FWS : Free Water Surface Flow)
   ① 일반적으로 누출을 막기 위한 불침투성으로 이루어진 수로 또는 연못으로 구성
   ② 일반적으로 자연습지(Natural Wetland)로 가정하는 경우가 많다.
   ③ 수층이 얕다.
   ④ SSF에 비해 체류시간이 길어 BOD 처리효율이 높고
   ⑤ 정수식물이 기반일 경우
      ㉮ 근권계 미생물의 바이오담체 역할과

ⓑ 수체 내의 줄기에서 나오는 제한된 양의 산소를 제공하여 부착성 미생물의 성장을 촉진

ⓒ 수표면 위의 수생식물의 잎은 수표면에 그늘을 만들어 조류의 성장을 억제

2) 지하수면 흐름형(SSF : Subsurface Flow)

① FWS에 비하여 필요한 부지면적이 적고

② 냄새나 모기 등 해충 등의 문제가 없는 장점이 있지만

③ 적용 여재의 특성에 따라 처리효율의 변동이 심하고

④ 여재비용 문제 및 여재의 폐색 등의 단점이 있다.

3.3 부유식물 기반 인공습지(FFP)

1) 부유습지 또는 연못형 인공습지로 불림

2) 기본적으로 자유수면흐름형(FWS) 인공습지에 부유식물을 식재한 형태

3) 부유식물과 하부 퇴적층 사이에서 영양물질이 흡수처리되는 면에서 다른 인공습지와 구별

4. 인공습지의 특징

4.1 장점

1) 특별한 구조물이 필요하지 않아 시설비가 적게 소요

2) 습지는 토양, 식물, 자연에너지를 활용하여 처리하므로 2차 오염이 발생하지 않는다.

3) 특별한 동력을 필요치 않아 유지관리비가 저렴하고 유지관리가 용이하다.

4) 적정한 면적이 확보되면 입자상 물질, 유기물질, 질소, 인의 제거가 가능하다.

5) 야생동물의 서식처 제공

6) 녹지공간

7) 환경교육 공간

8) 여가선용의 장소로 활용가능

9) 기존 환경기초시설을 보완할 수 있는 효율적인 수질정화시스템으로 활용가능

10) 다른 저감시설에 비하여 유량 및 수질 변화에 대한 적응력이 높다.

11) 갈수기 부족한 용수의 재이용 및 홍수 조절기능 수행

4.2 단점

1) 적절한 오염물질 처리를 위한 필요 부지면적이 넓다.

2) 사용연한 증가에 따라 토양층의 폐쇄가 일어나 처리효율 저하가 발생할 우려가 있다.

3) 인공습지를 설계하기 위한 적절한 설계제원 및 기술의 축적이 부족

4) 모기 등의 해충이 발생할 우려가 있다.

5. 오염물질 제거기작

5.1 부유물질

1) SS가 유입 시 식물체가 접촉제 구실을 하여 SS의 침강을 촉진
2) 토양입자의 Fiteration에 의해 제거

5.2 유기물질

1) POC(입자상 유기물질, Particulate Organic Carbon)
   ① 침전, 여과, Biofilm에의 흡착, 응집/침전 등의 물리적 작용에 의해 습지 내에 저장
   ② 이후 가수분해를 통해 SOC로 전환되면서 생물학적 분해 및 변환과정을 거침

2) SOC(용존성 유기물질, Soluble Organic Carbon)
   기질층의 여재에서 성장하는 Biofilm 형태의 부착성 미생물이나 여재 사이에 존재하는 부유성 미생물에 의해 생물학적 과정을 거치면서 분해된다.

5.3 질소

1) 미생물에 의한 질소제거
   ① 질산화 미생물에 의해 질소를 최종 $NO_3 - N$로 전환
   ② 탈질미생물에 의해 탈질과정을 통해 최종 제거
   ③ 수생식물은 대기의 공기를 뿌리를 통하여 토양에 공급하여 질산화를 촉진

2) 식물에 의한 질소의 흡수
3) 암모니아의 탈기

5.4 인

1) 토양성분과의 흡착, 침전, 식물흡수, 미생물에 의한 흡수 등의 기작에 의해 이루어짐
2) 이중 흡착이 가장 중요한 기작으로 작용

5.5 병원균

인공습지는 토양층의 여과, 침전, 자연적인 저감, 온도영향 등에 의해 병원제거에 효과적

5.6 중금속

1) 토양, 침전물질, 입자상 물질과의 결합
2) 박테리아, 조류, 식물에의 흡수

6. 고려사항

6.1 유입수의 특성

1) 유입수의 오염물질 및 농도파악

BOD, COD, SS, T-N, T-P, 중금속, 난분해성 물질, 병원성 세균 및 바이러스, 황화합물

2) 독성물질의 존재에 따라 전처리시설의 설치 여부를 판단

6.2 처리수질

1) 처리수질에 따라 인공습지의 설치 유무가 판단
2) 이에 따라 습지의 면적 및 식재할 식물의 종류가 양이 결정

6.3 처리효율 향상방안

처리수질 확보를 위해 전처리시설 또는 여재의 변경(황입자) 및 산기장치(질산화 효율 향상, 동절기 대비) 등의 설치 유무를 판단해야 한다.

6.4 악취발생, 병원매개체 개체수 증가 등

상기 문제가 예상될 경우 수생식물에 대한 오염부하를 낮추고 유입수를 분해할 수 있는 구조 및 공기 등을 공급할 수 있는 방안을 모색해야 한다.

7. 결론

1) 인공습지는 하·폐수처리, 비점오염원 관리, 수생태계 복원 등 많은 분야에 적용되고 있지만
2) 세부적인 제거기작이 명확하게 규명되지 않아
3) 설계 및 유지관리에 있어 여러 시행착오를 거치고 있는 실정이다.
4) 따라서, 인공습지에 적용되는 유입수의 특징, 지역적 특성, 기후, 적용목적에 적합한 제거기작의 규명이 필요하며
5) 국내 실정에 적합한 인공습지의 개발이 필요하다.
6) 최근 문제점으로 부각되고 있는 비점오염원(도시 및 농촌)의 처리, 4대강 사업과 관련된 사업추진을 함에 있어 상기 문제를 사전에 해결하여 적용할 필요성이 있으며
7) 인공습지의 제거효율 증가를 위한 산기장치(질산화 효율 증대와 동절기 효율 향상) 및 인제거 효율을 높이기 위한 다각적인 방법의 모색 또한 필요할 것으로 판단된다.
   ① 여재를 일부 황입자를 사용하여 독립영향 탈질을 수행함으로써 질소제거효율 향상
   ② 인제거 효율증가를 위한 응집제 주입 여부 판단
8) 강우 시 인공습지의 적용성(비점오염원 저감시설)을 향상시키기 위해 강우사상별 다양한 체류시간에 대한 연구가 필요

인공식물섬을 이용한 수질 개선

1. 개요

1) 수역에 유기물질 및 영양염류 등의 오염물질 유입으로 인해 식물성 플랑크톤의 비정상적 대량 증식으로 녹조현상 발생이 빈번
   ① 이취미 발생 : 2-MIB, Geosmin 등
   ② 독성물질 방출 : Microcystin, Anatoxin 등
   ③ 어폐류 폐사 등 수생태계 심각한 문제 발생
2) 이러한 오염물질과 조류제거를 위해 물리·화학적이 사용되고 있지만 초기 투자비 및 고가의 운영비용, 2차 오염문제를 안고 있는 실정이다.
3) 이에 따른 대안으로 운영비가 적고, 2차 오염이 없이 생태계를 복원하는 생물학적인 방법이 다양하게 적용되어지고 있으며 그 예로 수생식물을 식재하여 호소수면에 부유시키는 인공식물섬이 적용되고 있다.

2. 인공식물섬의 수질정화 원리

2.1 수생식물

1) 수체 내 산소를 공급함으로써 유기물의 분해를 촉진
2) 수중의 영양염류(질소, 인)를 흡수하며
3) 수생식물 수중의 줄기와 뿌리는 부착 미생물의 성장을 위한 높은 표면적을 제공
4) 식물 사체의 축적은 다양한 오염물질 흡착을 위한 매개 역할을 함과 동시에 미생물에 의한 탈질 반응 시 탄소원의 역할을 수행하게 된다.

2.2 미생물

1) 식물섬은 수많은 미생물의 접촉표면적을 제공하며
2) 미생물들은 영양단계가 높은 생물에게 피식되어 수중의 물질순환에 기여
3) 병원성 미생물과의 경쟁을 통한 성장억제 및 제어 효과가 있고
4) 세균, 사상균, 이스트, 곰팡이, 원생동물(Protozoa), 조류(Algae), 동물성플랑크톤 등의 다양한 미생물 군집이 형성된다.
5) 미생물의 역할
   ① 유기물을 분해하여 무기물로 전환시키고

② 저질토의 산화·환원상태를 조절하여 영양염류와 무·유기화합물을 조절하며

③ 수중의 탈질작용을 촉진하여 수체 내 질소를 제거하고

④ 다양한 중금속을 무독화시켜 수질을 개선시키는 역할을 수행

2.3 동물

1) 인공식물섬 주변에 서식하는 생물

① 무척추동물, 갑각류, 곤충류

② 수중의 유기물을 제거할 뿐만 아니라 상위 먹이단계를 연결하는 중요한 역할을 수행한다.

3. 인공식물섬의 효과

3.1 생태복원

1) 수표면에 부유한 인공식물섬은 수위변동에 상관없이 유지되는 습지를 제공하며 상부와 하부에는 안정적인 생태계가 조성되어 확산

2) 습생 비오톱으로서 미생물, 동물성 플랑크톤, 저서생물, 곤충, 어류, 양서류, 파충류, 조류 등 다양한 생물이 서식한다.

3.2 수질정화

1) 인공식물섬의 식물과 부착 미생물에 의해 수질이 개선

2) 수질정화미생물인 동물성 플랑크톤이 오염의 주요원인인 식물성 플랑크톤(Algae)을 제거하고

3) 햇빛차단에 의해 녹조발생이 억제된다.

3.3 어족자원 보호

1) 동물성 플랑크톤을 주요 먹이로 하는 어류가 군집을 이루고 서식하며

2) 인공식물섬 뿌리부에 산란함으로써 개체수가 증가한다.

3.4 경관창출 : 관광자원화

3.5 저탄소 녹색성장

공유수면 위에 조성되는 인공식물섬은 새로운 녹색공간의 창출로 CO_2 제거효과가 우수하다.

4. 향후 방안

1) 인공식물섬이 물과 접하는 체류시간이 짧아 단시간에 수질개선효과를 얻기 어려운 단점을 해결해야 하며

2) 중·소규모 호소나 오수·폐수처리시설 후단에 고도처리용으로 사용하거나 인공습지로 사용하는 등 활용도의 다변화가 필요하다.

지하수 채수를 위한 조사방법

1. 예비조사

1) 개발대상 유역의 개황

2) 지형 및 지질조사

3) **기후 및 기상조사** : 기온, 강우량, 천기일수, 풍향 및 풍속

4) 수자원현황 조사

5) 인구현황 조사

6) 토지이용 현황 및 토지이용계획 조사

7) **이수현황 조사**

　① 본 과업대상 지역의 생활 및 공업용수 등을 취수하기 위한 시설물 조사

　② 취수장, 양수장, 보, 집수암거, 저수지 및 지하관정 조사

8) 수질현황 분석

9) 용수공급 시설 및 이용현황 조사

10) 상위계획검토

2. 수문지질조사

2.1 지표지질조사

지층의 주향(走向), 경사를 측정 : 지형, 지질자료를 기초

2.2 전기탐사

1) 지중에 전류를 통하여 지층의 겉보기 비저항을 측정하고

2) 지질구조와 지하수위를 개념적으로 확인하는 방법

3) **수평탐사법**

　① 복류수, 천정호 등의 대수층을 조사하는 방법

　② 2개의 전류극과 2개의 전위전극을 지중에 일정 간격으로 수평으로 설치하여 비저항을 측정

4) **수직탐사법**

　① 2개의 전류극과 2개의 전위전극을 지중에 일정 간격으로 수직으로 설치하여 비저항을 측정

　② 연약지반의 조사에 유효하고

　③ 심정호의 대수층을 조사하는 데 유효 : 심도 300m까지 개략조사도 가능

2.3 탄성파탐사

1) 지중에서 화약을 폭발(해머)시켜 폭발에 의해 생기는 탄성파의 전파속도를 측정하여 지층의 구조를 파악하는 방법

2) 굴절법 탄성파탐사를 통해 지하 매질의 탄성파 속도 분포로부터 개략적인 지층 구성상태와 충적층 분포 상태를 파악하는 현장조사 방법

3) 고결도가 높은 지층의 탐사에 적합

4) 지반의 심도가 얕은 경우나 암장수의 조사에 이용

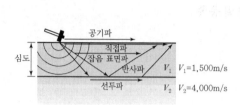

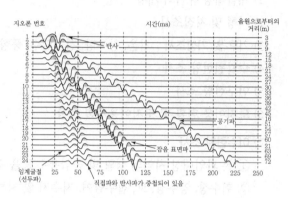

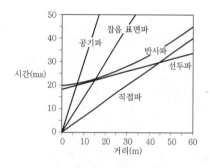

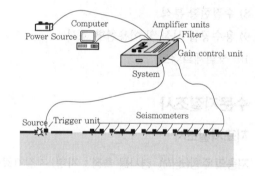

2.4 시추(Boring) 조사

1) 시추에 의해 지질시료를 직접 채취한 후 깊이별 지질주상도를 그려 지층구조를 나타내는 방법
2) 통상 전기검층과 함께 수행
3) 가장 확실한 조사방법
4) 표준관입시험과 동시에 시행
5) 24시간 경과 후 지하수위 측정과 동시에 지하수 샘플을 채취하여 수질검사를 실시할 필요가 있음

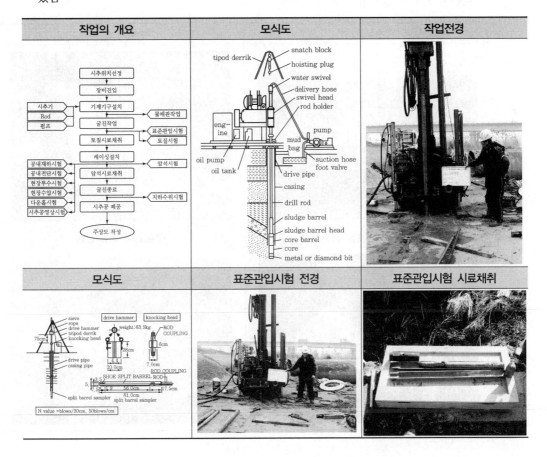

2.5 전기검층법

1) 시추(보링)한 정호에 전극을 넣어 지저항과 자연전위를 측정하여
2) 자연전위와 깊이의 관계에 대한 전기검층도를 그려 지층의 성질을 파악하는 방법

2.6 시험정에 의한 양수시험

1) 각종 조사결과를 바탕으로 시굴지점을 정하고 시험정을 굴착하여 정확한 양수시험을 실시하는 방법

2) 시험용 우물을 이용한 양수시험
   ① 최대 갈수기 : 최소한 1주일 이상 연속하여 실시하며
   ② 얕은 우물의 시험정 폭 : 600mm 이상
   ③ 깊은 우물의 시험정 폭 : 150mm 이상

| 양수정 설치 | 수위계 설치 |
| 수위측정 및 단계별 양수시험 | 배출수 토출구 전경 |

지하수 취수지점 선정 시 고려사항

1. 해수의 영향

1) 해안지방의 취수지점은 현재뿐만 아니라 장래에도 해수의 영향을 받을 가능성이 없는 지역이어야 한다.

2) 염분의 침입을 막기 위해 우물의 수위는 해면보다 높아야 한다.

3) Ghyben-Herzberg 법칙에서 $H = 42h$가 되는데 $h = 0$인 경우 $H = 0$이 되어 해수가 침입하게 된다.

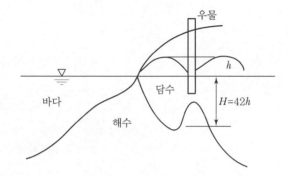

2. 주위의 우물(지하수) 영향

1) 주위에 있는 우물이나 집수매거에 영향이 미치지 않도록 취수지점을 선정

2) 천층수 수원에서 : 영향반경(300m)

3) 심층수 수원에서 : 영향반경(500~1,000m)

3. 오염원과의 거리

1) 오염원으로부터 최소 15m 이상 떨어져야 하며

2) 오염발생여부를 철저히 감시해야 한다.

3) 또한 장래 오염을 방지하기 위하여 수원 주위에 미리 넓은 토지를 매입할 수 있는 지점을 선정할 필요가 있다.

4) 취수지점의 또는 부근의 토양오염여부의 조사도 필요하다.

4. 복류수 수원의 경우

1) 하천표류수와 밀접한 관계가 있다.

2) 하천유로변경, 하상침하의 경우 갈수량이 현저히 감소하거나 아주 취수가 불가능한 경우가 발생할 우려가 있다.

3) 하천개수계획을 검토하여 취수지점을 선정하여야 한다.

지하수 채수층의 결정방법

1. 개요

채수층은 굴착 중에 지층이 변할 때마다 채취한 지질시료, 굴착 중인 점토수(Drilling Mud)의 양적인 변화와 질적인 변화, 용천수 또는 일수(Spill Water) 등의 유무, 전기저항탐사의 결과의 자료를 참고하여 선정한다.

2. 시굴

1) 시굴 굴착 중 각 지층의 시료(500g)를 깊이에 따라 채취하여 체거름시험(실내물성시험)을 실시 후

2) 각 지층의 입자크기, 색깔 등을 바탕으로 지질주상도를 그림

3) 특징

① 입자가 크고 깨끗한 자갈층은 함수율이 크다.

② 조사층은 자갈층 다음으로 함수율이 크다.

③ 점토층 사이에 끼어 있는 세사로부터도 약간의 취수 가능

④ 점토층이나 암층은 취수가 곤란

⑤ 입자의 색깔은 붉은색이 좋으며, 푸른색은 철분을 함유한 경우가 많다.

● N치 분포도

지층		최소	최대	평균	상대밀도/연경도	N치 분포도
퇴적층	모래질 점토	4/30	10/30	6/30	연약~보통견고	
	실트질 모래	5/30	32/30	14/30	느슨~조밀	
	모래	9/30	50/28	29/30	느슨~매우 조밀	
	모래질 자갈		50/24		매우 조밀	
풍화대 (풍화암)		50/2	50/2	50/2	매우 조밀	

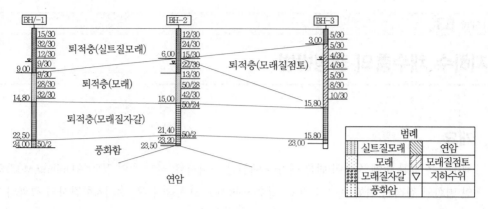

[지질주상도]

○ 실내물성시험 결과

구분	심도(m)		구분	심도(m)	
	4.0m	12.0m		4.0m	12.0m
자연함수비(%)	22.1	24.9	활성도(A)	–	–
흙의 밀도(g/cm³)	2.66	2.63	균등계수(Cu)	90	1.9
액성한계(%)	NP	NP	곡률계수(Cg)	4.44	1.1
소성한계(%)	NP	NP	4.75mm 통과량(%)	99.8	100.0
소성지수(%)	–	–	0.075mm 통과량(%)	42.0	2.7
USCS	SM	SP	0.005mm 통과량(%)	13.3	–

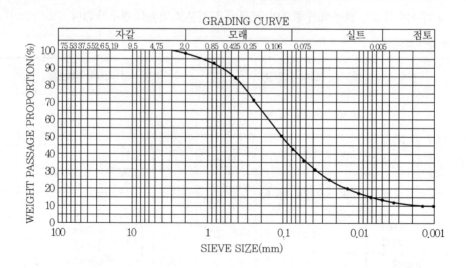

3. 전기검층

1) 굴착종료 직후에 전기검층을 실시하여 각 지층마다 비저항치를 측정하고
2) 비저항곡선도를 작성한다.
3) **자갈층** : $200 \sim 500 \, \Omega /m$
4) **모래 자갈층** : $150 \sim 300 \, \Omega /m$
5) **모래층** : $100 \sim 150 \, \Omega /m$
6) 채수층의 조건으로는 자갈층이 가장 좋고 그 다음이 4), 5)의 순서
7) **비저항치가 $100 \, \Omega /m$ 이하인 경우** : 염분, 철분, 혹은 하수가 침입한 경우가 많으므로 대상에서 제외한다.

4. 채수층의 결정

1) 시굴과 전기검층자료로부터 채수층을 결정
2) 굴착 중에 사용하는 물이 빠져나가는 것을 일수(逸水)라 하며 공극이 커서 일수가 많은 대수층을 채수층으로 결정한다.
3) 즉, 채수층의 결정은 가능한 한 투수성이 좋고 수질이 양호하며 수위가 안정되고 양호한 대수층만을 선택하여 스크린을 설치한다.

지하수의 적정양수량 결정방법

1. 개요

1) 정의
적정양수량이란 우물의 현저한 손상이나 지하수층의 물리적 성질에 변화를 일으키지 않는 범위의 양수량을 말한다.

2) 적정양수량 결정
① 한 개 우물의 경우 : 양수시험에 의해 판단
② 여러 개의 우물 : 우물 상호 간의 영향권을 고려하고 양수시험과 부근 우물의 수위관측으로 수위가 계속하여 강하하지 않는 안전양수량으로 한다.

3) 적정양수량 이상으로 양수할 경우
① 스트레이너 부근의 유속이 빨라져 우물에 다량의 모래 유입, 모래에 의한 스트레이너 폐쇄, 주변지반의 함몰, 비정상적인 수위강화를 유발하므로
② 양수량은 항상 적정양수량 이내로 유지되어야 한다.

펌프 폐쇄	Screen

2. 양수량의 종류

1) **최대양수량** : 양수시험 시 우물의 수위가 평형을 유지하며 양수할 수 있는 최대양수량
2) **한계양수량** : 단계양수시험으로 더 이상 양수량을 늘리면 급격히 수위가 강하되어 장애를 일으키는 양
3) **적정양수량** : 한계양수량의 70% 이하의 양수량

4) **경제양수량** : 최대양수량의 70% 이하 또는 한계양수량의 80% 이하의 양수량

5) **안전양수량** : 한 개의 우물이 아닌 대수역에서 물질수지에 균형을 무너뜨리지 않고 장기적으로 취수할 수 있는 양수량

3. 양수량 결정방법

3.1 단계양수시험(Step Drawdown Test)

양수정의 적정채수량을 결정하는 시험

1) 측정인자

① 대수층수두손실(BQ : Aquifer Loss)

② 우물수두손실(CQ_2 : Well Loss)

③ 비양수량(Q/S_w : Specific Xapacity)

④ 우물효율(E_w : Well Efficiency)

2) 방법

① 단계양수시험방법은 적은 양수량으로 시작하여 양수를 일정시간 계속한 후 수위가 안정되면 다음 단계로 양수량을 증가시키는 방법(단계강하측정법)으로

② 6~7단계로 구분하여 양수한 후 다시 단계적으로 양수량을 감소시키는 양수시험(단계상승측정법)을 실시하고

③ 양수량과 수위강하량의 관계를 양대수그래프에 플롯하여 변곡점을 구하여

④ 변곡점의 양수량을 한계양수량으로 한다.

3.2 장기양수시험(Longterm Pumping Test)

수리지질인자를 파악하기 위한 시험

1) 투수량계수(T : Transmissvity)

2) 저류계수(S : Storativity)

3) 수리전도도(K : Hydraulic Conductivity)

4) 비양수량(Q/S_w : Specific Capacity)

3.3 수위회복시험(Recovery Test)

시험정의 시험결과에 대한 검증자료 획득

1) 투수량계수(T : Transmissivity)

2) 저류계수(S : Storativity)

3.4 결정방법

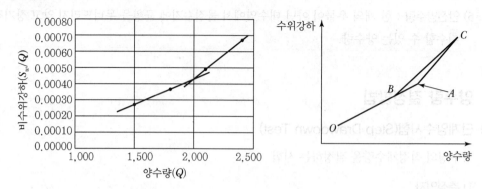

1) 직선 $O - A$

X축과 약 45°를 이루는 층류구간으로 자연상태로 흐르는 지하수와 대수층의 간극에서 나오는 지하수가 양수되는 구간

2) 직선 $A - C$

X축과 약 45°를 이루는 난류구간으로 $O - A$ 구간의 지하수와 지층으로부터 짜내는 지하수가 유입되는 구간

3) 점선 $C - B$

C점까지 양수 후 양수량을 저하시키면 대수층이 탄성을 상실하여 처음보다 양수량이 저하되어 나타나는 구간

4) 점 A

직선 $O - A$와 직선 $A - C$의 변곡점으로, 한계양수량을 나타내는 지점

3.5 양수량 결정

1) 단계양수시험에 의하여 한계양수량이 구해진 경우에는 그 70% 이하의 양을 적정양수량으로 하고 취수우물로 사용해도 된다.

2) 한계양수량이 구해지지 않은 경우라도 양수시험을 한 범위 내에서 계획취수량을 얻을 수 있으면 취수우물로 사용할 수 있다.

Key Point ✛

- 70회, 73회, 79회, 82회, 89회, 98회, 103회, 123회, 126회 출제
- 유효저수량 산정식과 그래프의 이해는 반드시 필요함
- Ripple's Method의 경우 유량조정조에서 거의 비슷한 개념으로 적용되므로 반드시 숙지하기 바람

지하수(Underground Water)

1. 지하수의 구성

1.1 불포화대(Unsaturated Zone)

물로 완전히 가득 차지 않은 지역

1) 토양대(Soil Zone)

① 지표 아래 1~2m까지 존재

② 식물의 성장을 도움

2) 중간대(Intermediate Zone)

토양대의 두께와 모세관대의 심도에 따라 그 두께가 매우 다름

3) 모세관대(Capillary Zone)

① 불포화대의 최하부에 위치

② 포화대와 불포화대의 경계지역

③ 물과 암석 사이의 인력에 의해 존재

㉮ 인력 존재에 의해 물은 암석입자 표면에 필름처럼 붙어 있으며

㉯ 중력에 대항하여 작은 공극을 따라 상승한다.

1.2 포화대(Saturated Zone)

• 불포화대 아래 물로 가득 찬 지역

• 정호나 샘을 통한 지하수 이용이 가능

• 지하수 함양 : 지표상의 물이 불포화대를 지나 지하수 심부로 침투하여 함양

1) 지하수면(Water Table)

① 포화대 내에 대기압과 수압이 같은 지점

② 사용하지 않는 정호에서의 지하수위(Water Level)를 나타냄

③ 지하수면 아래에서 수압은 심도에 따라 증가

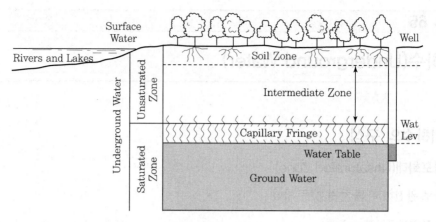

[지하수의 구성]

Darcy의 법칙

관련 문제 : 우물의 수리공식

1. 가정

1) Darcy의 법칙은 $Re < 10$인 층류에 한하여 적용 가능

2) 가정

① 다공층을 구성하고 있는 지층은 균일하고 동질적인 특성을 가진다.

② 흐름은 정류(Steady Flow)이다.

③ 대수층 내에 모세관대가 존재하지 않는다.

2. Darcy 법칙

1) 지하수가 흐르는 유량은 연속방정식($Q = A \cdot V$)에 의해 단면적과 유속에 비례한다.

2) Darcy의 법칙에 의하면 단면적이 일정한 경우 지하수의 유량(Q)은 수두손실(h_L)에 비례하고 거리(L)에 반비례한다.

$$Q = A \cdot V = A \cdot k \cdot S = \frac{k \cdot A \cdot h_L}{L} = \frac{k \cdot A \cdot (h_1 - h_2)}{L}$$

여기서, V : Darcy의 속도($= k \cdot S$)

k : 투수계수

S : 동수경사, 수리경상($= h_L/L$)

L : 흐름의 길이

A : 다공성 물질의 단면적

h_1 : 유입수의 총수두

h_2 : 유출수의 총수두

3. 우물의 양수량

1) 우물의 양수량은 Darcy의 법칙으로부터 유도된 공식에 의해 구한다.

2) 양수량과 수위강하 관계

① 층류 : $\dfrac{q_1}{q_2} = \dfrac{h_1}{h_2}$

여기서, q_1 : 수위강하가 h_1일 때 양수량

q_2 : 수위강하가 h_2일 때 양수량

② 난류 : $\dfrac{q_1}{q_2} = (\dfrac{h_1}{h_2})^n,\ \ n < 1$

4. 비유속과 실유속

1) 상기 Darcy 공식의 유속은 다공층을 통해 흐르는 물의 평균유속으로서 물이 다공층 내 임의의 두 점 간의 거리를 통과하는 데 소요되는 시간을 측정함으로써 구할 수 있으며, 비유속(Specific Velocity) 혹은 Darcy 유속(Darcy Velocity)이라고 부른다.

2) 이 비유속은 실제 흐름의 속도가 아니라 단순히 유량 Q 를 단면적 A 로 나눈 값이며 공극을 통해 흐르는 물의 실제 평균 유속은 비유속보다 크다.

3) 공극을 통한 실제 평균유속을 $\overline{V}$ 로 표시하면

$$\overline{V} = \frac{유량}{임의 단면에 있어서의 공극이 차지하는 단면적}$$

$$= \frac{Q}{A \cdot n_e} = \frac{A \cdot V}{A \cdot n_e} = \frac{V}{n_e}$$

여기서, $\overline{V}$: 누수유속(Seepage Velocity)

n_e : 유효 공극률

5. 적용

1) 자연 대수층 내의 지하수의 흐름은 대부분의 경우 Re < 1의 영역에 있으므로 Darcy의 법칙은 안전하게 적용될 수 있으나

2) 양수정(Pumping Well) 부근에 있어서의 지하수의 유속은 최대가 되므로 층류로부터 난류로의 변이가 일어날 가능성이 많다. 따라서 이 부분에 Darcy 법칙을 적용할 때에는 주의를 요한다.

지하수 이동속도(Ground Water Velocity)

1. 지하수 이동속도

1) 지하수 이동속도에 대한 공식은 Darcy의 법칙과 속도방정식을 혼합하여 만들어진다.

$$Q = KA\left(\frac{dh}{dl}\right) \text{ (Darcy 법칙)}$$

$$Q = Av \text{ (속도방정식)}$$

여기서, Q : 유량
K : 수리전도도
A : 흐름방향에 수직인 방향의 단면적
dh/dl : 수리경사
v : Darcy의 속도(전체단면적의 평균속도)

상기 두 개의 식을 결합하면

$$Av = KA\left(\frac{dh}{dl}\right)$$

양변에서 면적을 제거하면

$$v = K\left(\frac{dh}{dl}\right)$$

상기 식은 수리전도도와 수리경사만을 포함하고 있으므로 지하수의 이동속도를 완전하게 표현하지 못하고 있다.

지하수는 암석 내 공극을 따라서만 흐르기 때문에 위의 식에 공극률(n)을 포함시켜야 한다.

$$v = K\frac{dh}{ndl} \quad \text{·· (식 1)}$$

상대적으로 느린 지하수 이동속도를 표현하기 위하여 대수층과 피압층을 통한 지하수의 흐름을 결정하는 데 (식 1)을 사용한다.

2) (식 1)로부터 계산된 속도는 지하수 평균 이동속도

① 지하수 오염과 관련된 지역에서는 가장 빠른 이동속도가 평균속도의 몇 배에 이름

② 석회암 공동, 용암터널, 암석 내 큰 파쇄대에서는 지표수의 하천속도와 거의 비슷한 속도를 보임

3) 또한 자유면 대수층에서의 지하수의 흐름은 지하수면 아래 지역이나 포화대에 한정되어 있지 않음

4) 모세관대 내의 물도 지하수면의 수리경사에 영향을 받는다.

　① 따라서 모세관대의 물도 지하수의 흐름방향과 같은 방향으로 흐른다.

　② 모세관대의 물의 수평흐름은 위로 갈수록 속도가 감소하여 모세관대의 최상부에서는 속도
　　 가 0이 된다.

　③ 자유면 대수층이 기름이나 물보다 밀도가 작은 다른 물질에 의해 오염되었을 때 상기 내용을
　　 고려하여야 한다.

평형식과 비평형식

1. 개요

우물의 양수량을 결정하는 공식에는 여러 가지가 있지만 모두 Darcy의 법칙으로부터 출발하고 있으며 크게 평형식과 비평형식이 있다.

2. 평형식

1) 우물에서 양수를 개시하면 양수량에 따라 우물의 수위가 저하하나
2) 어느 시간이 지나면 유입량과 양수량이 평형이 되어 수면의 저하가 그치게 된다는 가정하에 만들어진 식으로
3) 대표적인 식으로 Thiem식이 있다.
4) 우물의 지하수 유입속도는 불투수층으로부터 원지하수면 깊이의 제곱과 우물깊이의 제곱과 차이에 비례한다.
5) 이론상의 모순
   ① 유입속도가 우물의 깊이에 무관하다는 점과
   ② h_o가 최저일 때 실제는 유입량이 없음에도 유입량이 최대로 산정된다는 점 : 실제 이 경우에는 우물에 물이 유입되지 않는 상태

2.1 자유수면 우물의 경우

$$Q = \frac{\pi \cdot K \cdot (H^2 - h_o^2)}{2.3 \log_{10} \dfrac{R}{r_o}}$$

여기서, K : 침투계수
H : 불투수층부터 원지하수면까지의 높이(m)
h_o : 불투수층부터 평형상태의 우물수면까지 높이(m)
R : 영향원 반경(m)
r_o : 우물의 반경

$$K = \frac{0.732\,Q(\log r_2 - \log r_2)}{(h_2 + h_1)(s_1 - s_2)}$$

여기서, r_1 : 우물에서 가까운 수위관측정까지 거리(m)

　　　r_2 : 우물에서 먼 수위관측정까지 거리(m)

　　　h_1 : 평형상태에서 r_1의 불투수층부터 수면까지 높이(m)

　　　h_2 : 평형상태에서 r_2의 불투수층부터 수면까지 높이(m)

　　　s_1 : 평형상태에서 r_1의 수위강하(m)

　　　s_2 : 평형상태에서 r_2의 수위강하(m)

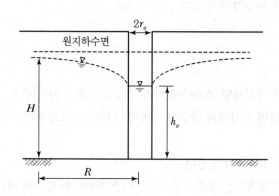

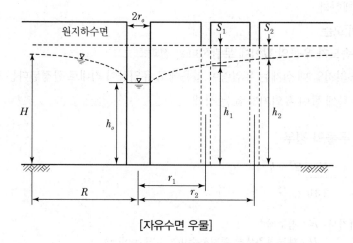

[자유수면 우물]

2.2 피압수 우물

1) 두 개의 불투수층 사이에 존재하는 피압지하수층의 지하수를 양수하는 우물로서

2) 피압지하수의 압력이 작으면 우물 속의 수위가 일정수위에 머무르나 압력이 크면 지상으로 분출한다.

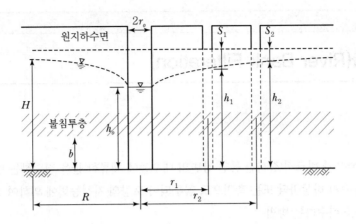

$$Q = \frac{2\pi \cdot K \cdot b(H - h_o)}{2.3 \log_{10} \dfrac{R}{r_o}}$$

$$K = \frac{0.366 Q(\log_{10} r_2 - \log_{10} r_1)}{b(s_1 - s_2)}$$

여기서, r_1 : 우물에서 가까운 수위관측정까지 거리(m)

r_2 : 우물에서 먼 수위관측정까지 거리(m)

s_1 : 평형상태에서 r_1의 수위강하(m)

s_2 : 평형상태에서 r_2의 수위강하(m)

b : 대수층의 두께(m)

3. 비평형식

1) 열전도 이론을 도입한 것으로 우물의 원수는 대수층 중에 저류되어 있는 물로부터 공급된다고 보며

2) 일정수량을 계속 양수하면 이 저류수는 소모되며 우물수면의 저하가 계속되어 영향원은 계속 확대되어 간다고 가정한 것이다.

3) 대표적인 공식으로는 Theis 공식이 있다.

$$Q = \frac{4\pi T \cdot S}{W_u}$$

여기서, T : 투수량 계수(=KH)

S : t 시간 양수 후 수위 저하(m)

W_u : Wenzel의 우물 함수

강변여과(River Bank Filteration)

1. 서론

1) 하천표류수가 비교적 장시간 동안 강변의 대수층에 체류한 물을 취수하는 방법

2) 즉, 표류수가 하상바닥 또는 측벽으로 침투되어 토양의 자정능력에 의하여 오염물질이 여과 제거된 물을 취수하는 방법

3) 침투과정에서 미생물이 부착된 모래나 자갈층을 통과하면서 오염물질이 여과되고 정화된 물이며

4) 일종의 생물막에 의해 정화된 물로 표류수보다 탁도, 유기물질, 암모니아성 질소 등의 농도가 낮고 수질변화도 적다.

5) 강변둔치(고수부지)에 깊이 20~40m 정도의 취수정을 약 50~100m 간격으로 설치하여 물을 취수하는 환경친화적인 방법

6) 점차 개발 가능한 수원의 감소와 이에 대한 취수원의 다변화 및 간접취수 개념을 바탕으로 한 강변여과와 같은 물공급의 안정적 공급 대책이 필요한 실정

2. 필요성

1) 안전하면서 안심하고 마실 수 있는 좋은 수돗물을 공급하기 위하여 취수원의 다변화

2) 수질사고에도 안정적인 생활용수 공급
   현재 수원으로 사용 중인 표류수는 수량이 점차 부족해지고, 수질이 저하되고, 돌발사고에 대한 취약성이 있다.

3) 부산, 경남지역은 수돗물 원수의 대부분을 오염에 취약한 표류수에 의존하고 있으며, 광역상수도를 개발하더라도 댐에서 충분한 물을 취수하는 데에는 댐하류지역의 유지용수 부족으로 인한 수질오염 우려 등 낙동강 유역 특성상 근본적인 수질개선에는 장기간이 소요되고 한계가 있음

4) **수자원 부족에 대응**
   ① 간접취수방식 도입
   ② 대체수자원으로의 활용

3. 취수방법

3.1 직접취수방식(취수정)

1) 표류수가 강바닥과 강둑을 통하여 강변의 대수층(Aquifer)에 침투하여 장시간 체류한 물을
2) 강변둔치(고수부지)에 일정(20~40m) 깊이의 취수정을 약 50~100m 간격으로 설치하여 강변 여과수를 직접 취수하는 방식

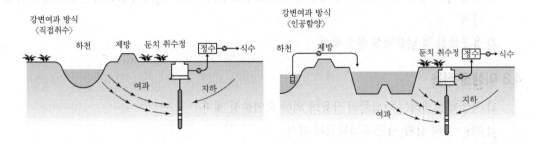

강변여과 방식 〈직접취수〉

강변여과 방식 〈인공함양〉

3.2 인공함양방식

1) 표류수를 취수하여 인공적으로 조성된 완속여과지 또는 모래로 된 지하대수층(함양분지)에 침투시켜
2) 오염물질이 여과된 물을 다시 취수하는 방식
3) 홍수 시 인공함양지가 침수되면 취수기능이 저하되는 단점이 있다.

4. 강변여과의 원리

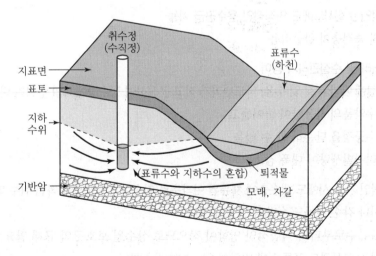

4.1 여과작용

1) 표류수가 침투하는 과정에서 토양 및 모래입자의 공극을 통한 여과작용
2) 고형물질의 제거, 탁도제거

4.2 흡착작용

1) 토양 및 모래입자의 화학적인 성분에 의해 오염물질과 물리·화학적 흡착작용에 의해 오염물질 제거
2) 용존물질 및 난분해성 물질제거

4.3 미생물 작용

1) 지중에 존재하는 미생물의 작용에 의한 오염물질 제거
2) NH_4-N의 산화, 용존오염물질의 제거

5. 장점

1) 수온을 연중 비교적 균등하게 유지
   ① 겨울철에도 미생물에 의한 암모니아의 산화가 일어나 오염정화효과가 크다.
   ② 어느 정도 함유된 암모니아는 강변여과만으로 제거 가능
2) 하천수가 강변의 대수층을 통하여 여과되는 동안 BOD, 탁도, 세균 및 유해물질이 자연적으로 감소
   ① 염소소독에 따른 THMs 문제가 없다.
   ② 표류수의 문제인 조류의 영향을 받지 않는다.
3) 돌발적인 수질사고에도 안정적인 용수공급 가능
   강변의 충적층이 완충작용
4) 정수처리 및 수질관리가 용이
   ① 계절에 따라 수질 및 수온, 탁도변화가 적고 균질하여 정수장에서의 수처리 및 수질관리가 용이
   ② 정수약품의 사용량이 줄어들고
   ③ 정수공정을 단순히 할 수 있음
   ④ 슬러지발생량이 대폭 감소
5) 일시적인 가뭄 시에도 대수층에 체류된 여과수로 취수함으로써 안정적인 취수 및 급수 가능
   홍수시나 갈수 시에도 수량의 변동이 적다.
6) 하천표류수로부터의 직접적인 영향이 적으므로 상수원 보호구역 규제 필요성이 적음
7) 용해성 오염물질도 표류수에 비하여 60~70% 감소한다.
8) 강물에 수직변동이 있더라도 강변여과수는 거의 균등한 수질을 유지한다.
9) 강물이 오염되지 않은 경우에는 소독 없이 급수할 수 있다.

10) 인위적인 하상변동이 없으면 영구히 이용 가능
   ① 용이하게 흡착되는 입자상의 유기물질과 중금속은 주로 하상바닥이나 침투층 상부에 부착하므로
   ② 홍수 때 쉽게 씻겨 나가게 되어 하상의 기능이 재생
11) 흡착이 잘되지 않는 물질과 난분해성 물질은 강변여과층을 침투하는 과정에서 연속적으로 흡착, 탈착이 일어나고 일반 지하수에 의해 희석되기도 한다.
12) 생물학적으로 쉽게 분해되는 물질은 침투과정에서 용이하게 제거된다.

6. 단점

1) 개발가능 적지가 한정되어 있어 대규모 개발이 곤란하다.
   우리나라는 대수층 발달이 미약
2) 주변 농경지로부터 지하침투되는 오염물질 함유 가능성이 있다.
3) 인근지역의 지하수위 저하에 따른 민원발생 우려가 있다.
4) 취수정의 폐색에 따른 채수량 감소가 불가피하다.
   장기간 사용 시 표면 및 내부 모래층의 공극이 미세 탁질로 폐쇄
5) 취수정이 강변에서 먼 경우 내륙지하수의 유입가능
6) 관정 등의 시설물을 부적정하게 설치하거나 침수에 대한 별도대책이 없을 경우 홍수 시 유실가능
7) 오염토양에 대한 사전조사 불충분 시 여과수 오염 가능
8) 강변여과수 개발 운영에 대한 국내경험 미흡
9) 취수를 위한 시설비와 전력비, 유지관리비가 많이 소요
10) 대량의 취수 시 인근지하수위 저하 및 지반침하 우려
11) 질산성 질소나 염소이온 등의 농도가 높을 때는 정수처리에 어려움이 따름
12) 높은 유기물의 유입으로 혐기성 상태가 될 경우 철, 망간이 환원되어 Fe^{+2}, Mn^{+2}로 용출될 우려 : 적수 및 흑수유발

7. 이용 조건

1) 원수의 수질기준 3등급 이상일 것
2) 대부분 강물이 채수되나 일부 지하수의 유입에 의한 영향을 고려
3) 토양오염의 여부 확인
4) 충적층 조건(토양성분, 대수층 두께, 지하수위)을 검토
5) 제방 또는 인근 마을과의 이격거리를 고려한다.
6) 공급조건을 검토한다.

8. 수처리공정

1) 강변여과수 취수 → 급속여과 → 오존 및 활성탄 처리 → 소독 → 정수지
2) 강변여과수 취수 → 완속여과 → 소독 → 정수지
3) 강변여과수 취수 → 오존처리 → 응집 및 침전 → 급속여과 → 소독 → 정수지
4) 강변여과수 취수 → 포기 → 급속여과 → 활성탄 흡착 → 후염소처리 → 정수지

→ 참 / 고 / 자 / 료

○ 강변여과방식

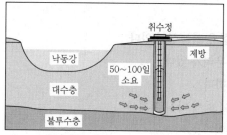

[수직집수정(소규모 취수)]

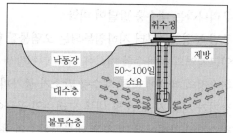

[방사형 집수정(대규모 취수)]

○ 스위스 취리히 하드호프 정수장

[정수장 전경]

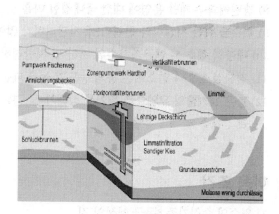

[취수 개요도]

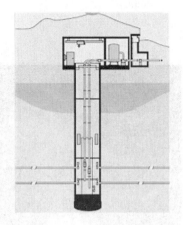

[수평집수정]

[수직정]

[인공함양지]

[수직집수정 전경]

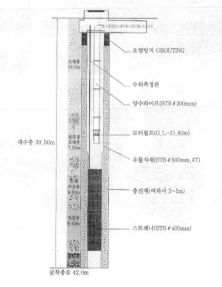

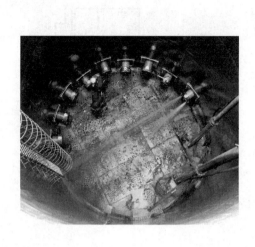
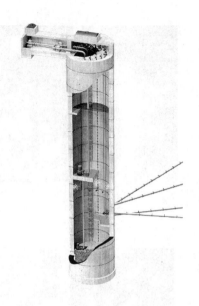

[방사형 집수정 전경]

○ 방사형 집수정 시공절차

철근조립	콘크리트 타설	우물통 침하	우물통 완공
수평정 시공	우물자재 설치	수평정 밸브 설치	수평정 완공

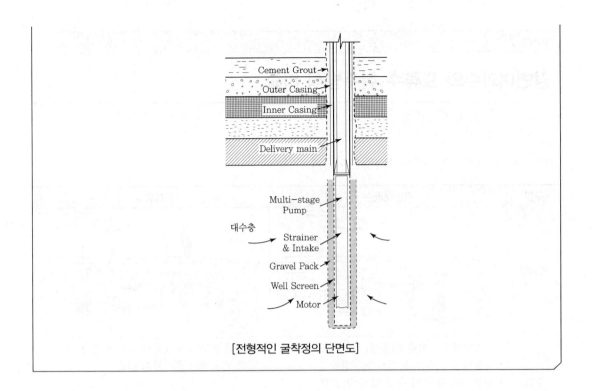

[전형적인 굴착정의 단면도]

강변여과수와 표류수 취수방식 비교

강변여과수와 표류수 취수방식의 특징은 다음과 같다.

구분	강변여과수	표류수
개념도		
장점	• 수처리공정의 단순화(응집, 침전지 불필요) • 계절적 수량 및 온도변화가 일정함 • 홍수 시나 갈수 시 수질 및 수량 일정 • 약품사용량이 적어 슬러지 발생량 적음 • 수질오염사고에 대처능력 우수	• 수량이 풍부하며 대용량 취수가 가능 • 많은 기술력이 축적되어 있음
단점	• 취수정 유지관리 필요 • 고농도의 철, 망간, 질산성 질소 유입으로 제거시설 필요 • 개발 시 고도의 기술력이 필요함	• 수처리공정이 복잡하고 넓은 부지 필요(응집, 침전지 필요) • 계절적 온도변화 큼 • 약품사용량이 많아 슬러지 발생량 증가 • 염소요구량의 증가로 소독부산물의 문제발생 • 홍수 시 고탁도로 인한 운영상 어려움 존재
비고		수질오염사고 시 대처가 곤란
간접취수 도입 가능성	• 하천 표류수의 수질이 나쁜 지역 • 수질오염사고가 우려되는 지역 • 광역상수도 개발 시 하류지역의 수질악화가 우려되는 지역 • 취수원 다변화 및 안정된 생활용수 공급이 필요한 지역	

강변여과 취수방식의 비교

강변여과의 취수방식별 특징은 다음과 같다.

구분	수직정	수평(방사형)집수정
개요		
	ϕ400∼600mm 정호를 강변을 따라 1∼2열로 공당 배치간격 100∼200m를 기준으로 설치, 수평집수정에 비해 취수량은 적음	ϕ4m 정호를 굴착한 후 하부에 수평방향으로 길이 50∼60m 내외의 수평스트레이너를 방사형으로 설치하고 취수 효율성을 감안, 지구의 중앙에 배치
장단점	• 수평집수정에 비해 산출량 적음 • 설치가 용이함 • 유지관리가 간단함 • 강변 내에 시설물 설치가 간단 • 해외에서 초창기에는 수평집수정방식에 의한 취수방법을 채택하였으나 최근에는 수직형으로 설치하고 있는 상황임	• 4대용량 채수가능(정호형의 5배 이상) • 유지관리 복잡 • 강변 내에 설치되어야 하나 대형구조물로서 설치가 난해하며 홍수 시 미치는 영향이 우려됨 • 지하에 수평 방사선형 관을 부설해야 하므로 공사비가 과다하며 공사가 난이
채수가능량	• 대산정수장 : 2,000m³/일 • 독일의 경우 : 4,800∼9,000m³/일	• 대산정수장 : 5,000m³/일 • 독일의 경우 15,000∼72,000m³/일
비고	1개소당 산출량은 수평집수정이 많으나, 강변에 연하여 설치하여야 하는 국내에서는 시설물에 대한 제약과 동일한 양을 생산하기 위한 공사비, 유지관리의 용이성, 고장 시 문제의 대소 등을 감안하고 또한 최근 해외에서 강변여과수 취수 시 주로 수직 정호에 의한 취수시설을 도입하는 점 등을 고려하여 제방에 연하여 개발하는 지역에서는 수직정호에 의한 강변여과수 취수방식이 바람직함	

하상여과와 강변여과

1. 하상여과방식

집수매거(복류수 취수)	방사형 집수정(복류수 취수)

강변여과(대수층미생물에 의한 흡착, 분해)	하상여과(대수층여과작용)
• 계절별 수질 · 수온 · 수량 안정적 • 정수약품 사용 불필요 • 각종 수질오염사고 안정적 대처 가능 • 수질기준 만족(철, 망간제외) • 개발실적 : 창원, 함안, 김해	• 계절별 수량 안정적 • 수질, 수온은 하천수와 유사함 • 표류수 처리공정 필요

하상여과

1. 개요

하상(하천바닥)의 충적층을 통과하여 수질이 개선된 하천수를 하천의 수변(Shoreline)에 설치된 수평집수관이 연결된 수직집수정을 통해 양수하여 간접취수로 이용하거나 하천에 재투입함으로써 하천수질개선 및 하천유지용수로 사용하는 공법

2. 오염물질 제거원리

2.1 물리적 여과

자연적으로 형성된 모래, 자갈층을 통한 여과

2.2 화학적 · 생물학적 여과

1) 하상입자에 흡착된 미생물에 의한 생물학적 분해
2) 용존 오염물질 및 병원성 미생물 제거

3. 하상여과의 특징

3.1 환경 친화적인 공법

1) 화학약품 불필요
2) 슬러지 발생이 없음

3.2 영양염류 제거

1) 생물학적 분해에 의한 질소제거
2) 흡착 및 세척에 의한 인제거

3.3 부가적인 오염물질 제거

1) 병원성 미생물(Giardia, Cryptospordium)
2) 소독부산물(DBPs : THMs, HAAs)
3) 환경호르몬(EDs, PPCPs)

3.4 투자지용 절감

1) 초기 건설비 및 유지관리비(전력비) 감소

2) 부지면적 최소화(수직 집수정 면적만 소요)

3.5 유지관리 용이

1) 전문인력 불필요(운전단순)

2) 하상 자연 세척 : 상부 Clogging 해소

3.6 반영구적 시설

1) 연중 지속적인 운영 가능

2) 영구적으로 사용 가능

4. 활용방안

4.1 간접취수

1) 1급수의 하상여과수를 정수장 원수로 공급

① 정수장의 전처리 공정 감소

② 유지관리비(약품비 등) 절감효과

4.2 하천수질 개선

1) 1급수의 하상여과수를 하천으로 직접방류(분수)

① 희석 및 용존산소 증가에 의한 하천 수질의 직접적인 개선효과

4.3 하천유지용수 : 건천화 방지

1) 1급수의 하상여과수를 상류로 방류(벽천, 분수, 연못 등)

① 하천의 건천화 방지

4.4 RO을 활용한 대용량 해수담수화 취수사업

4.5 도서지역의 간이정수(해수담수화) 사업

4.6 해산물 양식을 위한 해수 공급 사업

5. 개선사항

5.1 지하수 유입의 문제점

1) 오염된 지하수 유입

2) 자원고갈

3) 지반침하

4) 철, 망간 유입

5.2 기타

1) 여과수의 대부분이 지하수

2) 양수량이 소량($2,000 \sim 3,000 m^3/d$ 이하)

집수매거

관련 문제 : 복류수 취수

1. 개략도

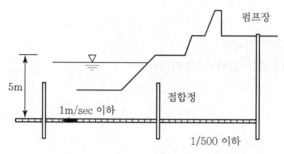

원심력철근콘크리트(유공관거) : ϕ 500mm 이상
집수구멍 : ϕ 10~20mm, 20~30개/m²표면적

2. 기능 및 목적

제내지, 제외지, 하천부지 등의 복류수를 취수하는 시설

3. 특징

1) 복류수의 유황이 좋으면 안정된 취수가 가능하며 비교적 양호한 수질이 기대

2) 지하구조물이 축조되지 않는 경우의 취수시설로서 유효

3) 얕을 때는 노출, 유실의 우려

4) 집수매거방향은 복류수 흐름방향에 직각

5) **매설깊이** : 5m 표준

6) **집수공 유입속도** : 3cm/sec 이하

7) **경사와 관내유속** : 1/500 이하, 1m/sec 이하

8) **이음** : 컬러식

9) 집수매거 주위 굵은 자갈, 잔자갈, 굵은 모래 순으로 각 층 50cm 이상

10) 접합정의 내경은 1m 이상

4. 유의사항

1) **취수량의 대소** : 소량의 취수에 이용

2) **취수량의 안정상황** : 하천바닥에 매설되어 있어 관리가 어렵고 막혀서 취수가 불량할 때가 있다.

3) **하천의 상황** : 유황의 영향이 비교적 적다.

4) **유심의 상황** : 유심이 안정되어 있는 곳이 바람직

5) **수심의 상황** : 보통은 영향이 적다.

6) **토사유입 등의 상황** : 토사유입은 거의 없고 대개는 수질이 좋다.

Key Point

• 87회, 89회, 112회, 120회, 121회, 122회, 128회 출제
• 출제 빈도는 다소 낮으나 출제될 경우 집수매거가 복류수의 취수를 위한 것이라는 것을 기억하기 바람

집수매거의 길이와 양수량

1. 개요

1) 시험용 굴착우물을 사용하여 양수시험을 실시한 다음 그 자료로부터 집수매거의 조건에 적합한 수리공식을 사용하여 집수매거의 길이를 정한다.

2) 또한 적합한 수리공식을 결정할 때 모래가 유입하여 집수공을 막지 않도록 유입속도를 3cm/sec 이하로 제한해야 하며, 다른 하천에서의 실례를 참고하여 결정하면 좋다.

2. 자유수면 지하수

2.1 수평의 불투수층에 집수매거를 설치하여 복류수가 집수매거의 양측으로부터 유입하는 경우

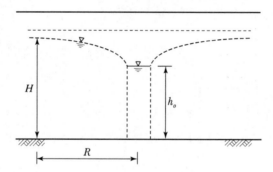

$$Q = \frac{K \cdot L \cdot (H^2 - h_o^2)}{R}$$

여기서, Q : 양수량(m³/sec)

K : 투수계수(m/sec)

H : 불투수층부터 원지하수면의 깊이(m)

h_o : 불투수층부터 집수암거수면까지 깊이

L : 집수암거의 길이

R : 영향반경(m)

2.2 암거바닥이 불투수층에서 가까운 경우

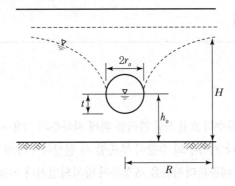

$$Q = \frac{K \cdot L \cdot (H^2 - h_o^2)}{R} \cdot \sqrt{\frac{t + 0.5 r_o}{K}} \cdot 4\sqrt{\frac{2h_o - t}{h_o}}$$

여기서, r_o : 매거반경(m), h_o : 매거수위에서 불투수층까지의 깊이(m)

t : 매거 내 수심(m)

2.3 불투수층부터 암거바닥까지 거리가 먼 경우

1) 원지하수면은 수평인 것으로 가정하고 있으나

2) 실제 지하수면이 경사지고 있으며 집수매거로 인한 배수의 영향도 생기게 되므로

3) 집수매거의 길이가 짧을 때에는 H를 수평으로 보아도 되나

4) 길어지면 H 및 h_o가 장소에 따라 달라지므로 집수매거의 길이를 적당하게 분할하여 계산하여 야 할 때도 있다.

$$Q = \frac{K \cdot L \cdot (H - h_o)}{2.3 \log (2R/r_o)}$$

2.4 하상 내의 매거

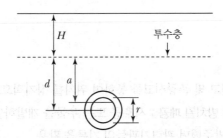

$$Q = \frac{2\pi K \cdot (H + d - (p_o / W_o))}{2.3 \log (4a/r)}$$

여기서, Q : 암거단위길이당 유입량(m³/sec/m), a : 하상부터 암거수위까지 깊이(m)

d : 하상부터 암거중심까지 깊이(m), H : 불투수층 상부의 수심(m)

P_o : 암거 내 수압(t/m²), W_o : 물의 단위중량(t/m³)

지하수 폐공위치

1. 개요

1) 지하수법에서는 지하수의 효율적인 관리를 위해 지하수의 이용 시 미리 사용허가를 받아야 하고

2) 이용이 완료되었거나 지하수의 수량이 부족할 시 원상복구하게 하고 있다.

3) 또한 방치된 지하수 폐공관리지침을 제정하여 방치되었거나 이용이 끝난 폐공을 관리하여 지하수의 오염과 이로 인한 사고에 대비하고 있다.

4) 최근 수돗물에 대한 불신 등으로 무분별하게 지하수 굴착이 이루어지면서 사용하지 않는 폐공, 미신고 폐공이 상당수 존재해 지하수 오염이 우려된다.

5) 지자체별로 상당수의 지하수 폐공이 존재하나 이에 대한 실태조사가 이루어지지 않고 있는 실정

6) 지하수 폐공 발굴 및 복구가 쉽지 않은 이유는

　① 미신고 지하수에 대한 처벌규정이 엄격하고

　② 원인자 부담으로 폐공을 복구할 경우 비용이 비싸기 때문(150~300만 원 정도)

7) 따라서, 지하수 오염의 사전 예방을 위해 지하수 폐공에 대한 전면적인 조사와 철저한 사후관리가 필요하다.

2. 폐공의 정의

1) 폐공이라 함은 지층을 굴착한 관정 또는 우물로서 현재 또는 미래에 활용할 계획이 없고

2) 지하수 수질오염방지를 위한 별도의 조치를 하지 않고 방치되어 있는 관정 또는 우물을 말함

3. 폐공위치 확인

3.1 기록을 활용

1) 지하수 개발·이용신고 및 준공신고를 통하여 위치를 정기적으로 파악

2) **지하수법 시행 이전의 방치된 폐공** : 시추공 또는 우물을 개발하였던 지하수 개발업자들의 기록 또는 지하수 개발을 발주했던 관련기관들의 기록을 활용

3.2 수소문

오래 방치된 폐공들은 마을 주민들, 공사의 종사자들 그리고 지하수 개발 및 시추공사에 관계했던 사람들을 찾아 수소문하여 그 위치를 조사

3.3 지구물리탐사법

1) 지구물리탐사법

① 금속탐지기, 자력탐지기, 전기비저항탐사기, 전기자장도탐사기, 지하탐사레이더 활용

② 방치된 폐공 속에 쇠로 만든 케이싱이나 그 외의 물체들이 남아있을 때 유용

③ 지하탐사레이더 : 지하탐사레이더만 쇠붙이가 방치된 폐공이 아니더라도 탐지 가능

2) 사전시험

물리탐사방법들은 실제로 시행하기 전에 비슷한 조건을 지닌 현장에서 구체적인 실용성에 대하여 반드시 시험을 하여야 한다.

3.4 수리지질학적

1) 임의의 지역에 우물이 많이 존재할 경우 이러한 우물의 지하수위를 조사하여 방치된 폐공을 추적하는 방법

2) 정확한 위치파악을 위해서는 지구물리탐사 등의 방법을 다시 사용하여야 한다.

3.5 물의 주입

1) 기존의 우물에 물을 고압으로 주입하면 인근에 방치된 폐공을 통하여 주입된 물이 지표로 나온다.

2) 즉, 수압파쇄공법(Hydro – fracture Method)을 이용한 것이다.

3.6 기타

1) 인공위성자료나 항공사진 판독을 통한 원격탐사법

2) 방치된 폐공을 통하여 지하로부터 지표로 올라오는 가스를 탐지하는 방법

3) 주민신고포상제도

AMD(Acid Mine Drainage)

관련 문제 : 산성광산폐수

1. 정의

산성광산배수(폐수)란 폐갱구 및 광산폐기물에서 황(Sulfide)과 철(Fe) 등의 산화에 의해 발생되는 pH가 낮은 배출수를 말한다.

2. 특징

1) pH가 낮음

광산폐기물에 포함된 황화철 등의 황화물이 호기성 상태에서 황산화 박테리아에 의해 황산으로 산화되어 산성배수를 형성한다.

$$2FeS_2 + 2H_2O + 7O_2 \rightarrow 2FeSO_4 + 2H_2SO_4$$

$$4FeSO_4 + 2H_2SO_4 + O_2 \rightarrow 2Fe_2(SO_4)_3 + 2H_2O$$

$$Fe_2(SO_4)_3 + 6H_2O \rightarrow 2Fe(OH)_3 + 3H_2SO_4$$

2) 고농도의 황산염과 중금속을 함유한 폐수 발생
3) 산성폐수가 납, 수은, 카드뮴과 같은 유해중금속을 용출
4) 주변의 토양, 하천수 및 지하수 오염
5) 농작물에 악영향
6) 하천바닥 적갈색의 침전물 형성 : 미관 및 생태학적 악영향

3. 영향인자

광종, 폐광 시 조치내용, 광산의 개발방식, 지질

4. 대책

4.1 산성광산배수 발생 방지법

1) 산소공급 차단

① 물리적으로 산소와 황철석의 접촉을 차단

② 방법 : 광산폐쇄, 입구 수몰, 토양이나 합성물질로 도포

2) 미생물의 활동억제

　　① 산성폐수 생성에 관여하는 미생물의 활동 억제

　　② 살균제 주입 : 2차 오염 우려, 실제 적용에는 많은 어려움이 따름

4.2 산성광산배수 처리법

1) 물리화학적 방법

　　① 집수조, 혼합조, 응집조, 침강조, 여과조로 구성

　　② 약품비, 인건비 등의 유지관리비가 과대하게 소요

2) 소택지법

　　① 소택지 내부의 미생물에 의한 생화학적 반응을 이용하여 처리하는 자연정화법의 일종

　　② 물리화학적 처리법보다 운영비가 적게 소요되나

　　③ 처리효율의 조절이 어렵고 동절기 처리효율 저하우려

　　④ 넓은 부지면적이 소요

3) 배수법

　　① 자연정화법의 일종으로 갱도나 광산배수의 유로에 석회석과 같은 물질을 충전하여 중화 또는 오염물질을 제거

　　② 시공이 간단하고 유지관리비가 저렴하나

　　③ 사용연수 증가 시 철산화물에 의한 충진물질의 피복 때문에 처리효율이 저하되는 단점을 가짐

　　④ 소택지법의 부수공정으로 혐기성 석회석 배수법(ALD : Anoxic Limestone Drain)이 개발되어 이용되고 있다.

4) 매립법

　　기존의 광미장 또는 침전지에 옹벽 등을 쌓아 저류시설을 축조 후 매립하는 방법

5) 고형화/불용화법

　　① 광미를 화학처리하여 용출성 용해성분을 불용화하는 방법

　　② 시공비 및 유지관리비용이 많이 소요

6) 토양세척법

　　① 화학약품을 이용하여 광미 중에 존재하는 중금속을 추출 및 용해시켜 제거

　　② 토양 세척 시 발생하는 폐수의 처리문제가 발생

7) 별도 매립장 이동방안

　　소규모 광산폐기물인 경우에 적용이 가능하다.

해수의 침입(Seawater Intrusion)

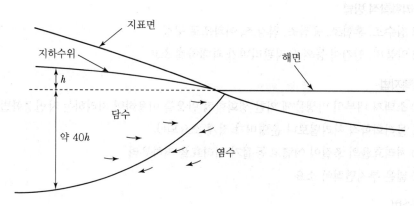

지표면

지하수위

해면

h

담수

약 $40h$

염수

[(a) 해안에서의 담수와 염수관계(평형상태)]

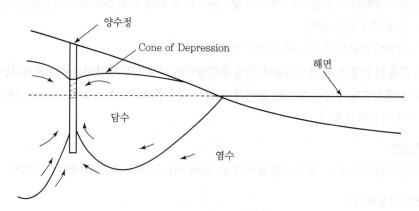

양수정

Cone of Depression

해면

담수

염수

[(b) 해안에서의 담수와 염수관계(양수의 영향)]

1. 개요

1) 해수(海水, Salt Water)의 비중

   비중 1.025로 담수보다 무겁다.

2) 해안지방의 대수층이 평형상태에 있을 경우

   해수와 담수의 존재 상태는 상기의 그림(a)와 같으며 담수는 바다 쪽으로 흐른다.

3) 해안지방에서 지하수

   ① 해안지방의 발달로 인한 지하수의 이용도가 커짐에 따라 담수의 수두는 감소하며

② 상기 그림(b)와 같이 흐름의 방향이 역전되어 해수가 대수층 내로 흘러들어와 담수를 오염시키는 경우가 빈번히 발생

③ 이와같은 현상을 해수침입현상(Seawater Intrusion)이라 하며 일단 해수의 침입에 의하여 순수한 지하수가 오염되면 염분을 제거하는 데 오랜 시간과 경비가 든다.

④ 따라서, 이러한 지하수의 오염을 방지하여 지하수를 다양하게 이용할 수 있도록 보존한다는 것은 대단히 중요한 일이다.

4) 담수의 깊이

① 지하수의 자유수면이 해수면보다 1m 높으면 담수의 이론적 두께는 40m가 되고

② 지하수를 양수하면 지하수면의 하강속도는 40배로 담수 깊이가 감소한다.

2. 해수침입의 방지법

2.1 양수제한법

1) 양수율을 제한하여 지하수위가 해수위보다 항상 높게 유지되도록 함으로써 지하수가 계속 바다 쪽으로 흐르게 하는 방법이다.

2) 이 방법의 성공을 위해서는 지하수 이용에 관한 법률을 강력하게 시행함으로써 사용자의 과도한 양수를 제한해야 한다.

3) Ghyben-Herzberg 법칙 : $H = 42h$

$h = 0$인 경우 $H = 0$이 되어 해수가 침입

2.2 인공주입법

1) 과도한 양수로 인한 지하수위의 강하를 방지하기 위해 대수층을 통해 인공적으로 다량의 물을 주입하는 방법

2) 비피압대수층 지역에는 인공호수나 웅덩이를 파서 우수를 받아 자연적으로 지하로 침투하도록 함으로써 지하수위를 상승시키며,

3) 피압대수층 지역에는 인공주입정(Artificial Recharge Well)을 굴착하여 위로부터 다량의 물을 주입하게 된다.

4) 이 방법은 기술적으로는 가능하나 경제적인 측면에서 여러 가지 문제점을 안고 있다.

5) 지층의 자연적 여과작용과 인공 주입된 물은 지하수를 함양하는 장점도 동시에 가진다.

2.3 대상 양수정의 운용

1) 해안선과 평행하게 대상(띠모양)으로 양수정을 운영하여 지하수 위에 요부(Trough)를 형성시킴으로써 내륙지방으로 염수가 침입하는 것을 방지하는 방법

2) 이 방법은 대상 양수정의 건설 및 운용비가 많이 들 뿐만 아니라 대수층 내 담수의 일부분도 염수와 함께 양수되어 낭비되는 결점이 있다.

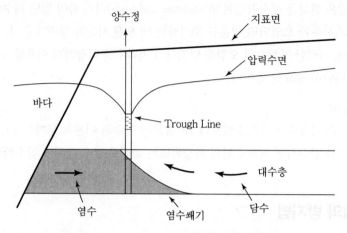

[대상 양수정에 의한 해수침입의 방지(피압대수층)]

2.4 대상 주입정의 운용

1) 이 방법은 대상 양수정과 정반대되는 방법으로 해안에 평행하게 일련의 대상주입정을 운용함으로써 지하수위 철부(Ridge)를 형성시켜 주입정으로부터의 물이 바다 및 내륙방향으로 흐르게 하는 방법이다.

2) 이 방법은 지하담수의 낭비는 없으나 대상 양수정의 경우와 마찬가지로 건설운용비가 많이 드는 결함이 있다.

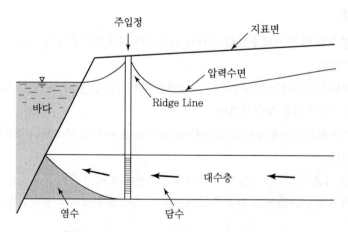

[대상 주입정에 의한 해수침입 방지(피압대수층)]

2.5 인공장벽 이용법

1) 해안 부근을 따라 지하에 Sheet Pile, 아스팔트, 콘크리트, 점토 등으로 일련의 인공장벽을 쌓는 방법이다.

2) 운용 및 유지비는 적게 드나 초기 건설비가 너무 많이 들기 때문에 경제적으로 가능한 방법이라고는 할 수 없다.

3. 결론

1) 상기와 같이 해안지역의 해수침입은 경제적으로 타산이 맞지 않는 것이 현재의 실정이다.

2) 따라서, 현재에 실용화되고 있는 해수담수화 기법이 경제성을 가지게 되면 해안지역에서의 지하수 이용은 크게 감소할 것이고, 해안에서의 염수 침입의 방지를 위한 필요성이 점차 줄어들 것이다.

Key Point +

• 86회, 119회 출제
• 자주 출제되는 문제는 아님

가이벤 헤르츠베르크(Ghyben – Herzberg) 법칙

1. 개요

해안지대에 취수정을 설치할 때 가이벤 헤르츠베르크 법칙에 따라 지하수위를 측정하여 해수의 영향이 없도록 해야 한다.

2. 가이벤 헤르츠베르크 법칙의 이용

1) 담수와 해수의 평형

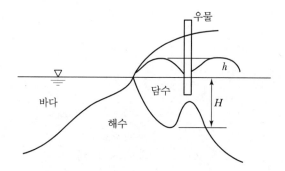

2) 관련 식

$(H+h)\rho = H\rho'$이며, $\rho H + \rho h = \rho' H$에서

$(\rho' - \rho)H = \rho h$이므로

$\therefore \dfrac{H}{h} = \dfrac{\rho}{\rho' - \rho}$ 의 관계를 갖는다.

여기서, ρ(1.0, 담수), ρ'(1.024, 해수)

즉, 담수의 두께 $H+h$에 상응하는 무게는 두께 H의 해수 무게와 같으며, $H = 42h$의 평형상태를 갖게 된다.

3. 해안지대 취수정 설치 시 유의사항

1) 일단 해수가 침입되면 취수정 수질의 회복이 어렵다.
2) 하천 하류부의 하천 개수나 자갈 채취 시 유의
3) 특히 갈수기에 해수의 침입에 대한 주의가 필요
4) 관측정을 설치하여 관리할 필요가 있음

5) 지속적인 수질감시가 필요

6) Ghyben-Herzberg 평형상태가 파괴되지 않도록 관리한다.

비점오염원 : 도시 및 농촌별 유출특성

1. 서론

1) 비점오염물질은 농지에 살포된 비료 및 농약, 대기오염물질의 강하물, 지표상 퇴적물질, CSOs 등으로 주로 강우 시 강우 유출수와 함께 유출되는 오염물질

2) 비점오염물질을 발생시키는 곳을 비점오염원이라 한다.

3) 강우 시 비점오염물질 유출로 인한 공공수역의 수질악화를 초래

4) 도시지역의 경우 불투수성 포장비율의 증가로 강우 시 피크유출량이 증대되며 이에 따라 비점 오염물질의 이동력 증가

5) 우리나라 4대강의 경우 오염부하의 20~40%에 달하므로 점오염원의 관리만으로는 수역의 수질 관리의 한계발생

6) 따라서, 비점오염물질의 수량 및 수질적인 측면에서 관리가 필요하다.

2. 정의

1) 비점오염물질

농지에 살포된 비료 및 농약, 대기오염물질의 강하물, 지표상 퇴적물질, CSOs 등으로 주로 강우 시 강우유출수와 함께 유출되는 오염물질

2) 비점오염원

① 비점오염물질을 발생시키는 곳

② 주로 지표면에 오염물질이 누적된 지역

3. 비점오염원의 특징

1) 점오염원과 달리 오염물질의 배출이 넓은 범위에 걸쳐 발생

2) 특정지역이나 좁은 지역에서 발생하지 않고 오염물질이 면의 형태로 존재

3) 처리시설에 의해 처리되지 않고 관리가 쉽지 않다.

4) 비점오염물질의 최대발생시기 : 유출량이 많은 홍수기간(장마철)

5) 강우 시 유출되기 때문에 일간, 계절 간 배출량 차이가 크며 정량화가 어렵다.

① 강우 시 피크유출량이 커짐

② 비점오염물질의 이동력도 증가

6) 오염물질의 농도가 일정하지 않음

7) 오염원의 관리가 어렵고 관리에 비용이 많이 소요

4. 비점오염원의 종류

4.1 자연적인 비점오염원

1) 암석, 토양과 물이 접촉하여 생겨난 오염물질의 용출

2) 산림지대의 화학적, 생물학적 성분의 침식과 유출

3) 하구의 염수 침투

4.2 인위적인 비점오염원

1) 농경지에서 비료와 농약의 사용

2) 농경지와 목장의 토양침식

3) 포장이 많이 된 도시지역의 누적먼지와 오물

5. 문제점

1) 오염부하량 원단위 기초자료의 부재 : 환경용량 결정이 어렵다.

2) 상수원 보호를 위한 비점오염원의 관리방안이 미비

3) 상업, 공업지역의 우수는 많은 오염물질을 함유하고 있음에도 불구하고 적절한 처리 없이 유출

4) 농경지에 살포된 물질에 의해 수역의 부영양화 초래

5) 합류식 하수관거 내 퇴적물질이 초기강우 시 유출(First-flush)되어 공공수역의 수질악화

6) 비점오염물질에 의한 영양물질 유입

   ① 부영양화를 초래하여 상수원 수질악화

   ② 정수장의 시설투자 및 유지관리비 증가

   ③ 고도정수처리 필요

7) 도시지역의 중금속 배출로 건강상 위해 초래

6. 유출특성

6.1 농업지역

1) 농경지역의 비점오염원 : 경작지에 시비한 영양성분, 축산분뇨, 농약, 비료

2) 오염물질 : 영양염류, 토사류, 유기물, 병원성 세균, 제초제

3) 오염물질의 농도

토양종류, 지형, 토양의 수분상황, 농작물의 생산방법, 가축의 종류 및 사육방법, 논의 배수방법
및 시기에 따라 다름

6.2 도시지역

1) 수질항목별 농도는 그 변화폭이 매우 크다.

2) 강우 시, 건기 시 기저농도의 수백 배 이상의 첨두농도치

3) 강우 유출수의 유출패턴과 유사하게 나타남

① 즉, 유출량 증가에 따라 수질농도도 증가하고

② 첨두유출 전후에 첨두농도차가 나타나고

③ 유량이 감소하면 수질농도도 감소하는 경향

④ 유역면적이 넓은 경우 : 유출량과 농도의 그래프가 비교적 완만하게 증가하였다가 완만하게
감소하는 경향

⑤ 유역면적이 좁은 경우 : 유출량과 농도가 급변하는 경향

⑥ 주택단지와 산업단지의 비교 : 주택단지의 강우 유출수 내 오염물질의 농도가 산업단지에
비해 높은 것으로 나타남

7. 비점오염원 저감방안

7.1 최적관리기술(BMPs : Best Management Practices)

비점오염원에 대해서는 최적관리기술이란 측면에서의 접근이 필요

7.2 최적관리기술의 분류

1) 토지이용규제를 통한 오염발생의 원천적 관리

① 집수지로 흘러가는 오염원의 이동 중 처리

② 유달률 저감

③ 초기우수의 직접 처리

④ 특징 : 비점오염원 규제능력이 큰 반면, 비용이 많이 소요

2) 각종 처리시설

특징 : 비용은 적게 드나 효율이 낮고 민원발생의 소지가 높다.

8. 결론

1) 공공수역의 수질보전을 위한 점오염원의 관리에는 한계가 있으므로 공공수역의 수질보전을 위해서는 비점오염원의 관리대책이 요구됨

2) 특히, 초기강우 시 고농도로 유출되는 비점오염물질의 관리가 절실히 필요

3) 또한 초기강우에 대한 대책수립 시
   ① BMPs 처리기술에 의한 접근이 필요
   ② CSOs, SSOs, 비점오염물질 및 저지대 침수대책 등과 연계하여 계획함이 바람직함

4) 농촌지역의 경우
   ① 소규모 공공하수처리시설 설치 : 영양염류제거공법 도입
   ② 시비법 개선, 농약사용의 억제
   ③ 토지이용의 제한
   ④ 다목적 상수댐 상류지역의 하수정비사업의 조기 착공

5) 도시지역의 경우
   ① 도로포장률 증대에 의한 유달률 증가, 저지대 침수대책 등과 연계
   ② 공장지역의 경우 유해물질처리를 위한 장치형 시설의 설치가 바람직함
   ③ 완충저류시설의 설치 검토
   ④ 빗물이용시설 : 재이용, 분산형 빗물관리
   ⑤ 침투 시 하수도 도입 : 지하수 함양
   ⑥ 기존 정화조 : 폐쇄 시 침투식 정화조로 활용
   ⑦ 우수저류시설 설치

6) 또한 현재 전국적으로 추진하고 있는 하수관거 정비사업 시행 시 구조적인 문제가 없는 합류식 하수관거의 무리한 분류식화보다는 초기강우처리에 많은 투자를 할 필요가 있다.

Key Point ✦

- 74회, 75회, 76회, 80회, 85회, 91회, 94회, 100회, 110회, 115회, 127회, 128회 출제
- 상기 문제는 아주 중요하므로 반드시 숙지할 것
- 출제자의 의도에 따라 여러 가지 유형으로 출제가 가능하기 때문에 초기강우, 비점오염원의 관리대책 등과 연계하여 숙지하기 바람. 또한, 상기 문제 출제 시 반드시 초기강우, 최적관리기술에 대해 기술할 것
- LID와 관련된 회색빗물인프라, 생태면적률 등과 함께 숙지할 것

비점오염원 저감시설의 오염삭감효과 평가

1. 제거효율 산정방법

- 강우유출수는 강우, 지역여건 등 여러 가지 변수에 의해 강우사상 및 발생시간별 농도의 변동이 심하며 토사 및 협잡물이 유출되는 특징을 가지고 있음
- 따라서 제거효율을 산정할 경우에는 신뢰성을 확보하기 위하여 거대 고형물(1mm 이상)은 제외하고 측정하는 것이 바람직함
- 제거효율은 개별 1회 강우사상을 하나의 제거효율로 표현하거나, 복수의 강우사상에 대한 총괄 제거효율로 나타낼 수 있다.

1.1 개별강우사상에 대한 제거효율(농도기준)

$$제거효율(\%) = \frac{유입유량가중평균농도 - 유출유량가중평균농도}{유입유량가중평균농도} \times 100$$

1) 유입유량가중평균농도 : Flow−weighted Influent conc., Influent EMC
2) 유출유량가중평균농도 : Flow−weighted Effluent conc., Effluent EMC

1.2 개별강우사상에 대한 제거효율(부하기준)

$$제거효율(\%) = \frac{처리 후 시설에 표집된 오염부하질량}{유입유량가중평균농도} \times 100$$

1) 처리 후 시설에 포집된 오염부하질량 : Mass of accumulated pollutants in the treatment facility during testing period
2) 유입부하질량 : Effluent EMC × 총강우 유출부피

1.3 복수강우사상을 포함한 총괄제거효율

$$제거효율 = 100 \times \frac{A - B}{A}$$

1) A : $\sqrt{(강우사상(1)의 유입EMC \times 강우사상(1)의 평균유량 또는 유출부피) + \cdots}$
2) B : $\sqrt{(강우사상(1)의 유출EMC \times 강우사상(1)의 평균유량 또는 유출부피) + \cdots}$

2. 비교효율평가방법(Line of Comparative Performance Method)

시설의 처리효율을 종합적으로 평가하기 위해서는 농도별 처리효율을 달리해야 함

1) 유입농도(Influent EMC 기준)별 제거효율선 작성(TSS 70% 제거 기준일 경우)

　① 대표적인 강우의 TSS 농도를 100mg/L로 하면, 30%만큼 작은 농도(70mg/L)부터 30% 큰 농도
　　(130mg/L)까지 70%의 제거효율을 유지

　② 70mg/L 이하의 저농도에서는 유출수 최소농도를 20mg/L 이하로 유지할 수 있는 제거효율 확
　　보 : 유입수가 50mg/L이면 $(50-20)/50 \times 100 = 60\%$

　③ 130mg/L 이상에서는 Swirl 시설과 모래여과시설의 처리효율을 따라 250mg/L까지 70%에서
　　88%까지 직선적으로 증가하는 제거효율선 작성

2) 시설된 비점오염원저감시설이 70% TSS 제거효율 기준을 만족하기 위해서는 현장실증 실험결과
　중(15~30회) 50% 이상이 유입농도별 제거효율선 이상이어야 함

NOM(Natural Organic Matter)

1. 생성과정

1) 식물의 사체, 동물의 배설물 등이 미생물에 의해 분해되는 과정에서 생성

2) 조류의 생성 및 사멸과정에서 대사물질로서 생성되는 고분자 및 저분자 물질

3) 위의 물질들을 총괄적으로 휴믹물질(Humic Substance)이라 부른다.

2. 종류 및 특성

1) 부식질

① THMs 전구물질의 대부분을 차지

② 부식질은 자연으로부터 유래된 것과 인위적인 오염원으로부터 유래된 것이 있다.

③ 분자량 : 700~300,000 정도

④ Humic은 물에 용해되지 않음

2) 휴믹산(Humic Acid)

① 분자량이 비교적 크다.

분자량 : 20,000~50,000

② 불용성으로서 정수조작(응집, 침전)에 의해 비교적 잘 제거

③ pH 2 이하에서 불용성

3) 펄빅산(Fulvic Acid)

① 분자량이 휴믹산보다 작다.

② 따라서, THMs 전구물질로서 문제가 되는 것은 Fulvic Acid이다.

3. NOM의 영향

1) 금속이나 농약 등과 반응하여 부산물질을 생성

2) 입자의 안정성을 증가시키고 입자의 침전성을 방해 : 응집제 과잉소요

3) 소독제의 양을 증가

4) 소독부산물질 생성

5) After-Growth의 원인물질로 작용

4. 제거방법

4.1 응집침전

부식질 중 분자량 1,500 이상의 물질은 응집침전에 의해 어느 정도 제거된다.

4.2 활성탄처리(BAC, GAC, PAC)

1) 부식질 중 분자량 1,500 이하의 휴믹산 및 펄빅산은 응집침전만으로는 충분히 제거되지 않기 때문에 활성탄 흡착의 대상이 된다.
2) GAC로는 모든 NOM을 제거하기 곤란

4.3 오존+BAC

1) 오존+BAC가 오존을 사용하지 않는 경우보다 제거율이 높다.
2) 장기간 좋은 제거효과
3) 오존이나 AOPs에 의해 NOM의 완전산화도 가능하나 비경제적이다.
   따라서, BAC나 Membrane의 전처리로 활용함이 바람직

4.4 AOP

오존의 단점을 보완하고 보다 강력한 산화력을 가짐 : 오존+촉매

4.5 막분리

4.6 Enhanced Coagulation

저영향평가(LID)

1. 개요

1) 저영향평가 또는 그린인프라(Green Infrastructure)라고 함

2) **토지이용기법** : 비점오염원 관리기법에 많이 적용한다.

3) 유역의 수문학적 특성을 고려하고 침투, 저장, 증발, 지체 등의 방법을 통해 소규모 수계내에서의 수문학적 순환을 중시

4) 자연배수시스템(Natural Drainage System)이며 강우 지점에서 처리하는 현장우수관리(Onsite Stormwater Management)기법

2. 특징 및 기대효과

1) LID는 강우 시 불투수성 포장 면에서 발생하는 유출의 문제점을 개선하고 비점오염원으로 인한 수계의 환경오염 영향을 최소화하기 위한 기법이므로 다양한 형태로 현장에 적용할 수 있다.

  ① 도심이나 도시주변부의 주차장, 보도 가장자리, 건물 또는 토지의 유휴공간 등을 활용하여 생태 저류지, 빗물 저류지, 빗물 침투시설을 조성할 수 있다.

  ② 투수성 재질의 주차장은 설계-시공의 예

2) 수문학적 측면에서는 순간 최대 유출량의 조절을 통한 홍수 예방, 기저유량 증가, 지하수 함양효과가 있다.

3) 수질오염 제어 측면에서 비점오염원의 수계유출 저감효과가 있다.

4) 생태학적 측면에서는 개발지 주변의 소생태계 조성과 수생태계 보전효과를 기대할 수 있다.

5) 기존의 개발방식과 비교해볼 때 투자 비용에 비해 편익이 높은 개발방식

  ① 저영향개발과 그린인프라는 집중 호우로 인한 재해 가능성을 낮추고 재해 복구비용을 줄이는 효과가 있다.

  ② 소생태계 조성으로 인한 소도시의 경관미 증진효과 또한 크다.

3. 필요성 및 향후 방향

1) 필요성

양질의 수자원 부족, 집중 호우로 인한 재해 빈발, 도심 경관 훼손, 비점오염원 관리 미흡과 같은 사회적 필요성 대두

2) 향후 방향

① 지방자치단체나 공공기관이 발주하는 공공사업의 기획과 설계, 발주, 감리, 예산 편성 등에 반영

② 환경영향평가 의사결정 과정에서도 저영향개발과 그린인프라 개념을 협의 의견이나 사업 승인 조건으로 활용하거나 대안 또는 저감방안으로 활용

오염토양복원기술

1. 서론

1) 신기술이 입증되거나 기술의 개발이 완료된 것은 약 70여 종

2) 이들 기술 중 처리기술의 원리별로 구분하면 약 5가지의 기술로 구분

2. 열적처리기술(Thermal Technology)

1) 열적처리과정은 통제된 환경에서 토양을 고온에 노출시켜 소각이나 열분해를 통해 토양 중에 함유되어 있는 유해물질을 분해시키도록 고안된 기술

2) 구분

① 직접연소 : 물질의 직접연소에 의한 열처리, 소각이 대표적(보통 800~1,200℃에서 운전)

② 간접연소 : 산소가 없는 혐기성 상태에서 열을 가해 유기물질을 분해시키는 간접연소에 의한 열처리, 열분해가 대표적(약 400~800℃의 온도에서 운전)

3) 특징

① 가장 높은 정화효율

② 다른 정화기술에 비해 가장 높은 에너지 처리비용 소요

③ 적용범위가 넓다 : 토양의 형태나 오염물질의 종류에 관계가 없음

④ 할로겐, 비할로겐 휘발성물질 및 반휘발성물질, PCB, 농약 등 유기성 오염물질은 모두 처리 가능

⑤ 카드뮴이나 수은을 제외한 중금속은 일정온도에서 처리가 되지 않음 : 온도를 높이면 처리도 가능

3. 안정화 및 고형화 처리기술(Stabilization/Solidification Technology)

3.1 안정화

1) 안정화 : 물질을 불용성으로 만드는 것

2) 시멘트 안정화/고형화(S/S) 처리기술

① 고형물질을 형성함으로써 오염물질의 이동을 방지하는 목적

② Portland Cement, 석회 및 Petrifix 등이 주로 사용

③ Portland Cement가 널리 사용

3.2 고형화

1) 고형화 : 액상이나 슬러지와 같은 폐기물에 접합제를 첨가하여 고상의 형태로 만드는 것

2) 접합제

① 무기접합제

㉮ 시멘트, 석회, Kiln Dust, Fly Ash, 규산, 점토, 지올라이트

㉯ 가격이 싸다.

② 유기접합제

㉮ 아스팔트, 폴리에틸렌, 에폭시, 우레아포름알데하이드, 폴리에스테르

㉯ 용해도가 높은 폐기물이나 유기성 오염물질을 화학적으로 접합시켜 안정화시키는 능력이 크다.

㉰ 무기접합제보다 가격이 비싸다.

㉱ 핵폐기물이나 독성이 강한 산업폐기물의 처리에 국한되어 사용

4. 토양증기 추출기술(Soil Vapor Extraction Technology)

1) 가솔린, 용매, 휘발성 및 반휘발성 유기오염물질을 처리하는 데 이용되는 경제적인 처리기술

2) 종류

① 토양 내 통풍법(ISV : In-situ Soil Venting)

② 토양진공추출법(SVE : Soil Vacuum Extraction)

3) SVE(Soil Vacuum Extraction)

① 오염된 토양 내 공극을 통해 오염공기를 뽑아내어 처리하는 단순기술

② 토양 및 지하수로부터 대기로 오염물질을 이동시키기 때문에

③ 미생물처리기술 등 다른 기술과 함께 이용하면 효과가 높다.

④ 오염물질을 대기로 뽑아내는 효과 : 오염물질의 화학적 특성, 불포화지대를 통한 증기의 흐름정도, 오염지역에 도달되는 증기의 흐름에 따라 차이

⑤ 과거에는 매립장 가스제거에 많이 사용

⑥ 최근에는 유해폐기물 오염지역을 정화하는 데 많이 사용

⑦ 건물이나 고속도로 등지에서도 사용가능

5. 물리화학적 처리기술(Physical/Chemical Extraction Technology)

5.1 종류

1) 추출법 : Ex−situ와 In−situ에서 물, 산 및 유기용매를 이용하여 중금속이나 PAHs, PCB를 처리

2) Jet Cutting : Phenol 물질을 In−situ 상태에서 산화반응에 의해 처리하는 방법

3) 전기교정 : 중금속 물질을 In−situ 상태에서 처리

5.2 In−situ 추출방법

1) 심하게 오염되어 있는 토양에서는 미세한 입자를 분리시키지 못하기 때문에

2) 모래입자 등에서 제한적으로 적용

5.3 Ex−situ 추출방법

액상환경에서 입자의 분리, 용해 및 분산의 3단계로 이루어짐

6. 미생물학적 처리기술(Microbial Treatment Technology)

1) 목표

오염지역 토양 및 지하수에 대한 생물학적 처리기술들은 토양세균을 활성화 또는 생육조건을 적정화시키거나 특별히 개발된 세균 균주를 첨가하여 유기화합물의 생분해를 촉진

2) 미생물에 대한 유기화합물의 분해경로는 환경특성에 따라 크게 달라진다.

① 비할로겐 오염물질 : 호기적 환경에서 가장 빠른 분해가 이루어짐

② 할로겐 오염물질 : 혐기적 상태에서 가장 빠른 분해가 이루어짐

3) 목적

오염물질을 분해시켜 유해성 없는 물질로 만들고 남아 있는 오염물질과 분해물질에 대한 최종 생산물질의 농도를 적용기준 이내로 만드는 데 있다.

4) 최종목적

이들 오염물질을 완전 무기화시켜 탄산가스와 물로 분해하는 데 있다.

5) 처리기술

① In−situ 생물학적 분해

② 퇴비단식 생물학적 분해(On − or Off−site)

③ 생물반응기(On − or Off−site)

산성강우(Acidrain)

1. 정의 및 원인

1) 강우는 원래 대기 중의 탄산가스와 반응하여 약한 산성을 띠나 대기오염으로 배출된 황산화물 (SOx) 및 질소산화물(NOx) 등이 우수에 용해되어 강우의 산도가 이상적으로 강해진 것을 말한다.

2) 산성우란 보편적으로 pH 값이 5.6 이하인 우수를 말한다.

$$SO_2 + H_2O \rightarrow H_2SO_3$$
$$H_2SO_3 + H_2O \rightarrow SO_4^{2-} + 4H^+ + 2e$$
$$2NO_2 + H_2O \rightarrow NO_3^- + HNO_2 + H^+$$

3) 산성우는 산성 Mist 또는 Aerosol이 기류를 타고 이동하기 때문에 대기오염이 극심한 지역에만 국한되는 것이 아니고 멀리 떨어진 지역에서도 발생한다.

2. 피해

2.1 산성우가 토양에 미치는 영향

1) 산성용액이 식물의 뿌리에 흡수되면 식물체 내의 단백질을 응고시키거나 혹은 용해시켜서 직접적인 피해를 준다.

2) 토양이 산성화되면 토양 내의 Al^{3+}와 Mn^{2+}이 용해되어 작물에 유해하게 된다. Al^{+3}가 많게 되면 Ca^{2+}의 섭취가 불량하게 된다.

3) 토양이 산성화되면 Al^{+3}이 활성화되어 이것이 인산과 결합하여 비용해성인 인화합물을 형성하게 되므로 작물에 인결핍현상이 나타난다.

4) 토양 내의 Ca^{+2}가 Na^+와 쉽게 치환되어 유출되므로 Ca^{+2} 결핍이 되며 또한 Mg^{+2}, Mo^{+3}, B^{+3}와 같은 것이 유실되기 쉽다.

5) 미생물의 결핍으로 토양의 입단 형성 시 저해되며 토양이 노후화된다. 또한 뿌리균과 질소고정균과 같은 유용한 미생물의 활동도 저하된다.

2.2 기타

1) 산성우는 수계와 토양을 산성화시키는 직접적인 원인이 되고 생태계, 각종 구조물과 인체에 다양한 피해를 준다.

2) 호수를 산성화시켜 플랑크톤의 변화, 저서동물 및 어류에 피해를 준다.

3) 공기 중 산성 Mist에 의해 건물, 기념비, 대리석, 조각들에 손상을 입히고 침식시킨다.

3. 대책방안

1) 산성우의 원인물질이 가능한 한 적게 생산되도록 연료 사용량의 절감, 각종 배기Gas의 오염물질 제거 강화 및 규제강화
2) 지역적 및 세계적인 환경오염(대기) 규제 및 측정분석 강화
3) 청정연료, 저유황 연료사용 및 연소효율

광분해(Photolysis), 가수분해(Hydrolysis), 생분해(Biodegradation)

1. 서론

1) 자연계에 있어서 화학물질의 분해는 그 분해 양식에 의해 광분해, 화학적 분해 및 생물학적 분해의 3종류로 크게 분류

2) 광분해
   ① 자외부에서 흡수를 담당하는 화합물이 태양광선의 단파선을 흡수하여 분해하는 것
   ② DDT는 광에 의해서 DDE로 분해된다.

3) 화학적 분해
   ① 토양 중에서 : 미생물 작용에 의한 것만이 아니고 온도, pH, 금속이온, 태양광선 등의 작용에 의하여 화학적 분해가 일어난다.
   ② 생물학적 분해
      ㉮ 동물, 식물, 미생물 등이 유기물을 분해하는 것을 말한다.
      ㉯ 특히 미생물의 작용이 크며
      ㉰ 산화환원작용, 탈탄소 작용, 탈 아미노 작용, 가수분해 작용, 탈수반응 등 여러 가지 화학작용이 일어나고 있다.

4) 자연환경의 대기, 물, 토양 중에는 위에서 설명한 분해양식에 의해 화학물질을 분해하지만
5) 대기 중에서는 광분해가 중심이 되며
6) 수중 및 토양 중에서는 생물작용이 큰 역할을 한다.

2. 광분해

1) 광분해, 광분열
   ① 분자가 빛을 흡수하면, 그 에너지에 의해 결합이 끊어지는 경우가 있다.
   ② 즉, 분자가 빛을 흡수하여 분자를 형성하고 있는 중성원자의 결합을 파괴하여 두 개의 원자 또는 분자와 원자로 해리되는 현상
   ③ 이때 분해된 산물을 광분해산물 또는 광분열체라고 한다.

2) 해리에너지
   ① 분자를 해리시키는 데 필요한 최소한의 에너지를 해리에너지라고 한다.
   ② 해리에너지 이상의 에너지를 가진 복사인 일정한 파장보다 짧은 파장의 복사만이 분자를 해

리시킬 수 있다.

③ 산소분자의 해리에너지 : 5.115eV, 242.3nm의 파장에 해당

④ 지상 20km 이상에서는 242.3nm보다 짧은 태양 자외선이 도달하여 산소분자를 해리시킨다.

  ㉮ $O_2 + hv \rightarrow O_2 + O$

  ㉯ 성층권의 오존 생성 : 위에서 생긴 O가 O_2와 재결합하기 때문

    $O + O_2 + M \rightarrow O_3 + M$

3. 가수분해

1) 가수분해

① 큰 분자 기질을 직접 작은 분자로, 용해 가능한 분자로 변환시킨다.

② 이것은 입자상 물질과 용해성 물질로 분해된다.

③ 가수분해는 보통 미생물 성장과정보다는 속도가 느리다.

④ 따라서, 가수분해는 생물학적 폐수처리 과정에서 반응속도의 제한을 받는다.

2) 가수분해반응

① 가수분해과정은 많이 알려져 있지 않지만 종종 가수분해되는 기질의 관점에서 보면 간단한 1차 반응으로 표현할 수 있다.

② 예로서, 부유물질(가수분해 가능물질)을 X라 하면

$r_g = k_x$ ··· (식 1)

용존유기물의 가수분해에 대한 유사식은

$r_s = k_s$ ··· (식 2)

    여기서, $r_g \, r_s$: 가수분해 생성물

주목해야 할 것은 가수분해 상수 K는 (식 1)과 (식 2)에서 같지 않다.

몇 가지 모델에서는 주어진 미생물(X)은 최대 가수분해용량을 가지고 있어서 포화상태의 식보다 복잡한 식을 사용한다.

4. 생분해

1) 미생물은 생육하기 위해 일반적으로 탄소화합물과 질소화합물 등의 각종 무기염류를 요구하는데 화학물질을 분해 및 동화함으로써 탄소원 또는 에너지원으로 이용한다.

2) 분해방식

① 호기적 생분해, 혐기적 생분해

② 호기적인 생분해 쪽이 에너지의 획득률이 훨씬 높기 때문에 호기적인 생분해 쪽이 분해속도가 훨씬 빠르다.

3) 생분해의 분류

　① 미생물에 의한 1차적인 생분해 : 계면활성제의 분해시험에서 이용되고 있듯이 발포성이 없
　　게 되는 등의 육안으로 분간할 수 있는 것처럼 분해되고 있다고 판단할 수 있는 분해

　② 환경에 허용되는 분해 : 수생생물에 대한 독성이 소실하는 상태로 가지의 분해

　③ 완전분해 : CO_2와 H_2O와 같이 무기화되는 것처럼 화학물질이 완전히 분해되는 것

　④ 환경오염의 관점에서 보면 완전분해가 요구된다.

LC$_{50}$ & LD$_{50}$

1. 개요

하수처리수의 독성시험의 목적은 다음과 같으며 독성시험의 종류에는 급성독성, 만성독성, 한계 치사농도로 구분

2. 독성시험(Toxic Test)의 목적

1) 폐수 또는 처리수의 생체독성을 파악
2) 하수 · 폐수처리효율을 산정
   ① 2011년부터 물벼룩 이용
   ② 생태독성(TU) 기준 설정

3) 수중생물의 서식환경을 파악
4) 수질기준을 정하기 위한 기초자료로 활용
5) 각종 수질항목과 생체독성의 관계를 파악

3. 급성독성(Acute Toxicity)

48~96시간 내에 부정적 영향이 관찰되는 독성

3.1 LC$_{50}$(반수치사농도 : Median Lethal Concentration)

1) 독성물질의 급성위해도를 나타내는 방법
2) 시험대상생물이 물속에서 일정시간 경과했을 때 시험대상물의 50%가 치사되는 유해물질의 농도
3) TLm과 동일한 의미

3.2 EC$_{50}$(반수영향농도 : Median Effect Concentration)

시험대상생물이 수중에서 일정시간 경과했을 때 시험대상생물의 50%에서 측정 가능할 정도의 부정적 영향을 주는 농도

3.3 NOAEL(No Observable Adverse Effect Level)

1) 시험대상생물이 수중에서 일정시간 경과했을 때 10% 이내에 영향을 주는 농도로
2) 악영향이 관찰되지 않는 농도

3.4 LD$_{50}$(반수치사량 : Lethal Dose 50)

1) 시험대상생물에게 독성물질을 경구, 피하 등에 의해 직접 투여할 때
2) 시험동물의 50%가 사망하는 투여량(mg/kg − 체중)

4. 만성독성(Chronic Toxicity)

사망률의 증가, 번식률의 감소 등과 같이 장기간에 걸쳐 수명의 1/10 이상 부정적 영향이 관찰되는 독성

4.1 NOEC(No Observable Effect Concentration)

만성독성시험결과에서 어떠한 영향도 나타내지 않는 최고 농도

4.2 LOEC(Lowest Observed Effect Concentration)

생물독성시험결과에서 어떠한 영향도 나타나지 않는 최저 농도

5. 한계치사농도(TLm : Median Tolerance Limit)

1) 어류에 대한 독성물질의 유해도를 나타내는 지수
2) 시험대상생물이 수중에서 일정시간 경과했을 때 50%가 생존할 수 있는 농도로서
3) 반수치사량이라고도 함
4) 96hr TLm, 48hr TLm 등이 많이 사용
5) 허용농도는 안전율을 감안하여
   ① 급성 : 48hr TLm × 0.1로
   ② 만성 : 96hr TLm × 0.1로 한다.

6. 생물독성시험에 이용되는 생물

버들치, 버들개, 물벼룩

Key Point ✚

- LC$_{50}$ & LD$_{50}$ 및 전반적인 용어의 정의에 대한 이해가 필요함
- 2011년부터 생태독성(TU)의 기준설정의 이해가 필요함

1,4 – 다이옥산

1. 개요

1) 낙동강 수계 정수장에서 1,4 – 다이옥산 농도가 높게 검출

2) 따라서, 국민 건강과 배출원을 정밀 추적하고 주원인을 규명하여 대책을 마련할 필요성이 대두

3) 벤젠고리를 기본으로 1번과 4번 자리에 탄소가 산소로 치환된 형태

4) 화학식 : $C_4H_8O_2$, 분자량 : 88.12

2. 특징

1) 산업용 용매 또는 안정제로 광범위하게 사용되는 무색의 액체

2) 단기간 노출 시 : 눈, 코, 목의 염증유발

3) 장기간 노출 시 : 발암가능성(B2 – 발암의심물질)

4) 다량 노출 시 : 신장 및 신경계 손상초래

5) 먹이사슬을 통한 농축은 없음

6) 가연성이며 밀폐된 공간에서 증기가 인화될 경우 폭발성이 있음

7) 환경 중에서는 매우 안정하고

8) 끓는점 : 101℃, 녹는점 : 11.8℃ : 상온에서 액체로 존재, 휘발성

9) 물에 잘 녹아 정수처리 시 제거가 곤란 : 지하수로 완전하고 광범위하게 퍼질 수 있음

3. 배출경로

1) 폴리에스테르 제조공정의 일부인 중합공정에서 부산물로 발생

2) Ester 반응공정에서 주원료인 EG(Ethylene Glycol)의 일부가 DEG(D – ethylene Glycol)로 전환

3) DEG가 다시 1,4 – Dioxane으로 변형되어 고농도로 배출

4. 규제 및 관리실태

1) WHO 및 외국의 기준 : 50μg/L

2) 낙동강 본류(왜관철교)의 가이드라인 : 0.05mg/L

3) 먹는물 수질기준 : 0.05mg/L, 2011년 1월 1일부터 적용

4) 특정수질유해물질 지정

5. 대책

1) 1,4-다이옥산은 생물학적 분해가 어려우며, 탈기와 활성탄 흡착에 의한 제거도 어려움

2) 대책

① 발생원의 관리 및 배출량 저감

② 처리기술

㉮ AOP공정의 도입 : UN/H_2O_2, UV/Fenton, UV/TiO_2, 초음파/Fenton, Fenton

㉯ 습식산화(WPO : Wet Peroxide Oxidation)

㉰ 촉매습식산화(CWPO : Catalytic Wet Peroxide Oxidation)

③ 1,4-다이옥산 간헐적 검출

고도정수처리시설(오존/활성탄공정)이 있는 경우 오존 주입농도와 접촉시간의 조절로 대처

④ 1,4-다이옥산 주기적 검출

고도정수처리 공정의 도입 : 원수 특성을 조사하여 오존처리공정 또는 고급산화공정을 선정하여야 함

분뇨

1. 분뇨의 특징

1) 분과 뇨의 구성비는 1 : 10 정도이다.

2) 분뇨 내의 BOD와 SS는 COD의 1/3~1/2 정도이다.

3) 분뇨의 비중은 1.02 정도이다.

4) 뇨의 경우 질소화합물 전체 VS의 80~90% 정도 함유하고 있다.

5) 분은 VS의 12~20% 정도의 질소화합물을 함유

6) 질소화합물은 주로 NH_4CO_3, NH_4HCO_3 형태로 존재한다.

7) 질소화합물은 알칼리도를 높게 유지시켜 pH의 강하를 방지하는 완충작용을 한다.

8) 다량의 유기물과 대장균을 함유하고 있다.

9) 혐기성 소화처리하면 메탄가스가 발생된다.

10) 염소이온은 미생물에 의해 분해가 어렵기 때문에 분정화조처리에서 희석배율을 구하는 데 많이 이용된다.

생물농축(Bioconcentration or Bioaccumulation)

1. 개요

1) 정의

생물농축이란 어떤 원소나 물질이 생물의 체내에 들어오면 분해되거나 배설되지 않고, 먹이연쇄를 따라 이동하여 생물체 내에 축적되는 현상

2) 생물농축의 경로

① 오염물질을 직접 섭취하여 농축

② 먹이사슬을 통하여 간접적으로 농축

㉮ 먹이사슬이 상위단계로 갈수록 농축량이 증가한다.

㉯ 생물농축이 일어나면 생물농축물질이 최종소비자에게 가장 높은 농도로 축적

㉰ 먹이연쇄의 상위단계에 있는 생물일수록 생물농축에 의한 피해가 크다.

3) 생물농축물질

① 중금속

㉮ 종류 : 수은(Hg), 카드뮴(Cd), 납(Pb) 등

㉯ 중금속은 일반적으로 생체대사에 의해 분해되기 어려우며, 생체조직의 특정 부위에 강한 친화성을 나타내어 배설되지 않고 장기간 생체에 잔류하면서 생물농축을 일으킨다.

② 농약성분 : DDT, BHC 등

③ 기타 : Dioxin, PCB, THM 등

2. 농축계수(CF : Concentration Factor)

생물농축의 정도를 측정하는 농축계수는 아래의 식으로 구한다.

$$CF = \frac{C_b}{C_w}$$

여기서, C_b : 생체 내 독성물질의 농도

C_w : 수중 독성물질의 농도

3. 농축에 영향을 주는 인자

1) 분해되지 않고 환경에 오랫동안 잔류하는 화합물질일수록 농축도가 증가
2) 입자의 크기가 작을수록 단위 질량당 표면적이 커서 농축도가 증가
3) 옥탄올/물 분배계수가 큰 지용성의 물질은 농축도가 증가
4) 단위 체중당 먹이 섭취량이 많을수록 농축도가 증가하므로 고차소비자로 갈수록 농축도가 증가

4. 생물농축을 일으키는 물질

1) 수은(Hg) : 미나마타병
   ① 금의 제련과정과 전기기구, 온도계, 건전지 등의 제조과정에서 배출된다.
   ② 수은은 뇌신경계에 축적되어 근육 위축에 의한 팔다리의 비틀림, 말초신경의 마비 등의 증세를 나타내는 미나마타병의 원인물질로 작용한다.
   ③ 태아에 영향을 주어 기형아가 태어나기도 한다.

2) 납(Pb)
   ① 공장의 폐수, 자동차의 배기가스, 전지의 제조과정 등에서 배출된다.
   ② 납에 중독되면 식욕부진, 피로 등의 증세가 나타나며 심해지면 체중감소, 복통과 고혈압, 간경화, 심한 두통과 고열을 유발한다.

3) 카드뮴 : 이따이이따이병
   ① 비료나 제초제, 아연 광산이나 제련소 등에서 배출된다.
   ② 카드뮴에 중독되면 뼛속에 흡수되어 칼슘, 인산 등이 유출되어 뼈가 약해지고 쉽게 부서지는 이따이이따이병을 유발한다.

4) DDT
   ① 살충제로 사용되었던 농약의 일종이다.
   ② 동물의 몸속에 농축되어 지방 조직을 파괴하고, 칼슘 대사에 장애를 주며 사람에게는 뇌종양, 뇌출혈 등을 일으킬 수 있다.

5) PCB
   ① 합성수지에 들어 있으며, 가전제품의 절연유, 열교환기의 열교환 매체 등에 사용된다.
   ② 물에는 불용성이나 지방, 기름 등의 유기용매에 잘 녹는다.
   ③ 위장장애, 피부의 흑화, 근육마비, 신경장애를 일으킨다.

수생식물의 종류

1. 수생식물의 수질정화 개요

1) SS 제거
① SS가 유입 시 식물체가 접촉제 구실을 하여 SS의 침강을 촉진
② 토양입자의 Filteration에 의해 제거

2) BOD 제거
식물은 그 자신이 직접 유기물을 제거하지는 않지만 식물체에 서식하는 미생물들에 의해 유기물질이 제거

3) 질소 제거
① 수역에 들어온 유기성 질소는 미생물에 의해 질산화되며 최종 NO_3-N로 산화
② NO_3-N는 식물이 흡수하여 수역으로부터 제거된다.
③ 수생식물은 대기의 공기를 뿌리를 통하여 토양에 공급하여 질산화를 촉진
④ 산소가 부족한 무산소 상태에서는 NO_3-N는 N_2가스로 탈질

4) 인 제거
토양성분과의 흡착과 식물에 의한 흡수이다.

5) 기타 작용
① 일광을 차단 시 식물성 플랑크톤의 발생을 억제
② 적정 식물성 플랑크톤이 유지되면 어류의 서식과 새들의 서식처 제공
③ 주변 생태계를 다양화

2. 수생식물의 종류

2.1 정수식물 : 추수식물

1) 뿌리가 토양 속에 있고, 줄기와 잎의 일부 또는 대부분이 물 위로 뻗어 있는 식물을 통칭
2) 땅속줄기에 통기조직이 발달되어 있어, 근계(根系)의 호흡을 돕는다.
3) 얕은 물가에서 서식하는 수생식물의 한 형태
4) **종류** : 연꽃, 갈대, 부들, 줄, 큰고랭이

2.2 침수식물

1) 뿌리가 토양에 고착하고 있고, 식물체 전체가 물속에 잠겨서 생육하는 식물

2) 종류 : 붕어마름, 나자스말, 검정말, 말즘, 물수세미

2.3 부유식물(부수식물(浮水植物))

1) 물위나 물속에 떠다니며 생활하는 식물을 통칭

2) 줄기나 잎이 수면 아래에 있고, 뿌리가 없거나 빈약하다.

3) 종류 : 개구리밥, 생이가래, 자라풀, 부레옥잠

2.4 부엽식물

1) 뿌리는 토양에 고착하고, 잎이 물위에 뜨는 식물

2) 종류 : 수련, 가래, 마름, 노랑어리연꽃, 가시연꽃

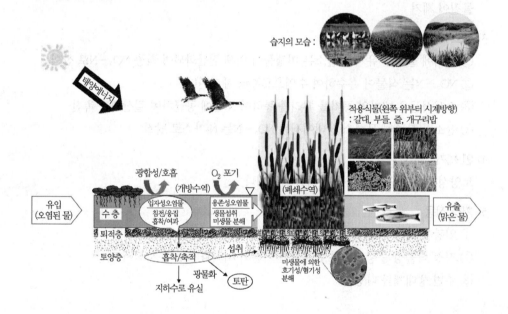

식물부도(Floting Plant Island)를 이용한 조류제어

1. 개요

1) 폐쇄된 호소, 저수지 또는 도시공원의 연못 등에서 녹조류를 비롯한 식물성 플랑크톤의 이상번식으로 수질이 쉽게 오염된다.

2) 이로 인해 탁도증가, 경관악화, 악취발생 및 수생 동식물의 다양성 감소 등과 같은 문제를 초래할 수 있다.

3) 이러한 수역에서는 영양염류의 유입부하를 감소시켜도 수리적, 지리적 또는 기상적인 조건으로 오염부하가 축적되어 상기 문제를 악화시킬 수 있다.

2. 식물부도의 특징

2.1 식물부도의 효과

1) 식물성 플랑크톤의 이상번식을 억제
   식물부도의 차광효과, 접촉침전효과, 동물성 플랑크톤의 서식장소 제공

2) 식물 뿌리의 정화작용 기대

3) 수심과 바닥토질의 제약을 받지 않으며, 육상 부지가 불필요하다.

4) 유역 내 설치로 자연적인 유동을 이용할 수 있다.

5) 수심변경에 의해 다양한 수생식물의 식재가 가능

6) 수변생태계의 복원효과 기대

2.2 침수식물 식재의 효과

1) 식물 전체가 수중에 존재하기 때문에 식물에 의한 정화효과가 높다.

2) 첨수식물의 성장수심이 5m이며, 번식하는 면적이 넓고, 식물부도에서 유출하는 일부조류가 부도 주변에 정착해서 침수식물의 군락이 확대되므로 수역 내의 수질정화기능도 향상될 수 있다.

3) 식물성 플랑크톤의 수가 현저하게 감소하고, 이와 반대로 대형 동물성 플랑크톤이 증가한다.

3. 복합형 식물부도

1) 정의
① 침수, 추수식물로 구성되는 복합적인 식물부도

    침수식물의 수질정화능력은 우수하지만, 수변경관을 개선하고 수질정화능력을 향상시키기
위해서 침수, 추수식물로 구성

2) 특징
① 식물부도의 복합작용으로 식물성 플랑크톤이 줄어듦
② 수역의 투명도가 높아지며 빛도 바닥까지 도달

    바닥에서는 침수식물의 군락이 재생되고, 확대되어 수질이 안정화
③ 다공성 섬유매트를 이용한 식물식재

    ㉮ 현탁물질의 접촉침전

    ㉯ 식물뿌리의 활착 및 미생물의 서식장소로 유리하며

    ㉰ 수역의 저수량에도 영향을 미치지 않음
④ chl-a와 SS가 빠르게 감소
⑤ 수질도 지속적으로 안정되어 COD, T-N, T-P도 감소한다.
⑥ 동물성 플랑크톤의 개체수가 증가하고, 식물성 플랑크톤이 감소
⑦ 식물성 플랑크톤을 포식하는 큰 갑각류가 다수 출현
⑧ 남조류가 감소하고 동물성 플랑크톤의 군집이 조성

3) 식물구성
① 추수식물 : 제비붓꽃, 석창포 등
② 침수식물 : 검정말, 붕어마름, 말즙 등
③ 외래종의 유입을 방지하기 위해 해당 수계에서 자생하는 식물을 선정함이 바람직

온열배수

1. 개요

1) 정의

① 발전소, 정유공장 등은 냉각수를 확보할 목적으로 해안지역에 많이 설치

② 온배수 : 냉각용으로 취수된 물이 열교환기를 통과한 후 수온이 약 7℃정도 높아져 다시 바다로 배출되는 물

③ 열오염 : 온배수로 인해 배출해역의 정상적인 수온보다 높아져 직·간접적으로 생태계 변화 등 환경변화를 초래하는 현상

2) 배출원

화력발전소 냉각수, 원자력 발전소 냉각수, 각종 보일러의 블로다운수

2. 영향

1) 산소용해도가 감소하여 방류수역의 용존산소농도 감소

2) **표수층의 수온상승**

① 성층현상 발생 : 상·하류층간의 물의 교환이 억제

② 저층수의 용존산소 결핍현상 발생

3) 수온의 상승으로 생화학반응속도가 빨라지고 수중생물의 호흡률이 증가하므로 DO가 빨리 소모되어 수중의 DO부족을 초래

4) 종의변화와 종다양성 등 생태학적인 환경건전성이 악화

5) 해양생물의 저항력 및 생리작용 저해

6) 어패류가 질병에 노출되기 쉬움

각종 병원균은 온도가 높을 때 더욱 활성화

3. 대책

1) 온배수 확산 모델링 및 정확한 현황파악

2) 온배수 배출관 연장

3) 온배수의 적극적 활용
  ① 냉·난방 이용
  ② 농업에 재이용
    ㉮ 농장이나 비닐하우스 서리제거, 실내 온도유지 열원
    ㉯ 겨울철에나 활용가능
  ③ 양식에 이용
    온배수의 오염 정도를 사전에 파악해야 함
  ④ 하수·폐수 처리효율 향상
    ㉮ 미처리 하수나 폐수에 혼합시켜 미생물 등에 의한 처리속도 증가
    ㉯ 재이용을 하기 위한 배관비 등 경제성을 사전에 검토해야 함
  ⑤ 냉각탑, 냉각수로, 냉각호수 등을 통하여 열수를 적정온도 이하로 냉각한 후 배출

휘발성 유기화합물질

1. 정의

1) EPA

① VOCs(Volatile Organic Compounds)란 탄소원자를 함유하고 있으며 표준온도 및 표준압력에서 0.13kPa 이상의 증기압을 가지고 있는 물질

② 단, CO_2 및 CO는 제외

2) 즉, VOCs는 증기압이 높고 비점이 약 150℃ 이하의 쉽게 증발되는 유기탄소화합물을 총칭

2. VOCs의 종류

1) 산업체에서 사용되는 용매

2) 화학 및 제약공장, 플라스틱의 건조공정에서 배출되는 유기가스

3) 저비점 액체연료, 방향족 화합물 등의 탄화수소류 등이 거의 VOCs에 속함

4) 환경부 규정 휘발성 유기화합물질의 규제물질 : 37종류

3. VOCs의 배출원

1) 염소소독과정에서 휘발성 염소탄화수소 생성

2) 가정하수, 산업폐수 중의 살충제, 합성세제, 유기용매

3) 자동차에 의한 도로 유출수

4) 농약살포에 의한 농경배수

5) 하수처리시설에서 배출

발생원	발생 과정
가정, 상업, 산업시설의 하수	액상 폐기물 안의 소량의 VOCs 방출
하수관	흐름에 의해 유발되는 교란에 의해 표면으로부터 휘발
하수도 부속물	접합부 등에서 교란에 의해 휘발, 낙차공이나 접합부 등에서 휘발되고 공기로 방출
펌프장	유입수 유입부에서 휘발되고 대기로 방출
바렉	교란에 의해 휘발
분쇄기	교란에 의해 휘발

발생원	발생 과정
파샬플룸	교란에 의해 휘발
침사지	재래식 수평류식 침사지에서 교란에 의해 휘발, 포기식 침사지에서 휘발과 공기로 방출
조정조	국부적인 교란에 의해 표면으로부터 휘발, 산기관이 사용될 경우 공기로 방출
1차, 2차침전지	표면에서 휘발, 월류위어, 유출수로 다른 방출지점에서 휘발 및 공기로 방출
생물반응조	포기과정에서 휘발
이송용 수로	국부적인 교란에 의해 증대된 표면으로부터 휘발, 포기식 이송용 수로에서 휘발과 공기 방출
소화조 가스	소화조 가스의 제어되지 않은 방출, 불완전연소 또는 소각된 소화조 가스의 방출

4. VOCs의 특성

1) 친유성
2) 반응성이 매우 낮다.
3) 증발률이 매우 높다.

5. VOCs의 영향

5.1 인체에 대한 영향

1) 다량 섭취 시 급만성 중독
2) 눈 및 피부에 자극, 피부접촉 시 피부염 또는 화상유발
3) 변이원성 물질로서 생체 내 유전물질의 변형을 일으킬 수 있다.
4) 발암성 물질

5.2 수중생태계

1) 수중생물에 독성유발
2) 수계에 유입되면 주로 빠르게 증발되거나 산소가 존재할 때는 생분해가 일어나서 감소
3) 어류나 수생생물에 대한 생체농축은 일어나지 않는다.

6. VOCs의 소멸

휘발, 생분해, 흡착 광분해에 의해 감소되거나 소멸된다.

7. VOCs의 제어

7.1 발생원 조절

1) 난류발생지역의 감소

2) 각종 처리시설의 복개

7.2 VOCs 직접처리

1) 증기상태 흡착

2) 열소각

3) 촉매소각

4) 직접 화염소각

5) 생물학적 처리

6) 막분리 및 냉각응축

7) 광촉매 산화

8) UV 및 플라스마 처리

9) 세정 및 흡수

7.3 고려사항

1) 제어효율

   ① 처리기술 선정 시 최우선적으로 고려할 사항

   ② 배출총량, 배출속도, 농도, VOCs의 물리·화학적 성질에 따라 차이가 남

2) 경제성

3) **2차 오염** : 대기오염물질, 발생폐수 및 고체물질의 배출

4) **전처리** : 집진, 연소, 회수, 희석, 예열, 냉각 및 습도조절 등의 단위공정

5) 처리대상가스의 유량과 농도

Key Point +

- 131회 출제
- 출제 빈도는 낮으나 88회에 출제됨

개별오염물질농도 분석(이화학적 평가방법과 생물학적 평가방법의 특징)

1. 개요

1) 물환경은 이화학적 수질과 무생물적 요소들에 반응하는 생물학적 상태를 포함

2) 상기의 평가방법은 물리화학적 및 생물학적 피해에 대한 원인과 해결책을 도출하는 데 사용되며

3) 이를 반영하여 수질기준 및 지표항목을 설정하게 된다.

4) 공공수역의 수질은 물리적, 화학적, 생물학적으로 물이용 목적에 부합되어야 하며 더불어 수생 태계의 안정성을 확보할 필요가 있다.

5) 이를 위해 개별오염물질농도 분석을 통한 이화학적 평가방법과 생물학적 평가방법을 동시에 실 시하는 것이 합리적인 물환경상태평가라 할 수 있다.

2. 특징

구분	장점	단점
이화학적 평가방법	• 인간 건강의 보호 • 생물량(Bioassay)으로부터 획득한 데이트의 비료 • 정확성이 높음 • 오염물질역학(Pollutant Dynamics)의 이해 • 분석비용의 경제성(작은 수의 항목분석이 가능하여 경제적) • 오염물질 피해 방지에 유용함	• 모든 오염원의 내용을 알 수 없음 • 생물학적 유용성을 측정불가 • 오염원 상호 간의 작용을 알 수 없음 • 모든 요인의 분석으로 분석비용 증가 • 유기물에 의해 발생되는 효과분석 불가
생물학적 평가방법	• 수체 내 오염영향측정 가능함 • 장기간 오염축적영향 설명가능 • 생태회복에 대한 목표와 기준제공 • 수질관리와 수질목표와의 연계가능	• 결과해석이 난해함 • 오염현상의 원인 규명이 어려움 • 오염원 관리가 어려움 • 인간 건강관리 정보획득이 어려움

Bioassay Test(독성시험)의 목적 및 평가방법

1. 개요

1) 현재의 개별화합물질을 대상으로 한 환경위해성 관리는 다음과 같은 문제점을 가지고 있음

2) 개별화합물질 관리의 문제점

① 화학물질에 대한 독성정보 부족

㉮ 개별 유해화학물질에 대한 독성자료 검토 후 배출허용기준을 설정할 경우 많은 시간과 비용이 필요

㉯ 화학물질 간에 일어나는 상호작용에 대한 파악이 어려움

② 새로운 독성증상의 발견

③ 생태독성에 대한 인식의 부족

3) 폐수의 유해화학물질 관리를 위해 화학물질별 관리와 병행하여 생물독성을 근거로 하는 관리가 필요하며

4) 방류되는 폐수에 대하여 살아있는 생물체에 대한 독성시험을 통하여 환경의 질을 평가하는 생물독성관리제도의 도입 및 적용이 필요함

2. 평가방법

2.1 미생물 선정에 따른 시험방법

1) 적조류시험

Cystocarps 생성유무 평가

2) 곤쟁이시험

노출 후 사망 → 급성독성, 수란관에 알생성 유무

3) 물고기시험

물고기 생존율에 따라 급성독성 파악

2.2 결과 평가

1) 급성독성

48~96시간 내에 부정적 영향이 관찰되는 독성

① LC_{50}(반수치사농도 : Median Lethal Concentration)

㉗ 독성물질의 급성위해도를 나타내는 방법

㉘ 시험대상생물이 물속에서 일정시간 경과했을 때 시험대상물의 50%가 치사되는 유해물질의 농도

㉙ TLm과 동일한 의미

② EC$_{50}$(반수영향농도 : Median Effect Concentration)

시험대상생물이 수중에서 일정시간 경과했을 때 시험대상생물의 50%에서 측정 가능할 정도의 부정적 영향을 주는 농도

③ NOAEL(No Observable Adverse Effect Level)

㉗ 시험대상생물이 수중에서 일정시간 경과했을 때 10% 이내에 영향을 주는 농도로

㉘ 악영향이 관찰되지 않는 농도

④ LD$_{50}$(반수치사량 : Lethal Dose 50)

㉗ 시험대상생물에게 독성물질을 경구, 피하 등에 의해 직접 투여할 때

㉘ 시험동물의 50%가 사망하는 투여량(mg/kg−체중)

2) 만성독성(Chronic Toxicity)

사망률의 증가, 번식률의 감소 등과 같이 장기간에 걸쳐 수명의 1/10 이상 부정적 영향이 관찰되는 독성

① NOEC(No Observable Effect Concentration)

만성독성시험결과에서 어떠한 영향도 나타나지 않는 최고농도

② LOEC(Lowest Observed Effect Concentration)

생물독성시험결과에서 어떠한 영향도 나타나지 않는 최저농도

3) 독성단위

① 급성 Tua = 100/LC$_{50}$(급성 노출기간 말기 농도)

② 만성 Tuc = 100/NOEC(만성 노출기간 최고 농도)

4) 한계치사농도(TLm : Median Tolerance Limit)

① 어류에 대한 독성물질의 유해도를 나타내는 지수

② 시험대상생물이 수중에서 일정시간 경과했을 때 50%가 생존할 수 있는 농도로서

③ 반수치사량이라고도 함

④ 96hr TLm, 48hr TLm 등이 많이 사용

⑤ 허용농도는 안전율을 감안하여

㉗ 급성 : 48hr TLm × 0.1

㉘ 만성 : 96hr TLm × 0.1로 한다.

3. 응용

1) 수질기준 선정

　독성물질 농도, 노출시간, 노출빈도 고려

2) 급성효과 : CMC(Criterion Max Concent)

　3년에 1회 이상은 초과하지 말아야 할 4일 평균 농도

3) 만성효과 : CCC(Criterion Contineous Concent)

　3년에 1회 이상은 초과하지 말아야 할 1시간 평균 농도

Key Point ✦

117회 출제

생물모니터링

1. 서론

1) 우리나라의 수질환경기준

　① 국민의 건강을 보호하고 쾌적한 환경조성을 목적으로 환경정책기본법에 규정

　② 환경여건의 변화에 따라 그 적정성을 유지

　③ 수질오염에 대한 각종 규제, 행정계획의 수립, 집행근거

2) 배출허용기준, 방류수수질기준

　수질환경기준을 달성하기 위한 오염물질의 배출규제수단으로 활용

3) 현행 수질환경기준

　① 현행 수질환경기준은 유기오염지표 혹은 일부 화학물질 중심으로 기준이 설정

　② 생태계에 미치는 영향평가 및 장기적이고 종합적인 수질평가가 곤란

　③ 따라서 BOD, COD 위주의 단순지표에서 탈피하여 국민건강과 생태계 보호를 위한 수용체 중심의 평가지표종합화 및 과학적 추인이 필요하다.

2. 생물모니터링의 중요성

1) 생물학적 평가는 이화학적 평가만으로 해결할 수 없는 물환경 관리의 기초적인 방법을 제공하며, 수자원 관리에 있어 유역과 생태계 전체를 대상으로 한다.

　① 기존의 화학적 수질기준이 깨끗한 물 그 자체를 지향하는 것을 탈피하여 수계 내에 생물들이 건강하게, 그리고 다양하게 사는 목표를 지향

　② 이화학적 수질기준(평가), 생물학적 기준(평가) 및 물환경의 생태적인 등급체계(기준 및 평가) 등이 우리의 현실에 맞게 충분한 검토·보완을 거쳐 궁극적인 목적에 부합되도록 단계적으로 도입되어야 한다.

2) 생물모니터링에 기초한 생태학적 등급체계는 이화학적 수준의 한계를 극복하고, 비점오염원관리, 유역관리, 총량오염물관리, 생태위해성평가 등을 포함하는 종합적인 물환경 관리의 방안을 제공한다.

　물환경관리의 관점에서 물에서 유역으로, 화학에서 생태계로, 점오염원에서 비점오염원관리로, 농도규제에서 오염총량관리로, 개별화학물질관리에서 통합독성관리(생태위해성 평가)로 전환하는 정당성과 타당성을 확보해야 한다.

3) 생태학적 등급체계는 현재의 환경문제를 극복하고, 우리나라 물환경 관리의 발전과 선진화에 가장 핵심적인 부분으로 구성한다.
　① 생물모니터링은 가능한 한 현재 운영 중인 수질측정망을 포함하도록 단계적으로 확대하면서 지속적으로 이루어져야 한다.
　② 상기결과를 근거로 많은 자료를 확보하여 우리나라의 생물학적 상태를 이해하고, 궁극적으로 훼손된 생태계가 회복되어야 할 목표치를 객관적으로 설정하여야 한다.

3. 생물모니터링 생물종

1) 개요

하천과 소규모 개천(Wadable Stream)에서의 생물학적 물환경 상태를 평가하기 위해 보편적으로 사용되어온 생물군은 저서성 대형무척추동물과 어류이다.

2) 종류
　① 저서성 대형무척추동물
　　㉮ 수서곤충류를 대상
　　㉯ 하천에서의 오탁계급 또는 부수성을 대표하는 생물군
　　㉰ 하천의 저질층(Sediment)에 서식하며
　　㉱ 대체로 하천 먹이사슬의 1차 소비자 영양단계를 점함
　② 어류
　　㉮ 하천먹이사슬의 최상위 소비자
　　㉯ 수질의 상태와 함께 생태계의 건강성을 평가하는 도구로 활용
　　㉰ 외국의 경우 어류를 이용한 생물지수(IBI, RBP 등)의 사용이 보편화
　③ 부착성 조류(Periphytic Alage)
　　㉮ 저서성 대형무척추동물과 같이 하천의 저질층에서 다양한 기질(Substrates)에 부착하여 서식
　　㉯ 돌부착 규조류(Epilithic Diatom)
　　　가장 많이 이용 : 채집과 조사의 분석이 용이
　　㉰ 이동성이 없고
　　㉱ 영양염뿐만 아니라 유기물 오염에도 민감하게 반응
　　㉲ 생활사가 짧고
　　㉳ 어떠한 환경에서도 쉽게 관찰
　　㉴ 부착조류는 1차 생산자인 동시에 영양염을 성장에 필수적으로 요구하므로 영양염과 유기물 증가를 동시에 반영할 수 있다.

⑨ 부영양화 발생 시 부착조류는 가장 민감하게 반응
- 환경변화의 조기경보지표종으로 활용이 가능
- 단, 온도에 의한 민감성을 반영 : 어류나 수생식물이 보다 적합한 지표
④ 수생식물(Macrophyte)
㉮ 이동성이 없어 환경적 누적영향을 평가하는 데 유용함
㉯ 큰 환경변화를 감시하는 데 유리
- 계절적 변이가 적음
- 생물자체의 변화가 느림

4. 결론

1) **중장기적 대책** : 물리화학적 수질평가와 생물학적 평가를 종합한 계량화된 생태학적 등급체계를 개발하여 종합적인 물환경의 건강성을 평가

2) 유기오염물질 또는 유해물질기준뿐만 아니라 수질상태에 따라 서식하는 생물지표종 등을 이용한 종합적인 물환경평가가 필요

3) 어느 한 생물군에 대해서만 생물학적 평가를 실시하기보다는 다양한 생물군을 활용하여 평가함으로써 각 생물군이 가지는 특성을 물환경평가에 반영할 필요가 있음

Key Point ✚

117회 출제

비수용성 액체(NAPL)

1. 개요

1) 물과 잘 섞이지 않는 액상물질을 총칭하여 비수용성 액체(NAPL : Non Aqueous Phase Liquid)라 한다.

① 토양 내 입자, 공기, 수분으로 구성되어 있는 토양에 제3의 물질이 유입되었을 경우

㉮ 이 액체는 토양 내 포화될 때까지 결합하고

㉯ 남은 액체는 별도로 자기들끼리 뭉쳐져 제4의 성분으로 존재

2) 분류

① LNAPL(Lingt NAPL) : 비중이 물보다 가벼울 경우

② DNAPL(Dense NAPL) : 비중이 물보다 무거울 경우

2. 종류

1) LNAPL

가솔린, 연료유, 등유, 제트유, BTEX 등

2) DNAPL

TCE, PCE, PCB, TCA, CCl_4, $CHCl_3$, 기타 할로겐화 유기물질들

3. 특징

1) NAPL을 구성하는 성분은 PAH와 같이 대부분이 물에 난용성이다.

2) 소수성의 화합물은 대체로 지방족 또는 방향족 화합물이며

3) 지방족탄소화물은 탄소수가 많을수록, 방향족 화합물은 환이 많을수록 물에 대한 용해도가 낮다.

4) 일반적으로 용해도가 낮아 지속적인 수질(지표수 및 지하수)의 오염원으로 작용

5) 토양오염의 주원인으로 작용

6) 미생물에 의한 분해가 어렵다.

4. 토양 내 거동특성

4.1 LNAPL

1) 불포화 내의 NAPL 및 잔류량과 분포는 LNAPL의 압력과 기체상과 액체상의 초기부피, 흙의 공극 크기의 분포에 따라 달라진다.

2) LNAPL의 양이 많을 경우에는 불포화대를 중력에 의하여 수직이동하게 된다.

3) 수직이동된 LNAPL이 지하수위 위와 Capillary Fringe 부분에 머물러 부유

4) LNAPL이 지나간 불포화지역에는 10~20% 정도의 잔류포화도를 갖는 LNAPL의 필름과 기름덩이(Ganglia)를 남기게 된다.

5) 따라서, LNAPL에 의해 오염된 지하수는 밀도가 지하수보다 낮아 대수층 하부로 이동하지 않고, 지하수위에 자유상(Continuous And Free Phase) 부유하여 지하수 이동방향과 동일한 방향으로 이동하여 오염

4.2 DNAPL

1) 밀도가 물보다 커서 지하수면(Water Table)을 통과(Sink), 불투수층까지 이동·축적되어 DNAPL Pool을 형성
   ① 점성도가 물보다 작은 물질들은 유동성이 크다.
   ② 지하 반암까지 쉽게 도달
   ③ 반암의 기울기에 따라 이동하게 됨

2) 지하수위를 통과하여 포화대에 축적된 DNAPL은 대수층의 특성과 유체 점성도에 따라 수지현상(Fingering)이 발생한다.

3) 포화영역에서도 모세관 포획에 의해 잔류물을 남김

4) 높은 밀도와 낮은 점성도에 의해 DNAPL은 대수층 깊은 곳까지 침투, 지하수와 반응하여 액상 오염물질을 형성

5) 지속적인 오염원으로 작용하며 복구가 상당히 어려움

이류(Advection)와 분산(Dispersion)

1. 이류(Advection)

1) 어떤 물질이 유체에 완전히 용해된 상태가 아닌 경우

2) 유체 안에 내재되어 있는 고형물이나 열에 의해 물질이 이동되는 현상을 말함

3) 지하수에서 용존 고형물 혹은 열이 지하수와 같은 속도로 수송되는 것

4) 대류(Convection)와의 차이

① 온도 차이에 의해서 야기되는 유체의 운동

② 대수층에서 열이 전달되는 경우에 이류와 대류는 동시에 일어난다.

2. 분산(Dispersion)

1) 물리적인 원인에 의한 물질의 이동

① 통과하는 재질의 마찰효과(Friction Effect)의 차이나 Pore Size의 차이로 인해 부분적으로 생긴 유체의 흐름으로 인해 물질이 이동되는 현상

② Mixing

2) Diffusion과의 차이

Diffusion은 화학적 농도 차이 때문에 생기는 물질의 이동

3) Dispersion과 Diffusion은 대부분 동시에 일어나기 때문에 둘 중 선택적으로 일어나는 경우는 거의 없다.

3. 환경에서의 적용

1) 대기

바람이 불지 않고 공기의 온도분포가 수직으로 이루어진다면 대기오염물질은 분산에 의해 흩어짐

2) 지하수

① 지하수의 운동기작은 지하수의 동수구배에 의한 이동 즉, 이류에 기초를 두고 있다.

② 지하수환경으로 유입된 오염물질이나 용질(Solute, 오염물질)이 지하수의 공극유속과 같은 속도로 움직이는 것

③ 지하수환경으로 유입된 각종 용질은 농도구배나 온도구배에 의해서도 움직일 수 있다.

④ 이와 같이 지하수 환경 내에 유입된 오염물질은 이류에 의한 지하수 동수구배를 따라 흐를 것이라고 예상되는 이동경로로부터 이탈하여 분산 및 확산되는 경우도 있다.

3) 정수처리

급속혼합은 단시간에 응집제와 처리수가 혼합됨을 말하며 분산이나 확산은 아니다.

잔류성 유기오염물질(POPs)

1. 개요

1) 잔류성 유기오염물질(POPs : Persistent Organic Pollutants)은 환경 내에서 광화학적, 생물학적 및 화학적 분해가 느리며, 독성이 있는 유기화합물을 가리킨다.

2) 산업생산공정, 폐품의 이용, 연료 및 쓰레기의 연소 등에 의해 발생

3) 종류
   ① 엘드린/다이엘드린, 벤조(a)파이린, DDT, PCBs, 다이옥신/퓨란, HCB, PAHs
   ② PAHs가 관심의 대상
      ㉮ 배출원 : 코크스 및 전극생산공정, 알루미늄 제련공정, 목재보전시설 및 화석연료 연소과정
      ㉯ 특징
         • 분자량이 낮은 경우 자연환경에서 상대적으로 급격히 생분해되지만, 대부분 매우 안정적이어 자연환경에서 오래 존속
         • 높은 융점과 끓는점을 가지는 강한 불용성 물질
         • 벤젠고리의 수가 증가함에 따라 휘발성이 낮아지는 성질로 인하여 먼지 등에 흡착되어 입자상 물질로 존재하는 경우가 많고
         • 자외선을 흡수하면 강한 형광을 발하는 특성을 가짐

2. 특징

1) 광화학적, 생물학적 및 화학적 분해가 느림

2) 먹이사슬을 통해 동 · 식물의 체내에 축적 : 생물농축

3) 독성이 강한 유기화합물 : 발암가능성

4) 담수나 해수에서 낮은 농도로 이동

5) 반휘발성의 특성으로 대기 중에서 장거리 이동이 가능
   ① 환경 내의 고체상(토양, 퇴적층, 분진 및 입자성 물질, 생물체에 축적되는 경향)
   ② 지구적인 규모로 확산 가능 : 국제적인 공동관리가 필요

3. 향후 방안

1) BAT 또는 최적환경기술(Best Environment Practices)에 대한 기술조사 및 타당성 검토가 필요

2) 국내 자체 기술개발을 통해 우리 실정에 적합한 기술확보가 필요

3) PAHs의 배출저감 목표를 달성할 수 있도록 기존의 대기오염물질에 대한 배출허용기준을 개선
   PAHs 배출과 상관성을 가지는 이산화탄소, 총탄화수소 또는 분진이 대상

4) 지속적인 에너지대책 및 에너지 효율증대
   ① 효과적인 유인정책, 세금감면, 공정개선 및 오염방지시설 투지비용 지원 등
   ② 산업용 고효율, 청정에너지 가격 인하

5) 산업구조를 환경친화적인 구조로 전환하는 장기적인 대응방안이 절실
   ① 에너지 다소비 업종 및 오염물질 대량배출 업종을 최소화
   ② 에너지 효율적이며 환경친화적인 산업을 중점적으로 육성

6) PAHs를 위시한 POPs 규제를 대비한 연구들의 결과가 정확하고 효과적으로 활용되기 위해서는
   체계적인 연구와 투자가 필요

전기중성도(Electroneutrality)

1. 전기중성도

1) 전기중성도의 정의 : 양이온(Cation)의 합이 음이온(Anion)의 합이 같아야 하는 것

2) 즉, Σ(양이온) $= \Sigma$(음이온)

   ① 양이온 = 용액에서(+) 전하를 띤 물질(eq/L, meq/L)

   ② 음이온 = 용액에서(−) 전하를 띤 물질(eq/L, meq/L)

   ③ 당량(g/eq) $= \dfrac{\text{분자량(g)}}{Z}$

        여기서, Z는 ① 이온가(Ion Charge)의 절대값

                  ② 어떤 물질이 산염기 반응에서 반응하거나 얻을 수 있는 H^+나 OH^- 이온의 수

                  ③ 산화환원 반응에서 변화하는 원자가의 절대값

2. 퍼센트 차이

1) 퍼센트 차이를 이용하여 화학분석의 정확도를 확인하는 데 이용

$$\text{퍼센트 차이} = \left(\frac{\Sigma \text{양이온} - \Sigma \text{음이온}}{\Sigma \text{양이온} + \Sigma \text{음이온}} \right) \times 100$$

2) 허용기준

Σ음이온(meq/L)	허용차이
0~3.0	± 0.2meq/L
3.0~10.0	± 2%
10.0~800	5%

3. 분석값의 정확도 확인

[**문제**] 다음은 산화구법 공공하수처리시설에서 처리된 유출수를 분석할 결과이다. 이를 바탕으로 분석치가 충분히 정확한지 분석의 정확도를 확인하라.

양이온		음이온	
Ca^{+2}	81.9mg/L	HCO$_3^-$	218.0
Mg^{+2}	17.6mg/L	SO$_4^{2-}$	98.0
Na$^+$	46.1mg/L	Cl$^-$	77.8
K$^+$	15.2mg/L	NO$_3^-$	25.4

[풀이]

1) 양이온－음이온 수지(Balance)를 만든다.

양이온				음이온			
양이온	농도 (mg/L)	mg/meq	meq/L	음이온	농도 (mg/L)	mg/meq	meq/L
Ca^{+2}	81.9	20.04	4.09	HCO$_3^-$	218.0	61.02	3.57
Mg^{+2}	17.6	12.15	1.45	SO$_4{}_2^-$	98.0	48.03	2.04
Na$^+$	46.1	23.00	2.00	Cl$^-$	77.8	35.45	2.19
K$^+$	15.2	39.10	0.39	NO$_3^-$	25.4	62.01	0.41

2) 양이온－음이온 수지의 정확도 확인

$$\text{퍼센트 차이} = \left(\frac{\sum 양이온 - \sum 음이온}{\sum 양이온 + \sum 음이온} \right) \times 100$$

$$\text{퍼센트 차이} = \left(\frac{7.93 - 8.21}{7.93 + 8.21} \right) \times 100 = -1.73\%$$

※ 총 음이온 농도가 3에서 10meq/L에서 허용가능한 차이는 2% 이하이어야 하므로 분석은 정확하다.

MTBE(Methyl Tertiary-Butyl Ether)

1. 개요

1) 정의 : 산소를 포함한 무색의 액체로서 상온에서 휘발성, 가연성을 띰

2) 용도 : 가솔린 제조 첨가제

2. 특징

1) 장점

① 옥탄가가 100 이상으로 부드러운 연소를 도와줌

② MTBE의 산소 성분이 휘발유의 연소를 도와 유해 배출가스를 줄임

㉮ 대기질 개선 효과

2) 단점

① 수질오염 야기

㉮ 지하수와 섞이면 강한 불쾌감과 쓴맛을 띰

㉯ 주유소나 저유소 주변 지하수 오염 우려

㉰ 송유관 매설지역 지하수 오염 우려

② 두통과 구토, 어지러움, 호흡곤란 등 인체 신경계 교란

③ 발암가능성 의심물질

④ BTEX보다 물에 30배나 잘 녹음

㉮ 토양에 유출되면 단시간에 광범위한 지역에 걸쳐 지하수에 확산

㉯ 분해가 잘 되지 않아 복원도 어려움

㉰ 일단 오염되면 피해가 오래 지속

Key Point +

118회 출제

TBT(Tributyltin)

1. 개요

1) TBT(삼부틸화 주석)는 주석에 3개의 부틸기가 결합된 유기주석으로
2) 환경호르몬 물질이며 해양환경에서 매우 유독성이 있는 물질
3) TBT는 생물부착 방지용의 방오도료(Antifouling Agent)로 선박이나 양식어구 등의 도료로 광범위하게 사용되어 왔다.

2. 오염원

1) PVC 안정제, 각종 플라스틱 안정제, 산업용 촉매, 살충제, 살균제, 목재 보존재
2) **해양 내 직접적인 오염원**
   선박의 부착생물을 제어하기 위한 방오도료로 해상구조물에 광범위하게 사용
3) **그 외 해양 내 오염원**
   조선소, 항구, 선박항로, 발전소
4) 이외 Triphenyltin, Tricyclohexyltin과 같은 독성 유기주석 화합물도 문제시 됨

3. 오염도 추정

홍합, 굴 등 이매패류 체내에 농축된 TBT의 농도를 측정하여 해역의 오염도를 추정

4. 영향

4.1 인체에 미치는 영향

TBT에 대한 광범위한 임상적 연구가 부족하여 그 영향은 명확하지 않음

4.2 해양생물에 미치는 영향

1) 굴 및 각종 패류의 성장을 저해함
2) 암컷 고동에서 수컷과 같은 성기가 자라나 생식능력을 상실하게 되는 임포섹스(Imposex) 현상을 유발
3) 어류의 시각상실 등과 같은 급성독성을 유발

4) 굴 채묘량 감소

5. 향후대책

1) 전국적인 실태조사와 관계부처, 전문가, 이해당사자 등의 협의를 거쳐 규제기준을 제정할 필요가 있음
2) 구리를 첨가한 방오도료를 사용할 수 없는 알루미늄 선체의 선박 등에 한하여 허용하는 방안 등을 강구
3) 기타 소형선박 및 어망과 수중 구조물에 사용되는 유기주석화합물 방오도료의 사용금지 또는 주석의 농도와 해양 중 유출량이 낮은 방오도료 사용권장
4) 연안항해 어선, 해양구조물에 대한 사용금지
5) 연안여객선, 연안화물선 등에 대한 연차적 사용금지
6) 외항선박은 국제적 합의 후 규제

비소제거방법

1. 개요

1) 비소 : 독성이 있어 다른 수원으로 전환하거나 제거해야 함

2) 지하수, 용천수, 온천, 광산폐수 등에 존재

3) 먹는물 수질기준 : 0.01mg/L 이하

2. 비소 독성

1) 피부 각화증, 흑파증

2) 말초신경계 만성중독

3. 비소 제거방법

3.1 응집침전

1) 혼화지 → 플록형성지 → 침전지

2) 3가 비소는 전염소처리로 5가로 산화시켜 제거

3.2 응집여과법

혼화지 → 플록형성지 → 상향류연속이동상여과지 → 급속여과

3.3 흡착처리

1) 흡착제 : 활성알루미나, 이산화망간, 수산화세륨 등

2) 적정 pH 범위

   ① 활성알루미나 : 4~6

   ② 이산화망간 : 5~7

   ③ 수산화세륨 : 5~8

3) 수산화세륨은 3가 비소 흡착이 가능하여 전염소처리 불필요

4) 공간속도(SV) : 5~10h^{-1}

4. 제안사항

1) 응집침전 또는 응집여과 세척배출수 및 슬러지에 비소가 포함되어 있으므로 세척배출수 및 슬러지 처리 · 처분 시 사전 검토 필요
2) 흡착제는 「폐기물관리법」에 근거하여 적정 처분 필요

Key Point

103회 출제 문제로 출제 빈도는 낮음

정수처리

상수도 처리계통

1. 계통도

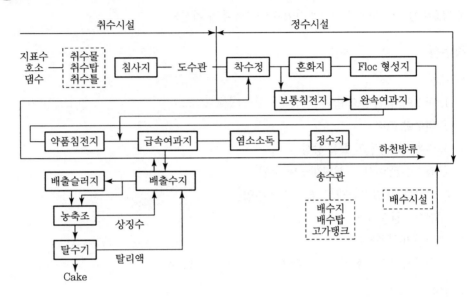

2. 시설별 기능(특성)

2.1 취수시설

1) 개요

① 취수시설은 수원의 종류에 관계없이 연간을 통하여 계획취수량을 안정적으로 취수할 수 있도록 해야 한다.

② 원수로서 수질이 양호해야 하며 장래에도 오염될 우려가 없는 지점에 설치

③ 홍수 시 등의 악조건에도 유지관리가 안전하고 용이하게 취수할 수 있어야 한다.

④ 장래 시설확장이 용이해야 한다.

2) 계획취수량

계획1일최대급수량을 기준으로 하며 기타 필요한 작업용수를 포함한 손실수량(약 10% 정도)을 고려

3) 취수지점의 선정

취수지점의 유황과 취수량의 대소 등을 종합적으로 검토하여 선정

2.2 침사지

1) 모래, 부유물의 제거를 통해 도수관 내 모래의 침전방지(구조는 침전지에 준함)

2) 장방형 : 길이가 폭의 3~8배

3) 지수 : 2지 이상

4) 용량 : 계획취수량의 10~20분간 저류

5) 유속 : 2~7cm/sec

6) 유효수심 : 3~7m 표준(모래깊이 0.5~1m 추가 가산)

2.3 착수정

1) 기능

① 원수의 수위 동요 방지

② 원수량 조절

③ 후속처리공정의 효율 향상

④ 원수수질 이상 시 분말활성탄 주입

⑤ 고탁도 시 알칼리제, 응집보조제 주입

⑥ 취수 · 원수 혼합

⑦ 원수의 균등배분

⑧ 슬러지 조정시설에서 발생된 역세척수, 반송수의 수수

2) 용량

① 체류시간 : 1.5분 이상

② 수심 : 3~5m

③ 여유고 : 60cm 이상

3) 2조 이상 설치

4) 필요에 따라 분말활성탄, 알칼리제, 응집보조제 주입설비 설치

2.4 혼화지

1) 기능

① 콜로이드성 입자를 미소 Floc으로 형성하기 위하여 급속교반을 실시

② 가장 효과적인 응집을 위해 응집제 첨가 후 응집제가 신속하고 균일하게 원수 중에 확산시킴

2) 용량 : 계획정수량의 1분 내외

3) 기존의 기계식 혼화지의 경우

① G : 300~800sec^{-1}, T : 20~40sec이므로

② 처리효율 향상을 위해 G : 1,000~1,500sec^{-1}(최대 5,000), T : 1sec로 유지함이 바람직

③ 그러므로 관내혼화방식, 분사노즐교반기, Jet–mixing과 같은 방법으로 전환이 필요

2.5 Floc 형성지

1) **기능** : 미소 Floc을 대형 Floc으로 성장시켜 후속단계인 침전과 여과효율을 향상시키기 위해 완
   속교반을 실시

2) **용량** : 계획정수량의 20~40분

3) **기타**

   ① G : $20 \sim 75 sec^{-1}$

   ② G×T : $2 \times 10^4 \sim 2 \times 10^5$

   ③ G×C×T : 1×10^6

   ④ G값을 유입부에서 유출부로 갈수록 감소시키는 점감식 Floc 형성지가 필요

2.6 약품침전지

1) **기능** : 약품투입, 혼화 및 Floc 형성지의 단계를 거쳐 성장한 Floc을 침전분리작용에 의해 제거함
   으로써 후속되는 급속여과지의 부담을 경감시키는 기능을 수행

2) **지수** : 2지 이상

3) **지의 형상** : 길이는 폭의 3~8배

4) **유효수심** : 3~5.5m(슬러지 퇴적심도 30cm 이상 고려)

5) **용량** : 계획정수량의 3~5시간 분

6) **지내유속** : 40cm/min 이하

2.7 급속여과지

1) **기능**

   ① 입상층에 비교적 빠른 속도로 물을 통과시켜 여재에 부착

   ② 여층의 체거름작용에 의한 탁질 제거

2) **여과속도** : 120m/day

3) **1지의 여과면적** : $150m^2$

4) **형상** : 직사각형

5) **지수** : 2지 이상(예비지는 10지마다 1지의 비율)

6) **여과지의 깊이**

   ① 사층 두께 : 60~120cm

   ② 사면상 수심 : 1m 이상

   ③ 여유고 : 30cm

   ④ 자갈층 : 30~50cm

2.8 염소소독

1) **기능** : 위생상의 안전을 위해 수중의 세균, 바이러스, 병원성 원생동물의 제거

2) **액화염소 저장량** : 1일 사용량의 10일분 이상

3) **저장조** : 2조 이상

4) **소독조**

　① 소독제의 균등한 혼화 및 제어가 필요

　② 혼화시간 : 6~10분 정도

2.9 정수지

1) **기능**

　① 정수처리 운전관리상 발생하는 여과수량과 송수량 사이의 불균형을 조절·완화

　② 사고 및 고장에 대응하고 수량·수질 이상 시의 수질변동에 대응

　③ 시설의 점검, 청소 등에 대비하여 정수를 저류

2) **용량** : 계획정수량의 1시간 분 이상 : 가능한 한 2~3시간 분

2.10 보통침전지

1) **기능**

　① 응집침전을 하지 않은 원수를 자유침강시켜 현탁물질을 제거

　② 완속여과지의 부하를 경감하기 위해

　③ 원수의 연간 최고탁도 30도 이상인 경우 응집처리설비 필요

　④ 원수탁도 통상 10도 이하인 경우 보통침전지 생략

2) **표면부하율** : 5~10mm/min

3) **지내 평균유속** : 30cm/min 이하

2.11 완속여과지

1) **기능**

　① 모래층과 모래층 표면에 증식한 미생물군에 의하여 수중의 불순물을 포착하여 산화분해

　② 생물여과막의 체분리작용, 응집, 흡착 및 생물산화작용

　③ 조류번식, 탄소동화작용, DO 공급

　④ 여과지 내 박테리아에 의해 유기물 산화

　⑤ pH 상승, 모래층의 정전하로 흡착효과 상승

　⑥ Fe, Mn의 산화

　⑦ NH_3-N의 산화

　⑧ 취기, 현탁물질 제거

　⑨ 합성세제

⑩ 페놀 등 제거

2) 여과속도 : 4~5m/day 표준

3) 여과깊이

① 사층 두께 : 70~90cm

② 사면상 수심 : 90~120cm 이상

③ 여유고 : 30cm

④ 자갈층 : 40~60cm

2.12 슬러지처리 계통

1) 조정시설 : 배출슬러지조 + 배출수조

① 기능

㉮ 배수의 시간적 변화 조정

㉯ 농축 이후의 일정 처리시설로 연결된 시설

㉰ 상징수의 재이용, 착수정으로 이송 및 방류하기 위한 시설

㉱ 배출슬러지조는 슬러지의 저류조 기능

㉲ 농축조, 탈수기의 용량감소 및 처리효율 향상

② 배출수지 용량 : 1회 역세척수량 이상

③ 배출슬러지조 용량 : 24시간 평균 배출슬러지량 또는 1회 배출슬러지량 중 큰 양

2) 농축조

① 용량 : 계획슬러지량의 24~48시간 분

② 고형물부하 : 10~20kg/m² day

③ 지수 : 2지 이상

④ 여유고 : 30cm 이상

⑤ 바닥경사 : 1/10 이상

⑥ 슬러지 인출관 : ϕ200mm 이상

3) 탈수기

슬러지를 최종처분하기 전에 부피를 감소시키고 취급이 용이하도록 하기 위해 설치

2.13 배수지

1) 기능

① 배수구역의 수요량에 따른 배수를 위한 저류지 역할

② 배수량의 시간변동 조절기능

③ 배수지의 상류측 사고 발생 시 일정수량 및 수압을 유지

2) 용량 : 계획1일최대급수량의 8~10시간 분이 표준

2.14 상수관거

1) 도·송수관의 관경결정

① 도·송수관은 어떠한 경우라도 계획수량을 유하할 수 있어야 하므로 관경은 최소동수경사에 대하여 설정하여야 한다.

② 동수경사 및 전양정

㉮ 자연유하식 : 시점의 저수위를 기준으로 동수경사를 선정

종점의 고수위를 기준으로 동수경사를 선정

㉯ 펌프가압식 : 펌프의 흡수정 저수위와 착수정의 낙차를 이용

관로의 손실수두로부터 펌프의 전양정 산정

2) 배수관

① 배수관망은 평면적으로 넓은 급수지역 내의 각 수요처에 수송

② 원거리의 대량수송과 근거리의 분배수송이라는 2가지 기능을 수행

③ 관망형태 : 수지상식, 격자식(단식, 복식, 3중식), 종합식

④ 향후 노후관거 개량과 Block−system 구축에 의해 유수율을 향상할 필요가 있다.

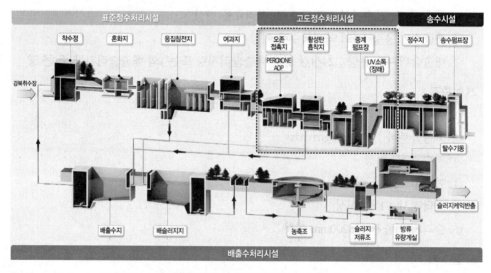

[정수처리공정(예)]

단위조작과 단위공정

1. 단위조작(Unit Operation)

1) 정의
① 물질의 조성, 상태 및 에너지의 변화를 주는 조작을 말함
② 물리적 변화의 각 조작

2) 종류
① 화학공정 : 유체수송, 열의 전달, 증발, 증류, 흡수, 건조, 추출, 결정석출, 혼합, 분쇄, 여과침전, 원심분리
② 수처리 : 유체수송, 혼합, 산소전달, 침강, 여과, 흡착, 응집, 소독

2. 단위공정(Unit Process)

1) 정의
각종 화학반응을 말하며 단위공정(Unit Process) 혹은 단위반응이라고 한다.

2) 종류
① 화학공정 : 연소, 산화, 환원, 중화, 수화, 전해, 가수분해, 니트로화, 가성화, 에스테르화, 할로겐화, 술폰화, 수소화, 알킬화 등
② 수처리 : 연소, 산화, 환원, 중화, 전해, 가수분해

3. 반응공정

정수장과 하수처리장의 반응공정은 기본적인 단위공정과 단위조작으로 구성된다.

3.1 정수장의 반응공정

정수장은 착수정, 응집, 응결, 침전지, 여과지, 소독조, 정수지 등으로 구성된 복합공정

1) 침전지
침전이라는 단위조작으로 구성된 단순공정

2) 착수정, 정수지
유량조정의 기능을 갖는 단순공정의 단위조작

3) 응집
응집제와 콜로이드 간의 응집(중합)이라는 단위공정과 급속교반의 단위조작이 조합된 공정

3.2 하수처리장

침전조, 화학적 · 생물학적 반응조로 구성

1) 소독조

산화라는 단위공정과 교반이라는 단위조작이 조합된 반응공정

2) 생물반응조

산기, 교반 등의 단위조작과 미생물과의 산화, 흡착, 환원 등의 단위공정으로 조합된 반응공정

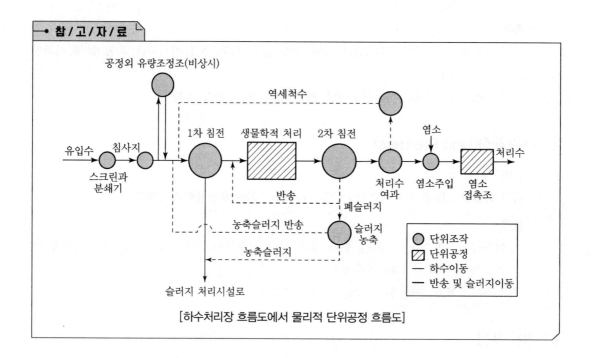

[하수처리장 흐름도에서 물리적 단위공정 흐름도]

원수조정지

1. 개요

1) 원수조정지는 갈수기 및 수질사고, 취수시설 개량·갱신으로 취수를 정지해야 할 때 단수를 완화시키기 위하여 설치하는 도수시설

2) 수요수량과의 차이를 저류하여 두었다가 갈수기 등에 부족수량을 보충하는 등으로 이용

2. 원수조정지 계획 시 유의사항

1) 자연침강으로 원수 수질이 개선되나, 부영양화로 인한 수질 악화에 주의

2) 수도시설 전체의 견지에서 원수나 정수 어느 쪽의 저류와 조정기능을 정비하는 것이 유효한지 검토

3) 용지 확보는 도수시설의 근방에 한정
   취수시설과 정수시설 사이 도수관거에 근접한 장소 선정

4) 농업용 저수지 등 유휴시설의 경우 협의 후 전용하는 방법 검토

5) 외부로부터의 오염방지에 적절히 대처 필요

6) 위험방지를 위해 침입방지 울타리 설치 등의 조치 필요

3. 용량

1) 1일계획보급량과 보급계속일수를 기초로 용량 결정

2) 예상되는 사고 시의 취수 정지시간 등으로부터 용량 결정

3) 복수의 수원 및 정수장이 연결되어 있는 경우 수원 전체의 안정성 검토

4) 펌프용량 : 계획도수량

4. 제안사항

1) 우리나라는 대부분 취수원이 다양화되어 있지 않아 수질사고 시 대규모 급수정지가 발생할 수 있으므로 도수시설로서 원수조정지를 적절히 확보할 필요가 있음

2) 갈수기 및 수질사고에도 안정적인 취수가 가능한 강변여과를 개발할 필요성이 있음

착수정

1. 개요

착수정은 도수시설에서 도입되는 원수의 수위동요를 안정시키고 원수량을 조절하여 약품주입, 침전, 여과 등 후속처리공정을 원활히 하기 위하여 설치

2. 목적

1) 원수의 수위 동요 방지

2) 원수량 조절

3) 후속처리공정의 처리효율 향상 및 정상적인 운영을 도모

4) 원수수질 이상 시 분말활성탄 주입

5) 고탁도 유입 시 알칼리제, 응집보조제 주입

6) 취수, 원수를 혼합

7) 원수의 균등배분

8) 슬러지 조정시설에서 발생된 역세척수, 반송수의 수수

3. 구조 및 형상

1) 착수정은 2조 이상 분할이 원칙이며 분할하지 않을 경우 By-pass관 설치

2) 형상 : 직사각형, 원형

3) 유입구에는 제수밸브(또는 수문) 설치

4) 착수정의 수위가 고수위로 올라가지 않도록 월류관이나 월류위어 설치

5) **착수정 여유고** : 60cm 이상

6) 필요한 경우 스크린 설치

7) 배수설비 설치

4. 용량 및 설비

1) 용량

① 체류시간 : 1.5분 이상

② 수심 : 3~5m

③ 여유고 : 60cm 이상

2) 유량측정장치 설치

3) 원수의 수질파악을 위한 채수설비 및 수질측정장치 설치

4) 필요에 따라 분말활성탄, 알칼리제, 응집보조제 주입설비 설치

참/고/자/료

▣ D정수장 착수정 개량(예)

1) 기존시설을 활용한 개량계획 수립

2) 전염소 주입을 고려한 계획

3) 후속공정의 수위동요가 없도록 안정적인 수위를 유지할 수 있는 구조로 개량

▣ 설계기준

구분	입찰안내서	상수도 시설기준	설계반영
체류시간	관련 내용 없음(기존시설 개량)	1.5분 이상	2.7분
지수	관련 내용 없음(기존시설 개량)	2지 이상	4지(1지 예비)
수심	관련 내용 없음(기존시설 개량)	3~5m	5.0m
부대설비	• 착수정 H.W.L 17.90m 이하로 계획 • 시설규모 : 735,000m³/일로 계획 • 균등유량 분배를 위한 구조 개량	• 월류관, 월류위어 설치 • 채수설비와 수질측정장치 설치 • H.W.L과 60cm 이상 여유	• 착수정 H.W.L 17.90m 적용 • 채수설비와 수질측정장치 • H.W.L과 60cm 이상 여유

■ 시설 개요

구분	설계내용
시설 개요	• 설계유량 : Q=735,000m³/일(시설용량 700,000m³/일 × 1.05) • 규격 : W6.45m × L10.6m × H5.0m × 4지(1지 예비), 체류시간 : 2.7분

설계도	개량 전(현재)	개량 후(시설현대화)
	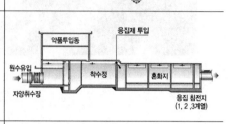	

특징 부분:

특징	• 착수정 및 혼화지 일체구조이며 전염소 주입설비 없음 • 낙차를 이용한 약품투입 및 혼화	• 착수정 및 혼화지를 각각 독립구조물로 변경 • 혼화효율 및 응집효율 향상을 위해 응집지 유입부에 혼화지 신설
부속설비	• 유입관 : D=2,200mm × 2열, 유출관 : D=2,600mm × 1열 • 수위 유지를 위한 월류위어 L=12.0m, 드레인관 D=300mm × 4개소 • 원수유량 측정을 위한 유량계 설치 → 약품주입제어(전염소, 응집제, 알칼리제)	

1) 원활한 유지관리를 위해 예비지 1지 포함 총 4지로 계획
2) 원수유입부에 전염소 주입설비(급속분사 교반장치) 설치
3) 운휴 중인 혼화지는 철거하고 응집지 유입부에 신규 혼화지 신설

Key Point

121회, 129회 출제

상수 처리 시 폭기의 목적

1. 폭기의 목적

1) 폭기는 일반적으로 취수지점 또는 정수장의 침전여과 전에 행한다.

2) 수중의 침식성의 유리탄산을 제거하여 pH를 상승시킨다. (물의 부식성 감소)

3) 물에 용존하고 있는 2가철(주로 중탄산제1철 $Fe(HCO_3)_2$)을 산화하여 불용성의 수산화제1철($Fe(OH)_3$)로 변화시킨다.

　① 이후 침전, 여과과정에서 제거

　② 철의 형태에 따라서는 폭기만으로 완전히 산화되지 않을 경우가 있다.

　③ pH 8.5 이상 : 폭기공정이 철, 망간제거에 효과적

　　철이 킬레이트화합물 형성 시 폭기에 의한 효과가 적어 화학적 산화에 의한 제거가 필요하다.

4) H_2S 등의 불쾌한 취기물질을 제거

5) 휘발성 유기염소화합물의 제거

2. 폭기방법

1) 분수식

　① 노즐을 사용하여 분수하는 방식이 가장 유효하고, 많이 사용한다.

　② 고정식, 회전식

2) 공기취입식

　수중에 공기를 불어넣는 방법

3) 폭포식

　5~10m 수두를 두어 폭포상이나 계단상으로 물을 낙화시켜 산화시키는 방법

4) 접촉식

　접촉여재를 채운 여층을 통과시키는 방법

3. 폭기실

1) 노즐분수식을 표준으로 한다.

2) 구조 : 수밀구조로 하고, 청소, 고장에 대비하여 2실로 한다.

3) 탈탄산, 탈취만을 목적으로 하는 경우에는 밀폐형으로 한다.

4) 제수(除銖)를 목적으로 할 경우에는 폭기 후 어둡게 하고, 수조류의 번식을 방지하는 것이 바람직

5) 폭기실 저부는 1/50~1/100의 경사를 두어 집수 및 청소에 편리하도록 하고 원수에 모래가 있는 경우에는 모래침전부를 설치

6) 노즐은 분수된 물과 공기가 잘 접촉하도록 설치

7) 노즐은 처리하고자 하는 물을 균등하게 분출되도록 설치

8) 폭기실은 물방울이 비산되지 않는 구조로 한다.

4. 충전탑식

1) 충전탑의 구조는 수직원통형으로 하고 내식성 자재를 사용

2) 충전재는 공극률이 크고 공기저항이 적으며 내식성으로 기계적 강도가 높아야 한다.

3) 충전탑의 직경은 공기의 유속을 감안하고 충전층의 높이는 용량계수 등을 고려하여 결정한다.

4) 기액비는 원칙적으로 실험에 의하여 결정한다.

5) 송풍기는 충전탑의 공기유입부 쪽에 설치하고 풍량과 충전재 등에 의한 압력손실을 고려하여 결정한다.

휘발성 고형물과 강열잔류고형물

1. 기준

1) 먹는물 수질기준 : TS(증발 잔류물) 500mg/L 이하 − 심미적 영향물질
2) 수질환경기준 : 하천(Ⅰ, Ⅱ, Ⅲ등급) 부유물질량 25mg/L 이하

2. 분류

$$
\begin{array}{ccc}
\text{TS} & = & \text{SS} + \text{DS} \\
\| & & \| \qquad \| \\
\text{VS} & = & \text{VSS} + \text{VDS} \\
+ & & + \qquad + \\
\text{FS} & = & \text{FSS} + \text{FDS}
\end{array}
$$

1) 총고형물(TS)

   ① 수중에 존재하는 여과(용해)성 고형물과 현탁성 고형물(부유물질)을 합친 총량
   ② 시료수를 수욕상에서 증발시킨 다음 105~110℃에서 2시간 건조한 증발잔류물

2) VS(휘발성 고형물) : 강열감량

   ① 시료를 550℃의 전기로에서 15~20분간 작열하여 생긴 감량
   ② 시료 중의 유기물 함량의 지표

3) FS(비휘발성 고형물) : 강열잔류물

   ① 총고형물에서 휘발성 고형물을 뺀 것으로 무기물 함량의 지표
   ② 부유물질은 탁도를 유발하는 원인물질로서 현탁물질로 호칭

3. 수처리 적용

1) 수중의 불순고형물 입자의 크기와 성상은 그 제거방법을 정하는 데 유용한 자료
2) SS(부유물질)는 보통 1mm 이상의 입자를 말하며 약품침전법으로 제거 가능
3) DS(용해성 고형물)는 증발잔류물(총고형물)에서 현탁성 고형물(부유물질)을 뺀 것으로 침전법으로 제거할 수 없고, 화학적 처리법이나 생물학적 처리법으로 제거
4) 침전성 고형물은 폐수를 1L의 Imhoff Cone에서 60분 이상 침강시켰을 때 침전한 것으로 이것은 보통침전법으로 제거 가능

5) 여과기에서 SS가 높을 경우

① 여과지속시간은 짧아지고

② 통수저항 증가

③ 역세척 빈도 증가

④ (후속공정인) 소독공정에서 소독력 약화 → 소독제 주입량 증가 → 소독부산물의 생성우려

4. 수중의 입자크기에 따른 분류

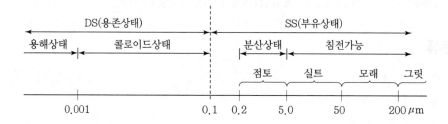

Key Point ✦

121회 출제

상수처리에서 pH 조정

1. 개요

1) 정수처리공정에서는 응집제나 염소소독제의 사용량이 많으므로 정수의 pH가 낮아지고 부식성이 강할 우려가 존재

2) 또한 각 단위조작별로 처리할 때 pH에 따라 처리효율의 차이가 발생할 수 있다.

3) 먹는물 수질기준 pH 5.8~8.5

2. pH 조정

2.1 조류발생

1) 호소나 저수지 등에서 영양염류의 유입으로 조류의 대발생이 일어날 경우

2) 정수장에 유입되는 원수의 pH가 높아지게 된다.(pH가 10~12 정도 높아질 수 있음)

3) 이 경우 후속 처리공정인 응집공정에서 여러 가지 장애를 유발

4) 따라서 각 응집제별 적정 pH 범위로 조절할 필요가 있다.

2.2 응집공정

1) 응집

① pH는 유입수의 분자해리와 응집제의 가수분해에 영향을 미친다.

② 따라서 응집공정의 처리효율 향상을 위해 응집제의 종류에 따라 pH 범위를 조절하여야 한다.

㉮ Alum : pH 5.5~8.5

㉯ 황산제1철 : pH 8.5~11

㉰ 황산제2철 : pH 5~11

㉱ 염화제2철 : pH 5~11

2) Enhanced Coagulation

① 소독부산물의 전구물질인 NOM을 제거하기 위하여 원수의 pH를 조절하여 응집하는 방식

② pH : 5.5~6.5로 조절

2.3 염소소독

1) 유리잔류염소

① 염소는 수중에서 가수분해되어 차아염소산(HOCl)과 차아염소산이온(OCl$^-$)을 생성

㉮ $Cl_2 + H_2O \rightarrow HOCl + H^+ + Cl^-$ (pH 7 이하)

㉯ $HOCl \rightarrow H^+ + OCl^-$ (pH 8 이상)

② 차아염소산(HOCl)의 살균력이 차아염소산이온(OCl$^-$)의 살균력보다 80배 정도 강하다.

③ 따라서 유리잔류염소로 소독 시 pH가 낮을수록 유리

2) 결합잔류염소(Chloramines)

① 수중에 암모니아가 존재하면 유리잔류염소가 수중의 암모니아와 결합하여 pH, 암모니아량, 온도에 따라서 다음과 같은 반응을 거쳐 결합잔류염소를 형성한다.

㉮ $HOCl + NH_4 \rightarrow H + H_2O + NH_2Cl$ (모노클로라민 : pH ≥ 8.5)

㉯ $HOCl + NH_2Cl \rightarrow H_2O + NHCl_2$ (디클로라민 : 4.5 < pH < 8.5)

㉰ $HOCl + NHCl_2 \rightarrow H_2O + NCl_3$ (트리클로라민 : pH ≤ 4.5)

② 이와 같이 형성된 NH_2Cl, $NHCl_2$, NCl_3을 결합잔류염소라 하고 모노클로라민이 살균력이 가장 강하다.

③ 따라서 pH 8.5 이상에서 반응하는 것이 효과적이다.

2.4 부식제어

1) 정수의 pH가 8 이하일 때 철관의 부식 발생

적수의 원인, 알칼리제의 주입이 필요, LI < 0일 경우 부식 발생

2) 정수 생산 후 pH를 7 정도로 유지함이 바람직

① 통상적으로 침전지 출구에서 pH 조정제를 주입

② 여과 후에 주입하는 경우에는 염소주입 후가 바람직

2.5 활성탄 여과

1) 활성탄 여과는 pH가 낮을수록 유리

2) 활성탄 표면의 활성점이 증가하고

3) 활성탄 공극 내에서 이동속도가 빨라짐

Key Point ✦

- 113회, 122회 출제
- 상기 문제의 경우 출제 빈도를 떠나서 기본적인 이론을 숙지하기 바람
- 특히 pH에 따른 응집효율과 염소의 형태별 소독능 등을 숙지바람
- 1차 시험에서의 출제 빈도는 낮으나, 76회 면접고사처럼 면접시험에서 출제될 가능성이 있음

pH 조정제의 주입량 산정방법

1. 개요

1) 정수처리 시 원수의 pH 조정, 응집반응 시 적정 pH 조정 등을 위해 pH 조정제를 주입함

2) pH 조정제는 위생적으로 지장이 없는 환경부 고시제품을 사용해야 함

2. pH 조정제

1) 알칼리제 : 소석회, 소다회, 수산화나트륨 등

2) 산제 : 황산, 액화이산화탄소 등

3. pH 조정제(알칼리제) 주입률

1) $W = \left[(A_2 + K \times R) - A_1 \right] \div F$

여기서, W : 알칼리제 주입률(mg/L)

A_1 : 원수 중의 알칼리도(mg/L)

A_2 : 처리 후에 남아 있어야 할 알칼리도(mg/L)

K : 사용응집제 수치

R : 응집제 주입률(mg/L)

F : 알칼리제 수치

2) 전염소처리 시 염소 1mg/L에 대해 알칼리도 1.41mg/L 소비

4. 정수약품 1mg/L 주입에 따른 알칼리도 증감

약품명		알칼리도	
		증가	감소
소석회(CaO 기준) 72%		1.29	
소다회(Na_2CO_3) 99%		0.93	
액체수산화나트륨	45%	0.56	
	20%	0.25	
황산알루미늄	액체(7%)		0.21
	액체(8%)		0.24
	고형(15%)		0.45
PACl(염기도 50% 기준)			0.15
염소(Cl_2)			1.41

5. 제안사항

pH 조정제는 최고의 응집효율을 얻기 위해 Jar – Test를 실시하여 주입 시점과 적정 주입량을 산정하여야 함

Key Point ✳

106회, 116회 출제 문제로 pH, 알칼리도와 함께 숙지할 것

전기이중층

1. 콜로이드

1) 크기 : $0.001 \sim 0.1 \mu m$

2) 특성

① 콜로이드물질은 브라운운동으로 침전하기 어렵고

② 입자 간에 서로 밀어내는 힘(Zeta Potential)과 서로 끌어당기는 힘(Van der Waals Force) 및 입자의 중력이 서로 평형을 이루어 항상 안정된 부유상태를 유지

2. 전기이중층

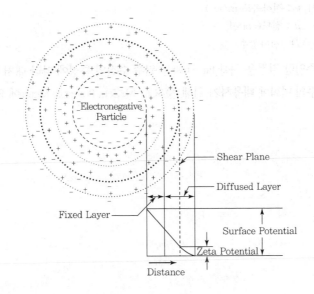

2.1 고정층 : Stern − layer, Fixed Layer

1) 콜로이드입자는 (−)전하를 띠고 있으며 이 표면 바로 위의 층은 (+)전하를 띠며, (−)전하와 단단히 결합하고 있다.

2) 이 층을 고정층 or Stern층이라고 함

2.2 확산층 : Gouy − layer, Diffused − layer

1) 입자로부터 거리가 떨어지면 콜로이드와 부착되어 있는 면이 입자로부터 분리되려는 경향을 띠며 이 면을 전단면이라고 한다.

2) 전단면에서의 전하량을 Zeta Potential이라고 한다.

3) 이 전단면 이후의 층을 확산층 or Gouy층이라고 한다.

3. Zeta Potential

1) 고정층과 분산층의 전단면에서의 전위

2) 응집원리

① 콜로이드(−)와 반대되는 전하(＋)를 가진 물질(알루미늄, 철염, PAC)을 투여하여 표면 전하를 중화시켜 Zeta Potential이 감소되어 입자 간의 거리를 단축시켜 응집이 일어나게 됨

② 다량의 응집제를 주입하면 Z.P가 0에 가깝게 접근하게 되어 결국 등전점이 된다.

③ 등전점 이후에도 계속 응집제를 가하게 되면 전하의 역전현상 발생

④ 한계전위 : 점토 ±10mV, 색도 ±5mV

$$Z.P = \frac{4\pi\mu\nu}{D}$$

여기서, ν : 전하속도(m/sec)

μ : 점도(Poise)

D : 전하상수

⑤ 응집제 주입량 결정을 위한 Jar−test는 원수 수질의 특성에 따라 대처가 어려우므로 신속하게 유입 원수의 변화에 대응하기 위해 ㉮ SCD, ㉯ Zeta Potential Meter에 의한 응집제 주입이 필요

Key Point ✦

상기 문제는 출제 빈도는 낮으나(74회 1번 출제) 응집이론을 이해하는 데 매우 중요한 문제이므로 전반적인 이해가 필요함

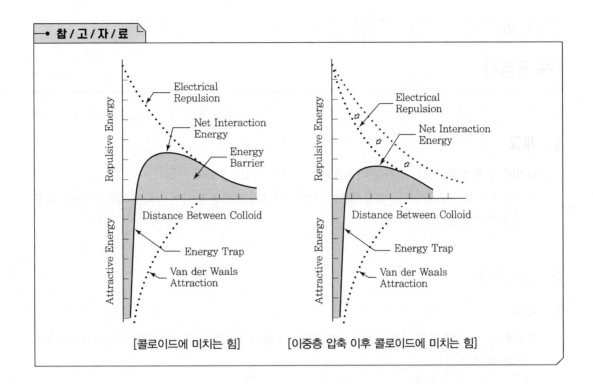

[콜로이드에 미치는 힘]　　　　　[이중층 압축 이후 콜로이드에 미치는 힘]

속도경사

1. 개요

1) 원수 중의 콜로이드성 입자를 미소플록으로 형성시키는 혼화와

2) 미소플록을 대형플록으로 성장시키는 응결의 설계와 운영을 위하여 속도경사와 교반에너지를 적정 범위로 결정하여야 한다.

2. 속도경사

2.1 정의

1) 속도경사는 수류에서 입자의 속도차에 의해 발생하는 것으로, 흐름 방향에서 직각인 dy 간의 속도차 dv로 표시

$$G = \frac{dv}{dy} = \sqrt{\frac{P}{\mu V}}$$

여기서, P : 소요동력(m/sec)
   μ : 점성계수(N · sec/m²)
   V : 조용적(m³)

2) 속도구배가 존재하면 속도가 큰 유선 중의 입자가 속도가 작은 유선 중의 입자와 충돌 · 결합함으로써 대형플록 형성

2.2 교반에너지

1) 속도구배 G에서 P/V를 의미

2) 교반에너지가 클수록 G값 증가

3) 유속의 3승에 비례

2.3 입자의 접촉횟수(플록형성 속도)

1) 응집반응속도는 입자의 접촉횟수의 함수

2) Camp & Stein식

$$N = \frac{n_1 n_2 G(d_1 + d_2)^3}{6}$$

① 농도의 제곱에 비례

② 입경의 세제곱에 비례

3) 입자의 접촉횟수는

① 입자의 직경, 농도, 교반 동력이 클수록 증가

② 점성계수가 클수록 감소 → 겨울보다 여름 유리

3. 혼화지의 G값

1) 기존의 기계식 혼화지의 경우

① 응집형태는 Backmix Type

② G는 $300 \sim 800\text{sec}^{-1}$, T는 $20 \sim 40\text{sec}$

2) 처리 효율을 향상시키기 위해

① G는 $1,000 \sim 1,500$(최대 $5,000$)

② T는 1sec로 유지하는 것이 바람직

3) 그러므로 관내혼화방식과 분사노즐교반기, Zet Mixing의 사용이 바람직

4. Floc 형성지

1) $G = 20 \sim 75\text{sec}$

① 최소 : 10 이상

② 최대 : 100 이하(전단력에 의한 Floc 파괴 우려)

2) $G \times T = 2 \times 10^4 \sim 2 \times 10^5$

3) $G \times T \times C = 1 \times 10^6$

4) 그러므로 Floc 형성지 초반부에서 후반부로 G값을 조정한 점감식 Floc 형성지가 바람직하며 조 전단부에서 G값을 크게 유지하고 후단부로 갈수록 G값을 작게 유지

Key Point ✛

• 76회, 77회, 84회, 90회, 96회 105회, 112회, 114회 출제

• 상기 문제는 출제 빈도가 매우 높은 문제로 순간혼화와 함께 전반적인 내용의 숙지가 필요함

속도경사(G값) 평가

1. 개요

1) 속도경사(G값)는 혼화효율을 결정하는 주요인자로, 상수도 시설기준은 완전혼화조(Back-Mixing) 방식에 대해 300sec^{-1} 이상의 속도경사를 제시하고 있으며

2) 최근보다 급속한 혼화를 위해 새로 도입되고 있는 혼화설비의 경우 이보다 높은 $700\sim1,000\text{sec}^{-1}$ (AWWA) 이상 달성하는 것을 목표로 하고 있다.

2. 평가방법

2.1 수리적 혼화방식

$$G = \sqrt{\frac{Q \cdot \rho \cdot g \cdot h_T}{\mu \cdot V}} = \sqrt{\frac{\rho \cdot g \cdot h_T}{\mu \cdot t}}$$

여기서, Q : 유입유량(m^3/sec), ρ : 물의 밀도($1,000\text{kg/m}^3$)

g : 중력가속도(9.8m/sec^2), h_T : 전체 손실수두(m)

V : 낙차 후 혼화구역의 용적(m^3), μ : 물의 점성계수($\text{N} \cdot \text{s/m}^2$, $\text{N} = \text{kg} \cdot \text{m/s}^2$)

t : 혼화구역의 체류시간($\text{sec} = V/Q$)

1) 에너지 분산(Energy Dissipation), 정적교반기(Static Mixer/In-line Mixer) 및 오리피스 교반기 (Orifice Mixer)의 경우 손실수두는 업체에서 제공하는 값을 적용

구분		0℃	5℃	10℃	15℃	20℃	25℃	30℃
점성 계수 (μ)	Centipoises							
	g/cm · s($\times 10^{-2}$)	1.792	1.519	1.310	1.145	1.009	0.895	0.800
	kg/m · s($\times 10^{-3}$)							
	N · s/m²($\times 10^{-3}$)							
	lb · s/ft²($\times 10^{-5}$)	3.74	3.17	2.73	2.39	2.11	1.87	1.67
동점성 계수 (v)	Centistokes							
	cm²/sec($\times 10^{-2}$)	1.792	1.519	1.31	1.146	1.011	0.898	0.803
	m²/sec($\times 10^{-6}$)							
	ft²/sec($\times 10^{-5}$)	1.926	1.633	1.408	1.232	1.087	0.965	0.864

※ Centipoises를 lb · s/ft²로 바꾸기 위해서는 2.088×10^{-5}를 곱한다.

$\text{N} = \text{kg} \cdot \text{m/sec}^2 = 10^5\text{dyne}$

※ Centistokes를 ft²/sec $\times 10^{-5}$로 단위를 변화하기 위해서는 1.075×10^{-3}을 곱한다.

2.2 기계적 교반기에 의한 혼화방식

$$G = \sqrt{\frac{P}{\mu \cdot V}} \text{ (CampStein 식)}$$

여기서, P : 혼화기의 동력(Watt = N · m/sec)

μ : 점성계수(N · sec/m²)

V : 혼화지 체적(m³)

1) 점성계수는 수온에 의해 결정되는 항목이며

2) 혼화 시 수체에 전달되는 동력은 교반기 사양서를 참조하거나, 교반기 가동 시의 전압 및 전류 측정을 통해 실측하거나 또는 이론식에 의해 산출하게 된다.

2.3 혼화동력(P) 산출방법

1) 교반기 공급업체의 사양서(동력, 모터효율, 감속기 효율)를 참조하여 산출하는 방법

2) 실측에 의한 방법

$$P = \sqrt{3} \times V \times I \times \cos\theta \times \text{모터효율} \times \text{감속기}$$

여기서, V : 실측전압, I : 실측전류, $\cos\theta$: 역률

3) 이론식에 의한 방법

$$P = K_L \cdot n^2 \cdot D_i^{\,3} \cdot \mu(\text{층류} : N_{Re} < 10 \sim 20)$$

$$P = K_T \cdot n^3 \cdot D_i^{\,5} \cdot \mu(\text{층류} : N_{Re} > 10,000)$$

여기서, K_L : 층류일 때의 임펠러 상수

K_T : 난류일 때의 임펠러 상수

n : 회전속도(rps)

D_i : 임펠러 직경(m)

μ : 점성계수(N · sec/m²)

$$N_{Re} = \frac{D_i^{\,2} \cdot n \cdot \rho}{\mu}$$

여기서, ρ : 밀도($\rho = \dfrac{\gamma}{g_c}$)

γ : 비중(N/m³)

g_c : 중력가속도(9.8m/sec²)

● 임펠러의 종류 및 형태에 따른 임펠러 상수

임펠러의 종류 및 형태	K_T	K_L
Propeller, pitch of 1, 3 blades	41.0	0.32
Propeller, pitch of 2, 3 blades	43.5	1.00
Turbine, 4 flat blades, vaned disc	60.0	5.31
Turbine, 6 flat blades, vaned disc	65.0	5.75
Turbine, 6 curved blades	70.0	4.80
Fan Turbine, 6 blades at 45°	70.0	1.65
Shrouded Turbine, 6 curved at 45°	97.5	1.08
Shrouded Turbine, with stator, no baffles	172.5	1.12
Flat Paddles, 2 blades(single paddles), $\dfrac{C_i}{W_i}=4$	43.0	2.25
Flat Paddles, 2 blades, $\dfrac{C_i}{W_i}=6$	36.5	1.70

① 흐름이 층류일 경우

혼화조 내에 전달되는 동력(P)은 배플의 유무와 상관없이 식을 이용하여 계산한다.

② 흐름이 난류일 경우

㉮ 배플이 없는 혼화조에 주입되는 동력은 배플이 있는 동일한 크기의 조에 주입되는 동력의 1/6 정도 낮게 전달되는 것으로 가정한다.

㉯ 또한, 배플이 있는 직사각형 조의 교반에 소요되는 동력(P)은 조의 폭(W)과 동일한 크기의 직경(D)을 갖는 배플이 있는 원형조와 동일하다고 보며 배플이 없는 경우에는 그 값의 약 75%만이 주입된다고 본다.

2.4 펌프주입분산(Pump Injection Diffusion)에 의한 방식

$$G = \sqrt{\frac{\gamma \cdot Q \cdot h_L}{\mu \cdot V}} = 666\nu \sqrt{\frac{Q}{V}}$$

여기서, γ : 물의 비중량(kg/m³)

Q : 분사량(m³/sec)

h_L : 노즐 손실수두(m)

μ : 점성계수

V : 교반되는 구역의 체적(m³)

ν : 물의 동점성계수(m²/sec)

2.5 Water Champ에 의한 방식

$$G = \sqrt{\frac{550P}{\mu \cdot V}}$$

여기서, P : 동력(HP)

μ : 점성계수

V : 교반되는 구역의 체적(m^3)

2.6 결론

1) 시공상의 잘못 및 장기간의 운영과정에서 약품주입노즐의 막힘 등의 문제점이 발생하는 경우 속도경사가 만족하더라도 충분한 혼화효과를 달성하지 못하는 경우가 있으므로

2) 정확한 혼화효율은 제타전위(Zeta Potential) 및 유동전류(SC : Streaming Current)의 연속측정을 통해 판단하도록 한다.

혼화방식

1. 서론

1) 점차 강화되는 음용수 수질기준을 맞추기 위하여 응집공정을 최적화시키는 것이 필요하다.

2) 특히 염소소독 시 발생되는 부산물에 대한 규제로 응집공정이 더욱 중요하다.

3) 또한 미생물도 여과공정에서 제거시키려는 경향으로 여과의 전처리기능으로 응집공정이 중요하다.

   특히 응집공정의 효율이 저하되어 여과지의 성능이 저하될 경우 지아르디아, 크립토스포리디움과 같은 병원성 원생동물의 제거효율이 극히 악화될 우려

4) 따라서 현재 응집공정의 문제점인 과잉응집제주입 및 혼화, 응결공정의 문제점을 해결하기 위한 최적의 설계 및 운전을 위하여 여러 가지 대책이 필요하다.

2. 혼화의 개요

1) 원수에 응집제를 주입한 후 급속교반에 의해 응집제가 수중에서 가수분해되어 생성된 금속수산화물이 수중의 콜로이드성 입자와 물리, 화학적으로 결합되어 미세 플록이 형성되도록 하는 단위조작이다.

2) 가장 효과적인 응집이 되게 하기 위해서는 응집제 첨가 후 응집제가 급속히 원수 중에 균일하게 확산되어야 한다.

3) 응집제가 수중에서 가수분해하여 중합반응을 일으키는 속도가 대단히 빠르므로 가능한 한 최대한의 급속교반으로 작은 수산화물 콜로이드를 많이 발생시켜서 수중에 분산된 현탁콜로이드와 반응시키기 위하여 생성된 수산화물 콜로이드를 균일하게 확산시키는 것이 필요하다.

4) 혼화방식에는 수류자체의 에너지에 의한 방식과 외부로부터 기계적인 에너지를 이용하는 방식이 있으며, 주로 Turbine에 의한 혼화방식이 이용되고 있다.

5) 혼화시간은 입경이 작은 무기질 콜로이드를 대량 함유하고 있는 원수의 경우는 부전하량이 커서 충분한 혼화시간이 필요하고 점토질 콜로이드와 같은 큰 콜로이드는 짧은 혼화로 충분하다.

3. 혼화방식

1) 혼화방식은 크게 다음과 같이 구분
   ① 수류혼화 : 상하식, 수평우류식
   ② 기계혼화 : Flash Mixer, In Line Mixer, Pump Mixer

③ 폭기식

3.1 수류혼화식

1) 개요

　① 수평우류식, 상하우류식이 있다.

　② 수로 중에 수평간류식이나 상하간류식의 조류판을 설치하여 수류방향을 급변시켜 크게 난류를 일으키는 방식

　③ 유속이 1.5m/sec 정도 필요하며 혼화와 플록형성이 동일한 반응조에서 일어나므로 혼화지 겸 플록형성지라 할 수 있다.

　④ 응집지로 통하는 도수로 또는 응집지의 일부를 수로상으로 이용한다.

　　㉮ 관로 중에 난류를 일으키는 방식(유속 1.5m/sec)

　　㉯ 파샬플룸이나 도수현상을 이용하는 방식

　　㉰ 노즐에서 분사류에 의하여 난류를 일으키는 방식

2) 특징

　① 장점

　　㉮ 기계 작동부가 없어 고장이 없고 유지관리가 편리하다.

　　㉯ 시설이 간단하고 소규모 정수처리장에 적합하다.

　② 단점

　　㉮ 수두손실이 크다.

　　㉯ 설비의 탄력성이 없고, 수량변화에 대응하여 변속이 불가하므로 정해진 유량범위에서만 적용이 가능하다. 즉, 미리 정해진 유량범위 내에서만 작동한다.

　　㉰ 총손실수두는 1.2m 이하로 유지해야 하며 초과하면 Floc 파괴 우려

3.2 기계혼화식

1) 기계혼화

　① 종류

　　㉮ 프로펠러방식

　　　용량 30m³ 정도까지의 혼화에 적합하며 약 2,000rpm까지의 높은 속도에 적합

　　㉯ 터빈방식

　　　• 프로펠러방식과 함께 급속혼합에 사용되며 임펠러의 회전수는 150rpm 정도

　　　• 회전속도를 변화시켜서 교반강도를 조절할 수 있으므로 유량변화에 대한 적응성이 있으나 기계고장이 많다.

　② 특징

　　㉮ 장점

　　　• 혼화속도를 변화시켜 교반강도를 조절하므로 유량변화에 대한 적응 가능

- 수두손실이 적다.
- 가장 많이 사용됨
ⓗ 단점
- 기계 작동부의 고장으로 유지관리가 불편하다.
- 단락류나 정체부분이 발생하기 쉽다.
- 소요동력이 크다.
- 조의 회전 날개 주변속도 1.5m/sec 이상 유지 필요
- 조는 장방형으로 하고 측벽에 직각으로 저류판 설치

2) In Line Mixer
① 특징
㉮ 장점
- 처리수량 변화에 대응성 양호
- 기계 구동부 없음
- 전력소비 없음
- 경제적
- Clogging 문제 적음
ⓗ 단점
- 수두손실이 큼(최대손실수두 60cm)
- 처리유량이 일정해야 함
- 기계고장 등 유지관리 힘듦
- 주로 소형정수장의 도수관로에 설치

3) Pump Mixer
① 특징
㉮ 장점
- 처리수량 변화에 대응성 강함
- 손실수두 없음
- 기계식에 비하여 전력소비 적음
- 노즐에서 분사속도, 분사량에 의해 교반강도 조절
ⓗ 단점
- 노즐막힘 : 알루미늄(응집제) 반응속도가 빨라 노즐 막힘 우려
- 설치관경 제한 : 2,500mm 이하
- 교반시간 : 2초 정도

3.3 폭기식

1) 특징

① 간단하고 공기량으로 교반강도 조절

② 수중에 기계 작동부가 없으므로 유지관리가 편하다.

③ 다른 기계적 교반기 설치가 어려운 경우나 지가 깊거나 수직관에 적용

4. 결론

혼화의 효율 향상을 위해 다음을 고려할 필요가 있다.

1) 원수특성을 고려한 설계

① 원수특성에 맞는 공정설계 및 운전하기 위한 인자도출을 위하여 Pilot Plant를 설치, 운전한다.

② 즉, 원수수질에 최적인 공정의 설계 및 운전인자를 도출하여 반영시킬 수 있다.

2) 혼화방식의 개선

① 초기 교반강도 증가

㉮ 응집제의 수화반응은 짧은 시간(0.001~1초)에 이루어지므로 응집제의 주입과 동시에 급속하게 혼합해 주어야 미세 플록의 형성을 촉진시켜 준다.

㉯ 기계식 혼화기를 사용할 경우의 속도경사, $G = 300 \sim 700/sec$이며 접촉시간은 $20 \sim 40$초로 제안하고 있다.

㉰ 그러나 응집제의 수화반응을 고려하여 접촉시간 1초 이내, 속도경사 $G = 1,000 \sim 1,500/sec$ (최대 $5,000/sec$까지)가 적절하다. 이러한 조건을 제공하기 위해서는 관내혼합방식이 효율적이다.

㉱ 즉, 알루미늄 이온이 완전히 수화되기 전에 원수 전체에 분산시켜 알루미늄 중간생성물이 효율적으로 콜로이드를 중화시킬 수 있으므로 교반강도는 응집제를 짧은 시간 내에 원수에 완전히 분산될 수 있도록 충분히 유지시켜 주어야 한다.

② 혼화장치의 개선

㉮ 기존 Flash Mix(Back-mix Type) : Complete Mixing

㉯ 관내 혼화장치(In-line Mixer) : Plug Flow Type

㉰ 응집제와의 반응이 1초 이내에 일어나는 순간 급속혼화방식이 기존의 Back-mix Type보다 효율이 높고 응집제도 절감되므로 관내 혼화방식에 의한 교반으로 개선한다.

㉱ 개선 : In-line Mixer, 분사노즐교반기, Zet-mixing 방법의 적용 검토

3) 응집제 주입 후 혼합되는 시간

탁도 및 용존유기물이 제거율에 가장 큰 영향을 미치며 1초 이내에 혼합이 효율적이므로 짧은 접촉시간 내에 혼합되도록 한다.

4) 혼화지와 플록형성지 사이

    사이가 너무 멀 경우 플록의 성장과 함께 파괴현상이 나타날 수 있으며, 한번 파괴된 플록을 재응집시키기는 매우 어려우므로 파괴된 플록은 여과지로 유출하게 된다.

5) 최적 응집제 주입량 결정

    ① 현재 Jar−test를 통하여 하루에 1~2회 응집제 주입량을 결정하므로 계절적 또는 시간적으로 변동하는 수량 및 수질에 대처하여 최적의 응집상태로 유지하기는 곤란하다.

    ② 개선

        ㉮ 응집제 주입 직후의 제타전위를 이용한 운전

        ㉯ SCM(Stream Current Monitor)

        ㉰ Particle Counter에 의한 운전

        ㉱ Pilot 필터의 연속 운전

▶ 참/고/자/료

◼ D정수장 혼화 공정 개량(예)

  1) 후속공정인 응집효과를 고려하여 응집지 유입부에 신설

  2) 급속혼화방식의 운영 효율화 및 유지관리의 용이성 고려

  3) 유입유량 및 수질에 따라 적절한 혼화강도로 운전이 가능하도록 계획

◼ 설계기준

구분	입찰안내서	상수도 시설기준	설계반영
계열수	2계열화 또는 통합 개량	관련 사항 없음	급속분사교반기식 4계열
응집제 주입방식	급속혼화 방식	희석하지 않고 주입	희석하지 않고 주입
혼화강도(Gt)	원수조건과 혼화방식에 따름	관련 사항 없음	500~1,600

◼ 시설 개요

구분	설계내용
시설 개요	• 설계유량 : Q=735,000m³/일(시설용량 700,000m³/일 × 1.05) • 계열 : 4계열, 4지(1지/계열) • 규격 : W5.25m × L2.6m × H2.7m, 4지 • 혼화기 : 급속분사교반기식 혼화장치(1대/지, 총 4대)
설계도	개량 전(Q=525,000m³/일) 개량 후(Q=735,000m³/일)

구분	설계내용	
특징	• 착수정과 동일 구조로 계획 • 3단 3계열, 수직형 급속혼화기 • 효율저하로 운휴 　(월류위어 낙차를 이용한 혼화)	• 응집 효율 향상을 위해 응집지 유입부에 혼화지 신설 • 응집지 균등 배분을 고려하여 4계열로 계획 • 회전수 조절에 의한 순간혼화방식 　(급속분사교반장치)
Gt	• 853(300~1,000), 회전수 제어에 의한 혼화강도 조절	
부속설비	• 계열별 유량 균등분배를 위해 완전월류위어에 의한 유량 균등분배 시스템 적용 • 주응집제, 응집보조제 등의 주입이 가능하도록 주입구 설치 • 가압수에 희석되지 않도록 응집제 투입 → 배관 스케일 방지 • 유동흐름 전위측정 → 혼화효율 감시 및 제어	

■ 전산유체해석

 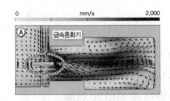 

1) 최적의 혼화효율 및 응집효율의 확보, 운영의 효율화 및 유지관리를 위해 4계열로 계획
2) 배관폐색 방지를 위해 응집제가 가압수에 희석되지 않도록 계획
3) 회전수 제어에 의한 혼화강도 조절 → G값 조절

Key Point ✛

• 76회, 77회, 80회, 85회, 98회 105회, 110회, 112회, 125회 출제
• 상기 문제의 경우 혼화에서 응집제 주입 후 왜 1sec 이내에 혼화(순간혼화)가 이루어져야 하는지의 이유와 결론 부분에 나와 있는 대책이 더 중요한 문제다. 따라서 상기 문제로 출제될 경우 혼화방식의 내용을 좀 더 간략히 기술하고 결론부분의 내용을 중심으로 기술할 필요가 있다.
• 상기 문제는 면접에서도 자주 출제된다.
　다시 한 번 언급하자면 기존 혼화의 문제점을 해결하기 위해서는 순간혼화가 필요하다.
　1. 왜 1sec?, 2. 순간혼화 시 필요한 G·T값?, 3. 기존방식의 개선?

순간혼화

1. 혼화 응결의 단계

1) 1단계 : Al 이온의 가수분해(응결공정)

2) 2단계 : 입자의 불안정화(응결공정)

3) 3단계 : 혼화에 의한 콜로이드의 이동(응집공정)

2. 순간혼화의 필요성

1) 수화, 가수분해

① Al^{+3} 물분자 결합 시 수소원자 방출 : 수화

② $Al^{+3} + 3OH^- \rightarrow Al(OH)_3$: 가수분해

③ 콜로이드를 전기적 중화로 응집하기 위해

수산화알루미늄 석출 전 생성되는 다가 중합체가 효과적

2) 수화, 가수분해과정은 최대 1초 이내 : 순간혼화가 필요

구분	순간혼화	수화 · 가수분해 이후
응집형태	전기적 중화	Sweep Floc, 체거름, 중력
응집효율	높음	낮음
특징	• 적정 응집제 주입 • 슬러지 발생량 저하 • 경제적	• 응집효율 저하로 응집제 주입량 증가 • 슬러지 발생량 증대 • 비경제적

3. 기존 혼화방식 비교

구분	기계식	순간혼화
G(sec^{-1})	300~800	1,000~1,500(최대 5,000)
T(sec)	20~40	1 이내
혼화형태	Back－Mix Type	관내혼화, Water Champ, Zet Mixing, 분사노즐교반, 분사교반

4. G · T값

1) G · T : 혼화지 설계지표

순간혼화 G · T : 1,000~1,500

2) 낮은 G · T값

불균일 혼화 → 생성된 중간 생성물(금속 수산화물)의 입자가 불균일 → 응집제 소비량 증대 → 응집효율의 침전효율 저하

3) 높은 G · T값

이미 형성된 Floc 파괴 → 재안정화 → 응집효율 저하

5. 제안

1) 순간혼화 적용 시 응집제 자동주입설비 구축

① 응집제 주입률 자동제어

② SCD에 의한 응집제 주입량 자동제어

Key Point ✦

112회, 123회 출제

혼화기의 종류별 특징

1. 낙차(Water Fall)를 이용하는 방법

1) 개요

① 혼화 시에 동력이 소요되지 않아 기계식 교반방법에 비하여 매우 경제적이나 수질 및 유량의 변화에 따라 교반강도를 변화시킬 수 없어 수질관리에 불리하다. 따라서 비상시나 수질악화 시를 대비하여 후반부에 기계식 교반기를 설치하여 수질악화 시에는 기계식 혼화로 보완하여 주어야 한다.

② 약품혼화 시 흡착중화반응이 $10^{-4} \sim 1sec$ 동안에 진행되는 점을 착안하여 낙차부에 응집약품을 희석하여 주입함으로써 응집약품 절감, 응집효율 개선, 혼화기 미가동에 따른 전력비 절감 등의 효과를 얻고자 제안된 방법

③ 위어길이 전체에 걸쳐 골고루 응집제를 주입하여야 한다. 응집제의 주입위치는 위어 상부 30cm 이상 되는 지점에서 떨어뜨려 물속으로 침투될 수 있도록 한다.

2) 장점

① 낙차수두가 충분할 때 흡착중화반응을 이용함으로써 응집약품 절감, 응집효율 개선, 혼화기 설치 및 가동을 하지 않음에 따른 예산절감 등의 효과를 얻을 수 있다.

② 유지관리가 용이하다.

3) 단점

① 대부분 기존 정수장에서 낙차이용방법의 G값은 기존에 설치된 기계식 혼화기와 근접한 값 또는 그 이상의 값으로 조사되어 적용하고 있으나 유입물량 변화에 따른 낙차높이 H의 변화는 교반강도의 변화도 수반함에 따라 혼화강도 조절이 쉽지 않은 실정이다.

② 홍수에 의한 수질악화로 교반강도가 크게 요구될 때에는 교반강도가 부족하므로 다른 보완책이 필요하다.

③ 낙차만을 이용하여 응집보조제(소석회 및 활성탄)와 전염소도 주입할 경우에는 원활한 혼화가 곤란하고 낙차수두가 거의 일정하므로 수질변화 시에 대처능력이 떨어진다. 따라서 소석회 및 활성탄, 전염소 주입 시에 원활한 혼화 및 수질악화 시에 대처능력을 향상시키기 위하여 2단계 혼화인 기계식 혼화기를 병용하거나 또는 보완책을 강구하는 것이 바람직하다.

④ 위어에서의 낙차가 너무 크면 다량의 공기가 물속에 혼입되고 후속공정으로 공기가 넘어가 스컴발생 등 나쁜 영향을 줄 가능성이 높다.

2. 완전혼화조(기계식 혼화조, Back-Mix Type)

1) 개요

① 현재 국내에서 가장 많이 사용하고 있는 방법으로, 임펠러(Impeller)의 종류에 따라 Flat-Blade Radial Turbine, 45° Pitched-Blade Turbine 등으로 나뉘며 임펠러의 형태에 따라 혼화되는 수류의 특성이 상이하므로 현장 조건에 따라 적절한 형태의 임펠러를 선정해야 한다.

② 혼화조는 일반적으로 체류시간을 결정하고, 수리계산에 의하여 그 크기가 결정되며, 기계적 교반기를 설치하여 날개 주위속도가 1.5m/sec 이상이 되도록 회전시켜야 한다.

③ 혼화지는 임펠러의 운동에 따라 동시에 물이 회전하지 않도록 하여야 하고, 혼화지의 유입부와 유출부는 단락류가 발생하지 않는 구조로 효과적인 혼화가 될 수 있도록 배려하여야 한다.

④ 원형 혼화조의 경우 반드시 저류벽을 설치하여 임펠러와 같이 회전하는 회전류(Vortex)가 발생하지 않도록 혼화효과를 높일 수 있다.

2) 장점

① 원수유량 및 수질상태에 따라 교반강도를 임의로 변경할 수 있어 수질관리에 유리하다.

② 응집제, 알칼리제, 활성탄, 전염소 등 정수처리에 요구되는 약품을 1대의 교반기로 모두 혼화시킬 수 있다.

3) 단점

① 완전혼화조는 흡착중화에 의한 순간혼화방식보다는 Sweep Floc에 의한 응집반응이므로, 응집제 소요량이 많고 침강성이 떨어지는 문제점이 제기되고 있다.

② 따라서 최근 혼화방식은 응집제 효율증대를 위해 혼화지 형태 및 응집제 주입위치를 개선해 가고 있으며, 기존 정수장의 기계식 급속혼화방식은 다음과 같은 이유로 점차 지양 및 개선되고 있는 실정이다.

㉮ 급속혼화능력 부족

㉯ Alum 및 철 계통의 무기응집제가 요구하는 혼합시간보다 너무 장시간 혼합

㉰ Bac-Mixing 영향

3. 노즐분사혼화기

1) 개요

① 기존 완전혼화조(기계식 혼화장치)의 여러 가지 문제점을 개선시키기 위하여 임펠러에 약품을 분사시킬 수 있는 노즐을 부착시켜, 순간적이고 균등하게 약품을 물과 혼합시킴으로써 오염물질을 효과적으로 제거하고 응집약품소모량을 감소시키기 위한 설비이다.

② 구동장치를 이용하여 임펠러를 회전시키며, 임펠러에 부착된 노즐의 회전에 의한 원심력, 수류에 의한 부압의 발생으로 약품을 흡인하여 분사시키는 구조로 되어 있다. 노즐의 설치위치는 임펠러의 날개에 일정한 간격으로 설치되어 약품이 골고루 분사되도록 구성하였으며 약

품의 분사와 혼화가 동시에 이루어지는 구조이다.

③ 따라서 기존의 혼화방식으로는 이루기 어려운 순간혼화방식인 흡착~전화중화 메커니즘에 의한 혼화반응이 가능하도록 하였다. 이 반응은 응집약품의 특성상 $10^{-4} \sim 1sec$ 동안의 매우 짧은 시간 내에 진행되므로 오염물질과 응집약품을 매우 짧은 시간 내에 충분히 접촉시켜 흡착 - 전화중화에 의한 혼화를 유도할 수 있다.

2) 장점

① 기존의 구조물을 변경하지 않고 혼화기를 간단하게 교체함으로써 혼화성능을 향상시킬 수 있으며 약품주입위치가 혼화기 날개 하단으로 매우 효율적이다.

② 혼화방법은 노즐에서 약품이 분사되므로 흡착 및 전화중화반응($10^{-4} \sim 1sec$)에 매우 근접한 방법이며 접촉시간을 1sec 이내로 하여 약품을 혼화함으로써 응집약품 절감, 응집효율 개선, 슬러지 발생량 감소 등의 효과를 얻을 수 있다.

③ 응집제 및 응집보조제 또는 활성탄 등의 약품을 동시에 주입하고 혼화시킬 수 있어 응집보조제 및 활성탄 교반을 위한 별도의 설비가 필요치 않다.

3) 단점

부속장치가 추가된다.

4. In-Line Blender 혼화방법

1) 개요

① 2단 혼화방식 및 In-line Blender 혼화장치 기술로 기존 기계식 혼화방법의 단점을 보완하기 위하여 제안된 방법으로 기존 기계식 혼화기와 병행하여 2단 혼화방식에 사용이 가능하다.

② 설계인자

구분	1단계 혼화(화학적 반응)	2단계 혼화(물리적 반응)
교반강도(G, sec^{-1})	$75 \sim 1,500$	$200 \sim 400$
체류시간(t, sec)	3sec 이내	$20 \sim 40$

③ 설계 시 유의사항

㉮ 동력 P(watt)는 교반강도 $G = 750 \sim 1,500 sec^{-1}$ 범위 내에서 조절이 가능하도록 가변속 모터를 사용한다.

㉯ 임펠러는 Radial Type으로 하되 관경이 600mm 이상부터는 상, 하에 2개 설치하고, 직경은 관경의 30~50% 범위에 들어오도록 한다.

㉰ 관경이 1,350mm 이상이 되는 경우에는 교반기를 원수흐름의 직각방향으로 동일 횡단면에 2대 설치하고, 교반기 2대의 상부 임펠러 직경의 합이 30~50% 범위에 들어오도록 한다.(하부 임펠러 직경도 동일한 방법으로 설치)

㉩ 응집제 주입은 원수의 흐름방향으로 보았을 때 임펠러 후단에 주입되도록 하고, 결정된 주입량이 각 주입구에서 동일하게 분배되어 주입될 수 있도록 한다. 응집제 주입구는 각 Sectional Vane마다 1개소가 배치되도록 하고, 임펠러 전단에 예비로 응집제 보조주입장치 1개소를 둔다.

◎ 관경에 따른 In-Line Blender 혼화장치의 설계인자

관경(mm)	A(mm)	B(mm)	응집제 주입구(개)	Section Vane	교반기(개)
200	900	530	2	1	1
250	900	530	2	1	1
300	900	530	4	2	1
350	900	530	4	2	1
400	1,050	610	4	2	1
450	1,050	610	4	2	1
500	1,050	610	4	2	1
600	1,050	610	6	3	1

㉪ 응집제 주입구 후단에 작은 수류의 형성과 단회로 방지를 위해 얇은 판의 Sectional Vane을 설치한다.

㉫ 혼화장치와 원수 관로와의 접합은 플랜지접합으로 하고, 모터 또는 임펠러의 수리가 필요할 경우 단수가 최소화될 수 있도록 맹 플랜지를 예비자재로 확보한다.

㉬ 축은 유입관에 설치하여 1.5m/sec 이내로 흐르는 물에서 변형 없이 필요한 회전을 할 수 있어야 하며 축은 휨 방지를 위한 2개의 베어링을 설치하여 지지한다.

㉭ 임펠러는 필요한 G값이 발생할 수 있는 크기로 Radial Type으로 제작되어야 하며, 교반기 1대당 상·하부에 2개를 설치한다.

2) 장점

① 약품혼화 시 흡착중화반응이 10^{-4}~1sec 동안에 진행되는 점을 착안하여 비교적 근접한 3초 이내에 약품을 주입함으로써 응집약품 절감, 응집효율 개선, 슬러지 발생량 감소 등의 효과를 얻고자 제안된 방법이다.

② 홍수 시 수질악화로 교반강도가 크게 요구될 때에는 2단 혼화를 사용함으로써 교반강도를 보완하고 응집보조제(소석회 및 활성탄) 주입 및 전염소 주입 시에 원활한 혼화가 가능하다.

3) 단점

① 기존 정수장의 구조상 적용이 어려우며 기존에 설치된 기계식 혼화기와 더불어 에너지 절감 측면에서 불리하다.

② 구동축과 배관(주관) 사이 이음부에 누수발생이 있을 수 있으며, 배관 내 수류에 의해 구동축의 휨 현상 및 이로 인한 진동이 발생할 수 있다.

5. Water Champ 혼화방법

1) 개요

① Water Champ는 음용수 및 폐수처리에 사용되는 기체(염소 Gas)및 액체(기타 수처리제)화학약품 주입을 위한 시스템으로 기계적 혼화기를 대신할 수 있도록 고안된 장치로, 핵심은 티타늄으로 만들어진 모터기동 개방형 프로펠러(Motor-driven Open Propeller)이다.

② 프로펠러는 익형(Aerofoil)으로 설계·제작되어 회전마찰에 의한 동력손실을 최소화함과 동시에 최대의 에너지 전달 및 진공생성 효과가 있다. 프로펠러의 회전에 의해 생성된 진공은 특수 설계된 일체형 진공촉진기(Vacuum Enhancer)에서 강화되며, 액체 또는 기체 약품유도시스템에 전달되어 강한 힘으로 액체 또는 기체를 흡입하는 구조이다.

③ Water Champ의 프로펠러, 축(Shaft), 진공형성부 등은 약품에 의한 부식 및 고속회전에 의한 캐비테이션 손상을 방지하기 위해 내식성(특히 염소가스)이 강하고 비강도가 철의 2배에 달하는 티타늄으로 제작되어 있다.

④ 순간혼화방식을 목적으로 강한 와류를 발생시켜 약품을 주입함으로써 응집약품 절감, 응집효율 개선, 슬러지 발생량 감소 등의 효과를 얻고자 제안된 방법이다.

⑤ 설계인자

㉮ 접촉시간(Mixing Time) : 0.5~1sec

㉯ 교반강도(G value) : 1,000sec^{-1} 이상

㉰ 프로펠러의 회전속도는 최대 3,600rpm이며, 약품은 18m/sec의 속력으로 원수에 주입되어 혼합된다. 이 속도를 가진 입자는 수직과 수평으로 나누어지고, 혼합실(Mixing Champer)이 사용될 경우에는 혼합실의 바닥으로 떨어진다. 바닥으로 떨어진 입자들은 혼합실의 바닥에 부딪힌 후 상승하기에 충분한 속도를 형성하므로 혼합실 전체에 가급적 빠른 혼합을 유도한다.

2) 장점

① Water Champ 혼화방법은 흡착 및 전화중화반응(10^{-4}~1sec)에 근접한 방법으로 접촉시간을 짧게 하여 약품을 혼화함으로써 응집약품 절감, 응집효율 개선, 슬러지 발생량 감소 등의 효과를 얻을 수 있다.

② 수로(Channel)에 수직 또는 수평으로 설치될 경우에는 수로의 바닥에 침전된 퇴적물에 대해 소류작용(Scouring Action)을 하므로 침전물의 퇴적을 감소시킨다.

③ Water Champ는 기존의 분사식 약품주입장치와 달리 희석수, 펌프, 스트레이너, 주입기, 혼화기 또는 분사기 등을 필요로 하지 않기 때문에 관 또는 수로의 어느 곳이든 설치가 가능하며, 유지관리가 쉽고, 자동화에 적합하다.

3) 단점

① 홍수 시, 수질악화 시, 응집보조제(소석회 및 활성탄) 주입, 전염소 주입 시에 종합적인 혼화가 어려우므로 보완책이 필요하다. 따라서 소석회 및 활성탄, 전염소 주입 시에 원활한 혼화 및 수질악화 시에 대처능력을 향상시키기 위하여 2단계 혼화인 기계식 혼화기를 병용 또는 보완책을 강구하여 사용하는 것이 바람직하다.

② Water Champ의 구조는 수중 임펠러의 회전으로 진공을 발생시켜 주입할 약품을 흡입하고 임펠러의 분사력을 이용하여 혼화시키는 구조로 되어 있어, 분사력을 크게 하기 위해서는 진공을 크게 하여야 하며, 이로 인하여 다량의 공기가 물속에 혼입되어 후속공정으로 공기가 넘어가 Scum 발생 등 나쁜 영향을 줄 가능성이 있다.

6. Pump Injection Diffusion 혼화방법

1) 개요

원수 또는 정수를 가압하여 유입관에서 흐름의 역방향 또는 흐름방향으로 주입노즐을 설치하고, 응집제는 노즐 가까이에서 인젝터(Injector)에 의한 가압수로 주입한다. 가압펌프와 인젝터(또는 Static Mixer) 및 노즐 배관 등 부속설비가 필요하며 가압펌프를 사용하여 인젝터를 통해 약품과 희석시켜 배관 및 노즐을 통하여 분사시키는 형태로 주입한다.

2) 장점

① 순간혼화를 목적으로 강한 노즐분사로 와류를 발생시킨다.

② 응집약품 절감, 응집효율 개선 등의 효과를 얻을 수 있다.

3) 단점

① 약품 원액을 직접 주입하는 것이 아니고 희석하여 주입하므로 희석 시에 벤츄리 부에서의 급격한 부압과 벤츄리(Venturi) 후의 고압($5kg/cm^2$)으로 약품의 종류에 따라 석출이 발생하여 배관 및 노즐을 막히게 한다. 따라서 약품의 석출로 인한 관의 폐쇄로 빈번히 배관 및 노즐을 교체하여야 하며 배관이 스케일로 막힘에 따라 정확한 주입이 곤란한 경우가 발생하므로 적용 시 주의하여야 한다.

② 응집약품과 압력희석수의 혼합은 최대한 분사지점에 가깝도록 설치하여야 하고, 응집약품의 희석비율이 응집제 중의 산화알루미늄농도 0.01% 이상 또는 pH 3.5 이하로 유지되어야 분사구에 수산화알루미늄입자에 의한 막힘 현상이 발생하는 것을 방지할 수 있으나 현실적으로 조건을 충족하기가 불가능하다.

③ 응집제를 제외한 응집보조제(소석회 및 활성탄) 주입 및 전염소 주입 시에도 원활한 혼화를 위해서는 응집제를 주입할 때와 동일하게 가압펌프를 사용하여 노즐로 분사하거나, 2단 혼화로 보완하여야 한다.

④ 수질변화에 따라 혼화속도구배를 변화시켜야 한다.

7. 오리피스 혼화방법

1) 개요

① 오리피스 Mixer는 관내 혼화방식으로 방해판을 통과시키면서 어느 정도 응집제를 확산시킨 후 오리피스에서 충분한 혼화가 이루어지게 하는 방법이다.

② 순간혼화방식을 목적으로 오리피스에서 강한 와류를 발생시켜 약품을 주입함으로써 응집약품 절감, 응집효율 개선, 혼화기를 가동하지 않으므로 전력비 절감 등의 효과를 얻고자 제안된 방법이다.

2) 장점

① 오리피스 Mixer는 장치가 간단하고 고정이 거의 없는 등 시공 및 운영, 유지관리가 용이하다.

② 혼화효율이 우수하다.

③ 순간혼화 방식을 목적으로 하여 응집약품 절감, 응집효율을 개선시키고 혼화기를 가동하지 않으므로 에너지 절감 측면에서 매우 효율적이다.

3) 단점

① 오리피스 Mixer는 응집제가 잘못하여 한쪽으로 치우쳐 주입되게 되면 혼화효율이 낮아지는 단점이 발생하므로 중앙에 작은 방해판을 설치하여 응집제를 관경의 20% 이상의 범위로 확산시켜야 한다.

② 홍수 시, 수질악화 시, 응집보조제(소석회 및 활성탄) 주입, 전염소 주입 시에 종합적인 혼화가 어려우므로 보완책이 필요하다. 따라서 소석회 및 활성탄, 전염소 주입 시에 원활한 혼화 및 수질악화 시에 대처 능력을 향상시키기 위하여 2단계 혼화인 기계식 혼화기를 병용 또는 보완책을 강구하여 사용하는 것이 바람직하다.

③ 교반강도 조정이 불가능하므로 유입유량이 낮을 경우에는 교반강도가 지나치게 낮아져 혼화효율이 떨어질 수 있다. 따라서 2단계 혼화기를 이용하여 보완하여야 한다.

④ 오리피스 Mixer에서 수두손실이 발생한다.

8. 무동력 순간혼화장치

1) 개요

① 유입수의 잉여에너지를 이용하여 임펠러를 회전시키며, 임펠러에 부착된 노즐의 회전에 의한 원심력과 수류에 의한 흡인력의 발생으로 약품을 흡인하여 분사시키는 구조로 되어 있다.

② 노즐의 설치 위치는 임펠러의 각 날개별로 위치를 달리하여 유입되는 전체 면적에 골고루 분사되도록 구성하여 약품의 분사와 동시에 혼화가 이루어지는 구조이다. 따라서 기존의 혼화방식으로는 이루기 어려운 순간혼화방식인 흡착－전화중화 메커니즘에 의한 혼화반응이 가능하도록 하였다. 이러한 반응은 응집약품의 특성상 $10^{-4} \sim 1sec$ 동안의 매우 짧은 시간 내에 진행되므로 오염물질과 응집약품을 짧은 시간 내에 충분히 접촉시켜 줌으로써 흡착－중화

에 의한 혼화를 유도할 수 있다.

2) 장점

① 혼화방법은 흡착 및 전화중화반응($10^{-4} \sim 1sec$)에 매우 근접한 방법으로 접촉시간을 1초 이내로 하여 약품을 혼화함으로써 응집약품 절감, 응집효율 개선, 슬러지 발생량 감소 등의 효과를 얻을 수 있다.

② 유량이 매우 적게 유입되어 교반강도가 부족할 경우에는 전동기를 사용하여 부족한 교반강도만을 보충함으로써 어떠한 악조건에서도 원활한 혼화가 가능하다.

③ 임펠러의 노즐에서 약품을 주입하고 순간적으로 혼화함으로써 약품의 소요량이 적고 응집효율이 증대된다.

④ 유입되는 유입수의 잉여에너지를 이용하여 무동력으로 임펠러를 회전시키므로 에너지를 절감한다.

⑤ 배관 내에 설치가 가능하여 기존과 같은 토목구조물의 여러 혼화지를 생략할 수 있어 공사비가 적게 소요되어 경제적이다.

3) 단점

유입 유속을 이용하므로 약간의 수두손실이 발생한다.

Key Point +

110회, 125회 출제

응집기 형식 비교

응집기의 형식별 특징은 다음과 같다.

항목	압축터빈형	압축하이드로포일형	압축패들형
개략도			
구조 개요	• 평판에 수직한 교반용 회전 날개에 붙인 것으로서 유체의 흐름은 반지름 방향이며 강한 난류(속도기울기가 크다.)를 일으킨다. • 회전날개에 각도를 줄 때는 각도에 따라 유체의 흐름을 축류에서 사류로 변화시킨다.	• 수직축에 프로펠러에 각도를 두어 유체의 흐름을 축류에서 사류로 변화시키는 원리를 이용한 형식 • 속도기울기가 작으므로 터빈형에 비교하여 전단력은 약하나 조내 순환유량은 많다. • 3매 회전날개의 프로펠러 사용	수직축에 회전축을 설치하고 회전축에 여러 장의 각형 판을 붙인 것으로서 유체에 에너지를 가한다기보다는 유체를 밀어서 흐름을 형성하며 저속운전만 가능하다. 속도를 빠르게 할 경우 강한 난류를 일으켜 플록을 파괴시킬 수 있다.
장점	• 강한 난류발생(속도기울기가 크다.) • 날개의 각도를 조절하여 유체의 흐름을 사류로 함으로써 전역에 난류를 일으킨다. • 회전수의 변화에 따른 급속확산이 가능 • 구조가 간단하여 취급이 쉽다. • 제작이 간편하다. • 바닥지지베어링을 두지 않을 때 지를 비우지 않고도 보수할 수 있어 유지관리가 쉽다.	• 속도기울기가 적어 플록이 파괴되지 않는다. • 순환수량이 많고 회전수 변화에 따른 영향이 적다. • 흐름방향이 축류이므로 조의 형태에 따른 영향이 크다. • 회전수에 제한이 없다. • 구조가 간단하여 취급이 쉽다. • 지를 비우지 않고도 보수할 수 있어 유지관리가 쉽다.	• 전역의 수류를 동시에 밀어냄으로써 효과적인 응집이 가능하다. • 저속운전이 되므로 마찰부의 마모가 적다. • 바닥에 지지대가 있어 흔들림이 없고 베어링의 수명이 길다. • 바닥지지베어링을 제외하고는 주요 부분이 지밖에 있어 횡축 패들형에 비해 유지관리가 쉽다.
단점	• 날개 속도를 잘못 조절하면 흐름의 사각이 발생할 수 있다. • 순환수량은 적고 속도기울기가 크므로 회전수 제어를 잘못하면 플록이 파괴될 수 있다.	• 수류가 비교적 약하여 급속혼화가 어렵다. • 프로펠러의 제작이 어렵다.	• 회전수에 제한이 있다. • 축 부근에 단락류가 발생할 수 있다. • 유체에 많은 에너지가 가해져 강한 난류를 일으킬 때 수류가 불규칙하며 비효과적이다. • 속도를 빠르게 할 경우 플록이 파괴될 수 있다. • 수중 설비부의 보수 시에는 조 전체를 정지하여야 한다. • 저속회전하므로 감속기의 감속비가 높아야 한다. • 구동 대수가 많아서 운영유지관리비 및 설치비가 많이 들고 유지관리에 어려움이 많다.
회전수	• 응집 15rpm 이하 • 혼화 15rpm 이상	• 1,500rpm까지 가능	• 1~15rpm
원주 속도	• 응집 0.6~1.2m/sec • 혼화 1.5m/sec 이상	• 제한 없음	• 0.15~0.8m/sec

■ D정수장 응집기(예)

● 응집기 형식 비교 · 검토 및 선정

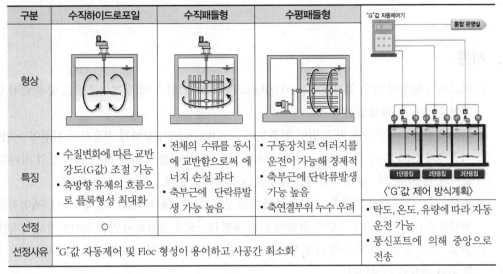

구분	수직하이드로포일	수직패들형	수평패들형
형상			
특징	• 수질변화에 따른 교반 강도(G값) 조절 가능 • 축방향 유체의 흐름으로 플록형성 최대화	• 전체의 수류를 동시에 교반함으로써 에너지 손실 과다 • 축부근에 단락류발생 가능 높음	• 구동장치로 여러지를 운전이 가능해 경제적 • 축부근에 단락류발생 가능 높음 • 축연결부위 누수 우려
선정	○		
선정사유	"G"값 자동제어 및 Floc 형성이 용이하고 사공간 최소화		

〈"G"값 제어 방식계획〉

• 탁도, 온도, 유량에 따라 자동 운전 가능
• 통신포트에 의해 중앙으로 전송

■ 응집기 시뮬레이션 검토

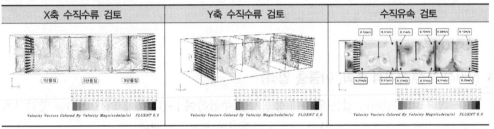

X축 수직수류 검토	Y축 수직수류 검토	수직유속 검토

■ 응집기 특징 및 구조

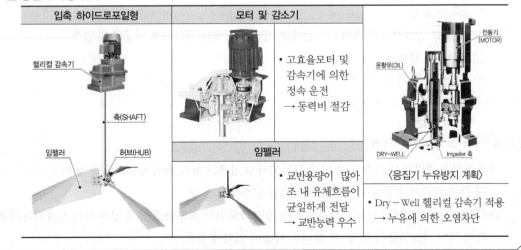

입축 하이드로포일형	모터 및 감소기
헬리컬 감속기 축(SHAFT) 임펠러 허브(HUB)	• 고효율모터 및 감속기에 의한 정속 운전 → 동력비 절감
	임펠러
	• 교반용량이 많아 조 내 유체흐름이 균일하게 전달 → 교반능력 우수

〈응집기 누유방지 계획〉

• Dry－Well 헬리컬 감속기 적용
→ 누유에 의한 오염차단

응집이론과 영향인자

1. 서론

1) 콜로이드 물질의 경우 입경이 0.1~0.001μm로서 반데르발스 힘과 제타포텐셜 및 중력이 평형되어 침전이 잘 되지 않는다.

2) 특히 입자가 (−)전하를 띠고 있어 입자끼리 Zeta Potential이 강하게 작용하여 침전이 어렵다.

3) 이럴 경우 (+)입자를 투입하여 전하를 중화 Zeta Potential을 약하게 하여 입자 간의 거리를 단축시켜 침전시킨다. 이때 사용되는 물질을 응집제라고 한다.

4) 응집 · 침전은 응집제 투입 후 급속 교반에 의해 응집제에서 생성된 $Al(OH)_3$에 의해 미세입자를 생성시킨 후 Floc 형성지에서 완속 교반에 의해 대형 Floc으로 성장하며 약품 침전지에서 제거한다.

5) 응집 · 침전공정은 여과지에 과해지는 부담을 줄이고 여과 손실수두 감소와 여과지속시간 증대를 위한 중요한 인자이다.

6) 따라서 응집효율 향상을 위한 대책이 필요하다.

2. 응집이론

2.1 전기적 응집(전기적 중화, 이중층 압축)

1) (−)입자로 대전되어 있는 입자에 응집제를 주입하여 (+)전하에 의해 전하를 중화시켜 Zeta Potential을 감소시켜 입자 간의 거리를 단축시켜 응집하는 형태

2) 즉, 응집제를 사용하여 (+)이온 투입 : 표면전하 중화 → Colloid의 Z · P의 감소 → Colloid의 거리단축 → 응집

3) (−)전하를 중화시키기 위해 (+)전하를 지닌 응집제를 첨가하여 이중층을 압축
   ① 분산층이 압축
   ② 콜로이드 간의 거리가 단축
   ③ 원자가가 클수록 응집효과가 크다.

2.2 화학적 응집 : 가교작용

1) 응집제의 영향이 미치지 않는 입자 사이에서 응집제의 물리 화학적 흡착작용에 의해 중합된 분자 간의 화학적 결합을 이루어 가교역할로 침전하는 형태

2) 유기고분자 응집제를 Floc 보조제로 사용하면 콜로이드 표면과 응집제 입자 사이에 폴리머의 흡착에 의한 가교작용이 발생, 즉 폴리머 사슬이 입자에 흡착

3) 과도한 폴리머 주입

표면이 포화되거나 공간적 안정화로 인해 재안정화된다.

4) 기타 효율 악화

① 입자 간 충돌이 부족할 경우 입자가 재안정화

② 가교가 발생하기에 입자수가 부족한 경우 재안정화

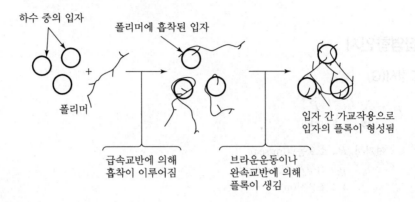

2.3 Patching법

(−)전하가 있는 지역에 (+)전하 영역을 만들어 입자끼리 상호 인력의 힘을 유도하는 것

2.4 침전물의 체거름 현상

1) 보통 적정 응집제 주입량보다 많은 양의 응집제를 주입하여 금속수산화물을 형성

2) 금속수산화물은 불용성이므로 침전하면서 작은 콜로이드 물질을 포획하여 침전

3) 이를 침전물의 체거름 현상(Enmeshment) 또는 Sweep Coagulation이라 한다.

3. Zeta Potential

1) 입자는 (−)전하를 띠며 그 위에는 (+)입자와 단단히 결합되어 있는 층을 형성하는데 이를 고정층이라 한다.

2) 고정층에서 입자로부터 거리가 멀어질수록 (+)(−)가 공존하여 입자로부터 분리되려는 경향을 띠는 전단면을 형성하는데 전단면에서의 전하를 Zeta Potential이라 한다.

3) 응집원리 : 응집제를 사용하여 (+)이온 투입 : 표면전하 중화 → Colloid의 Z · P가 0에 가깝게 접근하게 되어 결국 등전점이 된다.

4) 등전점 이후에도 계속 응집제를 가하게 되면 전하의 역전현상 발생

5) 한계전위 : 점토입자 ±100mV, 색도물질 ±5mV

$$Z.P = \frac{4\pi\mu v}{D}$$

여기서, v : 전하속도(m/sec)

μ : 점도(poise)

D : 전하상수

6) 응집 효율향상을 위해 Zeta Potential을 감소, 반데르발스힘을 증가시켜야 한다.

4. 응집영향인자

4.1 속도경사(G)

$$G = \frac{dv}{dy} = \sqrt{\frac{P}{\mu V}}$$

여기서, P : 소요동력(m/sec)

μ : 점성계수(N sec/m²)

V : 조용적(m³)

1) 속도구배가 존재하면 속도가 큰 유선 중의 입자와 속도가 작은 유선 중의 입자가 서로 충돌 결합 하게 됨으로써 대형 플록을 형성

2) G값이 클수록 교반에너지는 강해져 응집양호

① G값 : 20~75

② G값의 한계

㉮ 최소 10 이상

㉯ 최대 100 이하 : 전단력 증가에 의한 Floc 파괴 방지

3) $G \cdot T$: $2 \times 10^4 \sim 2 \times 10^5$이 표준

4) $G \cdot C \cdot T$

① 완속교반의 지표

② $G \cdot C \cdot T = 1 \times 10^6$이 표준

5) Camp & Stein식(입자의 접촉횟수=플록형성속도)

$$N = \frac{n_1 n_2 G (d_1 + d_2)^3}{6}$$

① 농도의 제곱에 비례

② 입경의 세제곱에 비례

4.2 수온

1) **높은수온** : 응집효율 증가

  ① 수화반응 촉진

  ② 입자들의 열운동이 증가하여 입자의 충돌빈도수 증가

  ③ 물의 점성 저하로 응집제의 화학반응 촉진

2) **저수온** : 응집효율 감소

  ① 수온저하시 수화반응속도가 느림

  ② Floc 형성에 소요되는 시간이 길어짐

  ③ 입자의 크기가 작음

  ④ 응집제 소요량 증가

  ⑤ 겨울철에는 이미 염기화되어 있는 무기 고분자응집제를 사용하는 경향이 있음

  ⑥ 응집보조제 및 고분자 응집제의 사용이 필요 : Alum ＋ 활성규산 or PAC

4.3 알칼리도

1) 알칼리도 부족 시 응집제 주입 후 가수분해되어 $Al(OH)_3$ 생성량 감소

2) 그러나 너무 많은 알칼리도는 응집제 소모량을 증가시킴

3) 알칼리도 부족 시 응집제 주입 필요 : $NaOH$, CaO, $Ca(OH)_2$, Na_2CO_3

4.4 공존물질

1) 공존물질은 수중의 pH 변화에 관여

2) 너무 많을 경우 적정응집 pH 폭을 초과할 수 있음

4.5 pH

1) 응집제 별로 적정 pH 폭(범위)이 존재

2) **Alum의 경우** : pH 5.5～8.5

3) **철염의 경우** : pH 4～11

4.6 응집보조제

1) 저수온, 고탁도 시 응집효율 감소

2) 이와 같은 경우 응집보조제 주입이 필요(활성규산, 알긴산나트륨, 점토 벤토나이트, Fly－ash)

4.7 응집방식

1) 응집효율 증가와 응집제 감소를 위해 고속응집침전지 사용 검토

2) **고속응집침전지 종류** : 슬러지순환형, 슬러지 Blanket, 맥동형

4.8 혼화방식

1) 기존의 혼화방식은 Back Mix Type이므로 순간 혼화 필요
2) 관내혼화, 분사노즐교반기, Zet Mixing과 같은 방법이 필요

4.9 Floc 형성지

점감식 Floc 형성지의 구성

5. 결론

1) 저수온, 고탁도 시 활성규산 PAC 사용을 검토
   ① 평상 시 : Alum + 활성규산(알긴산나트륨)
   ② 저수온 시 : PAC 사용
2) 응집제 감소와 응집 · 침전 시 부피 감소를 위해 고속응집침전지 사용검토(응집제량 약 20% 절감, 부지면적 감소)
3) 현재 적정응집제 주입량 결정을 위한 Jar – test 개선이 필요
   ① Jar – test는 수시로 변화하는 원수 수질에 적절한 대응이 미흡
   ② SCD, Zeta – Potential Meter, Particle Counter에 의한 자동주입이 바람직
4) 경제성, 유지관리성, 수온, 응집제 주입량 등을 비교 검토해서 응집 · 침전 효율을 향상시켜야 함
5) 과도한 응집제(Alum) 주입에 의해 Al 유출에 주의(기준 0.2mg/L 이하) 또한 슬러지량 증가에도 주의가 필요하며
6) 무엇보다도 혼화지에서의 순간혼화를 위한 시설의 개선이나 개량이 절실히 필요하다.

■ D정수장 응집 공정 개량(예)

1) 슬러지나 스컴의 효율적 제거를 위한 구조 개선

2) 응집효율이 우수한 하이드로포일 형식의 응집기 적용

3) 유량 균등배분을 위한 유입수로 개선 및 3차원 전산유체해석(CFD) 반영

■ 설계기준 검토

구분	입찰안내서	상수도시설기준	설계반영
체류시간	관련내용 없음 (기존 시설 개량)	20~40분	21.2분
응집강도	$10{\sim}90sec^{-1}$	–	$10{\sim}90sec^{-1}$
응집기	기계식(기존 시설 교체)	기계식 또는 우류식	기계식
기타	중앙운영실에서 원격감시·제어 가능	야간감시 조명장치 스컴제거기	• 중앙운영실에서 원격감시·제어 가능 • 스컴제거기, 응집감시장치 (수중카메라)

■ 시설 개요

구분	설계내용
시설 개요	• 설계유량 : Q=735,000m³/일(시설용량 700,000m³/일 × 1.05) • 계열 : 4계열, 12지(3지/계열) • 규격 : W5.2m/열 × 3열 × L4.8m/단 × 3단 × H4.0m • 체류시간 : 21.2분 • 응집기 : 하이드로포일(9대/지, 총 108대), G값 점감 조정($10{\sim}90sec^{-1}$)
설계도	개량 전(Q=525,000m³/일) 개량 후(Q=735,000m/일)
특징	• 계열별 유입유량 균등배분 곤란 • 수평패들형 응집기(36대)로 응집효율 불량 • 4계열로 분할하여 유입유량 균등배분(CFD 해석) • Hydrofoil 응집기(108대) 설치로 응집효율 향상

■ 시설 개요

구분		설계내용
수리유동해석	응집지 유입수로	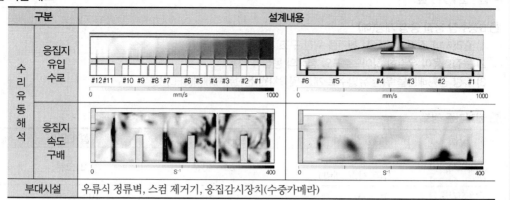
	응집지 속도 구배	
부대시설		우류식 정류벽, 스컴 제거기, 응집감시장치(수중카메라)

1) 응집지 유량균등 배분을 위해 4계열로 개량 → 3차원 전산유체해석(CFD)
2) 응집효율 향상을 위해 기존의 수평패들형 응집기를 하이드로포일 응집기로 개량
3) G값 점감 조정으로 응집효율 향상(응집감시용 수중카메라 설치)

Key Point +

• 113회, 114회 출제
• 응집에 관련된 문제, 특히 순간혼화의 필요성과 응집효율향상을 위한 대책의 숙지
• 순간혼화의 필요성 및 효율향상방안은 1차 시험뿐만 아니라 면접에서도 자주 출제되는 문제임
• 최근 하수처리시설에서 적용되는 총인처리시설의 동절기 효율 유지측면에서 같은 맥락으로 이해바람

공침(Co – Precipitation)

1. 개요

1) 공동침전의 준말
2) 침전반응 시 아직 용해도에 이르지 않은 다른 물질이나 이온이 함께 침전하는 현상
3) 화학적 성질이 어느 정도 비슷한 용질이 동시에 존재하는 용액에서 어느 특정 물질을 침전시키고자 할 때
4) 단독으로 존재하면 침전하지 않을 다른 물질이 동시에 침전하여 침전물 중에 포함되는 현상
5) 일반적으로 어떤 물질이 침전되기 위해서는 화합물질의 용해도 곱의 농도가 용해도적(K_{sp}) 이상이 되어야 침전물이 생성되는데 비슷한 성질의 물질이 공존하면 용해도적 이하에서도 침전이 생성되거나
6) 용해도적에서 생성되는 농도보다 더 많은 침전물을 생성하는 현상

2. 공침현상

2.1 정의

1) 원수 내 용해되어 있는 불순물을 제거할 목적으로 침전성 물질을 투입
2) 혼합, 흡착되어 복합적으로 제거
3) 용해도 이하로 용해되어 있는 미량물질과 같이 침전할 수 있는 침전성 물질을 주입
4) 침전하고자 하는 물질의 침전속도 및 침전량 증가

2.2 제거원리

1) 침전성 입자의 형성 이후 입자 표면에 불순물 흡착제거
2) 침전성 입자의 결정 형성과정에서 불순물이 입자 안으로 혼합되어 흡수

2.3 특징

1) 공침물질농도 증가 시 공침효율 증가
2) 중금속 폐수처리 적용 시 처리시설 변경 없이 사용 가능
3) 별도의 화학약품 추가 없이 오염물질 제거 가능

2.4 반응

1) 황산바륨을 침전시킬 때 칼륨이온이 공존해 있으면 다량의 황산칼슘이 공침한다.

2) 이를 역이용하여 미량의 이온을 침전물에 농축포집할 수 있다.

3. 활용

1) 미량원소의 분석

2) 방사성 핵종의 분석

3) 폐수처리 시 구리, 중금속 제거

   ① 폐수처리 시 Cu^{+2}가 존재할 때 이것을 수산화물($Cu(OH)_2$)로 제거하기 위해 동일한 pH에서 Alum을 투입할 때보다 $FeCl_3$를 투입했을 때 제거효율 증대

   ② 중금속 제거에서도 여러 가지 중금속이 혼입되어 있을 때가 단독으로 존재할 때보다 공침효과로 인하여 제거효율 증대

   ③ 공침효율을 높이기 위해서는 비슷한 성질의 물질을 투입하는 방법이 효과적

4. 제안사항

폐수에 공침현상을 적용할 때 혼합되어 있는 여러 물질의 종류와 농도에 따른 적정 pH와 공침물질량을 산출하는 과정이 선행되어야 함

탁도와 알칼리도의 관계

1. 개요

1) 정수장으로 유입되는 부유물질의 농도는 계절에 따라 변동이 심하다.

2) 호소수나 댐수와 같이 탁도가 일반적으로 낮은 경우 응집효율이 저하될 수도 있다.

3) 탁도가 높으면 일반적으로 응집제 주입량도 증가한다.

2. 탁도가 높을 경우

2.1 저알칼리도

1) 상기와 같은 경우는 소석회나 NaOH를 첨가하면 응집효율 상승을 기대

　① 홍수 시 주로 발생

　② 응집제 첨가에 의해 알칼리도를 상승

2) 탁도가 높을 경우 초기 교반강도를 증가시켜 응집제의 분산효과를 높일 필요가 있다.

　교반강도가 낮을 경우 응집제가 국부적으로 분산되어 잔류탁도가 증가될 우려가 있다.

2.2 고알칼리도

1) 대체로 응집반응이 잘 일어난다.

2) 고알칼리도의 경우 응집제의 국부적인 수화반응이 촉진될 가능성이 높아 응집반응이 균일하게 일어나지 않을 경우도 있다.

3) 전 항과 마찬가지로 초기 교반강도를 증가시키는 것이 유리하다.

4) 응집제의 소모량이 높아질 우려도 있다.

3. 탁도가 낮을 경우

3.1 고알칼리도

1) 응집반응이 효율적으로 일어나지 않는다.

2) 응집제를 과량 투입해야 적절한 반응이 일어난다.

　① 체거름에 의한 응집이 발생

　② 흡착 혹은 전하중화에 의한 응집은 응집제의 첨가량이 낮은 영역에서 발생

3) 고알칼리도에서는 적정 응집범위에 도달하기까지 계속적으로 알칼리도가 소모된다.

4) 응집제의 소모량이 증가한다.

3.2 저알칼리도

1) 수처리에 가장 어려운 조건

    ① 응집제 단독으로는 응집이 잘 일어나지 않는다.

    ② pH가 낮으면 체거름에 의한 응집도 일어나기 어렵다.

    ③ 응집보조제의 첨가

        ㉮ 점토 혹은 벤토나이트

        ㉯ 응집핵(Seed)으로 작용

    ④ 알칼리제 첨가

    ⑤ 혹은 ③, ④를 동시에 수행해야 한다.

    ⑥ 저탁도 시 불안정화된 입자들 간의 충돌횟수가 감소할 뿐만 아니라 Floc의 성장이 어려워 침전상태도 불량하다.

    ⑦ 또한 알칼리도가 낮아 수화반응도 영향을 받게 된다.

고분자 응집제

1. 개요

1) 고분자 응집제의 종류

① 무기계 : PAC, PAS, PASS, PACS, PACC, PSOM

② 유기계

㉮ 천연고분자물질 : 알긴산나트륨, 전분과 유도체, 셀룰로오스 외 유도체

㉯ 합성고분자물질 : 중합형, 축합형

2) 고분자 응집제 중에서 가장 일반적으로 사용되는 것은 PAC이다.

2. PAC(Poly Aluminium Chloride)

1) PAC는 그 자체가 가수분해되어 중합된 상태이므로 Alum보다 응집성이 3배 이상 우수하고 적정 주입률의 범위가 넓으며 응집보조제가 필요 없는 이점이 있으나 다소 고가이다.

2) 장점

① Alum보다 응집성이 뛰어나다.(3~4배)

② 적정주입률의 폭이 넓다.(Alum의 4배)

③ pH 및 알칼리도 저하가 적다.

④ 응집보조제가 필요 없다.

⑤ Floc의 형성속도가 대단히 빠르다.

⑥ 생성된 Floc은 대형이어서 침전속도가 대단히 빠르다.

⑦ 저수온 시에도 응집효과가 좋다.

⑧ PAC 단독처리 시에도 Alum + 응집보조제 병용 시보다 제탁효과가 크다.

⑨ 모래여과층의 탁질누출이 적다.

⑩ 고탁수나 휴민질성 착색수에 대해서도 효과가 크다.

3) 단점

① 가격이 고가이다.

② 6개월 이상 저장 시 품질의 안정성 저하

③ Alum보다 부식성이 강하므로 저장에 주의가 필요하다.

④ 여과에서 손실수두의 증가가 크다.

⑤ 잔류 알루미늄의 농도가 높을 우려 : 노인성 치매를 유발할 우려가 있는 알츠하이머병을 유발할 우려

3. Alum(Aluminium Sulfate)

1) 장점

① 가격이 저렴하다.

② 무독성이므로 대량주입이 가능하다.

③ 수중탁질 거의 모두에 적합하다.

④ 결정은 부식성이나, 독성이 없어서 취급이 용이하다.

⑤ 철염과 같이 시설물을 더럽히지 않는다.

⑥ 응집과 침전을 촉진

⑦ 슬러지 탈수성을 개선

2) 단점

① 생성되는 Floc이 가볍다.

② pH 적정폭이 좁다 : pH 5.5~8.5

③ 저수온 시에 응집효과가 떨어진다.

㉮ 응집보조제의 첨가 필요

㉯ 응집온도에 민감하다.

④ 온도가 내려가거나 농도가 높아지면 결정이 석출된다.

⑤ 처리수의 알칼리도 및 pH 강하율이 크다 : 수질 급변 시 알칼리제 주입

⑥ 상수관망에서 침전물을 형성시킬 우려가 있다.

4. 유기고분자응집제

1) 분류

① 재료에 따라 : 천연재료, 합성

② 폴리머가 가지는 성질에 따라 : 음이온성, 양이온성, 비이온성

2) 응집의 원리

전기적 중화와 가교작용이 동시에 작용

3) 특징

① Alum만으로 처리하기에 어려운 원수에 유효

② 첨가한 응집제의 석출이 일어나지 않는다.

③ pH가 변하지 않는다.

④ 슬러지 발생량이 Alum에 비해 적다.

⑤ 탈수성이 개선된다 : 알루미늄 응집제만 사용하는 공정보다 Floc의 크기를 증가시켜 슬러지의 탈수성을 개선

⑥ 이온의 증가가 없다.

⑦ 공존염류, pH, 온도의 영향을 덜 받는다.

활성규산

1. 개요

1) 강우로 인하여 원수의 탁도가 높아졌을 때나 겨울철 저수온 시 처리효율의 향상을 위해 사용

2) 응집제만을 사용하거나 알칼리제와 병용하는 일반적인 방법으로는 Floc 형성이 잘되지 않고 침전수의 탁도가 상승하여 여과지 탁도가 높아질 때가 있다.

3) 이와 같은 경우 크고 무거운 Floc을 형성시켜서 침전분리가 잘되도록 하고 Floc을 단단하게 하여 급속여과지에서 제거되기 쉽도록 할 필요가 있다.

4) 또한 철, 망간, 생물제거 및 분말활성탄 주입과 동시에 침전과 여과효율을 더욱 높여야 할 때가 있으므로 이와 같은 목적달성을 위해 응집보조제를 사용

2. 활성규산

2.1 기능

1) 응집보조제의 기능

2) 규산나트륨을 산으로 중화시켜 숙성하여 규산을 중합시켜 콜로이드 상태로 만든 것

3) 응집제에서 생성된 수산화알루미늄과의 전기적 중화

2.2 특징

응집보조제로서의 기능은 우수하나 여과지의 수두손실이 빠르고 활성화 조작이 어려우며 활성화가 과대하면 응고하여 주입장치를 막히게 한다.

2.3 활성화

규산을 활성화시키는 데는 황산과 염산 및 탄산가스가 사용된다.

3. 주입률

1) Jar-test에 의해 응집제 주입량과 응집보조제 필요 여부를 결정

2) 필요한 경우 최고, 최저, 평균주입률을 결정한다.

3) 통상 활성규산은 SiO_2로서 1~5mg/L 범위로 주입한다.

4) 활성규산은 활성화가 과대하면 응고하여 주입장치를 막히게 하므로 통상 SiO_2 기준으로 0.5% 정도 희석해서 사용한다.

5) 주입량 산출은 처리수량과 주입률에 의하여 산출

4. 효과

4.1 침전 처리수의 탁도를 낮게 유지

1) 활성규산을 병용하면 강하고 큰 Floc이 생겨 침전속도가 빨라진다.

2) 특히 동절기 수온이 내려가 Floc 성장이 좋지 않을 때나 홍수 시에 Alum과 병용할 때 효과가 현저히 좋아진다.

4.2 Floc의 여과성 증대

1) 수온이 낮은 동절기에 Alum에 의한 응집 시 Floc의 일부가 사층을 통과하여 누출하게 되어 여과수의 탁도 및 세균 수(병원성 원생동물)를 증가시킬 수 있다.

2) 이와 같은 경우 활성규산을 사용하면 Floc의 누출을 방지할 수 있다.

4.3 Floc 형성속도 증가

Floc 형성속도가 빨라지므로 응집에 필요한 시간이 단축

4.4 pH 영역이 넓게 되어 수질의 급변에 대한 안전성이 커짐

Key Point

• 최근 정수장에서는 거의 대부분이 PAC를 사용하므로 활성규산에 대한 출제 빈도는 낮을 것으로 판단됨
• 활성규산과 같은 응집보조제의 역할과 필요성에 대한 내용의 이해는 필요함

소석회 투입기 형식 비교

소석회 투입기의 형식별 특징은 다음과 같다.

형식항목	건식 투입기	습식 투입기
구조		
개요	• 분말소석회를 저장호퍼에 저장하고 사용 시 전동구동형 스크류를 이용하여 용해조에 분말약품을 이송 용해하여 주입하는 방식임 • 주입량을 스크류회전수로 측정하는 방식으로 회전수검출장치를 이용하여 회전수신호를 분말주입량으로 변환하여 제어함	• Bag에 저장된 소석회를 용해탱크에 전량주입하고 정수를 공급하여 충분히 용해시킨 후 정량주입시스템을 이용하여 주입지점에 주입하는 방식이며, 2대의 용해조를 설치하여 교대로 용해와 주입을 번갈아 하는 Batch식임 • 주입량은 전자식 유량계를 이용하여 소석회용액을 측정하여 유량제어 가능
장점	• 동작원리가 간단하다. • 공사비가 저렴하다.	• 유량비례 PID Feedback 제어가 가능하여 정량제어 및 정수량비례의 정확성 유지가 가능함 (정확성 ±0.5% 이내 실현) • 실유량을 측정하므로 실시간 Data 감시가 가능함 • 분진이 없어 친환경 방식임
단점	• 엔코더 또는 Servomotor의 회전수를 유량 값으로 환산하여 Data로 사용하므로 분말약품이 없이 모터가 회전할 때 약품이 주입되는 것으로 잘못 감지할 수 있다. • 실유량측정이 불가하므로 Data의 신뢰성이 떨어짐(정확도 5~10%) • 분진이 발생하여 유지관리 곤란	• 유량계가 소구경으로 약품침전물로부터 막힘현상이 있으므로 주기적인 배관의 청소가 필요함(약 6개월에 1회 간격) • 공사비가 고가이다.

Sweep Coagulation

1. 개요

1) 알칼리도가 충분한 원수에

2) 과량의 응집제를 투입하여 과량으로 생성된 수산화물이 콜로이드물질을 에워싸듯이 결합하여 응결되는 Enmeshment 반응에 의하여 콜로이드를 제거하는 방법, 즉 응집제 요구량 이상의 과잉 응집제를 주입하여 Enmeshment에 의하여 콜로이드 물질을 제거

3) pH를 중성 또는 약 알칼리로 하여 많은 알루미늄염을 석출시켜 탁질을 흡착형태로 응집

4) 원수의 탁도가 낮아 응집제 주입률이 낮은 처리장에서 주로 사용

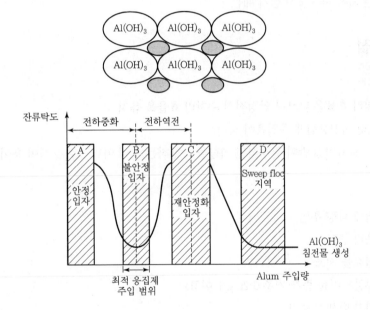

2. Sweep Cagulation 단계

2.1 A영역

1) Alum 주입량이 적으면 탁도가 감소하지 않는다.

2) 효율적으로 불안정화시킬 만큼 Alum 화학종이 존재하지 않는다.

2.2 B영역

1) 입자의 표면전화가 중화되어 탁도가 감소

2) 탁도의 감소는 최소치까지 발생

2.3 C영역

1) 응집제 주입량이 표면전하의 중화량을 초과한 상태

2) 표면전하의 역전이 발생

3) 탁도가 다시 증가

4) Aluminium 가수분해 생성물과 입자가 완전히 대응한다.

2.4 D영역

1) 계속해서 응집제를 주입하면 $Al(OH)_3$의 침전물이 생성 : $Al(OH)_3$의 용해도적을 초과하기 때문

2) 응집 및 Floc화의 중간영역인 Sweep Floc을 재빨리 형성하여 침전한다.

3) 대부분의 폐수처리장에서는 응집 및 Floc화가 Sweep Floc 영역에서 발생한다.

입자의 불안정 영역에서 운전하는 데 요구되는 응집제의 주입량을 유입수의 조건변동에 일치시키는 것이 사실상 어렵기 때문

3. 장단점

3.1 장점

1) 수처리 효율은 낮으나 안정적인 수처리 효율을 유지

2) pH 및 최적응집제 주입폭이 넓다.

3) 높은 강도의 교반이 결정적인 역할을 수행하는 것이 아니므로 운전이 용이하다.

3.2 단점

1) 응집제 과량 주입

2) 약품비 증가

3) 응집효율 저조

4) 잔류알루미늄 증가(기준 0.2mg/L 이하)

5) 슬러지 발생량 증가

Key Point   +

- 80회, 81회, 99회 출제
- 기존처리장이 대부분 Sweep Coagulation 방식이므로 각 장단점을 숙지하기 바람
- 아울러 이 단점을 보완한 방법이 Enhanced Coagulation이라는 점을 숙지하기 바람
- 전기이중층, 속도경사와 함께 이해하여 답안을 작성하기 바람

Enhanced Coagulation(E.C : 강하응집)

관련 문제 : 고도응집, Optimized Coagulation

1. 개요

1) 소독부산물의 전구물질인 NOM을 최대한 제거하기 위하여 원수의 pH를 조정하여 천연유기물과 탁도를 제거하는 응집방식이다.

　① 탁도 유발물질인 유기물과 무기물 제거 : NOM, 색도, 비소, 기타 중금속

　② 제거효율 증가를 위해 응집제 과량 주입

　③ 오염물질이 잘 흡착된 금속수산화물을 효과적으로 제거하기 위해

2) 유기물 제거를 위해 pH를 5.5~6.5 범위로 조절

　응집공정에서 용해성 유기물질을 입자성 용해물질로 전환시켜 침전, 여과공정에서 잔류입자와 입자성 유기물질을 제거

3) 즉, 응집제의 양을 최소화하면서 응집에 가장 적합한 pH 조건을 찾아 응집시키는 방법

4) **고도응집** : 하전중화+공동침전

　① 금속염수산화물 표면수산기와 피흡착이온 사이의 화학적 결합(공유결합 또는 이온결합)

　② 공동침전 시에 용존성 유기물질은 성장한 금속산화물 표면에 흡착

2. NOM 제거의 필요성

1) 금속이나 농약 등과 반응하여 부산물질을 생성

2) 입자의 안정성을 증가시키고 입자의 침전성을 방해 : 응집제 과잉소요

3) 소독제의 양을 증가

4) 소독부산물질 생성

5) 여과지에서 Break Through 발생 : 배급수관망에서 After-Growth 발생우려

3. 적용 시 고려사항

1) 응집제 형태 : Alum 사용이 경제적

2) 유입수의 TOC 농도가 높을수록, 알칼리도 농도가 낮을수록 TOC 제거율이 낮다.

3) pH : 5.5~6.5

4) TOC는 탁도보다 pH 및 응집제 주입 범위가 좁은 영역에서 제거되므로 운전에 주의를 요한다.

5) 적정 pH가 6 정도로 유지되고 원수의 용존유기물 농도가 높은 곳에서 NOM을 먼저 제거한 후에 탁도를 제거하는 것 등을 고려한다.

6) **높은 알칼리도** : 침전과 흡착을 위해서는 대개 높은 응집제 주입은 필요 없지만 고도응집에서 체거름 작용을 유도하기 위해서는 높은 알칼리도가 필요

4. Enhanced Coagulation의 문제점

1) pH 조정(최적 pH : 5.5~6.5)에 의한 pH 감소
   제거물질(NOM, 비소, 중금속)의 이온화 정도에 영향을 미침
2) 알칼리도 감소
3) 미반응 응집제에 의한 잔류 알루미늄의 증가
4) 부영양화가 진행된 원수의 유입 시 현실적으로 최적 pH 조건을 맞추기가 어려워 비경제적

Key Point ✛

- 113회, 123회 출제
- 상기 문제는 출제 빈도가 높으며
- 문제 기술 시 다음의 문제와 연관지어 기술할 필요가 있다.
  - THM_{FP}, 소독부산물, 휴믹질

Floc 형성지 교반시설

1. 서론

1) 정수처리공정에서 유입원수에 응집제를 주입 후 급속교반에 의해 미세한 Floc을 형성하게 되며

2) 미세한 Floc은 Floc 형성지에서 완속교반에 의해 대형의 Floc을 형성하여 이후 공정인 약품침전지에서 침전 · 제거하게 된다.

3) Floc 형성지 교반방식은 크게 수류에너지를 이용한 방법과 기계식 교반시설을 이용한 방법이 있으며

4) 주로 Paddle형을 많이 사용하며 형식은 수평 Flocculator가 많이 사용된다.

5) 현재 Floc 형성지의 효율 향상을 위해 입구에서 교반을 강하게 하고 출구로 갈수록 교반을 약하게 하는 점감식 Floc 형성지로의 구성이 필요하다.

6) 지는 3~4개로 분리된 형태로 구성

2. Floc 형성지 교반이론

1) G(속도경사)

$$G = \sqrt{\frac{P}{\mu V}}$$

여기서, μ : 점성계수
V : 반응조 부피(m^3)
P : 사용동력

① $G = 20 \sim 75 sec^{-1}$

② 최소 10 이상

③ 최대 100 이하 : 전단력에 의한 Floc 파괴 방지

2) $G \cdot T = 2 \times 10^4 \sim 2 \times 10^5$

3) $G \cdot C \cdot T = 1 \times 10^6$

① 완속교반의 지표로 활용

② Floc 형성지의 G값과 농도에서 적정 체류시간을 결정하는 데 유용하게 활용

4) Camp & Stern식

$$N= \frac{n_1\,n_2\,G\,(d_1 + d_2)^3}{6}$$

여기서, n_1 : 입경 d_1의 입자 수

n_2 : 입경 d_2의 입자 수

N : 입자의 충돌(접촉) 횟수

입자의 형성속도는

① G값에 비례, ② (입자의 수)²에 비례, ③ (입경)³에 비례

3. Floc 형성지 고려사항

1) $G = 20 \sim 75\sec^{-1}$

2) 체류시간 : 계획정수량의 20~40분을 고려

3) 단락류나 밀도류가 발생하지 않는 구조로 한다.

지의 형식 : 직사각형, 정류벽을 설치

4) 수류에너지를 이용한 방식의 유속 : 15~30cm/sec

5) 기계식 교반방식을 이용한 방식의 유속 : 15~80cm/sec

6) 교반의 강도는 입구에서 강하게 하고 출구로 갈수록 약하게 한다.

① 점감식 교반방식 채용

② 지를 분리하여 3~4개의 지로 구성

7) 발생된 스컴의 제거 및 파쇄장치를 설치

4. 수류에너지를 이용한 교반방식

1) 수류에너지를 이용하는 방식으로 크게 수평(좌우)우류식과 상하우류식이 있다.

2) 장점

① 에너지가 거의 들지 않아 경제적이다.

② 단락류 발생이 적다.

③ 유지관리가 편리

3) 단점

① 손실수두가 크다.

② 유량이 적으면 : 교반이 부족하게 되고

③ 유량이 많으면 : Floc 파괴의 우려

④ 수질변화나 수량변화에 능동적으로 대처하기가 어렵다.

일반적으로 조류판(조류벽)의 수를 변화시켜 대처하나 수량이나 수질의 변동에 융통성이 적다.

⑤ G값의 변화가 힘들다.

5. 기계식 교반시설

1) 주로 Paddle을 이용하며 수평 Flocculator와 수직 Flocculator로 구분

2) 고려사항

① 유속 : 15~80cm/sec가 표준

② 단락류, 정체부 발생우려

㉮ 정류벽 설치

• 정류공 면적 : 수류단면적의 3~6%

• 통과유속 : 0.3~0.45m/sec 정도

③ 회전축 부근의 교반에너지가 부족하여 Floc의 침전우려

④ 회전날개의 단면적은 수류단면적의 10% 정도 유지 : 물이 날개와 함께 회전하는 것을 방지

⑤ 수류의 단락방지를 위해 여러 개의 조로 나누어 사용 : 단락이 많을수록 단락에 의한 침강성이 불량한 Floc이 감소

3) 장점

① G값의 변화가 가능

② 손실수두가 작다.

③ 수질과 수량변화에 대한 융통성이 크다.

④ G값 변화에 의한 점감식 교반방식의 채용이 가능

4) 단점

① 동력사용에 의한 유지비가 비싸다.

② 기계시설이 수중에 있어 유지관리가 불편

③ 단락류 발생 우려 : 유효 체류시간을 감소시킴

저류벽이나 정류벽을 적절하게 설치

④ 수평 Flocculator가 수직 Flocculator에 비해 처리효율이 좋아 많이 사용

㉮ 수류의 흐름이 조내 전체에서 이루어지기 때문

㉯ 단락류 발생이 수직 Flocculator에 비해 우수

⑤ Floc의 파괴 방지 면에서는 수직 Flocculator가 수평 Flocculator보다 우수

6. 결론

1) 유입수질과 수량변동에 능동적으로 대처하기 위해서는 기계식 교반시설의 활용이 유리하며

2) Floc 형성의 효율을 높이기 위한 점감식 Floc 형성지로의 전환이 필요하며

3) 이를 위해 조내를 3~4개의 지로 구분하여 활용함이 바람직하며

4) 조내 여러 계측장비에 의해 수질변화에 능동적으로 교반강도를 조절할 수 있는 System의 구축이 필요

5) 특히 $G \cdot T$값을 이용하여 적정한 체류시간을 유입농도와 G값에 따라 사용함이 바람직

6) 또한 생성된 Floc의 파괴에 유의하여야 하며 이를 위해 혼화지와 약품침전지를 일체형으로 구성할 필요가 있음

   성장한 Floc이 침전지에 도달하는 동안 지나치게 유동되거나 외부로부터 영향을 받게 되면 파괴될 우려가 있음

7) 형상은 직사형이 유리 : 유수로나 기계설치 등을 감안

8) NOM과 같은 물질의 제거를 위해 고도응집(Enhanced Coagulation)의 적용도 검토할 필요가 있다고 판단된다.

Key Point

- 117회, 123회, 124회 출제
- 상기 문제와 같은 문제의 출제보다는 Floc 형성지의 설계기준 및 속도경사와 관련된 여러 식에 관련된 문제와 점감식 Floc 형성지(10점 문제)에 대한 문제로 출제될 확률이 높은 문제임

점감식 응집(Tapered Flocculation)

1. 개요

1) 정수처리공정에서 유입원수에 응집제를 주입 후 급속교반에 의해 미세한 Floc을 형성하게 되며

2) 미세한 Floc은 Floc 형성지에서 완속교반에 의해 대형의 Floc을 형성하여 이후 공정인 약품침전지에서 침전 · 제거하게 된다.

3) 현재 Floc 형성지의 효율 향상을 위해 입구에서 교반을 강하게 하고 출구로 갈수록 교반을 약하게 하는 점감식 Floc 형성지로의 구성이 필요하다.

2. Floc 형성지 교반이론

1) G(속도경사)

$$G = \sqrt{\frac{P}{\mu V}}$$

여기서, μ : 점성계수

V : 반응조 부피(m³)

P : 사용동력

① $G = 20 \sim 75 \text{sec}^{-1}$

② 최소 10 이상

③ 최대 100 이하 : 전단력에 의한 Floc 파괴 방지

2) $G \cdot T = 2 \times 10^4 \sim 2 \times 10^5$

3) $G \cdot C \cdot T = 1 \times 10^6$

① 완속교반의 지표로 활용

② Floc 형성지의 G값과 농도에서 적정 체류시간을 결정하는 데 유용하게 활용

4) Camp & Stern식

$$N = \frac{n_1 n_2 G (d_1 + d_2)^3}{6}$$

여기서, n_1 : 입경 d_1의 입자 수

n_2 : 입경 d_2의 입자 수

N : 입자의 충돌(접촉) 횟수

입자의 형성속도는 G값에 비례, (입자의 수)²에 비례, (입경)³에 비례

3. 점감식 응집의 정의 및 필요성

1) 양호한 Floc이 생성되는 임의의 $G \cdot C \cdot T$에 빨리 도달하기 위해서는

2) 교반을 강하게 하여 G값을 크게 하는 것이 유리하나

3) G값이 너무 크게 되면 오히려 Floc이 깨어져서 성장할 우려가 있다.

4) 점감식 응집은 이러한 단점을 보완하기 위해서

　① 응집반응의 초기에는 G값을 70 정도로 크게 하고

　② 유출부분으로 갈수록 G값을 20 정도까지 교반강도를 2~3단계로 점차 줄이면서 교반하여
　　 응결/응집시키는 방법이다.

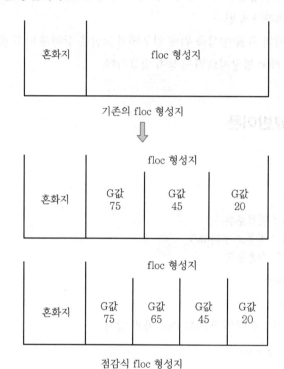

점감식 floc 형성지

참/고/자/료

D정수장 점감식응집(예)

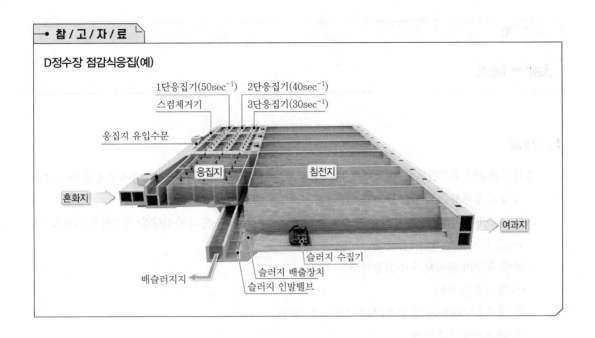

혼화지 → 응집지 유입수문 / 스컴제거기 / 1단응집기($50sec^{-1}$) / 2단응집기($40sec^{-1}$) / 3단응집기($30sec^{-1}$) / 응집지 / 침전지 → 여과지 / 배슬러지지 / 슬러지 배출장치 / 슬러지 인발밸브 / 슬러지 수집기

Jar – test

1. 개요

1) 유입원수의 수질변동에 따라 최적의 응집제를 주입하여 응집효율을 높여 응집제량을 절감함과 동시에 경제성을 확보할 필요가 있다.

2) 응집제마다 적정 pH 폭이 상이하므로 응집제별로 최적의 응집제 주입량을 결정하기 위해 Jar – test를 실시할 필요가 있다.

3) 만약 과량의 응집제가 주입된다면

① 응집효율 저하

② 잔류알루미늄 농도 증가(기준 0.2mg/L 이하)

③ 슬러지발생량 증가

④ 경제성 저하(소요약품비 증가)

4) 응집제의 적정 주입량 결정을 위한 Jar – test는 유입수질변화에 대한 적응성이 낮은 단점을 가지고 있다.

① 따라서 SCD, Zeta Potential Meter, Particle Counter 등을 이용하여 최적의 응집제량을 주입할 필요성이 있으며

② 이를 이용하여 응집제 자동주입시스템을 구축할 필요도 있다.

2. Jar – test의 목적

1) 응집제의 종류 선정

2) 최적 응집제의 투여량 결정

3) 응집 보조제 종류 및 투여량 결정

4) 최적 pH 결정

5) pH 조정제의 종류 및 투여량 결정

6) 급속혼화 시간 및 혼화강도 결정

7) 완속혼화 시간 및 혼화강도 결정

3. 실험방법

1) 원수의 수온, 알칼리도, pH 등을 측정하고 사용할 응집제를 결정한다.

2) 1.5L 비커 6개에 시료를 1L씩 채운다.

3) 예상되는 적정응집제 소요량이 비커의 가운데가 되도록 응집제량을 증가시켜 주입한다.

4) 교반속도 100rpm 정도(패들단속도 0.6m/sec)의 급속교반을 1~2분 정도 수행

5) 교반속도 50rpm 정도의 완속교반을 10~15분 정도 수행한다.

6) 5~10분 정도 침전시킨다.

7) Floc의 침전상황을 관찰하고 상등액의 수질을 분석한다.

8) 최적응집제 주입률을 결정한다.

4. 결론

1) 보통 처리장에서는 1일 1회 정도 Jar−test 실시

① 수시로 변화는 유입원수의 수질에 대하여 최적의 응집제 주입상태를 유지할 수 없다.

② 장방형 침전지와 같은 연속류를 모사한 실험이므로 장방형침전지에서는 실험에서 얻은 주입률을 그대로 이용할 수 있으나

③ 고속응집침전지와 같은 순환형은 여러 기준을 이용하여 주입률을 정하고 운전 중에 수정할 필요가 있다.

④ 따라서 SCD, Zeta Potential Meter, Particle Counter 등을 이용하여 최적의 응집제량을 주입할 필요성이 있으며

⑤ 이를 이용하여 응집제 자동주입시스템을 구축할 필요도 있다.

2) 실험실에서 행해지는 Jar−test와 Full Scale의 급속혼화조 사이의 일정한 상사법칙이 적용되어야만 Jar−test에 의해 결정된 제반 혼화조건이 Full Scale에서도 유효하리라 판단된다.

따라서 최적 응집제 투여량 결정을 위해서는 Full Scale의 급속혼화조와 기하학적 상사성을 고려한 Jar를 사용해야 할 것으로 사료된다.

Key Point +

- 111회 출제
- 최근에는 Jar−test보다는 SCD에 대해서 많이 묻는 경향이 있음
- 76회 이후 2차례 면접고사에 출제
- 따라서 Jar−test의 한계점을 숙지하고 이 한계점을 극복할 수 있는 SCD, Zeta Potential Meter, Particle Counter를 꼭 기술할 필요가 있음

SCD(Stream Current Detector)

1. 개요

1) SC(흐름전류)의 정의 : 어떤 유체에 압력을 가하면 그 물체의 확산층에 있는 상대이온을 움직이게 하는 전원 또는 전류가 발생하는데 이를 SC라 한다.

2) SCD : SC를 측정하는 기기

3) SCD의 목적

① 원수의 탁도는 수시로 변하기 때문에 이에 따른 응집제 주입량을 자동 조절하여 최적의 응집 상태를 유지하고 응집제 주입량도 절감할 수 있다.

② 현재 처리장에서 실시(1~2회/day)하고 있는 Jar-test로는 수시로 변하는 유입원수에 수질에 즉각적인 대처가 어렵기 때문

2. 원리

1) SCD의 원리는 표면에 전하를 띤 물질을 부착시켜 놓고 유체 중에 반대 전하를 띠고 있는 입자가 흡착될 때 일어나는 흐름(Stream) 전류를 측정하는 것이다.

2) 즉, SCD는 실린더나 피스톤 표면에 전하를 띤 물체를 모터로 움직이면 유입수 중의 입자전하와 전기적 작용으로 전류가 발생하도록 한 것이다.

3. 영향인자

1) 온도 : 영향 미비

2) 시간 : 즉시~몇 분

3) 용존염류 : 10% 농도 이내에서 농도가 증가하면 SC 감소

4) pH : pH가 증가할수록 SC 감소

5) 유량 : 유량이 증가할수록 평형에 도달하는 시간 감소

4. 응용

1) 최적응집제량 결정

① On-line 제어 가능

② 수시로 변하는 원수수질에 즉각적인 대응이 가능

③ 응집제 자동 주입시설과 연계운영 가능

2) 약품량 절감, 응집효율 향상

3) SCD 방법은 용존성 유기물이나 조류성 물질의 입자처럼 표면 특성이 전형적으로 나타나지 않는 경우에는 부정확하므로 유입원수가 큰 폭으로 변하지 않고 균일하게 들어오는 경우에 적용이 편하다.

4) 대부분의 정수장에서는 응집제 투입량을 표면전하의 중화량 이상으로 투입하는 Sweep Coagulation 을 이용하고 있어 SCD의 측정에 의한 응집제 주입률 결정은 SCD와 실제 응집제 주입량과의 비례관계를 산정하여 활용하여야 한다.

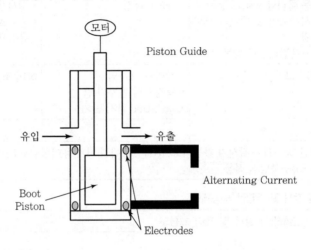

▣ D정수장 적정 약품주입량 결정 및 감시/제어 방안(예)

1) 원수수질 변화 및 유입유량 변동 시에도 실시간으로 최적화된 혼화공정 운영

2) 혼화효율 향상과 적정 약품량 주입으로 유지관리비 절감 및 양호한 처리수질 확보

3) 약품투입량의 실시간 On-Line 감시방안 도입

▣ 적정 약품주입률 선정 방안 검토

적정 약품주입률 선정 방안(3가지)	설계반영
1. CAST-V2에 의한 감시방법 2. Jar-Test에 의한 결정 3. 유동전하계에 의한 자동제어	3가지 선정방안 도입(CAST-V2) → 적정 약품주입률 정확도 제고

◼ 적정 약품투입 주입률 감시방법 검토

구분	CAST – V2	제타전위계	유동전하계
형상	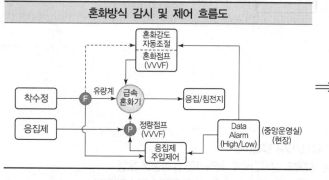		
장점	• 정밀한 Closing system 내장 • 자동 클리닝 System 장착 • 실시간제어 및 데이터 모니터링 • 자가운전시스템 작동	최적응집 시 입자의 Zeta Poten – tial값 측정	• 입자의 유동전하를 측정 • 실시간 On – Line 감시가 가능 • 혼화효율 Feed Back 감시 및 응집제 자동투입 가능
단점	장비가 고가임	• 장비가 고가임 • 측정치의 편차가 큼 • On – Line 감시 불가	장비 조작에 경험이 필요
선정	◉		
선정사유	실시간 On – Line 감시가 가능하고, 수질변화에 대처가 용이한 CAST – V2방식과 Jar – Test에 의한 DB구축방식 적용		

◼ 실시간 약품투입 감시 및 주입량 자동제어

혼화방식 감시 및 제어 흐름도	장점

혼화방식 감시 및 제어 흐름도

⇒ • 혼화 응집제 주입률 Feed – Back 조절
→ 원수량 변화 및 수질 변동 시 실시간 혼화공정 최적화
→ 적정 약품주입률 유지
• 응집제 약 10~25% 절감
• 양호한 처리수 확보

1) 적정 약품주입량 결정을 위해 3가지 주입방식 도입 → 정확도 제고
2) 실시간 On – Line 감시가 가능하고, 유지관리가 용이한 CAST – V2로 선정(기존시설 활용)
3) 유동흐름 전위 측정으로 적정 약품주입률 실시간 감시 및 제어

◼ 수중 CCTV에 의한 플록 영상감시

모식도	설계 적용

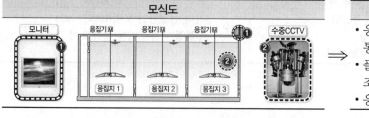

모식도

⇒ • 응집지 플록 현상 감시를 통한 응집효율 판단
• 플록형성 이상 시 약품투입 조절을 위한 신속한 대처
• 응집지 내부 영상 확인

■ 계측기기 설치 계획

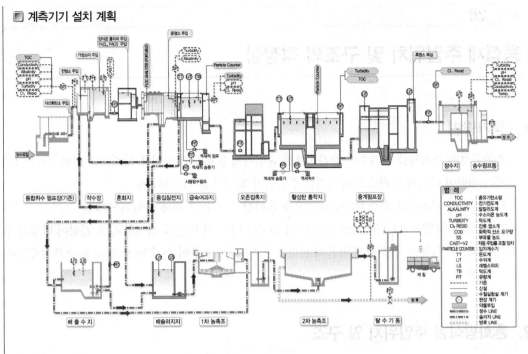

■ 자동 수질분석기 적용

◉ : 기존 설치　　◎ : 추가 설치

항목 구분	수온	탁도	pH	전기 전도도	알칼 리도	잔류 염소	SCD	입자 계수기	TOC	COD	SS	조류	비고
착수정	◉	◉	◉	◉	◉	◉			◎				
혼화지							◉						
침전지		◉			◉								
여과지	◎	◉	◉			◉		◎					
활성탄 흡착지	◎	◎						◎	◎				
정수지	◉	◉	◉	◉		◉							
방류수			◉							◉	◉		
적용 내용	\multicolumn{13}{l}{• 상수도 시설기준의 계측기기 설치 시설기준에 의거하여 설치 • 응집지에 플록 분석계(Portable)를 사용하여 플록 성장 정상 여부 판단}

Key Point ＋

116회, 130회 출제

응집제 주입위치 및 구조의 적정성

1. 평가방법

혼화공정은 응집제를 처리수와 순간적으로 균일하게 혼화시키는 것을 목적으로 하며, 이를 달성하기 위하여 다음의 조건을 만족시키는 주입위치 및 구조를 가져야 한다.

1) 응집제는 처리수와 순간적으로 균일하게 혼화될 수 있는 지점에 주입되어야 함

2) pH 조절제(알칼리제) 및 전염소 주입 시 전처리 약품 간 또는 응집제와 상호 간섭이 발생할 수 있으므로 일정한 시차(각개 약품이 완전히 혼화된 후)를 두어 순차적(전 또는 후)으로 주입하여야 함

2. 혼화방식별 주입위치 및 구조

2.1 낙차부 주입

1) 효율적인 교반이 되기 위해서는 10cm 이상의 손실수두가 발생하는 지점을 선택하여야 하며, 실질적인 효율 향상을 위해서는 40cm 이상이 좋다.

2) 위어길이 전체에 걸쳐 골고루 응집제를 주입하여야 하며, 위어 상부 30cm 이상 되는 지점에서 떨어뜨려 물속으로 침투될 수 있도록 하여야 한다.

3) 위어 하류에는 체류시간 1~2초 정도 되는 조가 형성되어 있어 낙하하는 물에 의해 발생한 난류가 체류할 수 있어야 한다.

2.2 완전혼화조(Completely Mixed Chamber – Back Mixing)

1) 최대한 교반기 임펠러 Tip 부근 또는 임펠러를 기준으로 원수가 유입되는 쪽으로 약간 치우친 지점에 주입한다.

2) 원수의 유출·입 Line은 대각선 방향으로 설치되어 있어야 하며, 만약 대각선 방향으로 설치되지 않은 경우에는 저류판을 설치하여 단회로를 방지하여야 한다.

3) 임펠러는 원수의 흐름을 직각 성분으로 힘이 가해질 수 있도록 설치한다.

2.3 관내 주입방식

1) 응집제가 주입된 후 단회로나 편류가 발생하면 효율이 크게 떨어지므로 응집제 주입위치를 다원화하거나 충분한 혼합이 가능하도록 응집제가 분산될 수 있는 위치에 주입하며, 그렇지 못할 경우 관내 중앙부위에 주입하고 혼화 후 충분한 혼합이 되도록 구조를 만들어 주어야 한다.

2) 관내 혼화장치(Mixer)는 관의 입구 또는 중간 부근에 설치되어야 하며, 관의 유출지점에 설치하는 것은 부적당하다.

3) 가급적 2개의 Line을 설치하여 고장 및 수리에 대비할 수 있어야 한다.

4) 관내 주입방식이 경우 관 내부구조를 살펴보는 데 어려움이 있고 운영 중 약품의 분포상태를 파악할 수 없다.

   ① 제작사에서 제공한 설계도면 등을 통하여 주입위치 및 구조의 적정성 등을 판단

   ② Zeta Potential 또는 유동전류(SC : Streaming Current) 분포조사결과를 참고할 수 있다.

2.4 pH 조절제 주입위치

1) 응집제 주입 전에 주입할 경우 응집제 주입 이전에 혼화가 완료될 수 있는 위치에 주입한다.

2) 응집제 주입 후에 주입할 경우 Floc 형성지에 도달되기 전에 혼화가 완료될 수 있는 지점에 주입한다.

→ 참 / 고 / 자 / 료

■ D정수장 약품저장 및 주입시설 개량(예)
　1) 약품저장 시설은 기존시설 활용(입찰안내서)
　2) 저장시설 : 저장탱크는 계획용량에 맞게 2기 이상으로 계획
　3) 주입시설 : 원수유입량 및 유입수질에 비례하여 자동조절(유량계 및 정량펌프 설치)

■ 설계기준 검토

구분	입찰안내서	상수도시설기준	설계반영
주입 시설	• 응집제, 알칼리제 주입설비 교체 • 수질, 수량, 약품의 특성 고려	• 종류와 성상에 따라 결정 • 최소~최대주입량까지 주입	• 튜브펌프＋전자유량계 방식 선정 • 수량, 수질에 따른 유량비례 주입
저장 시설	기존 시설 활용	계획 정수량 × 평균주입률	계획 정수량 및 평균주입률을 고려(10~30일분)
기타	기존 시설 활용	방액제, 중화장치, 폐액저류조 등	중화조 및 폐액저류조 설치

■ 약품사용계획 및 목적

구분		약품	주입지점	주입률(mg/L)			저장용량 (기존 시설)	저장 일수	비고
				최대	평균	최소			
주응집제		PACL(17%)	급속혼화설비	12.0	8.1	5.3	1,080m³	285일	30일분 이상
		PACS(17%)	급속혼화설비	11.8	6.1	5.3	540m³	156일	30일분 이상
응집보조제		양이온폴리머	급속혼화설비	1.0	0.5	0.2	6m³	16일	10일분 이상 (비연속)
pH 조정제	알칼리제	NaOH(45%)	착수정	21.3	17.0	1.6	270m³	22일	10일분 이상 (비연속)
	산제	CO_2	착수정	11.6	8.1	5.8	60Ton	10일	10일분 이상 (비연속)

주) 약품주입률은 x정수장 과거(2006~2008년) 운영자료 분석결과 적용

■ 저장(기존시설) 및 주입시설 계획

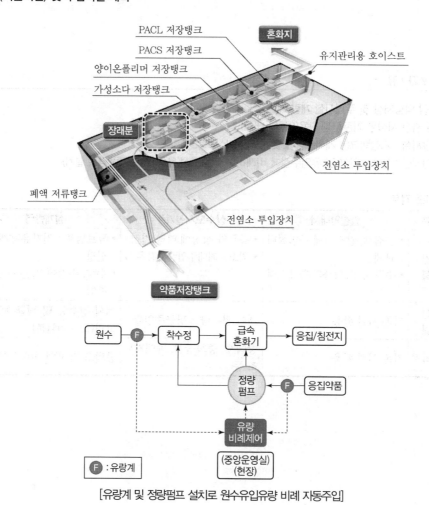

[유량계 및 정량펌프 설치로 원수유입유량 비례 자동주입]

1) 고도정수처리시설 도입으로 기존 분말활성탄 주입설비 철거, 안정적인 운영을 위한 저장용량 확보
2) 주입설비 : 유량비례주입(유량계 및 정량펌프 설치)
3) 주응집제 : 안정적 공급과 운영을 위해 30일 이상 저장용량 확보
4) 비연속 주입 응집약품 : 10일분 저장용량 확보하여 안정적 공급
5) 주입시설 : 원수유입유량 비례 자동조절 → 유량계 및 정량주입펌프(튜브펌프) 설치

■ 약품주입방식 비교 · 검토 및 선정

구분	튜브펌프 + 전자식 유량계	전자식 유량계 + 제어밸브	Rotor Dipper 방식
형상			
특징	• 튜브펌프로 가변속 운전에 의한 운전으로 투입량 조절 • 수위에 영향없이 정밀도 우수 • 원거리 수송 가능 • 유량제어범위 우수	• 자연유하에 의해 주입 지점으로 이송하며 전자 유량계에 의해 계측 후 제어밸브에서 투입량 조절 • 저장탱크 수위에 의한 주입량 조절 잦음	• Dipper Wheel을 가변속 모터의 동력전달 장치에 의해 회전시켜 투입량 조절 • 고점성 액체 정밀 이송 가능 • 증발이나 취기강한 약액 불리
선정	◉		
선정사유	원거리이송에 유리하고, 약품 주입량 오차 최소		

응집제 염기도와 인처리효율

관련 문제 : Schultz – Hardy 법칙, 하수처리시설 총인처리시설 관련

1. 개요

1) 인 제거를 위해서는 이론적으로 인 : 알루미늄=1 : 3 비율로 주입하여야 함

   ① 그러나 응집혼화방법과 원수조건을 적절히 유동적으로 변화시킴으로 그 값은 큰 폭으로 내려올 수 있다.

   ② 영향인자 : 원수의 SS 농도, 알칼리도, pH, 교반강도

2) SS농도가 낮은 영역에서 인을 제거하기는 상당히 어려움

   ① 특히 하수처리시설 2차 방류수의 경우 낮은 SS농도를 감안한다면 응집플록이 쉽게 형성되지 않을 우려가 있다.

   ㉮ 외부에서 인위적으로 응집핵을 투입하거나

   ㉯ 반송수를 사용하여야 함

   ㉰ 수중에 SS농도가 너무 낮으면 인성분과 Al화합물 간에 응집반응이 일어나도 침전이 불량하게 되어 인제거율이 저하될 수 있다.

   ② 인제거효율 저하를 유발

   ③ 따라서 인처리기술에서 가장 핵심적인 조건은 응집혼화 조건의 충족이다.

2. 용해성 인

1) 하수 중 용해성 인의 농도가 지역마다 차이가 있지만 60~80% 정도를 차지하고, 나머지는 입자성 인과 유기성 인이 20~40% 정도 차지

2) 용해성 인은 급속교반지에서 제거되지 않으면 후속처리시설(완속교반지, 침전지, 부상지 또는 여과지)에서 거의 제거가 되지 않는다.

   ① 따라서, 초기교반에 의한 혼화조건(순간혼화) 충족이 필요하다.

   ② 하수처리시설의 경우 처리수의 SS농도가 매우 낮아 응집핵이나 처리수의 SS농도를 높일 필요가 있다.

3) 응집제 선택

   ① 하수 중 인 제거를 위해 어느 하나의 응집제만을 선정하는 것을 불합리

   ㉮ Alum : 용해성 인을 효율적으로 제거

   ㉯ PAC : 입자성 SS나 인을 더 효율적으로 제거

㉲ 하수처리장에서 인의 규제를 보다 효율적으로 만족시키려면 Alum과 PAC 두 개의 응집제 주입탱크를 설치하여 두 개의 응집제를 동시에 병행해서 사용하는 것이 바람직하다.

② 용해성 인은 3가 염기도가 0인 알루미늄 이온을 좋아하고,

③ 입자성인 SS 성분들은 염기도가 높고 무기고분자성 응집제를 좋아한다.

3. 응집제 염기도와 인처리효율

1) 응집제의 종류에 따라 생성되는 응집플록 성장값이 다른 양상을 가짐

2) 응집제의 염기도

　① Alum의 염기도 : 0

　② PAC의 염기도 : 40~70% 범위

　③ 응집제의 염기도가 크다는 것은 응집능력이 우수하여 생성되는 응집플록성장값이 상대적으로 크다는 것을 의미

　④ 그러나 상대적으로 응집속도가 빠르므로 응집플록성장값이 크지만 국부응집반응(Local Coagula-tion)이 일어날 가능성이 크다.

　　㉮ 응집플록값이 균일하지 못하다는 단점을 발생

3) 염기도가 크다고 해서 좋은 응집제는 아님

　① 고탁도 유입 시 응집플록성장속도가 빠르므로 원수 성상에 따라 유리할 때도 있지만

　② 염기도가 40~50%일지라도 응집플록이 균일하게, 더 단단하게 생성시키는 것이 더 유리하다는 의미

　③ 따라서, 응집제는 제각기 독특한 특징을 가지므로 획일적으로 특정 응집제를 주입하는 것을 바람직하지 않다.

4) Schultz-Hardy 법칙과 Al 이온의 산화수 관계

　① 염기도는 OH/Al비가 클수록 증가하며, 응집성능은 이와 비례

　② 아래 표와 같이 산화수가 +4, +5, +7가 같은 이온이 생성되면 응집효과가 상승하게 되며, 뿐만아니라 플록의 크기도 향상된다.

5) 인처리효율

　① 염기도가 낮은 응집제일수록 인제거효과가 증가하고

　② 염기도가 증가할수록 입자성 물질의 증집효과가 더 증가

　③ 용해성 인은 알루미늄이온의 전하수가 +3 또는 +2 또는 +1일 때 가장 이상적인 짝이 된다.

○ 염기도와 Schultz – Hardy 법칙관계

Ion	Schultz – Hardy conc.	OH/Al	Basicity	Al charge
Al^{+3}	1	0	0	+3
$Al_2(OH)_2^{+4}$	1/2.8	1	33	+2
$Al_3(OH)_4^{+5}$	1/7.1	1.3	44	+1.67
$Al_{13}O_4(OH)_{24}^{+7}$	1/12.4	2.5	82	+0.54
$Al(OH)_3$	−	3.0	100	0

Stoke's 법칙

1. 정의

1) Stoke's 법칙은 독립침강하는 입자의 침강속도를 정의한 식으로
2) 침사지, 1차침전지 등의 입자침강속도를 구할 때 적용된다.

2. Stoke's 공식의 가정

1) Re < 1 정지유체 또는 층류층을 침강
2) 구형 또는 원형에 가까운 입자의 침강
3) 액체 중의 입자가 침전 시 크기, 형태, 중량의 변화가 없다고 가정
4) 침강하는 입자는 등속도로 침강한다.
5) 부유물질의 농도가 적고 응집성이 적은 경우

3. Stoke's 식의 유도

Stoke's 식은 입자의 중력과 입자에 작용하는 부력, 액체의 점성으로 인한 마찰저항력 이 3가지 힘
이 서로 평형을 이루면서 침강하기 때문에

3.1 입자의 중력(F_1)

$$F_1 = \rho_s \cdot g \cdot V \quad \cdots\cdots\cdots\cdots\cdots\cdots\cdots\cdots\cdots\cdots\cdots\cdots\cdots\cdots\cdots\cdots \text{(식 1)}$$

여기서, ρ_s : 입자의 밀도(g/cm³)

g : 중력가속도(cm/sec²)

V : 입자의 용적(cm³)

3.2 입자에 작용하는 부력(F_2)

$$F_2 = \rho \cdot g \cdot V \quad \cdots\cdots\cdots\cdots\cdots\cdots\cdots\cdots\cdots\cdots\cdots\cdots\cdots\cdots\cdots\cdots\cdots \text{(식 2)}$$

여기서, ρ : 액체의 밀도(g/cm³)

3.3 액체의 마찰에 의한 저항(F_3)

$$F_3 = \frac{1}{2} C_D A \rho V s^2 \cdots\cdots\cdots\cdots\cdots\cdots\cdots\cdots\cdots\cdots\cdots\cdots\cdots (식\ 3)$$

여기서, A : 입자의 단면적
C_D : 저항계수
$V s$: 입자의 침강속도

3.4 Stoke's식 유도

평형상태에서 입자의 중력과 저항력이 같게 되었을 때 등속침강이 일어나므로
$F_1 = F_2 + F_3 \rightarrow F_1 - F_2 = F_3$가 된다.

따라서 $(\rho s - \rho)g\ V = \frac{1}{2} C_D A \rho\ V s^2$가 된다.

위 식을 정리하면

$$Vs = \sqrt{\frac{2(\rho s - \rho)g}{C_D A \rho}} \cdots\cdots\cdots\cdots\cdots\cdots\cdots\cdots\cdots\cdots (식\ 4)$$

여기서, 입자가 구형이라면

$A = \frac{\pi}{4}D^2$, $V = \frac{\pi}{6}D^3$이 되고 (식 4)에 대입하여 정리하면

$$Vs = \sqrt{\frac{4D(\rho s - \rho)g}{3 C_D \rho}}\ 가\ 된다.\ \cdots\cdots\cdots\cdots\cdots\cdots (식\ 5)$$

저항계수 C_D는 입자의 형상에 따라 크게 달라진다. 만약 동일현상의 입자라면

$$N_{Re} = \frac{\rho D V}{\mu}$$

여기서, μ : 물의 절대점도(g/cm sec)

여기서, $N_{Re} < 0.5$일 때 C_D는 $24/N_{Re}$가 된다. $\left(C_D = \dfrac{24\mu}{\rho D V}\right)$

이 값을 (식 5)에 대입하면

$$Vs = \sqrt{\frac{4d^2(\rho s - \rho)\ Vs}{72\mu}}\ 가\ 된다.\ \cdots\cdots\cdots\cdots\cdots (식\ 6)$$

(식 6)의 양변을 제곱을 하면

$$Vs^2 = \frac{(\rho s - \rho)\ g\ d^2\ Vs}{18\mu} \Rightarrow Vs = \frac{(\rho s - \rho)\ g\ d^2}{18\mu}\ 이\ 유도된다.$$

4. 입자의 침강속도의 응용

Stoke's의 식으로부터 침강속도는

1) 입자와 액체의 밀도차에 비례 : 입자의 비중이 커야 한다.

2) 입자크기에 비례 : 응집을 통해 입자의 크기를 증가

3) 액체의 점도에 반비례 : 수온이 낮은 동절기에는 물의 점도가 증가하여 침전효율이 감소한다.

Key Point +

- 89회, 115회, 123회, 130회 출제
- 상기 문제의 경우 수질관리기술사의 기출문제처럼 공식을 유도하는 식보다는 입자의 침강속도와 관계된 문제, 즉 ① 이상적인 침전지 이론 ② 침전지의 침전효율 증가방안 등으로 변형된 문제가 출제될 가능성이 높다. 따라서 4항의 입자침강속도의 응용은 필히 숙지하기 바람

부유물질 침강과 수온과의 관계

1. 개요

1) 독립침강하는 입자의 침강속도 → Stoke's 법칙으로 표현

2) Stoke's 법칙에 의하면 수온 저감 시 침강속도 저하

2. Stoke's 법칙에 따른 입자의 침강속도

1) Stoke's 법칙

$$V_S = \frac{(\rho_S - \rho)gd^2}{18\mu}$$

여기서, V_S : 입자의 침강속도, ρ_S : 입자의 밀도(g/cm³)

ρ : 액체의 밀도(g/cm³), g : 중력가속도(cm/sec²)

d : 입자의 입경, μ : 점성계수(N · sec/m²)

2) 즉, 입자의 침강속도는 입자의 직경의 제곱에 비례하고, 점성계수(수온)에 반비례함

→ 수온이 낮을수록 침강속도 저하

3. 수온이 침강속도에 미치는 영향 및 대책

1) 영향

① 점성계수가 수온이 25℃와 5℃ 간에 약 2배 차이 남

② 따라서 동절기의 침강속도는 하절기의 약 1/2로 감소

2) 대책

① 침전지의 수온이 내려가지 않도록 덮개를 씌우거나 지하화

② 입자의 크기(위 식에서 d)가 커지도록 응집효율 향상

㉮ 응집 시 속도경사(G) 및 T값 증대 → 순간혼화

㉯ 플록 형성지 적정 GT값 유지 → 점감식 응집

㉰ 응집보조제 사용

4. 제안사항

1) 응집제 적정 주입을 위해 대규모 정수장에서는 5개 항목(수량, 수온, pH, 알칼리도, 전도도)을 이용한 응집제 자동주입 시스템을 채택하고 있다.

2) 수질 변동에 실시간으로 대응하기 위해서는 SCD, Zeta-potential Meter, Particle Counter의 계측치와의 상관관계를 위 시스템에 추가하여 운영하는 방안을 검토할 필요가 있다.

입자의 침강형태

1. 개요

1) 침전은 부유물질 중에서 중력에 의해 제거될 수 있는 침전성 고형물을 제거하는 조작으로 분리 속도는 입자의 침강속도에 의해 결정된다.

2) 침전의 형태는 부유물의 농도와 입자의 특성에 따라 다음과 같이 구분된다.

   ① Type Ⅰ(독립침전, 단독침강) : 부유 물질의 농도가 낮은 독립입자의 침전

   ② Type Ⅱ(응집침강, 간섭침전) : 부유 물질의 농도가 낮은 응결된 입자의 침전

   ③ Type Ⅲ(계면침강, 지역침전) : 부유 물질의 농도가 높은 응결된 입자의 침전

   ④ Type Ⅳ(압밀침강, 압축침전) : 부유물의 농도가 높은 고형물의 침전

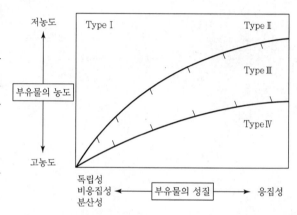

2. 입자의 침강형태

2.1 독립침전(단독침강 : Discrete Settling, Type Ⅰ 형 침전)

1) 특징

   ① 고형물의 농도가 낮은 비응집성 독립입자의 침전

   ② 입자의 농도가 높지 않고 응집제를 사용하지 않아 입자가 다른 입자의 방해를 받지 않고 단독으로 침강하는 형태

   ③ 침강속도는 Stoke's 법칙에 지배

2) 적용

   ① 침사지 Grit 침전

   ② 약품(응집제)을 사용하지 않는 보통 침전지에서 모래, 토사제거

   ③ 자연계의 호소 등에서 침전

2.2 응집침전(간섭침전 : Flocculent Settling, Type II 형 침전)

1) 특징

① 비교적 저농도 응집성 입자의 침전형태

② 침강속도가 서로 다른 입자가 충돌하고 결합하여 침강속도가 변함 : 입자의 질량이 증가하여 침전속도가 증가되어 침전되는 형태

③ 침강속도를 높이기 위해 응집제를 투입하여 입자를 응집시켜 Floc을 형성하여 침강시키는 형태

④ 독립입자침전과는 달리 수심은 입자제거에 영향을 주는 가장 중요한 인자

2) 적용

① 약품침전지의 침전부

② 최종침전지의 상부

2.3 지역침전(계면침강 : Zone Settling, Type III 형 침전)

1) 특징

① 응집 Floc의 농도가 높아 침강하는 Floc이 서로 격자구조를 형성하여 침강하는 형태

② 침전하는 현탁부분과 상부의 청정부분으로 경계면이 나타나는 침전형태

　　입자 상호 간의 인력에 의해 경계면 형성

③ 후반으로 갈수록 침전속도 저하

2) 적용

① Floc의 밀도가 높은 2차침전지

② 슬러지 농축조의 침전부

2.4 압축침전(압밀침강 : Compression Settling, Type IV 형 침전)

1) 특징

침강된 슬러지가 바닥에 쌓여 높은 농도가 될 때 상부 슬러지층의 중량에 의해 하부 슬러지층이 압밀을 받게 되어 간극수를 상부로 배출시켜 농축이 이루어지는 침전형태

2) 적용

① 고형물 농도가 매우 높은 2차 침전지의 슬러지 퇴적부

② 슬러지 농축조

Key Point ✦

- 89회, 115회, 123회 기출문제이며, 면접에서도 가끔 출제됨
- 입자의 침강속도(Stoke's 식)와 함께 숙지 요함
- 특히, 1-②항의 입자의 침강형태(Type I ~Type IV)별 침강형태와 그래프는 반드시 숙지하기 바람
- 하수처리장 2차 침전지 효율개선을 묻는 문제의 경우 위 내용을 정리하고 고형물 플럭스에 의해 설계해야 한다는 내용을 기술할 것

이상적인 침전이론

1. 개요

1) 표면부하율 $= \dfrac{Q}{A}$

2) 침전지에서 침전효율은 표면부하율이 작을수록 높다.

3) 유입유량이 일정할 경우 침전지의 수면적을 크게 함으로써 침전효율을 향상시킬 수 있다.

    이러한 원리를 이용 : 다층침전지, 경사판침전지

2. V_s가 균일한 경우

2.1 침전효율

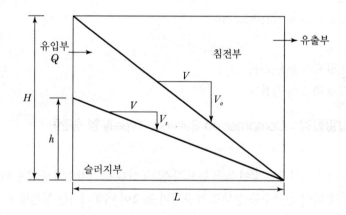

$$E = \frac{h}{H} = \frac{V_s}{V_o} = \frac{V_s}{\dfrac{Q}{A}}$$

$$V_s = \frac{h}{H}\frac{Q}{A}$$

    여기서, E : 침전효율, L : 침전부 길이, H : 침전부 높이

          V_s : 입자의 침강속도, Q : 유입유량

          A : 침전지 표면적

          V_o : 입자 100% 제거될 수 있는 침강속도(표면부하율)

2.2 이상적인 침전지 : 단락류, 밀도류 없음

1) 침강속도(V_s) > 표면부하율(V_o) : 100% 제거

2) 침강속도(V_s) < 표면부하율(V_o) : V_s / V_o의 제거율

2.3 침전지의 효율 증가

1) 입자의 침강속도(V_s)를 크게 : 응집제, 응집보조제의 사용

2) 침전지 수면적(A)을 증가 : 경사판 설치, 다층침전지

3) 유량(Q)을 작게 : 침전지의 중간에 상징수를 유출시키면 효율 상승

4) 침전지 내 밀도류, 단락류, 와류를 방지하여 침전효율을 증대

5) 침전슬러지를 자주 제거하여 슬러지 부패로 인하여 발생되는 혐기성 가스에 의한 침전효율 저하를 방지, 특히 Dead-space 방지

6) 침전지의 수평유속과 체류시간을 잘 조절한다.

3. V_s가 입경별로 다른 경우

1) 침전효율

$$E = (1 - x_o) + \frac{1}{V_o} \int_0^{x_o} V_s \, dx$$

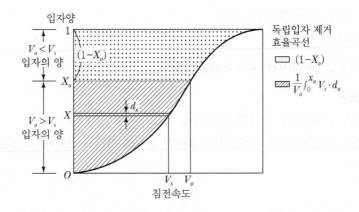

Froude Number

1. 개요

침전지 폭을 결정하는 설계 요소로서 지내의 유하유속을 결정해야 한다.

2. 횡류식 침전지의 지내 수류 흔들림

1) 수류 자체의 흔들림에 의한 것
2) 외부로부터의 영향

3. 난류도 : 수류의 흔들림

1) 수류 자체의 흔들림은 Re수에 의해 결정된다.

2) 레이놀즈수(Re) $= \dfrac{관성력}{점성력} = \dfrac{\rho \cdot d \cdot \nu}{\mu}$

　① Re $\leq$ 500 : 층류역(개수로 0℃)

　② Re $>$ 2,000 : 난류역

3) 실제침전지는 Re $\fallingdotseq$ 10,000 정도로 난류에 속한다.

4) 제거율 증가

　① Re식에서 ν(유속)을 줄이면 유리하다.

　② 그러나 유속을 줄이면 난류도가 감소하여 층류에 가까워지나 외부영향(바람, 온도)을 크게
　　받는다.

4. 수류의 안정성

1) 수류의 안정성은 Froude(Fr)수에 의해 결정된다.
2) Froude수는 무한소의 표면과 속도에 대한 유동속도의 비를 나타내는 무차원수이다.

3) $\mathrm{Fr} = \dfrac{관성력}{중력} = \dfrac{ma}{mg} = \dfrac{V}{\sqrt{g \cdot h}}$

　　　여기서, ν : 유체의 유속, g : 중력가속도, h : 유체의 수심

5. Re와 Fr의 관계

1) 유동을 층류에 가깝게 하기 위해 지내유속만을 작게 하면 Fr수가 작아진다.

　① 문제점

　　㉮ 외부로부터의 영양에 의해 수류의 안정성이 나빠져 수류가 흔들린다.

　　　• 밀도류(수온차, 탁도차, 밀도차)

　　　• 편류(바람, 유출입 불균형)

　② 대책

　　㉮ 지내유속 크게(Fr수 크게)

　　㉯ 정류벽 설치

　　㉰ 수면안정을 위한 복개 실시

2) 지내유속을 크게 하면 Fr수가 커져서 수류의 안정성은 증대되지만 다음과 같은 사항이 발생하므로 유속의 증가에도 한계가 있다.

　① 문제점

　　㉮ 표면부하율 증대 : 침전효율 저하

　　㉯ 침전슬러지 재부상 : 침전된 슬러지가 소류력에 의해 재부상하게 된다.

3) 수류의 안정조건만으로 생각한 이상적인 침전지

　① $Re = 500(Fr \geq 10^{-5})$ 정도로 하면 유체의 흐름은 개선된다.

　② 실제 침전지에서는 $Fr = 10^{-6}$ 정도가 된다.

한계유속(Critical Velocity)

1. 정의와 개요

1) 한계유속이라 함은 한계수심으로 흐를 때의 유속을 한계유속이라 하고 V_c로 표시한다.

2) 한계수심은 상류수심 h_2보다 작고 사류수심 h_1보다 크다.

2. 한계유속

1) 한계유속 V_c는 구형수로에서

$$V_c = \frac{Q}{bh_c} \quad \therefore Q = V_c bh_c$$

$$h = \left[\frac{aQ^2}{gb^2} \right]^{\frac{1}{3}} = \left[\frac{a\,V_c^2\,b^2\,h_c^2}{gb^2} \right]^{\frac{1}{3}}$$

$$h_c^{\,3} = \frac{\alpha\,V_c^2 h_c^2}{g}$$

$$V_c = \sqrt{\frac{gh_c}{\alpha}} \quad \alpha = 1 \text{이라 하면}$$

$$V_c = \sqrt{gh_c} \ \cdots\cdots\cdots\cdots\cdots\cdots\cdots\cdots\cdots\cdots\cdots\cdots\cdots\cdots\cdots\cdots\cdots\cdots\cdots \text{(식 1)}$$

2) (식 1)은 수심 h_c의 수로에서 장파가 전파하는 속도를 말한다.

3) 그러므로 한계수심으로 흐르는 수로에 있어서는 근사적으로 수류의 속도와 장파의 속도가 같다.

① 상류수심으로 흐르는 흐름에서는 장파는 $(\sqrt{gh} - V)$의 속도로 상류로 전파하고

② 사류수심으로 흐르는 흐름에서는 장파는 $(V - \sqrt{gh})$의 속도로 하류로 전파한다.

③ 이상과 같이 수로속의 유속 V와 장파의 전파속도에 의하여 상류와 사류로 구별할 수 있다.

3. Froude수(Froude Number)

1) V와 $\sqrt{gh}$의 비를 Froude수(Froude Number)라 하고 Fr로 표시한다.

$$\text{Fr} = \frac{V}{\sqrt{gh}} \ \cdots\cdots\cdots\cdots\cdots\cdots\cdots\cdots\cdots\cdots\cdots\cdots\cdots\cdots\cdots\cdots\cdots\cdots \text{(식 2)}$$

2) 특히 한계수심으로 흐를 때의 Froude 수는

$$\text{Frc} = \frac{V}{\sqrt{gh_c}} = 1 \quad \text{······························· (식 3)}$$

이며 Frc를 한계 Froude수(Critical Froude Number)라 한다.

3) Froude 수에 따른 흐름의 구별

① Fr < 1 : 상류

② Frc = 1 : 한계류

③ Fr > 1 : 사류

4) 그러므로 상류와 사류의 한계는 Frc = 1이다.

5) 침전지 폭을 결정하는 설계요소로서 지내의 유하유속을 결정해야 한다.

6) 수류의 안정성은 Froude(Fr) 수에 의해 결정된다.

7) 지내유속을 크게 하면 Fr 수가 커져서 수류의 안정성은 증대되지만 다음과 같은 사항이 발생하므로 유속의 증가에도 한계가 있다.

① 문제점

㉮ 표면부하율 증대 : 침전효율 저하

㉯ 침전슬러지 재부상 : 침전된 슬러지가 소류력에 의해 재부상하게 된다.

8) 수류의 안정조건만으로 생각한 이상적인 침전지

① Re = 500(Fr ≥ 10^{-5}) 정도로 하면 유체의 흐름은 개선된다.

② 실제 침전지에서는 Fr = 10^{-6} 정도가 된다.

Key Point ✦

• 84회, 101회 출제
• 출제 빈도는 높지 않으나, Fr, Re, 한계유속, 단락류, 밀도류와 관련하여 답안을 작성할 수 있어야 함

침전지 밀도류(Density Flow)

1. 개요

1) 밀도류란 침전지에 유입되는 고형물의 농도가 높아 밀도가 높은 물과 침전지에 있는 고형물의 농도가 낮아

2) 밀도가 낮은 물이 서로 혼합되지 않고 밀도가 높은 물이 침전지 내에서 층을 이루어 이동하면서

3) 국부적으로 유속이 빨라져 다량의 고형물이 침전지를 월류하여 침전효율을 저하시키는 현상

4) 또는 유입수의 온도가 침전지 내의 온도보다 낮은 경우에 유입수의 밀도가 큰 흐름을 형성하여 상기 3)의 현상을 나타내기도 함

2. 발생원인

1) 지내수와 유입수의 온도차 및 농도차

2) 침전지 유입측 정류벽의 부적절한 설치 또는 미설치

3) 침전지 월류위어구조의 부적절

4) 침전지구조의 부적절

5) 유입수의 고형물농도가 높은 경우

6) 유입수의 온도가 침전지 내부보다 높거나 낮은 경우

3. 문제점

1) **침전효율 악화** : 처리수질의 악화

2) 슬러지의 재부상 우려

   ① 조내의 슬러지가 전체적으로 확산되지 못하고 저부를 통하여 통과하기 때문

   ② 저부 통과유속(소류속도)의 증가

3) Dead Space의 증가로 **처리용량**이 감소 : 실질적인 처리용량 감소

4) 침전지 내부의 흐름이 난류상태로 될 우려

4. 대책

침전지 유출수 탁도는 여과효율을 고려하여 2NTU 이하 유지함이 바람직

4.1 유입부

1) 정류벽의 설치

① 침전지 유입부의 난류상태를 감소시켜 침전효율을 증대

② 침전지 유입부에 유공정류벽 또는 정류판을 설치

③ 유공정류벽

㉮ 유공정류벽의 구멍 총면적(총면적의 6~20%)

㉯ 구멍 유입속도 : 0.08m/sec 이하

㉰ 유입지역 내의 유속 : 1.0m/sec 이하

4.2 유출부 : 침전지 내 유속을 일정하게 하고 단락류 발생을 최소화

1) 정류벽 설치

2) 수중오리피스형 위어 설치

수면 아래 90cm 이내 설치가 바람직

3) 위어부하율

① 침전지 후반에 상승유속에 의한 Floc 재부상을 최소화

② 250m³/m/d 이하

③ 2단 위어 및 내부 배플 설치

4.3 침전지 내 수평유속

1) 침전지 내의 수류 분포를 평가하여 침전지 구조를 개선

① 수평유속은 침전속도보다 작게 유지

② 수평유속 : 40cm/sec 이하

4.4 침전지 복개

일교차나 바람에 의한 침전지 내 밀도류가 심할 경우

Key Point ♦

112회 출제

침전지 단락류(Short Circuiting)

1. 개요

1) 단락류란 침전지의 유입부와 유출부의 부적절한 설계 등으로 인하여
2) 침전지로 유입되는 유입수의 일부가 유출측까지 짧은 거리의 유선으로 흘러 월류되므로 국부적으로 유속이 빠르게 되어
3) 침전지의 침전효율을 저하시키는 현상을 말한다.

2. 발생원인

1) 침전지의 유입부와 유출부의 거리가 지나치게 짧은 경우
2) 정류벽의 구조가 부적절하여 균등한 수류분포가 이루어지지 않을 경우
3) 수온의 변화
4) 고탁도 원수의 유입 : 침전지 내 밀도류 발생
5) 외부의 영향(바람 등)으로 수류의 흔들림이 발생 : Fr수가 지나치게 작은 경우
6) 침전속도 < 수평유속

3. 문제점

1) 조저부 유속증가 : 슬러지부상, 처리효율 저하
2) 실제 체류시간 감소
3) 침전효율 저하
4) 후속처리시설의 효율저하

4. 대책

1) 침전지의 적절한 설계
   ① Re수와 Fr의 관계에 의한 적절한 설계
   ② 적절한 장폭비 설정
   ③ 유입부 정류벽의 구조 개선 및 설치
   ④ 유출부 위어의 적절한 설계 및 설치

2) 침전지의 중간부분에 중간정류벽의 설치

3) 수평유속 감소

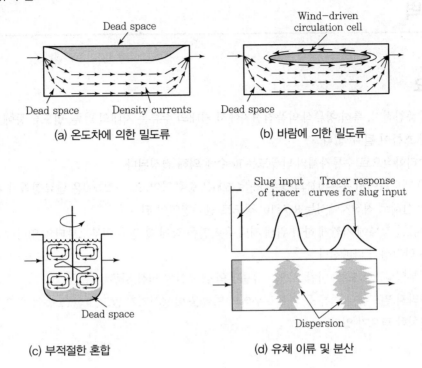

(a) 온도차에 의한 밀도류

(b) 바람에 의한 밀도류

(c) 부적절한 혼합

(d) 유체 이류 및 분산

정류벽

1. 개요

1) 약품침전지, 특히 횡류식 약품침전지에서 지내의 수류는 지내의 편류, 밀도류 등에 의해 이상적인 흐름이 될 수 없다.

2) 수리학적으로 수류자체의 난류도는 Re수에 의해 결정된다.

① 개수로에서 수온 0℃의 경우 Re ≤ 500은 층류영역, Re ≥ 2,000은 난류영역이다.

② 실제로 침전지에서는 Re≒10^4 정도로 난류영역이 된다.

3) 수류를 층류에 가깝게 하기 위해 지내 유속만을 작게 할 경우 외부로부터의 영향에 의하여 수류의 안정성이 나빠진다.

외부영향 : 밀도류, 바람, 유입·유출부의 불균일에 의한 편류

4) 따라서 밀도류나 편류 등 외부로부터의 영향을 발생시키지 않고 효율을 높일 수 있는 정류벽을 설치할 필요가 있다.

2. 기능

1) 지내의 유입수를 되도록이면 균일하게 유입

2) 지내수와 유입수 간에 생기는 수온차나 탁도차에 의한 밀도류나 바람이나 유입 유출의 불균일에 의한 편류를 방지

3) 유속과 유입의 변화에 따른 침전효율 저하를 방지

4) 에너지의 국부적 불균형을 시정하고 전체흐름이 가능한 한 균일하게 유입

5) 침전지 내 수평유속을 침전속도보다 작게 하여 가능한 한 난류상태를 억제하고 단회로 형성을 방지

3. 설치 시 고려사항

1) 정류공의 구경은 10cm 전후

① 개구면적이 너무 크면 : 정류효과가 줄어든다.

② 개구면적이 너무 작으면 : 정류공 통과유속이 과대하게 되어 Floc 파괴 우려가 있다.

2) **구멍의 면적** : 구멍의 면적은 수류층과 단면적의 6~20% 정도

3) 정류벽은 유입단에서 1.5m 이상 떨어뜨린다.

4) 저류판에 의해 유효침전구역으로 유입되는 하수의 유속 : 0.08m/sec 이하가 되도록 하며, 유입지
   점에서의 유속은 1m/sec 정도로 한다.
5) **2개 이상의 침전지인 경우** : 유입량을 균등히 하기 위해서 유입구에 수문을 설치하여 조정하는
   것이 좋다.
6) 정류벽의 정류효과를 적극적으로 활용하여 용량효율을 높이기 위하여 유입·유출부에 설치할
   뿐만 아니라 중간에 1~3개소에 정류벽을 설치
7) 중간 정류벽 설치 시는 슬러지 제거에 효과적인 방법을 고려
8) 침전지에 도류벽이나 중간 판을 설치하는 것도 검토
9) **원형침전지의 정류통의 직경**
   ① 침전지 직경의 15~20%, 수면 아래의 침수깊이는 90cm 정도 되도록 설치
   ② 정류통을 수면 아래 너무 깊이 설치하면 침전된 슬러지를 부상시킬 우려
   ③ 정류통을 너무 낮게 설치하면 단락류가 발생할 우려가 있다.

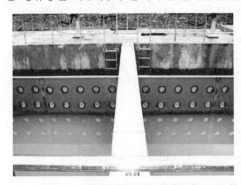 

10) 침전지에서 흐름에 대한 유입 유출구조의 영향

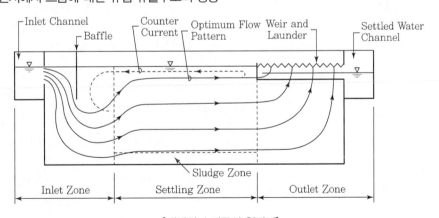

[재래식 수평류식 침전지]

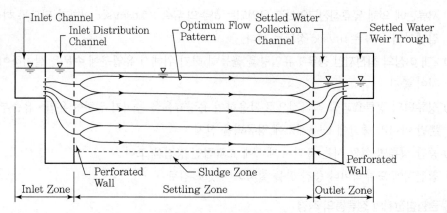

[유입, 유출 측에 정류벽이 있는 침전지]

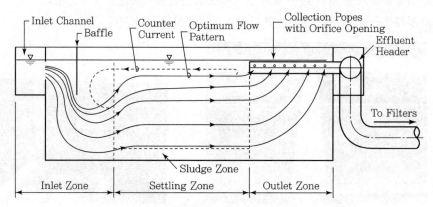

[유입 측 정류판과 유출수로 대신 유출관을 설치한 침전지]

경사판 침전지(Inclined Settler)

1. 침전이론

$$E = \frac{h}{H} = \frac{V_s}{V_o} = \frac{V_s}{\dfrac{Q}{A}}$$

$$V_s = \frac{h}{H} \frac{Q}{A}$$

여기서, E : 침전효율, L : 침전부 길이, H : 침전부 높이
V_s : 입자의 침강속도, Q : 유입유량
A : 침전지 표면적
V_o : 입자가 100% 제거될 수 있는 침강속도(표면부하율)

1) 상기의 침전이론에 의해 침전지 효율 향상을 위해 입자의 침강속도와 침전지 면적을 증가시킬 필요가 있다.

2) 따라서 침전지 내에 경사판을 설치하여 침전지 면적을 증가, 즉 표면부하율을 감소시켜 침전효율을 증가시킨 침전지를 경사판 침전지라 한다.

2. 장점

1) 일반침전지에 비해 수면적이 증가되어 표면부하율이 감소

2) 침전지 면적이 감소(동일한 면적의 경우 경사판에 의해 면적 증가효과)

$$A = n \cdot a \cdot \cos\theta$$

여기서, a : 경사판의 면적
n : 경사판의 설치개수
θ : 경사판의 설치각

3. 단점

1) 일반침전지보다 수류의 흔들림과 단락류의 영향이 크다.

2) 경사판에 부착된 미생물에 의해 막힘현상이 발생할 우려가 있다.

① 막힘에 의해 생성된 큰 슬러지의 침강에 의한 Floc 부상 우려 → 처리수질 악화

② 미생물 탈리에 의해 미세 Floc의 유출 우려

3) 경사판에 고착된 슬러지의 청소가 곤란하고 청소작업 시 경사판의 파손 우려

4) 동절기 결빙의 우려

5) 부착조류에 의한 피해 발생 우려

4. 설치조건

1) 경사판의 경사각은 약 60°로 한다.

2) 유입수를 균등하게 유입시켜 단락류를 방지해야 한다.

3) 침전지의 바닥, 유입벽, 유출벽 및 측벽과 경사판의 간격은 1.5m 이상으로 한다.

4) 청소 등에 의해 경사판의 파손을 방지할 수 있는 구조로 한다.

5) 경사판에 부착조류의 생성을 억제할 수 있는 방안이 필요하다.

5. 수평류식 경사판의 설치조건

1) 경사판 침전지의 표면부하율은 4~9mm/min으로 한다.

2) 경사판 침전지 내 평균유속은 0.6m/min 이하 : 약품침전지 0.4m/min

3) 경사판 내의 체류시간 : 경사판 간격이 100mm인 경우 20~40min

▶ 참 / 고 / 자 / 료

■ D정수장 침전 공정 개량(예)

1) 기존 시설의 이용으로 용량 증대를 고려한 수평류식 경사판침전지 계획

2) 유출유량 전량이 균등하게 침강장치를 통과할 수 있는 구조로 계획

3) 경사판침전지 재질과 두께는 청소 및 슬러지 하중에 견딜 수 있는 형식으로 계획

■ 설계기준 검토

구분	입찰안내서	상수도시설기준	설계반영
표면부하율	상수도시설기준 준수	수평류식 4~9mm/분	8.6mm/분
경사각	상수도시설기준 준수	60°	60°
평균통과유속	상수도시설기준 준수	수평류식 0.6m/분 이하	0.58m/분
경사판재질	부식 방지가 가능한 재질	─	HPVC

■ 시설 개요

구분	설계내용	
규격 및 형식	• 설계유량 : Q＝735,000m³/일(시설용량 700,000m³/일 × 1.05) • 계열 : 2계열, 12지(6지/계열) • 형식 : 수평류식 경사판 침전(HPVC, 4단 34열) • 규격 : W18.2m × L31.5m × H4.85m(경사판 : W17.9m × L16.5m＝295.4m²) • 표면 부하율 : 8.59mm/분 • 평균 통과유속 : 0.58m/분	
설계도	**개량 전(Q＝525,000m³/일)** 	**개량 후(Q＝735,000m³/일)**

■ 경사판 형식 선정

구분	수평류식	상향류식
효율	• 핀(Fin)부분을 통한 개별 독립침전구간 형성, 와류에 의한 응집효과로 수질이 우수 • 사영역(Dead Zone) 없이 침전지 유입부 균등 분배 흐름 형성	• 경사판 전, 후단의 유량이 불균등하여 편류 발생 • 유입유량 변동 시 편류로 처리 효율 저하 • 정밀 침전이 어려워 고탁도 시 불리
유지관리	• 경사판 재질이 마찰계수 및 표면조도가 낮아 슬러지가 잘 탈리되고 세척이 용이함 • 경사판이 경량이고 개별 탈부착 가능	• 경사판 단락류 및 편류발생이 높음 • PACK 방식은 경사판 개별 교체 불가 • 유출수로 일체형 경사판은 경사판 내부 청소 불가
내구성 안정성	• 10년 이상 옥외 현장 사용 중인 제품 • 음용수 수질기준 만족, 환경호르몬 발생 없음	• 비금속 재질의 경우 열화로 변질될 가능성 있음 • STS재질 경사판은 부식우려 있음
설치경향	국내 사용실적 증가 추세	국내 사용실적 둔화 추세
선정	◉	
선정사유	유입 유량 균등 분배, 최적 효율확보 및 유지관리성이 우수, 선진국에서 검증된 수평류식 경사판 선정	

■ 경사판 전산유체 해석(CFD)

1) 경사판 형식별 전산유체 해석 결과

구분		수평류식(A사)	상향류식(B사)	상향류식(C사)
해석결과	입면			
	단면			
결과 분석		• 3사 모두 침전지 내 영역 유속이 설계기준 이하로 평가되어 슬러지 재부상 우려 없음 • 침전지 전체영역의 유속분포 고려 시 수평류식 A사 경사판이 효율적인 침강에 가장 유리		

2) 적용 수평류식 경사판의 전산유체 해석 결과

① 사영역(Dead Zone) 없이 침전지 유입부 균등 분배 흐름 형성 → 편류 및 단락류 차단 우수

② 핀(Fin) 내부에서 하향류의 와류 형성 및 속도하강 형성 → 처리효율 및 처리수질 매우 우수

❖ 밀도류 및 단락류 최소화 방안

구분		내용
밀도류		경사판에 핀(Fin)을 부착하여 개구율 40% 미만의 정류벽 효과를 통해 침전지 전체 폭 방향에 균등한 흐름을 유도하여 침전효율을 높임(CFD 분석결과 참조)
단락류	저류판 설치	경사판 하단부와 바닥 간에 저류판을 설치하여 유입수가 침강장치로만 통과하도록 흐름을 유도하여 저류판은 슬러지 수집장치의 주행 시에만 개폐되는 구조로 반영
	측류방지판 설치	경사판 측면과 침전지 벽체 사이(100mm 이격) 측류방지판을 설치하여 단락류 차단

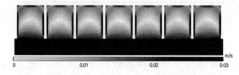

[경사판 내부(Fin) 유속분포]

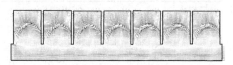

[경사판 핀(Fin)내부 흐름]

3) 경사판 침전지 평균통과유속 검토

① 국내수질은 계절별 수질 변동과 유량변화가 심하여 침전지 평균통과유속은 중요한 요소임

② 국내 상수도시설기준 평균통과유속 준수 → 0.6m/분 이하

처리유량	지수	지당 유량	경사판 시설규격	산출결과	상수도시설기준
735,000m³/일	12	42.53m³/분	W17.9m × L16.5m = 295.4m²	0.58m/분	0.6m/분 이하

4) 상수도시설기준 적정성 검토

구분	유입유량 (m³/일)	표면부하율 (mm/분)	평균통과유속 (m/분)	체류시간 (분)	월류부하율 (m³/m·일)	비고
시설기준	–	4~9	≤0.6	20~40	350~400	상수도 시설기준 만족
일최대유량	735,000	8.6	0.58	21	352	

① 효율 및 유지관리가 양호한 수평류 경사판 적용(기존 슬러지 수집기 운영에 따른 영향 없음)

② 입찰안내서의 제한 조건인 상수도 시설기준의 설계조건을 완전히 만족한 계획

→ 평균통과유속 0.58m/분, 표면부하율 8.6mm/분, 체류시간 21분, 월류부하율 352m³/m·일

Key Point ✦

경사판 침전지는 전술한 단점 등으로 인해 최근 적용이 감소하는 추세이므로 다소 출제 빈도는 떨어지는 문제이지만 이상적인 침전이론과 더불어 침전효율의 향상이라는 측면에서의 이해가 필요함

맥동형(Pulsator) 침전지

1. 개요

1) 맥동형 침전지는 침전지에 설치된 진공탑을 이용하여 진공의 발생과 소멸을 주기적으로 반복시켜

2) 물에 맥동현상을 가하게 되면 침전지의 하부에 Sludge Blanket을 형성하여

3) 침전지 하부에서 유입된 원수가 Sludge Blanket층을 통과하면서 유입수에 포함된 현탁입자 및 Floc 등이 여과 또는 흡착작용에 의해 제거되고

4) 처리수는 침전지 상부로 월류되는 형태의 침전지

2. 특징

1) 침전지 내 가동부분이 없어 유지관리가 용이

2) 약품투입량의 감소

3) 침전지 체류시간이 적어 시설의 용량이 작아진다.

4) Sludge Blanket의 유지에 기술이 필요

5) 과부하에 약하다.

6) 원수의 탁도가 지나치게 높거나 낮으면 처리효율이 저하

Key Point   +

고속응집침전지의 Sludge Blanket법과 비교하여 이해

침전지 설계조건

1. 서론

1) 침전지는 현탁물질이나 Floc을 중력을 이용하여 제거함으로써 후속되는 여과지의 부담을 경감시키기 위하여 설치한다.

2) 침전지는 침전, 저장, 완충 및 슬러지 배출 등의 기능을 수행한다.

3) 침전지의 기능이 원활히 수행되지 못하면 후속처리시설의 처리효율 악화를 유발하므로 정수 및 하수처리공정의 원활한 기능 수행을 위하여 적절한 설계조건에 의해 설계되어야 한다.

2. 유효수심과 평균유속

2.1 유효수심

1) **응집성 침전**

① 횡류식 침전지에서 Floc이 침강할 때 Floc 간의 침강속도 차이에 의해 서로 충돌하면서 응집되어 더욱 큰 침강속도의 입자가 되어 침전된다.

② 이와 같은 침전을 응집성 침전이라 한다.

2) 침전지에서 유효수심은 침강효율에 영향을 미친다. 즉, 수심이 깊은 침전지가 제탁효과가 좋다.

3) **침전지의 유효수심**

① 경험상으로 침전지의 유효수심은 수면적과 체류시간에 따라 달라진다.

㉮ 일차 침전지 : 2.5~4m

㉯ 이차 침전지 : 2.5~4m

㉰ 직사각형 침전지 : 3.5m

㉱ 원형 침전지 : 4.5m

② 수면적이 동일할 경우

㉮ 유효수심이 깊을수록 침전효율이 좋고

㉯ 수량 및 수질의 변동에 대해 안전하게 운전할 수 있으나

㉰ 수심이 과도하게 깊어지면 침전시간이 길어져 침전된 고형물이 부패할 우려가 있다.

③ 따라서 슬러지 제거설비, 침전슬러지의 저장, 침전된 고형물의 재부상 방지 및 유출수에 의한 소류를 방지할 수 있도록 충분히 검토하여 침전지의 유효수심을 결정하여야 한다.

④ 침전지의 여유고

    ⑦ 수위변화 및 바람에 의한 영향을 고려 : 40~60cm 정도

    ④ 필요 이상 여유고를 두게 되면 건설비가 증가하고 유지관리가 불편하다.

2.2 평균유속

1) 침전지 내 평균유속 : 0.3m/min 이하를 표준으로 한다.

유속이 너무 크면 침전을 저해하거나 침전된 슬러지를 부상시킬 우려가 있다.

3. 침전지 설계인자

3.1 수면적부하

1) 침전지에서 수면적부하는 제거대상물질의 부유형태에 따라 결정된다.

2) 침전지에서 제거되는 고형물의 제거율은 수리학적 체류시간(HRT)과 수면적부하에 의해 결정된다.

3) 일차 침전지의 수면적부하

    ① 계획일최대유입수량 기준 25~40m³/m²/일

    ② 동일용량에 경사판을 설치하면 수면적부하를 감소시킬 수 있다.

4) 이차 침전지의 수면적부하

    ① 계획일최대유입수량 기준 20~30m³/m²/일 정도

    ② Floc의 침강속도보다 적게 하여야 하나

    ③ 유입유량의 변동 및 유출수의 수질 등을 고려하여 결정하여야 한다.

3.2 침전시간

1) 침전시간은 수면적부하와 유효수심에 의해 결정

$$침전시간 = \frac{유효수심}{표면부하율}$$

2) 침전시간

    ① 일차 침전지 : 계획일최대수량에 대해 2~4시간

    ② 이차 침전지 : 계획일최대수량에 대해 3~4.5시간

3) 고려사항

저유량 시에도 침전물이 부패하지 않도록 하여야 한다 : 부패는 악취 및 침전물의 용해, 후속처리시설의 과부하 유발 우려

3.3 위어월류부하

1) 위어월류부하
  ① 일차 침전지 : 125~250m³/m/일
  ② 이차 침전지 : 150~190m³/m/일
  ③ 위어월류부하가 부족할 경우
    ㉮ 유출유속이 빨라져 침전가능물질의 유출이 발생할 수 있으므로
    ㉯ 유입하수의 성상, 유량변동 등을 고려하여 결정하여야 한다.

2) 설치목적
  ① 침전지 내 유속의 불균형으로 난류가 발생되어 침전효율이 떨어지는 것을 방지
  ② 즉, 유속이 균일하게 유지되어 침전성 향상을 도모

3.4 고형물부하

1) 이차 침전지는 부유물질농도가 매우 높아 침전속도가 늦으므로 고형물부하를 고려하여야 하며
2) 고형물부하와 수면적부하에 의한 소요면적 중 큰 값을 선택하여 침전지 표면적을 결정하여야 한다.
3) 고형물부하는 침전실험을 통하여 결정하여야 한다.
4) 이차 침전지의 고형물부하
  고형물부하 : 150~170m³/m²/일

3.5 정류설비

1) 침전지 유입부 내 난류상태를 최소한으로 감소시키기 위하여 유입부에 유공정류판 또는 정류판을 설치한다.
2) 유공정류판 구멍의 면적 : 정류판 총면적의 6~20%

3.6 기타

1) 스컴제거장치
  일차 및 이차 침전지의 처리효율을 증대시키기 위해 스컴제거장치를 설치해야 한다.

2) 슬러지제거장치
  침전된 슬러지를 교반시키거나 부상되지 않도록 한다.

Key Point ✦

119회, 125회, 126회 출제

조정시설

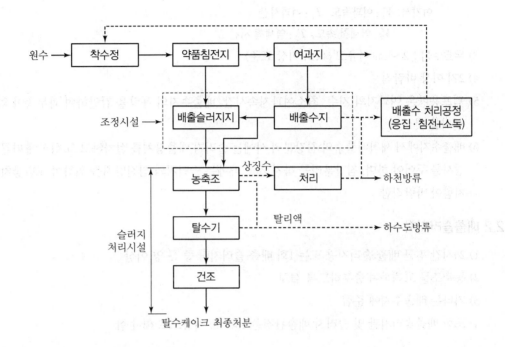

1. 조정시설

배출수지와 배출슬러지지로 구분된다.

1.1 기능

1) 배수의 시간적 변화, 조정
2) 농축 이후의 후속 처리로 연결된 시설
3) 상징수의 재이용, 방류하기 위한 시설
4) 배출슬러지지는 슬러지의 저류조 기능
5) **농축조 이후 시설에 대해 부담 경감** : 농축조, 탈수기의 용량감소 및 처리효율 향상
6) 착수정으로 상징수를 보냄
7) 배출 슬러지의 양과 질을 조정하는 시설

2. 기능 및 용량

2.1 배출수지

1) 용량 : 1회 세척배출 수량 이상

2) 2지 이상 : $q_f = A(V_1 T_1 + V_2 T_2) + \alpha$

　　　　여기서, V_1 : 여과속도, T_1 : 여과시간
　　　　　　　　V_2 : 역세척 속도, T_2 : 역세척 시간

3) 유효수심 : 2~4m(여유고 60cm 이상 표준)

4) 2지 이상 바람직

5) 펌프용량은 여과지의 지수, 최소여과지속시간, 배출수지의 용량을 감안하여 과부족이 없도록 설치할 것

6) 배출수지에서 세척배출수의 침강분리 시에는 슬러지 배출장치를 설치하고 그 형식에 따른 지저 경사를 두어야 하며, 침강분리를 하지 않을 때에는 슬러지의 침전방지를 위하여 교반장치를 설치함이 바람직함

2.2 배출슬러지지

1) 24시간 평균 배출 슬러지량 또는 1회 배출 슬러지량 중 큰 양 이상

2) 농축조를 고려하여 충분하도록 설치

3) 기타는 배출수지에 준함

4) 또한 배출슬러지관 및 슬러지 배출관경은 150mm 이상으로 해야 함

2.3 농축조 : 회분식, 연속식 농축조

1) 용량 : 계획슬러지량의 24~48시간 분

2) 고형물 부하 : 10~20kg/m²일, 2조 이상

3) 여유고 : 30cm 이상

4) 바닥경사 : 1/10 이상

5) 슬러지 인출관 : ϕ200mm 이상

2.4 탈수기

1) 기능 : 슬러지를 최종 처분하기 전에 부피를 감소시키고 취급이 용이하도록 한다.

2) 고분자 응집제 첨가 탈리액은 정수처리공정에 반송하여서는 안 된다.

2.5. 배출수 처리공정

1) 기능 : 역세척배출수 처리 후 착수정으로 반송하여 재이용한다.

2) 응집ㆍ침전 공정으로 구성되며 필요시 소독공정을 추가한다.

3) 고속응집침전지 또는 ACTIFLO 등을 적용한다.

3. 고려사항

1) 배출수 처리시설에서 유기고분자 응집제와 같은 약품을 사용하는 경우 조정조 혹은 농축조 상 징수를 정수공정으로 회수하지 않아야 한다.

2) 소규모시설에서는 배출수지와 배출슬러지지를 구별하여 설치하지 않고 양자의 기능을 한 지에 서 처리할 수 있다.

4. 제안사항

1) 하천으로의 방류는 부영양화나 오염부하를 일으키므로 직접 방류하지 않고 하수처리장으로 유 입하여 연계처리하는 것이 바람직함

2) 슬러지 및 역세척 처리방법에 대한 문제로 자주 출제되므로 조정시설의 기능, 구성 및 용량에 관 한 내용 외에도 슬러지의 처리 및 처분방법까지 숙지할 것

→ 참 / 고 / 자 / 료

D정수장 배출수처리시설 공정계획(예)
1) 여과지 및 활성탄흡착지 역세척 배출수는 착수정으로 회수
2) 고농도의 조류 발생 시 처리 가능한 시설 필요
3) 유지관리 및 수질 안정성을 위한 설비 확보

설계기준 검토

구분		입찰안내서	상수도시설기준	설계반영
지수		2지 이상	2지 이상	2지
용량	배출수지 (회수조)	여과지 1지, 활성탄 흡착지 1지 동시역세척유량	1회 여과지 세척 배출수량 이 상이나 지수가 많을 시 2지 동시 역세척분	3, 4회분 (1, 2회분)
	배 슬러지지	2, 3계열 침전지, 청계천 유지용 수 처리용량	24시간 평균 배슬러지량과 1회 배슬러지량 중 큰 것	2, 3회분
	설비	회수관로 유량계 및 염소주입 장치, 여과사 제거장치	관련 사항 없음	회수관로 유량계/염소주입장치

■ 시설개요

구분	배슬러지지	활성탄흡착지 역세척수 회수조
배출수량	• 2, 3계열 침전지 : 6,236m³/일(12지) • 배출수지 : 998m³/일 • 청계천 유지용수 : 1,070m³/일(4지)	활성탄흡착지 : 913.9m³/회
규격	W5.7m × L26.0m × H5.4m × 2지(1지 증설)	W16.1m × L19.1m × H3.5m × 1지
유효용량 및 평가	• 유효용량 : 1,600.6m³ • 저류가능회수 : 2, 3회분 　– 침전지, 청계천 유지용수 동시 배출량 고려	• 유효용량 : 1,076.3m³ • 저류가능회수 : 1.2회분
부대설비	배출수지에 회수관로에 유량계 및 염소주입시설	회수펌프
비고	조류 유입 시, 원수수질 악영향 방지를 위해 배출수지에 처리 후 염소 주입	활성탄흡착지 유입수 탁도가 0.1NTU 이하로 역세척수 수질이 양호하므로 처리 없이 직접 회수조를 통해 착수정 회수
단면도		

1) 여과지, 활성탄흡착지 역세척 배출수 → 배출수지 및 역세척수 회수조에 저류 후 착수정으로 회수
2) 침전지, 청계천유지용수 배출슬러지 → 배슬러지지 저류 후 농축, 탈수처리
3) 회수배관에 유량계 및 염소주입장치 설치

Key Point +

112회, 116회, 121회, 130회, 131회 출제

배출수 및 슬러지 처리시설(조정시설)

1. 개요

　　1) 정수처리공정에서는 응집 · 침전 공정의 슬러지와 여과지 역세척배출수가 발생함

　　2) 슬러지는 조정시설을 거쳐 적정 처리 · 처분되고, 배출수는 처리 후 반송되어 재이용됨

2. 조정시설 구성 및 기능

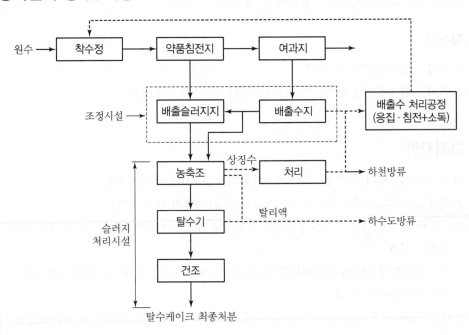

2.1 배출수지

　　1) 기능 : 역세척수 저류

　　2) 용량 : 1회 세척배출수량 이상

2.2 배출슬러지지

　　1) 기능 : 슬러지 저류, 슬러지량 · 질 조정

2) 용량

- 24시간 평균 배출슬러지량 또는 1회 배출슬러지량 중 큰 값
- 농축조를 고려하여 충분하게 산정

2.3 배출수 처리공정

1) 기능 : 역세척배출수를 처리하여 착수정으로 반송하여 재이용

2) 응집 · 침전 공정으로 구성되며 필요시 소독공정 추가

3) 고속응집침전지 또는 ACTIFLO 등 적용

2.4 농축조

1) 용량 : 계획슬러지량의 24~48시간분

2) 2조 이상 기준(배슬러지지 용량이 큰 경우 1조로 구성)

2.5 탈수기

1) 가압, 진공, 원심탈수기 적용

2) 예비 포함 2대 이상 설치(천일건조상 용량이 큰 경우 1대 설치)

3. 고려사항

1) 소규모 시설에서는 배출수지와 배출슬러지지를 1지에서 처리 가능

2) 역세척배출수는 적정처리 후 착수정으로 반송(여과지 반송 지양)

3) 규조류 발생 시에는 조류의 농축현상이 발생할 수 있으므로 반송하지 않고 배슬러지지 또는 농축조로 배출

4) 맛 · 냄새 문제, 크립토스포리디움 등 원생동물 오염방지를 위해 배슬러지지의 상징수는 정수공정으로 반송하면 안 됨

5) 수도사업시설은 「물환경보전법」에 따른 폐수배출시설이므로, 배출수를 하천에 방류 시 배출허용기준을 준수하여야 함

4. 제안사항

중소규모 정수장은 농축공정까지만 처리하고 이후 공정은 위탁처리하거나 하수처리장으로 이송하여 처리하는 방안 검토 필요

Key Point +

- 129회 출제

정수장슬러지 처리 및 처분

1. 정수장슬러지의 종류

1) 응집침전슬러지 : Alum 슬러지, 고분자응집제슬러지, 소석회슬러지 등

2) 역세척슬러지

3) 분말활성탄슬러지

2. 정수장슬러지의 특징

1) 정수장슬러지는 주로 $Al(OH)_3$, 점토, 미생물이 포함되어 있음

2) 하수슬러지와는 달리 유기물의 함량이 매우 적은 것이 특징

   그러나 수원의 오염증가와 부영양화로 인해 유기물성분의 증가 추세

3) 주입되는 약품에 따라 화학적인 조성이 상이

4) 탈수성이 나쁘다.

   ① 응집된 슬러지보다는 연수화나 철·망간을 제거시킬 때 생성된 슬러지가 훨씬 탈수가 잘된다.

   ② Alum 슬러지는 팽화(Bulky)하여 끈끈하며 탈수시키기가 어렵다.

5) 친수성

6) 압축성이 큰 수화된 Floc을 형성

7) pH가 평균 7이다.

8) C/N비는 약 11이다.

9) 산성화를 억제하는 완충능력을 가지고 있다.

10) pH 2에서 Al 용출이 많다.

11) 정수슬러지와 토양의 혼합의 경우 퇴비화 물질과 Al 유기복합체를 형성하므로 Al 용출은 거의 없다.

3. 정수장슬러지 계통도

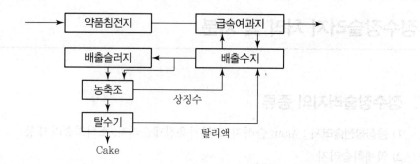

4. 배출수처리시설

4.1 조정시설 : 배출수지와 배출슬러지지로 구분

1) 기능

① 배수의 시간적 변화 조정

② 농축 이후의 일정처리로 연결된 시설

③ 상징수의 재이용, 방류하기 위한 시설

④ 배출슬러지는 슬러지의 저류조 기능

⑤ 농축 이후 시설에 대한 부담을 경감 : 농축조, 탈수기의 용량감소, 처리효율 향상

2) 배출슬러지조

① 24시간 평균배출슬러지량 또는 1회배출슬러지량 중 큰 값 이상

② 유효수심 : 2~4m

3) 배출수지

① 여과지 세척배수(SS 100~200mg/L) 유입

② 용량 : 1회 세척배출수량 이상

③ 유효수심 : 2~4m(여유고 60cm 이상 표준)

④ 1지당 세척배출수량 Q_f(m³/회지)$= A \times (V_1 T_1 + V_2 T_2)$

여기서, A : 여과면적(m²/지)

V_1 : 표면세척속도(m/min)

T_1 : 표면세척시간(min/회)

V_2 : 역세척속도(m/min)

T_2 : 역세척시간(min/회)

4.2 농축조

1) 탈수효과를 높이기 위해 슬러지의 고형물 농도를 높이는 시설

2) 중력식 농축조 사용

3) 용량 : 계획슬러지량의 24~48시간 분

4) 유효수심 : 3.5~4m

5) 여유고 : 30cm 이상

6) **고형물부하율** : 10~20kg/m² day, 2조 이상

7) **바닥경사** : 1/10 이상

8) 슬러지 인출량 : ϕ200mm 이상

4.3 탈수기

1) 기능 : 슬러지를 최종처분하기 전에 함수량을 감소시켜 부피를 감소시킴으로써 운반 및 최종처분을 용이하게 함

2) 고분자응집제 첨가 탈리액은 정수공정으로 반송하여서는 안 된다.

5. 처분

1) 해양투기

2) 매립

3) 토지살포

4) 소각회 이용

5) **하수처리시설과의 연계처리** : 정수장에서 생산되는 슬러지나 역세척 배수를 하수처리장과 연계처리할 경우 대부분의 상수슬러지는 일차 침전지에서 제거되며 이차 설비에서도 나쁜 영향을 주지 않는 것으로 알려져 있음

6. 제안

1) 하천으로의 방류는 부영양화나 오염부하를 유발할 수 있기 때문에

2) 직접 방류하지 않고 하수처리장과의 연계처리를 적극적으로 검토

Key Point +

130회 출제

정수슬러지 수집장치

정수슬러지의 수집장치별 특징은 다음과 같다.

항목＼형식	수중대차식	체인플라이트식	압축공기구동진공흡입식
구조			
개요	물속에서 주행하는 레일 위에 스크레이퍼를 갖춘 대차가 스테인리스 와이어로프에 의해 왕복운동을 하면서 슬러지를 호퍼 쪽으로 끌어 모은다.	물속의 레일을 따라 주행하는 순환체인에 고정된 플라이트가 지내를 회전하면서 연속적으로 슬러지를 호퍼부로 긁어모은다.	물속의 가이드레일을 따라 공기에 의해 주행하며 수두차를 이용하여 헤드 파이프에 의하여 슬러지를 모아 슬러지 배출호스로 배출한다.
제거효율	연속운전으로 양호	연속운전으로 매우 양호	연속운전으로 양호
적용조건 — 폭	• 최대 10m : 로프장력 한계 • 2수로 1구동 가능	• 수로 4.5~6m(이상일 때 중앙격벽) 수중축, 플라이트 등의 강도 및 하중 제한 • 2수로 1구동 가능	• 수중폭 8.23m • 1수로 1구동
적용조건 — 길이	최대 100m	20~50m(금속제 체인 : 80m)	제한 없음
장점	• 물속구조가 대차로서 간단한 구조이며 스테인리스 로프를 사용하므로 보수가 드물다. • 사계절 운전이 가능하며 유지관리가 쉽다. • 수몰식으로 주위경관과 무관하다. • 스크레이퍼가 호퍼에 도달되었을 때 슬러지가 배출되므로 고농도의 슬러지 배출이 가능하며, 불필요한 처리수의 유출이 적다. • 침전량 증가를 위한 침전지의 경사판 설치가 가능하다. • 구조가 간단하여 유지보수가 용이하고 내구성이 체인플라이트식에 비해 1.5~2배 정도 길다. • 대차 전진주행 시는 슬러지 수집이 완전하며 후진 시에도 침전물을 교란시키지 않음 • 구동동력이 다른 기종보다 적게 든다. • 침전지 청소 시에 방해되지 않는다.	• 운전이 간단하여 자동화가 적합하다.(타이머에 의한 시간조절 운전 가능) • 가장 많은 양을 처리할 수 있다. • 긁어모으는 속도가 일정하고 연속적으로 또한 저속운전이 가능하여 긁어모으기 효과는 매우 좋다. • 비금속 재질을 사용함으로써 내마모 및 내식성이 크다. • 수몰식으로 주위경관과 무관하다. • 사계절 운전이 가능하다.	• 침전지 길이에 무관하게 설치할 수 있다. • 가동 중 인양장치로 침전지의 배수 없이 유지보수가 편리하고 간단하다. • 고농도의 고형물이 다량으로 침전된 경우에도 장비의 파손이 없다. • P.L.C를 이용한 공정의 자동화로 거리조정, 배출주기 제어 등 원활한 배출수 관리에 적합하다. • 수집기의 위치를 패널을 통하여 정확히 감지할 수 있다. • 슬러지를 직접 외부로 배출할 수 있기 때문에 슬러지 인발밸브의 설치가 필요 없다.
단점	• 인장에 의한 로프의 처짐이 있어 수시로 조정해야 할 필요가 있다. • 불평형에 의해 레일에서 탈선할 우려가 있다. • 많은 양의 슬러지 처리는 어렵다. • 대차의 정역변환 시 리미트 스위치 등의 고장에 따른 기계적 장치의 고장이 치명적일 수 있다. • 기계의 장기간 고장 시 다량으로 누적된 슬러지를 처리할 경우 기기의 과부하가 걸릴 우려가 있다.	• 물속의 주행하는 체인은 장력을 조정할 필요가 있어 보수점검이 어렵다. • 체인의 강도와 수로폭의 제약을 받음 • 침전된 슬러지가 플라이트판의 회전 및 진동에 따라 교란될 우려가 있다. • 수중설치부의 고장가능성이 높다. • 체인의 장력을 감안할 때 침전지의 길이가 제한된다. • 기계의 장기간 고장 시 다량으로 누적된 슬러지를 처리할 경우 기기의 과부하가 걸릴 우려가 있다. • 침전지 청소 시에는 플라이트가 방해된다.	• 슬러지 배출호스가 동파되는 현상이 발생될 수 있음 • 슬러지 배출 시 불필요한 처리수의 유출이 많다. • 경사판(판과의 접촉이 발생되어 슬러지의 침강을 방해하여 슬러지의 부상이 우려됨 • 전원공급이 단전되었을 경우, 운영자가 임의로 Setting한 중앙제어 패널의 운영프로그램을 새로이 설정해야 한다. • 공기 공급라인에 결로현상이 발생할 수도 있다.

D 정수장 침전슬러지 수집 및 인발 검토(예)

■ D슬러지수집기 기종선정

구분	수중대차식	Trac-Vac	Chain Flight식
형상			
개요	물속 레일 위의 스크레이퍼 대차가 와이어에 의해 왕복으로 슬러지 배출	물속 레일 위의 슬러지 수집기가 압축공기에 의해 슬러지를 진공흡입으로 배출	물속에 고정된 플라이트가 연속적으로 슬러지를 배출
장점	• 슬러지 제거효과 우수 • 침전지 길이에 무관하므로 경제적임 • 운전이 간단하며, 거리조절 등 자동화 가능	• 설치가 간편하며 침전지 배수 없이 유지보수 가능 • 수집거리 및 배출주기 자동 제어로 고농도 슬러지 인발	• 고탁도 수질, 다량의 오니 발생 침전지에 적합함 • 단방향 연속운전이므로 제어가 간단함
단점	• 주기적인 로프 조정 필요 • 보수 시 침전지 배수 필요	• 공기압 배관 및 슬러지 배출관이 추가됨 • 고탁도 시 배출능력에 한계가 있음 • 슬러지 배출농도가 낮아 슬러지처리시설 부하 증대	• Chain 및 Flight의 보수 시 지내 배수 필요 • 휨 현상 및 구동체인의 변형으로 고장발생 빈도가 높음
선정	◉		
선정사유	슬러지 제거효과가 우수하고 자동제어가 가능한 기존 수중대차식 슬러지 수집기 활용		

■ 슬러지 배출 설계 적용

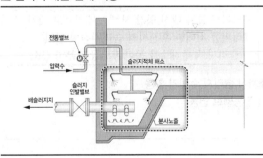

• 압력수 분사방식의 슬러지배출장치 설치
  → Rabbit Hole 및 Bridge 현상 방지
• 흡입관 흡입개소 확대로 사공간 제거
• 침전슬러지 인발효과를 높이기 위해 호퍼를 지당 4개소씩 설치
• 슬러지 걸림방지를 위해 나이프게이트밸브 설치
• 스컴 제거기 설치(침전지 유입부)

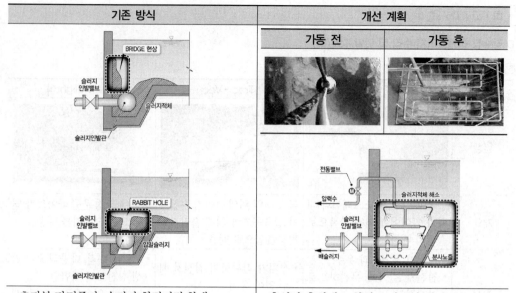

기존 방식	개선 계획	
	가동 전	가동 후

기존 방식	개선 계획
• 호퍼부 단면증가, 슬러지 침전면적 확대 • 슬러지층 형성에 의한 Rabbit Hole 및 Bridge 현상 발생	• 흡입관 흡입개소 확대로 사공간 제거 • 압력수 분사방식으로 Rabbit hole 및 Bridge 현상 제거

▣ 침전지 슬러지 적체 방지

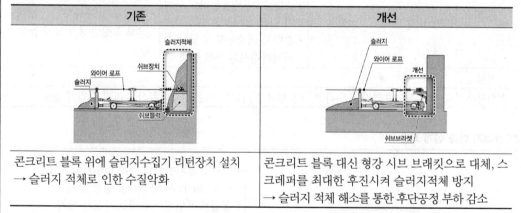

기존	개선
콘크리트 블록 위에 슬러지수집기 리턴장치 설치 → 슬러지 적체로 인한 수질악화	콘크리트 블록 대신 형강 시브 브래킷으로 대체, 스크레퍼를 최대한 후진시켜 슬러지적체 방지 → 슬러지 적체 해소를 통한 후단공정 부하 감소

1) 슬러지 연속제거 및 제거효과가 우수한 기존 수중대차식 슬러지 수집기 활용
2) 원활한 슬러지 인발을 위한 구조 → 슬러지계면계와 전동밸브 연동
3) 슬러지 적체 해소를 통한 후단공정 부하감소

유효경과 균등계수

1. 유효경

1.1 정의

1) 체분석을 통하여 전체 중량비의 10%가 통과하였을 때의 최대 입경(D_{10})을 말한다.

2) 유효경 : 급속여과 0.45~1.0mm, 완속여과 0.3~0.45mm

3) 여과사 : 최대경 2mm, 최소경 0.3mm

1.2 제한 이유

1) 세사를 사용할 경우

① 여과는 표면여과의 경향이 크다.

② 여층에 억류되는 탁질량이 적다.

③ Mud Ball이 생성되기 쉽다.

④ 여과 지속시간이 짧아진다.

⑤ 역세척 유속이 작아도 된다. → 동력비 절감(적은 동력으로 충분한 팽창률 확보)

⑥ 사층의 두께를 줄일 수 있다.

⑦ 여과수질이 대체로 양호하다.

2) 조사를 사용할 경우

① 내부여과경향이 크다.

② 여과지속시간과 여과속도가 증가할 수 있다.

③ 역세척 속도가 커야 하고, 사층의 두께도 크게 해야 한다.

④ 탁질 억류량이 많다.

2. 균등계수

2.1 정의

중량비 60%를 통과하는 최대직경을 유효경으로 나눈 값 : D_{60}/D_{10}

2.2 균등계수의 의미

1) 균등계수가 1에 가까울수록 입경이 균일하고, 여층의 공극률이 커지며 따라서 탁질의 억류량도 많아진다.

2) 균등계수가 크면 표면여과경향이 강해지고 탁질억류능력 감소

3) 완속여과 : 2.0 이하, 급속여과 : 1.7 이하

2.3 제한 이유

1) 자연에 존재하는 모래의 균등계수는 1.5~3.0 범위이다.

2) 그대로 여과사로 사용하면 조사의 공극에 세사가 끼어 세밀충전상태가 되어 탁질저지율이 높아
지나 손실수두가 너무 커서

3) 지속시간이 너무 짧아지고 역세과정에서 성층현상이 발생

3. 유효경과 균등계수

1) 균등계수가 같을 경우 유효경이 큰 사층일수록 여과지속시간이 길어지며 여과수질이 불량해진다.

2) 유효경이 같을 경우 균등계수가 작을수록 여과지속시간이 길어지며, 여과수질이 양호해지나 그
차는 작다.

◆ 참 / 고 / 자 / 료

■ D정수장 여재 입경 및 여층 설계(예)
1) 원수특성 및 여과속도, 운영관리의 효율성, 여과수질의 안정성 확보를 고려
2) 여재 입경(de)과 여재 깊이(L)의 관계를 고려 (L/de 비)

■ 설계기준 검토

구분	입찰안내서	상수도시설기준	설계반영
균등계수	• 안트라사이트 : ≤1.4 • 모래 : ≤1.4	• 안트라사이트 : ≤1.5 • 모래 : ≤1.7	모래 : ≤1.4
비중	• 안트라사이트 : ≥1.60 • 모래 : ≥2.60	• 안트라사이트 : ≥1.4 • 모래 : 2.55 ~ 2.65	모래 : 2.63
L/de	≥1,400	≥1,000	1,455

■ 여층구성 검토

구분	굵은 모래 여과지	가는 모래 여과지	이층 여과지
여층 구성	• 유효경 : 0.80~2.0mm • 균등계수 : 1.4~1.7 • 여층두께 : 0.80~2.0m	• 유효경 : 0.45~0.65mm • 균등계수 : 1.4~1.7 • 여층두께 : 0.65~0.75m	• 유효경 : 0.90~1.40mm • 균등계수 : 1.4~1.5 • 여층두께 : 0.45~1.20m
여과속도	240~720m/일	120~180m/일	240~600m/일

구분	굵은 모래 여과지	가는 모래 여과지	이층 여과지
특징	• 균등한 입자의 굵은 모래로 여층 깊이를 깊게 하여 심층여과를 유도하여 여과 지속 시간이 깊 • 팽창이 없는 물, 공기 동시 역세척 적용	• 여과기능이 표층에서 일어나는 표면여과로 손실수두가 급격히 발생하고, 가는 모래에서 굵은 모래 순으로 입도구성 • 표세 및 물역세척	• 표면여과의 단점을 보완하기 위해 여재를 유동화하여 역입도를 구성 • 물역세척 또는 물, 공기 동시역세척
선정	◉		
선정 사유	운영실적이 가장 많아 운영관리가 용이하고, 여층팽창이 없어 역세척 운영이 편리한 굵은 모래 여과지 적용		

▣ 여재입경 및 포설깊이

구분	유효경(de)(mm)	포설깊이(m)	d60(mm)	균등계수	비중
모래	1.10	1.60	1.54	≤1.4	2.63

▣ 해외 적용사례

정수시설	시설용량 (m³/일)	여과속도 (m/일)	유효경 (mm)	여층두께 (mm)
New El Azab, Egypt	240,768	200	1.1	1,200
Rutland water, Empinghan, UK	205,000	180	0.95	1,200
Sydney's Prospect Water Filtration Plant, Australia	3,000,000	576	1.8	2,100
Eshkol Water Filtration Plant, Israel	1,700,000	480	1.5~1.7	2,000
pilot plant WTP at Thessaloniki, Greece	9,000	230	0.64	1,000
WTP at Guangdong(China)	400,000	220	0.9	1,200
WTP at Shanghai(China)	600,000	190	0.95	1,200
WTP at Shantou(China)	400,000	240	1.0	1,200

1) 운영관리의 편리성, 안정적인 여과 수질의 확보를 고려하여 조립심층여재 및 유효경 1.1mm 적용
2) 포설깊이(L)는 안정적인 여과수질 확보를 위한 L/de비 1,455 적용

Key Point +

• 77회, 80회, 91회, 98회, 99회, 117회, 123회, 127회 출제
• 출제 빈도가 상당히 높으며 균등계수와 유효경의 정의 및 기준, 여과수질과의 비교 등의 숙지가 필요함
• D90 : 심층여과의 역세척효율을 결정하는 인자
• 이층여과, 다층여과 시 입경결정

$$\frac{d_1}{d_2} = \left(\frac{\rho_2 - \rho_w}{\rho_1 - \rho_w}\right)^{2/3}$$

여기서, d_1, d_2 : 여재의 유효경, ρ_1, ρ_2 : 여재의 밀도, ρ_w : 물의 밀도

표면여과 · 내부여과

1. 여과기구상 분류

1) 표면여과(Cake Filteration)
2) 내면여과(Deep Filteration)

2. 표면여과(Cake Filteration)

1) 여층 표면에 퇴적하는 부유물에 의한 Cake가 두꺼워지고, 동시에 여재 역할을 하는 여과방식
2) 원수 중의 탁질이 여층표면에서 집중적으로 억류됨
3) 여재의 유효경(D_{10})이 작고, 균등계수가 클 경우
4) 여과 지속시간이 짧고, 처리수 수질은 양호
5) 여과지의 통수저항 증가, 역세척 빈도 증가
6) 역세척이 완전하지 못할 때 Mud Ball이 발생하기 쉽다.
   ① 공기세척 + 표면세척에 의해 Mud Ball을 제거하거나, 사면상 모래를 삭취하여 제거
   ② 공기세척 → 공기 + 물세척 → 물세척
7) 실제 예
   ① 완속여과에서 여과막 구성 후 여과
   ② 슬러지 탈수 시 여과
   ③ 급속여과에서 어느 정도 여과가 진행된 후 이 조건에 부합될 때
   ④ 원수 탁도가 높거나 응집이 양호해 대형 Floc 형성 시

3. 내부여과(Deep Filteration)

1) 부유물이 여층 내부까지 침입하여 억류, 포착되는 여과방식
2) 부유물이 여과층 전체에 광범위하게 분산되므로 여과지속시간이 길어진다.
3) 여층 내 부수두발생으로 Air Binding 현상이 발생하기 쉽다.
4) 균등계수가 작고, 유효경이 크다.
5) 여과되기 어려운 부유물을 포함한 원수를 대상으로 할 때
6) 여층내부의 탁질이 누출되어(Break-through) 수질악화 우려

7) 실제 예

　　① 급속여과의 초기형태

　　② 저수온 시 응집 불량 시의 여과

　　③ 여과속도가 고속인 경우

　　④ 여재가 조립자인 경우

　　⑤ 다층여과인 경우

⇒ 참/고/자/료

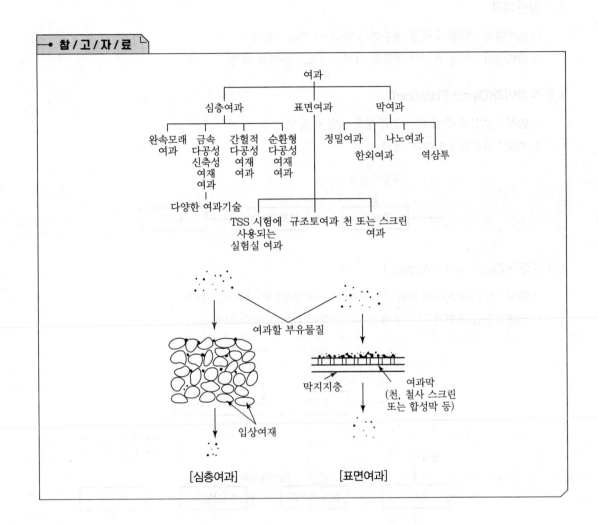

완속여과 · 급속여과

1. 여과방식

1.1 일반여과

1) 급속여과 : 탁질이 여층 내부까지 침입 → 억류 · 포획

2) 완속여과 : 여층 표면에 부유물 퇴적 → Cake 층에서 여과

1.2 직접여과(Direct Filtration)

1) 방식 : 응집제 주입 후 침전공정을 거치지 않고 여과

2) 적용 : 원수탁도 10NTU 이하

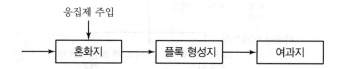

1.3 내부여과(In – line Filtration)

1) 방식 : 응집제를 여과지에 유입되는 관로에 주입(응 · 침공정 생략)

2) 적용 : 수질 변화가 크거나 응집제주입량이 과다한 원수 적용 불가

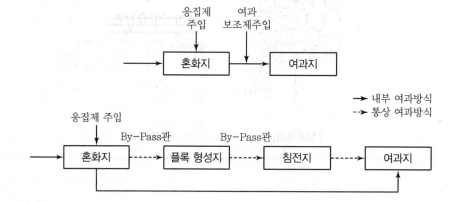

2. 완속여과

2.1 개요

1) 완속여과는 모래층을 통하여 원수를 4~5m/day의 여과속도로 침투, 유하시키는 방법이며 모래층 표면 및 모래층 내부에 증식하는 미생물에 의하여 수중의 오염물질을 흡착하여 생물학적으로 산화 분해시키는 정수처리

2) 미생물막이 정상적으로 성장하는 경우 암모니아성 질소, 취기, 철, 망간, 합성세제 및 페놀 등도 제거 가능한 여과방법

2.2 완속여과의 정화기구

1) 체거름 작용

① 여과기구 중 가장 단순한 것으로 대부분 여층표면에서 일어난다.

② 여과가 진행됨에 따라 미립자, 미생물에 의하여 여과막이 형성되어 미세입자까지 제거가 가능하며 손실수두 증가

2) 충돌, 차단, 침전작용

모래 여층 표면을 통과한 미세입자들은 모래층 내부에서 여재와 충돌, 여재에 의한 차단, 여재표면에서의 침전작용이 일어난다.

3) 응집, 흡착

① 모래층 표면을 통과한 미세입자들은 모래층 내부에서 Floc 형성, 여재 표면에서 흡착작용이 일어난다.

② 수온이 낮으면 물의 점성이 커져서 Floc 형성이 불량하고 흡착된 탁질도 탈리되어 여과효율이 나빠짐

4) 생물학적 산화

① 완속여과에서는 조류와 미생물을 공생시킴으로써 광합성을 하는 조류에 의하여 산소를 공급받으므로 미생물의 산화작용을 촉진한다.

② 조류의 탄소동화작용으로 수중에 용존산소를 공급하여 호기성 박테리아의 유기물 산화를 촉진

③ 철, 망간의 산화촉진

④ pH를 상승시켜 모래층의 전하를 역전시켜 흡착효과를 강화하여 철, 망간 산화촉진 및 유기물을 무기화함

⑤ 암모니아성 질소는 산화되어 질산성 질소로 안정화됨

3. 급속여과

3.1 개요

1) 원수 중의 현탁물질을 약품에 의해 응집시켜 Floc화한 후, 120m/day의 여과속도를 통과시켜 여재의 내부표면에 부착되거나 체거름 작용에 의해 제거된다.

2) 완속여과와는 달리 생물학적 흡착력이나 젤라틴 등의 여과막이 형성되지 않고 응집된 Floc의 여벌현상과 약품에 의한 강한 흡착력으로 여과가 이루어지고 그 억류작용은 여층 내부까지 일어나게 된다.

3.2 급속여과의 정화기구

1) 완속여과의 정화기구에서 생물학적 산화작용을 제외한 정화기구에 의해 일어난다.

2) 급속여과는 완속여과와 같은 미생물에 의한 생물학적 분해가 이루어지지 않으므로 용해성 물질의 제거는 거의 이루어지지 않는다.

4. 특징

4.1 완속여과

1) 장점

① 유지관리가 용이하고 유지관리비가 적게 든다.

② 여과속도가 작아 손실수두가 작다.

③ 역세척이 필요하다.

④ 세균제거, 암모니아성 질소의 산화, 철, 망간의 제거 가능 : 고도정수처리 적용 가능

⑤ 원수수질이 저탁도(15도 이하)에 유리

⑥ 수질이 양호하다.

2) 단점

① 용지면적이 크고 건설비가 비싸다.(여과수량이 적어 여과지를 많이 설치해야 함)

② 정기적인 모래삭취가 필요하다.

③ Mud Ball 발생이 쉽다.

4.2 급속여과

1) 장점

① 용지면적이 작고 건설비가 싸다.

② 모래삭취가 필요 없다.

2) 단점

① 약품비, 전력비 등 유지관리비가 많이 들고 유지관리가 복잡

② 여과속도가 크므로 손실수두가 크다.

③ 역세척 필요

④ Air Binding의 발생 우려

⑤ 부수두 발생

⑥ Break-through 발생 우려

5. 완속여과 및 급속여과 여과사의 특징

구분		완속여과	급속여과
여과속도		4~5m/day(표준) 8m/day(최대한계)	120~150m/day(표준) 200~300m/day
여과사층 두께		70~90cm	60~120cm
여과사	유효경	0.3~0.45mm	0.45~1.0mm
	균등계수	2.0 이하	1.7 이하
	입경	2.0mm 이하	0.3~2.0mm
자갈층	두께	40~60cm	30~50cm
	입경	3~60mm	2~50mm
사면상	수심	0.9~1.2m	1m 이상(1~1.5m)
	여유고	30cm 정도	30cm 정도
여과 메커니즘		① 체걸음 작용 ② 충돌, 차단, 침전 ③ 응집, 흡착 ④ 생물학적 산화	① 체걸음 작용 ② 충돌, 차단, 침전 ③ 응집, 흡착

입상여재 내의
부유물질의 제거
(a) 거름
(b) 침전 또는 관성충돌
(c) 차단
(d) 흡착
(e) 응결
(Tchobanoglous and
Schroedere, 1985)

모래입자

입자성
물질
응결성
물질
기계적
거름작용

여상 내에서
우연한 접촉에
의한 거름작용

(a)

유선 — 부유입자
모래
입자
1
유선
입자의
궤적
2
(b)

유선 — 부유입자
모래
입자
1
유선
입자의
궤적
2
(c)

부유
응결성
입자
모래
입자
1
유선
2
유선
3
(d)
4   5   6

부유
입자
유선
응결성
입자
모래
입자
1
모래
입자
2
3
(e)

다층여과지

관련 문제 : 급속여과지의 변법, 2층여과지

1. 개요

1) 일반적인 급속여과지의 경우 보통 여과사로만 구성되어 다음과 같은 문제점 야기
    ① 역세척에 의해 여층의 성층화
    ② 조상부에서 하부로 갈수록 입도가 커짐에 따라 Floc은 표면 부근에서 집중적으로 억류
    ③ 여층폐색이 빨리 일어나 여과지속시간 단축
2) 전술한 문제점을 보완하기 위한 방법으로 급속여과의 변법으로 다층여과지를 사용
3) 최근에는 수역의 부영양화로 인해 유발되는 조류를 제거하기 위해 2층 여과지를 많이 설치 운영
4) 또한 하수처리장의 경우도 다음과 같은 목적을 위해 급속여과지를 설치·운영 중인 처리장이
   증가하는 추세
    ① 방류수질 만족
    ② 재이용수질 만족
    ③ N, P의 처리효율 향상
    ④ 소독력 증대

2. 구성

1) 비중, 입경이 다른 복수여과재를 사용하는 급속여과지의 변법
2) 무연탄(안트라사이트), 모래, 석류석, 자갈층의 역입도 구성
3) **상부** : 비중이 작고 입경이 큰 안트라사이트
4) **하부** : 비중이 크고 입경이 작은 모래나 석류석
5) 여과층은 상층부로부터 역입도 구성
6) **총여과층 두께** : 60~80cm 표준
7) **여과속도** : 240m/day 이하를 표준

3. 장점

1) 내부여과의 경향
    ① 여과층의 단위체적당 탁질억류량이 커서 여과효율이 높다.

② 즉, 여층 전체에 걸쳐 억류되는 탁질량이 증가

2) 통수저항이 감소 → 손실수두 감소 → 여과지속시간 증대 → 역세척 빈도 감소

3) 여과속도를 크게 할 수 있다.

4) 여과수량에 대한 역세척 수량이 적다 : 즉, 팽창률 확보를 위한 역세척 수량이 적다.

5) 고속여과로 여과면적을 작게 할 수 있다 : 정수장 부지면적 축소

6) 높은 여과효율과 양질의 여과수를 얻을 수 있다.

7) 특히, 조류, 시네트라, 멜로시라, Microcystins 등 응집침전으로 제거하기 어려운 것들에 대해서도 여과폐색을 일으키지 않는다.

8) 여과지속시간이 길어 동일한 시설규모에서 정수생산량을 증가

4. 단점

1) 서로 다른 경계선의 세정이 어렵고 이를 위한 계면세정장치가 필요
   여재의 접촉부분에 Mud−ball 형성이 쉽다.

2) 세정 시 상층여재부분으로 다량의 억류된 물질이 통과함으로써 상층여재를 오염시킬 수 있다.

3) 역세척 시 비중이 가벼운 안트라사이트가 역세척수 배출트러프로 유출될 수 있다.

   ① 트러프가 너무 멀리 있을 경우 : 역세척 동안 SS가 효과적으로 제거되지 않음

   ② 트러프가 너무 낮을 경우 : 여재가 누출될 우려

   ③ 일반적으로 트러프는 가깝게 설치하고 팽창된 여재 위쪽에 설치

4) 손실수두가 1.5m 이상으로 크게 되면 Break−through 현상 발생 우려

5) 여과속도가 급격히 변화하면 여과층 내에서 억류되었던 Floc이 탈착되어 유출될 위험이 비교적 크다.

   ① 단일여재보다 더욱더 여과수를 일정하게 유지할 필요가 있다.

   ② 유출될 경우 병원성 원생동물의 제거율이 저하

5. 2층여과지

1) 여재 : 일반적으로 안트라사이트(상부) + 모래(하부)

2) 조류와 같이 응집 · 침전 제거가 난이한 Floc의 제거에 효과적이다.

3) 이중여재는 공극이 비교적 크고 여과속도도 빠르므로 Floc이 탈착되어 유출될 위험이 크므로 단일여재보다 더 여과속도를 일정하게 하여야 함

4) 기존 여과지의 여과지 증설을 하지 않고 여과속도를 높임에 따라 처리능력 증대

5) 댐, 호소수의 조류번식에 의한 여과지의 폐색장애 해소

6) 일반적으로 조류제거를 위한 여재구성은

   ① 안트라사이트(50cm) + 모래(25cm)가 가장 효율적

② 안트라사이트(25cm) + 모래(25cm)의 사용도 비슷한 효율 유지

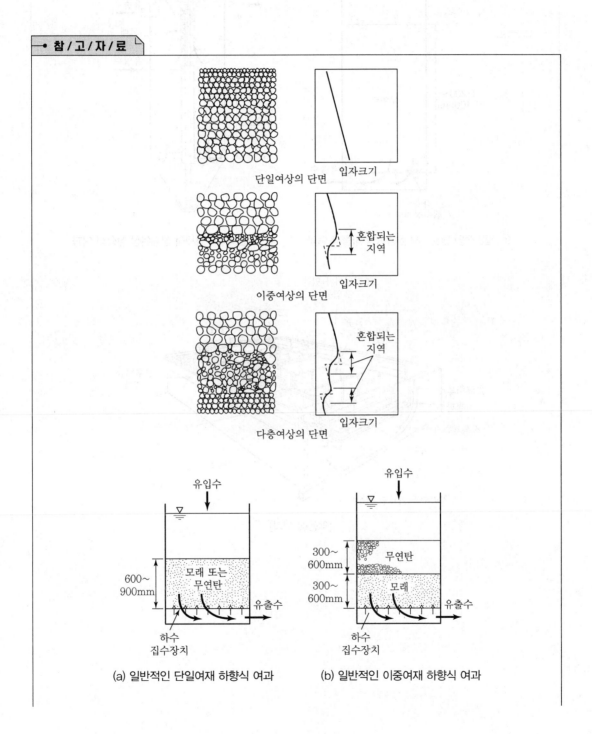

단일여상의 단면

입자크기

이중여상의 단면

혼합되는
지역

입자크기

다층여상의 단면

혼합되는
지역

입자크기

유입수

유입수

600~
900mm

모래 또는
무연탄

유출수

하수
집수장치

(a) 일반적인 단일여재 하향식 여과

300~
600mm

무연탄

300~
600mm

모래

유출수

하수
집수장치

(b) 일반적인 이중여재 하향식 여과

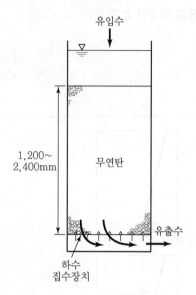

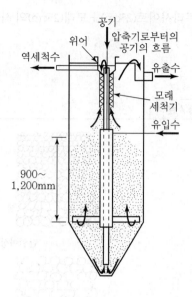

(c) 일반적인 단일여재 심층여상 하향식 여과   (d) 연속적 – 역세척 심층여상 상향식 여과

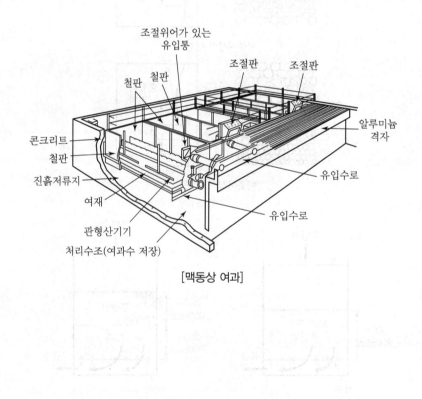

[맥동상 여과]

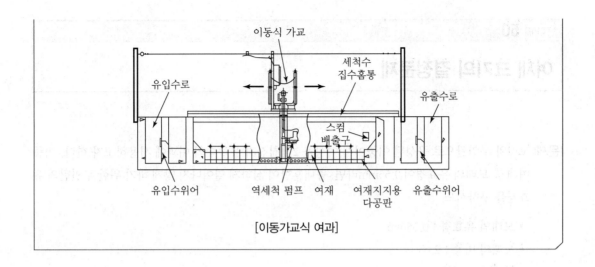

[이동가교식 여과]

여재 크기의 결정문제

[문제] 모래와 무연탄으로 구성된 이중여재 여상을 2차침전지 유출수의 여과에 사용하고자 한다. 이중 여재 중 모래의 유효경이 0.55mm라면, 층내혼합이 심하게 일어나지 않게 하기 위한 무연탄의 유효경을 구하시오.

- 모래의 유효경 : 0.55mm
- 모래의 비중 : 2.65
- 무연탄의 비중 : 1.7

[풀이] 무연탄의 유효경

$$d_1 = d_2 \left(\frac{\rho_2 - \rho_w}{\rho_1 - \rho_w} \right)^{2/3}$$

$$d_2 = 0.55 \left(\frac{2.65 - 1}{1.7 - 1} \right)^{2/3}$$

$$= 0.97 \text{mm}$$

여과효율 영향인자

관련 문제 : 여과효율 증대 방안

1. 개요

1) 여과효율 : 단위시간당 여과되는 여과수의 유량

2) 여과가 지속됨에 따라 Floc의 억류량 증가 → 통수저항 증가 → 손실수두 증가 → 여과지속시간 감소 → 역세척 필요

3) 따라서 적정한 역세척과 더불어 응집 · 침전의 전처리 효율을 증가시킬 필요가 있다.

2. 여과효율 영향인자

2.1 원수의 수질

1) 원수의 수질이 양호할수록 여과효율 증대

2) 원수의 탁도(SS)가 적고, 작고 단단한 Floc일수록 여과효율 증대
여층 내부까지 억류되어 여과효율 증대

2.2 전처리 효율 : 응집 · 침전효율

1) 여과처리 이전에 일반적으로 응집 · 침전을 하여 여과지에 가해지는 부담을 경감

2) 응집 · 침전의 효율이 증대할수록 여과효율 증대

2.3 여과지속시간

여과지속시간이 증대될수록 여과효율 증대

2.4 수온

1) 수온은 역세척 시 팽창률과 관련

2) 수온이 낮을수록 팽창률 증가

① 역세척 시 팽창률 : 120~130%

② 수온이 높은 여름의 경우 : 물의 점성이 저하 → 팽창된 여과사의 침전 속도가 빠르기 때문에 일정한 팽창률을 확보하기 위해서는 많은 동력비가 소요

2.5 여과형태

표면여과보다 내면여과의 형태가 여과효율이 좋다.

2.6 유효경과 균등계수

유효경이 크고 균등계수가 1에 가까울수록 여과효율이 증대된다.

2.7 여과속도

1) 완속여과 : 표면여과의 형태
2) 급속여과 : 내부여과의 형태

3. 여과효율 증대방안

3.1 응집 · 침전효율 향상

1) 고속응집침전지로의 전환도 검토
2) 저수온 시 Alum+활성규산 또는 PAC 사용으로 효율 증대

3.2 여과지속시간 증대

1) Floc 억류량이 많아지면 역세척을 실시하여 여과기능을 회복
2) 표면세척+역세척 병용

3.3 여과형태

1) 여과속도를 증가시킬 수 있고 억류량을 증대시킬 수 있는 내면여과로의 전환 필요
2) 종류 : 상향류여과, 다층여과지, 2방향여과 등
3) 즉, 급속여과의 변법의 적용 검토가 필요

3.4 수온

수온의 변화에 따라 역세척 시간 및 역세척 속도를 달리 적용

Key Point

• 71회, 73회, 105회 출제
• 여과효율 영향인자와 증대방안 내용을 숙지할 것

UFRV(Unit Filter Run Volume)

1. 개요

1) 약품응집 - 침전 - 급속여과 - 소독공정으로 구성된 일반적인 정수처리공정에서 급속여과는 입자물질을 제거할 수 있는 최종공정이다.

① 일반적으로 여과수 탁도가 0.1NTU 이하일 경우 안전한 것으로 간주되지만

② 이러한 저탁도에서도 많은 입자물질의 존재가 확인되고 있다.

2) 탁도와 병원성 미생물 제거율 간에는 매우 밀접한 상관관계가 있다고 알려져 있다.

① 여과수 탁도가 높은 경우 여과공정에서 원생동물(Protozoa)의 제거율이 낮아 수돗물의 집단 발병 사례가 보고된 바 있다.

② 병원성 미생물, 특히 원생동물의 경우 개별 미생물에 대한 제거율을 정수장에서 반복 측정하는 것은 전문 분석인력, 검사시간 및 검사비용 등을 고려할 경우 현실적으로 매우 어려우므로 이에 대한 대안으로 탁도를 지표로 관리하고 있다.

3) 2007년 1월 1일부터 정수처리 기준 적용대상을 시설용량 5,000m³/일 이상으로 확대 적용하였다. 정수처리 기준에 의하면 통합여과수의 탁도가 0.3NTU 이하, 95% 이상이고 최고 탁도가 1.0NTU 이하일 경우 원생동물의 일종인 *Giardia*는 2.5log(99.68%), 바이러스는 2log(99%) 불활성화되었다고 인정해주고 있다.

4) 따라서, 여과공정의 최적화를 위해 여과지 성능을 지속적으로 평가 · 관리할 필요가 있다.

2. 여과효율 측정방법

1) 여과수 탁도 측정(입자수)

Kawamura는 2μm보다 큰 입자수가 50 이하/mL(매우 양호), 50~150 이하/mL(양호), 200 이상/mL (나쁨)

2) 여과지속시간 측정

3) 여과수량에 대한 역세척수량의 비율 산정

4) 여과지속시간 내에 처리된 단위 여과면적당 여과수량(UFRA)

3. 여과성능 평가지표(UFRV : Unit Filter Run Volume)

1) 여과성능 평가지표는 여과지속시간 내 처리된 여과지 단위면적(m²)당 여과수량(m³)으로

2) UFRV = 여과속도(m/min) × 여과지속시간(min)

   ① 200m³/m² 이하 : 여과지속시간이 너무 짧다.

   ② 410m³/m² 초과 : 여과지 성능 양호

   ③ 610m³/m² 이상 : 재래식 정수공정에서 여과성능이 좋다.

3) UFRV 300 이하 정수장은 원인조사와 분석을 실시하여 대책을 강구할 필요가 있다.

   ① 매일 여과수 탁도, 유량 및 손실수두 경향을 지속적으로 모니터링하여 주어진 목표 및 해당 처리시설의 정상유무를 판단하여 적절한 조치를 취해야 한다.

   ② 여과수질을 0.1NTU 미만으로 유지하고 역세척 후 초기 탁도 급상승의 정도를 최소화하여야 한다.

   ③ 미국 AWWA는 역세척 후에 탁도 급상승이 0.3NTU를 초과하지 않으며, 여과수 공급 시작 후 15분 안에 탁도가 0.1NTU 미만으로 떨어지는 여과수를 생산하는 것이다.

4. 여과효율 향상방안

1) 입자의 부착력 향상(약품주입 공정)

   ① 일반적인 정수처리 공정에서 여과지 유입수 내 존재하는 입자물질의 크기는 여재공극보다 매우 작아 여과지 유입 입자물질의 제거 메커니즘은 체거름보다는 입자물질과 여재표면 또는 입자물질과 여재에 이미 부착된 입자물질 표면과의 부착에 의해 발생하고 있다.

   ② 부착력을 향상시키기 위해 급속여과 공정은 특성상 전처리로 약품주입공정이 반드시 필요하다. 전처리를 통한 입자물질의 불안정화 정도에 따라 입자물질 제거율에 많은 차이를 보일 수 있다.

2) 여과지 수리적 충격부하 방지

   ① 수리적 충격부하 발생 원인

      ㉮ 취수유량의 증가

      ㉯ 인근 여과지의 역세척으로 인한 여과지 유입 물량 증가

      ㉰ 여과지 운영지수의 변동

   ② 수리적 충격부하 방지 대책

      ㉮ 여과속도의 급격한 변동 방지

      ㉯ 여과지 지수를 취수물량과 연계하여 가변적으로 운영

        이 방법은 정수장 운영과정 중에 취수펌프 유량제어 등의 설비개선을 통하지 않고 여과속도의 급변을 방지하는 방법 중의 하나이다.

   ③ 유기물 제거효율 향상을 위해 기존 여과지를 활성탄여과지로 전환

   ④ 여재 규격

      여재 규격의 경우 여과효율 향상을 위하여 여재 깊이(L)와 여재 유효경(d)의 비인 L/d를 1,000 이상으로 유지

Mud Ball

1. 개요

1) Mud Ball이란 여과지 내에서 모래와 기타 고형물이 덩어리를 형성하여 20~25mm 정도로 커지는 것

2) 비중이 가벼운 Mud Ball은 여층의 상부에 집중하나 비중이 모래 이상이 되면 여층 전체에 걸쳐 존재하기도 하며 때로는 큰 덩어리를 형성하기도 한다.

2. 발생원인

1) 역체척이 불충분하여 여층에서 오염물질 축적 : 특히 표면여과일 경우

2) 여재 품질이 원인

3) 역세척 시 물 역세척만 실시할 경우

4) 처리 중에 Lime 성분의 증가 : 응집을 위한 알칼리제의 과잉주입으로 발생

5) 유효경이 작고, 균등계수가 클 경우

3. 발생결과

1) 여층의 폐색과 고결(→ 고형화되어 결속)

2) 여층의 균열 발생

3) 여과손실수두의 급상승으로 인한 여과지속시간 단축

4) 여과수질의 악화

5) 세균의 번식처 제공

6) Mud Ball에 유기물이 다량 함유된 경우 부패

4. 대책

1) 물역세척+표면세척 병용

2) 물역세척+공기세척

3) 아주 심할 경우 표면삭취작업 실시 : 표면 여과일 경우

4) 응집제 주입량을 적절히 하고, 침전지에서 침전효율을 높여서 여과지로의 유출을 방지

5) 응집보조제의 적정 주입이 필요함

Key Point ✦

발생원인, 문제점, 대책에 대한 전반적인 이해가 필요함

Air Binding(공기장애)

1. 정의

1) Air Binding은 수중의 용존 공기가 여과 지내의 부수압 발생에 의해 수중으로부터 유리되어 사층 중에 기포가 발생하거나

2) 여과지 내 수온 상승으로 인하여 용존 공기의 용해도 저하에 따른 기포가 발생하여

3) 여층의 통수단면적을 감소시키고 공극을 폐색시킴으로 인해 여재통과유속이 증가되어 여과수질을 악화시키는 현상

2. 발생원인

2.1 부수두의 발생

1) 여과가 진행됨에 따라 탁질이 여층의 공극 내에 억류되고 여층이 폐색되면 여과손실수두가 증가하여 여층 내 수압이 점점 떨어지며

2) 여과를 계속하면 폐색이 많이 진행된 부분에서 국부적으로 대기압보다 압력이 작은 부분이 발생하며 이때의 수두를 부수두라 한다.

3) 즉, 설정된 수두손실 이상의 수두가 여재에 가해질 경우 발생할 우려가 있음

2.2 사면상의 수심이 과소한 경우

2.3 여과지 내 수온의 상승

여과지 내 수온 상승으로 인해 용존공기의 용해도 저하에 따른 기포가 발생하여 여층의 통수단면적을 감소시키고 공극을 폐색시켜 유속을 증가시킨다.

2.4 역세척 후 공기가 여과지 내 잔류할 경우

3. 발생결과

1) 기포의 발생으로 여층의 통수단면적 감소

2) 여층 공극을 폐색

3) 일부 여층 내에 통과 유속을 증가

4) 유속의 증가로 탁질이 누출되는 Break Through 현상이 발생되면 여과수질을 악화

5) (후속 공정에서) 소독력 약화 → 소독제 주입량 多 → DBPs 생성 우려

6) After-Growth의 원인 물질로 작용

7) 여과지 운영시간(지속시간)의 감소

8) 역세척 시 빠져나온 공기(Air-binding 시 형성된 기포)에 의해 여재손상 우려

9) 여재가 역세척수와 함께 월류될 우려

10) 여재의 수두손실 가속화

4. 대책

1) 여과지의 사면상 수심을 크게 한다.

   ① 부수두현상을 방지하기 위하여 여과지 사면상의 수심을 가능한 한 크게 한다.(완속여과 0.9~1.2mm, 급속여과 1~1.5m)

   ② 완속여과 시에는 여과수위 인출수위가 사면의 높이까지 저하하면 여과를 중지하고, 여층의 세정작업을 실시해야 한다.

2) 여과지의 허용최대여과유량(유속)을 감소시킨다.

3) 공기 역세척 후 공기가 여과지 내에 잔류하지 않도록 한다.

4) 원수가 공기포화상태가 되지 않도록 한다.

5) 여과지 내 수온 상승을 방지한다.

6) 다른 입도의 여재로 교체한다.

7) 여과지의 수리경사를 충족시키기 위해 유출부에 부가적인 수리학적 수두를 도입한다.

Key Point ✦

• 74회, 99회, 113회, 123회 출제
• 상당히 중요한 문제이므로 Air Binding의 원인, 문제점 및 대책은 반드시 숙지할 것

Break Through(탁질누출현상)

1. 정의

1) 여과가 진행됨에 따라 현탁물질이 간극 내에 억류되고 여층이 폐색되면 국부적으로 대기압보다 압력이 작은 부분이 발생

2) 이러한 부수두 발생으로 여층 내 Air Binding 현상이 생길 때 여층 내 간극이 폐색되거나 통수단면이 작아져 여과유속이 빨라지게 된다.

3) 유속이 어느 한도 이상으로 되면 여층 중에 억류되고 있는 Floc이 파괴되어 탁질이 여과수와 함께 유출되는 현상

4) 이러한 현상은 표면여과의 경우에는 거의 발생하지 않으나 내부여과의 경우에 발생가능성이 높다.

2. 발생원인

1) 부수두 발생으로 Air Binding 현상 발생
   ① 원인
      ㉮ 부수두의 발생
      ㉯ 사면상의 수심이 과소한 경우
      ㉰ 여과지 내 수온의 상승
      ㉱ 역세척 후 공기가 여과지 내 잔류할 경우

2) 여과 유속의 증가 또는 급변

3) Floc의 강도 저하

4) 여재의 부착력 저하

3. 발생결과

1) 탁질 누출로 여과수질 악화

2) 사층이 유실될 가능성이 있다.

3) 탁질 누출로 병원균의 소독 민감도 저하

4) 배수관망 내 세균발생 우려

5) 실질적인 여과면적이 줄어듦

4. 대책

1) Air-binding 현상방지
① 사면의 수심을 크게 한다.(여과수위를 최대수위로 유지)
② 여과지의 허용 최대 여과 유량(유속) 감소
③ 공기 세척 후 공기가 여과지 내 잔류하지 않도록 한다.
④ 여과지 내 수온상승 방지

2) 부압발생 방지
3) 응집 시 PAC 등을 사용하여 Floc의 강도 및 부착력 증가
4) 기존의 여재를 다른 여재로 교체

Key Point
• 123회, 126회 출제
• 탁질누출현상도 상당히 중요한 문제이며 탁질누출의 원인, 문제점, 대책에 대한 숙지가 필요함. 또한 항상 Air Binding과 연관지어 생각할 필요가 있음

여과지 시동방수(Filter − to − waste)

1. 개요

1) 급속여과지에서 역세척 후에 다시 여과를 개시하면 5분 정도 여과수의 수질이 악화되는 현상이 발생된다.

2) 이러한 현상을 Turbidity Spike라 하며, 이런 현상으로 수질이 악화되는 것을 방지하기 위하여 초기여과수를 배출하는 것을 시동방수(여과지 숙성)라 한다.

2. 원인(Turbidity Spike)

1) 역세척 시 여재에 붙어 있는 탁질은 여재로부터 떨어져 트리프를 통하여 유출

2) 하지만 탁질이 100% 배출되지 않고 일부 탁질이 남아 있으면 여과수의 수질을 악화시키게 된다.

3. 시동방수의 중요성

1) '04년 7월부터 지아르디아의 경우 급속여과에서 2 log(99%) 제거가 이루어져야 하는데 이를 위해서는 여과수 탁도가 역세 후 여과개시 시점부터 여과가 끝날 때까지 항시 0.5 NTU 이하를 유지해야 한다.

2) 역세 후 여과초기에는 높은 탁도의 누출이 예상되므로 초기여과수탁도가 안정을 찾을 때까지 여과수를 조정시설(배출수지)로 배출하여 요구되는 수준의 여과수탁도가 되면 여과를 시작하는 시동방수가 필요

4. Turbidity Spikes의 대책

4.1 지연 시동(Waiting)

1) 생산용량에 여유가 있을 경우, 남아 있는 여과지로 추가적인 유량이 분배되도록 검토하여 생산하는 물의 양이나 수질이 영향을 받지 않도록 운영한다.

2) 지연시동은 역세척 후에 몇 분~몇 시간 휴지상태로 운영하는 것으로 역세척 후에 여과지 여재를 약간 밀착시켜서 공극구조를 더 빡빡하게 만듦으로써 초기 여과수질을 개선할 수 있는 방법으로 특별한 장비나 시동방수 배관이 필요 없다.

4.2 저속 운전(Ramping)

1) 여과지 속도 제어밸브를 천천히·점진적(단계적)으로 조작·운전하므로 공사가 필요 없으나 변속제어밸브가 있어야 한다.

2) 저속 시동

① 여과지를 낮은 여과속도에서 시작하여 일정한 시간, 예컨대 15분에 걸쳐서 점진적으로 속도를 높이는 방법으로 초기탁도 급상승을 억제하는 방법이다.

② 속도제어 밸브를 단계적으로 작동한다 하더라도 빨리 또는 갑작스럽게 작동하는 것보다는 천천히 단계적으로 작동하도록 권장한다.

4.3 여과수의 배출(시동방수)

1) 역세척 후 여과시작과 동시에 유출수를 배출수조(조정시설)로 보내는 방법

2) 현실적으로 쉽게 접근할 수 있는 방법

3) 여과수의 수질이 악화되는 5분 동안 배출수지로 배수하고 그 이후의 여과수를 처리수로 소독공정 등 후속처리시설로 이송하는 방법

4) 시동방수 밸관과 밸브를 기존시설에 설치하려면 공사가 필요한 경우가 많고 가장 비용이 많이 드는 선택이 될 수 있다.

4.4 역세척수에 응집제(중합체) 첨가

1) 응집제나 중합체를 역세척수에 첨가하는 것은 시동방수방식보다는 공사나 장비가 필요하지 않지만, 역세척수를 화학약품으로 처리하려면 약품 공급탱크, 배관, 밸브 및 제어장치가 있어야 한다.

2) 여과보조제나 중합체를 과다 투입하는 경우 매우 나쁜 결과를 초래할 수 있다.

4.5 유입수(침전수)에 응집제(중합체, Polymer) 첨가

1) 응집제(중합체, Polymer)를 여과지 유입수에 첨가하기 위한 약품 공급탱크, 주입펌프, 배관 및 제어장치가 필요하다.

4) 처리수 배관에 탁도계를 설치하여 규정 이상의 탁도를 포함하는 수질의 여과수는 밸브제어를 통하여 유출배관을 차단하고, 배출수 배관을 열어 여과수를 배출수조로 이송된다.

5) 탁도가 감소되면 여과지를 정상운전한다.

4.6 여과속도의 감소

1) 역세척 후에는 정상적인 여과속도(120m/d)보다 감소한 여과속도로 운전하여 여과지 내의 탁질을 침전시켜 유출되는 탁질의 양을 감소시키는 방법

2) 비용이 거의 들지 않고 제어가 쉬워 흔히 사용한다.

4.7 응집제의 사용

1) 역세척이 끝나기 직전에 역세척수에 응집제를 주입하여 여상에 남아 있는 부유물질의 응결성을 향상시켜 탁질이 유출되는 대신에 여과지에 남아 있게 하는 방법

2) 응집제 주입시점 : 역세척이 끝나기 직전

3) 역세척이 끝나면 주입된 응집제는 유출트러프를 통하여 배출되어야 한다.
   이 시점을 잘못 조절할 경우 오히려 응집제는 소모시키면서 처리가 비효율적으로 되어 여과수질이 악화될 수 있다.
   ① 응집제의 낭비
   ② 비경제적
   ③ 하부집수장치의 응집제 때문에 유출수 탁도 증가 우려

Key Point +

119회, 120회, 130회 출제

D정수장 Filter-to-waste(시동방수)

▣ 초기 여과수 탁질 누출

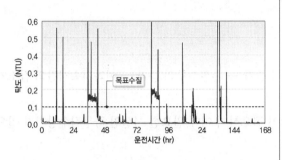

• 수질이 불량한 여과수를 배출수관을 통해 여과지 유입수거로 회수(약 15~30분 정도 탁질누출 발생)
• 새로 여재를 포설한 후 여층이 숙성되기 전 여과자갈층 또는 하부집수장치의 보수로 여층이 교란
• 여과 지속기간 중 역세척 또는 공기세척의 우발적인 작동
• 강한 지진에 의한 여층의 액상화로 부정확한 응집제의 주입 및 관리

Filter-to-waste 구성도	Air-Gap 설치

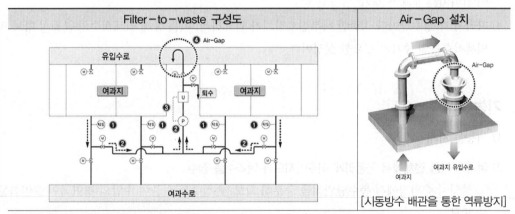

[시동방수 배관을 통한 역류방지]

① 역세척 종료 후 지별 탁도계로 탁질누출 감시
② 0.25NTU 이상의 초기 여과수는 시동방수 펌프로 여과지 유입수로로 이송
③ 여과유량 조절 → 시동방수펌프는 유량계 및 회전수 제어에 의한 유량제어
④ 시동방수 배관을 통한 역류 방지를 위해 Air-Gap 시설 설치

Key Point +

• 72회, 86회, 96회, 102회, 105회, 131회 출제
• 출제 빈도가 다소 높은 문제이므로 시동방수의 정확한 정의와 대책에 대한 이해가 필요함

하부집수장치

1. 서론

1) 여과가 진행됨에 따라 여과지 내 통수저항 증가 → 손실수두의 증가 → 여과지속시간의 감소가 발생된다.

2) 따라서 공극의 폐색을 막기 위해 역세척이 필요하며 이에 필요한 시설인 하부집수장치가 필요하다.

3) 우리나라 정수장에서는 대부분 Strainer형이 사용되어 역세척수의 불균형으로 인한 역세척효율이 떨어지는 문제가 제기

4) 따라서 각 정수장마다 적절한 하부집수장치가 필요하며, 이를 통해 역세척수의 균등성 확보 및 역세척효율의 증가가 필요한 실정이다.

2. 기능

1) 여층을 지지

2) 여과가 여층 전체에서 균등하게 이루어지도록 여과수를 집수
    ① 물의 수송과정에서 통수단면적을 충분히 확보, 손실수두를 줄여 수압의 평면적인 균일화를 도모
    ② 물의 분배과정에서 통수구경을 줄여 통수저항을 크게 해 여층과의 평면적인 균일한 유출입 도모

3) 역세척 시 세정수를 평면적으로 여층에 균등배분
    ① 역세척수의 평면적 균일성 확보
    ② 여층의 역세가 균일하지 못하면
        ㉮ 잘 세척된 부분에만 여과수가 통과하면서 여과속도가 빨라져 탁질누출 우려
        ㉯ 역세척이 불충분한 부분은 폐쇄가 빠름

4) Boiling 및 여과사 횡방향으로의 유동억제

3. 구비조건

1) 손실수두가 작고 단면적이 작으며 균등분포 확보

2) 물의 분산과 집수가 균일할 것

3) 지지 사리층의 두께가 얇아도 좋을 것

4) 스케일 등에 의한 폐쇄가 일어나지 않을 것

5) 내구성(염소수 때문)이 좋을 것

6) 시공성이 좋고 교체가 용이할 것

4. 종류

Strainer형, Wheeler Ball형, 유공관형, 유공블록형, 다공판형

5. 스트레이너형(Strainer)

1) 스트레이너는 청동 및 합성수지계의 노즐 또는 Cap에 작은 구멍이나 Slit를 뚫은 형태

2) 여과면적에 대한 개구비 : 0.25~1.0%

　① 개구비가 작으면 : 세척 시 균등한 손실수두는 얻어지나 세척수압이 커야 하므로 동력비의
　　과다소비로 비경제적

　② 개구비가 크면 : 세척 시 균등한 압력수두가 형성되지 않아 세척이 균등하지 못하다.

3) 재질 : 부식방지를 위해 내식성이 강한 금속이나 합성수지를 사용

4) 역세척 시 강한 수압에 의해 Head의 이탈을 방지할 수 있는 구조와 충분한 인장강도가 필요

5) 수류에 의해 Slit 구멍이 커지지 않도록 내마모성 확보

6) 여과사 포설 시 충격에 견딜 수 있는 내구성 확보

7) 장점

　① 제작과 시공이 쉽다.

　② 국내 적용 실적이 많다.

　③ 경제적

　④ 정밀시공 시 균등여과 및 균압에 의한 역세척이 가능

8) 단점

　① 손실수두가 크다.

　② 시공 시 정확한 평면성의 유지가 어려워 균등한 역세척이 다소 어렵다.

　③ 여과사로 인한 스트레이너의 폐쇄 우려

　④ 공장규격으로 제작되므로 정확한 규모의 시공이 다소 어렵다 : 필요에 따라 용접작업 필요

　⑤ 무게가 다소 무겁기 때문에 시공성이 다소 불리

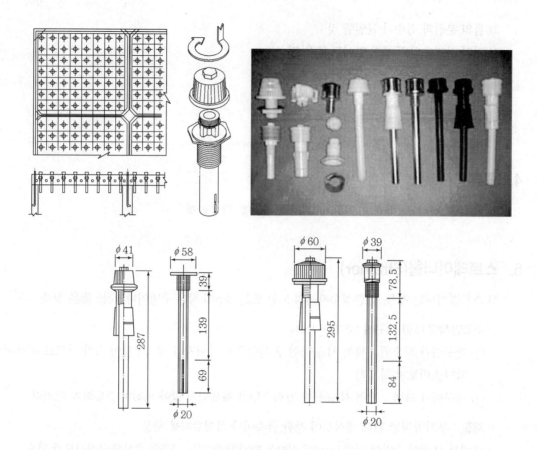

6. Wheeler Ball형

1) 여과지 저판에 기둥을 설치 → 그 위에 콘크리트 블록 설치 → 압력실 형성

2) 콘크리트 블록 위에 V자형 홈을 중심간격 20∼30cm마다 설치하고 그 밑단에 단관부착

3) 홈에 대소의 자구(5∼12개)를 넣는다.(자구는 견고하고 정확한 형태)

4) 여과면적에 대한 개구비 : 0.25∼0.4%

5) 장점

   ① 경질자구를 사용하여 내구연한이 길다.

   ② 비교적 손실수두가 작다.

   ③ 시공이 간편하다.

6) 단점

   ① 역세척 균등배분이 어렵다 : 공기와 물 병용은 불가능

   ② 모르타르 이음새의 누수 우려

   ③ 제작과 시공의 정확도가 요구되어 제작성이 어렵다.

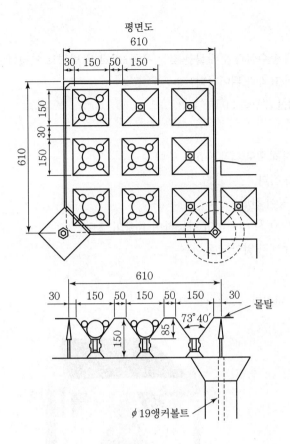

7. 유공관형(다공관형)

1) 여과지 저판에 집수공이 하향하도록 관 설치

2) 집수지관은 관경에 비해 길이가 너무 길 경우(균등한 역세척 곤란)

　길이는 관경의 60배 이하, 간격은 30cm 이하

3) 장점

　① 통수공이 하부로 향하여 역세척 시 물이 여과지 바닥에 부딪혀서 잘 확산되고, 자갈층에 충격

　　을 주지 않는다.

　② 모래입자 등으로 소구멍이 막히지 않는다.

　③ 소구경 시 경제적이다.

4) 단점

　① 본관과 지관이 소구경일 때는 역세척이 불균등하고 대구경이면 비경제적이다.

　② 자갈층의 두께가 두껍다.(50cm)

8. 유공블록형

1) 여과지 바닥에 송수실과 분배실을 갖는 유공 Block을 병렬로 연결한 것으로 평면적으로 균등한
   여과와 역세척 효과가 뛰어나다.

2) 여과면적에 대한 개구비 : 0.6~1.4%

3) 장점

   ① 균등한 역세척으로 역세척효율 증대

   ② 손실수두가 작다.

   ③ 조립 및 시공이 간단

   ④ 공기와 물의 동시 역세척이 가능하며 효율이 좋다.

   ⑤ 자갈층의 두께가 얇아도 된다.

4) 단점

   초기투자비가 비싸다.

9. 결론

1) 역세척 효율 증대를 위해 : 공기＋물역세척의 병용이 필요
   Wheeler Ball은 공기와 물의 병용이 불가

2) 대부분의 정수장에 Strainer형이 많이 설치 운영

   ① 시공 시 평판성의 유지의 필요성이 존재

   ② 기존 Strainer의 규격으로 모서리 부분의 용접작업과 무게가 많이 나가는 단점을 보완하기 위
      해 P.E. 재질의 Strainer의 적용이 바람직

3) 또한 물+공기 병용이 가능하고 처리효율이 좋지만 여러 제한점으로 인해 처리장에서의 적용이
   다소 제한적이었던 유공블록형의 적용 확대도 바람직
   ① 기존 콘크리트 재질 대신 HDPE 재질의 유공블록 적용
   ② 국내기술 확보와 국내제작이 가능하여 경제성 검토 후 적용

 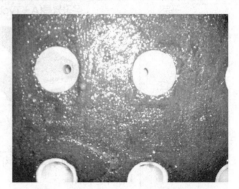

Key Point

- 121회, 126회 출제
- 상기 문제는 출제 빈도는 높지 않은 편이나 1차 시험에서 1교시, 2~4교시 문제로 출제 가능함
- 78회 면접에서도 출제될 정도로 출제 가능성은 충분히 높은 문제임. 따라서 10점 또는 25점으로의 답안기술이 필요함
- 각각의 하부집수장치에 대한 원리와 장단점에 대해 숙지할 것

■ D정수장 하부집수장치 선정(예 : 여과지 및 활성탄흡착지)

1) 여과층 전면적에 대한 역세척수 및 역세척 공기의 균등한 분배
2) 국내의 사용실적 및 신기술 등으로 성능의 검증이 완료된 하부집수장치

구분	유공블록(A-Type)	유공블록(B-Type)
구성도		
개요	• 여과지 바닥에 블록을 배치, 블록 자체로 압력실 형성 • 2단 구조의 오리피스공과 2단의 균압기능 • 블록 상부에 다공판을 설치하여 자갈층 불필요	• 여과지 바닥판에 지주벽 설치 후 그 위에 블록 고정 • 블록과 저판 사이 압력실 형성 • 오리피스공을 통과하는 2단 구조, 3단 균압 기능
개구비	표준형 : 0.6%	0.8%
특징	• 여과지 바닥에 직접 블록을 설치하므로 시공이 용이하고 공기가 짧음 • 자갈층 대신 다공판 사용으로 여재 교체 용이	• 압력실이 여과면적과 같고 블록 내 구분된 Cell 간에 유량 이동이 가능하여 역세척 시 높은 충격압 흡수로 역세척 효율이 좋음 • 오리피스 구멍이 많아 균등한 역세 효과가 큼
선정	◉	
적용실적	전남 서부권 광역상수도 외 다수	대전 월평정수장, 부산 덕산정수장 외 다수

균등여과 및 역세척 효율이 안정적이고 다공판 설치로 여과사 및 활성탄 반출이 유리한 A-Type 유공블록 선정

■ 하부집수장치 설치 사진

1) H사 유공블록

하부집수장치(스트레이너 블록) 철거	하부집수장치(스트레이너 블록) 기둥 철거

하부벽체 보완 및 물슬리브 시공	공기유입관 코어작업
공기배관 지내반입	공기배관 설치
공기배관 설치 완료	받침앵커 설치
유공블록 설치	모르타르 타설 전 유공블록 보호작업
유공블록 모르타르 타설	설치 완료

2) D사 유공블록

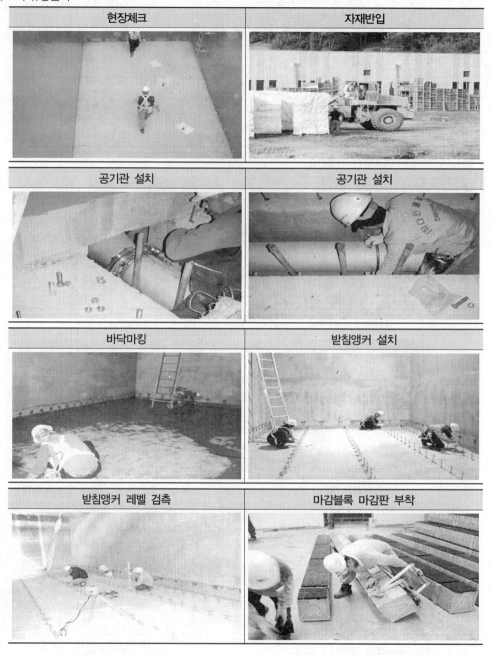

현장체크	자재반입
공기관 설치	공기관 설치
바닥마킹	받침앵커 설치
받침앵커 레벨 검측	마감블록 마감판 부착

유공블록 조립	유공블록 설치
유공블록 레벨 검측	유공블록 보호비닐 설치
모르타르 타설	청소 및 이물질 제거
설치 완료	시운전

3) G사 와플형 스트레이너

여과지 바닥정리 및 바닥미장	블록 받침보 설치
블록 받침보 설치 완료	블록 받침보 레벨 검측
공기 균등 공급관 반입구 설치	공기 균등 공급관 설치
공기 균등 공급관 설치	블록 반입 및 설치

무수축 모르타르 채움 및 고정판 조립	스트레이너 조립
설치 완료	시운전
스트레이너 블록 제작 (1)	스트레이너 블록 제작 (2)
스트레이너 블록 제작 (3)	스트레이너 블록 제작 (4)

Key Point +

• 72회, 74회, 75회, 85회, 98회 출제 문제
• 출제 빈도가 다소 높은 문제이므로 하부집수장치 기능 및 종류에 대해 반드시 숙지할 것

여과유량 조절방식

1. 유량조절의 목적

1) 여과지의 유입 및 유출유량의 평형을 유지

2) 여과지 상부의 수심을 유지

3) 다수의 여과지에 유량을 균등하게 배분

4) 여과속도 또는 사층의 손실수두를 일정하게 유지

2. 정압여과(감쇄여과)

1) 수위가 일정하도록 유입 또는 유출량을 조절한다.

2) 탁질저류 → 손실수두 증가 → 여과속도 감소 → 여과유량 감소

3) 여과층 폐쇄에 따라 통과수량이 감소하므로 여과수질이 일반적으로 양호하다.

4) 여과과정 중 여과수량이 점차 감소하므로 여과지 수가 적을 경우에는 여과수량의 관리가 어렵다.

5) 장치가 간단하고 탁질유출의 위험은 적다.

6) 정속여과에 비해 사층여상 깊이가 깊다.

7) 소규모 정수장에 많이 적용

8) 여과지속시간이 정속여과에 비해 길다.

3. 정속여과

1) 대부분의 정수장에서는 정속여과방식을 채택

2) 여과과정 중 여과속도를 일정하게 유지하는 방식으로

3) 여과과정 중 정수생산량이 일정하게 유지되므로 여과수량의 관리가 용이하나

4) 장치가 복잡하고 손실수두가 크며 부압이 발생하여 여과수질을 악화시킬 우려가 있다.

5) 유량조정장치나 유량분배장치가 필요 없다.

3.1 유량제어형

1) 원리

여과지속시간이 지속되어 손실수두의 증가로 여과속도가 감소하면 유출 측 유량조절밸브의 개도를 조절하여 여과속도를 일정하게 유지

2) 장점

    ① 여과지 사면상 수심이 낮다.(Air－binding 발생 우려)

    ② 여과유량 및 사층 내 수두손실에 의한 세밀한 제어 가능

    ③ 여과속도의 임의조절 가능

3) 단점

    ① 장치가 복잡하다.

    ② 유량계의 정밀도가 떨어지면 유량조절 불량

    ③ 유량조절장치 고장 시 사면노출 우려

    ④ 손실수두 증가에 의한 부압발생 시 탁질유출로 수질악화 우려

3.2 수위제어형

1) 원리

여과지속시간이 지속되어 손실수두의 증가로 여과속도가 감소하면 유입유량을 점차 증가시켜
여과지상의 수심을 서서히 높여 여과속도를 일정하게 유지

2) 장점

    ① 여과지의 사면상 수심이 낮다.

    ② 배관 및 유지관리가 비교적 간단하다.

    ③ 사층 내 손실수두에 의한 정밀제어가 가능하다.

3) 단점

    ① 장치가 복잡하여 건설비용이 증대되고

    ② 기계시설의 고장 우려

    ③ 조절밸브 고장 시 사면노출 우려

    ④ 손실수두증가에 의한 부압발생 시 탁질유출로 수질악화 우려

3.3 자연평형형

1) 원리

    ① 유출부에 사면보다 높은 위치에 위어를 설치하여 유입, 유출수량이 자연적으로 평형상태를
       유지하면서 여과

    ② 유출 측 위어를 여재표면보다 높은 위치에 설치

    ③ 여과층 폐색에 따른 통수량 감소를 방지하도록 여재표면 위의 수심이 높아짐에 따라 일정한
       여과유량을 얻음

    ④ 여재표면 위의 수심이 설정치에 도달하면, 여과를 정지하고 역세척하므로

    ⑤ 여재표면 위의 수심을 크게 잡을수록 여과지속시간을 깊게 할 수 있다.

2) 장점

　① 구조가 단순 : 유출수제어장치가 필요 없다.

　② 여층 내에 공기가 유입될 우려가 없다.

　③ 고장이 적고 유지관리가 용이

　④ 여재 위 수심이 클수록 여과지속시간이 길어진다.

　⑤ 여과층 내 부(−)압의 발생이 적다.

3) 단점

　① 여과지가 깊어지므로 초기건설비 증대

　② 세척배수량이 많다.

　③ 조절부가 없어 사층 내 손실수두 변화에 의한 정밀제어 곤란

　④ 여과속도의 임의조절 불가

　⑤ 초기여과속도가 조절되지 않으면 역세척 직후 탁도가 증가할 우려가 있다.

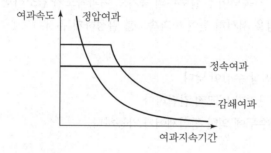

■ D정수자 유량제어방식 선정(예 : 여과지 및 활성탄흡착지)

1) 유량제어 및 유지관리의 편리성을 고려한 정속여과방식 선정
2) 유량제어가 용이하고, 운영관리가 편리하며 신뢰성이 검증된 제어방식 선정

구분	수위제어형	유량제어형	자연평형형
개요	수위계와 개도조절 밸브로 일정수위 유지하여 유량조절	유량계와 개도조절 밸브로 여과유량을 일정하게 유지	여층 폐색에 따라 사면상 수심을 증가시켜 유량조절
장점	• 여과지 사면상 수심이 낮음 • 사층 내 손실수두에 의해 정밀한 제어 가능 • 여과속도 임의조절 가능	• 여과지 사면상 수심이 낮음 • 여과유량 및 사층 내 손실수두에 의한 정밀제어 가능 • 지별 유량관리가 가능	• 장치가 간단 • 고장이 적고, 유지관리 용이 • 사면노출의 우려 없음 • 유지관리 용이
단점	• 조절밸브 고장 시 사면노출 우려 • 부압발생 우려 • 지별 여과유량 관리가 곤란	• 유량조절장치 고장 시 사면노출 우려 • 부압발생 우려 • 24시간 연속조절로 유지관리가 복잡함	• 사상 수심이 높아 구조물이 깊어짐 • 수두 변화에 의한 정밀한 제어 곤란 • 여과속도 임의조절 불가
선정	◉		
선정 사유	유입유량 변동에 대한 대응이 유리하며 수위계 및 유량조절 밸브에 의한 수위제어형 정속여과방식 선정		

Key Point

• 80회, 84회, 92회, 96회, 97회, 124회, 125회, 129회 출제
• 문제 출제 시 그래프의 기술이 필요하며 정속여과와 정압여과 및 감쇄여과의 원리의 이해와 함께 감쇄여과의 출제 빈도가 높으므로 감쇄여과편과 함께 내용의 이해가 필요함

감쇄여과

1. 개요

여과유량조절방식에는 정압여과와 정속여과가 있다.

2. 여과유량조절의 목적

1) 사면상의 수심유지
2) 유입, 유출유량의 평형을 유지
3) 여러 여과지에 유입유량 균등배분
4) 억류된 탁질의 유출방지
5) 여과속도의 급변방지

3. 감쇄여과

3.1 개요

1) 정압여과의 변법
2) 유출부의 저항이 너무 작으면 초기 여과속도가 너무 커서 탁질누출이 생기기 쉽다.
3) 따라서 초기 일정한 여속으로 여과를 시작하여 여층이 폐색됨에 따라 점차 여속이 감소되더라도 다른 조치를 취하지 않고 그대로 여과하는 방식
4) 유출면 쪽에 일정유량이 나갈 수 있도록 초기에 개도를 조절
5) 여과속도의 상한만 제한

3.2 장점

1) 구조가 간단하다.
2) 손실수두가 작다.
3) 여층의 폐색에 따라 자연적으로 유량이 감소하므로 탁질누출위험성이 적다.
4) 정속여과보다 감쇄여과의 수질이 좋다.

3.3 단점

1) 여과지수가 적은 경우 여속 감쇄에 따라 유량관리가 어렵다.

2) 여과지의 휴지, 복귀에 따른 여속 및 수위변동이 크다.

3) 여과의 초기와 말기에 유량 차이가 크기 때문에 여과지가 많은 대용량의 정수장이나 큰 정수지가 필요하다.

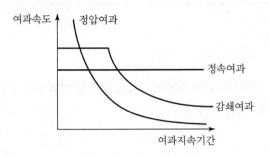

4. 운영방법

1) 여과지를 다수 갖춘 정수장에서는 역세척 시기를 조절하여 항상 일정량의 여과수를 확보한다.

2) 여과지를 소수만 가지고 있는 정수장에서는 그 생산량이 시간에 따라 변동하므로 일정량의 처리수를 얻고자 할 경우에는 문제가 있다. 따라서 정수지를 크게 만들거나 배수지와 직결할 필요가 있음

3) 여과지의 수를 증가하여 여과수량의 변동폭을 줄인다.

Key Point

감쇄여과가 문제로 출제될 경우 그래프와 정속여과와의 차이점 및 단점을 보완할 수 있는 방법의 기술이 필요함

이상식 상향류 연속모래여과기

1. 개요

연속모래여과기는 강판제수직형 모래여과기로 구조상 여과조작과 역세척조작이 동시에 이루어지는 자동세척형 여과기를 말한다.

2. 구조

2.1 에어리프트방식

세정방식은 조 내부에 설치된 에어리프트관에 의해 사용된 모래가 연속적으로 세정되어 여과수 유입 측에 보충되는 방식

2.2 이젝터방식

조의 외부에 설치된 이젝터와 내부에 설치된 레버런스구조에 의해 연속적으로 세정되는 방식

3. 설계기준

1) 여과속도 : 300m/day 이하
2) 여과수질 : SS 10mg/L 이하
3) 여과기 1기당 여과면적 : 5m² 이하

4. 장점

1) 역세척을 위하여 여과작업을 중단할 필요가 없어 연속적인 여과작업이 가능
2) 여과기의 구조, 계장 등이 간단하며 비교적 관리가 용이하다.

5. 단점

1) 세정수량이 타 기종에 비해 많이 소요된다.
2) 여과기의 높이가 타 기종에 비해서 높고 시설의 설치면적이 크다.

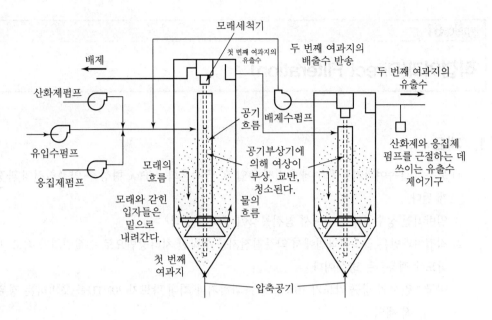

모래세척기

배제 ←

산화제펌프

→ 유입수펌프

응집제펌프

첫 번째 여과지의
유출수

두 번째 여과지의
배출수 반송

두 번째 여과지의
유출수 →

공기
흐름

배제수펌프

모래의
흐름

공기부상기에
의해 여상이
부상, 교반,
청소된다.

모래와 갇힌
입자들은
밑으로
내려간다.

물의
흐름

첫 번째
여과지

산화제와 응집제
펌프를 근절하는 데
쓰이는 유출수
제어기구

압축공기

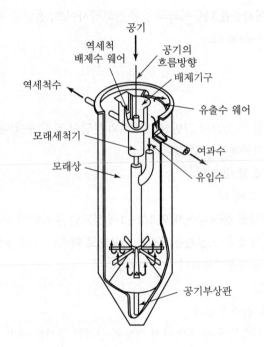

공기

역세척
배제수 웨어

공기의
흐름방향

역세척수 ←

배제기구

유출수 웨어

모래세척기

모래상

여과수

유입수

공기부상관

직접여과(Direct Filteration)

1. 개요

1) 보통의 급속여과지는 원수에 응집제 주입 후, 급속혼화→Floc 형성→약품침전의 과정을 거치게 된다.

   일반적인 정수처리 공정에서 침전공정이 생략된 방식

2) 직접여과법은 급속여과법에서 약품침전지를 생략한 처리방법으로 수질변화가 적고 비교적 저탁도에 적용하는 방식이다.

   미국 : 원수의 평균 탁도가 10NTU를 초과하거나 최대 탁도가 20NTU를 초과하는 경우는 가급적 제외

3) **여층의 구성** : 여과층은 다층여과와 같은 안트라사이트, 천연규사, 석류석으로 구성

4) **여과속도** : 230∼290m/day

2. 특징

1) 침전지를 생략할 수 있으나 그만큼 여과지의 부담이 커질 수 있다.

2) 약품주입량을 자동제어할 수 있다.

3) 여과속도를 크게 할 수 있다.

4) 약품주입량이 절감된다.

   ① 응집제 주입량을 통상 주입량의 1/2∼1/4 정도만 주입하여 플록을 형성시킨다.

   ② 그러나 PAC와 같은 고분자응집제의 사용으로 약품비가 증가할 수 있다.

5) 저탁도의 원수에 사용가능하다.

6) 소요부지의 절감

7) 동력비, 건설비, 관리비 절감

8) 재래식 정수처리방식에 비해 역세척 수량의 급격한 증가를 예방

9) **슬러지 발생량 저감**

   ① 직접여과 때 생성되는 플록은 입경과 침강속도는 작지만 밀도와 강도가 큰 마이크로플록이 형성되어 안정하게 처리될 뿐 아니라

   ② 약품사용량도 절약 및 슬러지 발생량도 줄일 수 있다.

3. 기타

1) 원수의 수질이 비교적 양호한 경우에 사용이 가능하며

2) 침전지를 생략할 경우 고탁도 시와 같은 경우는 사용이 곤란하므로 약품주입실 이후에 Channel 등을 설치하여 약품 주입 후 Channel을 통하여 급속여과를 행할 수 있는 구조가 바람직하다.

3) 탁도 변화가 큰(강우 시) 우리나라 현실에 직접여과의 도입은 신중한 검토가 필요

여과지 수두

관련 문제 : 여층 내의 수압분포, 부수두

1. 개요

1) 여과가 진행됨에 따라 오탁물질이 여층의 간극 내에 억류되고, 여층이 폐색되면 여과손실수두가 증가하여 여층 내 수압이 점차 떨어지며

　① 여층내의 손실수두는 여층의 깊이, 여과속도, 그리고 물의 점성에 비례하고

　② 여재의 크기와 모양, 그리고 여층의 공극률과도 상관관계가 있다.

　③ 낮은 여과속도에서 가동 중일 때 속도 증가가 일어나면 개략적으로 여과속도 증가에 비례하여 손실수두가 증가하게 된다.

　　ㅡ이러한 손실수두 조사는 여층 내부의 양방향 차압을 측정한다.

2) 여과를 계속하면 폐색이 많이 진행된 부분에서 국부적으로 대기압보다 압력이 작은 부분이 발생하며 이때의 수두를 부수두라 한다.

3) 국부적인 부압현상은 오탁물질의 억류가 여층표면에 집중하는 표면여과나 사면상의 수심이 과소한 경우에 발생

4) 부압이 여층 내에 발생되면 그로 인하며 Air Binding 현상이 발생하며 통수단면의 감소로 여과능력이 감소되며, 여층의 타 부분에 과부하를 일으키게 된다.

2. 사면상의 수심

1) 사면상의 수심은 부압의 발생을 억제하고 부압발생시간을 연장시키기 위해 최소 0.7m 통상 1～1.5m 이상으로 하고 있다.

2) 완속여과에서는 여과수위의 인출수위를 사면 이하로 내려가지 않도록 하여 부압의 발생을 방지

3) 급속여과에서는 어느 정도의 부압을 허용하는데, 이는 플록의 부착력이 커서 어느 정도의 Break Through에서도 탁질누출현상이 발생하지 않기 때문

3. 여층 내의 수압분포

여과가 진행됨에 따라 현탁물질이 여재의 간극 내에 억류되고 여재입자 간의 수로가 폐색되어 손실수두가 증가하고 여층 내의 수압이 점차 감소한다.

1) 직선 ① : 여과지에 물을 만수시키면 직선의 수압분포

2) 직선 ② : 여과를 시작한 후 여층 내 자갈층의 저항에 따른 수압분포

　① 모래층 완속여과 : 70~90cm

　② 급속여과 : 60~70cm

　③ 자갈층 : 40~60cm

3) 직선 ③

　① 여과를 계속하면 현탁물질의 억류가 시작되어 여층에 의한 손실수두가 크게 증가함

　② 주로 표층부의 현탁물질 억류량이 많아 표층부의 손실수두가 타 부분보다 현저히 크다.

4) 직선 ④ : 전손실수두가 크게 되어 이용 가능한 전수두의 대부분이 소모된 상태로 여과를 정지하여야 하는 상태

5) 직선 ⑤ : 여과지 전체 압력차가 통수능력을 유지할 수 있는 경우에도 폐색이 많이 일어난 여층 부분에서 국부적으로 대기압보다 작은 부분이 발생한다.

이런 국부적인 부압현상은 현탁물질의 억류가 여층표면에 집중하는 경우나 사면상의 수심이 과소한 경우에 발생하기 쉽다.

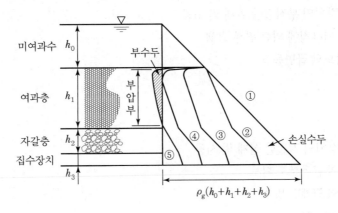

4. 손실수두 측정

1) 여과지 수위측정

2) 여과지 수위와 여과지 유출 후 수위차 측정

3) 여과층 전후의 압력차 측정

4) 여층 깊이에 따른 손실수두 측정

Key Point ✦

· 74회, 85회 출제

· 수두에 관한 문제도 자주 출제되는 문제이며, 반드시 위 그림의 이해와 함께 설명할 필요가 있음

자갈층의 K형 배열

관련 문제 : 자갈층의 역전

1. 개요

1) 자갈층이 역전

　① 역세척 시 여과지의 자갈층이 이동하여 자갈이 모래와 뒤섞이는 현상

　② 여과지에서 불균등한 여과가 일어나 여과수질이 악화된다.

2. 자갈층 역전의 발생원인

1) 하부집수장치의 부적절한 설계 및 시공

2) 불균등한 역세척에 의한 편류 발생

3) 역세척 속도의 급변동

3. 대책

1) 하부집수장치의 적절한 설계 및 시공

2) 역세척수의 균등분포 확보

3) 세정밸브의 급개방 방지

4) 자갈층의 K형 배열

　① 다음의 그림과 같이 자갈층의 상·하부에 굵은 자갈층을 배열하고

　② 중간 부분에 잔자갈층을

　③ 하부는 다시 굵은 자갈을 배열하여

　④ 역세척 시 자갈층의 이동을 방지

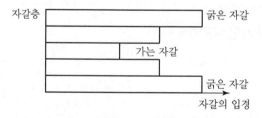

[자갈층의 K형 배열]

역세척 시기와 방법

1. 서론

1) 급속여과지에서 여과가 진행되면 여층 내에 탁질이 억류되어 허용최대손실수두에 도달하거나 여과수에 탁질농도가 허용치에 도달하면

2) 여과를 중지하고 하부집수장치를 통하여 정수를 역류시켜 여층을 팽창, 부유시켜 수류에 의하여 폐색된 여층을 세척하여야 하며 이를 역세척이라 한다.

3) 여재의 세척은 여과효율에 큰 영향을 미치므로 여층표면 전체 및 여층깊이에 있어서 청정한 여재를 유지할 수 있도록 균등하고 유효한 세척이 되어야 한다.

4) 세척효과가 불충분할 경우 여과지속시간의 감소, 여과수질의 악화, Mud Ball의 발생, 여층의 균열, 여층표면의 불균일 등의 문제점을 유발

5) 특히 여과수질이 악화될 경우 후속처리공정인 염소소독과정에서 염소효율감소와 소독부산물질의 생성기회 증대 및 병원성 원생동물의 제거효율이 극히 저하될 수 있으므로 여과기능의 원활한 수행을 위해 꼭 필요한 과정이다.

6) 세척에는 표면세척과 역세척을 조합한 방식과 공기세척과 역세척을 조합한 방식이 있다.

7) 여층 내의 탁질억류분포가 표층부에 많은 여과방식에서는 표면세척과 역세척을 조합한 방식이 좋으며, 다층여과와 같이 탁질을 여층 내부까지 억류하는 경우는 공기세척과 역세척을 조합한 방식이 효과적이다.

8) 따라서 역세척이 불충분할 경우 발생할 수 있는 문제점을 해결하기 위해 원수의 수질, 전처리 정도, 여층의 입도 구성, 두께 및 후속처리공정과의 효율 등을 종합적으로 검토하여 실시할 필요가 있다.

2. 세척수

조류, 소형 동물에 의한 여과장애 발생의 방지를 위해 잔류염소가 포함된 물을 사용

3. 세척효과 불충분 시 문제점

1) Mud Ball의 발생

2) 여과층 균열

3) 여과층 표면의 불균일

4) 측벽과 여과층 간의 간극 발생

5) 여과지속시간 감소

6) 여과수질의 악화

4. 역세척 시기

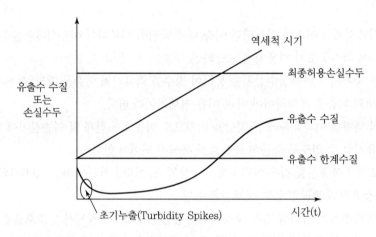

1) **역세척 시기 결정 기준** : 여과지속시간, 탁도기준(유출수 수질), 손실수두

2) 급속여과지에서 탁도를 연속적으로 측정하고 있지 않는 경우 여과지속시간, 여과수량 또는 여과지손실수두를 기준으로 역세척을 실시한다.

3) 여과수의 탁도는 연속적으로 측정되어야 하며 역세척의 시기도 여과수 탁도에 의하여 결정되어야 수질사고의 위험을 감소시킬 수 있다.

4) 역세척은 여과지의 손실수두나 여과지속시간이 설정된 값에 이르면 행하는 것이 일반적이나 이 것보다는 여과수의 수질측정에 의하여 역세척을 실시함이 바람직

5. 세척 영향인자

1) 수온이 일정하면 역세척효과는 역세척속도에 비례

2) 모래비중 및 세척속도가 일정하면 수온이 낮을수록 세척효과 증대

① 물의 점성 증가 → 모래의 침강속도 감소 → 팽창률 증가

② 수온이 증가하면 물의 점성이 낮아지고 그에 따라 모래의 침강속도가 증가되어 동일한 사층 팽창률을 얻기 위해서는 보다 큰 역세척이 필요

3) 모래입자가 클수록(유효경이 클수록) 수온변화에 따른 영향이 크며 역세척 속도가 커야 한다.

4) 수온, 세척속도, 팽창률, 여재비중이 일정하면 입자가 클수록 효과가 크다.

5) 세척속도, 팽창률이 상용범위를 초과하면 세척효과 감소

6. 표면세척과 역세척의 조합형태 : 유동화 세정법

6.1 개요

여층표면의 탁질을 수류에 의한 전단력으로 파괴하고, 다음에 여층을 유동상태가 될 때까지 세척속도를 높여 여재 상호의 충돌, 마찰, 수류에 의한 전단력으로 부착 탁질을 떨어뜨린 후 비교적 저속도의 역세척속도로 여층으로부터 배출시키는 방법

6.2 표면세척

1) 목적
　① 표면세척은 여층표층부에 억류된 탁질을 강력한 전단력으로 파쇄하는 것
　② 하향류식 급속여과방식은 표층부에 탁질이 많은 억류상태를 가지므로 역세척만으로는 충분한 세척효과를 기대하기 어렵다.

6.3 역세척

1) 역세척은 2단계로 이루어지며
　① 1단계 : 역세척수에 의하여 여재상의 충돌, 마찰이나 수류의 전단력으로 부착된 탁질을 떨어뜨린다.
　② 2단계 : 여층상에 배출된 탁질을 트러프로 유출시키는 단계로 트러프의 높이와 간격에 의하여 영향을 받는다.
2) 팽창률 : 20~30%

7. 공기세척과 물세척을 병용한 형태

7.1 개요

1) 상승기포의 미진동에 의하여 부착된 탁질을 떨어뜨린 후에 비교적 저속의 역세척속도로 여층으로부터 배출시키는 방법
2) 공기세척 시 공기압력, 공기량, 공기를 여층 전체에 균등하게 분산시키기 위한 장치, 역세척과 시간적 조합 등이 효율에 크게 영향을 미친다.
3) 이 방법은 여층 전체가 유동화되지 않는다.

7.2 유동화 세정법과의 차이

1) 여층이 성층화되지 않는다.
2) 여층팽창에 의한 여재의 유출이 발생하지 않으므로 세척배수를 위한 트러프를 여층표면에서 낮은 높이에 설치하여도 되며, 트러프의 간격이 커도 된다.
3) 큰 여재를 사용하여도 역세척 속도를 크게 할 필요가 없다.

4) 공기와 물을 여층 내에 균등하게 분산시키기 위한 특수한 하부집수장치가 필요하다.

5) 여층의 교반이 주로 공기에 의하여 이루어지므로 세척수가 적게 소요된다.

6) 실제로 공기에 의하여 여층교반 시 약한 층으로 공기가 유출할 가능성이 커 교반효과를 크게 기대할 수 없다.

7) 공기압축기, 송기관 등의 설비가 요구되므로 설치비가 고가이고 유지관리가 어렵다.

8) 대입경의 여재를 사용하는 여과지, 다층여과지 등에 유리하다.

9) 여과지 내 잔류공기의 배제가 반드시 필요(Air-binding 억제를 위해)

8. 결론

1) 여과효율 증대를 위해 공기세척과 물세척을 병용한 방법이 유리하며

2) 각 처리장별로 공기세척과 물세척의 병용을 위한 하부집수장치의 구성이 필요

3) 또한 여과효율에 따라 병원성 원생동물 및 소독공정의 효율에 영향을 미치므로 각 처리장별 유입원수 수질에 따른 적절한 역세척 주기를 확보할 필요가 있다.

4) 또한 역세척 후 수질악화, 즉 Turbidity Spikes에 대한 대책 강구가 필요

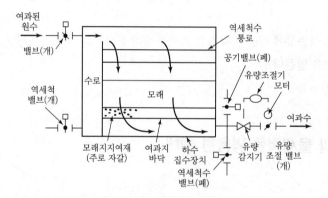

[여과주기 동안의 흐름]

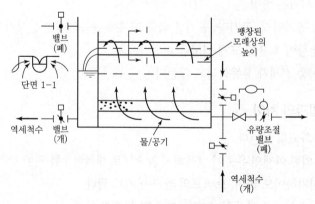

[역세척 주기 동안의 흐름]

■ D정수장 역세척 방식 검토(예)

구분	물 + 공기 동시세척	표세 + 물 + 공기 연속세척	물 + 공기 연속세척
구성도			
개요	• 공기역세와 동시에 물로 역세척 • 이층여재 및 폴리머 전처리가 필요 없는 조립여재에 적합	• 표세 후 공기와 물로 역세척 • 폴리머 전처리가 있는 조립 심층여과에 적합	• 공기역세 후 물로 Rinse • 이층여재 및 폴리머 전처리가 필요 없는 조립여재에 적합
주요 시설	• 역세척 송풍기 • 역세척 펌프	• 역세척 송풍기 • 표세펌프 • 역세척 펌프	• 역세척 송풍기 • 역세척 펌프
장단점	• 역세척 손실 수량이 적음 • 배출수 처리시설이 작아짐	• 역세척 손실 수량이 다소 큼 • 배출수 처리시설이 다소 커짐	• 역세척 손실 수량이 적음 • 여과사 누출 우려가 작음
선정	◎		

■ 역세척 속도 검토

1) 현재 운영 중인 국외 및 서울시 정수센터 시설운영 현황 분석을 통한 물+공기 동시 역세척속도 산정
2) 물+공기 동시 역세척 시 공기량에 따른 최적 역세척수량 결정
3) 물+공기 역세척 후 원활한 탁질 배출을 고려한 물단독 역세척(Rinse) 속도 산정

■ 설계기준 검토

구분	입찰안내서	상수도시설기준	설계반영
역세척방식	물, 공기	역세척＋보조세척	물＋공기
역세척수	－	염소가 잔류하고 있는 정수	정수(염소 함유)
역세척설비	역세유량계, 유량조절 설비	역세펌프, 역세수조	역세척펌프, 브로어
하부집수장치	1년 이상 운영 실적이 있는 블록	유공블록, 스트레이너	유공블록

■ 해외 적용사례 분석

정수시설	유효경 (mm)	균등 계수	여층두께 (mm)	역세척 프로그램(m/hr)		
				Step 1	Step 2	Step 3
New El Azab WTP, Egypt	1.1	<1.4	1,200	A : 68.6[1] W : 17.6[2]	W : 17.6	−
Rutland water, Empinghan, UK	0.95	<1.5	1,200	A : 55 W : 15	W : 15	−
Eshkol Water Filtration Plant, Israel	1.5~1.7	−	2,000	A : 70 W : 60	−	−
WTP at Guangdong(China)	0.9	−	1,200	A : 54	A : 54 W : 7.2	W : 14.4
WTP at Shanghai(China)	0.95	<1.3	1,200	A : 55	A : 55 W : 10	W : 17
WTP at Shantou(China)	1	<1.3	1,200	A : 57.6	A : 57.6 W : 10.8	W : 21.6

주) 1) Air, 2) Water

1) 2단계 또는 3단계로 역세척을 수행하고 있으며 물+공기 동시 역세척은 필수사항임
2) 공기역세척 단독 수행 시의 공기량은 0.9~0.96m³/m² 분임
3) 물+공기 역세척 시의 공기량은 0.92~1.14m³/m²·분, 물역세척량은 0.12~0.29m³/m²·분임
4) 물역세척(Rinse)량은 0.24~0.36m³/m²·분임

■ D정수장 역세척 SEQUENCE(예)
1) 초기 역세공기 및 수량의 압력을 완화할 수 있도록 역세척 유량 조절
2) Rinse 시 잔류공기로 인한 여재손실을 방지하기 위한 Step Backwash 반영
3) 여과수질, 여과유량, 여과지속시간에 의한 역세척 계획 수립

판단 기준	판단 계측기
① 여과수 탁도 ② 지별 여과유량 ③ 지별 여과지속시간	지별 탁도계, 지별 유량계, 타이머

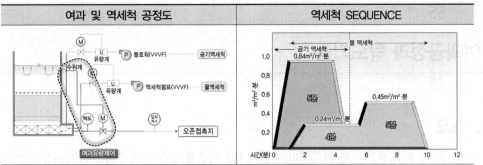

여과 및 역세척 공정도	역세척 SEQUENCE

- 역세펌프, 역세블로어, 유량계를 이용한 물＋공기 동시 역세척 실시
- 물＋공기 역세척 시 잔류공기 제거 후 역세펌프 가동하여 세척(Rinse)

여과공정과 탁도기준

1. 개요

1) 여과수 탁도를 측정한 결과치가 다음의 탁도기준을 준수한 경우에는 바이러스, 지아디아 포낭 및 크립토스포리디움 난포낭이 다음의 제거율을 충족한 것으로 본다.

❖ 바이러스, 지아디아 포낭 및 크립토스포리디움 난포낭의 제거율

여과방식		제거율		
		바이러스	지아디아 포낭	크립토스포리디움 난포낭
급속여과		99% (2.0 log)	99.68% (2.5 log)	99% (2 log)
직접여과		90% (1.0 log)	99% (2.0 log)	99% (2 log)
완속여과		99% (2.0 log)	99% (2.0 log)	99% (2 log)
막여과	정밀여과(MF)	68.38% (0.5 log)	99.68% (2.5 log)	99% (2 log)
	한외여과(UF)	99.9% (3.0 log)	99.68% (2.5 log)	99% (2 log)
	나노여과(NF)	99.99% (4.0 log)	99.9% (3.0 log)	99% (2 log)
	역삼투(RO)	99.99% (4.0 log)	99.9% (3.0 log)	99% (2 log)

비고 : 1. 기타여과방식의 제거율은 직접여과방식 제거율에 준하여 적용한다.
　　　 2. log 제거율과 % 제거율은 다음 식에 따라 계산된다.
　　　　　%제거율 $= 100 - (100/10^{log제거율})$

2. 측정방법

1) 급속 · 직접 · 막여과시설

① 시료채취 지점 : 여과지와 정수지 사이에 모든 여과지의 유출수가 혼합된 지점

② 시료채취 주기 : 4시간 간격으로 1일 6회 이상

③ 기준 : 매월 측정된 시료수의 95% 이상이 0.3 NTU 이하이고, 각각의 시료에 대한 측정값이 1.0NTU 이하일 것. 다만, 연속측정장치를 사용하여 매 15분 간격으로 통합여과수 탁도를 측정할 것

2) 완속여과시설

① 시료채취 지점 : 여과지와 정수지 사이에 모든 여과지의 유출수가 혼합된 지점

② 시료채취 주기 : 4시간 간격으로 1일 6회 이상

③ 기준 : 매월 측정된 시료수의 95% 이상이 0.5 NTU 이하이고, 각각의 시료에 대한 측정값이 1.0NTU 이하일 것. 다만, 연속측정장치를 사용하여 매 15분 간격으로 통합여과수 탁도를 측정할 것

3) 불만족 시 조치사항

① 탁도기준 초과 시 초과 정도에 따라 시설개선 및 주민공지 등을 실시

② 일시적인 탁도기준 위반 : 자체시설 점검과 개선초치를 취함

③ 탁도 위반 값이 크고 장시간 지속 : 해당 주민 공지와 기술진단 등의 개선조치를 취해야 함

④ 미생물 불활성비 불만족 : 지체없이 해당 주민에게 공지해야 하며, 전문기관에 기술진단과 개선조치를 취해야 한다.

3. 15분 간격의 연속측정, 개별여과지 탁도측정

1) 여과지에 고농도(역세척 등)의 탁도가 유입되는 경우에 최소 8분 동안 저농도의 탁도 측정이 불가능(농도 0.03NTU~고농도 5.194NTU : 5~8분 소요)하므로, 15분 간격의 안정된 여과지별 탁도 모니터링이 필요하다.

2) 더불어, 통합 탁도계만으로는 여과지별 초기 탁도 누출 여부를 확인할 수 없으므로, 여과지의 정상적인 성능유지와 정수처리기준 준수를 위해서는 반드시 여과지별로 탁도계를 설치할 필요가 있다.

4. 수질기준 위반 시 조치사항 등의 공지기준

1) 탁도가 1NTU를 초과하여 24시간 이상 지속되는 경우

2) 탁도가 5NTU를 초과하는 경우

3) 잔류염소농도가 정수지 유출부에서 0.1mg/L 미만으로 1시간 이상 지속되는 경우

4) 결합잔류염소농도가 정수지 유출부에서 0.4mg/L 미만으로 1시간 이상 지속되는 경우

5) 잔류염소농도가 정수지 유출부에서 4mg/L 이상인 경우

6) 소독에 따라 요구되는 불활성비 값이 1 미만인 경우로서 48시간 이상 지속되는 경우

7) 수소이온농도(pH)가 5.5 미만이거나 9.0을 초과하는 경우로서 1시간 이상 지속되는 경우

Key Point *

113회 출제

여과수 탁도관리 목표

1. 개요

1) 탁도는 물의 탁한 정도를 나타내는 지표로서 정수장의 관리지표이다.

2) 병원성 미생물은 소독능관리(CT)와 더불어 탁도를 관리하여 제어할 필요가 있다.

2. 탁도

1) 빛의 통과에 대한 저항도 : 1mg/L SiO_2 용액이 나타내는 탁도

2) 유발물질 : 미세무기물질(토사류 등), 천연유기물(NOM), 미생물, 조류 등

3) 측정방법 : 산란광측정법(NTU), 투과광측정법(FTU), 육안측정법(JTU)

3. 탁도 측정의의

1) 정수처리 기준

① 바이러스 4log, 지아르디아 포낭 3log, 크립토스포리디움 2log

② 이들 병원균은 염소에 대한 내성이 강해 염소소독만으로는 기준 달성이 곤란

2) 병원성 미생물과 상관관계가 있는 탁도로 지표관리가 필요

4. 여과수 탁도관리 목표

1) 탁도 수질기준

급속여과 0.3NTU, 완속여과 0.5NTU, 개별 시 1.0NTU

2) 탁도기준 준수 시 병원성 미생물 제거율

탁도 수질기준		탁도기준 준수 시 병원성 미생물 제거율 →	구분	침전여과 (탁도)	정수처리 기준
급속여과	0.3NTU		바이러스	2log	4log
완속여과	0.5NTU		지아르디아 포낭	2.5log	3log
개별 시	1.0NTU		크립토스포리디움	2log	2log

5. 제안 사항

1) 여과지 유출수 탁도 관리 시 0.3NTU 이하에서는 지아르디 아포낭과의 상관관계가 떨어지므로 Particle Counter를 병행 측정함이 바람직하다.

2) 그 이후 공정부터는 병원성미생물로부터 안전한 물공급을 위해 여과지까지는 탁도를 소득능 (CT)으로 관리할 필요가 있다.

고속응집침전지

1. 개요

1) 고속응집침전지는 이미 생성된 대형의 밀집된 Floc 층에 새로 유입된 미세 Floc을 접촉시켜 침전 효율을 높임으로써 플록형성시간을 단축시키고 침전효율을 향상시킨 침전지이다.

2) 동일지 내에서 약품혼화, Floc 형성, 침전분리가 동시에 이루어져 수평류식 침전지의 2~3배의 침전효율을 얻을 수 있다.

2. 구조

1) **용량** : 계획정수량의 1.5~2시간 분

2) **지내 평균 상승유속** : 40~50mm/min

3) **슬러지 배출설비** : 수시, 상시 배출가능구조

4) **지수** : 2지 이상

3. 특징

3.1 장점

1) 장치 용량이 수평류식 침전지보다 적다.

2) 통상의 탁도 범위 내에서는 수질 및 부하변동에 다소 흡수능력이 있다.

3) 응집제 약품비가 약 20% 절감된다.

4) 처리수량이 크다.

5) 밀도, 단락류의 발생가능성이 적다.

3.2 단점

1) 과부하에 약하다.

2) **저탁도** : 모(母)Floc의 유지가 어렵다.

3) **고탁도** : 슬러지 배출로 인한 수손실이 크다.

4) 대류 등에 의해서 모(母)Floc의 유출이 쉽게 일어난다.

5) 태양의 직사광선에 의해 슬러지 Blanket의 부상 우려가 있다.

6) 지의 구조가 복잡하고 운전에 숙련이 요구된다.

7) 수량부하증대에 약하다.

8) 슬러지 배출로 인한 물손실이 크다.

9) Sludge Blanket 계면을 일정한 높이로 운전하는 데 어려움이 있다.

3.3 고속응집침전지의 조건

1) 원수탁도 : 10도 이상일 것(최저 5도 이상)

   ① 유입탁질량, 보유탁질량, 배출 슬러지량과의 평형이 유지되어야 하며

   ② 오래된 Floc은 흡착능력이 약화되므로 최소 5도 이상의 탁질을 보유한 원수를 공급하여야
   한다.

2) 최고탁도 : 1,000도 이하일 것

   ① 원수의 탁도가 고농도일 경우 지내 보유 슬러지 농도를 일정 농도로 유지하기 위해서는 다량
   의 슬러지를 배출해야 하므로

   ② 물의 손실이 많아져 필요처리수량의 확보가 곤란하게 되므로 최고탁도를 1,000도로 제한

3) 탁도 변동폭이 크지 않을 것 : 100도 이하/hr

   운전조작이 곤란하고 슬러지 농도 유지가 곤란

4) 처리수량 변동이 적을 것 : 처리수량이 자주 변화하면 침전불량

5) 유입수 온도 변화가 적을 것 : 0.5~1℃/hr

   온도 변화가 크면 밀도류가 발생하여 탁질 유출

4. 종류

4.1 Slurry 순환형

1) 어떤 일정 범위 내의 고농도를 가진 슬러리를 항상 지내에 순환

2) 유입된 원수와 응집제를 고농도 순환슬러리와 혼합하여 대형 플록을 형성

3) 생성된 대형 플록을 포함한 순환류를 교반실에서 분리실로 방출(교반실 상류에서)

4) 분리실에서 고액분리가 이루어져 상징수의 상승수류와 슬러리의 하강수류로 분리

5) 상징수는 수면의 트러프를 통해 배출되고, 잉여슬러지는 저부에서 배출

4.2 슬러지 Blanket형

1) 중앙의 혼합반응실(교반실)에서 고농도 슬러지와 혼합하여 대형 Floc을 만듦(이 과정은 슬러지
   순환형과 동일)

2) 생성된 대형 Floc을 분리실로 방출

   교반실 저부에서 방출 : 슬러리 순환형과 차이

3) 조 저부에서 분리실로 방출된 대형 Floc은 분리실의 단면이 상부로 갈수록 커짐에 따라 상승유
   속이 감소하게 됨으로써

4) 침강하려는 대형 Floc이 상승하는 유속의 상승속도와 평형상태가 이루어져 수중에 정지하는 슬러지 Blanket 층이 형성

5) 상승하는 슬러지는 이 층을 통과할 때 여과작용이 이루어져 상징수가 얻어지며 상징수는 트러프를 통해 배출

6) 슬러지 Blanket은 슬러리 순환형과는 달리 교반실 저부에서 배출되며 슬러지 순환이 없다.

4.3 복합형

1) 최초의 응집과정은 슬러리 순환형으로 하고

2) 슬러지의 성상과 분리는 슬러지 Blanket 방식으로 한다.

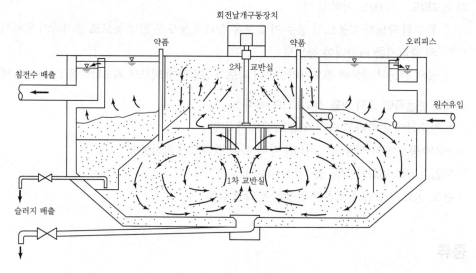

[슬러리 순환형]

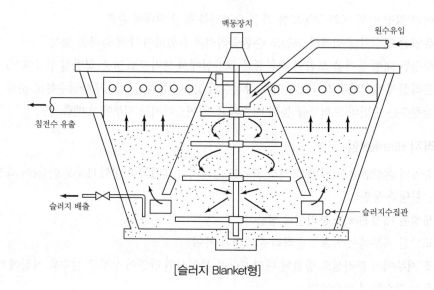

[슬러지 Blanket형]

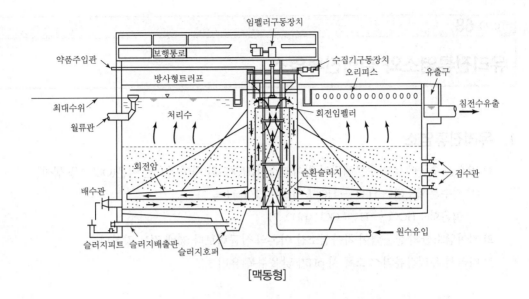

[맥동형]

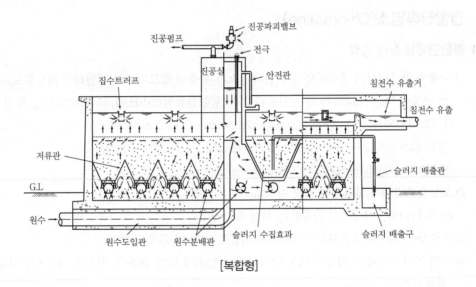

[복합형]

유리잔류염소와 결합잔류염소

1. 유리잔류염소

1) 염소는 수중에서 가수분해되어 차아염소산(HOCl)과 차아염소산 이온(OCl^-)을 생성

   ① 가수분해 : $Cl_2 + H_2O \rightarrow HOCl + H^+ + Cl^-$ (pH ≦ 7)

   ② 이온화 : $HOCl \rightarrow H^+ + OCl^-$ (pH > 7)

2) 차아염소산의 살균력이 차아염소산 이온의 살균력보다 80배 정도 강하다.

3) 따라서 유리잔류염소 소독 시 pH가 낮을수록 유리

2. 결합잔류염소(Chloramine)

2.1 결합잔류염소의 종류

1) 수중에 암모니아가 존재하면 유리잔류염소가 수중의 암모니아와 결합하여 pH, 암모니아 농도 및 온도에 따라서 다음과 같은 반응을 거쳐 결합잔류염소(NH_2Cl, $NHCl_2$, NCl_3)를 형성

   ① $HOCl + NH_3 \rightarrow H_2O + NH_2Cl$(Monochloramine : pH ≥ 8.5)

   ② $HOCl + NH_2Cl \rightarrow H_2O + NHCl_2$(Dichloramine : 4.5 < pH < 8.5)

   ③ $HOCl + NHCl_2 \rightarrow H_2O + NCl_3$(Trichloramine : pH ≤ 4.5)

2) 모노클로라민이 살균력이 가장 강하다.

   따라서 pH 8.5 이상에서 반응하는 것이 효과적

3) 수도상에서는 사실상 모노클로라민과 디클로라민 2종류로 존재

4) 특정 지하수와 같이 세균이 적고 암모니아성 질소가 일정 수준 존재할 경우는 결합 잔류염소에 의해 소독할 수 있다.

2.2 장점

1) 소독 시 물에 취미를 주지 않는다.

2) 유리잔류염소보다 안정성 및 지속성이 높다. → 급배수계통에서 소독잔류효과가 크다.

3) 세균부활(After‐Growth)을 억제하는 효과가 높다.

4) 급배수관의 Biofilm의 생성억제 효과

5) 소독부산물(DBPs)을 적게 생성

6) 유기물과 반응하여 THMs을 생성하지 않는다.

2.3 단점

1) 유리잔류염소보다 살균력이 약하여 염소주입량이 많이 소요

2) 접촉시간도 30분 이상 필요

3) 동일한 접촉시간에 동일한 효과를 얻기 위해서는 유리잔류염소에 비해 25배가량의 주입량이 필요

4) 유리잔류염소와 동일한 주입량에서 동일효과를 얻기 위해서는 유리잔류염소에 비해 100배의 접촉시간 필요

3. 수도법에 의한 먹는물 기준

구분	유리잔류염소	결합잔류염소
평상시	0.1mg/L 이상	0.4mg/L 이상
비상시	0.4mg/L 이상	1.8mg/L 이상

1) 비상시

① 수원부근 및 급수구역, 그 부근에 있어 소화기계 전염병이 유행하고 있을 때

② 전 구역에 걸치는 광범위한 단수 후 급수를 개시할 때

③ 홍수 또는 갈수 등으로 수질이 나빠졌을 때

④ 정수과정에 이상이 있을 때

⑤ 배수관의 대규모 공사나 수도시설이 현저히 오염될 것으로 예상될 경우

⑥ 기타 특히 필요하다고 생각될 때

4. 잔류염소농도가 다른 이유

1) 유리염소와 결합염소의 살균력이 다르기 때문

2) 2.3항의 3)~4) 참조

Key Point +

- 78회, 88회, 98회, 111회, 117회 출제
- 차아염소산의 소독효과는 시간과 잔류성 모두에서 차아염소산이온이나 모노클로라민보다 우수하다. 그러나 충분한 접촉시간에서는 모노클로라민의 소독효과는 유리염소와 비슷하다.
- 상기 문제는 아주 중요하고 출제 빈도도 높기 때문에 전체적인 이해가 필요함
- 경우에 따라서는 소독력이 차이 나는 이유에 대한 변형된 문제가 출제되기도 함
- 유리잔류염소에 대한 기준 변경에 따른 장점과 단점에 대한 문제도 예상되므로 기준 변경에 따른 답안의 작성도 필요함

유리잔류염소의 pH에 따른 존재형태

1. 소독제의 종류(유리잔류염소가 생성될 수 있는)

1) 액화염소(Cl_2)

2) 차아염소산나트륨($NaClO$)

3) 차아염소산칼슘($Ca(ClO)_2$)

2. 물속에서 용해기구

1) NaClO

$$NaClO + H_2O \leftrightarrow HOCl + NaOH(반응 후 pH 상승)$$

2) Ca(ClO)$_2$

$$Ca(ClO)_2 + 2H_2O \leftrightarrow 2HOCl + Ca(OH)_2(반응 후 pH 상승)$$

3) Cl$_2$

① 가수분해 : $Cl_2 + H_2O \leftrightarrow HOCl + H^+ + Cl^-$ (반응 후 pH 저하) $pH \leq 7$

② 이온화 : $HOCl \leftrightarrow H^+ + OCl^-$ $pH > 7$

③ HOCl의 살균력이 OCl^-의 살균력보다 80배 정도 강하다.

④ pH 7 이하에서 유리잔류염소의 70% 이상이 HOCl 형태로 존재하므로 pH가 낮을수록 소독력 증대

전염소처리

1. 개요

1) 염소처리

   ① 전염소처리 : 응집 · 침전 전에 주입

   ② 중간염소처리 : 응집 · 침전 후 여과 전에 실시

   ③ 후염소처리 : 여과 후 실시

2) 일반적으로 소독 · 살균을 위해서 잔류염소 유지를 목적으로 하는 후염소처리와는 달리 유입원수의 수질이 악화될 경우 여러 장애를 극복하기 위해 전염소처리를 실시

3) 전염소처리는 파괴점 염소주입을 실시

4) 최근 수원의 가속화되는 부영양화에 의한 조류의 장애를 극복하기 위해 주입할 필요가 있음

2. 목적

1) 세균의 제거 : 일반 세균 5,000개/mL, 대장균 2,500개/mL일 경우 또는 침전지 · 여과지의 위생과 청결을 유지하기 위해

2) 철 · 망간의 산화 : 염소의 산화력을 이용하여 철을 산화시켜($Fe^{+2} \rightarrow Fe^{+3}$) 침전 · 여과 과정에서 제거

3) 응집 · 침전의 효율 향상 : 조류발생 시 유입원수의 수질이 pH 10~12 정도로 알칼리성 → 응집제의 적정 pH 폭을 초과 → 전염소처리에 의한 적정 pH 유지

4) 이 · 취미의 제거 : 조류번식에 따라 발생되는 Geosmin, 2 - MIB와 같은 이 · 취미 제거 염소에 의해 조류 사멸 시 조류 세포 내 물질의 용출로 독소물질이나 이취미가 오히려 증가할 우려도 있음

5) 색도제거

6) 후염소처리 시 염소요구량 감소

   ① 부가적으로 C · T 값 상승

   ② 유입원수에 포함된 유기물과 반응해 DBPs 생성 우려

7) 미소동물, 조류, 박테리아 등의 제거 또는 번식 억제

8) 유기물의 생분해성 향상

9) NH_4-N의 제거 : 파괴점 염소주입에 의해

3. 주입률

1) 파괴점염소처리에 의한 제거율 : 80~95%

$$2NH_3-N+3HOCl \rightarrow N_2 \uparrow +3HCl+3H_2O$$

2) 이론적으로 NH_3-N 1mg 제거에 7.6mg이 필요하지만 디클로라민의 분해가 느리고 유리염소의 생성이 느려 10배 이상의 주입이 필요

3) 잔류농도

① 망간의 경우 응집·침전, 여과 후 0.5mg/L 정도 유지하도록 주입하며

② 살균을 목적으로 할 때는 잔류농도 0.1~0.2mg/L 유지

4. 특징

1) 유입수질에 유기물질이 많을 경우 염소주입에 의해 THMs과 같은 DBPs의 발생 우려

① 이 경우 응집·침전 후 중간염소처리로 전환하거나

② 대체소독제(ClO_2, 전오존)로의 전환 검토

2) 과도한 주입에 의해 철·망간의 과도한 산화가 발생될 경우 → 적수와 흑수 발생 우려

특히 망간색 콜로이드에 의해 여과장애를 유발할 가능성이 있다.

3) 전염소처리는 원수수질에 따라 충분한 효과를 얻지 못하는 경우도 있다.

4) 전염소처리 이후 마이크로스트레이너 설치 시 부식 우려

→ 참/고/자/료

중간염소처리의 목적
① 조류제거
② 조류부산물질 제어 : 이·취미물질(2-MIB, Geosmin), 독소물질(Microcystin 등)
③ 미생물이 많이 유입될 경우 여과지에서 미생물 막이 형성되어 처리수질이 악화될 우려가 있을 경우
④ 원수수질이 악화되어 착수정에서 분말활성탄을 주입할 경우 전염소처리를 하지 않으므로 중간염소처리를 실시

Key Point ✦

• 112회, 119회, 124회, 127회, 129회, 131회 출제
• 전염소처리는 자주 출제되지는 않지만 중간염소, 후염소처리와의 차이점을 숙지해야 함
• 전염소처리가 출제될 경우 전염소처리의 목적과 주입률은 꼭 기술할 필요가 있음

파괴점 염소 주입(Break-point Chlorination)

관련 문제 : 불연속점 염소처리법

1. 서론

1) 파괴점 염소 주입이란 불연속점 이후 염소를 주입하여 처리하는 방식

　　염소를 충분히 주입함으로써 산화될 수 있는 모든 물질들과 반응하도록 하고 만약 추가적으로

　　염소가 첨가되면 이것은 유리잔류염소로 존재하게 되는 공정

2) 색은 거의 제거, 취미 제거

3) 소독효과가 완전

4) 그러나 염소주입량이 증가하므로 원수 수질이 저하될 때의 전염소처리 시 주로 사용한다.

　　① 소독부산물 생성 우려

　　② 경제적 문제

2. 파괴점 염소 주입

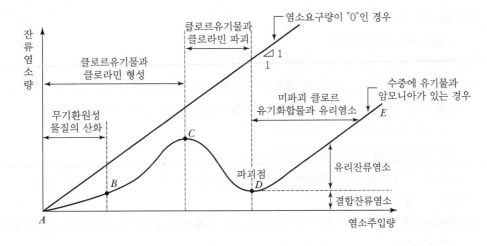

1) $A-B$ 구간 : 수중의 환원성 물질에 의한 염소 소비이며 잔류염소는 거의 없다.

2) $B-C$ 구간 : 클로라민 형성, 결합잔류 염소 증가

3) $C-D$ 구간 : 클로라민 파괴, 암모니아 제거, 결합잔류염소 감소

　　① 약간의 클로라민은 Nitrogen-trichloride로 전환되고

　　② 잔류 클로라민은 N_2O와 N_2로 산화되며

　　③ 염소는 염소이온으로 환원된다.

④ 계속 염소를 주입하면 대부분의 클로라민은 파괴점에서 산화

4) 점 D : 불연속점, 즉 결합잔류염소가 거의 완전히 파괴

5) $D-E$ 구간

　① 이 구간이 파괴점 염소처리구간

　② 주입량에 비례 잔류염소 증가

　③ 유리잔류염소 증가, 분해되지 않은 많은 클로르화합물 생성

3. 특징

1) **암모니아성 질소의 제거** : 제거율 80~90%

　① 반응식 $2NH_3-N+3HOCl \rightarrow N_2+3H_2O+3HCl$

　② 암모니아성 질소 1mg 제거를 위하여 7.6mg의 염소 필요 : 실제는 10배 이상의 염소 주입이 필요

2) 색도제거

3) 소독효과 완전

4) **염소 요구량 증대(약품비 증대)** : 경제적 효율성이 떨어짐

5) 수중에 NH_4-N 농도가 높고 수온이 낮을 경우 유리잔류염소 대신 결합잔류염소 생성(특히, 겨울)

6) **수중의 pH 감소**

　① 염소 주입으로 pH 감소

　② 알칼리제(NaOH, CaO, Ca(OH)$_2$) 주입 필요

7) 수중의 용존성 Mn과 NH_3-N가 고농도로 존재 시 전염소처리에서 중간염소처리로 전환 시 Mn 색 콜로이드를 형성하여 망간사에 의한 접촉산화 곤란, 색도 증가 우려

8) 염소와 석회에 의해 유출수 염의 농도 증가 우려

9) 수질 변동이 심할 경우 운전의 숙련이 필요

10) 경우에 따라 불연속점이 명확히 나타나지 않을 경우도 있다.(숙련된 기술이 필요)

11) Fe, Mn 제거

12) Nitrogen Trichloride와 이와 관련된 화합물로 인해 파괴점 염소화가 진행되는 동안 심각한 악취문제 발생

4. 결론

1) 파괴점 염소주입의 경우 소독효과가 완전하고 NH_4-N을 제거할 수 있는 장점

2) 그러나 염소요구량을 증대시키고 수중 유기물질 다량 존재 시 THMs 발생 우려

　① 이와 같은 경우 경제성을 판단해서 선택

　② THMs의 발생우려가 있을 경우 전염소처리는 지양하며 대신 응집·침전 후의 중간염소처리로의 전환이 필요

3) 따라서 정수장 유입수질이 악화되어 전염소처리 필요 시에는 파괴점 염소처리를 실시 또는 NH_4-N 제거를 위해 바람직하고 이때의 주입률은

　① NH_4-N 1mg 제거 시 염소 7.6mg/L 주입

　② 여과수의 잔류 농도 소독 시 : 0.1~0.2mg/L

　③ Mn 처리 시 : 0.5mg/L

4) 고도정수처리로 오존처리시설이 도입된 처리장의 경우 전염소처리 대신 전오존처리로의 전환도 검토

Key Point ✦

• 74회, 75회, 95회, 111회, 118회, 122회, 130회, 131회 출제
• 상기 문제는 아주 중요한 문제이므로 반드시 숙지하기 바람

염소소독 영향인자

1. 온도

1) 온도가 증가할수록 화학반응속도 증가, 살균력 증가

2) 25℃ 이상일 때 After — Growth 우려

2. pH

2.1 유리잔류염소

1) 가수분해 : $Cl_2 + H_2O \rightarrow HOCl + H^+ + Cl^- (pH \leqq 7)$

2) 이온화 : $HOCl \rightarrow H^+ + OCl^- (pH > 7)$

3) HOCl의 살균력이 OCl^- 보다 80배 정도 강함

4) 따라서 유리잔류염소로 소독 시 pH가 낮을수록 HOCl의 생성량이 증가하여 살균력 증가

2.2 결합잔류염소

1) $HOCl + NH_3 \rightarrow H_2O + NH_2Cl(Monochloramine : pH \geq 8.5)$

2) $HOCl + NH_2Cl \rightarrow H_2O + NHCl_2(Dichloramine : 4.5 < pH < 8.5)$

3) $HOCl + NHCl_2 \rightarrow H_2O + NCl_3(Trichloramine : pH \leq 4.5)$

4) 모노클로라민이 살균력이 가장 강함 → pH 8.5 이상에서 반응하는 것이 효과적

3. $NH_4 - N$ 농도

1) $NH_4 - N$은 염소소비량을 증대

2) 유리잔류염소와 결합하므로 살균력 저하

4. 접촉시간

1) 접촉시간이 증대될수록 살균력 증대

2) CT값의 증대

5. 산화가능 물질, 환원성 이온 및 분자

1) 환원성 물질이 염소소비량을 증대시켜 살균력 저하
2) 휴믹산, 철과 같은 산화가능물질 존재

6. 유기물질

1) 유기물질이 다량 존재 시 미생물이나 병원균의 살균력을 저하
2) 유기물질이 소독제의 흡수와 부유물질 속의 미생물을 보호하는 기능

7. 염소의 형태

1) 소독력 : 유리잔류염소 > 결합잔류염소
2) 결합잔류염소의 경우 동일한 접촉시간에 동일한 효과를 얻기 위해서는 유리잔류염소에 비해 25 배 가량의 주입량이 필요
3) 결합잔류염소의 경우 유리잔류염소와 동일한 주입량에서 동일 효과를 얻기 위해서는 유리잔류 염소에 비해 100배의 접촉시간 필요

8. 미생물의 종류

1) 살아있는 미생물보다는 포낭형태의 미생물이 염소에 대한 저항력이 크다.
2) 지아르디아, 크립토스포리디움과 같은 병원성 원생동물은 염소에 대한 저항력이 크다.
3) 성장 중에 있는 박테리아 세포는 이미 성장하고 오래되어 점액성분으로 세포 주변이 코팅된 박 테리아보다 쉽게 사멸 가능
4) 박테리아 포자는 저항력이 매우 강해서 대부분의 소독제는 효과가 전혀 없거나 매우 적다.

9. 알칼리도, 산도

알칼리도가 낮고 산도가 높을수록 소독력 증대

10. 초기혼합

1) 유리잔류염소의 살균력에 의해 살균을 할 경우 초기혼합에 의해 염소를 골고루 분배하는 것이 매우 중요
2) 특히, 암모니아가 염소주입량의 10% 이상이 될 경우

3) 수중에 암모니아가 존재할 경우 염소는 이들과 반응하여 결합잔류염소를 형성

　　모노클로라민 또는 디클로라민 형성

4) 이때 차아염소산과 모노클로라민의 소독력은 비슷하지만 충분한 접촉시간이 주어지지 않으면

　　모노클로라민에 의한 소독력 저하 우려

5) 따라서 초기혼합에 의한 충분한 접촉시간 확보가 중요

　　혼화지와 같은 In-line Mixer와 같은 방식 채택이 필요

필요소독능(C · T) 결정방법

1. C · T 개념

1) 살균공정의 운영에 있어서 미생물의 감소속도보다 더 중요한 것은 수중미생물의 99.9% 또는 99.99%를 사멸시키는 데 필요한 소독제의 농도와 접촉시간의 관계이다.

2) 이 관계를 나타내주는 것이 C · T 개념이다.

3) 이것은 소독제와 미생물의 종류에 따라 미생물을 목표만큼 사멸시키는 데 필요한 접촉시간과 농도의 곱은 일정하다는 것이며 필요소독능이라 한다.

$$C \cdot T = const$$

여기서, C : mg/L, T : min

2. T$_{10}$의 개념

1) C값 : 유출부에서 소독제의 잔류농도(mg/L)

2) T값(min) : 접촉시간

3) T$_{10}$의 개념

① 정수지의 T값은 정수지를 통과하는 물의 90%가 체류하는 시간으로 설정

② 따라서 정수지의 물 10%가 유출되는 시간을 T$_{10}$으로 설정하면 정수지의 물의 90%는 T$_{10}$ 이상으로 접촉시간을 가지게 되므로 보수적인 설정이 된다.

4) T$_{10}$의 영향인자

① 정수지에서는 수위변화에 따라서 체류시간이 크게 다를 뿐 아니라

② 단락류, 사수지역, 밀도류 등에 의하여 체류시간이 많은 영향을 끼친다.

③ 정수지의 도류벽의 유무에 따라 체류시간에 차이가 크게 된다.

④ 이러한 이유로 정수지나 배수지에서 도류벽의 설치가 중요한 인자가 되고 있다.

3. 측정방법

1) T$_{10}$은 추적자 실험을 하여 주입된 추적자의 10%가 유출되어 나오는 시간으로 정하나

2) 추적자 실험이 행해지지 않은 경우에는 일반적인 수리적 체류시간에 구조별 인자를 곱하여 유효한 접촉시간(T)을 산출한다.

3.1 추적자 실험

1) CaF$_2$, NaF 등의 염료를 유입부에 주입하고 유출부의 농도를 측정하여 T$_{10}$ 결정

2) 방법 : Step – dose 방법, Slug – dose 방법

3.2 이론적인 방법

1) 장비나 비용 등 추적자 실험을 할 수 없는 경우

2) 수리학적 체류시간에 구조별 인수(유효접촉시간 산정 인수)를 곱하여 T$_{10}$을 산정

Key Point +

- 80회, 87회, 91회, 97회, 100회, 105회, 110회 출제
- 상기 문제는 소독능에 관련된 기초적인 이론으로 출제 빈도가 높고, 소독능과 관련된 문제로 변형되어 출제될 수도 있음
- 면접고사에서 자주 출제되는 문제이므로 기본적인 이론의 숙지가 요구되며, 특히 T10의 이론을 반드시 숙지해야 함

1. Step-dose 방법

1) 유출부의 F농도가 0.2mg/L 이하가 되면 실험을 시작한다.

2) 1% NaF 용액을 2mg/L 농도로 하여 주입한다.

3) 3분 간격으로 NaF를 주입하면서 유출부의 농도를 측정한다.

4) C/C_o와 t의 관계그래프를 그린다.

2. Slug-dose 방법

1) 유출부 F의 농도가 0.2mg/L 이하가 되면 실험을 시작한다.

2) 일시에 염료를 주입한다.

3) 주입시간은 체류시간 T의 2% 미만으로 한다.

4) 염료를 유입부에 주입하고 3분 간격으로 유출부의 농도를 측정한다.

5) C/C_o 대 t의 관계그래프를 그리고 이것을 Step-dose 그래프로 환산하여 다시 그린다.

6) 이 그래프로부터 T_{10}을 구한다.

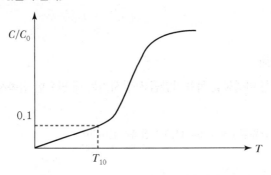

[반응조의 구조에 따른 유효접촉시간 산정인수]

◎ 반응조의 구조에 따른 유효접촉시간 산정인수

격벽 상태	인수	비고
없음	0.1	저류벽이 없고 교반이 되는 완전혼화조로서 유입, 유출속도가 빠르고 수위변동이 있음
불량	0.3	내부의 저류벽은 없고 교반도 없는 단일 또는 여러 개의 유입, 유출수를 가진 접촉조
보통	0.5	유입, 유출구에 저류벽이 있으며 내부에도 수 개의 저류벽이 있는 접촉조
양호	0.7	유입에 정류벽이 있으며 내부에도 정류벽이나 저류벽이 있으며 유출위어 또는 오리피스형 유출위어를 가진 접촉조
우수	0.9	내부에 여러 개의 저류벽이 물의 흐름을 Plug Flow형으로 만들 만큼 충분히 설치된 접촉조
완전	1.0	관 내부의 흐름

log 제거율

1. 서론

1) 최근 수원의 오염 등으로 인해 정수장에서 생산되는 수돗물의 경우 바이러스, 병원성 원생동물 등에 의해 건강상 위해를 받을 기회가 증대되고 있는 추세

2) 따라서, 이와 같은 위해성을 해결하기 위하여 탁도기준과 불활성비에 적합한 먹는물을 생산하기 위한 여과시설 및 소독시설의 적정 운영이 필요하다.

3) 즉, 탁도기준(0.5NTU 이하)과 적정 C·T값을 유지할 필요성이 증대되고 있다.

2. C·T값(소독능)

1) C·T값(소독능)의 정의

① 미생물 또는 병원성 미생물을 목표치만큼 사멸시키는 데 필요한 접촉시간과 농도의 곱은 일정

$$C \cdot T = Const$$

여기서, C : 잔류염소농도(mg/L), T : 접촉시간(min)

② C·T값 산정

㉮ C : 유출부(정수지)에서의 잔류염소농도(mg/L)

㉯ T

• T_{10} : 정수지 물의 90% 이상이 체류하는 시간(보수적인 설정)

• HRT × β(유효접촉시간 산정인자)

2) 불활성비

$$불활성비 = \frac{C \cdot T \ 계산값}{C \cdot T \ 요구값}$$

불활성비 > 1 : 미생물과 병원성 미생물을 목표만큼 사멸시켰다는 의미

3. log 제거율

1) 병원성미생물의 불활성화 기준

여과방식		최소 제거 및 불활성화 기준		여과공정에 의한 제거율		소독공정에서 요구되는 불활성화율	
		바이러스	지아디아 포낭	바이러스	지아디아 포낭	바이러스	지아디아 포낭
급속여과		99.99% (4.0log)	99.9% (3.0log)	99% (2.0log)	99.68% (2.5log)	99% (2.0log)	68.38% (0.5log)
직접여과		99.99% (4.0log)	99.9% (3.0log)	90% (1.0log)	99% (2.0log)	99.9 (3.0log)	90% (1.0log)
완속여과		99.99% (4.0log)	99.9% (3.0log)	99% (2.0log)	99% (2.0log)	99% (2.0log)	90% (1.0log)
막여과	정밀여과(MF)	99.99% (4.0log)	99.9% (3.0log)	68.38% (0.5log)	99.68% (2.5log)	99.97% (3.5log)	68.38% (0.5log)
	한외여과(UF)	99.99% (4.0log)	99.9% (3.0log)	99.9% (3.0log)	99.68% (2.5log)	90% (1.0log)	68.38% (0.5log)
	나노여과(NF)	99.99% (4.0log)	99.9% (3.0log)	99.99% (4.0log)	99.9% (3.0log)	—	−1
	역삼투(RO)	99.99% (4.0log)	99.9% (3.0log)	99.99% (4.0log)	99.9% (3.0log)	—	−1

비고 : 나노여과(NF)와 역삼투(RO) 시설에 대해서는 여과공정만으로 최소제거 및 불활성화 기준(99.99%, 4log)을 충족한 것으로 본다.

2) log 제거율

① 정의

㉮ 정수처리기준에서는 정수공정에서의 미생물 제거율을 극대화하기 위해 각 공정별로 미생물의 제거 정도를 직접 측정할 필요가 있다.

제거율은 보통 퍼센트 제거율로 표현되지만, 미생물은 지수적으로 증식·감소하므로 미생물 제거효율은 로그제거율로 나타내는 것이 효과적일 경우도 있다.

$$\log 제거율 = \log_x - \log_y = \log \frac{최초 미생물 농도}{처리 후 미생물 농도}$$

여기서, x : 최초의 미생물수, y : 남아 있는 미생물수

$90\% = \log 100 - \log 10 = 1\log, \ \log 100 - \log 32 = 2.5\log$

㉯ %제거율과의 관계

$$\%제거율 = 100 - \left(\frac{100}{10^{\log 제거율}} \right)$$

4. 결론

1) 지아르디아, 크립토스포리디움의 경우 염소소독에 대한 내성이 강하므로 여과효율의 증대가 필요
   ① 탁도 0.5NTU 이하 유지가 필요하며, 역세척 후 Turbidity Spikes 발생 시 특히 탁도관리에 유의
   ② 역세척 후 시동방수, 응집제 투입(역세척 종료 직전 투입) 및 여과속도의 제어 등을 통해 탁도 관리를 할 필요가 있음

2) C·T값 향상을 위한 대책이 필요
   염소투입시설 개선, 도류벽 설치, 정수지 수위관리, 전염소 투입(DBPs 생성 고려), 소독제 농도 증가(DBPs 생성 고려), 소독방법의 개선, 정수지 청소 및 재염소투입 등의 방법을 통해 C·T값 향상이 필요

Key Point +

- 110회, 122회, 128회 출제
- 상기의 문제는 소독능(C·T값), 불활성비, 역세척 후 Turbidity Spikes 발생 시 탁도관리의 중요성과 연관된 문제로 출제될 가능성이 있음. 따라서 상기의 문제가 출제될 경우 소독능(C·T값), 불활성비 및 역세척 후 탁도관리의 중요성은 반드시 숙지하기 바람
- 즉, 역세척 후 여과를 다시 시작할 경우 탁도 0.5NTU 이상이 될 경우 병원성 원생동물에 의한 피해 우려
- 병원성 원생동물의 경우 염소소독에는 내성이 강하지만 크기가 크기 때문에 여과효율이 좋을 경우 높은 제거효율을 기대할 수 있다.
- 즉, 병원성 원생동물의 제거효율은 여과효율 및 역세척 후의 탁도와 밀접한 관계가 있다.
- 역세척 후 초기 여과 시 탁도가 0.5NTU 이상이 될 경우 여과수를 정수지로 보내는 것이 아니라 배출수지로 보내 관리할 필요가 있다.

Chick 법칙

1. 개요

Chick 법칙에 의하면 염소소독으로 인한 세균을 사멸시키는 율은 1차 반응식을 따른다.

2. Chick 법칙

$$\ln\left(\frac{N_t}{N_o}\right) = -k \cdot C^n \cdot t$$

여기서, N_o : 소독약품 투입 전의 미생물 개체 수(개/mL)

N_t : 소독약품 투입 후의 미생물 개체 수(개/mL)

C : 소독약품의 농도(mg/L)

n : 상수(통상 1로 간주)

t : 소독약품 투입 후 접촉시간(min)

k : 살균반응 속도상수(L/min)

$$\frac{dN}{dt} = -K \cdot N$$

$$\int_{N_o}^{N_t} \frac{1}{N} dL = -K \int_0^t 1 dt \quad \ln[N]_{N_o}^{N_t} = -K[t]_0^t \quad \ln N_t - \ln N_o = -K \cdot t \quad \cdots\cdots\cdots\cdots (식\ 1)$$

$$\ln\left(\frac{N_t}{N_o}\right) = -K \cdot t \quad \cdots\cdots\cdots\cdots\cdots\cdots\cdots\cdots\cdots\cdots\cdots\cdots\cdots\cdots\cdots\cdots\cdots (식\ 2)$$

(식 2)를 사멸계수 K에 대해서 정리하면 $K = \dfrac{1}{t}\ln\left(\dfrac{N_o}{N_t}\right)$

(식 2)를 시간 t에 대해서 정리하면 $t = \dfrac{1}{K}\ln\left(\dfrac{N_o}{N_t}\right)$

3. 계산(예)

[문제] 잔류염소농도 0.1mg/L로서 90% 사멸시키는 데 3분이 소요되었다고 하면 99%를 사멸시키는 데 몇 분이 걸리는가?

[풀이]

90% 사멸시키면 남은 균수는 처음의 10%이므로

$$\ln(10/100) = -K \cdot 3$$

$$\therefore K = 0.7675$$

99% 사멸하면 남은 균수는 처음의 1%이므로

$$\ln(1/100) = -0.7675 \times t$$

$$t = 6.0(\text{min})$$

Key Point *

89회, 110회 기출문제이며 향후 출제가 예상되는 문제임

CT값 증가방법

1. CT 개념

1) 미생물을 목표만큼 사멸시키는 데 필요한 접촉시간과 농도의 곱은 일정하다.

2) 필요소독능이라 한다.

3) CT＝Const(C＝mg/L T＝min)

4) 불활성비 ＝ $\dfrac{\text{CT 계산값}}{\text{CT 요구값}}$

　① 바이러스(4 log) → 99.99%

　② 지아르디아(3log) → 99.9%

　③ 불활성비 > 1 : 미생물을 목표한 만큼 사멸시켰다는 의미

5) CT값 산정

　① C값 : 유출부(정수지)에서 소독제의 잔류농도(mg/L)

　② T값 : 정수지를 통과하는 물의 90%가 유출되는 시간

　　㉮ T_{10}

　　　• 정수지의 물이 10%가 유출되는 시간

　　　• 정수지의 물의 90%는 T_{10} 이상으로 접촉시간을 가지게 되므로 보수적인 설정이 된다.

　　㉯ HRT × β(유효접촉시간 산정인자)

2. CT값 증가방법

2.1 염소투입시설의 개선

1) 고농도 염소 소독액의 급속 혼합을 위하여 정수지 유입관에 디퓨저 또는 다공디퓨저 설치

2) T_{10}/T 값을 0.7로 향상

3) 초기혼합 정도 증대

2.2 도류벽 설치

접촉시간을 길게 하기 위해 설치

2.3 정수지 수위관리

정수지의 수위를 높게 유지

2.4 전염소 투입방법

1) CT 계산값/CT 요구값이 1보다 작으면 전염소를 투입하여 CT값 증가

2) 소독부산물의 생성가능성이 높아지므로 병원성 미생물 제거와 소독부산물 생성의 두 가지 측면을 고려

3) 전염소처리

    ① 응집지 → $C \cdot \beta \cdot T$ β : 유효접촉시간 산정인자

    ② 여과지 → $C \cdot \beta \cdot T \cdot \alpha$ α : 염소의 잔류율

    ③ 정수지 → $C \cdot \beta \cdot V \cdot T$ V : 수위비(저수위 /고수위)

2.5 소독제 농도 증가

소독부산물 생성주의

2.6 소독방법의 개선

1) 염소보다 강한 소독제 사용 : 오존, 이산화염소, 불소

2) 알데히드, 브롬산 이온 등의 DBPs 생성 우려

3) 법적인 기준(유리잔류염소 기준)을 맞추기 위해 반드시 후염소 처리

2.7 정수지의 청소

정수지 내에 오염물질이 있으면 염소와 결합하여 유기산화물을 생성하여 소독효과를 감소시키므로 자주 청소를 하여야 함

2.8 온도증가

단, 25℃ 이상에서는 After-Growth 우려

2.9 pH

pH를 7 이하로 유지(→ 유리잔류염소 > 결합잔류염소 : 소독력)

2.10 배수지에서 재염소 주입 : TM/TC 구축

2.11 여과효율의 증대

탁도제거에 의해 최적화된 재래식 처리장은 Giardia Lamblia Cysts를 적어도 2.5log 제거 가능

■ D정수장 정수지 CT값 적용 및 소독 공정 개량(예)

1) 기존 1, 2, 3계열 정수지 활용(입찰안내서 제시사항)
2) 병원성 미생물 불활성화 달성으로 안전성 확보
3) 기존 시설을 활용하므로 소독접촉시간(CT) 용량 확보 가능한 운영수심 설정

■ 설계기준 검토

구분	입찰안내서	상수도시설기준	설계반영
체류시간	기존시설 활용	첨두수요 대처용량과 CT용량 감안하여 최소 2시간	1.75시간(기존시설 활용)
지수	기존 시설 활용	2지 이상	4지(기존 시설 활용)
병원성 미생물 불활성화	기존 시설 활용	• Giardia 0.5log • Viruses 2.0log	• Giardia 0.5log 이상 • Viruses 2.0log 이상

■ 소독능 관련 법규 및 처리목표

1) 국내기준 강화(환경부 고시 「정수처리기준 등에 관한 규정」)

구분		Virus	Giardia
소독능목표	계	4.0log(99.99%) 제거	3.0log(99.9%) 제거
	침전 · 여과	2.0log	2.5log
	소독	2.0log	0.5log

2) Giardia에 대한 국내외 제거 목표치 비교

구분	목표제거율	검토내용	
목표제거율	3.0log	침전/여과공정 + 소독공정	
침전/여과 공정	2.5log	환경부	• 여과공정에서 2.5log 제거 또는 불활성화
	2.0log	AWWA	• Opflow, Vol.126 No.5, May, 2000 • 탁도기준을 강화할 경우 2.0log
소독공정	0.5log	염소에 의한 Giardia의 목표 제거율	

3) 기존 정수지 시설 개요

구분	시설현황
규격	• 1계열 : B 23.0m × L 101.0m × H 5.0m × 2지(V = 23,230m³) • 2계열 : B 40.0m × L 70.0m × H 5.0m × 1지(V = 14,000m³) • 3계열 : B 40.0m × L 70.0m × H 5.0m × 1지(V = 14,000m³)
유효용량	V = 51,230m³
수위	H.W.L 13.67m, L.W.L 8.67m
이론체류시간	1.76시간

4) 정수지 운영계획(CT용량 확보 가능 운영수위)

수온(℃)	pH 7.0	pH 7.5	pH 8.0	산정조건
0.5	1.73m	2.03m	2.53m	• 생산량 : 600,000m³/일
15.0(평균)	0.7m	0.8m	0.9m	• 잔류염소 : 1.0mg/L
25.0(최고)	0.3m	0.4m	0.5m	• 필요 CT : Giardia 0.5log

① 기존정수지를 활용, 수리학적 체류시간 1.76시간으로 운영

② Virus 2.0log, Giardia 0.5log 불활성화를 만족하기 위한 기존 정수지 운영수위 설정
→ pH 7.5, 수온 0.5℃의 경우 최소수심 2.0m로 운영 필요, 평상시 1.0m 이상 유지

Key Point ✛

• 111회, 113회, 115회 출제
• 아주 중요한 문제이며 면접고사에도 자주 출제되니 반드시 숙지하기 바람

재염소주입시설

1. 개요

1) 급·배수구역의 면적이 넓은 곳에서 관말 수도전의 잔류염소농도를 유지하기 위하여 정수장에서 염소주입량을 과다하게 증가시키면

2) 정수장 인근의 수도전에서는 잔류염소량의 과다로 염소취가 발생하여 위생상 문제가 발생한다.

3) 재염소주입시설은 정수처리장으로부터 급·배수관의 길이가 너무 길어 관말수도전의 잔류염소농도가 기준농도에 미달하여 세균의 부활 등으로 정수수질의 저하가 우려되는 경우

4) 가압장, 배수지 등에서 염소를 다시 투입하는 시설을 말한다.

5) 이러한 잔류염소농도의 저하는 배수지, 관로 등에 정수가 체류할 때 잔류염소가 소실

    ① 잔류염소의 소실은 정수의 수질이 나쁜 경우나

    ② 수온이 높아지는 하절기에 더 크다.

6) AOC, BDOC가 높을 경우 필요

7) 급배수관망 특히 수지상식일 경우 필요

2. 재염소주입의 목적

1) C·T값 증대

2) 잔류염소농도 유지

3) 세균부활 방지

4) 급배수관망의 Bio−film의 생성 방지

3. 재염소주입시설 구성

재염소주입시설은 염소저장조, 주입펌프, 잔류염소분석계, 염소주입량조절기 등으로 구성된다.

전(前)소독처리에서의 소독능 계산

1. 개요

1) 전염소에 의한 소독능 계산가능 여부에 대한 특별한 규정은 없으나 전염소 및 중염소 주입의 목적을 고려하여 후염소에 대한 소독능 계산을 하는 것이 통상적이다.

① 전염소는 유기물 부하 경감 및 세균제거 목적이고

② 중염소는 THM 저감 등이 투입의 목적이다.

③ 전·중염소는 후염소처리의 병원균 사멸을 위한 것과는 차이가 있다.

④ 또한 병원성미생물의 활성화는 탁도가 주요한 인자로 영향을 주기 때문에 최악조건 발생을 고려하는 소독능 준수 목적을 고려할 때 신중한 접근이 필요하다.

2) 전염소, 중염소 처리보다 후염소 처리를 통한 소독능 확보가 바람직하다.

① 전염소에 의한 소독능 계산 적용시에는 조류발생 등 이취미 제어 목적 등으로 전염소가 미투입되는 것 없이 상시 전염소 투입을 하여야 하며

② 정수처리공정에서의 단계별 잔류염소 농도를 측정을 통하여 공정별 정확한 불활성비가 계산되어야 한다.

③ 또한 전염소보다는 자외선, 오존과 같은 추가 소독시설을 설치하여 소독능 확보를 검토하는 것이 바람직하다.

2. 전염소 투입 시 계산방법

전염소 투입을 통해 부족한 소독능 값을 얻고자 할 경우에는 다음 식을 통해 필요한 잔류염소의 농도를 구할 수 있다.

$$C = \frac{CT^*}{\beta t_1 + \alpha \beta t_2}$$

여기서, CT^* : 응집지 또는 침전지에서 요구되는 총 CT값

C : 응집지의 유출부에서의 유리잔류염소

t_1 : 응집지 체류시간

t_2 : 침전지 체류시간

α : 잔류염소 감소상수(침전지 유출부 잔류염소/응집지 잔류염소)

β : 응집지 또는 침전지 구조에 따라 0.1에서 1.0의 값을 가진다.

소독부산물(DBPs)

1. 정의

염소, ClO_2, 오존 등과 같은 소독제가 주입되면 수중의 유·무기물질과 반응하여 천연유기물질 (NOM)이 산화되면서 생성된 THMs, 알데히드, 케톤과 같은 생성물을 소독부산물이라고 한다.

예 Cl_2 + NOM(휴믹산, 펄빅산) → THMs

2. 소독부산물의 형태

2.1 염소소독

1) THMs(Trihalomethans) : 기준 0.1mg/L(클로로포름 0.08mg/L)

2) HAAs : 기준 - MCAA + DCAA < 0.1mg/L

　① MCAA(Monochloro Acetic Acid)

　② DCAA(Sichloro Acetic Acid)

　③ TCAA(Trichloracetic Acid)

　④ MBAA(Monobromo Acetic Acid)

　⑤ DMAA(Dibromo Acetic Acid)

3) HANs

2.2 결합염소

NH_2Cl(Monochloramine) → Organonitrogen Compounds

2.3 ClO_2

1) 유기계 : 알데히드

2) 무기계 : ClO^{-2}, ClO^{-3}

3) 기준 : ClO^2 + ClO^{-2} + ClO^{-3} < 1.0mg/L(E.P.A 기준)

2.4 오존(OBP : Ozonation Byproduct)

알데히드, 브롬산이온(BrO^{-3})

3. 소독부산물의 생성 영양인자

1) 전구물질(NOM) 등 유기물질의 양이 많을수록 증가

2) 염소투입량이 많을수록 증가

3) 염소소독제와 접촉시간이 길수록 증가

4) 알칼리도가 높을수록 증가

5) pH가 높을수록 증가

6) 온도가 높을수록 증가, 단 25℃ 이상에서는 세균부활에 유의(After – Growth)

4. 소독부산물의 제어기작

1) 소독부산물 및 소독부산물 전구물질에 대한 규정 제정

2) **상수원의 관리가 필요** : 유입되는 유기물질(특히, NOM) 상수원 내 오염물질, 조류제거

3) **Nom 제어** : Enhanced Coagulation, 활성탄 흡착, 막분리

4) 소독부산물이 생성되지 않는 새로운 소독방법 개발(예 UV)

5) **소독부산물 제어** : 활성탄흡착, 막여과(NF, R/O), 고도산화공정(AOP)

   막여과 : THM, BrO_3^- 제거가능

6) **pH 조정**

   pH < 7에서 BrO_3^- 대신에 HOBr로 형성시키는 방법

7) **H_2O_2와 병행 사용**

   오존의 경우 : $O_3 + H_2O_2 \rightarrow$ AOP로 전환

8) 오존 재순환 시스템

Key Point ✦

- 74회, 85회, 99회, 122회 출제
- 소독부산물에 대한 출제 빈도는 상당히 높은 문제임
- 소독제별로의 소독부산물의 종류와 대책은 반드시 숙지하기 바람
- 또한 THMs이나 HAAs에 대한 문제도 출제되는 경향이 있으므로 소독부산물에 관련한 전반적인 내용의 이해가 필요함

THMs의 종류

1. THMs의 정의 및 종류

1) 염소소독 시 수중의 유·무기물질과 반응하여 천연유기물질(NOM)이 산화되면서 생성된 소독 부산물(DBPs) → 유리염소＋NOM(Humic Acid, Fulvic Acid) → THMs

2) THMs은 1개의 탄소원자에 1개의 수소원자와 3개의 할로겐원소가 결합된 할로겐화합물

3) 일반식 : CHX_3(여기서, X : Cl, Br)

4) 대표적인 종류

① $CHCl_3$(Chloroform) : 기준 0.08mg/L 이하

② $CHBr_3$: Bromodichloromethane

③ $CHBr_2Cl$: Dibromochloromethane

④ $CHBr_3$: Bromoform

5) 요오드(I)가 결합된 THMs은 화학적으로 불안정하기 때문에 수중에 존재하지 않는다.

2. THMs의 생성기구

1) THMs은 수중의 전구물질(THM_{FP})이 소독제로부터 가수분해된 유리염소와 반응하여 생성되며 아래와 같이 주로 2가지 경로의 반응으로 진행된다.

2) 전구물질 → 할로겐화 → 가수분해 → THMs 생성

3) 전구물질 → 산화 → 할로겐화 → 가수분해 → THMs 생성

3. 인체영향

1) THMs은 인체에 흡수되면 체지방에 가장 많이 축적되며

2) 강력한 변이원성 물질로 발암성이 높다.

3) 중추신경계통의 작용을 억제

4) 신장과 간에 영향을 끼침

4. THMs 생성 영향인자

1) 전구물질(NOM) 등 유기물질의 양이 많을수록 증가

2) 염소투입량이 많을수록 증가

3) 염소소독제와 접촉시간이 길수록 증가

4) 알칼리도가 높을수록 증가

5) pH가 높을수록 증가

6) 온도가 높을수록 증가, 단 25℃ 이상에서는 After-Growth 발생에 유의

5. 소독부산물 제어기작

1) THMs 억제

① 결합잔류염소처리

② 응집 및 침전 : 유기물질 제거

③ 중간염소처리 : 전염소처리 대신, 유기물질 제거 후 후염소처리

④ 염소 이외의 산화제 사용 : $KMnO_4$, H_2O_2, O_3, ClO_2

⑤ 활성탄 처리 : 전구물질 제거

⑥ 염소와 이산화염소 병용처리 : 이산화염소 처리 후 염소처리

2) 생성된 THMs 제거

① 탈기법

㉮ THMs은 휘발성이 있어 탈기 시 어느 정도 제거되나 실제적용은 무리

㉯ 활성탄에 의한 흡착제거

3) 상수원의 관리가 필요

유입되는 유기물질(특히 NOM), 상수원 내 오염물질, 조류제거

4) THM$_{FP}$ 제거(NOM 제어) : EC(Enhanced Coagulation), 활성탄흡착, 막여과

5) 소독부산물이 생성되지 않는 새로운 소독방법 개발(예 UV, 전기분해)

잔류염소농도를 유지하기 위해 염소투입 필요

Key Point   ✦

- 123회 출제
- THMs의 종류를 묻는 문제는 상하수도기술사에서 출제된 적은 없지만, 수질관리기술사 문제로 출제됨
- THMs의 경우 아주 중요한 문제이므로 DBPs의 문제와 함께 숙지하기 바람
- 특히, 4항(생성인자), 5항(제어기작)은 반드시 숙지하기 바람

THM~FP~(THM Formation Potential)

1. 개요

1) 수중에서 염소와 반응하여 THMs과 같은 소독부산물질(DBPs)을 생성하는 유기물질(특히, NOM)을 THM 전구물질이라 한다.

2) TOC, BOD, COD와도 상관이 있다.

2. 종류 및 생성과정

2.1 생성과정

1) 식물의 사체, 동물의 배설물 등이 미생물에 의해 분해되는 과정에서 생성

2) 조류의 생성 및 사멸과정에서 대사물질로서 생성되는 고분자 및 저분자 물질

3) 위의 물질들을 총괄적으로 휴믹물질(Humic Substance)이라 부른다.

2.2 종류

1) 부식질

   ① THM의 대부분을 차지

   ② 부식질은 자연으로부터 유래된 것과 인위적인 오염원으로부터 유래된 것이 있다.

2) 휴믹산(Humic Acid)

   ① 분자량이 비교적 크다.

   ② 불용성으로 정수조작(응집, 침전)에 의해 비교적 잘 제거

3) 펄빅산(Fulvic Acid)

   ① 분자량이 휴믹산보다 작다.

   ② 따라서 THM 전구물질로 문제가 되는 것은 Fulvic Acid이다.

3. 영향인자

1) pH, 온도, 접촉시간, 염소주입량, THM 전구물질

2) 즉, 염소소독인자와 연관지어 생각할 필요가 있다.

4. NOM의 영향

1) 금속이나 농약 등과 반응하여 부산물질을 생성

2) 입자의 안정성을 증가시키고 입자의 침전성을 방해(응집제 과잉소요)

3) 소독제의 양을 증가

4) 소독부산물질 생성

5. 제거방법

5.1 응집침전

1) 현탁성 전구물질의 제거

2) 부식질 중 분자량 1,500 이상의 물질은 응집침전에 의해 어느 정도 제거된다.

3) 응집침전＋중간염소처리 : 비교적 분자량이 큰 전구물질을 제거할 수 있다.

5.2 활성탄처리(BAC, GAC, PAC)

1) 용해성 전구물질

2) 부식질 중 분자량 1,500 이하의 휴믹산 및 펄빅산은 응집침전만으로는 충분히 제거되지 않기 때문에 활성탄 흡착의 대상이 된다.

3) 일반적으로 분말활성탄 1mg/L당 0.5~3μg/L의 THM_{FP}의 제거효과가 있다.

5.3 오존＋BAC

1) 오존＋BAC가 오존을 사용하지 않는 경우보다 제거율이 높다.

2) 장기간 좋은 제거효과

3) 오존주입률이 낮으면 THM_{FP}가 증가

   그러므로 용존유기탄소(DOC) 1mg/L당 오존주입률은 1mg/L 정도가 필요하다.

5.4 AOP

1) 오존의 단점을 보완하고 보다 강력한 산화력을 가짐 : 오존＋촉매

2) 펜톤산화

5.5 막분리

5.6 Enhanced Coagulation

6. 제안사항

이와 같이 소독부산물을 제어하기 위해서는 외국과 같이 TOC로 규제함이 바람직

HAAs(Haloacetic Acids)

1. 개요

1) 염소소독 시 수중의 유·무기물질과 반응하여 천연유기물질(NOM)이 산화되면서 생성된 소독
   부산물(DBPs) → 유리염소+NOM(Humic Acid, Fulvic Acid) → HAAs
2) 주요 HAAs의 종류는 아래와 같이 5종의 화합물(HAA5)이 있으며
3) 우리나라의 먹는물 수질기준에서는 HAAs의 농도를 Monochloroacetic Acid 농도와 Dichloroacetic
   Acid 농도의 합으로서 $100\mu g/L$ 이하로 규정하고 있다.
4) **종류**
   ① MCAA : Monochloroacetic Acid   ② DCAA : Dichloroacetic Acid
   ③ TCAA : Trichloroacetic Acid   ④ MBAA : Monobromoacetic Acid
   ⑤ DBAA : Dibromoacetic Acid

2. 생성 영향인자

1) 전구물질(NOM) 등 유기물질의 양이 많을수록 증가
2) 염소투입량이 많을수록 증가
3) 염소소독제와 접촉시간이 길수록 증가
4) 알칼리도가 높을수록 증가
5) pH가 높을수록 증가
6) 온도가 높을수록 증가. 단, 25℃ 이상에서는 After-Growth 발생에 유의

3. 대책

1) 소독부산물 및 소독부산물 전구물질에 대한 규정 제정
2) 상수원의 관리가 필요 : 유입되는 유기물질(특히 NOM), 상수원 내 오염물질, 조류제거
3) THM$_{FP}$ 제거(NOM 제어) : EC(Enhanced Coagulation), 활성탄흡착, 막여과
4) 소독부산물이 생성되지 않는 새로운 소독방법 개발(**예** UV, 전기분해)
   잔류염소농도를 유지하기 위해 염소투입 필요
5) 생성된 소독부산물 제어 : 활성탄흡착, 막여과(NF, R/O), 산화공정(AOP)

| Key Point | + |

소독부산물에 관련된 문제가 자주 출제되므로 상기 문제도 숙지바라며 THMs과 같은 염소소독에 의한 소독부산
물이기 때문에 대책이나 생성인자도 거의 동일하다는 점을 기억하기 바람

차아염소산 소독

1. 개요

1) 일반적으로 차아염소산나트륨은 가성소다용액에 염소를 흡수시켜 제조한다.

① 유효염소농도는 보통 5~12% 정도의 담황색 액체이다.

② 차아염소산나트륨은 용기에 충전한 것을 탱크로리로 운반하여 저장조에 이송한 후 사용하는 방식과 현장에서 소금을 분해하여 저농도의 안전한 차아염소산나트륨 용액을 생성시켜 주입하는 두 가지 방식이 있다.

2) 염소가스와 동일한 소독효과를 갖는 반면 처리수 주입 후 부산물로 수산화이온(OH^-)이 형성된다.

수중의 알칼리도, pH를 적절히 유지하고 설비 및 관로 부식을 억제하는 부차적인 효과를 갖는다.

3) 액체염소는 안정성 문제 등 위험성이 있어 다음과 같은 경우에 차아염소산나트륨으로의 전환을 고려할 필요가 있다.

① 대지진 발생 가능성이 높은 지역

② 정수장 주변의 인구밀도가 높아 염소가스가 누설되면 큰 피해가 예상되는 경우

③ 액체염소 사용에 동반되는 보안관리를 충분히 실시할 수 없는 상황인 경우

4) 차아염소산나트륨은 염소보다 가격이 비싸지만, 염소에 비해 안전하고 재염소시설이나 소규모 무인정수장과 하수처리장에서 사용되고 있는 추세이다.

2. 차아염소산나트륨의 성질

1) 시판되는 차아염소산나트륨은 안정제로 가성소다를 추가로 주입하므로 높은 pH(11.2 이상)를 갖는다.

2) 차아염소산나트륨 용액의 사용에 있어서 가장 큰 문제점은 1주일 이내에 유효염소의 상당부분을 상실한다는 점이다.

① 용액의 농도가 높고, 온도가 높을수록 품질 저하율이 증가한다.

② 하절기 12.5% 용액은 20일 경과하면 유효염소의 약 25%가 상실하게 된다.

③ 최대저장기간을 60~90일로 유지하는 것이 바람직하다.

3) 차아염소산나트륨은 불안정하고 상온에서도 보존 중에 산소를 방출하고 분해된다.

특히, 일광, 자외선, 중금속, 온도상승 및 pH가 낮아지면 분해를 촉진하게 된다.

4) 현장에서 생산하는 차아염소산나트륨은 상기의 문제점을 해소할 수 있다.

3. 차아염소산나트륨 발생원리

1) 시판 차아염소산나트륨

① 수산화나트륨 용액에 염소를 흡수시켜 제조

② 유효염소가 5~12%의 황갈색의 투명한 액체

③ 염소화 유사한 특유의 냄새를 갖는다.

④ 반응식

$$Cl_2 + 2NaOH \rightarrow NaOCl + NaCl + H_2O$$

2) 현장 제조 차아염소산나트륨

① 순도 96% 이상의 소금과 물(연수기를 거친 물)로 과포화된 소금물을 전기분해하여 생산한다. 방식은 무격막방식과 격막방식이 있다.

② 반응식

$$NaCl + H_2O \rightarrow NaOCl + H_2$$

3) 소독효과

차아염소산나트륨이 물에 용해되어 다음과 같이 HOCl이 생성되어 소독효과를 갖게 된다.

$$NaOCl + H_2O \rightarrow HOCl + NaOH$$

$$HOCl \leftrightarrows H^+ + OCl^-$$

4. 차아염소산나트륨과 염소가스 비교

구분	차아염소산나트륨	염소가스
원료	포화소금물 + 직류전기	액화염소가스
생성원리	$NaCl + H_2O + e \rightarrow NaOCl + H_2 \uparrow$	$2NaCl + H_2O + e \rightarrow Cl_2 + 2NaOH + H_2$
농도	유효염소 기준 0.8(±0.1)% 용액	유효염소 기준 99.5%의 액화가스
소독효과	염소제로 동일함	
부산물	가성소다(NaOH)	염산(HCl)
안전성	• 저농도로 안전하고 별도의 제해설비 불필요 • 「고압가스 안전관리법」 대상시설이 아님	• 맹독성으로 취급주의 필요 • 유출 시 대형사고 우려
장점	• 현장에서 간단히 사용 가능하며 대체 소독방법으로 이용 • 부산물로 OH^- 이온이 발생되어 수중 알칼리도와 pH를 적정유지로 관로 등 부식방지 효과가 있다.	• 저렴 • 취급 및 운영기술의 노하우가 축적된 상황 • 살균 이외에 다양한 산화제로 활용 가능
단점	• THM 등 발암물질 생성 우려 • Na^+ 이온의 생성으로 수질면에서 불리한 측면이 있다. • 불안정한 물질로서 염소산염의 생성이 우려	• 유독가스의 유출위험 내재 • THM 등 발암물질 생성 우려 • 부산물로 H^+ 이온이 발생되어 수중의 알칼리도와 pH를 떨어뜨려 부식촉진

5. 주입량

차아염소산나트륨의 주입량은 다음 식을 이용해 산출한다.

$$V_V = Q \times R \times \frac{100}{C} \times \frac{1}{d} \times 10^{-3}$$

여기서, V_V : 용적주입량(L/h)

Q : 처리수량(m^3/h)

R : 염소주입률(mg/L)

C : 유효염소 농도(%)

d : 차아염소산나트륨 비중

소독방법별 특징(하수 · 정수)

1. **염소소독** : 유리잔류염소

1.1 장점

1) 잘 정립된 기술
2) 소독이 효과적이다.
3) 잔류염소 유지 가능
4) 암모니아 첨가에 의해 결합잔류염소처리 가능
5) 수송관 내 잔류염소 유지 가능
6) 박테리아 살균효과가 크다.
7) 가격이 저렴하다.
8) 용존조성이 균일하다.
9) 보관 중 안정, 살균작용 손실이 적다.
10) 산화력이 강하다.(철, 망간제거, 냄새제거, 암모니아성 질소 제거)
11) 대규모 처리장에 적합하다.

1.2 단점

1) 처리수의 잔류독성은 탈염소 과정에서 제거해야 한다.(하수)
2) 안전규제 요망
3) 처리수의 총용존고형물 증가(하수)
4) 염소접촉조에서 휘발성 유기물 증가
5) 접촉시간이 길다.
6) THMs, HAAs와 같은 소독부산물의 생성
7) 대장균 살균을 위한 낮은 농도에서 바이러스 비활성화가 어렵다.
8) 하수의 염화물 함유량 증가
9) 탈염소제거 설비 필요(하수)
10) 유량변동에 대한 효율 저하
11) 불쾌한 맛, 냄새 수반
12) 부식성이 크다.
13) 인체독성 존재
14) pH에 영향을 받는다.
15) 용해도가 적다.

2. 이산화염소

2.1 장점

1) 냄새가 없다 : 염소취가 없다.

2) 염소에 비해 산화력이 강하다.

3) 할로겐화합물(TOX)을 생성하지 않는다.

4) 조류의 박멸효과가 크다.

5) Fe, Mn 제거 가능

6) 탈취 가능

7) 용해성이 크다.

8) pH에 의해 영향을 받지 않는다.(pH에 의한 소독력 변화가 없다.)

9) THMs을 생성하지 않는다.

10) 페놀성 냄새와 맛 제거(페놀폐수처리에 적합)
   유리잔류염소 처리 시 페놀이 존재하면 냄새가 더 심해짐

11) 잔류염소가 남지 않는다.(탈염소 설비 불필요)

12) 소독에 잔류력이 있다.

2.2 단점

1) 가스상태로 저장 및 운반 불가능(완충용액상태로 사용)

2) 부패성, 폭발성

3) 가격이 고가

4) 암모니아와 반응하지 않으므로 암모니아성 질소 제거에 사용할 수 없다.
   파괴점 염소주입에 의한 암모니아성 질소 제거 불가능

5) ClO_2^-의 소독부산물 생성

6) 보관 중 불안정, 살균작용의 손실이 크다.

7) 현장에서 직접 제조, 즉시 사용하여야 한다.

8) 부식성이 크다.

9) 초과 주입 시 염소산 이온, 아염소산 이온 등의 무기 음이온이 생성되어 유해하다.

3. 오존

3.1 장점

1) 많은 유기물을 빠르게 산화, 분해한다.

2) 이취미물질 제거 : 2-MIB, Geosmin

3) 바이러스의 불활성화 효과가 크다.

4) 염소요구량을 감소

5) 슬러지 발생이 없다.

6) 응집효과 증대

7) 유기물질의 생분해성을 향상

8) 병원균에 대한 살균력이 강하다.

9) Fe, Mn의 제거효과가 크다.

10) THMs, THM 전구물질의 생성저감

11) 색도제거

12) 기타 AOP 공정으로의 전환이 가능

3.2 단점

1) 효과에 지속성이 없으며 상수에 대해서는 염소처리의 병용이 필요

2) 오존발생장치가 필요(건설비 고가)

3) 현장에서 생산해야 한다.

4) 가격이 고가이다.

5) 경제성이 나쁘다.

6) 전력 비용이 과다(유지관리비 고가)

7) 초기투자비, 부속설비가 비싸다.

4. UV

4.1 장점

1) 소독이 효과적이다.

2) 바이러스의 불활성 면에서 염소보다 효과적이다.

3) 요구되는 공간이 적다.

4) 접촉시간이 짧다.

5) 인체에 위해성이 없다.

6) 자동 모니터링으로 기록 및 감시가 가능

7) 유량과 수질의 변동에 대한 적응력이 강하다.

8) 화학적 부작용이 없다.

9) 잔류독성이 없다.

11) 설치가 용이하다.

12) pH 변화에 관계없이 지속적인 살균 가능

13) 별도의 건물(소독실) 불필요

4.2 단점

1) 소독이 성공적으로 되었는지 즉시 측정할 수 없다.

2) 살균을 위한 조사량으로는 바이러스 불활성에 효과적이지 못하다.

3) 램프교체가 필요

4) 물이 혼탁되거나 탁도가 높으면 소독능력에 영향을 미친다.(SS 5~30mg/L)

5) 잔류효과가 없다.

6) 초기투자비가 고가

7) 운전자의 세심한 주의(피부종양 유발)

Key Point ✦

• 118회, 121회, 128회 출제
• 상기 문제유형보다는 2가지 이상의 소독방법의 비교를 묻는 문제에 대한 답안기술 시 필요한 특징을 따로 정리할 필요가 있음
• 각 소독법의 특징을 염소소독을 기준으로 하여 숙지하기 바람. 또한 앞으로는 염소보다는 오존 또는 UV의 출제 확률이 높으므로 이 두 방법의 특징을 숙지할 필요가 있음

염소주입설비

1. 개요

1) 염소가스는 맹독성으로 인체에 치명적인 독성가스로서

2) 액화하여 고압용기로 저장 이용되기 때문에 취급에 주의가 필요하다.

3) 또한 가스 누출 시 신속한 제거가 필요하다.(작업자의 안정성 확보)

2. 염소용기

1) 용기는 : 50kg, 100kg, 1ton

2) 용기는 지붕이 있는 통풍, 환기가 좋은 장소에 보관하며

3) 항상 40℃ 이하로 유지하여야 하며 직접 가열해서는 안 된다.

4) 1ton 용기는 용기 반출입을 위해 2ton 이상의 기중기 설치

3. 염소저장실

1) 계획정수량과 평균주입률로부터 산출된 1일 사용량의 10일분 이상으로 한다.

2) 실온은 10~35℃로 유지하고, 일사광선이 직접 용기에 닿지 않는 구조이다.

3) 습기는 피하고 외부로부터 밀폐 가능한 구조로 한다.

4) 두 방향으로 환기장치를 설치한다.

5) 저장실의 출입구는 기밀구조로 하고 이중으로 문을 설치하는 것이 좋다.

6) 누출된 염소의 확산을 방지하는 구조로 한다.

7) 저장능력이 1ton 이상인 경우 : 저장실은 염소주입실과 분리한다.

8) 누출된 염소가스를 중화장치로 유인하기 위하여 바닥 아래 피트를 둔다.

4. 주입설비

1) 사용량이 20kg/hr 이상의 시설에는 기화기 설치

2) 주입실은 통풍이 잘되고 주입점에 가까우며 주입점 수위보다 높은 곳으로 한다.

3) 상부에 환기구를 설치하고 실내온도는 15~20℃ 유지(간접보온장치 설치)

4) 주입량 및 잔재량 검사를 위한 계량설비 설치

5) 주입방식

  ① 습식 진공식

  ② 습식 압력식

  ③ 건식 압력식

6) 염소주입 제어방식

  ① 수동제어

  ② 정량제어

  ③ 유량비례제어

  ④ 잔류염소량비례제어

5. 재해설비

1) 저장량 1ton 미만 : 중화, 흡수용 재해제 상비

2) 저장량 1ton 이상 : 가스누출경보설비, 중화반응탑, 중화제 저장조, 배풍기 등 설치

6. 중화설비

1) 중화제

  ① 일반적으로 가성소다 사용

  ② $Cl_2 + 2NaOH \rightarrow NaOCl + NaCl + H_2O$

2) 가성소다 저장량

  중화처리되는 염소량에 의하여 정해지며 농도는 10~20%

3) 처리능력

  ① 처리능력은 1시간에 염소가스를 중화하여 처리할 수 있는 양으로 표시(kg/hr)

  ② 용기에 저장하는 경우(500kg/hr 또는 1,000kg/hr)

  ③ 저장조에 저장하는 경우(1,000kg/hr)

4) 배풍기

  누출된 염소가스를 중화반응탑에 송풍하는 역할

5) 송액펌프

  중화반응탑에 가성소다액을 이송하는 펌프

6) 중화반응탑

  전탑식, 회전흡수탑, 경사판 방식

■ D정수장 염소주입설비(예)

1) 염소주입위치 및 가용횟수에 따른 적정 염소주입방식 검토
2) 염소가스 누출에 따른 안정성 확보계획 수립
3) 기존 시설 재사용에 따른 경제성 확보

■ 처리계통 및 설비계획

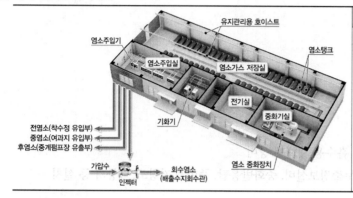

설비계획
• 전염소투입기 20kg/h × 2대 중염소투입기 20kg/h × 1대 (기존 20kg/h × 2대 재사용) 후염소투입기 32kg/h × 3대 회수염소투입기 8kg/h × 2대 • 전·중·후염소용 급속분사 교반기(3,450rpm, 19kW) • 회수염소용 디퓨저 (50A, 관입형)

■ 염소가스주입방식 비교검토 및 선정

구분	급속분사 교반기 주입식	인젝터 + 디퓨저 주입
형상		
특징	• 급속교반기의 회전 진공력으로 염소가스 이송, 주입과 동시에 급속 확산혼화 • 용해수 펌프 불필요	• 주입기로부터 계량된 염소가스를 인젝터 의 진공력으로 가압, 이송 • 디퓨저에 의해 염소용해수 주입 확산
선정	◉ (전·중·후염소)	◉ (회수관)
선정사유	운전시간 및 여건에 따른 적정한 주입방식 적용	

■ 급속분사교반기의 구조 및 처리계통

구조	처리계통
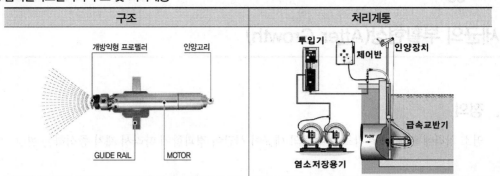	

유입유속과 혼화기 분사속도 마찰에 의해 강한 와류 발생으로 순간혼화 가능

■ 염소가스 주입 위치 및 방식계획

구분	염소가스 주입 위치
급속혼화교반기 방식	전·중·후염소
관입형 디퓨저 방식	회수관

■ 염소투입실 안정성 향상계획

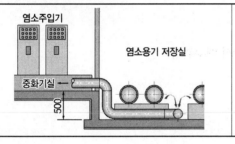

• 염소용기실 내부를 지면보다 50cm 낮게 배치, 염소 가스의 외부누출 방지
• 염소가스 흡입배관 설치

1) 급속혼화교반기식 염소주입방식 도입 → 순간혼화방식으로 혼화효율 우수
2) 염소투입실 안전성 향상계획 수립 → 바닥을 낮게 계획하여 가스 누출 방지

세균의 부활현상(After Growth)

1. 정의

염소 처리에 의해 매우 감소된 수중의 세균이 시간이 경과함에 따라서 재차 증식하는 현상

2. 발생원인

1) 수온이 25℃ 이상인 경우

2) 유기물이 많은 경우 : 미생물의 먹이, 특히 DOC(용존성 유기물질), AOC, BDOC가 높을 경우

3) 배수지에 장시간 저수한 경우

4) 배수관로 중 물 순환이 나쁜 곳에서 많이 일어난다.

5) 정체된 곳

6) 곡관의 설계가 잘못된 곳

7) 여과지에서 Break-through 발생 시

8) 관말에서 정체시간이 길 경우(특히 수지상식 배수관망)

3. 대책

1) Air-binding+Break-through 방지

2) 여과지 여과효율 증대

3) 배수시스템 : 수지상식에서 잔류 염소의 적정 유지가 필요(특히, 관말에서)

4) 배수지에서 재염소 주입

5) 관로 점검(정체구역을 배제시킨다.)

6) 관로의 세정+재생

7) 수원 관리를 통해 정수지로 유입되는 유기물질 제어

8) Telemonitoring System+염소자동주입시설

9) 적정한 C·T값 유지

10) 관로 온도 상승 방지

4. 제안사항

  1) 잔류염소농도 기준이 0.2ppm → 0.1ppm으로 변경됨에 따라

    ① 수돗물 냄새문제 해결

    ② 소독부산물질의 생성저감의 장점이 있으나

    ③ 세균부활

    ④ Fe, Mn 높게 유지

    ⑤ 병원성 원생동물 제거 어려움

    ⑥ Bio-film 생성 우려

  2) 그러므로 오존 처리와 같이 염소보다 살균력이 뛰어난 소독공정의 도입과 함께 잔류염소농도 유지를 위한 염소투입과 경제성 검토 및 현장 조건에 따라 선택함이 바람직하다.

Key Point ✦

- 74회, 94회 출제
- 상기 문제유형보다는 2가지 이상의 소독방법의 비교를 묻는 문제에 대한 답안기술 시 필요한 특징을 따로 정리할 필요가 있음
- 각 소독법의 특징을 염소소독을 기준으로 하여 숙지하기 바람. 또한 앞으로는 염소보다는 오존 또는 UV의 출제 확률이 높으므로 이 두 방법의 특징을 숙지할 필요가 있음

고도정수처리

1. 서론(필요성)

1) 산업의 발달과 인구의 증가 및 도시집중현상으로 수질오염이 심화되고
2) 양호한 수질의 수원 확보가 어려운 상황
3) 낙동강처럼 강하류지역의 수질이 3급수 이하로 되어 일반적인 정수처리방법으로 오염물질의 제거가 어려운 실정이며
4) 또한 페놀, 벤젠 등 각종 수질오염사고 발생으로 시민의식의 향상과
5) 먹는물 수질기준의 강화 및 수질기준 항목 증가
6) 따라서 기존의 일반적인 정수처리공정으로는 제거하기 힘든 오염물질과 수질오염의 가능성 내재로 고도정수처리의 필요성이 대두

2. 고도정수처리의 정의

고도정수처리법이란 통상의 일반적인 정수처리방법으로는 제거되지 않는 물질의 제거를 위한 정수처리법으로

1) **대상물질** : 농약, 유기화학물질, 냄새물질, THM 전구물질, 색도, 음이온 계면활성제, NH_4-N
2) **도입기술**
    ① 오존처리기술, 활성탄처리기술, 막분리기술, 고도산화기술(AOP)
    ② 생물학적 처리기술
    ③ 현재 우리나라 고도처리는 오존처리 후 활성탄 여과기술이 가장 많이 이용

3. 고도정수처리시설의 도입절차

고도정수처리 도입에 있어서는 원수수질에 적합한 Process를 구성하여야 한다.

3.1 절차

1) **원수수질과 목표처리수질 결정** : 고도처리가 필요한 수질항목의 원수수질과 목표처리수질을 결정
2) **처리수질의 달성여부 검토** : 수원의 보존, 수원의 대체, 기존 정수처리장의 시설개선 등에 의한 처리수질의 달성여부를 검토
3) **고도처리공법 조사** : 수질항목별 목표처리수질의 달성이 가능한 고도처리공법 조사
4) 공법별 시설유지비, 유지관리비 조사

5) 고도정수처리공법 결정 : 각종 조사결과를 바탕으로 고도정수처리공법 결정

6) VE/LCC 분석

7) Pilot 실험 : Pilot 시험에 의한 처리효율과 처리조건을 조사

8) 고도정수처리시설의 시설배치 및 설계

9) 고도정수처리시설의 설치

10) 고도정수처리시설의 운영 및 평가

4. 고도정수처리의 대상물질과 처리기술

4.1 맛ㆍ냄새물질

1) 원인

① 남조류, 방선균 : Geosmin, 2−MIB

② 페놀, 디클로로헥실아민, 기름 등

2) 처리기술

활성탄, 오존, AOP, 생물처리공정

4.2 THM 전구물질

1) 원인

NOM : Humic Acid, Fulvic Acid, Aceton

2) 처리기술

활성탄, 오존, AOP, 막분리

4.3 색도유발물질

1) 원인

① 동물성 부패질

② 철ㆍ망간

③ 공장폐수 등의 염료

2) 대책

활성탄, 오존, AOP

4.4 암모니아성 질소

1) 원인

단백질의 부패, 공장폐수 유입, 수역의 부영양화

2) 대책

BAC, 생물처리공정

4.5 음이온 계면활성제

1) 원인

  ① 세제원료인 ABS, LAS : 경성세제(ABS)는 사용이 금지되었으나, 각종 합성세제 사용량의 증가로 미분해 연성세제(LAS)가 취수원 중에 잔류

  ② 생활하수, 공장폐수

2) 대책

  활성탄, 생물처리

4.6 농약과 미량유해유기물질

1) 원인

  축산폐수, 산업폐수, 산림의 부식

2) 대책

  활성탄, 오존, AOP, 막분리

5. 대표적인 고도정수 처리기법

우리나라에서 가장 많이 시도되고 있는 기법은 오존, 활성탄이며 향후 막분리기법도 많이 이용되리라 예상된다.

5.1 오존처리

1) 오존의 강력한 산화력을 이용하여 유기물질을 분해 제거하는 방법

  오존은 불소와 OH라디칼 다음으로 높은 산화력을 가짐

2) 효과

  ① 소독, 맛·냄새물질제거, 색도제거 유기화합물의 저감, 철, 망간 등 금속류의 산화

  ② THM 전구물질 제거

  ③ 또한 세균, 바이러스, 지아르디아, 크립토스포리디움 등에 대한 살균효과 우수

  ④ 소독부산물로 THM을 생성시키지 않는다.

  대신 BrO_3^-와 같은 소독부산물(DBPs) 생성

3) 고려사항

  ① 활성탄처리와 병행

  ㉮ 오존이 생성하는 소독부산물의 처리

  ㉯ 유기물의 생분해성을 증가시켜 활성탄의 처리효율 증가

  ② 전오존처리

  ㉮ 전오존처리는 접촉시간이 길어지므로 색도처리에는 적합하나

  ㉯ 현탁물질에 의한 오존소비량이 많아진다.

③ 용존잔류오존과 배출오존처리의 문제점

㉮ 가능한 한 밀폐식으로(배출오존이 대기 중으로 확산되지 않도록)

㉯ 주입점이 어디가 되든 혼화가 잘 이루어지고 가능한 한 충분한 접촉시간을 확보

5.2 활성탄처리

1) 활성탄 내부의 무수한 세공에 의해 매우 큰 비표면적을 가지며 수중 용해성 물질에 대한 큰 흡착성을 가짐

2) 효과

① 과망간산칼륨 소비물질, 용해성 유기물질, 맛냄새물질, THM 전구물질, 농약성분, 암모니아성 질소의 산화 제거

② 미량유기물질의 제거

3) 활성탄처리법은 PAC, GAC, BAC로 구분되며 각각, 장단점이 있으므로 원수의 수질, 처리장의 규모 등 처리여건에 따라 적절한 방법을 선정

4) 활성탄처리와 오존처리를 동시에 추진할 경우 활성탄처리 이전에 오존처리를 설치하여 활성탄처리의 효율을 극대화

5.3 AOP(Advanced Oxidation Process)

1) 오존과 과산화수소는 높은 산화력을 가진 물질이나 실제 수중의 반응에서는 대다수의 유기물질과 반응이 느리거나 전혀 반응하지 않는 경우가 있다.

2) 특히 오존의 경우 이론적으로 모든 유기물과 반응하여 유기물을 CO_2와 H_2O로 산화분해 시킨다고 되어있으나 실제로는 그렇지 못하다.

3) 이러한 단점을 보완하기 위해서 오존 과산화수소 등의 산화제에 각종 촉매를 첨가하여 중간생성물로 OH라디칼을 생성시켜 유기물질 등의 산화력을 크게 증가시킨 처리방법을 고도산화기술이라 한다.

4) 종류

오존+높은 pH, 오존+과산화수소, 오존+UV, 과산화수소+UV, 펜톤산화($FeSO_4 + H_2O_2$), TiO_2+과산화수소, TiO_2+UV

5.4 막분리기술

1) 막분리기술은 막양단의 압력차, 농도차, 전위차를 이용하여 분리, 정제, 농축하는 기술

2) 처리원리 : 체거름, 확산, 특정물질에 대한 막의 저항

3) 막분리기술의 종류 : 정밀여과(MF), 한외여과(UF), 나노여과(NF), 역삼투법(RO)

4) 효과

① THM 전구물질제거 : 일반적으로 막의 기공이 작은 RO와 NF가 효과적

② 부유물질, 조류, 지아르디아 제거 : UF와 MF가 유리

5) 고려사항

① 농도분극현상 : RO와 UF에서 심하게 나타남

② 사용압력

㉮ MF, UF : 사용압력이 1기압 이하, 에너지 소비량이 적어 경제적

㉯ RO, NF : 사용압력이 10기압 이상으로 높아 비경제적

현재 저압력에서 운용할 수 있는 막의 개발이 활발

5.5 생물학적 처리시설

1) 처리원리와 종류

① 생물학적 처리는 통상 정수처리의 전처리로 이용

② 접촉산화법 : 벌집상(Honeycomb)의 충진재를 이용

③ 회전원판법(RBC)

④ 생물접촉여과법

2) 효과

암모니아성 질소, 조류, 이취미물질, 계면활성제, 과망간산칼륨 소비량, 일반세균, 대장균, 철, 망간 등을 제거

6. 고도정수처리시설의 종류별 처리효과

구분	THM 전구물질	냄새물질	음이온 계면활성제	암모니아성 질소
오존처리	• 오존주입량, 유기물질의 종류에 따라 효과가 다르다. • 4~5mg/L의 주입량으로 THM 전구물질이 30~60% 제거	약 2mg/L의 주입률로 2-MIB, Geosmin 등의 취기물질 제거가 가능	주입률이 높지 않으며 처리효과가 적음	오존으로는 효과적인 제거가 곤란
PAC	활성탄의 종류에 따라 다르나 PAC 1mg/L당 0.5~3mg/L의 THM 전구물질을 제거	PAC에 의한 냄새물질의 제거효과가 양호	계면활성제 농도의 10~20배 주입하면 약 95% 이상 제거	제거효율이 없음
GAC	수온이 낮은 경우를 제외하고는 THM 전구물질의 30% 정도를 제거	제거효율이 양호	제거효율이 양호	제거효율이 없음
오존+GAC	오존주입률이 4~5mg O_3/mg C 이상이면 제거효과가 우수	제거효율이 양호	제거효율이 양호	
생물학적 처리	생물산화작용에 의한 THM 전구물질의 제거효과는 20~30% 정도	수온, 접촉시간 등에 따라 다르나 30~80% 제거	수온, 접촉시간 등에 따라 다르나 30% 이상 제거	설계조건에 따라 제거효율이 다름

7. 결론

1) 우리나라의 경우 현재 고도정수처리는 오존처리와 활성탄처리 위주로 되어 있음

2) 고도정수처리의 도입은 처리비용의 증대, 수질관리의 어려움, 기술축적의 미비 등으로 어려움이 많은 실정

3) 대체수원의 확보 및 수원의 수질보호, 현 처리장의 운전개선과 시설개선 등의 대안을 검토한 후 최종적으로 결정하는 것이 바람직하며

4) 과거 해수담수화(소규모)와 중수도에 많이 적용되었던 막분리 기술의 보급이 증대될 것으로 보이며 저압력에서 운영할 수 있는 RO나 NF의 기술 축적 시 보급은 더욱더 가시화 될 것으로 보임

5) 기존 및 신기술의 기술 검토를 통해 처리장별 가장 적합한 공법 선택이 필요

   ① 목표수질을 만족하는 공법 중 처리효율이 높고 유지비, 시설설치비가 저렴한 공법

   ② 수질변동(계절별, 부하별)에 대응성이 강하고 유지관리가 편리한 공법

   ③ VE/LCC 분석을 통한 공법의 선택

• 참 / 고 / 자 / 료

■ 국내 고도처리 도입현황

번호	정수장명	시설용량 (천m³/일)	처리방식	번호	정수장명	시설용량 (천m³/일)	처리방식
1	동두천	60	입상활성탄	13	양산웅상	55	오존·생물활성탄
2	파주문산	96	오존·입상활성탄	14	울산회야	270	오존·생물활성탄
3	원주제2	85	입상활성탄	15	울산선암	60	오존·생물활성탄
4	대구두류	310	오존·생물활성탄	16	부산덕산	1,555	전·후오존 생물활성탄
5	대구매곡	800	오존·생물활성탄	17	부산명장	277	전·후오존 생물활성탄
6	대구문산	400	오존·생물활성탄	18	창원반송	120	Filter/Adsorber (입상활성탄)
7	경산하양	10	분말·입상활성탄	19	공주옥룡	28	전·후오존 생물활성탄
8	마산칠서	400	전·후오존 생물활성탄	20	군산제2	38	분말·입상활성탄
9	진해석동	70	전·후오존 생물활성탄	21	부산화명	600	전·후오존 생물활성탄
10	김해삼계	165	전·후오존 생물활성탄	22	대구고령	180	오존·입상활성탄
11	김해명동	210	전·후오존 생물활성탄	23	고양일산	350	오존·입상활성탄
12	양산범어	37.5	오존·생물활성탄	계	총 6,176.5천 m³/일		

입상활성탄 5%
오존+입상활성탄 10%
오존+생물활성탄 85%

■ 국외 고도처리 도입현황

구분	정수장명	도입 배경	주요 공정	효과
일본	쿠니지마 정수장	냄새발생, 원수 수질 저하, THM 발생	2단계 오존+ GAC	맛, 냄새 문제 해결, 정수 수질 개선
	짜바시가시와이 정수장	냄새 발생, 원수의 수질 악화, PAC 처리 미흡	오존+상향류 유동상활성탄	2−MIB 100% 제거
	무라노정수장	THM 발생, 냄새 발생 원수의 수질 악화	2단계 오존+ GAC	TOC 70%, THM$_{FP}$ 89%, 암모니아성 질소 100%
미국	벨르글레이드 정수장	THM 발생	2단계 오존처리	TOC 80%, THM 90%
	Cary / Apex 정수장	THM 발생, 소독 문제	2단계 오존처리	맛, 냄새 문제 해결
	LA Aqueduct 정수장	맛, 냄새, 탁도 문제	오존 처리	응집제, 염소 감소 맛, 냄새 문제 해결
독일	암스타드 정수장	THM 발생, 맛, 냄새 문제	오존+BAC	정수 수질 개선, 활성탄 수명 연장
	도네 정수장	적조 발생	오존8 활성탄(BAC)	유기물질 80%, $NH_3 − N$ 100%

■ D정수장 고도정수처리 공정 선정(예)

1) 제거대상 물질인 맛·냄새 유발물질(2−MIB, Geosemin)의 안정적인 제거가 가능한 공정
2) Pilot Plant 운영결과 분석의 반영
3) 원수수질의 장래 악화 및 정수수질 강화에 대처 가능한 공정 선정

구분	표준공정 + 오존산화 + GAC	표준공정 + GAC	표준공정 + GAC F/A
공정 개요	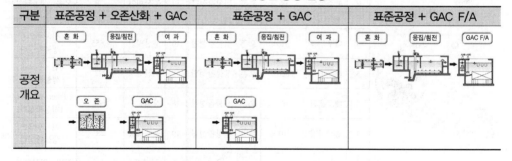		

■ D정수장 고도정수처리 공정선정(예)

구분	표준공정 + 오존산화 + GAC	표준공정 + GAC	표준공정 + GAC F/A
개요	오존 산화에 의해 맛·냄새 물질을 제거(2−MIB), 잔여 맛·냄새 물질을 활성탄 공정에서 제거	활성탄흡착에 의한 맛·냄새 물질 제거	활성탄 공정이 여과지 기능인 탁질 제거 기능과 맛·냄새 흡착 기능을 동시에 수행함(Filter/Adsorber)
맛·냄새	• 현재 수준의 맛·냄새 물질이 장기적으로 유입 시에도 안정적인 처리목표 달성 가능 • 저수온, 고농도 주입시도 대처가 가능(4년 실험 전기간 동안 10ng/L 이하) • 최근 발생이 증가하고 있는 2−MIB에 충분히 대처 가능 • Geosmin 제거율 100%로 충분한 대응 가능	• BV 42,300(14개월 후)부터 제거율 감소 • 저수온, 고농도시에도 목표수질 달성(2년 동안 10ng/L 이하) • 2−MIB 제거는 BV 80,000부터 파과 발생(10ng/L 이상) • TOC 60% 파과 시점부터 급속한 파과 진행 • Geosmin 제거율 100%로 충분한 대응 가능	• 한계냄새강도 처리목표 3ton 이상 발생 가능성 있음 • BV 약 40,000(12개월 후)부터 제거율 감소 • 저수온, 고농도 시 처리효율 저하로 목표수질 달성 곤란(10ng/L 이상 발생) • 2−MIB 제거는 BV 40,000 (2년차)부터 파과 발생(10 ng/L 이상)
유기물	• TOC 60% 파과 기준 BV 약 60,000 (운영 600일) • 총 1,527일 운영(BV 150,000) 시, TOC 제거율 70~29%	• TOC 60% 파과 기준 BV 약 50,000 (운영 550일) • 총 1,527일 운영(BV 150,000) 시, TOC 제거율 71~26%	• TOC 60% 파과 기준 BV 약 45,000 (운영 500일) • 총 584일 운영(BV 55,000)시, TOC 제거율 74~48%
활성탄 재생	2−MIB의 오존산화로 4년 차까지 안정적인 수질확보 가능하여 4년 후 재생	동절기 2−MIB 처리효율이 낮아 3년 차부터 파과 발생으로 2년 후 재생	2−MIB는 BV 40,000(2년차)부터 파과 발생(10ng/L 이상)하므로 2년 후 교체
운영 및 유지 관리	• 잔류오존 문제로 시설관리(GAC 여과지) 시 운영자가 오존에 노출될 가능성이 있음 • 구조물에서의 누출, 배관 등 관련 설비의 부식, 오존설비 제어 시스템의 Trouble 등으로 더 많은 유지관리의 부담이 있음	• 탁질은 여과지에서 제거되므로 10~30일에 역세척 시행 • 활성탄 단일 공정이므로 오존+활성탄보다 운영이 유리 • 활성탄 재생에 따른 빈번한 여재의 반출입으로 유지관리 부담 증가가 예상됨(1안의 2배)	• 일반 여과지의 동일한 운영으로 1~3일에 역세척 시행 • 역세척 빈도가 높아 활성탄 유실률이 높을 수 있음 • 여과지에서 탁질 및 맛·냄새 제거의 복합 기능을 동시 수행하므로 활성탄 수명이 짧음
선정	◉		

한강원수 특성인 저수온 시에 발생하는 2−MIB의 제거를 위해 오존산화 공정 도입이 필요하고, Pilot Plant 운영결과 분석에 나타난 바와 같이 맛·냄새 유발물질, 유기물 처리효율의 안정성이 가장 양호한 오존 + GAC 공정 선정

Key Point ✛

• 80회, 90회, 97회, 129회, 130회 출제
• 1차 및 면접고사에서 자주 출제되는 아주 중요한 문제임. 따라서 고도정수처리 전반에 대한 내용 숙지가 필요함
• 실제 시험에 출제될 경우 출제자의 의도에 따라 내용의 삭제 및 간략화를 통해 총 4page 분량으로 답안을 기술할 필요가 있음

배수설비 제해시설

1. 개요

1) 공장폐수 등을 공공하수도에 유입시키는 경우

그 기능을 저하시키거나 처리장의 처리능력을 방해하거나 방류수의 수질기준을 유지하기가 어려우므로 제해시설을 설치하여 폐수의 종류에 따라 배출 전에 배출 처리한다.

2. 제해시설 설치 필요 폐수

1) 온도가 높은(45℃ 이상) 폐수

① 온도가 높은 폐수는 관거 내에서 악취를 발산하고 관거를 침식시킨다.

② 처리장에서 침전지의 분리기능을 저하시켜 활성슬러지나 살수여상 미생물에 악영향을 미치기도 한다.

③ 따라서 온도가 높은 폐수는 냉각탑이나 기타의 제해시설을 만들어 냉각 후 관거로 배출해야 한다.

2) 산(pH 5 이하) 및 알칼리(pH 9 이상) 폐수

① 산 및 알칼리 폐수는 관거, 맨홀, 받이 및 처리시설 등의 구조물을 침식하여 파괴한다.

② 또한 처리기능상에도 여러 가지 장해를 주게 되므로 산 및 알칼리폐수는 중화설비를 설치하여 각각의 중화제에 의해 중화한 후에 관거로 배출한다.

3) BOD가 높은 폐수

① 다량의 부유성 유기물이 관거 내에 유입되면 유기물이 관저부에 체류하게 되어 유해가스를 발생시킬 뿐만 아니라 악취가 발생되기도 한다.

② 용해성 유기물농도가 높은 폐수는 생물처리에 과부하를 주게 되어 처리기능을 악화시킨다.

③ 특히, 탄수화물을 다량으로 함유한 폐수는 활성슬러지의 분해와 침강성을 감소시켜 팽화현상(Bulking)을 일으키기 쉽다.

④ 일반적으로 하수도시설은 생활오수를 기본으로 하여 설계되어 있으므로 BOD가 높은 폐수가 유입되면 처리능력이 저하될 수 있다.

㉮ 따라서 하수도에서의 허용농도는 생활오수의 BOD가 평균 150~200mg/L이므로 300mg/L 정도로 규제할 필요가 있다.

㉯ 단, BOD가 높아도 수량이 적고 또한 도중의 관로내에서 퇴적의 우려가 없다고 판단되는
경우에는 600mg/L 정도까지는 허용될 수도 있다.

4) 대형 부유물을 함유하는 폐수

① 부유물이 많으면 관거 내에 침전되어 하수의 흐름을 저해하며 대형 부유물은 소량이라도 관
거를 폐쇄하여 범람의 요인이 된다.

② 따라서 대형 부유물은 관거에 배출되기 전에 침전지 등에서 수거하거나 스크린을 설치하여
제거한다.

5) 침전성 물질을 함유하는 폐수

침전성 물질은 폐쇄 및 범람의 원인이 되므로 침전지에서 제거한다.

6) 유지류를 함유하는(30mg/L 초과) 폐수

① 유지류는 관거의 벽에 부착하여 관거를 폐쇄하며 처리기능을 저해한다.

② 유지류는 침전지로 보내 침전하는 것은 침전물과 같이 제거하고

㉮ 부상하는 것은 스컴과 함께 제거하지만

㉯ 양이 많을 때에는 부상분리장치를 설치하여 스컴과 함께 별도로 처리한다.

• 이런 경우 필요에 따라 조의 저부에 설치한 산기장치에 의해 압착공기를 폐수 중에 불어
넣어 스컴의 분리를 향상한다.

• 또한 원심분리설비에 의해 유지류를 분리하는 방법도 있다.

7) 페놀 및 시안화물 등의 독극물을 함유하는 폐수

① 페놀 및 시안화물 등은 활성슬러지나 살수여상 등의 미생물을 죽게 할 수 있다.

② 따라서 이들 독성물질의 독성을 제거한 후에 관거로 배출해야 한다.

8) 중금속류를 함유하는 폐수

① 중금속류를 함유하는 폐수는 농도가 높은 경우에는 처리기능을 파괴한다.

② 농도가 낮은 경우라도 처리장으로부터 방류수중에 기준 이상의 중금속이 들어 있으면 안 된다.
슬러지에 중금속 농도가 높아져 슬러지의 유출이용에 지장을 초래하게 된다.

③ 따라서 중금속류를 제해시설로 제거한 후 관거로 배출시켜야 한다.

9) 그 밖의 폐수

① 휘발성 물질을 다량 함유하는 폐수는 폭발의 우려가 있다.

② 황화물, 악취를 발생시키는 물질 및 착색물질 등은 여러 가지 장해 및 관거 유지관리자의 안
전에 악영향을 끼칠 수 있다.

3. 배수계통

1) 폐수는 발생시설별 또는 작업공정별로 발생량, 수질을 포함하여 처리가 필요한가를 판단하고 처리방법 등에 따라 배수 계통을 정한다.

① 일반적으로 폐수는 동종의 것을 통합하여 처리하는 것이 처리 효과가 높고, 발생하는 슬러지의 처분이나 유용물질의 회수도 용이하다.

② 서로 다른 종류의 폐수를 혼합하면 처리 과정에서 유해한 물질이 발생하거나 처리가 불완전하게 될 수 있다.

③ 폐수량 및 수질에 의하여 배수계통을 분리할 필요가 있다.

　㉮ 처리를 요하는 폐수와 기타의 폐수

　㉯ 처리방법이 상이한 폐수

　㉰ 분리 처리함으로써 처리효율이나 경제성이 높아지는 폐수

　㉱ 회수 가능한 유용물질을 포함하는 폐수와 기타의 폐수

2) 사업장 내에서 발생하는 오수는 생산 공정에서 발생하는 폐수와 완전히 분리하여 공공하수도에 유입되도록 하여야 한다.

사업장에서 배출되는 폐수는 수질감시 등을 위하여 일반 생활오수와 별도의 관을 통하여 공공하수도에 유입되도록 한다.

활성탄처리법

1. 종류

1.1 분말활성탄(PAC)

비상시 또는 단시간에 효과를 얻기 위한 방법

1.2 입상활성탄(GAC)

1.3 생물활성탄(BAC)

공정의 전 단계에서 염소처리를 하지 않고 활성탄의 흡착작용과 입상활성탄 내에서 증식된 미생물의 작용을 이용하여 생화학적 분해를 촉진시키면서 장시간 운전하는 방식

2. 분말활성탄(PAC)

2.1 장점

1) 흡착속도가 빠르다.
2) 필요량의 주입 조절이 용이
3) 사용 시 별도의 장치가 필요 없다.
4) 미생물의 번식 가능성이 없다.
5) 단시간 사용에 효과적

2.2 단점

1) 분말의 비산이 있고 취급이 불편하다.
2) 처리 후 슬러지로 발생
3) 운영비가 고가
4) 활성탄 유출에 의한 흑수 유발 가능성 존재
5) 재생하기가 어렵다.

3. 입상활성탄(GAC)

3.1 장점

1) 취급이 용이

2) 물과의 분리가 용이하며 슬러지가 발생하지 않는다.

3) 재생이 쉽다.

4) 운영비 저렴

5) 활성탄 유출이 없다.

6) 장시간 사용으로 경제적

7) 흑수발생이 없다.

3.2 단점

1) 분말활성탄에 비해 흡착속도가 느리다.

2) 흡착탑 등 별도의 시설이 필요(공사비 증대)

3) 미생물의 번식 가능성이 있다.

4. 생물활성탄(BAC)

4.1 장점

1) 이 · 취미가 높은 경우 : Geosmin, 2 – MIB

2) THMs 및 THM 전구물질의 농도가 높은 경우

3) 기타 생분해성 오염물질

4) $NH_3 - N$의 제거

5) TCE 등 휘발성 유기화합물질 제거

6) 색도저감

7) 재생빈도가 적다.

8) Fe, Mn 제거 가능

4.2 단점

1) 수온이 낮을 때 생물처리효과가 낮다.

2) 유입수의 DO가 낮고, $NH_3 - N$ 농도가 높을 경우 BAC층은 혐기화되어 Fe, Mn의 용출가능성이
   있다.

3) 활성탄 층에 번식한 미생물, 미소생물의 누출 가능성이 존재

4) 호기성 박테리아의 성장을 위해 DO 공급이 필요

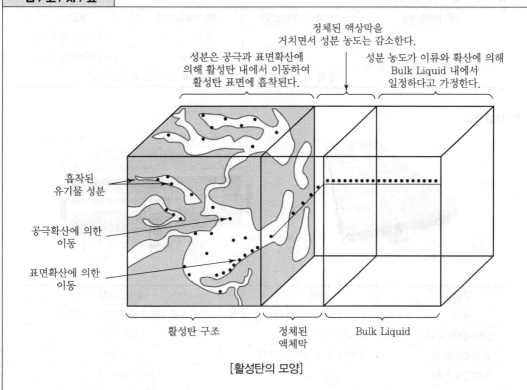

정체된 액상막을
거치면서 성분 농도는 감소한다.

성분은 공극과 표면확산에
의해 활성탄 내에서 이동하여
활성탄 표면에 흡착된다.

성분 농도가 이류와 확산에 의해
Bulk Liquid 내에서
일정하다고 가정한다.

흡착된
유기물 성분

공극확산에 의한
이동

표면확산에 의한
이동

활성탄 구조   정체된
액체막   Bulk Liquid

[활성탄의 모양]

■ D정수장 활성탄흡착지 공정(예)

1) 처리 대상물질인 맛·냄새 제어에 적합한 접촉시간 확보
2) 시설 유지·관리의 효율성을 고려하여 여과지와 동일한 형식의 유량제어방식 적용
3) 지속적인 여과 및 흡착기능 달성을 위한 역세척시스템 적용

■ 설계기준 검토

구분	입찰안내서	상수도시설기준	AWWA(2005)	설계반영
대상수질	맛·냄새	맛·냄새, 색도, 소독부산물 및 구물질 등	맛·냄새, NOM, 소독부산물	맛·냄새
접촉시간 (EBCT)	15분 이상 (예비지 제외)	5~15분	5~25분	15.4분 (예비지 제외)
여과속도 (LV)	270m/일 이하 (예비지 제외)	10~15m/hr (240~360m/일)	5~15m/hr (120~360m/일)	262m/일 (예비지 제외)
지수	–	2지 이상(예비지 포함)	$N = 1.2 \times Q^{0.5}$	22지(2지 예비)
1지면적	285	150m² 이하	–	120.0m²
하부 집수장치	유공블록	유공블록, 스트레이너 등	유공블록, 스트레이너 등	유공블록

■ 흡착지수 및 여과속도 검토

여과지수(지)	접촉시간(EBCT)	여과속도(LV)	비고
N=1.2×Q$^{0.5}$≒16지 → 20지(예비지 제외)로 설계	16.9분	238.6m/일	22지(예비지 포함)
	15.4분	262m/일	20지(예비지 제외)
역세척 시 여과속도 차이＝4.8% ＜ 15%(22지 : 21지 운영)			

■ 시설 개요

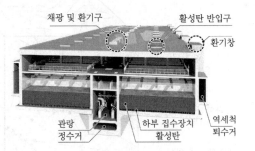

구분	설계	주요 특징
규격	W4.0m×L15.0m×2면, 22지(2지 예비)	1지 2면으로 운영효율 향상
접촉시간(EBCT)	15.4분(예비지 제외)	15분 이상
유량제어방식	수위제어형 정속여과방식	정밀제어
하부집수장치	유공블록	역세척효율 우수
부대설비	• 계열별 탁도계, Particle Counter, TOC Meter • 주변 경관과의 조화를 고려하여 옥상 녹화 • 원활한 자재 반입 및 유지·관리를 고려	• 정밀제어 및 수질 모니터링 • 서울숲과 조화로운 상부 옥상녹화시설 반영 • 활성탄 반·출입이 용이하도록 유지·관리의 편리성 확보

1) 맛·냄새 유발물질 제어가 가능한 충분한 접촉시간(15.4분) 및 여과속도(262m/일) 적용
2) 운영관리가 용이하도록 수위계와 유량조절밸브에 의한 수위제어형 정속여과방식 적용
3) 여과수 집수 및 역세척수 균등배분 효율이 우수한 유공블록 하부집수장치 적용

■ 활성탄흡착지 설계
• 입찰안내서의 관련 지침 및 환경부 수처리제 규격 이상으로 계획
• Pilot Plant 운영결과에 의한 EBCT 확보를 위한 탄층고 계획
• 처리성능 및 역세척 등을 고려한 입경 선정

1) 설계기준

항목	입찰안내서	상수도시설기준	AWWA(2005)	설계 반영
재질	석탄계(역청탄)	석탄계	석탄계	석탄계(역청계)
균등계수	1.9 이하	해당 사항 없음	최대 2.1	1.9 이하
요오드흡착력	1,000mg/g 이상	950mg/g 이상	500mg/g 이상	1,000mg/g 이상
접촉시간(EBCT)	15분 이상 (예비지 제외)	5~15분	5~25분	15.4분 (예비지 제외)

항목	입찰안내서	상수도시설기준	AWWA(2005)	설계 반영
여과속도 (LV)	270m/일 이하 (예비지 제외)	10~15m/hr (240~360m/일)	5~15m/hr (120~360m/일)	262m/일 (예비지 제외)
유효경	0.6~1.0mm	해당 사항 없음	0.6~0.9mm	0.65mm
탄층고	해당 사항 없음	1.5~3.0m	해당 사항 없음	2.8m

2) 활성탄흡착지 설계

구분	설계	고려사항
재질	석탄계	유기물 및 맛·냄새물질 제거에는 야자계보다 석탄계가 우수
입경	0.65mm	• 접촉효율을 고려하여 입경은 작고, 균등계수는 큰 활성탄으로 계획
균등계수	1.9 이하	• 본서에서 Pilot Plant에 적용한 규격과 동일한 활성탄으로 계획
탄층고	2.8m	1지 면적 및 여과속도, EBCT 고려
접촉시간(EBCT)	15.4분	16.9분(예비지 포함)
여과속도(LV)	262m/일	238.6m/일(예비지 포함)
기타 부대시설	환기, 채광	환기 및 채광 시뮬레이션을 통한 최적의 환경 조건 충족

3) 역세척 방안

역세척수에 따른 맛·냄새 제거 효과	역세척수 공급방안

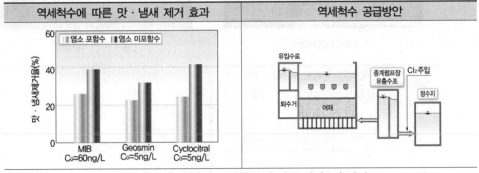

• 염소 미포함수로 역세 시 염소 포함수 경우보다 1.5배 정도 제거효율 우수
• 생물학적 제거가 일어나는 오존＋활성탄흡착지 공정의 경우 염소가 포함된 물로 역세척할 때 MIB 의 제거율 감소
• 중계펌프 유출수로를 이용한 무동력 역세척 계획

(자료 : Westerhoff et al., "Ozone enhanced biofiltration for Geosmin and MIB removal, AWWARF, 2005)

• 1지 면적 및 여과속도, EBCT 고려하여 활성탄 탄층고를 2.8m로 설계
• 흡착효과, Pilot Plant 운영결과를 고려하여 석탄계 활성탄, 입경 0.65mm로 설계
• 무동력 역세척시스템 도입 및 환기, 채광 시뮬레이션을 통한 최적의 근무여건 구현

▨ 역세척 유량 및 공기량
• 선정 여재에 대해 수온에 따른 최소 유동화 속도 검토
• 공기량에 따른 최적 역세척 속도 결정
• 역세척 효과 및 여층 재성층화를 고려한 Rinse 수량 산정

1) 설계기준 검토

구분	입찰안내서	상수도시설기준	설계반영
역세척방식	물, 공기	역세척＋보조세척	물＋공기
역세척수	－	활성탄처리수 또는 정수	활성탄처리수
역세척설비	역세유량계, 유량조절설비	역세펌프, 역세수조	역세수조

2) 물＋공기 역세척 속도 산정
① 최소 유동화 속도(Vmf) 산정

수온	0.5℃	15℃	27℃
Vmf(m/분)	0.2718	0.4225	0.4715

참조 : Optimum Backwash of Dual Media Filter and GAC Filter－Adsorbers With Air Scour(AWWARF)

② 공기 역세척 속도에 따른 물역세척 속도 산정
적정 물세척 속도 : 0.20m³/m² · 분 적용(공기량 0.5m³/m² · 분 선정)

[공기 역세척]

[물＋공기 역세척]

V/Vmf	물역세 척속도(m³/m² · 분)		
	0.5℃	15℃	27℃
13%	0.04	0.05	0.06
17%	0.05	0.07	0.08
21%	0.06	0.09	0.10
26%	0.07	0.11	0.12

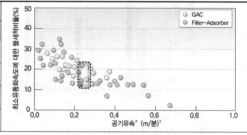

적정 물역세척 범위는 0.04 ～ 0.12m³/ mw² · 분

3) 적정 여재 팽창률을 고려한 물단독 역세척(Rinse) 속도 산정
역세척 효과 극대화를 위해 여재 팽창률 20~30% 적용

구분	역세척 속도(m³/m² · 분)
0.5℃	0.26 ～ 0.27
20℃	0.33 ～ 0.39
27℃	0.35 ～ 0.43

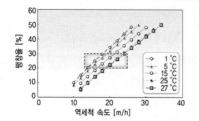

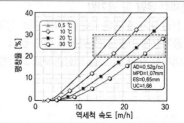

- 물+공기 역세척 시 공기 역세척 속도 → 0.50m³/m²·분 적용
- 물+공기 역세척 시 물 역세척 속도 → 0.20m³/m²·분 적용
- 적정 여층 팽창을 고려한 물 단독 역세척 속도 → 0.43m³/m²·분 적용

🔳 역세척 수조 계획

1) 수조방식의 역세척은 수위 변화로 인한 유량 변화에 대처가 곤란하므로 수위 변화가 없도록 계획
2) 수심은 가능한 얕게 하여 세척수압의 변화가 없을 것(유량 변화가 없을 것)
3) 손실수두는 1~2m로 하는 것이 적절(상수도시설기준, 2004)

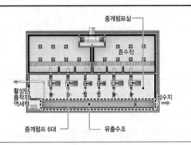 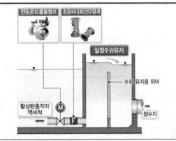

- Rinse 시 최대 역세척유량은 51.6m³/분(74,304m³/일)으로 최소 생산 시에도 수조의 수위 변화가 없어 안정적인 역세수 공급 가능
- 초음파유량계+유량조절밸브를 이용한 역세척 유량조절방식 활용
- 역세척을 위한 수두는 3.36m 확보
  → 중계펌프장 유출수조 월류위어 EL (+)14.0m, 활성탄 여과지 트러프 TOP EL (+)10.64m

① 중계펌프장 유출부 수조활용으로 무동력 역세척 시스템 계획(유지관리 및 전력비 367백만 원/년간 절감)
② 수조의 수위변화가 없어 안정적인 역세수 공급 가능
③ 초음파유량계+유량조절밸브를 이용한 역세척 유량조절방식 활용

🔳 역세척 트러프 설계

1) 역세 트러프의 높이는 역세척 시 여재의 유실을 방지할 수 있도록 적당한 높이로 계획
2) 여재의 종류, 깊이 및 최대 역세척 속도(여층팽창 정도)에 따라 다르게 적용
3) 여층의 팽창높이에 여유분을 고려해서 결정

● 설계기준 검토

구분		Kawamura	AWWA	상수도시설기준(2004)
트러프 높이		• 여층 위 : 0.8~1.2m • 이층여재 : 1.1~1.2m • 굵은 모래 여과 : 0.5m	• 팽창 50% 고려, 0.15~0.3m 여유 • H=0.34S (여기서, H : 유동화된 여상 위의 높이, S : 간격)	여층 위 40~70cm(여재의 팽창에 따른 적정 높이)
트러프 간격		• 이층여과 : 1.8~3.0m • 굵은 모래 여과 : 월류위어	1.5~2.0m(수평이동거리 : 0.8~1.0m)	−

구분	시설 개요	구분	시설 개요
최대 역세척속도	$0.43m^3/m^2 \cdot$ 분	트러프 높이	55cm
트러프 개수	10EA/지	개당 월류량	$0.086m^3/s$
트러프 중심간격	3.1m	트러프 재질	STS316L

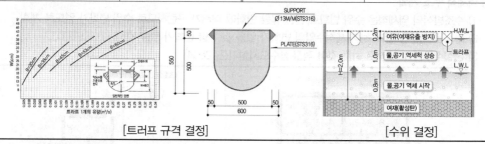

[트러프 규격 결정]　　　　　　　　　　　　[수위 결정]

- 트러프는 자재의 내구성을 고려하여 STS316L으로 계획(폭 50cm, 높이 55cm)
- 트러프 중심간격은 여층두께와의 상관관계를 고려하여 3.1m 적용
- 여층부터 트러프의 높이는 여재 팽창률과 여층두께의 상관관계, 역세척 방법 등을 고려하여 2.0m 적용

역세척 SEQUENCE

1) 물＋공기 역세척 시 여재유실 방지를 위한 잔류여과 계획 수립
2) 초기 역세공기 및 수량의 압력을 완화할 수 있도록 역세척 유량 조절
3) Rinse 시 잔류공기로 인한 여재 손실을 방지하기 위한 Step Backwash 반영

◉ 역세척 판단 기준

판단기준	판단 계측기
지별 여과유량	지별 유량계
지별 여과지속시간	타이머

◉ 역세척 SEQUENCE

항목	SEQUENCE
역세척 유량조절	유량계＋유량조절밸브, Step－Backwash 시행
여재유실 방지	잔류공기 배제 후 세척(Rinse) 시작

여과 및 역세척 공정도	역세척 SEQUENCE
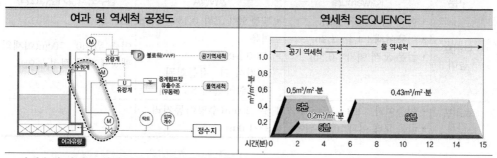	

- 여재유실 방지를 위해 잔류여과 후 역세척 실시 → 여상 80cm
- 물＋공기 역세척 시 잔류공기 제거 후 세척(Rinse)

■ **활성탄 반·출입 시설 계획**

1) Pilot Plant 운영결과를 고려한 사용빈도 고려(재생주기 4년 이상)
2) 외부 위탁재생을 고려한 반출계획(입찰안내서)
3) 반·출입 시 발생되는 분진 및 세척수 처리방안 고려
4) Pilot Plant 운영결과 활성탄 재생은 4년 이상 및 외부 위탁재생을 고려한 계획(빈도가 적음)
5) 활성탄 반입·반출이 용이하도록 상부에 환기 및 채광을 고려한 반입구 설치
6) 활성탄 흡착지의 진입 주 도로는 Vaccum Car 등 장비 진입이 용이하도록 8m 폭 도로 설치

구분	A-type	B-type	C-type
개념도	활성탄 반입	활성탄 반출	재생시설 재생탄저장조 압력조 활성탄흡착지
특징	차량으로 이송 후 크레인을 이용하여 인력 반입	Vaccum Car를 이용하여 반출 후 바로 활성탄 재생시설로 이송	압력조로 배관을 통하여 여과지에 투입
장점	• 활성탄 마모가 적음 • 설비구조가 간단	• 분진 발생이 없고, 주변환경이 청결 • 장비 반출로 유지·관리 인력 최소화 • 설비구조가 간단, 자동화 가능	• 분진 발생이 없어 주변환경이 청결 • 자동으로 유지·관리 인력 최소화 • 자동화 가능
단점	• 분진 발생 우려 • 수동이므로 유지·관리 인력 필요	Vaccum Car의 보유가 필요하나 외부 위탁처리할 경우 위탁업체 장비 이용가능	• 슬러리 상태로 반출되며 배출수 발생 • 활성탄의 마모 발생 및 유실 • 100% 반출이 불가로 인력 투입 필요
선정	◉(반입)	◉(반출)	
선정 사유	정수센터 내 활성탄 재생시설이 없고, 교체 주기가 4년 이상이므로 반입은 크레인을 이용한 수동 반입, 반출은 Vaccum Car로 반출하여 재생시설로 이송		

Key Point

• 110회, 130회 출제
• 활성탄의 특징을 숙지하기 바람
• 주로 PAC와 BAC 또는 GAC와 BAC의 특징을 묻는 문제가 많이 출제되므로 BAC에 대한 완벽한 숙지가 필요함

BAC(Biological Activated Carbon)

1. 개요

1) 다음과 같은 경우 정수장의 고도정수처리가 필요
    ① 일반적인 정수처리공정으로 처리가 안 되는 오염물질의 유입
    ② 원수의 수질이 3급수 이하인 경우
2) 우리나라에 설치된 고도정수처리공정의 대부분이 O_3 + BAC 공정

2. 정의 및 특성

1) 생물활성탄(BAC) 공정
    ① 입상활성탄 흡착지에서의 생화학적 분해를 촉진시키면서 장시간 운전하는 방식
    ② 활성탄 재생을 할 필요가 없거나 활성탄 재생기간이 길어진다.

2) 입상활성탄의 외부표면형상은 미생물 부착이 용이한 모양으로 되어 있어 일정기간 운전 후에는 미생물의 번식이 수반, 이 미생물에 의해 일부 생분해성 오염물질의 제거가 가능
3) 공정의 전 단계에서 염소처리를 하지 않고 활성탄의 흡착작용과 입상활성탄 층 내에서 증식된 미생물의 작용을 이용하여 생화학적 분해를 촉진시키면서 장시간 운전하는 방식
4) BAC 공정 이전에 오존처리를 하여 생화학적 분해를 촉진시키면서 장시간 운전이 가능
    ① 수원의 수질이 악화되고 이·취미와 THM 전구물질이 높은 경우에 적용
    ② 재생빈도 역시 적어지는 장점을 가짐

3. 적용

1) 이·취미가 높은 경우 : Geosmin, 2 − MIB
2) THMs 및 THM 전구물질의 농도가 높은 경우
3) 기타 생분해성 오염물질
4) NH_3 − N의 제거
5) TCE 등 휘발성 유기화합물질 제거
6) 색도저감

4. 제안사항

1) 고도정수처리에 BAC의 도입 시 O_3＋BAC를 적용함이 바람직
2) NH_3-N 제거는 온도가 낮은 겨울철에는 처리효율이 저하되므로 하부에서 DO 공급장치를 설치할 필요가 있다.
3) 미생물 탈리현상이 일어나므로 역세척 설비의 설치도 필요
4) 부상여재＋BAC 형태의 도입도 검토가 필요

Key Point ✚

- 116회, 130회 출제
- BAC는 출제 빈도가 상당히 높은 문제임
- 고도정수처리에 대한 내용으로 기술하였으나 출제자의 의도에 따라 BAC와 활성탄에 대한 내용으로 기술할 필요도 있으므로 출제자의 의도에 따라 답안을 기술할 필요가 있음

O₃＋BAC에서 O₃의 역할

O₃＋BAC에서 O₃의 역할은 다음과 같다.

1) 수중의 각종 오염물질의 성질 및 성상을 변화시켜 후속처리과정의 효율증대
   ① 오존 자체가 오염물질 제거의 수단은 아님
   ② AOC, BDOC 증가

2) 활성탄의 공극보다 커서 흡착이 용이하지 않은 NOM을 여러 개의 Fragments로 쪼개어 흡착능력 증대

3) 그러나 오존주입에 의해 활성탄 자체의 흡착능력 저하가 발생할 우려도 존재

4) **용존산소농도의 증가**
   ① BAC에 존재하는 미생물의 활성화
   ② 오존에 의해 분해된 유기물을 더 쉽게 활용
   ③ 활성탄 수명연장 : 활성탄 재생 및 교체비용 절감

5) 오존주입에 의한 영향은 물의 성상, 오존의 수중농도, 오존접촉시간에 따라 달라지므로 원수의 특성에 맞는 운전조건을 설정하는 것이 중요하다.

Key Point ✢

116회 출제

EBCT(Empty Bed Contact Time : 공상체류시간)

1. EBCT

1) EBCT : Empty Bed Contact Time으로 공상체류시간이라고 함

활성탄 흡착지에서의 체류시간

2) 활성탄의 사용량에 직접 영향을 주는 설계인자

① 활성탄소모율과 직결되는 주요 설계인자

② 활성탄처리시설의 효율 영향인자

3) 즉, EBCT가 충분하면 활성탄은 평형흡착량까지 사용 가능

4) EBCT가 클수록 처리효율이 좋다.

5) EBCT는 5~30분이 적당

① 보통 정수처리 : 10분 내외

② 생물활성탄 : 10~20분

6) EBCT가 정해지면 LV와 H를 구할 수 있다.

$$EBCT(min) = \frac{활성탄의\ 충전량(m^3)}{유입유량(m^3/hr)}$$

7) 접촉시간은 활성탄 여과지 설계의 최우선 결정인자로 접촉시간을 정한 후 선속도를 크게 하고 싶을 때는 활성탄층을 두껍게 할 필요가 있다.

2. LV(Lining Velocity)

1) LV는 선속도로서 여과속도를 나타낸다.

2) $LV(m/hr) = \dfrac{처리유량(m^3/hr)}{활성탄충전면적(m^2)}$

형태		LV	입경	균등계수
고정상식	중력식	10~15m/hr	0.5~2.0mm	1.5~2.1
	가압식	15~20m/hr		
유동상식		10~15m/hr	0.3~0.6mm	1.5~2.1

3. H(탄층고, BH : Bed Height)

1) H = LV × T

2) 같은 EBCT에서는 H가 클수록 유리하다.

3) 유동상식 : 1m, 고정식 : 2m

4) 활성탄층이 두꺼운 경우 탄층의 압력손실이 커지므로 운전수위를 높게 할 필요가 있기 때문에 흡착지의 높이가 높아진다.

5) 활성탄의 높이를 낮게 하고 일정량의 접촉시간을 유지하면 흡착지의 면적이 커진다.

4. SV(공간속도, Space Velocity)

1) EBCT의 역수

2) $SV = \dfrac{처리수량(m^3/hr)}{입상활성탄의\ 충전량(m^3)}$

3) 고정식 : $5 \sim 10 hr^{-1}$, 유동상식 : $10 \sim 15 hr^{-1}$

4) 활성탄층을 통과하는 한 시간당 처리수량

5) 시간당 활성탄 양의 몇 배의 수량이 흐르는가를 나타내는 지표

6) 유동상식에서는 흡착속도가 빠른 소입경 활성탄을 사용함으로써 SV를 보다 크게 할 수 있다.

Key Point ✦

• 72회, 75회, 80회, 89회, 91회, 95회, 98회, 111회, 112회, 117회, 120회 출제
• 출제 빈도가 높은 문제임. 따라서 공식과 설계인자의 의미는 숙지하기 바람

활성탄 여과지 설계(문제)

[문제] 다음의 설계기준을 이용하여 활성탄 여과지를 설계하라.

- 유량 : $Q = 277,000 m^3/d$
- EBCT : 15min
- LV : 16.4m/hr
- SV : 4/hr
- 지당 설계유량 : $46,167m^3/d(1,924m^3/hr)$
- Backwash LV : 20m/hr

[풀이] 용량계산

1. 지수선정

$$N = \frac{전체유량}{1지유량} = \frac{277,000}{46,167} = 5.9지 = 6지로 선정$$

2. 소요면적

$$A = \frac{Q}{LV} = \frac{1,924}{16.4} = 117m^2$$

3. 탄층고(Bed Height)

$$BH = LV \times EBCT = 16.4 \times \frac{15}{60} = 4.1m$$

4. SV

$$SV = \frac{Q}{A \times BH} = \frac{1924}{117 \times 4.1} = 4.0hr$$

5. 활성탄량

$$117m^2 \times 4.1m \times 6지 = 2,878m^3(2,885m^3로 선정)$$

6. EBCT 검토

$$t = \frac{V}{Q} = \frac{2,885}{277,000} \times 24 \times 60 = 15.0min$$

7. 팽창률

$$E = \left[\frac{(1-P)}{(1-P_{exp})} - 1 \right] \times 100 = \left[\frac{(1-0.45)}{(1-0.58)} - 1 \right] \times 100 = 31.0\%$$

여기서, P : 고정된 여재의 공극(0.45) P_{exp} : 팽창된 Bed의 공극(0.58)

$$\text{Free Board} = (여재층고 \times 팽창률) + 여유율$$
$$= 4.1 \times 0.31 + 0.779 = 2.05m$$

8. 지 유효높이

EH = 여재층고 + 하부집배수장치 + Free board

$$= 4.1 + 1.22 + 2.05 = 7.37m$$

9. 위 용량계산을 바탕으로 생물활성탄 여과지를 설계하면 다음과 같다.
- 규격 : 6.5mW × 18.0mL × 8.04mH
- 수량 : 6지
- 활성탄량(m^3) : 2,885m^3

활성탄흡착지의 설계인자

1. EBCT

'EBCT' 참조

2. LV

'EBCT' 참조

3. BH

'EBCT' 참조

4. SV

'EBCT' 참조

5. 활성탄 접촉조 수

1) 예비지를 포함해서 2지 이상
2) 지가 10지 이상일 경우 10%의 예비지를 설치하는 것이 바람직
3) 실제 처리장의 경우 경제성 문제로 인해 Column의 크기를 작게 하여 여러 개를 설치한다.

6. 입경

1) 흡착속도 및 수두손실의 영향인자
2) 입경이 작을수록 단위 용적당 표면적은 커지고 물질의 이동거리는 짧아진다.
3) 그러나 입경과 처리수량은 반비례하는 것이 아니라 처리방법, 처리대상수의 수질에 따라 적정 범위가 달라진다.

7. 역세척

1) 목적
활성탄 층에 누적된 부유물질에 의한 여과의 저항을 줄이기 위하여 실시

2) 고정상식
① 역세가 필수적

② 형식 : 물을 이용한 역세척, 공기역세척, 표면세척

③ 팽창률

   ⑦ 물역세척 : 총팽창률 20~40%(평균 25%)

   ⑭ 수온에 따라 팽창률이 달라짐

④ 공기역세척

   ⑦ 압축공기를 사용

   ⑭ 활성탄 유실에 주의해야 함

   ⑮ 누적된 부유고형물질은 제거효과가 작기 때문에 물을 이용한 역세척과 동시에 표면세척을 실시함이 바람직

3) 일반적으로 역세척수는 일평균 물 생산량의 5%를 초과해서는 안 된다.
① 역세척 시 활성탄층의 팽창률은 입상활성탄지의 높이를 설계하는 중요한 인자

② 영향인자 : 활성탄 입경, 유속 및 수온

4) 역세척 후 활성탄층의 교환으로 인하여 흡착기능이 저하되므로 팽창은 누적탁질을 제거할 수 있는 최소한으로 한다.

Key Point +

114회 출제

활성탄등온흡착식

1. 개요

1) 활성탄흡착법에서 활성탄의 흡착률은 피흡착제의 형태와 농도, 활성탄의 농도, 접촉시간, 온도 등에 따라 결정되며

2) 일정 온도하에서 피흡착제의 농도에 따른 흡착제의 소비량을 나타낸 식

3) 즉, C · T 함수로서 T가 일정할 경우 C에 의해 결정되며 그 결과를 수식화한 것이 등온흡착식이다.

2. Freundlich 등온식 : 실험식

$$\frac{X}{M} = KC^{(1/n)}$$

여기서, X/M : 흡착제 단위질량당 흡착량(mg/g – 활성탄)

C : 용액 중의 흡착질 평형농도(mg/L)

K, n : 상수

상기 식을 그래프에 그려 직선을 얻기 위하여 양변에 log를 취하여 선형식으로 변형하면

$$\log(X/M) = (1/n)\log C + \log K$$

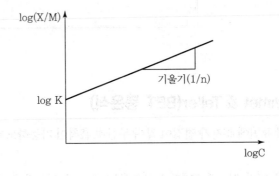

1) (1/n) = 0.1~0.5인 경우 : 저농도에서 효율적

2) (1/n) > 2인 경우 : 저농도에서 비효율적

3. Langmuir 등온식 : 이론식

이론식으로 단일층 흡착과 흡착질은 표면에서 고정되고 흡착된 엔탈피는 일정하다고 가정

$$\frac{X}{M} = \frac{a \cdot b \cdot C}{1 + bC}$$

여기서, X/M : 흡착제 단위질량당 흡착량
C : 용액 중 흡착질 평형농도
a, b : 상수

상기 식을 그래프에 그려 직선을 얻기 위하여 선형식으로 변형하면

$$\frac{1}{X/M} = \frac{1 + b \cdot C}{a \cdot b \cdot C}$$

$$\frac{1}{X/M} = \frac{1}{a \cdot b} \frac{1}{C} + \frac{1}{a}$$

양변에 C를 곱하고 정리하면

$$\frac{C}{X/M} = \frac{1}{a \cdot b} + \frac{C}{a}$$

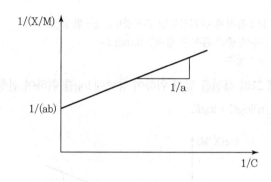

4. Brunauer, Emmet & Teller(BET 등온식)

1) BET식은 흡착제 표면에 분자가 겹겹이 쌓여 무한히 흡착이 가능하도록 다분자 흡착모델을 고려한 식으로

2) 활성탄의 물성을 나타내는 비표면적을 산출하는 데 자주 사용된다.

$$\frac{x}{M} = \frac{V_m A_m C}{(C_s - C)[1 + (A_m - 1)(C/C_s)]}$$

여기서, C_s : 포화농도
A_m, V_m : 단분자층 흡착 시 최대농도와 흡착에너지에 관계되는 정수

위 식을 직선을 얻기 위하여 변형하면

$$\frac{C}{\frac{x}{M}(C_s - C)} = \frac{1}{A_m V_m} + (\frac{A_m - 1}{A_m V_m})\frac{C}{C_s}$$

흡착실험자료를 이용하여 y축에 $C/\{(x/M)(C_s - C)\}$를 x축에 (C/C_s)를 Plot하여 기울기와 절편으로부터 상수 A_m과 V_m을 구할 수 있다.

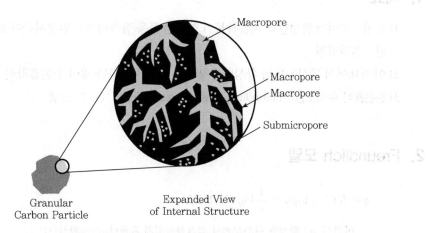

Granular
Carbon Particle

Expanded View
of Internal Structure

[활성탄의 기공 크기]

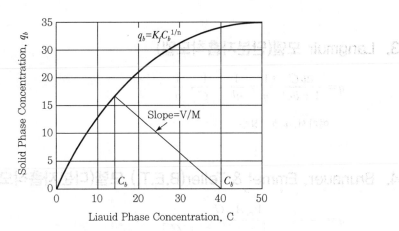

[Freundlich 흡착등온식의 전형적인 Plot]

Key Point *

112회, 124회 출제

흡착평형(Adsorption Equilibrium)

1. 개요

1) 일정온도에서 활성탄과 피흡착물이 함유된 물을 접촉시키고 일정시간이 흐르면 평형상태에 도달 – 흡착평형

2) 이 상태에서 액상농도와 활성탄흡착량의 관계를 나타낸 것이 등온흡착선

3) 등온흡착 수식모델 : Freundlich 모델, Langmuir 모델, B.E.T. 모델

2. Freundlich 모델

$$q = KC^{\frac{1}{n}}, \ \log q = \frac{1}{n}\log C + \log K$$

여기서, q : 활성탄 단위무게당 피흡착물질의 흡착량(mg/g활성탄)
C : 활성탄 흡착 후 피흡착물의 액상평형농도(mg/L)
K, n : 상수

3. Langmuir 모델(단분자흡착모델)

$$q = \frac{abC}{1+bC}, \ \frac{1}{q} = \frac{1}{ab} \cdot \frac{1}{C} + \frac{1}{a}$$

여기서, a, b : 상수

4. Brunauer, Emmet & Teller(B.E.T.) 모델(다분자흡착모델)

$$q = \frac{V_m A_m C}{(C_S - C)\left[1 + (A_m - 1)\dfrac{C}{C_S}\right]}$$

$$\frac{C}{q(C_S - C)} = \frac{1}{A_m V_m} + \left(\frac{A-1}{A_m V_m}\right)\frac{C}{C_S}$$

여기서, C_S : 포화농도
V_m, A_m : 단분자층 흡착 시 최대흡착량과 흡착에너지 상수

5. 등온흡착모델 활용

  1) 활성탄 파과점 산정
  2) (분말)활성탄 주입량 및 비용 산정

6. 제안사항

  1) 피흡착물의 종류, 특성에 따라 등온흡착선의 유형이 상이하므로, 위 등온흡착모델 중 해당 피흡 착물질의 등온흡착선을 가장 잘 표현하는 모델을 사용할 필요가 있음
  2) 용액 중 부식질 농도가 높을 시에는 등온흡착선이 직선으로 나타나지 않아 위 모델을 적용하기 어려운 경우가 있음

파과점(Break Through)

1. 개요

1) 활성탄 흡착탑에서 활성탄을 교체하고 폐수를 통과시키면 운전 초기에는 흡착탑의 유입부분에서 대부분의 흡착이 이루어지나

2) 흡착시간이 경과하면서 유입부는 흡착질로 포화상태가 되고

3) 흡착이 가능한 흡착대가 유출부 쪽으로 이동한다.

4) 흡착지속시간이 장시간 경과되면 흡착대가 유출부까지 도달하여 유출수 중 피흡착물질의 농도가 급격히 상승하여 흡착효율이 현저히 저하되는데

5) 이점을 파과점(Break Through)이라 한다.

2. 파과곡선

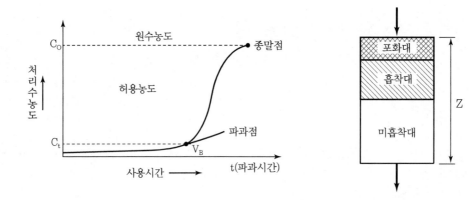

1) 흡착시간에 따른 유출수의 피흡착농도를 그래프상에 나타내면 위의 그림과 같이 S자형의 파과곡선으로 나타낼 수 있다.

2) 파과곡선 모양

① 파과곡선 모양은 피흡착제별 흡착능력, 입자확산속도 및 운전조건에 따라 다름

② 페놀과 같이 흡착속도가 빠른 경우 : S자형 곡선

③ 부식질, 계면활성제와 같이 분자량이 크고, 흡착속도가 느린 물질의 경우 : S자형이 아닌 경우가 많다.

3) 통상 유출수 농도가 처리목표치(파과점)에 도달한 시점에서 활성탄을 재생 또는 교체한다.

4) 즉, 활성탄 흡착설비는 항상 목표처리수질을 얻을 수 있도록 파과점을 고려하여 활성탄의 재생과 교체시기를 결정하여야 한다.

3. 파과점 도달시간 증대방안

1) BAC

2) $O_3 + BAC$

3) 주기적인 역세척

4) 하부 공기공급 : BAC로의 전환 시 효율증대

5) 활성탄 이전 처리대상물질의 효율증대방안 강구

활성탄 재생

1. 개요

1) 파과점(Break-through)에 도달한 활성탄은 그대로 폐기할 경우 오염물질이 될 뿐만 아니라

2) 경제적으로 큰 손실을 초래하므로 환경보호 및 경제성 측면에서 활성탄의 재생이 필요하다.

2. 필요성 검토

1) 활성탄의 재생은 자가재생과 위탁재생으로 구분한다.

2) 재생량이 0.5~1톤/일이면 자가재생이 경제적이다.

3) 재생시기가 편중되거나 연간 가동률이 낮은 경우는 위탁재생이 경제적이다.

4) 재생탄의 품질, 경제성 등을 평가하여 시설 유무를 결정한다.

3. 재생방법

1) 가열재생법 : 다단로, 유동층로, 로타리킬른

2) 약품처리법

3) 산화분해법

4) 미생물분해법

3.1 가열재생법

1) 수처리용 활성탄의 경우는 가열재생법이 적당하다.

2) 가열재생법에서는 건조, 탄화, 활성화의 공정으로 재생된다.

3) 설치 시 유의점 : 재생빈도, 활성탄량, 경제성 고려

4) 건조(약 15분)

　① 100℃ 정도에서 활성탄 세공 내의 수분 증발 건조

　② 일부 유기물 탈착

5) 탄화(약 4분)

　① 700℃ 정도까지 가열하여 저비등점의 유기물 탈착

　② 고비등점 유기물은 열분해에 의해 일부가 저분자화되어 탈착

　③ 세공 중에 잔류한 유기물은 탄화된다.

6) 활성화(약 11분)

① 활성탄을 $800 \sim 1,000℃$ 정도로 가열하여 탄화하고 세공 중에 남은 유기물은 수증기, CO_2, O_2 등의 산화성 가스에 의해 가스화되어 탈착

② 부활가스는 일반적으로 수증기를 이용한다.

③ 온도가 높으면 세공용적은 증가하지만 활성탄 재질 손상 및 강도 저하됨

활성탄여과지 하부집수장치

활성탄여과지의 하부집수장치별 특징은 다음과 같다.

항목	형태별	스트레이너형	외플형 스트레이너형
일반사항	개요도		
	형태	판블록형	판블록형
	구조	스트레이너형	스트레이너형
재질	지지판	콘크리트	콘크리트
	집수장치	합성수지	합성수지
	집수방식	콘크리트 면상에 스트레이너를 설치하여 유입 및 유출이 이루어진다.	콘크리트 면상에 와플형 스트레이너를 설치하여 유입 및 유출이 이루어진다.
	집수성능	우수	우수
	시공성	블록 제작 시 스트레이너 설치를 정확히 해야 하며 집수판과 스트레이너가 분리되지 않도록 해야 한다.	블록제작 시 와플형 스트레이너 설치를 정확히 해야 하며 집수판과 스트레이너가 분리되지 않도록 해야 한다.
	경제성	저가	저가
	장단점	• 단위블록으로 제작되어지며 상판면을 정확하게 시공하여야 한다. • 설치가 간편하고 성능이 우수하므로 현재 가장 많이 사용되고 있다. • 블록의 크기가 점차 장대화되고 있다.	• 기존의 스트레이너는 일반형과 동일 • 집수블록에 사수방지턱 설치로 인해 역세척효율 및 블록의 강도 향상 • 충진모르타르 돌출방지 • 사수발생 차단

오존처리

관련 문제 : 고도정수처리

1. 서론

1) 최근 수역의 오염가중, 조류발생에 의한 부영양화, 일반적인 정수처리공정에서 처리되지 않는 오염물질의 처리 등을 위해 고도정수처리의 필요성이 대두되고 있다.

2) 병원성 미생물을 포함하여 먹는물 수질기준은 더욱 강화되고 있으며 맛·냄새에 대한 시민들의 수질개선 요구가 증대되고 있는 실정이다.

3) 이러한 문제점을 해결하기 위한 고도정수공정이 필요하다.

4) 우리나라 처리장의 경우 오존+BAC의 공정이 많이 적용되었다.

5) 현재 설치 운영 중인 처리장뿐만 아니라 향후 설치계획 중인 처리장의 경우 각 처리장의 실태파악을 통하여 고도정수처리 여부를 결정할 필요가 있으며 오존+BAC를 비롯한 고도정수처리공정을 도입할 필요가 있다.

2. 오존처리의 설치목적

1) 오존의 산화력을 이용 : 소독, 살균작용 → 잔류효과는 없음

2) Virus의 불활성화 : 용존잔류오존농도(0.4ppm), 접촉시간(8~12분)

3) 맛·냄새 물질제거 : 이취미물질(2-MIB, Geosmin, Phenol류 등) 제거

4) 색도제거

5) 유기화합물의 생분해성 증가 : 난분해성 유기물의 생분해성을 증대시키고 후단의 BAC의 처리효율을 향상

6) 유기염소화합물(THMs, THM_{Fp})의 생성저감

7) 염소요구량의 감소

8) 응집효과 증대 : 입자의 안정성 파괴

9) Fe, Mn의 제거

10) 페놀산화

3. 특징

3.1 장점

1) 많은 유기물을 빠르게 산화·분해한다.

2) 맛·냄새물질제거(Geosmin, 2-MIB 등)

3) Virus의 불활성화 효과가 크다.

4) 염소요구량을 감소

5) 슬러지 발생량이 없다.

6) 응집효과 증대

7) 유기물질의 생분해성을 높인다.

8) **병원균에 대한 살균작용이 강하다** : 염소에 비해 병원균 원생동물 제거에 효과적

9) Fe, Mn 제거효과

10) THMs, THM_{Fp}의 생성저감

11) 색도제거

12) 페놀제거

13) **오존＋BAC** : BAC의 처리효율증가, 활성탄의 수명연장

3.2 단점

1) 소독효과의 지속성이 없으며, 잔류염소기준 만족을 위해 염소처리 병행이 필요
   오존처리 시 AOC, BDOC 증가로 급·배수관망에서 미생물에 의한 2차 오염(After-Growth) 우려

2) 오존 발생장치가 필요

3) 현장에서 생산해야 한다.

4) 가격이 고가이므로 경제성이 나쁘다.

5) 전력비용이 과다 : 경제성이 불리

6) 초기투자비, 부속설비가 비싸다.

7) **오존유출 시 피해 우려** : 배오존처리 필요

8) 소독부산물(DBOs)의 생성 우려 : BrO_3^-, 알데히드 등

4. 배오존처리

1) 활성탄흡착분해법

2) **가열분해법** : 350℃, 1sec

3) **촉매분해법** : 50℃, 5sec, 주로 MnO_2를 촉매로 사용

4) 약액세정법

5) 오존재순환시스템 도입

5. 오존처리공정의 설계 시 고려사항

1) 전 · 후 오존접촉지에서 오존누출을 방지
① 인근지역의 민원발생방지와 현장근무자의 건강상 위해를 막기 위해
② 전 · 후 오존접촉조에서 오존누출이 되지 않도록 설계

2) 오존접촉조의 위치 선정 시 주의 필요
① 오존접촉조 건물의 상층부분은 주로 사무실로 활용 : 오존누출 문제 시 피해 우려
② 일부 처리장의 경우 너무 넓은 공간 배정 : 추가적인 환기시설 설치가 필요

3) 오존생산용량을 합리적으로 산정
① 기술과 경험의 부족으로 인하여 많은 정수장에서 오존주입최대값을 일본의 경험치인 2~3ppm 으로 손쉽게 선정
② 실제 정수장에서 필요로 하는(유입수의 특성에 맞는) 오존요구량의 주입이 필요

4) 오존접촉조 설계의 합리화
① 접촉조 마지막 후단에 잔류오존이 충분히 소모될 수 있는 체류조가 설계되도록 하여야 한다.
② 접촉조 내 진출입이 용이하도록 설계

5) 오존공정의 적절한 제어기술의 확보
① 유입유량의 일변화 및 계절적 변화에 따른 변화를 반영하고, 유입유량에 대한 오존주입량의 비를 적절히 산정
② 후속공정인 BAC 공정(고도정수처리인 경우)에 대한 악영향을 줄 수 있는 인자를 고려하여 설계
③ 수질 및 수량의 변화에 실시간으로 대응하는 자동시스템을 구축

6) 오존발생기의 소음을 최소화할 수 있는 설계가 필요

6. 오존처리공정의 운영 시 고려사항

6.1 전오존처리

1) 전오존처리의 효율증대
① 낙동강수계의 일부 정수장의 경우 NH_4-N의 제거나 염소요구량 만족 또는 $C \cdot T$값 만족을 위해 전염소처리공정을 전오존처리로 대체
② 이 경우 후염소처리과정에서 염소가 오존과 반응하여 오존을 소모하는 특징 때문에 효율이 저하되는 문제점을 야기
③ 따라서 각 처리방법별 특성(유입수질, 유량변동)에 적합한 전오존처리공정의 도입이 필요

2) 오존주입농도의 결정을 합리화

　경험적인 운전이 아닌 유량 및 수질변동에 따른 적정 오존주입농도를 결정

3) 유량변동에 따른 오존주입 필요

4) 전오존접촉지에서 스컴이 발생하지 않도록

　① 스컴발생으로 접촉시설 내에 스케일의 발생 및 시설손상을 초래

　② 스컴처리의 미흡으로 후속공정인 응집·침전공정의 처리효율 악화를 초래

6.2 후오존처리

1) 오존주입농도의 합리화

　유입수질의 변화에 따른 오존주입량 결정이 필요

2) BAC 공정과의 연계

　고도정수처리시설로 오존+활성탄공정의 채택

3) 소독부산물(DBPs)에 대한 대책 마련이 필요

　BrO_3^-, 알데히드 등에 대한 대책

6.3 기타

1) 전문운영인력의 양성 및 배치

2) 고도정수처리설비 운전의 민영화 추진

3) 고도정수시설에 대한 지자체 및 정부의 투자 및 지원확대 필요

7. 결론

1) 일반 정수처리공정에서 제거가 어려운 오염물질이나 원수의 수질이 3급수 이하인 지역에서는 오존처리와 같은 고도정수처리공정의 도입이 필요

2) 오존처리공정의 도입 시 고도정수처리의 일환으로 BAC 공정과의 연계가 바람직

3) 또한 오존처리 시 야기될 수 있는 문제점의 해결방안 모색도 필요

　① DBPs의 처리

　② 배오존처리

　③ 오존의 적정 주입량 결정

4) 오존처리공정의 문제점의 해결방안 모색

　① 유기물과의 반응속도가 느리고, OH 라디칼의 생성이 적거나 반응성이 떨어지는 단점의 보완을 위해

　② 오존처리시설이 설치된 처리장의 상황을 고려하여 AOP 공정으로의 전환 모색이 필요

5) 오존처리공정을 비롯한 고도정수처리과정의 선정 시

　① 경제성, 부지확보성, 전문인력의 확보 여부 등을 고려하여

　② 각 처리장의 유입유량, 수질변동에 적합한 공정을 선정할 필요가 있음

　③ 각각의 고도정수처리공정별 LCA, VE/LCC 평가를 통한 최적의 공정 선택이 필요

● 참 / 고 / 자 / 료

■ D정수장 오존 공정(예)

1) 처리대상물질의 시기별 발생 특성을 고려한 오존설비 운영계획 수립

2) 운영관리 및 경제성을 고려한 부대시설(오존용해방식, 오존 발생 원료, 배오존처리시설) 계획

3) 전산 시뮬레이션을 통한 오존접촉지 계획 및 오존설비 최적운영조건 선정

■ 설계기준 검토

구분	입찰안내서	상수도시설기준	설계반영
접촉방식	입찰자제시	디퓨저, 인젝터, 기계교반식	Side Stream Injection 방식
접촉시간	15분 이상	필요한 혼화와 충분한 접촉시간	15.5분
접촉효율	97% 이상	—	98%

■ 원수수질 특성에 따른 오존설비 운영계획

구분	시기	오존주입률	제거대상	원수수질
갈수기	1～5월	1.0～2.0mg/L	2－MIB 50ng/L	최대 37.9ng/L
평상시	6～12월	0.3～0.5mg/L	Geosmin 55ng/L	최대 50.6ng/L
비상시	고농도 발생시기	2.5～3.0mg/L	2－MIB, Geosmin	—

주) 비상시에는 일시적으로 오존발생농도를 낮추어 오존주입률 증량

■ 시설개요

구분	설계내용
용량	Q = 630,000m³/일
규격	W16.0m × L24.9m × H8.5m, 2지
체류시간	15.5분
오존주입방식	Side Stream In－LineInjection 방식
오존주입률	최대 2mg/L
오존발생기	10.5kg/hr × 2대
배오존파괴기	열분해식, 120Nm³/hr × 3대
액체산소탱크	저장탱크 : 20Ton × 9.9K × 2대

▣ 오존발생용 원료공급방식

구분	액체산소 공급식
구조	Liquid O₂ tank → Vaporizer → gas supply unit → Ozone generator
개요	액체산소를 기화시켜 산소가스를 오존 발생기에 공급하여 오존 발생
장점	• 오존농도 높음 • 소비전력 적음 • 중·대용량에 적합
단점	액체산소 비용이 큼
선정 이유	오존흡수율이 높아 경제적이고, 대용량 규모에 적합한 액체산소 공급식 선정

▣ 오존 용해방식

구분	Side Stream In-Line Injection 방식
구조	O₃ gas → Ejector / In → P
원리	원수를 Injector에 압송, 오존가스를 흡입·이송하여 유입관로에 분사하여 용해
특징	• 오존흡수율이 높아 경제적 • 중·대규모에 적합 • PID 제어 유리
오존흡수율	95% 이상
선정 이유	오존흡수율이 높아 설치면적이 작고, 경제적인 Side Stream 방식 선정

▣ 배오존 파괴기 형식

구분	열분해식
구조	(사진)
개요	히터를 이용하여 350~450℃의 고온에서 오존을 산소로 환원
특징	• 습기에 강하고 구조가 간단 • 환경조건, 습기 등의 영향이 적어 일정한 효율 유지
선정 이유	일정한 효율이 유지되고, 시설구조가 간단하여 유지관리 및 설치 공간이 작음

▣ 오존접촉조 전산유체해석(CFD)

평면도

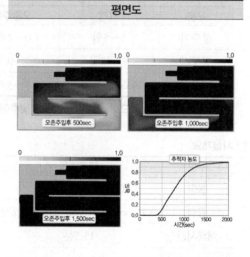

오존주입후 500sec

오존주입후 1,000sec

오존주입후 1,500sec

추적자 농도

■ 오존설비 운영 시뮬레이션

	프로그램의 활용
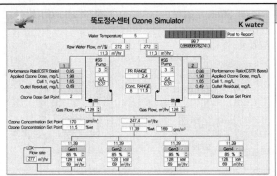	• 설계 시 : 최적의 설계인자 및 설계조건 도출 • 운영 시 : 안정적이고 경제적인 운영조건 도출 • 오존공정 유출수의 잔류농도 예측 • Cryptosporidium, Giardia, Virus에 대한 소독효과 및 불활성화 Credit 계산

■ 잔류오존 제거시설

구분	H₂O₂ 주입설비	안트라사이트 상향류 여과
개념도	고도산화공정 (H₂O₂ + O₃) / 잔류오존 제거공정 H₂O₂ + O₃ / H₂O₂ PEROXONE AOP / AOP 반응조 / 잔류오존 제거시설	오존 접촉공정 / 잔류오존 제거공정 O₃ / 안트라사이트 / To 활성탄흡착지 From 여과지 / 오존접촉조 / 안트리사이트 상향류여과
특징	오존접촉조 후단에 H₂O₂를 주입하여 산화 제거	오존접촉조 후단에 안트라사이트 상향류 여과지를 설치하여 접촉산화
장점	• 처리효율이 안정적임 • 장래 도입 예정인 AOP 공정 도입을 활용하여 잔류오존 제거 가능(주입지점만 변경하면 AOP 공정으로 전환됨)	비교적 운영·관리가 용이하나 여재 유실시 여재 교체비용 증가
단점	초기투자비가 다소 많음	• 생산 유량에 따라 접촉효율의 차이가 있음 • 처리효율 저하시를 대비한 H₂O₂ 주입설비 필요 • 장래 AOP 도입 시 불필요 시설임
선정	◉	

• 처리 대상물질의 계절별 발생특성을 고려한 오존설비 운영계획
  → 갈수기(최대 2mg/L), 평상시(0.3~0.5mg/L), 비상시(최대 3mg/L)
• 장래 도입 예정인 AOP 공정을 도입(잔류오존 제거공정으로 우선 사용 후 필요시 전환)

■ 오존접촉방식 비교

구분	Side Stream 방식	Full Stream 방식	디퓨저(Diffuser) 방식
형상	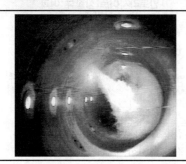		
특징	• 오존 흡수율이 높아 경제적 • 중·대규모에 적합	• 동력소모량이 많아 소규모에 적합 • PID 제어가 유리	오존 흡수율이 낮아 발생기 용량이 커져 비경제적

	Side Stream의 특징
	• 오존가스와 유입수 일부를 인젝터를 통해 용해, 주입 • 오존접촉효율이 97% 이상 → 경제성 우수

┌ **Key Point** ⊕ ┐

• 90회, 101회, 112회, 113회, 116회, 117회, 120회, 122회, 126회, 127회, 128회, 130회, 131회 출제
• 상기 문제의 경우 출제 빈도가 높으며
  오존처리의 경우 ① 오존처리공정과 기타 소독공정의 특징 비교, ② AOP, ③ 고도정수처리공정, ④ 오존처리 공정의 운영 시 문제점, ⑤ 오존처리공정의 설계 시 고려사항 등 여러 가지 문제로 변형 출제될 가능성이 많고 실제로 면접이나 1차 시험에서 출제되고 있음
• 배오존설비에 대해서도 충분히 숙지할 필요 있음
• 따라서 상기 답안을 바탕으로 변형되어 나올 수 있는 문제에 대처하기 바라며 기타 항목은 문제에 따라 개략적으로 기술하여 25점 문제의 경우 4page 분량 정도로 기술할 필요가 있음

오존주입에 의한 NOM의 성상변화

오존주입에 의한 NOM의 성상변화는 다음과 같다.

Humic	$\rightarrow$	Nom Humic
고분자	$\rightarrow$	저분자
Hydrophobic	$\rightarrow$	Less Hydrophobic or Hydrophilic
Higher Aluminum Binding Capacity	$\rightarrow$	Lower Aluminum Binding Capacity
Higher Choline Consumption	$\rightarrow$	Lower Choline Consumption
Higher Complexing Ability With Multivalent Cations	$\rightarrow$	Lower Complexing Ability With Multivalent Cations
Less Polar	$\rightarrow$	More Polar
Lower BDOC(or AOC)	$\rightarrow$	Higher BDOC(or AOC)
Low Carboxylic Acids	$\rightarrow$	High Carboxylic Acids

오존주입지점 선정 및 공정배열

1. 전오존처리

1) 전오존처리의 경우 오존을 응집 이전에 주입하며 전오존 접촉지를 별도로 설치한다.

2) 원수의 미생물 오염도가 높아 응집 · 침전 · 여과 이전에 미생물 농도를 낮출 필요가 있을 경우

3) 철, 망간, 중금속 등과 같이 산화에 의한 입자화 후 응집 · 침전 · 여과과정에서 제거할 필요가 있는 경우

4) 유기물의 산화 및 미세 응집효과를 기대할 경우 등에 전오존처리를 고려할 수 있다.

5) 유기오염물질농도가 높을 경우에는 후속 공정에서 스컴이 발생할 가능성이 있으며 침전지에서 부착미생물의 번식이 증가할 수도 있으므로 유의해야 한다.

6) 중오존 및 후오존처리에 비해 오존소모량이 높은 반면 후속 응집 · 침전지에서 추가적 접촉시간이 확보된다.

2. 중오존처리

1) 침전지와 여과지 사이에 중오존접촉지를 설치하여 주입하며

2) 응집 · 침전과정을 통하여 오존요구량이 감소하므로 전오존처리에 비해 오존주입량을 저감시킬 수 있다.

3) 오존에 의해 생성된 생분해성 유기물(Assimilable Organic Carbon, AOC 및 BDOC)의 여과지 내 제거가 일부 일어날 수 있다.

3. 후오존처리

가장 빈번히 채택되는 주입 위치로써 여과지와 후속 입상활성탄 흡착지 사이에 접촉지를 설치하여 주입한다.

4. 주입지점의 선택

처리목표에 따라 전오존＋후오존 등과 같이 2개 이상의 주입지점을 선택할 수 있으며, 실험결과를 토대로 타당성을 입증해야 한다.

배출오존 처리방법

1. 개요

1) 발생위치 : 오존접촉지, 여과지, 활성탄흡착지 등에서 발생

2) 피해 : 오존은 광화학 Oxidant의 주성분으로 기관지 및 폐기종 유발

3) 대기환경기준 오존의 농도

　① 1시간 평균치 : 0.1ppm 이하

　② 8시간 평균 : 0.06ppm 이하

　③ 따라서 처리장에서는 0.06ppm 이하로 처리할 필요가 있다.

4) 우리나라의 경우 오존주입률, 즉 최대주입농도가 처리장별 원수수질에 의한 주입보다는 일률적인(주로 일본기준) 주입을 하는 실정이므로 처리장에서 배오존처리설비의 구축이 필요

5) 배출오존설비 선정 시 고려사항

　① 배출오존 농도　　② 풍량　　③ 운전조건　　④ 처리효과　　⑤ 유지관리

　⑥ 경제성　　⑦ 안정성 등

2. 배출오존 처리방법

2.1 활성탄흡착분해법

1) 활성탄의 흡착력을 이용하여 배출오존을 처리

2) 장점

　① 오존을 매우 효과적으로 제거

　② 유지관리가 편리하며, 간헐운전도 가능

　③ 경제적

　④ 배출오존농도가 낮을 경우 적합한 방법

3) 단점

　① 고농도의 배출오존이 유입되면 발화할 가능성이 있다.

　② 공탑가스속도를 크게 설계하면 활성탄이 국부 연소하여 발생된 Ash가 부분 폐색을 일으킬 수 있음

　③ 온도계를 설치하여 경보기와 연결되도록 할 필요가 있음

2.2 가열분해법

1) 350℃에서 1초 정도 체류시킴으로써 배출오존을 처리

2) 장점

① 짧은 체류시간

② 고농도의 배출오존처리에 적합

③ 처리효과가 확실하다.

3) 단점

① 가열이 필요하다.

② 설치비, 유지관리비(전력비, 연료비)가 과다

2.3 촉매분해법

1) 금속 표면에서 오존이 촉매분해되는 것을 이용한 방법

2) 촉매 : MnO_2, Fe_2O_3, NiO

3) 50℃ 정도로 접촉시간 0.5~5초 정도에서 반응이 이루어짐

4) 장점

① 오존의 가열분해보다 저온에서 반응이 수행되므로 경제적

② 널리 이용하는 방법

5) 단점

① 촉매가격이 비싸다.

② 압력손실이 크다.

③ 전오존처리를 할 경우 거품 또는 수분에 의해 촉매의 파손 우려

2.4 배오존의 재순환

1) 오존접촉조 상부의 공기를 포집하여 전오존처리에 이용

2) 오존재순환시스템 채택

① 오존접촉조 제일 앞단으로 재순환

② 검토항목

㉮ 송풍기의 규모증대, 배관설비, 부식유발 가능성

㉯ 채택 전에 경제성 비교

Key Point ✦

• 101회, 104회, 122회 출제
• 배출오존 처리목적, 처리방법의 종류와 특징에 대하여 숙지할 필요가 있음

UV 소독

1. 서론

1) UV 소독의 목적은 수중에 존재하는 병원균의 제거를 통해 위생적인 안정성을 증대하고 수인성 전염병을 예방하는 데 있다.

2) 하수처리의 경우 2003년 1월 1일부터 방류수 수질기준에 대장균군수가 포함되어 소독시설을 설치 · 운영하고 있다.

3) 염소의 경우 THMs과 같은 소독부산물을 생성하는 문제점을 가지고 있다.

4) 또한 정수처리의 경우 상수원의 수질악화로 인해 일반정수처리공정에서는 처리가 잘되지 않는 물질과 상수원수의 수질이 3급수 이하로 저하되었을 때 고도정수처리공정이 필요한 실정이다.

5) 많은 정수장의 경우 C · T값 만족이 어려운 실정이다.

6) 따라서 하수처리장의 염소소독에 의한 소독부산물질의 생성저감, 정수처리공정의 C · T값 만족을 위해 UV 소독과 같은 새로운 방법이 필요한 실정이다.

2. UV 소독의 원리

1) 주파장이 253.7nm의 자외선의 조사에 의해 박테리아, Virus의 핵산(DNA)에 흡수되어 화학변화를 일으킴으로써 핵산의 기능이 상실되어 소독효과를 발휘

2) 고출력 저압램프를 많이 사용

3) 조사량(dose) = 자외선강도(μW/cm^2) × 접촉시간(sec)

3. 특징

3.1 장점

1) 소독이 효과적이다.

2) Virus의 불활성 면에서 염소보다 효과적

3) 요구되는 공간이 작다.

4) 접촉시간이 짧다.(6~10sec)

5) 과산화수소를 분해하여 OH 라디칼을 생성하는 데 유효(AOP 공정에서)

6) 자동제어가 가능

7) 유량과 수질의 변동에 대한 적응력이 강하다.

8) 유지관리비가 적게 소요

9) 잔류독성이 없고 소독부산물(DBPs)의 생성이 없다.

10) 비교적 소독비용이 저렴하다.

11) 전원의 제어가 용이하다.

12) 화학적 부작용이 없다.

13) 설치가 용이하다.

14) pH 변화에 관계없이 지속적인 살균 가능

15) THMs과 같은 소독부산물의 생성이 없다.

3.2 단점

1) 소독이 성공적으로 되었는지 즉각적인 확인을 할 수 없다.

2) 살균을 위한 낮은 조사량으로는 Virus 불활성이 효과적이지 못하다.

3) 램프교체가 불편하다.

4) 주기적인 세척이 필요하다.

5) 물이 혼탁되거나 탁도가 높은 경우 소독력에 영향을 미친다.

6) 소독잔류효과가 없다.

7) 초기투자비가 다소 높다.

8) 운영자의 세심한 주의 필요(피부종양 유발)

4. 램프의 특징

4.1 저압수은램프

1) 수은기체를 약 0.07(표준램프)~0.76torr(저압고출력) 정도의 낮은 기압으로 충진하여 254nm의 빛을 약 40%까지 발생시키는 램프

2) 현재는 250W 이상의 저압고출력램프가 상용화
   하수, 정수처리장의 살균에 고출력저압수은램프를 사용할 경우 램프표면온도가 120~200℃에 이르기 때문에 별도의 냉각설비가 필요하기 때문

3) 수중에 직접 접촉되면 램프가 파손되기 때문에 별도의 석영슬리브 안에 램프를 설치해야 한다.
   ① 석영슬리브와의 밀봉문제
   ② 투과효율 저하 가능성이 존재

4) 물과의 직접 접촉이 불가능한 단점을 극복한 무전극 저압수은램프가 최근 부각

5) 고출력램프들은 살균에 유효한 UV-C 발생효율이 약 30%로 기존 저압수은램프의 40%에 비해서 다소 떨어지지만 높은 출력으로 충분한 경쟁력을 확보

6) 고출력램프

① 저압수은램프의 최대 단점인 낮은 출력을 극복했지만

② 짧은 투과거리와 낮은 온도에서의 급격한 효율저하가 발생할 우려가 있다.

4.2 중압수은램프

1) 충진기체는 수은으로 저압 수은램프와 동일하나 충진압력을 300torr 이상으로 크게 높임으로써 수백~수천 W의 높은 출력을 내도록 제조된 램프

2) UV-C의 발생효율은 15% 이하라는 단점은 존재 : 충진압력이 높아짐에 따라 수은기체에 의한 UV 재흡수 현상으로 UV-C의 발생효율이 크게 저하한다.

3) 램프의 표면온도가 600~800℃에 달함 : 다량의 냉각수 공급이 필요하다.

4) 램프의 수명이 짧아 유지관리비용이 증가한다.

5) UV-C의 발생효율보다는 고출력이라는 장점이 부각될 수 있는 폐수처리분야나 관로형 살균장치에 적용하는 것이 일반적이다.

6) 온도에 따른 효율의 변화가 상대적으로 크지 않다.

7) 적은 수의 램프와 부지면적으로 동일한 수량을 처리할 수 있다.

4.3 Pulsed UV 램프

1) Pulse 형태의 파장을 내는 램프

2) Xenon이나 Krypton 기체가 충진되어 있어 UV의 재흡수현상이 없고 수십~수백 μs의 짧은 시간 동안 순간적으로 고출력의 UV를 발생

① 200~320nm의 빛을 충분히 낼 수 있고

② 연속 방전램프들에 비해 효율이 훨씬 높고 유효투과거리도 긴 장점을 가지고 있다.

3) 램프표면의 온도가 낮고 짧은 시간동안 빛을 방전하므로 별도의 냉각시스템이 필요 없다.

4) 장치가 간단하고 석영관이나 냉각수에 의한 UV 저감현상이 없어 램프 자체의 효율을 그대로 살릴 수 있다.

5) 처리시스템 자체의 크기가 작아 좁은 공간에 설치가 용이하다.

6) 램프의 단가가 높다.

5. UV-LED 소독

1) UV 소독의 단점

① 자외선 광원으로 광범위하게 사용되는 램프는 수은을 함유하고 있어 폐기 시 환경에 유해한 영향을 준다.

② 짧은 수명과 소형화 및 경량화에 어려움이 있다.

2) 최근 수은 UV 램프를 LED(Light Emitting Diode) 램프로 대체한 UV-LED 소독에 대한 관심이 증가하고 있다.

　① 수은 램프와 비교해 에너지 소비 및 유지 보수 비용이 적다.

　② 긴 수명 및 소형화와 휴대성이 편리하다.

6. 결론

1) 하수처리장의 경우 염소를 사용할 경우 THMs, HAAs, HANs와 같은 소독부산물을 생성할 위험성이 상당히 높으므로 UV 소독공정의 도입이 필요

2) 하지만 하수처리수의 경우 유출수의 SS 농도가 높아 처리효율이 저하될 우려가 있으므로 UV 소독 이전에 급속여과, 막여과 등의 전처리설비를 설치함이 바람직

3) 정수장의 경우 대장균군이나 Virus 또는 최근 문제가 되고 있는 병원성 원생동물의 제거를 위해서는 UV 소독이 염소소독보다는 많은 장점을 가지고 있어 UV 소독으로의 전환이 필요하다.

4) 하지만 현재 법적 기준으로 잔류염소농도를 만족해야 하므로 주 소독공정은 UV로 하고 잔류염소농도기준을 만족시키기 위한 재염소 투입이 바람직

5) 또한 처리장별로 C·T값 만족을 위해서도 필요한 공정으로 판단된다.

6) 또한 램프의 선택 시 Pulsed 램프의 선택도 현장별 경제성을 검토하여 선택할 필요가 있다고 판단되며

7) 램프의 자동세척시스템을 구축하는 것이 바람직할 것으로 판단된다.

Key Point　✦

- 113회, 125회 출제
- 상기 문제는 주로 다른 소독공정(오존과 같은)과 비교하는 문제로 많이 출제되고 있다. 따라서 UV 소독의 특징(장단점)을 숙지하기 바람
- 램프는 상하수도기술사에서 출제 빈도가 높지 않으나 향후 까다로운 문제로의 출제를 대비해 각 램프별 특징도 검토할 필요가 있다고 판단됨

소독제 혼화설비형식 비교

소독제의 혼화설비형식별 특징은 다음과 같다.

항목＼형식	급속분사교반기	인젝터(Injector) 방식(기존)
구조	(그림: 소독제 → 급속분사혼화기)	(그림: 소독제, 가압수 → 디퓨저)
투입지점	염소투입실에서 차염진공배관을 통하여 투입지점의 급속분사혼화기로 직접투입	염소투입실에서 Pump 압력으로 투입지점까지 가압투입
구성부품	• 급속분사혼화기 • 인양장치 • 제어반 • 차염배관	• 가압수배관 • 차염배관 • 디퓨저
안전성	차염배관 내부에는 진공상태를 유지하므로 배관 파손 시에도 배관 내에 공기가 유입될 뿐 염소가스의 누출현상은 발생하지 않으므로 안전하다.	차염배관 파손 시 고농도의 차염이 누출되므로 주변기기의 부식 및 위험성이 있다.
응동속도 (물량변화에 따른 잔류염소 응답속도)	Pump 투입방식보다 응동속도가 빨라서 물량변화에 따른 잔류염소치를 즉시 유지할 수 있다.	급속분사 혼화기 투입방식보다 응답속도가 늦어 물량변화에 따른 잔류염소치 도달시간이 오래 걸림
혼합효율	수중에 설치된 익형의 임펠러가 고속으로 회전하면서 염소가스를 투입하므로 별도의 혼화장치가 없어도 혼합효율을 높일 수 있다.	정량펌프로 공급되는 소량의 차염을 수중에 설치된 디퓨저로 투입하는 방식으로 별도의 혼화장치가 없을 경우 혼합효율이 떨어지게 되어 정수지 및 침전지(착수정)가 2개 이상으로 운영될 경우 지별로 잔류염소가 다르게 유지될 수 있고 염소주입효과가 떨어진다.

혼합산화제(MIOX)

1. 개요

1) 최근에 혼합산화제(MIOX : Mixed Oxidation)가 일부 정수장, 수영장 등에서 소독을 목적으로 사용되고 있다.

   ① 소금물(NaCl)로부터 혼합산화제액(Mixed Oxidants Solution)을 만들어 낸다.

   ② 혼합 산화제액은 염소＋이산화염소＋오존으로 구성된다.

2) 연수기를 통과한 소금물을 전기분해하여 음극의 차아염소산나트륨(NaClO), 양극의 이산화염소와 오존을 이용하여 소독하는 전기분해소독방법의 일종이다.

3) 염소소독의 가장 큰 문제점의 하나인 염소냄새와 맛의 문제를 해결하고 THM 등 소독부산물의 감소가 가능하다고 알려져 있다.

4) 현재 국내에서는 수돗물 병물제조 공장의 소독공정에 많이 도입되고 있다.

2. 특징

2.1 염소처리와 차이점

1) 소금물을 전기분해해서 현장에서 생산하기 때문에 액체 염소를 운반하거나 저장 시의 위험성을 해소할 수 있다.

2) 액체 염소보다 살균력이 우수하다.

3) 물에서 소독약 냄새가 나지 않는다.

4) 오랜 잔류염소 효과가 있다.

2.1 차아염소산나트륨과의 차이점

1) 장점

   ① 소금물을 전기분해하여 안전한 농도의 혼합산화제액을 생산하므로 취급 시 안전하다.

   ② 살균효과가 높다.

   ③ 처리 시 : 유기물 제거

   ④ 후처리 시 : 확실한 살균효과, 보다 긴 잔류효과, 물에서 소독약 냄새가 없다.

   ⑤ 수돗물 특유의 냄새가 없으므로 물맛이 향상되는 효과가 있다.

   ⑥ 체류 시 소독효과가 길다.

   ⑦ 자동운전이 되므로 유지관리가 쉽다.

2) 단점

① 설치비가 고가이다.

② 저농도이므로 투입시설이 커진다.

③ 소금공급을 자주 해야 한다.(월 2~3회)

④ 소금저장 시설과 혼합산화제 저장시설이 액체 염소에 비해 상당히 크다.

⑤ 수온이나 외부 기온에 영향을 받는다.

고형물의 크기와 성상에 따른 제거방법

1. 개요

1) 수중의 고형물질 크기와 성상은 고형물질의 제거방법을 정하는 데 유용한 자료로 활용가능

2) 수중의 고형물질의 구성은 다음과 같다.

$$TS = SS + DS$$
$$\parallel \quad \parallel \quad \parallel$$
$$VS = VSS + VDS$$
$$+ \quad + \quad +$$
$$FS = FSS + FDS$$

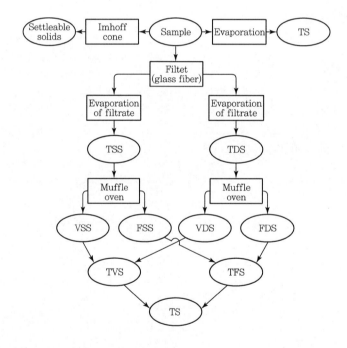

3) 또한 수중의 입자크기에 따른 분류는 다음과 같다.

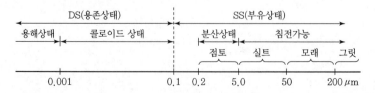

2. 일반적인 제거방법

1) $10^{-3} \mu m$ 이하의 용해성 물질 : 생물학적 처리, 막여과

2) $10^{-3} \sim 1.0 \mu m$: 물리 · 화학적 처리

3) $1.0 \mu m$ 이상 : 물리적 처리

침전성 고형물(폐수를 1L의 Imhoff Cone에서 60분 이상 침강시켰을 때 침전한 것) : 보통침전법으로 제거 가능

3. 막분리에 의한 제거

3.1 MF(Micro Filteration : 정밀여과)

1) 모래여과로 제거되지 않는 현탁물질 및 세균제거

2) 조류, 지아르디아, 크립토스포리디움 제거 가능

3.2 UF(Ultra Filteration : 한외여과)

1) 세균, 콜로이드, 단백질

2) MF 막의 제거물질 포함

3) 특히 콜로이드 물질과 분자량 5,000 이상의 고분자 물질

3.3 NF(Nano Filteration : 나노여과)

1) MF, UF 막의 제거물질 포함

2) THMs, THM_{FP}(전구물질), 경도물질, 증발잔류물질

3.4 R/O(Reverse Osmosis : 역삼투법)

1) MF, UF, NF 막의 제거물질 포함

2) 무기성 이온성분과 저분자 유기물 제거 가능

3) 해수담수화(염분 제거) 가능

Key Point ✦

- 상기 문제 중 고형물의 분류와 막종류별 분리가능물질은 반드시 확실하게 숙지하기 바람
- 특히, 막종류별 제거가능물질은 막분리, 막의 특성, 막모듈, MBR 등에서 변형 출제가 가능하고 출제 빈도가 아주 높은 문제임

막(Membrane)

1. 개요

1) 막 양단의 압력차, 농도차, 온도차, 전위차 등의 추진력으로 분리 · 농축 · 정제하는 기술

2) 종전기술

    ① 신장투석

    ② 탈염공정

    ③ 중수도

    ④ 해수담수화

    ⑤ 대용량 : MSF(다중효용법) & 소용량 : R/O

3) 막의 종류 : MF, UF, NF, R/O법 등

2. 막의 종류 및 특성

2.1 MF(Micro Filteration) : 정밀여과

1) 공극 : $0.025\sim20\mu m$

2) 세공을 통과할 수 없는 큰 입자들이 세공에 걸려 제거되는 전형적인 체거름 방식

3) 모래여과로 제거되지 않는 현탁물질 및 세균 제거

    ① Clay, Silt, Cysts, Algae

    ② 총부유물질, 탁도, 일부 박테리아와 바이러스

4) 역삼투법, 나노여과의 전처리공정으로 많이 이용

5) 조류, 지아르디아, 크립토스포리디움 제거

6) 세공막힘에 의하여 막이 오염되면 투과수질이 저하, 바이러스 등 병원균 제거가 미흡하게 되는 문제점

7) 용존물질의 제거는 불가능

8) 응집제 주입＋MF 공정

    ① 무기성 콜로이드입자나 COM(Collodial Organic Matter, $0.2\sim1\mu m$) 제거 가능

    ② DOM(Dissolved Organic Matter < $0.2\mu m$)는 거의 제거되지 않음

2.2 UF(Ultra Filteration) : 한외여과

1) 공극 : $0.001\sim0.01\mu m$

2) **고분자물질의 분리를 목적** : 세균, 콜로이드, 단백질, 분자량 5,000 이상의 고분자물질 제거

    ① 특히, 콜로이드물질, 분자량 5,000 이상의 고분자물질

    ② 대부분의 박테리아, 일부 바이러스

3) 염류와 저분자물질은 제거가 어렵다.

    급배수과정에서 미생물의 재성장(Bacterial Regrowth) 우려

4) 체거름작용과 확산작용에 의해 더 작은 물질을 제거

5) RO보다 낮은 압력(3기압 정도)으로 운전되며 보다 높은 투과유량을 얻을 수 있다.

6) UF는 MF나 NF에 비해 다소 넓은 범위의 MWCO(Molecular Weight Cut Off)와 공정을 가진다.

7) **PAC 흡착 전처리 + UF**

    ① UF의 MWCO보다 작은 분자량의 DOM 제거를 위해

    ② SOCs(Synthetic Organic Compound) 제거 및 DOM 제거를 위한 막투과량 저하(Membrane Flux Decline)를 줄이는 부가적인 효과

2.3 NF(Nano Filteration) : 나노여과

1) **공극** : $0.005 \sim 0.001 \mu m$

2) 역삼투법의 변형으로 분리범위도 역삼투법과 비슷하나 주로 R/O보다 조대 유기분자들 제거

3) 저분자량의 용존유기물과 2가 이온을 막의 전기적 성질(Electrostatic Repulsion) 및 사이즈 배제 (Size Exclusion) 등의 제거 기작을 통하여 높은 수준으로 제거할 수 있다.

    ① 하전을 띠지 않는 물질에 대해서는 입자 크기에 의한 분리 메커니즘이 지배적이다.

    ② 이온성 물질의 경우에는 하전 상태에 따라 특징적인 분리특성을 나타내므로 단순히 입자의 크기만으로는 제거율이 결정되지 않는다.

4) 수중의 천연유기물(NOM), 소독부산물 전구물질, 내분비 교란물질(환경호르몬, EDCs), 의약품 유래 화합물(phACs), 농약 등과 같은 미량 오염물질을 제거할 수 있어 정수처리에서 NF막의 도입에 대한 관심이 고조

5) NF와 RO는 THM 전구물질 및 미량 유기오염물의 제거에 유용

6) 일부 경도물질, 증발 잔류물질, AOC, DOC 제거

7) 높은 조작압력(10기압 이상)이 필요하므로 경제성이 떨어지는 단점

8) NF는 UF와 RO의 중간영역의 성능을 가진 분리막

    역삼투막에 비해 저압으로 운전이 가능하면서도 높은 투과량을 얻을 수 있음

9) 연수화 공정에 적용 가능

10) 활성탄흡착 또는 AOPs 공법을 전처리 또는 후처리로 적용

    MWCO보다 작은 SOCs나 맛, 냄새 유발물질 제거 가능

11) **막투과량 감소대책**

    ① 원수 내 NOM 중에서 Humic Substance가 주원인인 유기물에 의한 폐색(Organic Fouling)은 Ionic Strength(또는 TDS)와 Ca^{+2} 농도가 올라가거나 pH가 내려감에 따라 그 정도가 심해진다.

② 상기의 해결을 위해 낮은 pH에서 운전을 하거나 첨가제(즉, Antic Calant)를 주입할 필요가 있다.

2.4 RO(Reverse Osmosis) : 역삼투법

1) 공극 : $0.001 \sim 0.0001 \mu m$

2) 무기성 이온성분과 저분자유기물 제거 가능

3) 10기압 이상의 압력이 필요

4) 용매는 통과하지만 용질은 통과할 수 없는 반투막 성질을 이용

5) 해수의 담수화 등에 사용

$$\pi = \Delta CRT$$

여기서, π : 삼투압(pa), ΔC : 농도차
R : 기체상수, T : 절대온도

종류	공극 (Pore Size)	MWCO (Dalton)	조작압력 (kg/cm²)	투과 Flux (m³/m²·d)	제거가능 물질
정밀여과막 (MF)	$0.01 \mu m$ 이상	–	$0.3 \sim 1.4$	$0.5 \sim 5$	부유물질, 콜로이드, 세균, 조류, 바이러스, 크립토스포리디움 난포낭, 지아르디아 포낭 등
한외여과막 (UF)	$0.01 \sim 0.1 \mu m$	100,000 이하	$0.3 \sim 2.8$	$0.5 \sim 5$	부유물질, 콜로이드, 세균, 조류, 바이러스, 크립토스포리디움 난포낭, 지아르디아 포낭, 부식산 등
나노여과막 (NF)	$1 \sim 10$nm	$200 \sim 1,000$	$5.3 \sim 10.6$	$0.2 \sim 2$	유기물, THMFP, 농약, 맛냄새물질, 합성세제, 칼슘이온, 마그네슘이온, 황산이온, 질산성질소 등
역삼투막 (RO)	1nm 이하	100 이하	14 이상	$0.4 \sim 0.8$	저분자량 물질, 용존물질, 염류, 이온성 물질(금속이온, 염소이온 등)

구 분	용해성분			현탁입자	
입자영역	이온	분자	고분자	미립자	조립자
입 경					
제 거 대 상 물 질	이온(Ionic)		대장균(Coli)		
		바이러스(Viruses)	세균(Bacteria)		
			조류(Algae), 원생동물		
	용해염류(Salt)		점토(Clay)	실트(Silt)	모래입자(Sand)
정 수 처 리 방 법				침 전	
				여 과	
		재래식처리+고도처리			
분리막 종 류			정밀여과막(MF)		
		한외여과막(UF)			
	나노여과막(NF)				
	역삼투막(RO)				

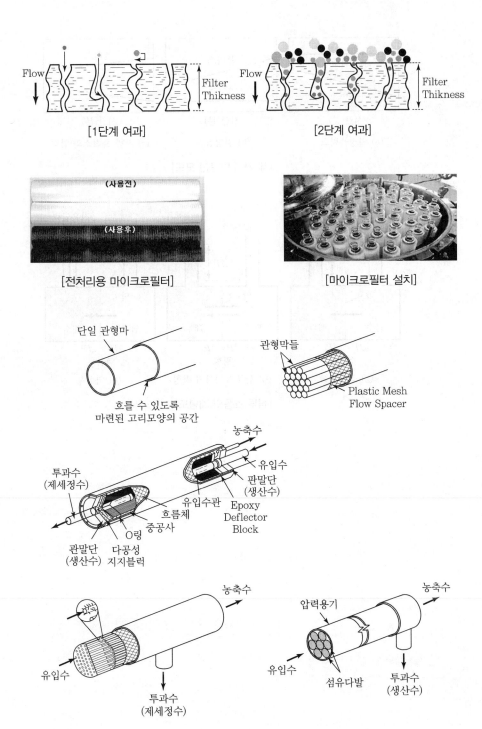

[1단계 여과]

Flow

Filter Thikness

[2단계 여과]

Flow

Filter Thikness

[전처리용 마이크로필터]

(사용전)

(사용후)

[마이크로필터 설치]

단일 관형마

흐를 수 있도록
마련된 고리모양의 공간

관형막들

Plastic Mesh
Flow Spacer

투과수
(제세정수)

관말단
(생산수)

다공성
지지블럭

O링

중공사

흐름체

유입수관

Epoxy
Deflector
Block

판말단
(생산수)

유입수

농축수

농축수

유입수

투과수
(제세정수)

농축수

압력용기

유입수

섬유다발

투과수
(생산수)

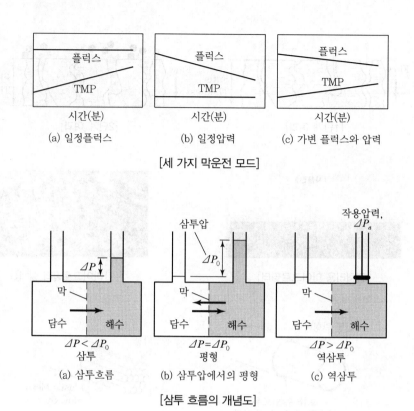

[세 가지 막운전 모드]

(a) 일정플럭스   (b) 일정압력   (c) 가변 플럭스와 압력

[삼투 흐름의 개념도]

(a) 삼투흐름   (b) 삼투압에서의 평형   (c) 역삼투

Key Point

111회, 119회, 120회, 122회 출제

막여과(Membrane Filteration)

1. 서론

1) 막분리 기술은 액상, 기체상의 일정한 크기의 입자를 막 양단의 압력차, 농도차, 전위차, 온도차 등의 추진력으로 분리·농축·정제하는 기술

즉, 막분리 기술은 반투과성 경계막을 이용하여 대상 물질을 여과 및 확산에 의해 처리하는 기법

2) 제거 입자의 크기에 따라 MF, UF, NF, RO 등으로 구분

3) 소규모 중수도처리시설이나 해수의 담수화, 공장의 탈염 등에 이용

4) 최근에는 생물처리와 결합한 MBR 공법의 적용도 늘어나고 있다.

5) 기본적인 메커니즘 : 확산, 이온 반발작용, 크기 배제 등

6) 최근 정수처리장 병원성 원생동물처리(→ 소독에 의한 제거 ×)를 위하여 여과처리＋막여과 이용

7) 최근 고도정수처리와 2차침전지를 생략한 MBR 공법이 증가 추세

2. 막여과방식

2.1 전량여과방식(전여과 : Direct or Dead‒end Filteration)

1) 공급수를 막면에 수직으로 흐르게 함

2) 배제된 고형입자들이 Bloc을 형성하게 되고 점차 두께가 증가하여 투과속도(Flux)가 현저히 줄어드는 방식

3) 여과에 따라 막폐쇄가 빠르고 세정이 어렵다.

4) 여과에 따른 에너지 손실이 적다.

2.2 교차흐름방식(십자흐름방식, Cross‒Flow 방식)

1) 공급수를 막면에 평형하게 흐름을 주는 것으로 이 유속에 의해 생긴 전단력에 의해 생성된 Block(Cake)을 탈리시켜 성장을 억제하고 높은 투과율을 유지

2) 막투과 유속에 비해 상당히 높은 유속으로 원수를 유입시키기 때문에 펌프가 대형화되는 단점

3) 그러나 유체의 전단력에 의해 막면의 입자축적을 감소시켜 안정한 투과수량을 얻을 수 있고 막수명을 연장시킬 수 있다.

2.3 침적방식

1) 막여과조에 막모듈을 담그고 외부에서 내부로 여과하는 방식

2) 시설이 간단하고 막교환이 용이하여 수처리에 많이 이용

3) 수처리공정에서 사용되는 MBR 공법이 대표적

3. 막여과의 장단점

3.1 장점

1) 응집제가 필요 없다 : UF(콜로이드물질 제거 가능)

2) 단일공정으로 처리효율이 높다.

3) 슬러지 처리가 용이 : 생성된 슬러지 농도가 높고, 고형물 회수율이 높다.

4) 부산물이 생기지 않는다.

5) 유지관리비가 적다.

6) 설치면적이 작다.(정수장 면적의 1/2 이하 가능)

　　처리시설의 소형화 및 자동화 가능

7) 운전의 무인화, 자동화가 가능하며 인건비가 절감된다.

8) 수질이 양호하고 안정적

　　① 우수한 탁질제거 능력

　　② 병원성 미생물에 대한 안정성 확보

9) 부하변동에 대한 대응성이 강하다.

　　기존의 고도처리공정과는 달리 원수의 수질변화에도 효과적으로 대응

10) 냄새 발생 없이 쾌적한 주위환경 유지

11) **수중의 여러 성분을 동시에 제거 가능** : 병원성 원생동물인 지아르디아, 크립토스포리디움을 거의 확실히 제거

12) 기존에 설치된 재래식 처리공정을 대신하여 사용할 수 있는 간결하고 유지관리가 용이

3.2 단점

1) 막의 수명이 짧다.

2) **돌발적인 수질사고 시 대응이 쉽지 않다** : 용존성 물질 유입 시 대체 어려움

3) 막의 수입 의존도가 높다.

4) **초기설치비가 매우 고가** : 대규모처리장의 적용에 한계

5) 시공, 관리 등 신기술이 필요

6) **막오염 문제 발생** : 연속적인 공기세정과 주기적인 화학세정 필요

7) 막폐쇄 방지를 위해 공기세정 필요(동력비가 많이 소요)

8) 유지류, pH, 온도 등 열악한 환경에 대하여 저항성이 약하다.

9) 막의 유지관리에 세심한 주의가 필요하다.

10) 분리막 Fiber의 판단감지의 어려움

11) 내구연한 및 장기간의 운전에 따른 안정성 미흡

4. 막의 종류

1) MF(Micro Filteration) : 정밀여과
2) UF(Ultra Filteration) : 한외여과
3) NF(Namo Filteration) : 나노여과
4) RO(Reverse Osmosis) : 역삼투법

5. 막여과 이론

1) $J = (P_i - P_o)/\mu \cdot R$

여기서, J : 투과속도(m³/m²hr), P_i, P_o : 막유입, 유출압력(Pa), R : 막의 수리학적 고유저항

막유입 · 유출 압력차에 비례

2) 막 Pore를 통과하는 층류에서 투과속도는 막투과 압력차에 비례하고, 유체의 점도에 반비례한다.

3) 일정한 막투과 압력 이상에서는 압력 및 투과유속을 증가시켜도 투과유속이 증가되지 않는 한계유속에 도달하게 된다.

이런 이유는 막에 의해 분리된 물질이 막면에 체류하여 발생하는 농도분극현상 때문이다. (RO, UF)

6. 분획분자량(MWCO : Molecular Weight Cut−off)

1) 분리대상물질 중 막에 의해 90% 이상 배제시킬 수 있는 분자의 크기(분자량)
2) 단위 : 달톤(Dalton)을 사용

7. 결론

1) 역삼투법은 해수담수화법으로 기존의 증발법(MSF)을 빠르게 대체하고 있으며, 가정용 정수기의 대부분이 역삼투법을 이용하고 있어 향후 고성능 막이 개발되면 일반정수처리용도 사용될 가능성이 높다.

2) 막분리 기술은 막분리 공정이 가지고 있는 장점을 충분히 살리고 단점을 보완할 수 있도록 기존의 정수공정과 상호보완적인 공정 구성이 필요

3) 고도정수처리의 적용이 가능

4) NF 막의 경우 분리기능의 장점에도 불구하고 가격이 고가. 높은 적용 압력으로 인한 유지관리비가 높지만 현재는 기존의 압력보다 저압력에서 운영 가능한 막의 개발로 인해 향후 적용이 증가

될 것으로 보임

5) 막분리법은 고도정수처리공정의 적용뿐만 아니라 농어촌 지역의 마을상수도, 하수처리에 적용한 MBR 공법으로의 적용도 필요

6) 정수처리의 경우 고도정수처리공정의 도입이 필요한 처리장에서의 적용과 하수처리의 경우 2차 침전지의 문제점 해결과 유출수의 수질 향상(재이용 기준, 방류허용기준)을 위한 적용도 필요하다.

하수 : MBR의 적용과 2차침전지 내 침전에 의한 유출수질 향상

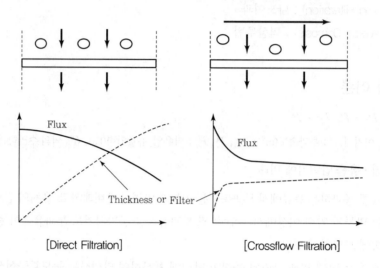

[Direct Filtration]　　　　　[Crossflow Filtration]

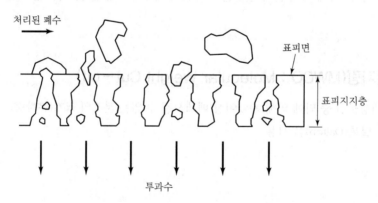

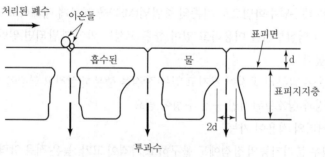

[거름작용에 의한 큰 분자와 입자의 제거]

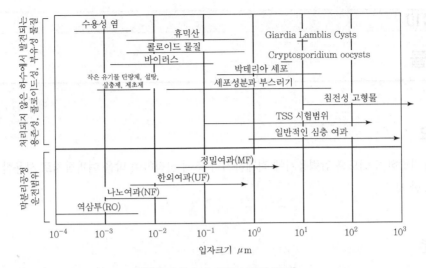

[흡착된 수층에 의한 이온의 배제]

Key Point

• 71회, 72회, 75회, 78회, 81회, 85회, 88회, 90회, 95회, 98회, 101회, 102회, 104회, 105회, 111회, 115회, 118회, 119회, 120회, 121회, 122회, 126회 출제
• 막분리와 관련된 문제 및 MBR에 관한 문제는 출제 빈도가 상당히 높으므로 기본적인 이론과 장단점에 대한 숙지가 반드시 필요함

막모듈

1. 개요

막을 가압하기 쉽도록 압력용기에 적재하거나 조에 침적하여 막을 여과장치로 사용할 수 있는 형태로 한 것

2. 구분

2.1 Casing(Housing) 수납방식

펌프로 케이싱(틀) 내에 압입하여 여과

2.2 침적형

막을 압력용기에 수납하지 않고 그대로 조에 침적하여 수위 차나 흡입펌프에 의하여 여과

3. 모듈의 구비조건

1) 폐색(Fouling)과 Concentration Polarization의 최소화를 위한 원활한 물의 순환
2) 단위체적당보다 넓은 막면적(Packing Density)
3) 원수와 투과수 사이의 Leaking 방지
4) 세척(Hydraulic 또는 Chemical Cleaning)의 용이성

4. 종류 및 특성

4.1 평판형 모듈(Plate & Frame Type Module)

1) 지지대를 이용하여 평막상의 고분자막을 여러 장 겹친 형태
2) 막과 막 사이의 간격은 0.5~수 mm로 원수의 유속을 크게 할 수 있다.
3) 원수의 농도가 높은 경우에 적합
4) 농도분극영향이 적어 난류촉진이 용이
5) 막집적도 낮음

4.2 관상형 모듈(Tubular Type Module)

1) 내경 10~20mm 정도의 막을 Housing 내에 적재한 형태

2) 막공경이 크기 때문에 막면적을 크게 취할 수 없으나 고농도 혼탁액의 여과가 가능

3) 원수의 유입속도제어나 막오염에 대한 물리적 세정이 용이

4) 막표면에 Gel 층의 부착을 방지하기 위하여 관내 유속을 일정치 이상 유지하는 것이 필요

5) 보통 부유물질농도가 높거나 막힐 가능성이 있는 경우 사용

6) 관형모듈이 청소하기 쉽다.

7) 관형모듈은 부피에 비해 상대적으로 낮은 생산율을 나타냄

4.3 중공사형 모듈(Hollow-fiber Type Module)

1) 내경 0.3~1.0mm 정도의 중공사 형태의 막을 수백~수천 개 정도 합성수지제 Housing 내에 충진한 형태

2) 충진밀도가 커서 다른 모듈에 비하여 단위부피당 단면적이 크다.(막집적도 높음)

3) 고농도 원수처리 가능(외압식일 경우)

4) 농도분극 영향이 크다.

5) 막지지체가 불필요

6) 내압형

① 원수가 중공사 내측으로 유입되어 막을 통하여 여과되어 막외측으로 유출되는 형태

② 고농도 원수처리 시 유로막힘 현상 발생

③ 막힘 현상을 줄이기 위하여 내경 2mm 이상으로 한 Capillary 모듈도 있음

7) 외압형

① 원수가 중공사 외측에서 유입되어 막 내측으로 유출되는 형태

② 유로 막힘현상이 적으나 막 표면에서 유속이 불균일해지는 단점

4.4 와권형 모듈(Spiral Wound Type Module)

1) 두 개의 평막 Sheet 사이에 다공성 지지대를 두고 겹쳐 말아 놓은 형태

2) 막면적을 크게 할 수 있으나 고탁도 원수에서 폐색될 가능성이 가장 크다.

3) 농도분극영향이 크며 고형물 혼입 불가

4.5 모노리스형 모듈(Monolith Type Module)

1) 유기막과 무기막이 있다.

2) 충진밀도가 작으나 유로면적이 커서 고농도 현탁물질을 함유한 원수 적용 가능

[평판형 모듈]

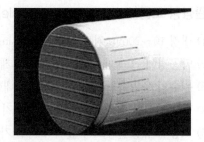

[모노리스형 모듈]

[중공사형 모듈]

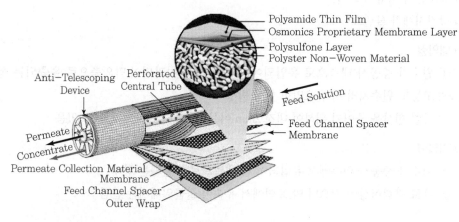

Polyamide Thin Film
Osmonics Proprietary Membrame Layer
Polysulfone Layer
Polyster Non−Woven Material

Anti−Telescoping Device
Perforated Central Tube
Feed Solution
Permeate
Feed Channel Spacer
Membrane
Concentrate
Permeate Collection Material
Membrane
Feed Channel Spacer
Outer Wrap

[나권형 모듈]

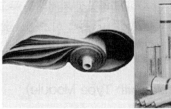

[UF막 및 여과시설(좌), 와권형 RO막(우)]

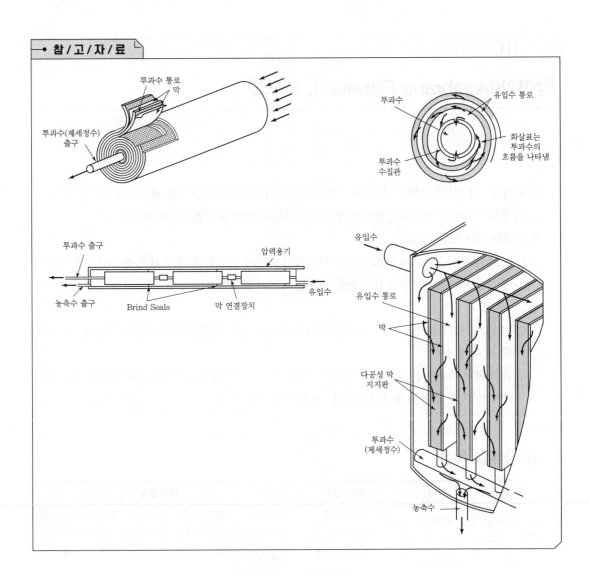

- 126회 출제
- 상기 문제도 과거에 출제가 자주 출제되었으므로 각 모듈별 특징을 숙지할 필요가 있음

막여과(Membrane Filtration), 막모듈

1. 개요

1) **막여과** : 막 양단의 압력과 농도차, 전위차 등을 이용하여 오염물질을 분리·제거하는 기술
2) **막 종류** : 정밀여과막(MF), 한외여과막(UF), 나노여과막(NF), 역삼투막(RO)
3) **막여과 공정 도입의 필요성**
   ① 기존 정수시설의 노후화로 인하여 사회적인 이슈가 발생함에 따라 기존 정수시설에 대한 개량사업(Retrofit) 및 고품질 수돗물에 대한 국민의 요구에 따른 신규 정수시설 설치가 고려되고 있다.
   ② 또한, 기존의 광역범위의 수도공급에서 도시에 인접한 소규모 정수시설의 도입이 검토되고 있는 추세에서
   ③ 부지면적 대비 높은 생산량 및 양질의 수질 확보를 위한 방안으로 막여과공정의 도입은 이러한 제한적인 조건을 충족할 수 있는 기술로 알려져 있다.

2. 막 종류별 특성

막 종류	기작	분리성능	제거물질
MF	체거름	공칭공경 0.01μm 이상	콜로이드, 세균, 조류, 바이러스, 병원성 원생동물 (지아르디아 난포낭, 크립토스포리디움 난포낭) 등
UF	확산작용	분획분자량 100,000Dalton 이하	콜로이드, 세균, 조류, 바이러스, 병원성 원생동물, 부식산 등
NF	전기적 작용	염화나트륨 제거율 5~93% 미만	유기물(AOC, BDOC), 농약, 맛·냄새, 합성세제, 경도, 황산이온, 질산성 질소 등
RO	역삼투	염화나트륨 제거율 93% 이상	금속이온, 염소이온 등
해수담수화 RO	역삼투	염화나트륨 제거율 99% 이상	해수 중의 염분

3. 막여과 공정구성

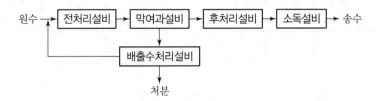

1) 전처리설비

① 협잡물 제거 : 스크린, 스트레이너

② 응집제 주입(여과성능 향상), 염소 오존 주입 설비(철, 망간 제거)

2) 막여과설비

막모듈, 세척설비 등

① 회수율 : 최수조건, 방류조건 등 고려 설정(일반적 90%)

② 막여과 유속(flux) : 최저수온 시 고려 유량, 운전시간 결정

③ 막차압 : 200kPa(MF), 300kPa(UF)

3) 후처리설비

활성탄, O_3＋BAC(맛·냄새, 미량오염물질 제거)

4) 소독설비

5) 배출수처리설비

4. 막여과 방식

1) 종류 : 케이싱수납방식, 조침수방식

2) 여과수 방향에 따른 분류

구분	전량여과 방식	십자흐름(Cross–flow) 방식
여과수 방향	수직	수평
투과속도, 양	급격히 감소	안정적
여과지속시간	짧음	김
막수명	짧음－비경제적	김
세정	어려움	용이

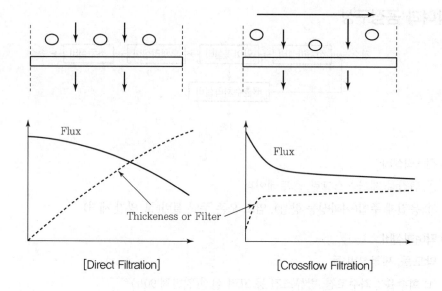

[Direct Filtration]   [Crossflow Filtration]

5. 막모듈 종류

5.1 중공사형 모듈

1) 내경 0.3~1.0mm 정도의 중공사 형태의 막을 수백~수천 개 정도 합성수지제 Housing 내에 충진한 형태

2) 충진밀도가 커서 다른 모듈에 비하여 단위부피당 단면적이 큼

3) 내압형과 외압형이 모두 가능

5.2 평판형 모듈

1) 지지대를 이용하여 평판막을 여러 장 겹친 형태

2) 막집적도 작음

3) 막과 막 사이의 간격은 0.5~수 mm로 십자흐름 여과방식으로 운전

5.3 나권형 모듈

1) 평막을 자루지지체와 스페이서와 함께 말아 놓은 형태

2) 막의 충전밀도가 높고 압력손실이 작음

5.4 관형 모듈

1) 내경 10~20mm 정도의 막을 Housing 내에 적재한 형태

2) 막공경이 커서 막면적이 작으나 고농도 혼탁액의 여과가 가능

3) 막 세척이 용이

5.5 단일체형 모듈

1) 주상으로 성형된 지지체에 여러 개의 유로를 설치하고 그 내면벽에 치밀층을 형성한 형태

2) 유로면적이 커서 고농도 현탁물질을 함유한 원수 적용 가능

3) 내압형, 세라믹 재질

6. 막여과의 특징

6.1 장점

1) 수중의 여러 성분 동시 제거 가능

2) 단일공정으로 처리효율 높음 : 수질 양호

3) 부산물이 생기지 않음

4) 설치면적 작음, 유지관리 용이 : 자동화, 무인화 가능

5) 부하변동에 강함 : 안정적인 수처리 가능

6.2 단점

1) 막 교체비용 발생

2) 초기 설치비 고가 : 대규모 처리장 적용 한계

3) 돌발적 수질사고 대응 곤란

4) 막의 수입의존도 높음

5) pH, 온도 등 열악한 환경에 대한 저항성 약함

7. 제안사항

1) 막오염 저감을 위해 물리적 세정, 약품세정, 오존처리 등의 방법이 사용되고 있으나, 더욱 효과적인 막세정방법의 개발 필요

2) 저압력에서 운전 가능한 NF, RO 개발 필요

3) 수명이 길고 저항성이 강한 무기성 재질의 막 또는 막코팅 기술 등의 상용화 기술개발 필요

4) 최근 RO의 단점을 보완한 FO의 상용화 기술개발 필요

5) 막 Fiber의 파단 감지를 위한 운영경험 축적과 기술개발 필요

Key Point +

110회 출제

오염지수(SDI)

1. 정의

1) 오염지수(SDI : Silt Density Index) 또는 FI(Fouling Index)란 역삼투법에서 막모듈에 공급되는 공급수 중 미량의 부유물질의 정도를 정량화한 것이다.

2) SDI는 역삼투막 공정에 공급되는 수질 내에 무기물, 유기물, 박테리아와 같은 인자들을 포함하여 수치적 표현이 가능하다.

2. SDI의 분석목적

1) 해수담수화설비에 적용되는 막모듈은 공급되는 원수의 성질에 따라 수명과 성능이 좌우된다.

2) 따라서 원수의 오염정도를 분석하는 방법으로 막을 얼마나 오염시켰는지 여부를 판단하기 위해 SDI를 측정한다.

3. SDI가 높을 경우

1) 막의 수명과 성능저하

2) TMP(Trans Membrane Pressure) 증가

3) 역세척 주기 감소(역세척 횟수 증가)

4) 처리효율 저하

5) 농도분극 발생 우려

4. SDI 측정방법

시료를 206kPa로 가압하여 $0.45\mu m$ 멤브레인필터에 여과시킬 때 소요되는 시간으로 분석한다.

$$SDI = \left(1 - \frac{T_0}{T_{15}}\right) \times \frac{100}{15}$$

여기서, T_0 : 시료 500mL을 206kPa로 가압하여 여과시킬 때 소요되는 시간

T_{15} : 206kPa로 가압하여 15분간 여과시킨 후 다시 시료 500mL를 206kPa로 가압하여 여과시킬 때 소요되는 시간

5. SDI의 응용

1) SDI는 담수화설비에서 공급되는 공급수의 오염 정도를 분석하여 조정설비(막모듈 전처리 설비)를 갖추기 위한 것으로

2) 보통 조정설비에서 SDI 4.0 이하로 처리하여 담수화 설비에 공급된다.

　일부 논문에 의하면 역삼투법 해수담수화의 공급수는 SDI 3 이하 또는 탁도 0.25NTU 이하를 권장한다(Mitrouli et al,. 2008).

➔ 참/고/자/료

MFI(Modified Fouling Index)
- SDI와 같은 장비 사용
- 15분 여과시간 동안 매 30초마다 부피 기록
- $1/Q = \alpha + MFI(sec/L^2) \times V(L)$
  여기서, Q : 평균유량(L/sec)
  　　　　 α : 상수
- NF : 0~10, RO : 0~2

Key Point +

- 80회, 90회, 100회, 114회 출제
- MFI와 함께 숙지 필요
- 상기 문제는 자주 출제되지는 않지만 막분리공정, 막오염, 농도분극 등의 문제가 출제될 경우 언급할 필요가 있음
- 해수담수화시설에서 조정설비설치 유무를 위한 지표 또는 역삼투법에서 공급수의 부유물질 정도를 나타내는 지표 등으로 변형 출제될 수 있는 문제임

Membrane의 막힘현상

1. 파울링(Fouling) : 가역적 오염

막 자체는 변하지 않고 외적 인자에 의한 성능 저하 : 회복 가능

1.1 농도분극현상

1) Membrane의 표면은 시간이 갈수록 Membrane 표면에 억류된 입자로 인하여 그 농도가 높아져 막의 기공을 폐쇄하게 되어 Membrane의 단위면적당 통과 수량을 감소시키는 현상
2) 물리적 세척에 의해 성능을 회복할 수 있는 가역적인 오염현상
3) 주로 R/O와 UF의 막에서 잘 일어나는 현상
4) 농도의 분극화에 의한 젤/케이크 형성은 유입수 내 대부분의 고형물이 공극의 크기 또는 막의 분획분자량보다 큰 경우에 발생

2. 열화 : 비가역적 오염

막 자체의 변질에 의해 생긴 성능 저하 : 회복 불가

2.1 젤농축현상(Gel Layer)

1) Membrane 표면에 억류된 입자의 농도가 계속 증가하여 일정 수준을 초과하면 콜로이드입자 및 고분자물질이 젤화(고체화)되어
2) Membrane의 표면에 얇은 막을 형성하면서 Membrane의 통과수량을 극단적으로 감소시키게 되며
3) 심한 경우에는 화학적 세정을 실시하여도 여과수량이 회복되지 못하는 비가역적 오염이 되는 현상

2.2 흡착현상(Adsorption)

유기물질 또는 입자가 Membrane의 표면 또는 Membrane의 기공 속에 흡착되어 Membrane의 기공 크기를 줄이거나 막아버리게 되는 현상

3. 문제점에 대한 대책

3.1 물리적 세정

1) 스크러빙(Scrubbing)

　① 공기를 주입하여 막 면에 부착되어 있는 현탁물질 제거

　② 평막, 중공사의 경우

2) 플러싱(Flushing)

　① 청수를 이용하여 여과함으로써 막 면에 쌓인 현탁물질 제거

　② 관상형막 나권형 등의 가압식

3) 역세(Back Washing)

　① 공급방향과 반대방향으로 청수를 공급

　② 관상형, 중공사

4) 스펀지볼 세정

　① 유로가 큰 경우 스펀지볼을 넣어 막 면의 현탁물질 제거

　② 관상형막, 평막

5) 공기 + 진동

3.2 약품세정

1) 세정제의 종류

　① 산화제 : 유기물, 미생물에 의한 오염

　② 계면활성제 : 지방이나 광유에 의한 오염

　③ 산 : 칼슘 스케일이나 금속물질에 의한 오염

　④ 알칼리 : 실리카 스케일이나 휴민질에 의한 오염

3.3 막모듈 교환

1) 약품세정을 해도 차압이 일정수치를 상회할 때

2) 일정량의 처리수가 얻어지지 않는 경우

3) 초기 순수투과플록스의 50~80%로 저하되거나 약품세정주기가 짧아진 경우

3.4 오존처리

1) MWCO보다 작은 분자량을 가진 DOM이라 하더라도 분리막 표면 및 막공 내부로의 흡착 또는 유기물의 추가 흡착에 의해 제거되는 부분도 존재

2) 흡착에 의해 제거되는 DOM 중 상당부분은 비가역적 폐색을 초래

3) 오존산화＋막분리(특히 UF)

　① 오존산화처리를 통해 원수의 NOM 중 흡착성이 강한 휴믹물질을 비휴믹물질로 변화시키게
　　되면 막투과량 감소를 크게 줄일 수 있다.

　② PAC 전처리＋UF보다 더 효과적

3.5 기타

1) 역삼투 전 정밀여과 사용 : 유입수의 전처리

2) 응집제＋막분리

4. 세정방법

1) On－line 세정 : 여과라인을 전환하여 막 모듈 내에서 세정액을 순환시켜 세정

2) Off－line 세정 : 막여과 시설로부터 별도로 분리시켜 세정

◆ 참 / 고 / 자 / 료

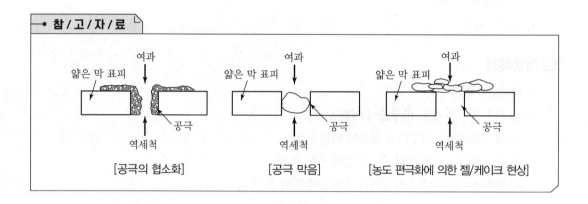

[공극의 협소화]　　　　[공극 막음]　　　　[농도 편극화에 의한 젤/케이크 현상]

막파단 감시시스템

1. 개요

1) 막파단 감시시스템은 막여과 공정이 온전한 상태를 유지하면서 연속적으로 처리수를 생산할 수 있는가를 감시하는 방법이다.

  ① 막 파손에 관한 문제로는 막 자체의 파단과 하우징의 파손으로 크게 구분할 수 있다.

  ② 특히 유기막은 무기막에 비해 강도가 떨어지므로 취급에 세심한 주의가 필요하다.

2) 막파단 감시방법은 직접법과 간접법으로 구분할 수 있으며, 막의 종류, 형상, 재질 등의 차이에 따라 여러 가지 방법이 있다.

2. 막파단 감시방법에 따른 시스템 구축

1) 막파손 감시방법

감시방법		감시대상		파단감시기준(예)	감시주기
		계열	모듈		
간접법	탁도계	◎		0.1NTU 이상	연속감시 (자동)
	입자계측기	◎		10EA/mL 이상	연속감시 (자동)
직접법	PDT (압력손실시험)	◎		$0.03kgf/cm^2$	1일 1회 (자동)
			◎	$0.03kgf/cm^2$	수질 이상 경보 시 (반자동)
	Air Bubble Test		◎	감청/육안	PDT 이상 경보 시 (반자동/수동)

2) 탁도나 입자수 감시는 비용면에서는 우수하지만, PDT나 입자수계측기 등과 같이 검출한계값 (Resolution)이 낮고 민감도(Sensitivity)가 높은 방법의 병용이 필요하다.

3) 막손상 감시방법으로 PDT 등의 직접법을 채용하지 않는 경우에는 고감도($0.5\mu m$) 입자수계측기의 채용이 바람직하다.

4) 직접법 중 PDT법은 감도가 매우 좋고, 신뢰성이 높은 방법이다.

  ① 특히 공기역세를 채용하고 있는 시스템에서는 비용이 거의 들지 않는 방법이다.

② 버블 포인트 시험(Bubble Point Testing)은 초기에 공경크기나 막의 완전성을 평가하는 방법으로 사용되고 막 파손 시 막 모듈 입구 또는 출구에서 손상된 가닥(Fiber) 밖으로 나오는 공기방울이 처리수 투명관에서 발견되었을 경우 비정상 상태로 판단

3. 막파단 감시방법 비교

	감시방법	장점	단점
간접법	탁도 감시 (Turbidity Monitoring)	• 사용 경험이 광범위 • 레이저 탁도계는 막의 핀홀까지 감지가 가능 • 저비용	• 간접적인 막의 완전성 측정 • 산란방식 탁도계는 저탁도에서 입자수의 변화에 감도가 낮음 • 하나의 섬유 파손에 대한 감시가 곤란
	입자수 감시 (Particle Monitoring)	• 저비용 • 연속적인 온라인 측정 가능	• 입자의 인덱스(Index)를 준비해야 함 • 원수수질에 따라 민감함 • 입자 크기 범위를 셀 수 없음
	입자수 계측기 (Particle Counting)	• 여러 입자 크기의 범위에서 측정 가능 • 가장 민감한 방법 중 하나 • 연속적인 온라인 측정 가능	• 고비용 • 원수 수질에 따라 민감함 • 대규모 적용 시 여러 개의 센서를 요구 • 몇 개의 크기 범위별로 측정 불가
	미생물 감시 (Bio-logical Monitoring)	• 막의 완전성 모니터링의 간접 측정방법 중 가장 민감함 • 정지 후 각각의 모듈 측정 가능 • 소독 효율을 직접적으로 측정 가능	• 긴 반응 시간 • 간접적인 막의 완전성 측정 • 대규모 플랜트에 실제적인 적용이 어려움 • 노동집약적
직접법	압력손실시험 (PDT : Pressure Decay Test)	• 막분리 시스템 내에서 설치 가능 • 직접적인 막의 완전성 측정 • 수동으로 한 번에 한 계열을 측정	• 비연속적인 모니터링 방법 • 완벽히 밀폐된 밸브의 요구 • 수동으로의 적용 시 노동집약적
	버블포인트 감시 (Bubble Point Testing)	직접적인 막의 완전성 측정	• 작은 모듈당 고비용 • 정지 후에 측정 가능(수동측정) • 대규모 적용 시 노동집약적
	초음파 감시 [Sonic Sensor (Sonic Leak Testing)]	• 직접적인 막의 완전성 측정 • 각각의 막 모듈에 센서 필요 • 가장 민감한 방법 중 하나	• 주변의 환경 소음 • 발전 단계에서의 시스템 • 수동으로만 측정 가능

1) 탁도 감시

① 막여과는 극히 높은 여과성능을 갖고 있기 때문에 막여과수의 탁도를 감시하거나 막의 파단을 검지하기 위해서는 정도가 높은 탁도계나 미립자 카운터를 사용한 수질관리가 필요하다.

② 탁도의 측정에는 광전도법의 투과광방식, 산란광방식, 적분구방식, 표면산란광방식과 레이저에 의한 투과·산란관방식 등이 있다.

이 중 레이저 탁도계는 기존의 탁도계가 0.02 NTU 미만의 탁도를 정확하게 측정하지 못하는 것에 비하여 0.001NTU의 탁도까지 측정할 수 있다.

③ 막여과수 측에 레이저 탁도계와 입자계수기를 사용하여 5,000개의 섬유 중 하나의 파손된 섬유를 측정할 수 있다.

④ 250,000개 이상의 섬유가 있는 전체 분리막 시스템의 희석효과를 경감하기 위해서는 레이저 탁도계와 입자계수기는 각각의 분리막 모듈의 유출수 배관에 설치되어야 한다.

2) 입자수 감시

① 폭이 좁은 광선을 시료에 투과시킬 때의 빛의 세기 변동을 측정한다.

② 측정 장비는 입자크기가 아닌 수질의 지표(0에서 9,999 범위)를 제공한다.

결과는 수질의 상대적인 측정값이기 때문에 보정이 필요하지 않다.

③ 이 방법의 장점은 보다 높은 수준의 입자계수기에 비해 값이 싸고 작동이 용이하다는 점이다.

④ 입자계수기와 마찬가지로 대부분의 막설비에서는 여러 개의 센서가 필요하다.

3) 입자수 계측기

① 입자의 검출방식으로는 광차단 방식과 산란광 방식이 주로 사용되고 있다.

② 입자계수의 장점은 연속 온라인 측정이 가능한 점이다.

그러나, 규모가 큰 막설비에서는 막의 무결성 감소를 검출하기 위한 필요감도를 얻기 위해서는 여러 개의 센서가 필요하다.

4) 미생물 감시

① 분리막 무결성을 평가하기 위한 가장 감도가 좋은 방법 중 하나는 바이러스를 사용하는 것이다.

이 방법에는 106~107pfu/mL 범위의 바이러스가 유입수 중에 접종된다.

② 수 시간 동안 바이러스로 시험이 완료된 투과수를 회수한다.

③ 이 방법의 가장 큰 단점은 생산수 공급 중에는 사용할 수 없다는 것이다.

따라서 생물학적 감시는 파일롯과 벤치 규모의 연구 범위로 사용이 제한된다.

5) 압력손실시험(PDT)

① 공기압력 감소시험에서는 분리막 모듈의 유입측에서 약 15psi 정도로 가압된다.

② 유출 측의 유지압력에서 최소한의 손실(일반적으로 5분 동안 1psi 미만)은 시험의 통과를 의미한다.

압력이 그 이상으로 감소하면 시험을 통과하지 못한 것으로 본다.

6) 버블포인트 시험

① 공기방울시험으로 분리막 모듈 내에서 이상이 있는 섬유의 위치를 확인할 수 있다.

② 이 검사는 일반적으로 음파센서나 다른 방법에 의해서 이상이 있는 모듈이 확인된 다음에 수행된다.

③ 이상이 있는 섬유가 확인되면, 이 섬유에 에폭시 접착제를 유입 측에 첨가하거나 손상 섬유와 같은 직경의 핀을 유입부와 유출 측에 삽입함으로써 모듈로부터 분리한다.

그 이후 막 모듈은 정상 운영된다.

7) 초음파 감시

① 음파탐지장비를 이용하여 공기압력 감소시험이 수행되는 동안 손상된 섬유를 통해서 새어나오는 공기방울이 내는 소리를 감지하기 위해 수동으로 측정한다.

즉, 손상되지 않은 분리막과 이상이 있는 분리막에서 나는 소리의 차이를 확인한다.

② 이 방법은 분리막 섬유 무결성의 손실을 감지하는 정성적인 도구일 뿐이므로 이 검사는 분리막 무결성을 평가하기 위한 정량적인 방법이 수행되어야 한다.

4. 막파단 시 대처방안

1) 교체 후 재가동

① 탁도 및 입자수가 감시기준을 초과한 계열은 즉시 운전을 정지하고 계열별 여과막의 파단 여부를 검사한다.

② 여과막을 보수 또는 교체 후 재운전한다.

㉮ 주기적인 파단 테스트를 통해 여과막 파단 여부를 확인한다.

㉯ 막파손이 발생하여 경보 발생 후 막여과장치의 계열이 정지되었을 경우, 타 계열을 증량 운전하여 생산수량을 확보한다.

단, 한계유속(Critical Flux) 이상으로 운전하지 않는다.

㉰ 초기 대응 시에는 원인조사 실시 및 현장에 보관되어 있는 예비 여과막으로 교환하여 막여과설비가 정상운전이 가능하도록 한다.

• 예비 여과막은 전체 모듈수의 10% 내외의 모듈을 시설 내 비치

• 초기 설치 당시 장기보관 처리되어 개봉하지 않을 경우에도 장기보관

㉱ 동시에 막설비 시공업체 또는 제조사에 A/S를 요청하고 기술담당자와 막파손 원인을 조사한다.

탁도 및 조류와 막의 TMP

1. 탁도와 TMP

1) 고탁도 시기에는 입자가 큰 물질이 유입되어 침강성이 좋은 반면, 그 이후에는 크기가 작은 콜로 이드성 물질이 다량 유입되어 응집의 한계로 인하여 floc이 적절히 형성되지 않아 침전지의 효율 이 낮아져 크기가 작은 입자성 물질이 막으로의 유입을 유발시키고, 이로 인해 발생하는 분리막 의 Pore Blocking 현상에 의해 TMP가 상승

2) 따라서, 고탁도 시기보다는 고탁도 이후 유입되는 원수의 탁도가 안정적일 때보다 엄밀한 전처 리와 그 방법의 선정이 아울러 요구된다.

2. 조류와 TMP

1) 조류개체가 증가할수록 TMP 또한 상승

2) 이는 조류가 분리막에 부착되어 Cake 층을 형성함으로써 분리막의 여과저항을 일으켜 TMP가 상승

3) 또한 조류는 다른 탁도 유발물질에 비해 분리막에 대하여 생물학적 막오염(Biofouling)을 일으 켜 물리적 역세척을 하여도 배출이 어려워 지속적인 TMP 상승을 유발

4) 그러므로 조류가 번성하는 시기에는 더욱 효과적인 전처리를 통하여 분리막에 유입되는 조류의 개체수를 최소화하는 것이 분리막 운영상의 안정성 향상에 도움이 될 것이다.

고탁도 및 조류 유입 시 막여과 운영

1. 고탁도 유입 시 감시 및 대처방안

100NTU 이상의 고탁도가 유입되어 막차압($1kg/cm^2$)이 상승하고, 정수생산량이 현저히 감소하는 현상을 보일 때의 대처방안은 다음과 같다.

1) 전처리 공정 강화 : 응집제 투입, 침전지 및 가압부상조 가압 등
   ① 평상시 착수정 원수 직접여과 → 고탁도 시 응집, 침전수 여과
   ② 평상시 저농도(1mg/L 이하) 응집제 주입으로 미세플록 형성 후 직접여과 → 고탁도 시 침전지 추가 운영, 플록 침강성 증대를 위해 응집제 주입량 증가

2) 순환여과(Cross-flow Filtration) 방식 전환 : 막모듈 내부의 오염물질 축적을 방지
   ① 평상시 전량여과(Dead-end Filtration) 운전 → 고탁도 시 순환여과 운전
   ② 평상시 20% 순환여과 운전 → 고탁도 시 30% 순환여과 운전(농축수 이송량 10% 증대)
      단, 회수율을 유지하기 위해 막모듈에서 순환되는 농축수는 원수저장조로 회수

3) 유지세척 주기 단축
   ① 저농도의 산·알칼리제(차아염소산, 황산 등)로 유지세척 주기 단축운전
   ② 차아염소산 500mg/L 농도의 세척약품으로 5분 동안 순환 후 20분 동안 정치
   ③ 평상시 유지세척 주기 : 1회/3~7일 → 고탁도 시 유지세척 주기 : 1회/1일

4) 화학세척 실시
   ① 고농도의 산·알칼리제(차아염소산, 황산 등)로 화학세척 실시
   ② 차아염소산 2,000mg/L에서 6시간 순환, 황산 1,000mg/L에서 2시간 순환 등

5) 역세척(물리세척) 주기 단축 및 역세수량 증가 운전 : 회수율에 영향
   평상시 30분 여과, 60초 역세척 → 고탁도 시 15분 여과, 60초 역세척

6) 여과 Flux 감속 운전 : 생산량 감소
   상시 여과 Flux $1.5m^3/m^2 \cdot day$ → 고탁도 시 여과 Flux $1.0m^3/m^2 \cdot day$로 조정

2. 조류 유입 시 감시 및 대처방법

조류예보제와 조류 대발생 단계로 2회 연속채취 시 Chl－a 농도 100mg/m^3 이상, 남조류 세포수 10^6 세포/mL 이상 유입 시에 대처방안은 다음과 같다.

1) 전처리 공정 강화 : 응집제 투입, 침전지 및 가압부상조 가동 등

① 평상시 착수정 원수 직접여과 → 고탁도 시 전염소 처리 및 응집, 침전수 여과

② 평상시 저농도(1mg/L 이하) 응집제 주입으로 미세플록 형성 후 직접여과 → 고탁도 시 침전지 추가 운영, 플록 침강성 증대를 위해 응집제 주입량 증가

2) 순환여과(Cross－flow Filtration) 방식 전환 : 막모듈 내부의 조류 축적을 방지

① 평상시 전량여과(Dead－end Filtration) 운전 → 고탁도 시 순환여과 운전

② 평상시 20% 순환여과 운전 → 고탁도 시 30% 순환여과 운전(농축수 이송량 10% 증대)
　　단, 회수율을 유지하기 위해 막모듈에서 순환되는 농축수는 원수저장조로 회수

3) 유지세척 주기 단축

① 저농도의 산 · 알칼리제(차아염소산, 황산 등)로 유지세척 주기 단축운전

② 차아염소산 500mg/L 농도의 세척약품으로 5분 동안 순환 후 20분 동안 정치

③ 평상시 유지세척 주기 : 1회/3~7일 → 고탁도 시 유지세척 주기 : 1회/1일

4) 화학세척 실시

① 고농도의 산 · 알칼리제(차아염소산, 황산 등)로 화학세척 실시

② 차아염소산 2,000mg/L에서 6시간 순환, 황산 1,000mg/L에서 2시간 순환 등

5) 역세척(물리세척) 주기 단축 및 역세수량 증가 운전 : 회수율에 영향

평상시 30분 여과, 60초 역세척 → 고탁도 시 15분 여과, 60초 역세척

6) 여과 Flux 감속 운전 : 생산량 감소

평상시 여과 Flux 1.5m^3/m^2 · day → 고탁도 시 여과 Flux 1.0m^3/m^2 · day로 조정

AOP(Advanced Oxidation Process)

관련 문제 : 고도산화, 고급산화

1. 개요

1) AOP는 오존, H_2O_2 등 산화력이 강한 물질에 의해 난분해성 물질을 산화·분해하는 방법

2) 오존은 유기물과의 반응이 느리거나 전혀 반응하지 않은 경우가 있다.

　① 이론적 : 오존 + 유기물 → CO_2, H_2O

　② 오존 그 자체가 불안정하여

　③ 일반적인 지표수에서 수초 내지 수분 내의 반감기를 가지며 수중의 오존(잔류오존)은 단시간 내에 분해되어 산소로 변함

　④ 변화속도는 pH에 영향을 받음

　　㉮ 산성에서는 안정하나

　　㉯ 알칼리성으로 갈수록 변화속도가 빠르다.

3) 즉, 고급산화법은 이러한 단점을 보완하기 위해 OH 라디칼을 중간생성물로 생성하여 유기물과 매우 빠른 시간에 반응시킨다.

　산화제(O_3, H_2O_2 + 촉매(UV, $FeSO_4$))

4) 즉, AOP는 이러한 오존의 단점을 보완하고 H_2O_2, UV 등과 사용하여 O_3 분해를 가속화함으로써 OH 라디칼을 증가시켜 유기물 산화분해를 촉진하는 방법

5) 이러한 고급산화법은 유기물 제거, 맛·냄새 제거, THMs 억제 대안, GAC/BAC 등의 전처리공정으로 활용

6) 하수 및 폐수의 유기물 지표가 COD에서 TOC로 전환

　① TOC는 COD에 비해 넓은 범위의 유기물을 정량화할 수 있는 지표이다.

　② 특히 수중에 난분해성 유기오염물질들이 많이 포함되어 있을 경우 COD에서 TOC로의 전환율이 높게 나타날 수 있다.

　즉, COD로 측정되지 않던 유기물이 TOC에 반영될 수 있다.

7) 이러한 오존 처리의 문제점과 수질 지표의 변화에 따라 난분해성 유기오염물질을 효과적으로 처리하기 위한 AOP 공정의 필요성이 더욱 높아지고 있다.

2. 고급산화법의 구분

2.1 오존 + 높은 pH

1) pH를 증가시킬수록 O_3 분해가 가속화되어 더욱 많은 OH 라디칼이 생성

2) OH 라디칼 생성 면에서는 pH를 증가시키는 것이 유리하지만 오존 소모반응도 함께 증가하므로 최적 pH 조건을 구하여야 한다.

3) $3O_3 + H_2O \rightarrow 2OH + 4O_2$

2.2 $O_3 + H_2O_2$

1) 과산화수소의 짝염기인 HO_2^-가 오존을 분해할 수 있는 Initiator로 작용

2) 수산화기보다 훨씬 빠르게 오존을 분해하여 OH 라디칼을 생성

3) 과산화수소는 OH 라디칼을 생성하는 데 도움을 주지만, 필요 이상의 양에서는 유기물 제거에 역효과를 유발할 수 있다.

4) $2O_3 + H_2O_2 \rightarrow 2OH + 3O_2$

2.3 오존의 광분해($O_3 + UV$)

1) 용존오존이 자외선(253.7mm) 에너지에 의해 광분해되어 초기 반응에서는 H_2O_2가 중간물질로 생성

2) 생성된 과산화수소는 오존 + H_2O_2 AOP와 같은 경로로 OH 라디칼 생성

3) $O_3 + H_2O(UV$ 조사$) \rightarrow H_2O_2 + O_2$

   $2O_3 + H_2O_2 \rightarrow 2OH + 3O_2$

2.4 $H_2O_2 + UV$

OH 라디칼의 생성 면에서는 가장 간단한 방법이나 파장(253.7mm)에서 H_2O_2의 흡수성이 약하기 때문에 충분한 양의 OH 라디칼을 생성하기 위해서는 많은 양의 H_2O_2가 필요하다.

2.5 광촉매(TiO_2) + UV

2.6 펜톤산화 : $H_2O_2 + FeSO_4$

3. 결론

1) AOP 공정 중에서 OH 라디칼의 생성효율이나 실제 적용 면에서 오존 + H_2O_2 방법이 가장 효율적이다.

2) 고급산화법은 재래식 산화처리공정의 한계를 극복할 수 있고, 미량 유기물을 효율적으로 처리할 수 있는 수처리기법으로, 처리목표, 처리 규모에 따라 다양하게 활용될 수 있다.

3) 오존 및 고급산화법은 상수처리에 적용할 때 원수의 pH, 온도, 수질 특성에 따라 산화력이 큰 차이가 있으므로 실적용을 위해서는 충분한 조사 및 분석이 필요하다.

4) 고급산화법을 거친 처리수는 BDOC(생물분해 가능 유기탄소) 농도가 증가하므로 BAC 공정 같은 후속 공정을 통해 생물학적 안정도를 높일 필요가 있다.

5) 난분해성 유기오염물질의 효율을 높이기 위한 보다 현실적인 방안으로, 기존 기술(생물학적 수처리, 막분리와 같은 물리적 처리 기술 등)과 고도산화기술의 적절한 조합을 통한 공정 최적화도 고려해 볼 수 있다.

· 참 / 고 / 자 / 료

■ D정수장 오존/과산화수소수 AOP(PEROXONE AOP) 공정(예)

1) 장래 도입 예정인 AOP(Advanced Oxidation Process)공정을 금회에 도입
2) 오존처리기능을 강화시키기 위해 PEROXONE AOP 공정 적용(2 – MIB, Geosnim, 보증수질 5.6ng/L)
3) AOP 공정 또는 잔류오존 제거시설로 운영하도록 시설계획

■ 설계기준 검토

구분	입찰안내서	설계반영
AOP 공정	• AOP 설비를 확보할 수 있도록 배치계획 수립 • 장래 먹는물 수질기준 강화에 대비한 공정계획 • 상수도 설계 기술의 선진화 및 발전기반 구축	• 장래 도입 예정인 PEROXONE AOP공정 적용 • 잔류오존 제거시설로 활용 가능하도록 계획 • AOP 공정, 잔류오존 제거공정으로 운영 가능
도입 목적	• 일시적으로 고농도의 맛·냄새 물질 유입 시 오존처리기능을 강화 • 오존처리 단독공정으로 운영 시 잔류오존 제거시설로 활용 • 강력한 산화 공법의 도입으로 장래 먹는물 수질 강화에 대비 • 최첨단 공법 도입으로 상수도 설계 기술의 선진화 및 발전기반 구축	

■ AOP 공정

공정 개요	강력한 살균 및 산화력을 가지는 OH 라디칼 중간 생성물질로 생성하여 수중 오염물질인 유기물 및 독성 물질을 산화 처리하는 수처리 기술
고도산화방법	오존(O_3)에 과산화수소, UV 에너지 등을 첨가하여 산화력 증대
제거 가능 미생물	지아디아, 크립토스포리디움, 대장균, 살모넬라, 비브리오, 로타바이러스, O – 157균
기대 효과	• 난분해성 물질 제거 탁월 • 오존에 의한 단독 처리 시보다 효과와 적용성이 높음

■ PEROXONE AOP 도입 정수시설 현황

정수시설	시설용량(m³/일)	정수처리공정
Lake Washington WTP(Melbouren, FL, USA)	76,000	침사 + 오존(과수AOP) + 여과
Twins Oaks WTP(San Marcos, CA, USA)	380,000	막여과 + 오존(과수AOP) + GAC
Little Falls WTP(Totowa, NJ, USA)	300,000	응집 + 침전 + 여과 + 오존(과수AOP)
Santa Theresa WTP(San Jose, CA, USA)	380,000	응집 + 침전 + 오존(과수AOP) + 여과
David L. Tippin WTP(Tampa, FL, USA)	250,000	응집 + 침전 + 오존(과수AOP) + 여과
Burlington WTP(Burlington, ON, Canada)	90,000	표준 + (PEROXONE AOP 운영중)
T.L. Amiss WTP(Shreveport, LA, USA)	340,000	응집 + 침전 + 오존(Quenching 검토)
TID Regional WTP(Hughson, CA, USA)	167,000	응집 + 침전 + 오존(검토중) + 여과

■ Pilot Plant 운영결과 분석

서울시 고도정수처리연구('02~'06)

- 모래여과수에 2−MIB와 Geosmin 표준용액을 Spiking (2−MIB 171ng/L, geosmin 104ng/L)
- 오존주입량 1, 2mg/L에서 각각 H_2/O_3 ratio를 0, 0.15, 0.3mg/mg으로 변화
- 오존 단독공정 2mg/L와 AOP에서 오존 주입량 1mg/L + H_2O_2/O_3 ratio 0.3mg/mg과 유사한 처리효율을 나타냄
- 고농도의 맛·냄새물질 유입 시 한시적으로 과산화수소를 주입하여 AOP 시스템으로 전환 가능
- 오존공정을 중심으로 한 고도산화공정은 맛·냄새물질 등 특정 유기물질을 매우 효과적으로 제어

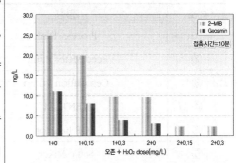

한강수계를 중심으로 한 맛·냄새의 효율적 제거(수자원공사, '03~'05)

- Geosmin을 원수에 169~205ng/L의 범위로 연속 투입하며 오존 1~2mg/L에서 과산화수소 주입농도 변화에 따른 Geosmin의 제거효율을 평가
- 오존주입량 1mg/L에 $[H_2O_2]/[O_3]$ Ratio 0.3에서는 최대 51.7%까지 제거효율이 크게 향상
- 오존주입량이 2mg/L으로 높은 경우에는 AOP에 의한 제거효율 증가가 미비, 오존주입률 1mg/L와 소량의 과산화수소 주입은 오존 2mg/L 투입과 유사한 제거효과
- $[H_2O_2]/[O_3]$ Ratio 0.5 이상에서 맛·냄새 물질인 Geosmin의 처리효율이 감소

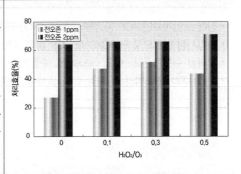

미량 유기오염 물질에서의 주입 오존농도 비례 AOP 공정 실험결과(한국건설기술연구원)

- 오존 단독공정에 비해서 AOP 공정의 처리효율이 우수
- 오존주입량 1mg/L 전후의 낮은 오존주입농도에서는 최적 과산화수소 주입비가 대체로 0.3~0.5의 범위임
- 오존주입농도가 높아질수록 최적 주입비는 대체로 0.3으로 결정할 수 있음

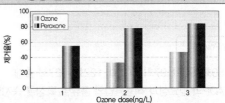

■ AOP 시설 계획

- AOP 공정, 오존처리공정, 잔류오존 제거 공정을 자유롭게 전환 가능하도록 계획
- 주입지점 변경으로 필요시 언제든지 PEROXONE AOP 공정 또는 잔류오존 제거공정으로 전환

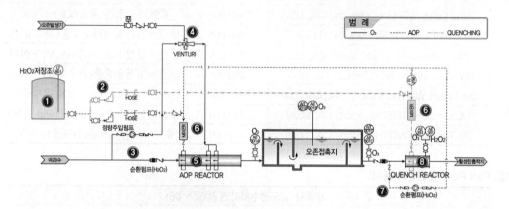

번호	명칭	시설개요
①	Process Tank	D1,300mm × 1,600mmH, 1EA
②	Feed Meter Pump	0~1,500cc/min, 4대
③	Cerculation Pump	450m³/hr × 40mH, 6대
④	VENTURI	12″ × 1,480m, 6EA
⑤	AOP Reactor	D2,000mm × 9,000m, 2EA
⑥	Static Mixer	STS316, 3EA
⑦	Cerculation Pump	150m³/hr × 30mH, 2대
⑧	Quench Reactor	D2,600mm × 4,000m, 1EA

- 장래 도입계획인 AOP 공정을 금회에 설치(PEROXONE AOP)
- 주입지점 변경으로 PEROXONE AOP 공정 또는 잔류오존 제거공정으로 운영 가능
- 강화된 수질기준(2-MIB, Geosmin, 수질기준 10ng/L, 목표수질 7ng/L, 보증수질 5.6ng/L)에 대비
- 연간유지비 258백만 원 절감, CO_2 발생량 500Ton/년 저감 가능

펜톤(Fenton) 산화

1. 서론

1) 오존은 유기물과의 반응이 느리거나 전혀 반응하지 않는 경우가 있다.

2) 고급산화법(AOP : Advanced Oxidation Process)이란 오존, 과산화수소 등의 산화제에 촉매 등을 추가하여 강력한 산화력과 살균력을 갖는 OH 라디칼을 중간물질로 생성하여 수중의 유기물질과 유해물질을 산화하여 처리하는 수처리 기술이다.

3) 즉, AOP란 오존, H_2O_2 등의 산화력이 강한 물질에 의해 난분해성 물질을 산화 분해하는 방법으로

4) 펜톤산화도 고급산화법의 일종이며

5) 오존의 단점을 보완하고 H_2O_2, UV 등을 사용하여 O_3의 분해를 가속화함으로써 OH 라디칼의 생성을 증가시켜 유기물의 산화분해를 촉진하는 방법이다.

6) 고급산화법은 유기물 제거, 맛냄새 제거, THMs 억제, GAC/BAC 등의 전처리공정으로 활용이 가능하다.

2. AOP의 종류

오존/높은 pH, 오존/H_2O_2, 오존/UV, 오존/TiO_2, H_2O_2/UV, H_2O_2/Fe^{+2}, H_2O_2/TiO_2

3. 반응원리

1) 펜톤산화법은 폐수에 과산화수소와 2가철이온(제1철염)을 동시에 주입하여

2) 과산화수소보다 산화력이 강한 OH 라디칼(중간생성물)을 만들어 유기물질을 산화 및 분해하는 방법

3) $H_2O_2 - FeSO_4$ 촉매시스템을 선택

4) H_2O_2와 $FeSO_4$는 따로 떨어져서는 폐수의 복잡한 유기물을 효과적으로 산화시킬 수 없음

5) H_2O_2와 $FeSO_4$가 혼합되었을 때에는 H_2O_2가 OH Radical Oxidant를 생성시키기 때문에 유기물이 쉽게 분해된다.

6) 펜톤산화반응으로 알려진 H_2O_2와 Fe^{+2}의 전형적인 반응은 매우 빠르게 진행

4. 펜톤산화의 메커니즘

펜톤산화반응의 메커니즘을 연쇄반응(Chain Reaction)으로 나타내면 다음과 같다.

4.1 개시단계 : Radical이 생성된다.

$Fe^{+2} + H_2O_2 \rightarrow Fe^{+3} + OH^- + \cdot OH$

폐수에 과산화수소와 제1철염을 동시에 주입하여 2가철(Fe^{+2})의 촉매작용을 이용하여 과산화수소로부터 OH 라디칼을 생성시키고 자신은 3가철(Fe^{+3})로 산화된다.

4.2 전파단계 : 개시단계에서 생성된 Radical로부터 새로운 Radical이 생성된다.

1) $\cdot OH + RH \rightarrow R \cdot + H_2O$

개시단계에서 생성된 OH 라디칼은 유기물을 분해하여 유기물 라디칼($R \cdot$)을 만든다.

2) $R \cdot + Fe^{+3} \rightarrow Fe^{+2} + Products$

3가철(Fe^{+3})은 유기물 라디칼에 의해 다시 2가철(Fe^{+2})로 환원된다.

3) $R \cdot + \cdot OH \rightarrow ROH$

유기물 라디칼과 OH 라디칼이 반응하여 유기물질을 산화시킨다.

4) 최종반응식 : 펜톤산화에서 유기물이 분해되어 치환 유기물이 발생하는 최종반응식

$H_2O_2 + RH \rightarrow ROH + H_2O$

4.3 종결단계 : Radical이 소멸된다.

$Fe^{+2} + \cdot OH \rightarrow Fe^{+3} + OH^-$

4.4 총괄

펜톤산화반응에 의해 유기물이 산화 분해될 때 철 이온은 Fe^{+2}와 Fe^{+3} 사이를 순환하며 유기물 라디칼에 의해 Fe^{+2}이 Fe^{+3}로 환원되지 않는다면 Fe^{+3}의 농도가 높아져 Fe^{+2}를 추가적으로 공급하여야 한다.

5. 장단점

5.1 장점

1) 저농도 유기물은 펜톤산화에 의해 완전 산화시켜 무해한 상태로 전환
2) 독성물질, 난분해성 물질, 고농도유기물
   ① 생물학적 처리공정 없이도 기준에 맞는 처리수 획득도 가능
   ② 난분해성 유기물질을 산화시켜 미생물이 분해 가능한 유기물로 전환하여 생물학적 처리가 가능하도록 함

③ 즉, 생분해성의 증가

3) 색도나 악취 처리

4) THM의 생성 억제

5) 여타의 고급산화법이나 광산화법에 비하여 부대장치가 과대하지 않다.

5.2 단점

1) 슬러지의 발생량이 많다.

2) 약품비의 증가 우려

유입 및 유출수의 pH 조절을 위해 소모되는 산·염기 약품과 생성된 철 슬러지의 처리비용은 펜톤산화 공정의 주된 운전비용으로 손꼽힌다.

3) 과산화수소가 잔존할 경우 미생물에 영향을 미침

4) 색도증가 우려

5) pH 조절과정이 수반된다.

펜톤 산화반응의 수산화라디칼 생성이 산성 pH영역으로 제한됨에 따라 펜톤산화를 이용한 폐수처리 공정의 전후에 pH 조절과정이 수반된다.

6) 크게 느린 유사펜톤반응

유사펜톤반응 속도를 가속하기 위한 외부 에너지(전기 혹은 광)의 활용 필요

7) 중성 pH 영역에서 철의 침전에 의한 반응중단 및 철 슬러지의 생성

리간드의 활용

6. 펜톤산화의 처리공정

1) 펜톤산화법은 대상폐수 및 여건에 따라 차이가 있으나

2) 현재 우리나라에서는 폐기물매립장 침출수 처리공정은 생물학적 처리 → 화학적 처리 → Fenton 산화

7. 펜톤산화 적용 시 고려사항

1) 생분해성 판단

① 생분해성 판단기준 : BOD_5/COD_{Cr}

② BOD_5/COD_{Cr}가 0.6 이상이면 생물학적으로 쉽게 분해할 수 있는 폐수

③ 현장에서 BOD_5/COD_{Cr} 비를 높일 수 있는 방법 모색 필요

H_2O_2, Fe^{+2} 주입량, pH, 시간 및 교반시간이 영향인자

2) Fe^{+2} 주입량

    ① Fe^{+2}은 촉매로 작용

    ② 적정량 이상에서는 오히려 OH 라디칼을 소모

    ③ Fe^{+2}/RH 비가 중요

       ㉮ 큰 값 : OH 라디칼은 Fe^{+2} 산화에 많이 소요

          Fe^{+2}에 의해 생성되는 슬러지의 처리비용 증가

       ㉯ 작은 값 : OH 라디칼은 RH의 산화분해에 이용

          H$_2$O$_2$의 주입량이 많을 경우 약품비용이 과다 소요

3) 과산화수소 주입비

    ① 철염과 과산화수소의 주입비, 주입률 등은 실험에 의해 결정

    ② H$_2$O$_2$의 주입률이 많은 경우

       ㉮ 과산화수소 주입량이 철염에 비해 상대적으로 많으면 반응하지 않고 남은 여분의 잔존 과산화수소는 처리수의 COD를 증가

       ㉯ 후단계 생물학적 처리시설의 미생물 성장에 영향을 미침

4) 펜톤산화에 의해 난분해성 물질이 생분해성 물질로 전환되는 경우

    COD는 감소하지만 오히려 BOD가 증가할 우려 존재

5) pH

    ① 펜톤산화의 적정 pH : 3.0~4.0

    ② pH는 반응조에 과산화수소와 철염을 먼저 가한 후 조절한다.

    ③ 하수와 침출수는 pH 완충능력이 크므로 pH 조절을 위한 약품투입량은 반드시 실험에 의해 결정

6) 슬러지

    ① 펜톤산화공정의 침전슬러지는 철염이 포함되어 무겁고 주입량 변동에 따라 슬러지량 변동

    ② 침전지의 용량에 여유를 두고 Scraper는 충분한 강도로 설계

7) 처리대상수에 존재하는 중탄산염, 탄산염 등은 OH 라디칼을 소비하는 방해물질이다.

8. 결론

1) 정수처리장 또는 하수처리장에서는 펜톤산화의 적용이 가능하며

2) 각 처리장의 처리목표에 따라 여러 처리장의 현황파악을 통한 처리 여부를 결정할 필요가 있으며

3) 펜톤산화를 비롯한 AOP의 적용 시 반드시 VE/LCC 분석을 통한 선택이 필요하며

4) 펜톤산화의 적용 시 각 처리장별 최적의 운전조건을 도출할 필요가 있으며

5) 필요에 따라 전문적인 기술인력의 배치도 필요하다.

6) 정수장의 경우 THM과 같은 소독부산물질의 제어나 현재 문제가 되고 있는 1−4−다이옥산의 처리가 필요한 정수장의 경우 펜톤산화의 적용도 검토해 볼 만한 공법이다.

7) 또한 고농도의 폐수를 배출하는 사업소 특히 염색폐수나 침출수 처리의 경우 펜톤산화의 적용도 하나의 대안으로 적용이 바람직하다.

8) 최근 펜톤산화의 단점을 보완하기 위한 전기 펜톤(Electrochemical Fenton) 공정과 유동상 펜톤 (Fluidized bed Fenton) 공정에 대한 검토가 이루어지고 있다.

Key Point ✛

- 상기 펜톤산화는 출제 빈도가 높지 않으나, 기존의 오존의 단점을 보완할 수 있는 AOP 공정이라는 점을 숙지하기 바람
- AOP 공정의 도입 필요성, 펜톤산화의 원리(과산화수소＋철염), 장단점은 숙지 바람
- 펜톤산화 단독으로 출제되지 않고 오존이나 AOP 공정에 관한 문제가 출제될 경우 간략히 언급할 필요가 있음

해수담수화법

1. 서론

1) 최근 낙도지역의 물부족 현상을 해결하기 위해 해수담수화공법이 많이 채용
2) 해수담수화공법은 주로 MSF와 R/O법을 많이 사용
3) 갈수록 수질오염이 가속화되고 육지 수자원의 문제를 해결하기 위한 방법으로 해수담수화공법의 적용이 증가할 것으로 판단
4) 현재 해수담수화는 기술적 발전에 비해 생산비가 많이 소요되는 단점이 존재
5) 앞으로 이런 기술적인 문제를 점차 해결한다면 해수담수화의 공법 적용이 널리 보급될 것으로 예상된다.
6) 따라서 해수담수화기술 개발과 함께 수도요금의 현실화, 생산비의 저감, 정부의 재정적 지원 및 세제혜택 등이 필요하다.

2. 해수담수화의 필요성

1) 낙도지역의 물부족 문제 해결
2) 육지수원의 오염과 수원개발지의 감소
3) 해수담수화기술의 발전과 더불어 수요확대 예상
4) 중수도시설, 하수처리수 재이용에 기술 적용

3. 해수담수화의 분류

3.1 상변화법

1) 증발법 : 다중효용법(ME), 다단계플래쉬법(MSF), 증기압축법, 투과기화법
2) 동결융해법

3.2 상불변법

1) 막분리법
2) 전기투석법
3) 용매추출법
4) 이온교환수지법

4. 해수담수법의 종류

4.1 동결융해법

1) 해수를 −8℃까지 온도를 저하시켜 동결시키면 염과 담수가 분리
2) 고농도염을 포함한 얼음을 물로 씻어 내리고 녹여서 담수를 획득
3) 경제적으로 생산단가가 비싸고 설비의 유지관리가 어렵다.

4.2 가열법

1) 다중효용증발법

   ① 해수를 가열하여 끓는점에 따라 증발되는 수증기를 획득

   ② 이 수증기를 응축시켜 담수를 획득

2) 다단계플래시법(MSF)

   ① 해수를 저비등점에서 증발시켜 수증기를 획득하고 수증기를 응축시켜 담수 획득

   ② 대용량 담수 획득

3) 증기압축법

   증기드럼 속에서 발생된 수증기를 압축기로 압축하여 담수 획득

4) 태양열 이용

4.3 R/O법 : 소규모

1) 용매는 투과시키고 용질은 통과시키지 못하는 반투막의 성질을 이용하는 방법
2) 삼투압 $\pi = \Delta CRT$로 농도차에 비례, 절대상수, 절대온도에 비례
3) R/O법은 기타 MF, UF보다 높은 압력(10기압 이상)을 필요로 하므로 유지관리비가 많이 소요
4) R/O법은 해수담수화법뿐만 아니라 중수도설비에도 많이 적용
5) 최근 해수담수화 적용이 가열법에서 역삼투법으로 전환
   에너지회수장치 적용으로 인한 에너지 소모량 감소 때문

4.4 전기투석법

1) 반투막 성질을 이용하여 막 양질에 (+)극과 (−)극을 설치
2) 막 양단에 직류전압을 걸면 막 양단에 염이 포착되면서 담수를 획득

4.5 이온교환법

1) (−)이온을 제거하기 위한 음이온교환수지와 (+)이온을 제거하기 위한 양이온교환수지를 연속적으로 설치하여 해수 중에 포함된 염을 제거하는 공법
2) 전처리정도와 해수의 통과유속, 막 표면의 세척 등에 유의해야 한다.

5. 향후 해수담수화의 과제

5.1 저에너지 해수담수화기술 개발

1) RO 에너지 저감기술 개발

2) 유입수 염도 저감기술 개발

3) 삼투 에너지 회수기술 개발

5.2 신재생에너지와 연계한 저탄소 해수담수화기술 개발

1) 신재생에너지 연계 해수담수화 적용

2) 분산형 소규모 패키지 플랜트 적용

5.3 RO 농축수 활용 및 가치 증대

6. 결론

1) 최근 해수담수화의 적용은 역삼투법이 대세이나 농축수 문제와 에너지 절감을 위한 기술개발이 필요한 실정이다.

2) 해수담수화의 확대보급을 위해 기존 수도요금의 현실적 적용도 고려해야 한다고 판단되며

3) 갈수록 심해지는 육지수원과 수원개발의 적지 부족, 수원개발에 따른 민원문제, 지자체 간의 분쟁을 해결하기 하나의 정책적·기술적 수단으로 적극적인 기술개발과 보급이 필요하며 중앙정부의 정책수립과 세제지원이 필요하다고 판단된다.

4) 지속적인 담수 생산을 위해서는 기후변화 시대에 걸맞은 그린 해수담수화 기술 또한 반드시 필요하다.

① 특히, 담수화 기술 고도화, 신재생에너지와의 연계성 구축, 농축수 활용을 통한 유자원 회수 등의 전략이 필요할 것으로 판단된다.

② 해수담수화 시장이 전 세계적으로 크게 성장하는 만큼 앞으로 그린 해수담수화기술 적용 역시 확대될 것으로 사료된다.

Key Point ✦

- 73회, 78회, 87회, 93회, 96회, 100회, 101회, 112회, 120회, 121회, 122회, 126회, 128회, 129회,130회 출제
- 최근 출제 빈도가 높은 문제로 R/O법이나 전기투석법은 1교시 문제로 단독 출제될 가능성이 충분이 있으므로 각 방법의 특징 및 원리의 이해는 반드시 필요하다고 판단됨
- 또한 R/O법은 최근 물부족, 재이용 및 대체수자원 측면에서 출제가 예상됨
- 최근 방류설비에 대해 묻는 문제가 출제된 바 있어 세세한 내용까지 숙지가 필요함

해수담수화 전처리설비

해수담수화 전처리설비의 설계기준은 다음과 같다.

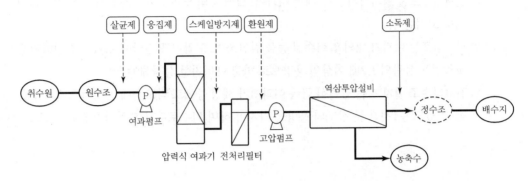

1) 전처리설비는 와권형 막에 요구되는 공급수의 청정도를 SDI 또는 FI가 4.0 이하가 되도록 하며, 탁도 기준으로 선정할 경우에는 0.1NTU 이하의 수질로 처리할 수 있는 설비를 갖추어야 한다. (단, 와권형 이외는 별도 검토한다.)

2) 전처리방식 선정은 원수의 탁도기준에 따라 적정하게 선정하여야 한다.

○ 탁도기준별 전처리방식 종류

구분	응집침전 여과방식	직접응집 여과방식	무약품주입 여과방식
탁도기준	10~20NTU	1~10NTU	1NTU 이하
공정도	응집제 원수 – 응집 – 침전 정수 – RO – 여과 소독제	응집제 원수 – 응집 – 여과 정수 – RO 소독제	소독제 원수 – 여과 – RO – 정수

3) 전처리과정에서 소독제를 주입하는 경우에는 필히 막여과공정(Polyamid 재질) 전에 환원제 주입설비를 갖추어야 한다.

4) 원수의 수질에 따라 압력식 급속여과기(1차, 2차)와 마이크로 필터(1차, 2차)를 조합한 여과방식을 고려하여야 한다.

　① 압력식 급속여과기는 역세척이 가능하도록 배관구성을 해야 하며, 여재 교체가 가능한 구조로 설계되어야 한다.

　② 압력식 급속여과기는 역세척 직후에 발생하는 초기 고탁도를 배출할 수 있는 별도의 배수배관 설치를 고려하여야 한다.

③ 압력식 급속여과기의 1차와 2차 여과방식은 원수의 계절별 수질을 고려하여 적정방식을 선정하며, 어느 경우라도 예상되는 원수의 최고 탁도를 처리할 수 있도록 한다.

④ 압력식 급속여과기의 여과속도는 1차는 240~480m/일, 2차는 360~600m/일 이내에서 설계한다.

⑤ 마이크로필터의 규격은 일반적으로 1차는 5~10μm, 2차는 1μm 이내로 선정함을 원칙으로 한다.

⑥ 전처리수조를 설치하지 않을 때는 여과기, 필터 등의 투과수 채수시험을 위한 별도의 배관설치를 고려한다.

⑦ 여과펌프는 여과기 내의 압력손실 등을 감안하며, 고압펌프 전단에 부압이 발생하지 않도록 고압펌프 용량의 1.2배 이상의 용량으로 하고 예비기를 설치해야 한다.

⑧ 전처리수조 설치 시는 압력식 급속 여과기가 세정 중에도 막모듈에 안정적으로 용수를 공급할 수 있도록 1시간 분 정도의 용량을 가져야 하며 외부로부터 오염되지 않는 구조로 한다.

Key Point ✳

112회, 120회, 121회, 122회, 126회, 128회 출제

정수처리 시 조류 제거

1. 서론

1) 도시지역의 인구증가와 산업시설의 집중은 수자원 오염 가중
   영양염류 증가(N. P의 농도 증가)에 따른 수역의 부영양화

2) 수역의 부영양화에 의해 발생된 조류는 다음과 같은 문제점 야기
   이 · 취미 발생, 독소물질 발생, 소독부산물(DBPs) 발생, 응집 · 침전 방해, 여과 손실수두 증가,
   After-Growth 유발, 시설 구조물 부식 등을 일으킨다.

3) 따라서 수역의 부영양화 방지와 함께 정수장에서의 장애를 방지할 수 있는 대책이 필요한 실정
   이다.

2. 조류가 정수처리 시 미치는 영향

2.1 이 · 취미 발생

2-MIB, Geosmin

2.2 조류 독소물질 발생

1) Microcystin, Anatoxin, Nerotoxin

2) 간암유발 가능성 존재

2.3 응집 · 침전 방해

1) 조류 발생 시 pH 10~12까지 상승

2) pH가 상승하므로 응집제의 적정 pH 범위를 초과

3) 응집효율 저하

4) 응집제 과량 주입 : 슬러지 발생량 증가

5) 잔류 알루미늄 농도 증가

6) 미세기포 발생
   ① 조류는 광합성을 하므로 미세기포 발생
   ② 현탁물질에 기포가 붙어서 침전 방해

7) 입자의 (-)전하가 커져 응집 · 침전 방해

2.4 여과지 여과장애

1) 여과지 손실수두 증가

2) 여과지 통수저항 증가

3) 여과지속시간 감소

4) 역세척 횟수 증가

　즉, 역세척 주기가 짧아져 식수 생산량에 차질을 유발

5) 부수두(부압) 발생 시 Break-through 발생 우려

　배수관망에 존재 시 After-growth 발생 가능성 존재

2.5 소독력 저하

1) 염소 저항력 상승

2) 염소 주입량 증가

3) DBPs(THMs) 소독부산물 생성 우려(증가)

4) 조류세포의 파괴로 인한 이·취미, 독소물질의 유출 가능성

2.6 세균부활(After-Growth)

1) 여과지에서 Break-through 발생 시 세균부활 우려

2) 관내 Bio-film 생성 우려

2.7 정수장 장애유발

기계 부속 관거 부식

3. 대책

3.1 수원에서의 대책

1) 오염발생원 중심의 처리

　① 마을하수도, 소규모 하수도 설치

　② 상수원보호구역 위주(우선 설치)

　③ 부영양화 방지를 위해 고도처리시설의 확충

2) 약품주입

　① 조류발생지역 : $CuSO_4$

　② 일시에 필요한 양 주입(1mg/L 정도)

　③ 2차 오염유발 가능성 존재

3.2 정수장에서의 대책

1) 전염소 처리
  ① 파괴점 염소주입 실시
  ② DBPs 생성 우려
  ③ 조류부산물의 생성 우려

2) Micro – strainer 설치
  ① 다단계 설치가 효과적
  ② 전염소 처리 시 부식 우려 : 전염소 처리 전에 설치해야 함

3) Enhanced – Coagulation
  ① 소독부산물의 전구물질인 NOM 등의 처리효율 향상을 위해 원수의 pH를 조정하여 응집하는 방식
  ② 유기물 제거를 위하여 pH를 5.5~6.5 범위로 조절
  ③ 조류발생 시 pH가 상승하므로 pH 조정이 필요 : 현실적으로 적용 시 비경제적

4) 다층여과
  ① 밀도·입경이 다른 복수 여과재를 사용하는 급속여과지의 변법
    ㉮ 여재 : 무연탄(안트라사이트) 모래, 석유석, 자갈층
    ㉯ 이층여과가 효과적 : 안트라사이트(50cm) + 모래(25cm)
                           안트라사이트(25cm) + 모래(25cm)

5) 부상여재 여과 : 여과사와 확실한 분리가 이루어지므로 조류 제거에 효과적

6) 부상분리법(DAF : Dissolved Air Flotation)
  ① 일부 정수장을 중심으로 기존의 침전공정보다 조류 및 색도 제거에 우수한 성능을 보이는 용존공기부상법 공정을 기존의 침전공정을 대체하는 공정으로 적용하는 사례가 증가하고 있다.
  ② 저밀도의 녹조제거에 탁월한 효과
  ③ 부상공정은 기존 침전공정보다 높은 수면적 부하로 많은 처리수를 확보할 수 있다.

7) 막분리법 : MF 막을 적용 가능하나 막오염이 발생할 가능성 존재

4. 결론

1) 부영양화의 발생 이전에 제어할 필요가 있음
  ① 오염원 발생원 처리 : 마을하수도 소규모 하수도 설치
  ② N, P 처리를 위한 고도처리가 필요
  ③ 비점오염원 관리·제어 필요

2) 기존 정수장의 처리공정에서 조류발생 시 장애 우려

  조류의 유입이 예상되거나 하천수질이 3급수 이하일 경우는 고도정수처리로의 전환이 필요

3) 고도정수처리 설치하기 위해서는 경제적 문제가 야기되므로

  ① 현재 처리장의 경우 다층여과지의 설치를 검토

  ② 향후 고도정수처리로의 전환 시에는 다층여과 · 부상분리 등을 고려

4) 조류발생 시에는 소독 후 소독부산물 발생 우려

  ① 소독처리 전에 반드시 조류 제거가 필요하고

  ② 조류발생 시에는 전염소처리를 가급적 피한다.

Fe, Mn 제거법

1. 서론

1) 철이나 망간이 포함될 경우 적수나 흑수를 유발하거나 관 내 Slime층을 형성할 우려가 높으므로 양질의 수질을 원하는 수요자의 욕구에 맞게 각 처리장별 유입원수의 특성을 파악하여 적절한 대책이 필요하다.

2) 원수 중에 포함된 철은 대개의 경우 침전과 여과과정에서 어느 정도 제거되므로 철을 제거하는 설비의 설치 여부는 포함된 철의 양과 성질 및 수도설비 등을 구체적으로 고려한 다음 결정

3) 원수 중에 망간이 포함되면 보통 정수처리에서는 거의 제거되지 않으므로 망간에 의한 장애가 발생할 우려가 있는 경우나 먹는물 수질기준 이상인 경우에는 처리효과가 확실한 방식으로 망간을 제거하기 위한 처리설비를 설치할 필요가 있다.

4) 또한 철이 많이 포함된 물에는 망간이 공존하는 경우가 많으므로 철의 제거방법을 고려할 때 망간제거의 필요성 여부에 대한 검토가 필요하다.

2. Fe, Mn 처리의 필요성

2.1 Fe

1) 쇠맛, 쇠냄새를 유발

2) 적수 유발

3) 공업용수로 부적합

4) 물속에 철박테리아가 서식하면 관 내에 Slime층 형성
   이 Slime층이 부패하면 물에 맛과 냄새를 유발

5) 따라서, 수돗물의 수질기준인 Fe 0.3mg/L 이하로 제거할 필요가 있다.

2.2 Mn

1) 수돗물 중에 Mn이 수질기준 0.3mg/L 이하 정도의 양이라도 포함되면 다음과 같은 현상을 유발
   ① 유리잔류염소가 존재 시 Mn 양의 300~400배의 색도가 발생
   ② 관 내면에 흑색 부착물이 생겨 흑수의 원인이 됨
   ③ Fe, Mn 혼재 시 흑갈색을 띰

2) 따라서 정수처리 시 0.005ppm 이하로 Mn을 처리할 필요가 있다.

3. Fe, Mn의 함유형태

3.1 Fe

    1) 지하수 : $Fe(HCO_3)_2$ 형태로 존재, 휴믹산 등과 결합하여 콜로이드 철로서 존재

    2) 하천수 : 제2철염으로 존재

    3) 온천, 광산, 공장폐수 : 황산제2철로 존재

    4) 호소, 저수지 : 저층의 혐기성 분해 시 철 용출

3.2 Mn

    1) 상류에 온천이 있는 경우

    2) 광산이나 공장의 폐수에 오염이 되어 있는 경우

    3) 하수 등에 오염이 되어 있는 경우

    4) 지하수 : 화강암지대, 분지, 가스 함유지대 등

    5) 호소, 저수지 : 여름철에 성층현상이 발생되면 저층이 혐기화되어 용출

4. Fe 제거설비

4.1 포기법

    1) 중탄산 제1철, 유리탄산, H_2S를 제거한다.

    2) 부용성의 수산화 제1철로 되어 침전 제거된다.

    3) pH가 높으면 반응이 빠르다.

    4) 주로 지하수의 철 제거에 이용된다.

    5) 콜로이드성 철은 제거가 안 된다.

4.2 전염소처리

    1) 제2철 이온을 산화하여 제2철로 침전시킨 후 여과

    2) pH가 낮아도 처리 가능

    3) 콜로이드성 철 제거에도 유효

    4) 유리잔류염소가 소량 남도록 주입

4.3 pH 조정 : 석회소다법

중탄산 제1철 이외의 철은 pH 9 이상으로 높이면 수중의 산소에 의해 산화되어 수산화제1철이 석출된다.

4.4 응집, 침전법

1) 콜로이드성 철 제거에 유효

2) Alum, 소석회 등이 이용

4.5 약품침전 + 여과

수중의 철은 포기, 전염소처리 등에 의해 산화한 후 완속 또는 급속여과방식에 의해 제거

4.6 접촉산화법

1) 산화철로 피복된 여과사가 촉매작용을 하여 제1철을 제2철로 산화

2) 여과층에서 제2철이 제거

3) 하부에서 공기주입 : 처리효율 상승

4.7 철박테리아 이용법

완속여과지의 표면에 철박테리아가 서식하여 생물학적 분해

5. Mn 제거설비

5.1 염소에 의한 산화처리 후 응집, 침전, 여과를 하는 방법

1) 산화제로서 염소를 사용할 경우 이론적으로는 pH 9 이하에서는 Mn은 거의 산화되지 않는다.

2) 따라서 수중의 망간을 효율적으로 산화시키기 위해서는 pH 9 이상 조정 필요

3) **염소주입률** : 응집침전과 여과 후의 여과수에 0.5mg/L 정도 잔류하도록 주입

4) 염소를 산화제로 사용하는 경우 망간제거처리를 계속하면 점차 망간산화물로 피복되어 흑색으로 되고 망간모래와 같은 작용을 나타낸다.

   이와 같이 되면 pH 조정을 하지 않더라도 망간을 제거할 수 있다.

5.2 KMnO₄에 의한 산화처리 후 응집, 침전, 여과를 하는 방법

1) 산화력이 강하므로 중성에서도 단시간에 확실히 산화

2) $KMnO_4$의 산화력을 이용하는 방법으로 2가의 가용성 Mn이 불용성인 MnO_2로 된다.

   MnO_2는 미소입자로 침전이 어려우므로 Alum과 같은 응집제를 사용하여 응집, 침전시킨다.

3) 과도하게 주입하면 물이 착색되고 처리수 중에 Mn이 남으므로 적정 유입이 필요

4) 약품비가 염소보다 고가

5.3 망간사법

1) 망간 Zeolite를 사용하는 방법으로 자연에 존재하는 Greensand Zeolite의 표면에 MnO_2을 피복하여 제거

2) MnO_2은 철과 망간을 산화하는 촉매로 작용

3) 지하수와 같이 탁질이 없으면서 망간을 포함하는 경우에는 응집침전을 필요로 하지 않으므로 망간사에 의한 접촉여과법을 채택하는 것이 좋다.

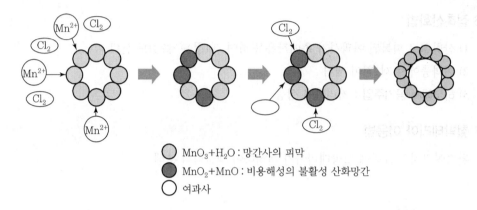

⬡ MnO_3+H_2O : 망간사의 피막
⬤ MnO_2+MnO : 비용해성의 불활성 산화망간
◯ 여과사

6. 결론

1) 무엇보다 중요한 것은 각 처리장별 유입원수의 수질특성을 파악하여 철, 망간의 존재형태에 따른 적절한 대책을 강구하는 것이 바람직

2) 대체적으로 철을 많이 함유한 원수의 경우 망간이 공존하는 경우가 많으므로 철 제거를 고려할 때 망간 제거의 필요성을 검토할 필요가 있다.

3) 철, 망간에 의한 적수, 흑수 발생 시 급·배수관망뿐만 아니라 수요자의 피해를 유발할 수 있으므로 정수처리뿐만 아니라 이송과정에 대한 대책도 필요

4) 기존 처리장의 경우 염소를 산화제로 하여 기존 여과지를(유입 탁도의 제거율 검토) 망간사하여 기존시설을 최대한 활용하는 것이 경제적이고 운영관리가 용이할 것으로 사료된다.

Key Point ✛

- 73회, 87회, 118회, 122회, 125회, 131회 출제
- 항상 철이나 망간 제거의 기본적인 원리는 산화 후 침전 또는 여과과정이라는 것을 염두에 두고 답안을 기술할 필요가 있음
- 또한 최근 대체수자원의 하나인 강변여과수 및 지하수 개발 시 가장 문제가 되는 항목이므로 향후 수자원 확보와 연관된 문제로 출제될 확률이 높음

여과공정에서 망간의 제거

1. 망간의 존재형태

1) 망간은 지각 중에 존재하는 원소로서 12번째로 많이 존재

2) 자연수에 존재하는 가장 흔한 형태는 Mn^{+2}

3) 우수가 토양을 통과하는 동안 망간이 물에 녹아 들어감

4) 광천, 광산배수, 공장 배수 등에 폭 넓게 존재

5) 호소 내 체류시간이 길 경우 금속이온은 저층에 침전

6) 호소의 전도현상(Turn-over)을 통해 표층으로 이동

7) 망간의 경우는 철보다 상대적으로 제거가 힘들며, 특히 유기물과 화합물을 형성할 경우 제거가 어렵다.

8) 망간은 2, 3, 4, 6, 7의 산화기를 가질 수 있다.

   ① Mn^0 : 망간금속

   ② Mn^{+2} : 연한핑크색(Pale Pink)

   ③ Mn^{+3} : 붉은 보라색(Red-violet)

   ④ Mn^{+4} : 흑갈색(Brown-black)

   ⑤ Mn^{+6} : 흑녹색(Dark-green)

   ⑥ Mn^{+7} : 진자색(Intense Purple)

9) 수중에 존재하는 대부분의 경우는 Mn^{+2}의 형태임

10) 망간형태 정리

   ① 용해성 망간

      ㉮ 망간이온 : Mn^{+2}, MnO^{-4} 등

      ㉯ 망간 착체

   ② 불용해성 망간

      ㉮ 무기점토입자 중의 망간

      ㉯ 수산화망간($Mn(OH)_2$)

      ㉰ 산화망간(MnO, Mn_2O_3 등)

      ㉱ 유기물이나 규산과 결합한 망간

2. 수돗물 중 망간의 영향

1) 망간문제는 관의 재료에서 기인하는 것이 아니고 원수 중의 망간에서 유래함

2) 망간이 자연상태로 있을 경우는 대부분 용존성으로 문제가 되지 않으나 소독을 위해 염소를 첨가하면 배수관 등에서 산화되어 발색한다.

3) 통상의 정수처리로는 망간이온으로 정수처리공정을 통과, 즉 일반적인 정수처리공정으로는 잘 제거되지 않음

4) 유리잔류염소에 의해 망간량의 300~400배의 색도 발생

5) 망간의 미세한 흑색산화물은 급배수관 내에 축적되어 탁수 및 흑수의 원인이 됨

3. 망간의 수질기준 및 관리목표

1) 법적기준 : 0.3mg/L(수돗물의 경우에는 0.05mg/L)이하

2) 일반적으로 망간은 0.05mg/L 이하를 권장하나 이 정도의 농도가 흑수를 완전히 방지하지는 못함

3) 망간은 0.02mg/L 이하가 적당하며(Positive Step), 0.01mg/L 이하를 Ideal한 상태로 봄(AWWA)

4) 주로 0.05mg/L 이하로 관리

4. 망간제거방법

1) 산화(Oxidation) 후 침전, 여과

① 폭기, 염소, 오존, 이산화염소, 과망간산칼륨

② 산화된 이산화망간은 Floc의 크기가 매우 작아서 침전 및 여과공정에서 제거율이 상대적으로 낮다.

2) 이온흡착 - 망간사

① 이온교환(Ion Exchange) - 제올라이트(Zeolite)

② 금속봉쇄제(Sequestering Agent)에 의한 안정화법

③ Polyphosphates, Sodium, Silicate

④ 철과 망간의 총농도가 1mg/L 이상일 경우 적용이 어려움

⑤ 석회연수화법(Lime Softening)

5. 염소에 의한 망간산화

1) 염소에 의한 망간산화는 pH가 9 이상일 경우 효과적임

2) pH가 낮을 경우는 평형에 도달되는 반응시간이 길어짐

3) 염소제에 의한 망간산화는 이론상 망간 1mg에 대하여 염소 1.29mg이 필요하나, 다른 피산화물질의 농도를 고려하여 잔류염소가 0.5mg/L 정도 검출되도록 주입률을 결정한다.

① 따라서, 염소처리를 통해 짧은 시간에 망간을 산화시키려면 알칼리제를 이용하여 pH를 높여야 한다.

② 그러나, 수중에 망간의 산화물이 존재하면 이것이 촉매가 되어 pH 값이 별로 높지 않아도 산화를 촉진

따라서, 망간산화물로 덮여진 여과사(망간사)로 여과하면 일반적인 pH 범위에서도 효과적으로 망간제거 가능

4) 적정 염소주입률은 원수 중 철, 망간의 농도, 공존 피산화물의 농도 등을 고려하여 주입한다.

5) 철의 경우 pH에 크게 영향을 받지 않고 산화가 이루어지나 망간의 경우에는 pH 변화에 매우 민감하게 반응한다.

6) 철의 산화에는 보통 10~15sec의 접촉시간이 필요하다.(pH 범위는 5~6)

7) 수온이 떨어지면 평형상태에 도달하기까지 보다 많은 접촉시간이 필요하다.

6. 접촉여과에 의한 망간 제거

1) 망간이온을 포함하는 원수 또는 침전수에 염소처리를 한 후 망간사 여층을 통과시켜 접촉산화에 의해 망간이온을 제거

① 특수제법에 의한 망간사

② 염소처리를 계속함으로써 생성되는 것(일반적인 정수장)

2) 망간이온이 망간사의 표면에 닿으면 흡착작용에 의하여 여재의 표면에 고정되어 수중에서 제거

① 이때, 망간사의 피막은 이온흡착력을 잃지만 유리잔류염소의 존재에 의해서 재생되어 망간 제거능력을 연속적으로 유지함

② 이를 위해 여과수의 잔류염소가 0.5~1.0mg/L 정도 유지하여야 함

3) 원수 중에 철이 많이 포함되어 있으면 망간사의 표면이 철 산화물로 덮여져 망간 제거능력을 상실하기도 한다.(2단 여과 적용)

4) 망간이온이 산화되어 이산화망간(MnO_2) 생성 → 이산화망간은 망간이온 흡착 → 흡착된 망간이온은 산화제에 의해 이산화망간으로 전환 → 망간이온흡착(계속 반복됨)

① 흡착 : $Mn^{+2} + MnO_2(s) \rightarrow MnO_2(s) - Mn^{+2}$

② 산화 : $MnO_2(s) - Mn^{+2} + Cl_2 + 2H_2O \rightarrow 2MnO_2(s) + 2Cl^- + 4H^+$

5) 망간사의 재생

① 망간사는 제한된 흡착능을 갖는다.

흡착능이 소진되면 망간이온 파과발생 재생(Regeneration)이 충분하지 않으면 망간이온의 파과가 일어남

② 적정하게 염소를 공급하여 망간사를 재생하여야 함

　　염소주입량은 원수의 pH에 많은 영향을 받음

③ 망간사의 재생과정은 흡착된 망간이온의 산화과정임

④ 과잉의 이산화망간은 역세척을 이용하여 제거

Key Point ✛

118회, 122회, 125회 출제

정수장 오염물질에 대한 정수처리방법

1. 암모니아성 질소 제거방법

1.1 파괴점 염소처리공정 운전 시 고려사항

1) 암모니아성 질소의 농도가 2.0mg/L 이하인 경우 경제성이 있다.

2) 이론적인 염소주입량은 암모니아 1mg/L당 7.6mg/L이나 실제 현장에서는 암모니아농도의 약 10 배를 투입한다.

1.2 염소처리 시 주의사항 및 염소주입률 결정

1) 수중의 염소는 직사일광을 받으면 분해가 진행되므로 계절, 기후, 주야에 따라 소비되는 염소량 이 다르며, 특히 응집 · 침전지에서의 소비되는 염소량을 고려해야 한다.

2) 분말활성탄처리를 동시에 실시하는 경우에는 활성탄에 염소가 흡착 소비되며, PAC 1mg/L당 염소 0.2~0.25mg/L 정도가 흡착된다.

3) 암모니아성 질소가 유입될 때는 가능한 한 염소요구량시험을 실시하여 적정 투입농도를 결정하 여야 하며, 통상 암모니아성 질소의 최소 10~15배 정도로 투입하여 여과수의 유리잔류염소가 0.5~1.0mg/L 정도 유지하도록 한다.

4) 원수의 수질변동, 특히 암모니아성 질소의 시간변동이 큰 경우에는 잔류염소 연속측정계와 연 관시켜 염소소비량의 증감을 감시한다.

5) 염소 과다 투입 시 THM 등과 같은 염소소독부산물 생성이 증가할 수 있으므로 생성농도 확인이 필요하다.

1.3 시설유지관리

1) 염소의 주입장소는 도수관, 착수정, 혼화지, 침전지, 집수정 등으로 모두 잘 혼화할 수 있고 필요 한 접촉시간을 얻을 수 있도록 한다.

2) 주입점 부근은 염소가스가 발생하므로 설비를 정기적으로 점검하여야 하며, 주입점 상부에 건 물을 설치하고 있는 경우는 환기를 충분히 한다.

3) 혼화지, 침전지, 여과지 등의 콘크리트나 배관은 염소로 부식되므로 충분히 부식방지처리를 하 여 정기적으로 점검한다.

2. 페놀 제거방법

2.1 분말활성탄에 의한 처리

1) 분말활성탄처리방법 선택 시 시설의 규모, 사용기간, 경제성 등을 고려해 결정한다.
2) 충분한 혼합, 접촉이 필요하며 접촉시간은 적어도 20분 이상을 확보
3) 분말활성탄 주입 시 여과수로의 분말활성탄 누출을 막기 위해 혼화/응집, 침전 효율에 신중을 기해야 한다.
4) 주입률 등의 처리조건은 실제 대상수에 관해 Jar-test에 의해 제거시험을 실시해 결정한다.
5) 페놀 1mg/L를 포함한 수처리에는 PAC 100~150mg/L 정도가 필요하다.

3. 합성세제 제거방법

3.1 분말활성탄에 의한 제거

1) 활성탄의 주입률은 대략 음이온계면활성제 양의 20배 정도이다.
2) 원수수질 및 음이온계면활성제의 종류에 따라서 차이가 있으므로 처리효과를 보아 증감할 필요가 있다.
3) 전염소처리를 실시하는 정수시설에서는 접촉시간, 활성탄의 염소 흡착에 의한 손실 등을 고려해 실험에 의해 효과가 있는 적당한 주입장소를 선정한다.

3.2 입상활성탄에 의한 제거

1) 통상 모래여과와 염소소독과의 중간에서 활성탄층여과로 실시한다.
2) 활성탄층의 두께와 여과속도는 실험에 의해 정한다.
3) 정수기간 중은 매일 원수, 활성탄층의 물 및 여과수에 관해서 음이온계면활성제 농도를 측정해 누출을 막는 조치를 강구한다.
4) 처리능력이 저하된 활성탄은 차례로 재생해 처리효과의 향상에 힘쓰고 원수 중의 음이온 계면활성제 양의 변동에 대처하지 않으면 안 된다.

4. 소독부산물(THMs, HAAs) 및 전구물질 처리(THM$_{FP}$, HAA$_{FP}$)

4.1 생성된 소독부산물인 트리할로메탄(THMs)과 할로아세틱엑시드(HAAs) 및 전구물질(THM$_{FP}$, HAA$_{FP}$)의 처리로 구분

1) 기존의 정수처리공정으로는 완벽한 소독부산물의 처리가 곤란
2) 기존 정수처리공정의 여러 가지 제반여건을 고려하여 볼 때 THMs와 HAAs의 전구물질인 휴믹산(Humic Acid)이나 펄빅산(Fulvic Acid)을 분말활성탄(PAC)과 고도응집(Enhanced Coagulation)법을 사용하여 최대한 감소시키고

3) 그 이후의 소독부산물의 농도가 수질기준을 초과하는 경우에는 시설개선에 의하여 입상활성탄 처리공정 또는 오존+입상활성탄 처리공정 추가 설치

4) 기존 정수처리공정에서 가장 적합한 처리방법

① 전염소의 적합한 투입과 응집제 및 분말활성탄을 사용한 응집·침전공정에서 제거하는 방법

② 전염소처리 대신 중염소처리로의 대체방법 등이 있다.

5) 시설을 개선하는 방법

생성된 소독부산물의 제거를 위해 활성탄처리공정 또는 오존+입상활성탄처리공정을 추가하는 방법

4.2 PAC(분말활성탄)에 의한 소독부산물과 전구물질의 처리

1) 소독부산물이나 전구물질인 부식질에 대한 PAC의 흡착효율이 높지 않아 5~20mg/L의 PAC 주입량으로 제거효율이 충분치 않다.

2) 따라서 소독부산물의 제거효과는 PAC의 종류에 따라 다르나 20~50%의 제거율을 기대할 수 있다.

5. 맛·냄새 처리방법

5.1 맛·냄새의 적정 처리방안

취기의 처리방법으로는 공기폭기(Aeration), 완속여과, 염소, 분말활성탄, 입상활성탄, 오존 등의 방법이 있으며, 처리방법에 따라 각각의 처리물질에 대한 효과가 다름

5.2 공기폭기

1) 황화수소의 냄새, 철에 기인한 냄새의 제거에 효과적이다.

2) 착수정 등에서 실시하며 분수식, 공기흡입식, 폭포식, 접촉식 등이 있다.

3) 완속여과

① 방향냄새, 식물성 냄새(조류, 풀냄새), 물고기냄새, 곰팡내, 흙냄새 등의 탈취에 효과가 있다.

② 염소처리에 의해 페놀류의 냄새도 제거할 수 있으며, 자연발생냄새 제거의 효과가 커 일반적인 냄새 정도는 충분히 제거 가능하다.

5.3 염소에 의한 처리

1) 결합잔류염소의 산화력이 약하므로 보통 염소에 의해 냄새를 제거하려면 유리잔류염소에 의하며, 파괴점염소처리를 해야 한다.

2) 염소처리는 방향냄새, 식물성 냄새(조류냄새, 풀냄새), 물고기냄새, 유화수소냄새, 부패냄새의 제거에 효과가 있으나 곰팡내의 제거효과는 기대할 수 없다.

3) 페놀류도 분해할 수 있지만 약품냄새 중에는 염소에 의해 냄새가 강해지는 것, 예를 들면 아민류와 같은 물질도 있으므로 주의를 요한다.

5.4 분말활성탄(PAC)에 의한 처리

1) 방향냄새, 식물성 냄새(조류냄새, 풀냄새), 물고기냄새, 곰팡내, 흙냄새, 약품냄새(페놀류, 아민류) 등 많은 종류의 냄새에 대해 효과가 있다.
2) 원수에 직접 주입해 약 20분간 접촉 후, 응집침전 및 여과한다.
3) 여과수 중에 활성탄이 누출하는 일이 있으므로 Jar-test를 실시하여 적정량의 응집제를 주입하고, 분말활성탄 주입량이 높아 누출이 우려될 경우 폴리아민 등 여과보조제를 주입할 수도 있다. 폴리아민을 사용할 경우 에피클로르히드린 검사를 월 1회 이상 실시하여야 한다.
4) 샘플링덮개 등을 하얀 천으로 덮어 그 색의 변화를 관찰, 누출에 주의
5) 활성탄에 의한 처리 시 전염소처리 전에 투입한다.

5.5 입상활성탄(GAC)에 의한 처리

1) 냄새제거에 대해 적용범위가 가장 광범위한 방법이다.
2) 급속여과지를 운영하는 정수장에서는 처리공정의 개선으로서 급속여과 지표층 10cm 정도의 여과사를 입상활성탄과 교체해 탈취에 어느 정도의 효과를 거둘 수 있다.
3) 급속여과지의 여과사를 전층 입상활성탄으로 전환해 탈취효과를 거둘 수 있다.
4) 입상활성탄 여과지의 설치위치는 부유물질에 의한 장해를 적게 하는 의미에서도 모래여과의 뒷부분으로 하는 것이 바람직하며, 오존공정과 병용할 경우 더 높은 제거효율을 기대할 수 있다.

5.6 맛 · 냄새 제거를 위한 적정 처리공정 선택

1) 각 원인물질에 대한 처리효과와 경제성, 작업성 등을 비교하여 선택
2) 특히, 냄새의 종류와 농도, 냄새발생일수, 기타 작업성이나 정수장의 입지조건, 경제성 등을 고려하고, 각각의 원수 수질의 특성에 따른 처리효과에 대한 실험을 수행하여 결정한다.

Key Point ✦

120회, 122회, 128회 출제

정수수질 이상 시 정수처리공정별 긴급조치요령

정수수질 이상 시 정수처리공정별 긴급조치요령은 다음과 같다.

취수장

- 사고 발생 시 정수장으로 비상연락 및 상황을 통보
- 긴급하다고 판단될 때는 취수 중단의 기준에 준하여 취수 중단
- 취수장에서 실시 가능한 방제조치 실시(기름띠 발견 시 오일펜스 설치 등)
- 비상약품 투입시설이 설치된 경우 비상약품 투입
  (일반적으로 분말활성탄을 항상 비치)

착수정

- 원수 도달 전 사전에 원수를 확보하여 예비 수질조사
- 어류관찰수조 등 수질경보장치를 설치하여 독성물질 유입 관찰
- 수시로 수질을 분석하여 오염물질의 종류와 농도를 파악하고, 그에 따른 약품투입 실시

약품투입 시설 및 혼화지

- 전염소처리를 위한 염소 및 응집제, 소석회, 분말활성탄 등을 상시구비
- 약품종류별 Jar−test를 통한 최적 응집약품 선정 및 약품주입량 결정(이때 정수장 주입시설에 대한 안전성 고려)
- 분말활성탄은 기존의 응집/침전/여과공정에서 처리되지 않는 용존성 유기물, 맛·냄새물질, 색도, 음이온계면활성제, 페놀류, 농약류 등을 흡착제거하기 위한 고도처리의 목적으로 투입
- 분말활성탄 투입 후 충분한 접촉시간(20분 이상)을 갖도록 한 다음 전염소 투입

응집 및 침전시설

- 고탁도 및 응집에 영향을 미치는 오염물질의 유입에 대비하여 침전지의 체류시간을 조절하는 방안 검토
- 처리효율을 높이기 위해 주기적인 청소 및 슬러지 배제
- 수질오염사고 발생시 침전수 탁도 및 기타 오염물질의 수질분석
- 침전지에서의 침전상태, 슬러지 퇴적상태, 유출수 탁도 등을 고려하여 필요한 대책 실시(원수와 유출수 탁도를 비교하여 침전지 탁질제거효율 검사, 여과지 탁질 부하량 계산 및 가동시간 계산, 여과수 수질 조기 파악)

여과 설비	• 여과시설은 역세척에 의해 여과효율이 결정되므로 역세척의 빈도, 시간조정 등을 수질에 맞게 효율적으로 관리 • 여과효율 감소를 가져오는 머드볼 생성을 방지하기 위하여 표면세척 및 역세척을 반복하고, 머드볼이 생성되었을 경우 여과사 1~2cm를 제거한 후 적절한 여과사 보충을 실시

↓

정수지	• 조류의 과다번식으로 인한 맛·냄새 유발물질의 유입이 있거나 수인성 전염병 등의 발생이 있는 경우에는 후염소 투입률 증가 • 수질분석시간 확보를 위한 정수지 체류시간 증대 • 사고 시 원활한 퇴수를 위한 퇴수밸브 수시 점검 • 역세척수조의 역할을 겸용하는 소규모 정수지는 충분한 용량 확보 • 독성물질이나 미량유해물질 유입의 이상징후가 발견된 경우는 급수중단

취·정수장 오염물질별 긴급조치방법

취·정수장 오염물질별 긴급조치방법은 다음과 같다.

오염물질	처리방법
미생물 －대장균군, 일반세균	• 긴급처리대책 : 전염소처리 및 후염소처리 등 　　　　　　　　소독·여과처리 • 오존, 자외선 소독처리
무기물 I －CN, Hg, Pb, Cd, As, Se, 　Cr^{+6} 중금속 및 독성물질	혼화, 응집, 침전공정으로 제거
무기물 II －암모니아성 질소	긴급처리대책 : 파괴점 전염소처리
유기물 I －농약류 및 합성유기물질	• 긴급처리대책 : 분말활성탄처리, 전염소처리 　　　　　　　　전염소와 분말활성탄 병행처리 • 입상활성탄처리, 오존처리가 가장 효과적
유기물 II －맛·냄새, 휘발성 유기물질	• 긴급처리대책 : 분말활성탄처리, 공기폭기 • 오존＋입상활성탄 병행처리가 가장 효과적
유기물 III －페놀류	• 긴급처리대책 : 이산화염소처리, 분말활성탄 • 입상활성탄처리, 오존＋입상활성탄 병행처리
유기물 IV －합성세제	• 긴급처리대책 : 분말활성탄처리 • 입상활성탄처리
유기물 V －THMs, HAAs －THM$_{FP}$, HAA$_{FP}$	• 긴급처리대책 : 분말활성탄처리 • 입상활성탄처리, 오존＋입상활성탄 병행처리

※ 전 정수장 분말활성탄 보유 필수

장마철 고탁도 발생원인, 정수처리 대책

1. 개요

1) 탁도는 물의 탁한 정도를 나타내는 지표이다.

2) 유발물질 : 미세무기물질(토사류 등), 천연유기물(NOM), 미생물, 조류 등

3) 측정방법 : 산란광측정법(NTU), 투과광측정법(FTU), 육안측정법(JTU)

2. 고농도 탁도 유입 시 문제점

1) 수질악화, 먹는물 수질기준 불만족, 이·취미 발생 등

2) 단위공정 처리효율 악화

① 응집·침전효율 저하 : 응집제 주입량 증가, 슬러지 발생량 증가

② 여과효율 저하 : 여과지속시간 감소, 역세척 빈도 증가 등

③ 소독효율 저하 : 소독제 주입량 증가, DBPs 생성 우려

3. 정수처리 대책

1) 운영관리 최적화

　취수량 변동 최소화, 슬러지 인발량 증대, 여과속도 변동 최소화

2) 응집제 교체

　무기고분자 응집제(PAC 등) 주입, 응집보조제(폴리머) 주입

3) pH 조정

4) 고알칼리도(20mg/L 이상) : 응집제 과량 주입

5) 저알칼리도(20mg/L 이하) : 알칼리제 병행 주입

4. 제안사항

1) 탁도 측정 시 Si, 용존이온 등에 의해 오차가 발생할 우려가 있어 주의가 필요하다.

2) 여과지 유출수 탁도 관리 시 0.3NTU 이하에서는 지아르디아 포낭과의 상관관계가 떨어지므로 Particle Counter를 병행 측정함이 바람직하다.

유량계

1. 유량계 선정 시 고려사항

1) 유체의 흐름상태(관로를 충만 여부/맥동 유무) 측정 개소의 상류 측 및 하류 측의 배관에 유량계가 필요로 하는 직관부가 확보 여부와 유량계를 설치하므로 생기는 압력손실이 허용되는가 등을 고려하여 적절한 기종을 선정한다.

2) 종류나 구경의 선정은 관로구경이 커지면 유량계의 종류에 따라서 고가가 되는 것도 있으므로 경제성, 정도 및 측정범위 등에 대하여 충분히 고려하여 적절한 것을 선정한다.

3) 유량계의 보호규격은 옥외 유량계실 설치용은 IP68 구조를 적용하거나, 등급이 낮은 계기를 적용할 경우 유량계실 내부에 배수펌프를 설치하여 자동배수가 이루어질 수 있도록 하여야 하며, 옥내에 설치되는 유량계는 IP65 규격을 선정한다.

4) 유량제어나 약품주입량의 제어에 사용하는 유량계는 감도, 정밀도가 높고 응답성이나 안정성이 좋은 것을 선정한다.

5) 유량계의 측정범위는 적정한 유량측정범위를 갖추어야 하므로, 일반적으로 상시 계측량(평균치)은 최대 계측량(Full Scale)의 60~70%가 적정하며 상수도의 급수량이 주, 야 또는 계절에 따라 변한다고 하더라도 최대계측범위를 초과하지 않도록 하여야 한다.

6) 약품주입 등에 사용할 유량계는 유체의 종류(기체, 액체), 유체의 조건(온도, 압력, 밀도, 점도), 유체의 성상(부식성, 유독성) 등의 조건에 맞는 것을 선정한다.

2. 유량계 유속기준

항목	전자식	초음파식	적용기준
측정유속	0.5m/s 이상	0.5m/s 이상	저 유속범위에서 초음파형식이 측정값에 대한 분산이 커져 정밀도의 보장이 어려운 것으로 판단되지만 제작 Maker의 기준으로는 최적의 정밀도를 보증하는 유속은 최소 0.5m/s 이상이 이루어질 수 있도록 관경을 조정해야 할 필요가 있다.
직관거리	상류 5D 이상 하류 2D 이상	상류 3D 이상 하류 2D 이상	• 초음파 : 평균유속은 측정선을 통과하는 유속으로 단면에 대한 평균유속으로 환산하기 위해 유량보정계수를 사용하므로 전단부에 설치되는 배관의 형상이나 펌프 등에 영향을 많이 받는다. • 전자식 : 평균유속은 단면을 통과하는 유속에 가장 근사한 값이므로 초음파에 비하여 상대적으로 영향을 적게 받는다.

항목	전자식	초음파식	적용기준
기포영향	영향 받음	영향 받음	펌프 또는 배관의 구배문제로 인하여 기포가 혼입되는 곳은 기포발생에 대한 문제점을 제거한 후 유량계를 설치하여야 한다.
구경오차	영향 없음	영향 받음	초음파는 Flange 형식과 센서 삽입형 2가지로 관의 변형 등으로 인하여 센서 삽입형에서 오차가 주로 발생한다.
설치오차	영향 없음	영향 받음	초음파는 Flange 형식과 센서 삽입형 2가지로 전자의 경우는 제작공장에서 품질관리가 이루어져 균일한 품질이 보증되나 후자의 경우는 현장에서 시공되는 관계로 시공자의 숙련도에 따라 오차가 발생할 소지가 많다.
탁도영향	영향 없음	영향 받음	전반시간차방식의 초음파 유량계는 적용이 어려우며, 고탁도의 액체를 측정할 경우 전자식 유량계를 적용하여야 한다.

3. 직관거리

유량의 설치조건 중 직관거리는 유량계의 정밀도와 가장 관련이 깊은 항목으로 측정오차를 발생시키는 관 내부의 난류(Turbulent Flow)를 형성하는 중요한 인자로 상류 측과 하류 측의 설치되는 설비들에 따라 발생되는 난류를 층류(Laminar Flow)로 안정화되는 데 소요되는 거리를 뜻한다.

Key Point +

116회 출제

차압식 유량계

1. 개요

1) 유량계 종류 : 전자유량계, 초음파 유량계, 차압식 유량계
2) 유량계는 계측목적, 측정장소의 환경조건, 계측정도, 재현성 및 응답성, 관리성 등을 고려하여 선정

2. 차압식 유량계 측정원리 및 조건

2.1 종류

노즐, 오리피스, 벤투리 미터(Venturi-meter)

2.2 원리

1) 관로의 중간에 통수면적 줄임(오리피스 노즐)
2) 통수면적 줄인 부분의 정압력 유량에 비례 감소
3) 이 압력차를 이용하여 베르누이정리로부터 유량 산정

2.3 측정조건

1) 관내 흐름은 만관상태이어야 함
2) 수류 중 기포가 없어야 함
3) 흐름이 정상류이어야 함
4) 부유물질이 많은 수질측정에는 부적합

3. 차압식 유량계 특징

3.1 장점

1) 압력손실이 적고 유수의 장애가 적어 상수도에 적합
2) 마모가 적어 내구성이 강함

3.2 단점

1) 제작비 많이 소요

2) 설치장소가 넓어야 하며, 설치가 어려움

3) 사용 전 교정 필요

4) 직관부 필요 : 상류측 10d, 하류측 5d

4. 제안사항

유량의 정보량이 많고 증가할 것으로 예상되는 경우 필요에 따라 TM/TC 구축을 검토하는 것이 바람직함

Key Point +

116회 출제

유량계 형식 비교

유량계의 형식별 특징은 다음과 같다.

항목 \ 종류	전자식	초음파식	파샬 플룸
형태			
측정원리	관로 내의 유체흐름에 대하여 수직으로 자계를 가하여 유체와 자계 사이에 직교하여 유속에 비례하는 기전력이 발생하는 것을 이용(패러데이 전자유도법칙)	유속의 변화에 따라 초음파의 전반시간속도가 변화하는 것을 이용, 도플러 방식과 전반시간차 방식이 있다.	수위차에 의한 유량측정
정밀도	상(± 0.5~1.0%)	중(± 1.0~1.5%)	하(± 2.0%)
직관부	• L=3.0m 이상(300A 기준) • 상류 측 5D 이상 • 하류 측 2D 이상	• L=6.0m 이상(300A 기준) • 상류 측 10D 이상 • 하류 측 5D 이상	• L=6.0m 이상(300A 기준) • 수위를 안정시키는 공간 필요
이물질 영향	• 거의 없음	• 측정정도에 영향 있음	• 거의 없음
가격	• 1,000만 원(300A 기준)	• 1,000만 원(300A 기준)	• 500만 원(500A 기준)
장점	• 압력 손실이 없음 • 유체의 온도, 밀도 점도 및 혼입물 등의 영향이 거의 없다. • 정밀도 우수 • 직관부가 짧아 설치조건 유리	• 압력 손실 없음 • By-pass가 불필요 • 관에 부착하므로 공사 용이 • 대구경의 경우 경제성 유리 • 비만관에도 측정 가능	• 가격이 저렴함 • 비만관에도 측정 가능
단점	• 대구경의 경우 경제성 불리 • By-pass가 필요 • 비만관에는 측정곤란	• 직관부가 길어 설치조건 불리 • 소구경의 경우 경제성 불리 • 슬러지 등의 측정에는 부적당	• 측정 정밀도가 떨어짐 • 수두 손실이 발생하여 수위 여유가 없을 경우 곤란

Key Point ✛

116회 출제

도류벽

1. 도류벽 규격 산정

Bishop(1993) 등은 추적자 실험을 통하여 정수지 내에 도류벽을 설치하여 조 내에 수리학적 효율 개선 가능성과 T_{10}의 개선 가능성 평가를 실시하였는데 L : W비는 대략 20 : 1의 비에서 가장 효율 적인 $T_{10}/T=0.61$을 나타내고 이상의 비에서는 설치비용에 비해 효과가 크게 증가하지 않는다고 발표함

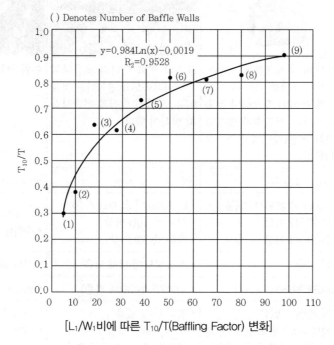

[L_1/W_1비에 따른 T_{10}/T(Baffling Factor) 변화]

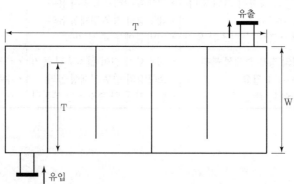

2. 도류벽 소요개수 계산(도류벽의 길이를 정수지 폭으로 가정)

- 최적 L_1/W_1 비 $= 20 : 1 = W(n+1) + \dfrac{L \times n}{(n+1)} : \dfrac{L}{n+1}$

- $W(n+1)^2 + L \times n - 20 = 0$

- $Wn^2 + (2W+L)n + (W - 20L) = 0$

- $\therefore n = \dfrac{-(2W+L) \pm \sqrt{(2W+L)^2 - 4W(W-20L)}}{2W}$

  여기서, L_1 : 도류벽이 설치되어 있을 때의 실질적인 물 흐름 길이(m)

  　　　　W_1 : 도류벽이 설치되어 있을 때의 실질적인 물 흐름 폭(m)

  　　　　L : 정수지 길이(m), W : 정수지 폭(m)

  　　　　n : 도류벽 개수, L_b : 도류벽 길이(m)

  도류벽 개수 산출식

  $$도류벽\ 수(n) = \dfrac{-(2W+L) \pm \sqrt{(2W+L)^2 - 4W(W-20L)}}{2W}$$

  ---

3. 도류벽 길이(L_b) 결정

$$L_1 : W_1 = 20 : 1 = \left(L_b + \dfrac{(W-L_b)}{2}\right) \times 2 + L_b \times (n-1) + \dfrac{L}{(n+1)} \times n : \dfrac{L}{n+1}$$

따라서 $\therefore L_b = \dfrac{\dfrac{(20L - L \times n)}{(n+1)} - W}{n}$

도류벽 길이 산출식

$$도류벽\ 길이(L_b) = \dfrac{\dfrac{(20L - L \times n)}{(n+1)} - W}{n}$$

3.1 도류벽 개수 및 길이 산출 예

[문제] 폭이 50m이고 길이가 110m인 정수지에 소독능 향상을 위하여 도류벽을 설치할 경우 적정한 도류벽의 개수 및 길이는?

1) 도류벽 개수 결정

$$\therefore n = \dfrac{-(2 \times 50 + 110) \pm \sqrt{(2 \times 50 + 110)^2 - 4 \times 50(50 - 20 \times 110)}}{2 \times 50} = 4.82$$

따라서 소요 도류벽 수 : 5개

2) 도류벽 길이 결정

$$\therefore \ L_b = \frac{\dfrac{(20 \times 110 - 110 \times 5)}{(5+1)} - 50}{5} = 45\text{m}$$

4. 최적 소독능(CT) 결정을 위한 도류벽 설계

최적 CT값을 위한 도류벽계수를 0.7 이상 되게 설계하려면 장폭비를 1 : 20 이상으로 하고 유입 및 유출 측에 오리피스형 Baffle을 추가한다.

도류벽	계수	비고
없음	0.1	도류벽[1]이 없고/ 교반이 되는 완전혼합조/ 유입·유출속도가 빠르고/ 폭에 비해 길이가 매우 짧음
불량	0.3	유입 혹은 유출 측에 저류벽이 있거나/ 혹은 여러 개의 유입과 유출구를 가지고/ 내부 도류벽이 없는 경우
보통	0.5	유입 혹은 유출구에 저류벽[2]이 있으며 내부에도 수 개 도류벽이 있는 접촉조
양호	0.7	유입에 유공 정류벽[3]이 있으며/ 내부에도 도류벽이나 유공정류벽이 있으며/유출위어 또는 오리피스형 유출위어를 가진 접촉조
완전	1.0	파이프라인 흐름형태로 폭에 비해 길이가 매우 긴 경우/ 유입·유출부에 유공 정류벽이 설치되어 있는 경우

주 1) 도류벽 : 물을 정체시키지 않고 흐름을 일정하게 유도하는 시설
　　2) 정류벽 : 물의 흐름이 층류(Laminar)를 형성할 수 있도록 만들어진 유공벽
　　3) 저류벽 : 유입, 유출부 등에 물 흐름의 에너지를 분산시킬 목적으로 설치하는 시설

5. 도류벽 설치 시 유의사항

1) 도류벽 개수가 정수지 및 배수지 유출부에 단회로 흐름(Short Circuiting Flow)을 유발하는 경우는 물의 흐름을 원활하게 유도하기 위하여 도류벽 개수를 조정할 수 있다.

2) 정수지 및 배수지 도류벽 설치 시 유입·유출 지점에 유공 정류벽(Perforated Baffle) 설치를 권장하며, 설치기준은 상수도시설기준상의 착수정 정류벽 설치기준에 따른다.

3) 신규 정수장에는 도류벽 설치기준 원안을 그대로 적용하되, 운영 중인 정수장에는 정수지 내의 구조를 고려하여 장폭비 20 : 1 이상에서 도류벽 설치 및 개수를 조정할 수 있다.

6. 도류벽 설치에 따른 소독능 효율 검증

효율검증을 위하여 도류벽 설치 전·후에 추적자 시험을 실시하고 그 결과를 도류벽 설치 현황(설치형식, 개수, 재질, 평면도 등)과 함께 보고한다.

하천구역 내의 준설 등 공사로 인한 탁수 및 유류 유출 시 취 · 정수장에서의 대응요령

1. 서론

1) 현재 국내의 상수원은 상수원보호구역 지정 및 물환경관리종합대책 등 수질오염에 대한 엄격한 관리가 이루어지고 있다.

2) 그러나 탱크로리 전복 등으로 인한 유류유입 등 수질오염사고는 언제든지 발생할 수 있으므로 충분한 대비가 필요하다.

3) 최근, 4대강 사업의 본격 시행으로 인해 탁수 및 유류유출 발생사고 우려가 증대되고 있다.

4) 따라서 이러한 사고에 신속히 대응하여 주민피해를 최소화하고, 수돗물에 대한 신뢰도 제고를 위해, 사고 시 대응요령에 대하여 검토할 필요성이 있다.

2. 탁수 및 유류유출에 따른 문제점

1) 수질악화
   ① 먹는물 수질기준 불만족 → 급수 제한 또는 중단
   ② 이 · 취미 발생 등

2) 단위공정 처리효율 악화
   ① 응집 · 침전효율 저하
   ② 여과효율 저하 – 여과지속시간 감소, 역세빈도 증가 등
   ③ 소독효율 저하 – 소독제 주입량 증가, DBPs 생성 우려 증가

3. 탁수 및 유류유출 시 대응요령

1) 공통사항
   ① 탁수 및 유류 유출 실시간 감시 강화
   ② 공사 시 준설 업체의 탁수, 유류 유출 실시간 감시 및 측정결과의 취 · 정수장 제공 의무화
   ③ 수도사업자별 취수장에서의 탁수 및 유류 실시간 감시체계 강화

2) 취수장

　① 탁수 유입 시 대응요령

　　㉮ 오탁방지막 설치

　　㉯ 준설공사 현장과 하류 정수장간 상시 연락체계 구축

　② 유류 유입 시 대응요령

　　㉮ 관련기관 및 하류 취·정수장에 신속히 상황 전파

　　㉯ 취수장 예상 유하 도달시간, 오염도 분석 실시

　　　오염도 분석결과에 따라 취수중단 또는 정수방법 변경

　　㉰ 휘발성유기화합물 또는 오일 측정기 설치

　　　유류 유출 사고 시 사전 모니터링으로 하류 취·정수장 사전 대응

　　㉱ 오염물질 계측기에서 경보 발령

　　㉲ 오일펜스 설치 및 방제용품 비축

　　㉳ 취수지점에 오일펜스(흡착롤 및 흡착포 포함) 강화 설치

3) 정수장

　① 탁수 유입 시 대응요령

　　㉮ 무기고분자 응집제 사용

　　　• 정수장에 유입되는 탁도가 30NTU 초과 시 신속한 대응조치 강구

　　　• Alum을 사용하는 정수장은 무기고분자 응집제로 약품 변경

　　㉯ 응집보조제 주입 – 폴리아민 주입

　　㉰ 원수 pH 조정

　　㉱ 고탁도·고알칼리도(20mg/L 이상) – 응집제 과량 주입

　　㉲ 고탁도·저알칼리도(20mg/L 이하) – 알칼리제 병행 주입

　　㉳ 정수처리공정 운영관리 최적화

　　　• 취수량 변동을 최소화하여 수처리 효율 안정적 유지

　　　• 침전효율 저하가 우려되므로 슬러지 인발 빈도 증대

　　　• 여과지 여과속도 변동 최소화

　② 유류 유입 시 대응요령

　　㉮ 유흡착제 살포

　　　• 착수정 유입부에 기름 흔적 발견 및 냄새 발생 시 유흡착제 살포

　　　• 취수 유량을 탄력적으로 운영하여 유입 물량 최소

　　㉯ 분말활성탄 투입

4. 결론 및 제안사항

1) 4대강 사업 시행으로 인한 준설공사로 탁수 및 유류유출의 우려가 증대되고 있으므로, 전술한 바와 같은 대응요령을 사전에 모의실시하여 사고에 신속히 대응할 필요성이 있다.

2) 정수장에서 고탁도 대응에 실패하여 수돗물 수질에 이상이 발생할 경우 신속한 주민공지를 통해 피해 최소화에 노력하여야 한다.

3) 낙동강 수역의 페놀유출사고 및 1,4-Dioxan 유출사고에서 보듯이, 상수원의 수질오염사고는 급수지역에 치명적 영향을 미치므로, 취수원의 다변화를 꾀할 필요성이 있다.

4) 특히, 간접취수방식인 강변여과수는 대수층의 완충작용(약 100일)으로 사고 직후에도 일정기간 안정적인 취수가 가능하므로 도입을 검토할 필요성이 있다.

Key Point

- 110회 출제
- 취 · 정수장 오염물질 행동 매뉴얼(2009, 환경부)을 반드시 참고 바람

정삼투(Forward Osmosis) (I)

1. 개요

1) 반투막을 사이에 두고 해수(또는 폐수)와 고농도 유도용질을 접하게 하여, 유도용질 쪽으로 발생한 삼투압을 이용하여 막여과 하는 공정

2) 역삼투 공정의 문제점을 해결한 막여과 기술

2. 역삼투 공정의 한계

1) 높은 에너지 소비량

2) 고압에 의한 막 파울링 발생

3) 전처리 막의 잦은 역세척 및 높은 약품사용량

4) 짧은 막 수명

5) 낮은 회수율(40~50%)

3. 정삼투 공정 개요

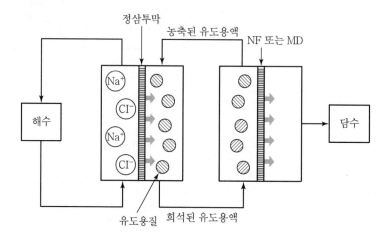

1) 정삼투 공정

① 유도용액이 농축되어 있어 정삼투막 반대편으로 정삼투압 발생 → 여과

② 염도가 제거된 처리수에 의해 유도용액 희석

2) 유도용액 분리공정

① 희석된 유도용액에서 유도용질을 분리하여 담수 획득

② 유도용액 분리 : NF, RO, MD(Membrane Distillation)

3) 유도용액 : 탄산암모늄, 수산화암모늄, 고분자물질(Sucrose) 등

4. 정삼투 공정 특징

1) 장점

① 높은 에너지 효율(0.25kWh/m³, RO의 약 10%)

② 막 오염 관리 및 세척이 RO에 비해 효율적

③ 긴 역세척 및 막 교체 주기

④ 높은 회수율(80% 이상)

2) 단점

① RO에 비해 낮은 투과 플록스

② 유도용액 분리공정 필요

5. 제안사항

1) 정삼투 공정의 상용화를 위해서는 효율적인 막, 분리가 용이한 고분자 유도용액, 투과 플록스가 큰 정삼투 공정의 기술개발 필요

2) 정삼투 공정의 에너지 효율을 평가하기 위해서는 유도용질 분리에 소요되는 에너지를 함께 반영하여야 함

Key Point ✦

• 최근 출제된 문제로 향후 RO와 묶어서 25점 문제로 출제될 수 있음

• RO 또는 해수담수화 문제가 출제되면 키워드로 활용할 것

정삼투(Forward Osmosis) (Ⅱ)

1. 개요

1) 해수담수화기술은 크게 증발법과 막분리법이 주로 사용되고 있다.

2) 2000년 이후에는 증발법 대신 에너지 요구량이 상대적으로 적고 대용량 운전이 쉬우며 지역적 제한이 적은 역삼투(SWRO : Seawater Reverse Osmosis)법이 대중화되고 있다.

3) 그러나, 역삼투법 해수담수화기술은 고압을 가해야 하는 공정의 특성상 에너지 소모가 많다. 현재 에너지 소모를 최소화하는 방향으로 연구가 진행되었으나 한계에 도달한 상황이며, 막기술의 혁신이 요구되는 실정이다.

4) 또한 담수화 과정에서 발생하는 농축수의 높은 온도와 염도, 첨가물질은 주변 해역의 생태계에 영향을 끼칠 우려가 있다.

5) 상기 단점으로 인해 역삼투법 해수담수화의 기술보급 및 혁신이 정체되고 있는 실정으로, 기존 역삼투 방식의 해수담수화 공정의 단점을 극복하고 혁신할 수 있는 기술 중 하나인 정삼투법 (Forward Osmosis)에 대한 관심이 증가되고 있다.

2. 정삼투법과 역삼투법

2.1 정삼투법(Forward Osmosis)

1) 반투막을 사이에 두고 해수와, 고농도 유도용질을 접하게 하여 해수 중 담수로 유도용질로 흡수 (1차), 유도용질에서 담수 분리(2차)

2) 일반적 삼투현상(물의 이동 : 저농도 → 고농도)

① 농도차에 의해 발생하는 삼투압 자연 에너지를 구동 압력으로 사용하여 담수를 생산 기계적 압력을 구동력으로 하는 역삼투 공정 방식과는 구별된다.

② 기본적으로 정삼투 기술은 분리막을 중심으로 양쪽에 유입수와 고삼투압을 유도하는 유도 용액을 각각 위치시켜 시스템을 구성하며

③ 물만 선택적으로 투과시키는 분리막을 사이에 두고 농도 차이에 의해 삼투압이 발생하여 유 입수가 분리막을 투과하여 깨끗한 물만 유도용액으로 흐르게 되는 원리를 사용

3) 특징(역삼투법과 비교 시)

① 인위적인 압력이 역삼투 방식에 비해 적다.

② 장치가 간단하고 막 지지시설도 비교적 간단하다.

③ 높은 회수율로 농축수 배출량이 적다.

④ 막세척이 용이하며, 역삼투에 비해 막수명이 길다.

⑤ RO에 비해 낮은 투과 flux

⑥ 유도용액 분리 공정이 필요

⑦ 소요부지가 많이 소요

2.2 역삼투법(Reverse Osmosis)

1) 역삼투막에 해수를 가압(압력에너지 이용)하여 물만 통과시켜 담수를 분리한다.

2) 역삼투방식(물의이동 : 저농도 → 고농도)

① 해수(고농도), 하수 방류수(저농도), 역삼투막으로 구성하여

② 해수에 압력을 가하여 물만 방류수로 이동, 이용(필요시 처리 후 사용)

2.3 정삼투 – 역삼투 하이브리드 공정

1) 해수 및 1차적으로 처리된 하폐수가 정삼투 시스템으로 유입되고 두 유입수 사이의 삼투압 차이로 원수로부터 빠져나온 물은 유도용액(해수)을 희석한다.

① 희석된 해수는 역삼투 공정을 통해 다시 농축되며 이때 가해지는 압력은 기존의 역삼투 공정에서 요구되는 압력보다 훨씬 낮게 사용된다.

② 이때 최종적으로 역삼투 공정을 거치며 해수와 하수로부터 높은 수질의 물을 생산할 수 있다.

2) 특징(정삼투, 역삼투와 비교 시)

① 하수로부터 얻은 물은 정삼투와 역삼투 공정 둘 모두를 거치므로 매우 높은 수질의 물 생산이 가능하다.

② 정삼투 – 역삼투 통합공정을 통해 물을 얻는 과정 중 정삼투막의 막오염 가역성으로 인해 하수로부터 야기되는 정삼투막 오염이 쉽게 제어 가능하다.

③ 해수는 정삼투 공정을 통행 깨끗한 물과 희석되기 때문에 역삼투 공정에서 발생하는 막오염이 많이 저감되고 제어가 용이하다.

④ 본래 농도의 해수로부터 처리수를 얻을 때보다 상대적으로 적은 에너지로 운영이 가능하다.

⑤ 독립 공정에 비해 높은 회수율을 보이므로 농축수의 처리도 수월하다.

⑥ 역삼투막에서 발생되는 부하를 줄일 수 있어 전체 공정의 유지보수에도 유리하다.

3. 결론

1) 아직까지 재이용과 담수화에는 대규모의 에너지가 사용되고 있기 때문에 에너지 사용량을 줄이기 위해 시스템의 효율성을 높이는 방안이 우선시되어야 한다.

2) 관리 효율성을 극대화하기 위한 ICT 기반 스마트 워터 기술혁신 필요
　① 공급량을 늘리는 것도 중요하지만 물을 적재적소로 공급하는 것 또한 매우 중요하다.
　② 해수담수화와 하 · 폐수 재이용 등의 시스템이 구축되고, 여기에서 생산한 물이 도시에 공급
　　되면서 기존의 물관리 시스템과 통합 가능한 시스템 구축이 요구되고 있다.
　③ 그 대안으로 수요에 맞는 공급을 위해 양방향으로 수자원을 관리하는 '스마트 워터 그리드
　　(Smart Water Grid)' 시스템이 떠오르고 있다
3) 역삼투 공정과는 다른 막오염 메커니즘으로 인한 정삼투 공정에서의 막오염의 특성상 기존에
　역삼투 공정이 적용된 플랜트에서 사용되고 있던 막세정 기술이 아닌 정삼투 공정에 특화된 막
　세정 기술이 필요하다.

수돗물 깔따구(유충)발생 및 대책

1. 유충발생 및 유입경로

1.1 외부유입

1) 취수원(하천, 호소 등)에 존재하는 알, 유충이 착수정으로 유입

2) 개방된 혼화·응집·침전지 상부를 통해 유입된 성충의 산란

3) 출입문, 창문 틈 등을 통해 유입된 성충의 산란

4) 시설물 주변 물웅덩이에서의 성충 서식 및 산란

1.2 내부유입

1) 침전슬러지 내 존재하는 알, 유충 재발생

2) 침전지 상부 방충망 내에서 서식하는 성충의 산란

3) 여과수에서 유입되는 알, 유충

4) 역세척수에 존재하는 알, 유충

2. 유충발생 취약요소

2.1 취약 취수원

1) 하천수(소규모 하천, 계곡수 등) 취수 정수장

2) 표층수 취수 정수장

2.2 공정불량 과부하

1) 응집제 미투입 또는 간헐 투입 정수장

2) 월간 정수 탁도 0.3NTU 초과율이 높은 정수장

3) 엑세척공정이 적절하게 운영되지 않는 정수장

4) 시설용량 대비 생산량이 많은 정수장

5) 여과지 여재가 적정하지 않게 구성된 정수장
   상수도설계기준 및 해설편 등에 맞지 않게 구성된 정수장

2.3 과거이력

과거 유충 유출 사례, 전국 실태조사 등으로 유충 유입이 확인된 곳

3. 예방요령

3.1 위생관리시설 설치 및 운영관리

1) 취수원
① 하천수 및 호소수 취수시설 조류차단막 설치
② 주기적인 현장점검 및 환경정비 실시
③ 수면 파동발생장치, 살수장치 등 설치
④ 주변 쓰레기 제거 및 퇴적토 준설 등 실시

2) 혼화 응집지
① 응집제 상시 주입
② 스컴 제거를 위한 살수장치, 스컴제거기 등 설치

3) 침전지
① 수면 파동발생장치, 살수장치, 방충망 등 설치
② 침전지 벽면 부착 슬러지 및 하부 침전슬러지 제거
③ 유출수로에 미세스크린 등을 이용한 여과망 설치

4) 여과지
① 출입구 이중문 및 에어커튼 설치
② 창문과 환풍기 등에 미세방충망 설치
③ 여과지 내부에 포충기 설치
④ 여과층 높이와 유효경의 비(L/De) 1,000 이상 유지
⑤ 엑세척은 가급적 잔류염소가 존재하는 물로 실시
⑥ 여과지 머드볼 발생유무를 정기적으로 점검하고 여과층 오염확인 시 여과사 세척, 표층 삭취, 여과사 교체 등 실시

5) 활성탄 흡착지
① 창문과 환풍기 등에 미세방충망 설치
② 출입구 이중문 및 에어커튼 설치
③ 활성탄흡착지 내부에 포충기 설치
④ 상부를 밀폐하거나 미세방충망 설치
⑤ 공기세척 시 공기방울이 균등분배 되는지 확인
⑥ 역세척은 가급적 잔류염소가 존재하는 물로 실시

6) 정수지
① 연 1회 이상 청소 및 소독 실시
② 환기용 창문과 에어벤트 등에 미세방충망 설치
③ 정수지 유입구 또는 유출구에 마이크로스트레이너 등 유충 차단장치 설치

7) 배출수 처리시설
   ① 배출수처리시설 용량 검토
   ② 24시간 균등하게 역세척이 이뤄질 수 있도록 운영
   ③ 회수수 내 유충제거를 위한 여과장치 설치
   ④ 역세척수 회수 최소화 및 최대한 방류
   ⑤ 침전슬러지 및 배슬러지지 이송시간의 적정 분배
   ⑥ 방류수 수질기준 및 관련법 준수
   ⑦ 주기적인 점검 및 청소 실시

8) 배수지
   ① 연 2회 이상 배수 후 청소 실시
   ② 환기용 창문과 에어벤트 등에 미세방충망 설치
   ③ 유입부에 마이크로스트레이너 등 유충차단장치 설치

9) 기타
   실외조명은 방충 LED 등의 조명으로 설치

3.2 위생관리 점검

상기 위생관리시설의 기능 및 작동상태 점검

3.3 모니터링

1) 거름망 모니터링
   ① 원수 유입부 매주 1회 이상 확인
   ② 여과지 유출부(활성탄 유출부) 또는 정수지 유입부 매일 1회 이상 확인

4. 유충 발생 시 정수장 대응요령

4.1. 모니터링

1) 거름망 모니터링
   착수정, 침전지, 여과지, 정수지, 배수지 등 공정별 모니터링 실시

2) 역세척수 모니터링
   포집망을 트러프에 고정하여 역세척수를 통과시키거나 플라스틱 비커로 30L 이상 채수 후 거름
   망에 걸러 확인

3) 여재 조사
   ① 표층 육안 조사 : 표층을 좌·중·우로 삼등분 하여 깔따구 개체수 육안 조사

② 표층 정밀 조사 : 손 또는 갈퀴 등을 이용하여 전체 표층을 긁으면서 소형 생물 개체수 조사

③ 코아 샘플링 조사 : 네 모서리 지점을 상·중·하 채취 → 흰색 부직포 등에 펴쳐 조사 → 여재를 채취하여 물에 침수시켜 부유생물 확인

4.2 대응방법

1) 취수원

① 표층으로부터 1m 이상의 수심에서 취수

② 수면 파동발생장치, 살수장치 등 적정 운영

③ 적정한 양의 소독제 투입 고려

2) 전염소, 전오존

대응사례 또는 문헌 등을 참고하여 현장여건에 맞게 결정하여 운영

3) 혼화 응집제

① 응집제를 반드시 투입하되 최적의 응집제 주입률을 결정하여 유충 등 탁도 유발물질 저감

② 폴리아민 등 고분자 응집제 주입 고려

③ 살수장치, 스컴제거기 등이 적정하게 운영될 수 있도록 점검 및 조치

4) 침전지

① 슬러지 제거 주기를 기존보다 단축하여 운영

② 파동 발생장치 및 살수장치가 적정하게 운영될 수 있도록 점검 및 조치

③ 미세스크린의 망손상 여부, 막힘현상에 따른 수위 상승 여부 등 점검 및 이상 시 교체 또는 청소

5) 여과지

① 에어커튼, 미세방충망, 포충기 등이 적정하게 운영되는지 수시로 점검하고 이상 시 수리 및 교체

② 여과지 역세척 주기를 72시간 이내로 운영

③ 역세척 팽창률이 20~30%가 될 수 있도록 운영

④ 표면세척기 노즐과 여상과의 간격 점검, 사면상 수심 10cm까지 배수 후 표면세척 실시

⑤ 역세척 종료 탁도를 10NTU 이하로 유지

⑥ 시동방수 약 30분 실시

⑦ 배수 및 완전건조 후 플러싱 및 역세척 한 뒤 24시간 연속 운영하면서 거름망으로 유출수 모니터링

6) 후오존, 활성탄 흡착지

① 후오존의 경우 활성탄 흡착지로 유입되는 유충이 최대한 불활성화될 수 있도록 투입

② 에어커튼, 미세방충망, 포충기 등이 적정하게 운영되는지 수시로 점검하고 이상 시 수리 및 교체

③ 역세척 주기는 미소생물의 생식주기보다 짧게 운영

④ 역세척 팽창률이 30~40%가 될 수 있도록 운영

⑤ 사면상 수심 10cm까지 배수 후 표면세척 실시

⑥ 역세척 종료 탁도를 10NTU 이하로 유지

⑦ 시동방수 약 30분 실시

7) 정수지

① 창문 및 에어벤트 등에 설치된 미세방충망 파손여부 확인

② 정수지 유입 및 유출구에 설치한 마이크로스트레이너 등의 유충차단장치의 망 손상 또는 막힘 여부 점검

8) 배출수 처리시설

① 배출수지 주변 물웅덩이 여부 점검 및 발견 시 즉시 제거

② 배출수처리시설 처리효율 저하 여부 점검

③ 역세척수 회수수 내 유충 제거 설비 적정가동 여부 점검

④ 농축조에 고분자 응집제 등 주입 시 최적 주입률을 결정하여 주입하고 주입설비의 적정 작동 여부 점검

⑤ 방류수 수질기준 준수를 위해 추가로 설치된 시설 또는 설비의 적정 운영여부 점검

9) 배수지

① 창문 및 에어벤트 등에 설치된 미세방충망 파손 여부 확인

② 배수지 유입 또는 유출구에 설치한 마이크로스트레이너 등의 유충차단장치의 망 손상 또는 막힘 여부 점검

10) 공급관망

① 이토밸브 및 소화전을 활용한 이토작업 실시

② 관로상 거름망 설치 및 일일 모니터링 실시

Key Point ✦

130회, 131회 출제

03

상하수도 이송

도수 · 송수관로의 관경 결정

1. 서론

1) 도 · 송수관로는 어떠한 경우라도 계획수량이 유하할 수 있어야 하므로 관경은 동수경사에 대하여 산정하여야 한다.

2) 동수경사 및 전양정
   ① 자연유하식 도 · 송수
      ㉮ 시점의 저수위를 기준으로 동수경사를 산정
      ㉯ 종점의 고수위를 기준으로 동수경사를 산정

3) 펌프가압식 도 · 송수
   ① 펌프 흡수정 저수위와 착수정의 낙차
   ② 관로의 손실수두로부터 펌프의 전양정 산정

2. 관경 결정 시 고려사항

2.1 신설인 경우

1) 자연유하식
   ① PC콘크리트관, 원심력철근콘크리트관 : 통수능력의 감소가 없다.
   ② DCIP, 강관 : 통수연수 경과에 따라 Scale 형성, 단면축소, 조도증가, 통수능력이 감소하므로 15~20년 후의 관내면 상태를 고려하여 관경을 정한다. 단, 시멘트모르타르, 액상에폭시수지도료 등 내구성 도장시공을 한 것은 통수능력의 감소가 없다.

2) 펌프가압식
   다음 사항에 의한 손실수두를 고려하여 정한다.
   관의 내용연수, 기계의 내용연수, 전기시설의 내용연수, 유속계수의 변화

2.2 확장, 계량인 경우

조도를 실측하여 조도계수를 적용 계산한다.

3. 관수로 유량공식

3.1 펌프가압식 : Hazen – Williams 공식

$$Q = A \cdot V$$

$$V = 0.8495 \cdot C \cdot R^{0.63} \cdot I^{0.54}$$

여기서, V : 평균유속(m/s), C : 유속계수
R : 경심 $= D/4$(m), I : 동수경사(h/L)
L : 연장(m)
h_L : 길이 L(m)에 대한 마찰손실수두 H(m)
D : 관내경(m), Q : 유량(m³/s), A : 관의 단면적(m²)

3.2 자연유하식 : Manning 공식

$$Q = A \cdot V$$

$$V = \frac{1}{n} \cdot R^{2/3} \cdot I^{1/2}$$

여기서, n : 조도계수

4. 유속계수(C)

관내면(조도계수)에 따라 다르다.

⊙ 신관 설계 시

관종	C값	비고
주철관 도복장강관	110	부설 후 15~20년
원심력철근콘크리트관 PS콘크리트관	130	굴곡부, 손실 등을 고려하여 110~130 정도가 안정
경질PVC관	110	

5. 경제적 관경 결정

5.1 자연유하식 관로

1) 시점과 종점의 낙차를 최대한 이용

2) 유속을 가급적 크게, 관경은 최소, 관부설비가 최소가 되도록 하여 경제적 관경을 결정

5.2 압송관로

1) 경제적 압송관로

  ① 도송수관경, 펌프양정 등 상관관계를 조합하여 결정

  ② 관경을 크게 하면

    ㉮ 펌프설비비가 적게 소요

    ㉯ 관부설비가 많이 소요

  ③ 관경을 작게 하면

    ㉮ 관부설비가 적게 소요

    ㉯ 통수저항이 크게 되어 동수경사가 급하다.

    ㉰ 손실수두가 크다.

    ㉱ 펌프양정이 크다.

    ㉲ 펌프설비비가 많이 든다.

    ㉳ 전력비가 많이 소요

2) 경제적 관경영향요소

  ① 관부설 재료비

  ② 인건비

  ③ 펌프설비비

  ④ 건설자금의 이자율

  ⑤ 관, Pump 감가상각률

  ⑥ 유지보수율

  ⑦ 전력비 등

3) 경제적 관경 결정

  ① 경제유속, 경제유량, 경제동수경사가 경제적 관경이 된다.

  ② 일반적으로 관로관계의 비용과 펌프관계의 비용을 합산한 값을 연간 총경비(건설비, 이자, 시설의 감가상각비 및 유지관리비의 합산치)의 형태로 고려하면 주어진 유량에 대하여 총경비가 최소이며 가장 경제적인 관경이 반드시 하나 존재하는데, 이를 상수도 관로의 경제적 관경이라 한다.

  ③ 이것은 송수관과 배수관에 관해서도 마찬가지로서 펌프가압식 수도관의 경제적 관경이다.

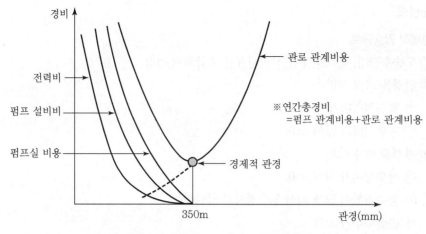

[압송식 관로의 경제적 관로 결정(예)]

6. 유속

6.1 자연유하식

1) 도수관의 경우 주어진 시점, 종점의 낙차를 최대한 이용하여 유속을 가능한 한 크게 하면 관경이 최소가 된다.

2) 도·송수관에서의 평균유속의 최대한도는 관의 내면이 마모되지 않도록 한다.

3) 도수관의 평균유속의 최소한도 : 0.3m/sec
   모래입자의 침전방지를 위해

4) 송수관로에 있어서는 정수를 취급하므로 평균유속의 최소한도가 불필요

5) 최대유속

관내면 상태	최대유속
모르타르, 콘크리트	3m/sec
모르타르라이닝	5m/sec
강관, 덕타일주철관, 경질PVC	6m/sec

6.2 펌프가압식

앞에서 구한 경제적 관경에 대한 유속이 경제유속이 된다.

Key Point +

113회, 121회, 125회, 131회 출제

접합정(Junction Well)

1. 개요

1) 접합정은 급격한 경사지나 도수로의 분기점 또는 동수경사선이 작아 압력이 낮은 관수로에 주로 설치하는 시설로서
2) 관로의 수두를 분할해 적당한 수압을 유지하게 하여 관로의 흐름을 원활하게 하는 데 이용

2. 설치목적

2.1 동수경사선의 상승

1) 동수구배가 낮은 관로의 동수경사선을 상승
2) 접합정을 이용한 방법은 관리가 불편하고 비경제적이어서 관경을 변화시켜 동수경사선을 상승

2.2 관로의 최대정수두의 감소

관의 허용정수두보다 관로의 최대정수두가 높은 경우 관로의 정수두를 감소시켜 관 파손을 방지

2.3 도수로의 접합

2개 이상의 관로를 접합

3. 설치 시 고려사항

1) 원형 또는 각형의 철근콘크리트조로 수밀성이나 내구성이 있도록 설치
2) 체류시간은 계획도수량의 1.5분 이상으로 한다.
   ① 접합정의 용량은 수압을 조절해야 하며 수면의 동요를 흡수하고 원활하게 도수할 수 있는 것으로, 통항 계획도수량의 1.5분 이상으로 하며 수심은 3.0~5.0m를 표준으로 한다.
   ② 계획도수량이 작을 때에는 수면의 면적이 작아져서 수면동요를 흡수할 수 없기 때문에 수면의 최소면적을 $10m^2$ 정도가 바람직하다.
3) 유입속도가 클 경우 월류벽을 설치하여 유속을 감소시킨 후 유출시키는 구조로 한다.
   ① 관로의 수압 경감을 목적으로 접합정을 설치한 경우에는 접합정의 상류 측 관내의 유속이 클 때에는 접합정 내에서 난류가 형성되어 유출관으로 공기를 끌어들일 우려가 있다.

② 접합정의 수위는 일정한 것이 바람직하므로 유입속도가 큰 경우에는 접합정 내에 월류벽을 설치하여 유입에너지를 분산시킴으로써 유속을 줄이고 접합정 내 수위의 안정을 도모하는 것이 필요하다.

4) 수압이 높은 경우 수압제어용 밸브를 설치한다.

5) 유출관의 중심 높이는 저수위보다 관경의 2배 이상 낮게 설치한다.

① 유출구가 저수위에 가까울 때에는 유출관 속으로 공기가 빨려 들어가서 통수능력을 저하시키는 원인이 된다.

② 이를 방지하기 위하여 저수위보다 관경의 2배 이상 낮게 설치하면 안전하나 대구경 관로의 경우에는 현실적으로 어려움이 있으므로 적절하게 조정한다.

6) 필요시 유지관리를 위하여 양수장치와 이토관을 설치

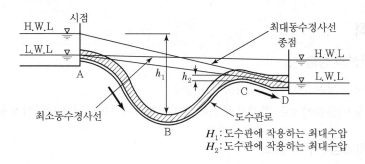

(a) 자연유하식 도수관로

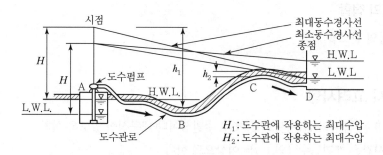

(b) 펌프가압식 도수관로

[도수관로의 동수경사선]

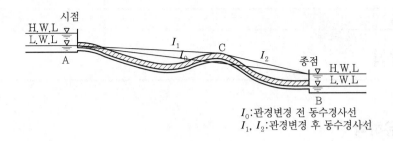

I_0:관경변경 전 동수경사선
I_1, I_2:관경변경 후 동수경사선

(a) 관경변경에 의한 상승

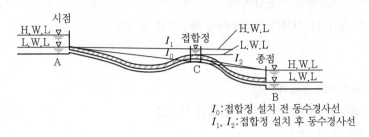

I_0:접합정 설치 전 동수경사선
I_1, I_2:접합정 설치 후 동수경사선

(b) 접합설치에 의한 상승

[동수경사선의 상승 사례]

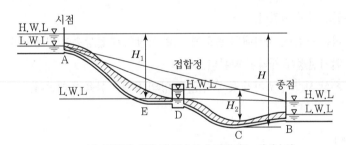

H : 접합정 설치 전 도수관에 작용하는 최대수압
H_1 : 접합정 설치 후 AD 간의 도수관에 작용하는 최대수압
H_2 : 접합정 설치 후 DB 간의 도수관에 작용하는 최대수압

[도수관에서 정수압의 경감 사례]

배수방식

1. 자연유하식

1.1 개요

1) 배수지의 위치수두를 이용하여 배수지역의 수도전에 자연유하로 배수하는 방식

2) 가능하면 가압펌프식보다 자연유하식 배수지를 설치하는 것이 바람직

1.2 장점

1) 일정한 배수압의 유지가 가능

2) 정전 시 완충능력이 있어 단수의 피해를 최소화

3) 운전인원의 수가 적다.

4) 동력비, 유지관리비가 저렴

1.3 단점

1) 평상시 수압조절이 어렵다.

2) 급수량이 적은 야간에 저지대의 관로에 필요 이상의 수압상승이 발생할 수 있다.

3) 배수지의 위치선정에 제약이 따른다.

4) 배수관의 손상 시 단수조치가 늦어져 많은 양의 유량손실을 초래한다.

2. 펌프가압식

2.1 개요

급수구역 내 적당히 높은 곳이 없을 때 배수펌프의 양수압을 이용하여 배수구역의 수도전에 직접 급수하는 방식

2.2 장점

1) 배수펌프의 조절에 의한 배수량과 배수압의 조절이 용이

2) 배수지의 위치가 지세에 지배받는 일이 적고 적당한 위치를 쉽게 선정할 수 있다.

3) 배수관로의 손상이나 파열 시 단수, 감압, 배수량의 조절 등 응급조치가 쉽다.

4) 화재발생 시 배수압의 저하가 발생할 경우 소화용수펌프의 가동으로 적정 배수압을 유지할 수 있다.

2.3 단점

1) 정전이 발생하는 즉시 단수 : 2회선 수전방식 및 자가발전 등의 대책이 필요
2) 자연유하식에 비해 유지관리인원이 많이 필요
3) 동력비 및 유지관리비가 많이 소요
4) 배수관의 길이가 길어져 Water Hammer가 발생할 우려가 높다.

3. 병용식

3.1 개요

높이(지세)에 따라 일부를 자연유하식으로 하고, 수압이 부족한 배수지 위치에 가압펌프를 병용하거나 급수구역 도중에 가압펌프를 설치 병용하는 방식

3.2 특징

1) 야간의 전력비가 절약
2) 정전 시 약간의 급수 안정성과 경제적인 관경 채택이 가능하다.

배수지

1. 설치 목적

1) 배수구역의 수요량에 따른 배수를 하기 위한 저류지 역할(단수 시 피해를 최소화)

2) 급수생산량과 급수소비량의 시간적 변동을 조절

3) 배수지 상류측 사고 발생 시 일정 수량, 수압을 유지

2. 배수지 용량

2.1 평상시

1) 계획1일 최대급수량의 12시간 분 이상을 표준으로 한다.

2) 최소 6시간 분 이상 + 소화용수량 + 기타 여유수량

2.2 화재 시

1) 화재 시 소화용수량 합산

   상수도 이외에서 소방용수를 공급 가능한 경우 예외

2) 급수인구 5만 명 이하인 경우

   ① 계획1일최대급수량의 1시간당 수량 + 소화용수량

   ② 소화용수량 : 2만 명 이하(200m³/hr 이상)

   　　　　　　　　 5만 명 이하(400m³/hr 이상)

   ◎ 배수지 용량에 가산할 인구별 소화용수량

인구(만 명)	소화용수량(m³)	인구(만 명)	소화용수량(m³)
0.5 이하	50	3 이하	300
1 이하	100	4 이하	350
2 이하	200	5 이하	400

3. 배수관 관경 설계 시 용량

다음 3.1의 1)과 2) 중 큰 값을 선택

3.1 평상시

1) 계획1일최대급수량 × 1/24 × α(1.3, 1.5, 2.0)

2) 1.3(대도시, 공업도시), 1.5(중도시), 2.0(소도시, 특수도시)

3.2 화재 시

1) 계획1일최대급수량의 1시간당 수량 + 소화용수량

2) 상수도 이외에서 소방용수 공급 가능한 경우는 예외

3) 급수인구 10만 명 이하

　9만 명 이하 : 9m³/min × 60 이상, 10만 명 이하 : 10m³/min × 60 이상

4) 급수인구 10만 명 이상 : 계획시간 최대배수량에 충분한 여유가 있어 평상 시에 준한다.

❖ 계획1일최대급수량에 가산할 인구별 소화용수량

인구(만 명)	소화용수량(m³/min)	인구(만 명)	소화용수량(m³/min)
0.5 미만	1 이상	6 미만	8 이상
1 미만	2 이상	7 미만	8 이상
2 미만	4 이상	8 미만	9 이상
3 미만	5 이상	9 미만	9 이상
4 미만	6 이상	10 미만	10 이상
5 미만	7 이상		

3.3 2개 이상의 배수 계통으로 된 경우

각 계통마다 배수지의 유효용량을 결정한다.

4. 위치 및 높이

1) 배수구역의 중앙부 또는 가까운 곳 : 배수관 연장이 짧아 수두손실이 작고 관경이 작아도 된다.

2) 자연유하식 배수지는 최소동수압(1.5kg/cm²)의 확보가 필요

　① 배수지가 고수위인 경우 최대동수압(4.0kg/cm²)은 관종별 최대동수압 이하로 유지

　② 최소동수압은 1.5g/cm² 이상을 원칙으로 하나 장래 직결급수 등을 고려하여 결정

3) 배수관망은 가능한 한 격자식으로 Block System화하여 배수지관의 관말에 물이 정체되지 않고 균등수압을 유지가능하도록 한다.

4) 배수관의 관경결정을 위한 수리계산 시 배수지의 수위는 저수위로 함

5) 배수관의 관종과 접합방법은 내구성, 지진 등을 고려하여 산정

6) 배수본관은 배수지가 다른 배수본관과 연결하여 상호 지원급수가 가능하도록 함(무단수 급수 체계의 구축)

7) C · T값 만족을 위한 재염소 주입 등을 필요 시 검토할 필요가 있다.

계획배수량

1. 개요

상수도의 계획배수량은 원칙적으로 해당 배수구역의 계획시간최대배수량으로 하며, 1시간당 수량으로 나타낸다.

2. 상수도 계획배수량의 결정

1) 관련식

$$q = k \times \frac{Q}{24}$$

여기서, q : 계획시간최대배수량(m³/hr)
k : 시간계수
Q : 계획1일최대급수량(m³/d)
$Q/24$: 시간평균 배수량(m³/hr)

2) 관련식의 이용

① 계획시간최대배수량 : 관경결정   ② 수리계산 : 관내 동수압의 확보
③ 수압분포의 균등 유지   ④ 적절한 관내수압 유지

3. 계획배수량 결정 시 유의사항

1) 배수지관의 관내동수압 150kpa 이상 유지
2) 3층 이상 직결급수 시 높은 관내동수압 유지
3) 각 지역별 특성 파악에 의한 K값(시간계수) 결정
4) 시간계수와 배수량의 관계는 유사지역 실측조사 후 비교 · 결정

4. 기타 고려사항

배수구역의 물사용 형태, 지역의 특성, 시설의 규모, 수도시설의 전반적인 배치 등을 종합적으로 고려해야 한다.

| Key Point ✦ |

• 130회 출제

터널배수지

1. 기능

기능은 일반배수지와 같다.

1) 배수구역의 수요량에 따른 배수를 하기 위한 저류지
2) 배수량의 시간변동 조절 기능
3) 배수지의 상류측 사고발생 시 일정 수량, 수압 유지

2. 일반사항

1) 터널배수지는 개수로 형식으로 하고, 지역 간 송수관로를 겸한다.
2) 터널배수지 상부는 시설물의 계획이 없고, 개발계획도 없어야 한다.
3) 외수의 침입이 없도록 충분한 방수를 요한다.
4) 지형에 따라 유출입 측에서 배수하게 되므로 수리적 문제 검토를 요한다.
5) 지수는 2지 이상으로 한다.
6) By-pass관 설치, 터널 내 단수, 청소작업 등 유지관리가 용이하도록 한다.

3. 구조

터널구조에 준하며 배수계통은 배수지 구조에 준한다.

4. 용량

일반 배수지 용량에 준하지 않고 지형조건, 시공 최소단면, 시공성 및 경제성 등을 고려하여 결정한다.

5. 장치

1) 유출입관(배수시설에 준함)
   ① 유입관 : 공동현상의 제어특성이 뛰어난 밸브 설치(Sleeve Valve, Needle Valve)
   ② 유출관 : 긴급차단장치, 유량 제어용 밸브 설치(Butterfly Valve, Con-valve)

2) 월류관, 환기 장치, 맨홀, 검수구를 설치(정수지 시설기준에 준함)

3) 수위계(정수지 수위계에 준함)

Key Point ✦

116회 출제

배수관망

1. 서론

1) 배수관망은 평면적으로 넓은 급수지역 내의 각 수요처에 배수지에 저류되어 있는 정수를 적절히 분배, 수송하는 것을 목적으로 한다.

2) 즉, 근거리 대량수송과 근거리 분배수송이라는 2가지의 기능을 수행

3) 배수관망은 이런 수송과 분배의 기능을 원활히 하고 등압성, 응급성 및 개량의 편의를 도모하여야 한다.

4) 최근 배수관은 노후화로 인한 유수율 저하 및 수질저하의 문제점을 가지고 있다.

5) 따라서, 최근 시행 중인 격자식의 배수관망 구성, 직결급수 및 유수율 향상의 일환으로 지역별로 적합한 배수관망을 구성할 필요가 있다.

6) 관망의 구성 형태에는 수지상식, 격자식 및 종합식이 있다.

2. 수지상식

1) 관이 서로 연결되어 있지 않고 수지상식으로 나누어진 형태

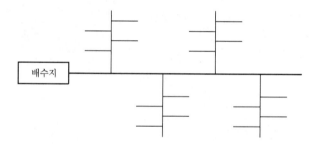

2) 장점

　① 수리계산이 간단하다.

　② 시공이 쉽고, 공사비가 저렴하다.

3) 단점

　① 수량을 서로 보충하여 줄 수 없다.

　② 단수지역이 발생하기 쉽다.

　③ 배수관의 일부가 단수될 때에는 그 부분 이후는 단수된다.

　④ 관말단에 물이 정체하기 쉽다.

　　㉮ 박테리아의 성장과 침전이 가지 끝에서 발생

ⓝ 관말단 부분은 잔류염소를 유지하기가 어렵다.

ⓓ 가끔 소화전을 열어 방류해야 한다.

ⓡ 수질과 물 유통의 악화를 초래

⑤ 관말단에 배수설비를 설치하여 관내청소와 수질악화의 방지를 위한 배수를 적절히 해야 한다.

3. 격자식

1) 관이 그물모양으로 연결된 형태

2) 장점

① 관내 물 정체가 없다.

② 수압유지가 용이하다.

③ 단수 시 대상지역이 좁다.

④ 배수관 등의 사고 시에 물의 수요공급에 이상이 발생할 때 융통성 있는 운영이 가능

⑤ 송수시설, 배수시설이 분리 독립되며 수리학적 에너지 효율이 높다.

3) 단점

① 공사비가 크다.

② 수리계산이 복잡하다.

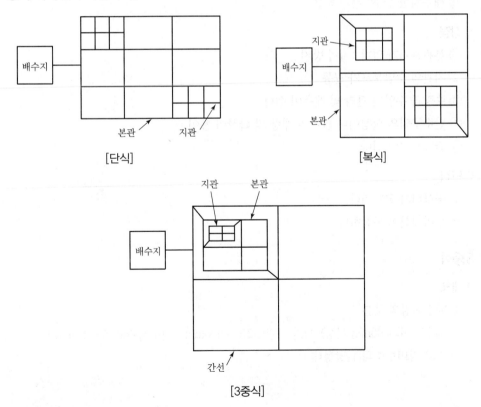

[단식]   [복식]

[3중식]

3.1 단식

1) 개요

    ① 하나의 관로가 송·배수기능을 수행

    ② 전관로에 급수분기를 허용

    ③ 배수본관 : $\phi 250 \sim 500mm$, 배수지관 : $\phi 75 \sim 200mm$

    ④ 현재의 배수관망의 전형적인 형태

2) 장점

    배수관망 조직이 단순하므로 복식, 3중식에 비해 관로 부설비가 저렴

3) 단점

    ① 배수구역이 넓어질수록 등압화나 누수제어가 어렵다.

    ② 단수 시 단수지역이 넓어진다.

3.2 복식

1) 개요

    단식 배수관망의 단점을 보완하기 위해 관망을 관경에 따라 구분

    ① 배수본관 : 급수분기를 하지 않음

    ② 배수지관 : 급수분기 허용

2) 장점

    ① 본관분기가 없다 : 누수방지

    ② 지관의 수압분포가 균등

    ③ 수량과 수압의 관리 및 계측이 쉽다.

    ④ 단수구역의 설정이나 관거의 개량 및 확장이 용이

    ⑤ 관망해석이 쉽다.

3) 단점

    ① 공사비가 고가이다.

    ② 수리계산이 복잡하다.

3.3 3중식

1) 개요

    ① 배수관망의 구분

        배수간선($\phi 600mm$ 이상), 배수본관($\phi 250 \sim 500mm$), 배수지관($\phi 75 \sim 200mm$)

    ② 최고 정비수준의 관망형태

4. 종합식

지형이 허락하는 곳은 격자식으로 구성하고 그 외의 지역은 수지상식으로 구성

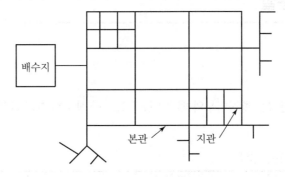

5. 결론

1) 정부에서 중점적으로 진행 중인 유수율 향상 대책 및 단수 시 단수지역의 감소와 단수시간의 감소를 위해서는 수지상식보다는 격자식 구성이 필요

2) 또한 기존 수지상식으로 구성되어 있는 지역의 경우 경제성 및 지역의 특성을 고려하여 점진적으로 격자식으로의 전환이 필요하며

3) 격자식의 경우 경제성에서 다소 불리한 단점을 가지고 있으므로 경제성을 고려하여 구성(단식, 복식, 3중식)함이 바람직

4) 지역별로 추진 중인 직결급수, 유수율 향상대책, 기존관거의 정비 등의 사업과 연관된 사업추진이 필요하고 장기적인 계획의 수립과 더불어 관거의 유지보수계획과도 연관된 계획의 수립 및 시행이 필요하다.

5) 또한 지역별 수도정비 및 블록화 사업을 우선순위별로 시행하여 유수율 향상을 꾀할 필요가 있으며 반드시 현장조사를 통한 관망구성현황을 도면화하여 GIS화할 필요가 있다.

급수구역의 분할

1. 개요

급수구역과 급수분구는 행정업무와 배수기능을 고려한 상수도 관리 단위로 용어의 정의는 다음과 같다.

○ 급수구역 및 급수분구 정의

구분	정의	기준
급수구역	상수도 종합행정 업무를 위한 최적관리지역	공급시설 단위
급수분구	구역적 배수기능을 위한 최적급수분구	배수지 단위

1.1 급수구역

1) 급수구역이 넓고 취·정수 및 배수시설 등의 수가 증가하게 되면
   ① 조직 형성이 자연적으로 복잡
   ② 모든 현상을 정확하게 파악하고 유지관리하기가 매우 어려워지므로
2) 상수도의 기술업무와 경영업무의 조화 있는 종합 행정업무를 위하여 최적 단위 급수구역으로 분할하여 유지 관리함으로써
   ① 상수도 행정의 신속화와 능률화
   ② 요금의 적정화와 민원의 해소, 유수율의 증대 등으로 경영의 합리화

1.2 급수분구

1) 급수구역이 급배수의 유지관리를 위한 최적단위의 지역분할인 데 비하여 급수분구는 균등배수, 안정급수 등 급수의 분배기능을 보다 효율적으로 하기 위하여 급수구역 내에 배수지의 배수가 능범위로 분할한 것으로써
2) 급배수관 개량의 편의, 관망계산의 용이, 누수제어 및 급배수의 균등에 따른 수질, 수압, 수량의 균등화, 작업성, 경제성 등 계통별 급수구역 내에서 Block – system 도입에 의한 송·배수운영이 가능하도록 계획하여야 한다.
3) 단위 급수분구에는 1개의 주배수지가 필수적이며 단위 급수분구 설정 시 고려사항은 배수지 설치의 가능 여부, 각 단위 급수분구의 지역적 특성을 고려한 소기의 목적 달성과 비상시나 단수 시 피해지역을 얼마나 최소화할 수 있는가 하는 응급성과 경제성이며 특히 기존시설을 최대한 활용할 수 있고 지형의 특성을 조화 있게 이용할 수 있는 단위 급수분구로 분할되어야 한다.

2. 분할의 효과

급수구역 및 급수분구 분할로 인해 발생하는 효과는 다음과 같다.

1) 급수분구 내의 물수요 분포, 지형의 특성 등을 단순화함으로써 배수관망 특성 파악이 용이하여 합리적인 배수관리가 가능

2) 관망해석이 비교적 용이하고 송·배수시설 정비계획을 합리적으로 시행

3) 주위의 환경여건으로 인하여 발생하는 단수 사고에 대하여 그 영향범위를 최소화

4) 배수압이 안정되어 수압의 균등화가 용이하고 수충작용이 저하되므로 최대수압을 감소시킬 수 있으며, 관 누수량을 저하시키고 에너지 절약에 크게 기여

5) 유량측정, 수질측정 등이 용이하여 사고나 누수를 조기에 발견

6) 배수지가 급수원이 되고 정수장에서 생산된 정수는 배수지로 직송되므로 송수와 배수가 분리

7) 급수계통의 변경이 용이하므로 급·배수운영 및 관리가 용이

3. 급수구역 및 급수분구 분할의 기준

급수구역 및 급수분구의 분할은 지형의 특성, 지리적 특성, 배수량 규모, 유지관리, 사회적 특성 등에 따라 다양하기 때문에 일률적으로 기준을 정하기 어려우므로 일반적으로 다음 사항을 기준으로 분할계획을 수립한다.

구분	급수구역	급수분구
1. 지형·지리적 특성	행정구역, 지반고, 하천, 철도, 급수 대상지역, 급수면적 등	좌 동
2. 유지관리	• 목표연도를 기준으로 1인 1일 최대 급수량 이내에서 분할 • 동일 급수지역 내 송·배수 유출 관경의 최소화 • 비상관로인 송·배수관로 연결이 용이하도록 계획	• 단일 배수지 배수 가능 • 균등급수가 가능하며, 가능한 한타 급 수지역과 분리 • 계획목표연도 기준으로 일최대급수량 범위 이내가 되도록 계획 • 급수분구 간의 비상급수가 용이하도록 계획

배수방식 선정

1. 개요

1) 직접배수방식

정수장에서 생산된 정수를 가압 또는 자연유하에 의하여 직접 급수지역에 직송 배수하는 방식

2) 간접배수방식

배수지를 경유하는 방식

2. 배수방식 비교

구분	직 접 배 수 방 식	간 접 배 수 방 식
특징	 • 정수장에서 급수구역으로 직접 일최대 생산량을 공급하며 일최대 생산량으로 부족한 시간 최대 수요 시에는 야간 급수 시 일최대 생산량으로 공급되고 배수지에 저류된 용수를 동시에 급수구역에 공급함으로써 수요의 시간적 변화에 대처한다. • 복잡한 배수계통이 아닌(소수의 수원, 급수범위가 좁고 급수구역의 지반고 차이가 심하지 않은 곳) 적은 용량의 소도시에 적합	 • 정수장에서 일최대 생산량을 일단 배수지로 모두 송수하여 급수구역 내 수요의 시간적 변화는 배수지에서 대처한다. • 복잡한 배수계통(다수의 수원, 급수범위가 넓고 급수구역의 지반고 차이가 심한 곳)에서 배수계통을 분할할 수 있어 장래 확장 시에는 배수계통분할 등 운영이 용이하다.
배수지의 활용	배수지의 전 용량이 급수구역의 시간적 수요변화에 신속히 대처할 수 없어 배수지 전 용량의 충분한 활용이 어렵다.	배수지로 일단 모두 송수되므로 배수지 전 용량의 활용이 가능하다.
송·배수 관로이용	• 송·배수관로가 동일관로로 이용되므로 관경이 간접배수관경에 비해 작다. • 송·배수관로가 급수구역에 직접 연결되어 있어 급수구역 수요의 급격한 증감 시 배수지 기능 저하	• 송·배수관로의 분할로 배수관경이 다소 커지며 송수관로는 별도 부설하여야 한다. • 송수관로가 배수지에 직접 연결되므로 배수지 기능은 저하되지 않는다.

3. 배수지 계획 고려사항

1) 배수지 계획은 배수지 위치선정, 저수위결정, 용량결정 및 공급계통 등이 함께 계획되어야 하므로 이들에 대한 검토가 선행되어야 한다.

2) 배수지의 위치는 이론적인 선정조건보다 급수구역 내의 지형적 조건에 좌우되며, 배수지 수위는 급수구역 내 수용가의 분포상태를 파악하여 수위를 결정하되 시간 최대 급수 시에 잔류수압이 $1.53kgf/cm^2$ 이상이 유지되도록 하여야 한다.

3) 배수지 위치선정 시 고려사항은 다음과 같다.

① 송수 시 수리적인 안정성 확보가 가능할 것

② 급수지역의 중앙에 위치하여 용수공급이 원활할 것

③ 배수관로의 연장 및 공사비 면에서 유리할 것

④ 배수관망 계획에 따른 배수지의 적정표고 확보가 가능할 것

⑤ 부지 매입이 용이하고 민원발생의 우려가 적을 것

⑥ 배수지 건설 시 토공 이동량이 적을 것

⑦ 가능한 한 지장물이 없는 위치로 선정할 것

급수방식

1. 개요

    1) 급수방식에는 직결식, 저수조식 및 직결 · 저수조 병용식이 있으며
        ① 직결식 : 직압식, 가압식
        ② 저수조식
        ③ 직결 · 저수조 병용식

    2) 급수방식은 급수전의 높이, 수요자가 필요로 하는 수량, 수돗물의 사용용도, 수요자의 요망사항 등을 고려하여 결정한다.

    3) 예전에는 배수관의 최소동수압은 150kPa(약 1.5kgf/cm²)를 표준으로 하였기 때문에 3층 이상의 건물이나 공동주택 등 다량수요자에게 급수하는 방식으로서는 저수조식을 채택하였다.
        ① 그러나 소규모 저수조의 위생문제가 제기됨과 함께 건축법 개정(지하저수조의 설치 의무조항 삭제)으로 직결가압식의 대상범위가 확대
        ② 이와 함께 최근 에너지 절약의 관점에서 직결가압식의 대상범위를 4층 이상으로 확대되는 추세임

2. 직결식

2.1 직결직압식

    1) 배수관의 동수압에 의하여 직접 급수하는 방식
    2) 최근 급수서비스 향상을 위한 추세
        ① 배수관의 압력상승 : 공급능력 증대
        ② 배수관 정비계획과 함께 배수관의 최소동수압을 점차 조정 : 직결직압식의 대상 확대
        ③ 배수관의 최소동수압 상향 조정 : 5층 이상의 건물 공급

2.2 직결가압식

    1) 급수관의 도중에 가압급수설비를 설치하여 압력을 추가하여 직결급수하는 방식
        배수관의 압력부족분을 가압하여 높은 위치까지 직결급수하는 방식

    2) 목적
        ① 직결급수의 대상범위 확대
        ② 저수조에 대한 위생상의 문제를 해소

③ 에너지 절약

④ 저수조 설치 공간을 유효하게 다른 용도로 사용

⑤ 급수서비스 향상

3) 종류

① 직송식 : 급수전까지 직접 급수하는 방식

② 고가수조식 : 고가수조까지는 직결급수로 하고, 고가수조에서 기존 설비를 이용하여 급수전까지 자연유하로 급수하는 방식

3. 저수조식

- 저수조식은 수돗물을 일단 저수조에 받아서 급수하는 방식
- 배수관의 압력이 변동하더라도 저수조 이후에서는 수압과 급수량을 일정하게 유지할 수 있고
- 일시에 다량의 물을 사용할 수 있으며
- 단수시나 재해 시에도 물을 확보할 수 있다.

3.1 고가수조식

고가수조식은 저수조에 물을 받은 다음 펌프로 양수하여 고가수조에 저류하였다가 자연유하로 급수하는 방식

3.2 다단 고가수조식

1) 고층 건축물에서 고가수조나 감압밸브를 그 높이에 따라 다단으로 설치

하나의 고가수조에서 사용상 적당한 압력으로 급수할 수 있는 높이의 범위는 약 10층 높이 정도

3.3 압력수조식

저수조에 물을 받은 다음 펌프로 압력수조에 넣고, 그 내부압력에 의하여 급수하는 방식

3.4 펌프직송식

저수조에 물을 받은 다음 사용량의 변동에 따라 펌프의 운전 대수나 회전속도를 제어하여 급수하는 방식

4. 직결 · 저수조 병용식

하나의 건물로 직결식과 저소식의 양쪽의 급수방식을 병용

5. 직결급수를 확대할 때 유의사항

5.1 역류방지대책

1) 직결급수의 범위 확대는 종래의 급수설비에 비교하여 급수전의 위치가 높은 경우에는 배수관이 단수되었을 때에 급수설비 쪽으로부터 역압이 커지거나 감압 시에 역압이 걸리는 경우, 급수기구의 수 및 사용용도가 많은 경우 배수관의 분기점에서 건물 간의 급수관에 역류방지밸브(Anti – reverse Flow Device ; Check Valve 포함)를 설치할 필요성이 있다.

2) 외부의 오염된 물의 흡인을 방지하기 위하여 기구의 설치 위치는 항상 수몰되지 않도록 조치를 취할 필요가 있다.

5.2 기존 건물을 직결급수로 전환하는 경우

기존 저수조식에서 직결급수로 전환할 경우 기존 배관설비의 관종이나 경년변화 등을 고려하고 상황에 따라 관을 교체하는 등의 대책을 추진할 필요가 있다.

6. 저수조식의 적용이 바람직한 경우

1) 재해시나 사고 등에 의한 수도의 단수나 감수 시에도 물을 반드시 확보해야 할 경우
2) 일시에 다량의 물을 사용할 경우 또는 사용수량의 변동이 클 경우 등 직결급수로 하면 배수관의 압력저하를 야기할 우려가 있는 경우
3) 배수관의 압력변동에 관계없이 상시 일정한 수량과 압력을 필요로 하는 경우
4) 약품을 사용하는 공장 등으로부터 역류에 의하여 배수관의 수질을 오염시킬 우려가 있는 경우

7. 저수조의 용량

1) 저수조의 용량 : 계획1일사용수량
2) 유의사항
① 배수관의 능력에 비하여 단위시간당 저수량이 큰 경우 또는 아파트나 고층빌딩 등의 다량급수처가 모여 있는 경우 배수관의 압력이 떨어져 인근지역 급수에 지장을 초래할 경우가 있다.
② 이러한 경우에는 정류량 밸브 등 물을 받는 수량을 조정하는 밸브를 설치하거나 타임스위치가 부착된 전동밸브를 설치하여 압력이 높은 야간시간대에 한하여 저수하는 방법도 있다.

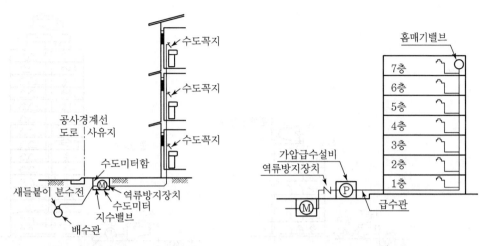

[직결직압식(3층 건물주택)의 예]

[직결가압식(직송식)의 예]

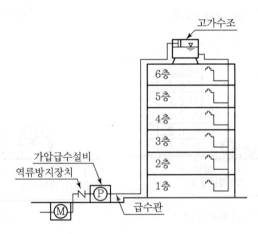

[직결가압식(고가수조식)의 예]

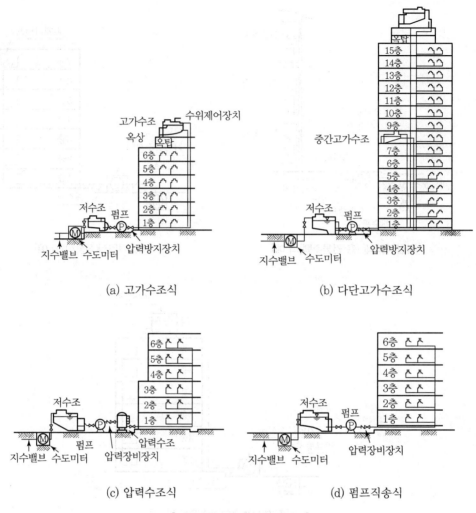

(a) 고가수조식

(b) 다단고가수조식

(c) 압력수조식

(d) 펌프직송식

[저수조식 급수의 일반개념도]

Key Point

111회, 121회 출제

직결급수 전제조건

1. 서론

1) 현재의 급수방식은 크게 저수조방식과 직결급수방식으로 나눌 수 있다.

2) **저수조방식** : 배수되는 물을 저수조나 펌프를 이용하여 급수하는 방식

3) **직결급수** : 배수관말의 최소동수압 $1.5kg/cm^2$을 이용하여 저수조나 펌프를 거치지 않고 2층 높이 정도의 건물까지 급수하는 방식

4) 현재 저수조에서의 긴 체류시간과 유지관리의 부적절함으로 인한 수질저하 문제, 에너지 절약, 건물의 유효이용을 위한 직결급수의 보급이 확대되고 있다.

5) 또한 향후 3층 이상의 다세대 주택의 증가와 저수조의 수질저하에 따라 직결급수의 수요가 증가할 것으로 예상된다.

6) 하지만 직결급수는 배수관말의 최소동수압을 이용하므로 에너지 측면에서는 유리한 면도 있지만 관내압력이 증가할 경우 누수량도 증가할 우려가 있으므로 이에 대한 대책(전제조건)도 함께 고려할 필요가 있다.

2. 직결급수의 필요성

1) 저수조의 체류시간과 유지관리의 부적절로 인한 수질저하

2) 토지의 유효이용

3) 에너지 절약

4) 유지관리의 편리함

5) **경제적 이익** : 저수조 유지관리비, 펌프설치비 및 동력비 절감

3. 급수방식의 분류

3.1 저수조방식

급수되는 물을 저수조 또는 펌프를 이용하여 급수하는 방식

3.2 직결급수

배수관말의 최소동수압 $1.5kg/cm^2$만으로 2층 정도까지의 건물에 급수하는 방식

3.3 고압급수

3층 이상의 건물(주로 5층 이하)의 급수를 위하여 배수관말의 최소동수압을 2.5∼3.0kg/cm²로 상향조절하여 급수하는 방식

4. 급수방식의 비교

4.1 저수조방식

1) 장점
　① 일시에 다량의 물을 사용하는 용도에 적합
　② 단수 시에도 어느 정도의 안정적인 공급 가능
　③ 배수시설에 미치는 영향이 적다.(계획1일최대급수량 기준)

2) 단점
　① 저수조에서의 수질악화
　② 토지이용도 저하(저수조의 공간 차지)
　③ 유지관리비 증대
　④ 수도요금의 시비 문제 발생
　⑤ 건물의 미관 저하
　⑥ 저수조에서 배수관말 수압낭비에 따른 에너지 손실

4.2 직결급수방식

1) 장점
　① 저수조에서의 수질악화 문제 해결
　② 토지이용도 향상
　③ 유지관리비 저렴
　④ 계량기 설치로 수도요금의 시비 해결
　⑤ 건물의 미관 향상

2) 단점
　① 배수시설에 미치는 영향이 크다.(계획시간최대급수량 기준)
　② 단수 시 즉시 단수
　③ 중층 이상의 급수관에 수격현상 발생 우려
　④ 누수량 증가 우려
　⑤ 검침개소의 증가

5. 직결급수의 예외지역

1) 일시에 다량의 물을 사용하는 곳

2) 단수 시 그 피해가 큰 지역

3) 병원 등과 같이 상시 저류량이 있어야 하는 곳

4) 일정 수압·수량을 지속적으로 필요로 하는 곳

6. 직결급수의 전제조건

6.1 누수량 증가의 방지

1) 직결급수 시행 시 배수관말의 최소동수압 증가로 인해 누수량 증가 우려

2) 관거의 보수 및 라이닝 등의 대책과 함께 실시함이 바람직

6.2 공급건물의 층수와 규모 파악

6.3 정보관리 시스템 도입

직결급수의 원활한 운영과 Block-system의 단수 시 적절하고 신속한 대처를 위해

6.4 손실수두의 증가

1) 배수관에서 급수관으로 직결급수를 실시할 경우 손실수두 증가

2) 급수관의 관경을 기존 $\phi 13 \sim 20mm$에서 25mm로 증가 필요

6.5 시간최대급수량에 대한 대책

1) 직결급수 시 계획급수량은 계획1일최대급수량에서 계획시간최대급수량으로 증가

2) 배수관의 관경을 증가

3) 일시에 다량의 물을 사용하는 건물의 경우 저수조의 설치를 의무화

6.6 저장기능 상실에 대한 대책

1) 저수조 미설치로 인한 저장기능 상실에 대비하기 위해 배수지의 용량증대 필요

2) 단수 시 단수지역의 최소화와 단수기간의 최소화

6.7 Block-system의 도입

6.8 수세식 변소의 저수조탱크 설치

6.9 직결급수에 필요한 경비는 자가부담을 원칙으로 하여 직결급수에 따른 시비문제 해결

6.10 역류방지대책

7. 결론

1) 기존의 저수조 설치건물은 비상 시 유효활용을 위해 By-pass관을 설치하여 비상시 활용함이 바람직하며

2) 현재의 배수체계에서 바로 전 지역에 실시함은 우리나라 형편상 부적절하다고 판단되며 배수관로의 정비와 함께 실시함이 바람직하다고 판단됨

3) 배수지의 용량증대(계획1일최대급수량의 12시간 분 이상)와 함께 무단수급수시스템을 구축하여 단수 시 발생되는 문제점을 최소화할 필요가 있다.

4) 누수의 판단과 수량 및 수질의 파악을 위해 TM/TC 시스템의 도입 고려

5) 향후 직결급수의 증대와 3층 이상 또는 6층 이상의 건물에도 직결급수가 도입될 것으로 예상된다. 따라서 향후 추진예정 또는 추진 중인 지역에서는 현재 배수관로의 검사와 적절한 보수, 보강, 교체를 통한 대책이 우선적으로 실시되어야 한다고 판단됨

단수대책

1. 문제점

1) 상수도 수요자의 불편 초래 및 민원 발생
2) 공장의 가동중지에 의한 재산상 손실 초래
3) 화재발생 시 소화용수 부족
4) 수지상식 급·배수 시스템이 격자식에 비해 크게 발생되며 단수 후 수인성 전염병의 발생 및 적수발생 우려

2. 대책

1) 설계 시 단수에 대비한 설계
   ① 급배수관망은 수지상식보다 격자식으로 구성
   ② 저수조방식의 급수가 직결급수보다 유리하며
   ③ 저수조방식의 경우 저수조의 용량 증대
   ④ 배수지의 용량 증대
   ⑤ 무단수급수시스템의 구축

2) 가급적 자연유하식을 채택하여 펌프의 사용을 억제
3) 취수원을 가급적 2개 이상 선정
4) 도수관과 송수관은 2계열 이상으로 하고 부득이 1계열로 할 경우 사고 시 복구가 신속한 노선의 선정이나 구조로 한다.
5) 정전에 대한 대비 : 2회선 수전방식, 자가발전설비 구축

부단수공법

1. 개요

1) 부단수공법은 사용 중인 기존관을 단수하지 않고 소요관경의 T자관이나 제수밸브를 연결하는 공법으로

2) 특히 상수도에서 단수에 따른 주민의 불편을 절감하기 위해 많이 사용

3) 즉, 상수관로의 강관이나 주철관에 T본관과 제수밸브를 조합하여 설치 후 제수밸브를 열고 천공기로 배관을 커팅하여 천공한 후 제수밸브를 닫고 천공기를 철거한 후 배관을 연결하는 공법

2. 시공순서

1) 본관 외부를 깨끗이 세척한 후 활정자관 부착

2) 압력 Test 실시 : 누수여부의 확인을 위해

3) 제수변 설치

4) 제수변 밸브개방

5) 천공기 설치

6) 천공작업

7) 제수변 밸브닫고 천공기 해체

8) 시공완료

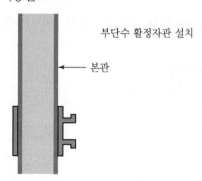

부단수 활정자관 설치

← 본관

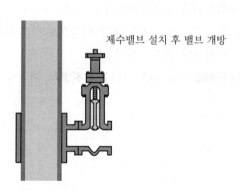

제수밸브 설치 후 밸브 개방

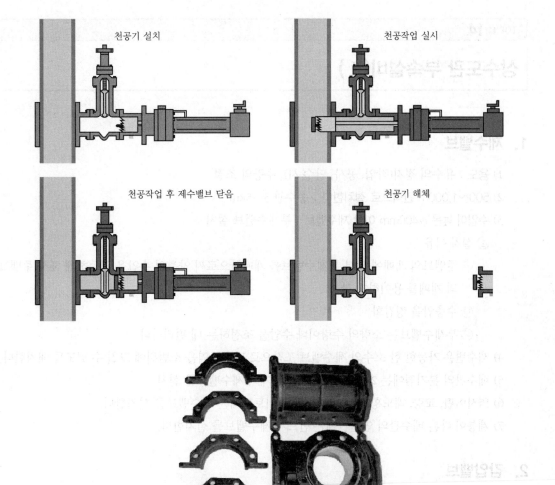

천공기 설치   천공작업 실시

천공작업 후 제수밸브 닫음   천공기 해체

[활성자관]

3. 고려사항

1) 기존관의 관경, 관종, 주변교통상황, 설치위치, 제수변 설치공간, 연약지반 등을 사전에 조사할 필요가 있음

2) 제수변은 수평설치를 원칙으로 하고 설치 후 규정수압으로 수압시험을 실시한다.

Key Point ✛

122회 출제

상수도관 부속설비(I)

1. 제수밸브

1) 용도 : 유수의 정지(작업, 공사, 단수 시), 수량의 조절

2) 500~1,000m 간격으로 설치한다 : 송수관 3~5km

3) 수압이 높은 ϕ400mm 이상 제수밸브 : 부제수밸브 설치

　① 설치 이유

　　㉮ 주밸브의 개폐에 앞서 부제수밸브를 개폐함으로써 양측의 수압을 균등하게 해서 주밸브
　　　의 개폐를 용이하게 함

　　㉯ 수충압을 경감화

　　㉰ 부제수밸브는 소량의 수량이나 수압을 조절하는 데 편리하다.

4) 제수변은 가능한 한 소수의 제수밸브 조작으로 단수구역을 소범위에 그칠 수 있도록 배치한다.

5) 배수관의 분기점에는 2개, 교차점에서는 3개의 제수밸브를 설치

6) 역사이펀, 교량, 궤도횡단 등의 전·후와 이토관에는 제수밸브를 설치한다.

7) 계통이 다른 배수관의 연결관에는 반드시 제수밸브를 설치한다.

2. 감압밸브

1) 급수구역의 고저차가 심한 곳에서 고배수구역에서 저배수구역으로 배수하는 경우

2) 저구역에서는 필요 이상의 수압이 작용하여 유지관리상 곤란이 오거나

3) 저구역의 배수관의 최대정수두 이상의 수압이 작용하는 경우를 고려하여

4) 고구역과 저구역 경계의 상류 측에 감압밸브를 설치한다.

3. 안전밸브

안전밸브는 배수펌프 또는 가압펌프의 출구, 급경사관로의 하류에 수충작용이 일어나기 쉬운 곳
에 설치한다.

4. 유량계, 수압계

1) 본관의 시점에 반드시 유량계 설치

2) 필요에 따라 급수구역 내 대표장소에 수압계 설치

5. 신축이음

신축이음편 참고

6. 맨홀

맨홀편 참고

7. 하저횡단

역사이펀관 2계열 이상으로 한다.

8. 철도 및 간선도로 횡단

내경 600mm 이상의 삽입관, 슬리브 암거로 관 보호

9. 공기밸브

1) 용도
　① 관내 공기 배제
　　㉮ 통수단면 감소방지
　　㉯ 통수 시 관내 공기배제 속도에 따라 통수시간이 좌우됨
　　㉰ 가능한 한 쌍구 및 급속밸브 사용
　　㉱ 관을 부설할 때나 단수 후 물을 다시 채울 때에는 관내의 공기를 배제하면서 유수
　② 관로 내 공기흡입
　　㉮ 관내 물을 배출할 때 흡입되는 공기량에 따라 배출시간이 좌우됨
　　㉯ 수충압 시 부압발생부에서 공기흡입으로 관의 찌그러짐 방지
　　㉰ 필요상 관내의 물을 빼내는 경우 관내가 진공이 되어 관이 변형되는 것을 막아주기 위해
　　　공기밸브를 통해 공기를 흡입

2) 설치장소
　① 관의 돌출부
　② 교량첨가관이나 수관교의 중앙부
　③ 제수변과 제수변 사이
　④ 수평구간이 길 때 중간에 설치

⑤ 펌프토출부, 단면 변화가 급한 곳 등 유량변화가 심하거나 와류가 발생하여 국부적인 부압이 발생하기 쉬운 곳

3) 설치효과
① 공기배제로 통수단면 감소 예방으로 펌프의 동력비 절감
② 자연유하의 경우 설계유량 수송 가능
③ 관내 물의 배제 시간 단축
④ 수충압과 부압으로 인한 관 파열, 관 찌그러짐, 소음발생 방지

4) 유의사항
① 관경 400mm 이상의 관에는 반드시 급속공기밸브 또는 쌍구공기밸브를 설치
관경 350mm 이하의 관에 대해서는 급속공기밸브 또는 단구공기밸브를 설치한다.
② 관로의 종단도상에서 상향 돌출부의 상단에 설치해야 하지만 제수밸브의 중간에 상향 돌출부가 없는 경우에는 높은 쪽의 제수밸브 바로 앞에 설치한다.
③ 공기밸브는 주변의 지하수위보다 높게 설치
④ 완전한 기능을 발휘하기 위해 수평으로 설치
⑤ 공기밸브의 수선, 교체를 위하여 제수밸브 설치
⑥ 한랭지에서는 공기변의 동결을 막기 위한 대책 강구
⑦ 공기밸브에는 보수용의 제수밸브를 설치한다.

10. 이토관

1) 용도
① 관저에 퇴적한 모래 제거
② 유지관리상 관내 청소와 정체수의 배제

2) 설치위치
① 관로의 오목한 부분에 배출수량을 수용할 수 있는 수로나 하천이 있는 곳
② 제수밸브와 제수밸브 사이에 한 개는 설치하는 것이 바람직

3) 고려사항
① 이토관 토구는 반드시 방류수로의 고수위보다 높게 설치하여 하수가 관내에 유입되지 않도록 방류
② 방류수면이 이토관 토구보다 높은 경우 이토관의 도중에 배니실을 두어 펌프로 배출이 가능하도록 한다.

4) 이토관의 관경
관경 1,650mm 이상, 관경 이외에는 주관경의 1/2~1/4 정도

11. 이형관 보호

1) DCIP의 메커니컬 이음의 경우

① 90°, 45°, 22° 등 곡관, 관경 100mm 이상 T자 관 등 → 외부콘크리트 지지대, 말뚝박기 병용, 이탈 방지 압륜으로 보호

② 곡관, T자관, 편락관 등에는 원칙적으로 콘크리트 블록에 의한 보호 또는 이탈 방지 이음을 이용

상수도관 부속설비(Ⅱ)

1. 공기밸브

1) 공기밸브는 관내에 공기를 배제하거나 흡인하기 위한 목적으로 설치한다.

2) 관로의 종단도상에서 상향돌출부의 상단에 설치해야 하지만, 제수밸브의 중간에 상향 돌출부가 없는 경우에는 높은 쪽의 제수밸브 바로 밑에 설치한다.

3) 공기밸브는 지형상 고지대에 해당하는 관로의 상향 돌출부에 설치해야 하지만, 지형은 평탄하더라도 지상이나 지하의 지장물 등에 의하여 상수도관이 하월(下越), 상월(上越)했을 경우 발생되는 상향 돌출부에도 설치하여 에어포켓에 의한 관단면의 부족을 방지해야 한다.

4) 공기밸브의 설치는 관경 400mm 이상의 관에는 급속공기밸브 또는 쌍구공기밸브, 관경 350mm 이하의 관에는 급속공기밸브 또는 단구공기밸브를 설치한다.

5) 공기밸브에는 필요에 따라 보수용의 제수밸브를 설치한다.

6) 매설관에 설치하는 공기밸브에는 밸브실을 설치하며, 밸브실의 구조는 견고하고 밸브를 관리하기 용이한 구조로 한다.

7) 급속공기밸브의 경우, 밸브가 기울어지면 배기량 능력이 감소하므로 항상 수직으로 설치한다.

8) 공기밸브를 설치하는 플랜지면은 수평에서 2° 이내의 기울기가 되도록 설치한다.

9) 한랭지에서는 공기밸브 내의 물이 동결되지 않도록 방지대책을 세운다.

2. 배수(排水, Drain)설비

1) 배수설비의 설치목적은 비상시나 평소에 유지관리상 관내의 청소와 정체수의 배제 등을 목적으로 관을 매설하였을 때에 관의 바닥에 남은 이토나 모래 등 협잡물을 배출하고, 관내에 발생한 탁질수의 배제와 공사 및 사고 등을 대비하기 위한 목적으로 설치한다.

2) 상수도관로의 종단면도상에서 하향굴곡부의 하단으로 적당한 배수로(排水路), 하수관로 또는 하천 등이 있는 지점의 부근을 선정하여 배수설비를 설치한다.

3) 배수설비는 지형상 저지대에 해당하는 관로의 하향 굴곡부에 설치해야 하지만, 지형이 평탄하더라도 지장물 등에 의하여 상수도관이 하월(下越)했을 경우 발생되는 하향 굴곡부에도 설치하여, 관내 이물질의 퇴적, 정체수의 체류 등을 배제한다.

4) 드레인관의 관경은 주관경의 1/2~1/4로 하고, 가능하면 치수가 큰 것을 택한다.

5) 방류수면이 관저보다 높을 경우에는 드레인관과 토출구의 도중에 배수실을 설치한다.

6) 토출구 부근의 호안은 방류수에 의하여 침식되거나 파괴되지 않도록 견고하게 축조한다.

3. 안전밸브

1) 정의
안전밸브는 설정압력 이상으로 압력이 도달되면 자동적으로 작동하여, 압력을 설정압으로 낮추는 기능을 하는 것이다.

2) 설치위치
안전밸브는 수리조건에 따라 배수펌프 또는 가압펌프의 유입 측이나 유출 측 등 수격(수충)작용이 일어나기 쉬운 개소에 설치한다.

4. 감압밸브

1) 감압밸브 설치 시 주의사항
① 감압밸브(PRV : Pressure Reducing Valve)의 설치목적은 적정범위를 초과하는 수압을 감압하여 구역 내에서 적정동수압을 유지시키는 것을 목적으로 설치한다.
감압밸브는 일차압력보다 이차압력을 낮게 하는 압력조정기구로, 일차측 압력이 변화하여도 이차측 압력은 설정압력으로 항상 일정하게 유지시켜 관내 압력의 안전확보를 위해 설치·사용하여야 한다.
② 감압밸브는 관로의 감압조건에 적합한 기능을 가져야 한다.
감압밸브의 적정감압비는 3 : 1 정도로 하는 것이 바람직하고, 하나의 밸브에서 지나친 감압을 해서는 안 된다.
③ 감압밸브의 설치는 지형과 지세에 따라 그리고 평상시의 감압과 갈수 시의 수압조정이 가장 적합한 장소에 설치한다.
④ 감압밸브에는 동일구경의 우회관로를 설치한다.
밸브의 보호를 위하여 인입 측에 스트레이너를 설치하여야 하며, 보수, 점검, 수리 등 유지관리 를 위하여 단수를 하지 않고도 유지관리를 실시하기 위한 우회관(by-pass)을 설치하고 출구 측에 공기밸브를 설치하여 캐비테이션 발생을 방지하여야 한다.
⑤ 감압밸브의 최대유량은 시간당 최대유량에 30%를 더하여 산출하고, 차압은 정점부 수압을 고려하여 산출한다.
⑥ 감압밸브 설치는 블록화 초기부터 설치 여부를 검토하여 블록화 작업을 하면서 동시에 추진하는 것이 효과가 높으며, 감압밸브 설치구역은 완전하게 블록고립을 하여야 한다.

2) 감압밸브의 종류
① 직동식 감압밸브
유출 측의 수압이 높아지면 피스톤은 위로 올라가서 디스크가 차단되고, 수압이 낮아지면 스프링에 의하여 디스크가 내려와 수압을 조절하는 방식(150mm 이하의 관경에 사용)

② 파일럿 감압밸브

주밸브와 보조밸브가 1조로 되어 있으며, 보조밸브가 압력변화를 감지하여 주밸브를 제어하는 방식

③ 다공오리피스 밸브

다수의 오리피스를 설치한 2대의 디스크로 구성되어 있음

5. 소화전

1) 소화전은 배수관에 설치하여 화재발생 시에 소방용수를 이용하는 시설로서 기능을 다하는 것을 목적으로 하고 있다.

2) 관내수를 배수할 때의 흡기와 충수할 때의 배기 및 배수관의 수질유지를 위한 배수(Drain)설비로서도 이용되기 때문에 적정한 위치를 고려하여 설치한다.

3) 도로의 교차점이나 분기점 부근에는 소방활동에 편리한 지점에 설치하고 도로연변의 건축물 상황을 고려하여 소방대상물과의 수평거리를 100~140m 간격 이하로 설치한다.

4) 원칙적으로 단구소화전은 관경 150mm 이상의 배수관에, 쌍구소화전은 관경 300mm 이상의 배수관에 설치한다.

5) 소화전에는 유지관리를 위하여 보수용 밸브를 함께 설치한다.

6) 한랭지나 적설지에서는 부동식(不凍式)의 지상식 소화전을 사용하며, 지하식 소화전을 사용하는 경우에는 동결방지대책을 강구한다.

7) 소화전의 토출구 구경은 원칙적으로 65mm로 하나, 특수한 소방펌프를 사용할 경우에는 예외로 할 수 있다.

8) 도로폭이 넓고 배수지관을 도로의 양측에 부설하는 경우에는 소화전의 위치를 서로 대체사용이 가능하도록 설치한다.

6. 제수밸브

1) 제수밸브는 관내 유수(流水) 정지와 수량의 조절을 하기 위하여 설치한다.

2) 도·송수관에서 충수, 통수, 배수(排水) 등의 작업이나 사고 시를 고려하여 1~3km 간격으로 설치하는 것이 바람직하다.

3) 도·송·배수관의 시점, 종점, 분기장소, 연결관, 주요한 이토관, 중요한 역사이펀부, 교량, 철도 횡단 등에는 원칙적으로 제수밸브를 설치하여야 하며, 관로가 길 경우에는 1~3km 간격으로 설치하는 것이 바람직하다.

4) 표고차가 크고 긴 사면의 상부 및 하부에는 반드시 설치한다.

5) 배수관에서 분기부나 교차부에는 배수관망의 구성 상황에 따라 설치한다.

6) 밸브실의 설치기준

구분	밸브실명	적용관경(mm)	적용장소	기타
소형	밸브보호통	D80~300	보도 및 폭이 좁은 도로	제수밸브실의 규격은 제수밸브의 치수에 의함
중형	원형 밸브실(A)	D80~300	• 보도 및 폭이 좁은 도로 • 도로 폭 15m 이하인 도로	
중형	구형 밸브실(B)	D80~300	도로 폭 20m 이상인 도로	
대형	구형 밸브실(A)	D300~600	• D400mm 이상의 제수밸브 설치 시 • 도로 폭 20m 이상 차도에 D300mm 인 제수밸브 설치 시	
대형	구형 밸브실(B)	D700 이상	D700mm 이상 제수밸브 설치	제수밸브실의 규격은 버터플라이밸브의 치수에 의함
기타	이토 및 공기밸브실	D80~300	도로 폭 15m 이하인 도로	

7) 제수밸브실은 설치 및 유지관리가 용이하도록 충분한 공간을 확보하여야 하며, 이상 수압이 발생하였을 때 즉시 감지하기 위한 수압계의 설치와 배수 및 점검을 위한 설비를 갖추어야 한다.

8) 밸브는 수질에 영향을 주지 않아야 한다.

Key Point *

117회, 122회, 123회, 124회, 125회, 130회 출제

신축이음

1. 설치목적

1) 외기와 관내의 물 사이의 온도 변화에 따른 관로의 신축에 대응

2) 관의 부등침하에 대응

3) 관부속설비(제수변 등) 보수 시 탈착공간 확보

4) 유지관리 시 부속설비의 패킹재 노후 등으로 플랜지 조임을 할 경우 발생되는 변위량 수용

5) 밸브폐쇄 시 편압에 의한 변위수용

6) 신축이음관의 취약요소를 최소화

7) 관로의 안정성 확보

2. 고려사항

1) 신축이 되지 않는 보통이음관을 사용하는 관로의 노출부에는 20~30m 간격에 신축이음을 설치
   ① 개거 또는 암거의 경우 30~50m 간격
   ② T자관, 곡관, 제수변 전후에는 필히 설치

2) 역사이펀, 수관교, 연약지반 등으로 부등침하가 염려되는 장소에는 휨성이 큰 신축이음을 설치

3) 관의 각 변위나 부등침하가 적은 경우에는 메커니컬이음, 텔레스코프형 신축관 등을 사용함이 바람직

4) T형관 접합부에 필요에 따라 설치

5) 시공계획에 따라 최후의 접합장소가 관포설 및 용접열응력 해소를 위하여 설치
   신축이음을 하지 않을 경우 하루 중에서 온도가 가장 낮은 시간에 용접 실시

6) 교량 상부와 같이 중차량 통행으로 진동이 심한 경우 휨성이 큰 신축이음 설치

7) 수관교의 노출부에는 온도변화에 의한 관의 신축이 커지므로 신축조인트를 삽입

3. 신축관의 종류와 주요 용도

1) 부등침하가 작은 경우

   메커니컬 이음, 텔레스코프형 이음, 빅톨리크로스형

2) 부등침하가 큰 경우

   가소성고무링이음, 벨로즈형 이음

4. 관종별 신축이음

4.1 상수도용 도복장 강관

1) 온도 응력에 대하여 강도가 크고 또한 용접이음에 의해 관의 일체감을 줌과 동시에 흙에 대한 구속력이 있기 때문에 신축이음은 거의 필요하지 않다.

2) 곡관, T자관, 제수밸브 전후에 한하여 온도응력이 일어나면 파손의 우려가 있는 곳, 부등침하의 우려가 있는 곳, 구조물 통과부 등에는 신축성 또는 휨성이 있는 신축이음 필요시 설치

4.2 흄관

1) 매설된 원심력철근콘크리트관의 이음은 신축성과 휨성이 없는 칼라이음을 사용하므로 지반이 양호한 장소에는 20~30m마다 신축이음을 설치하고

2) 지반이 불량한 장소에서는 4~6m마다 신축이음을 설치

4.3 경질염화비닐관

1) 경질염화비닐관에서 접합체로 연결하는 T.S 이음관을 매설하는 경우에는 40~50m 간격으로 신축이음을 설치하는 것이 바람직하다.

2) 그러나 부등침하가 커질 가능성이 있는 장소에는 T.S 이음 대신 Flexible 신축이음을 설치하는 것이 바람직하다.

Key Point

- 71회, 89회, 93회, 98회, 114회, 115회 출제
- 문제 출제 시 각 신축이음의 종류와 설치간격을 숙지할 필요가 있음

강관두께 결정

1. 개요

1) 강관두께 결정이 잘못되면 강관파열로 인해 누수와 급수중단, 지반함몰 등의 사고가 발생할 수 있으므로 강관두께 산정 시는 현재뿐만 아니라 장래의 상황까지 고려하여야 한다.

2) 매설강관의 두께는 내압, 외압, 부등침하, 지진하중 등을 고려하여야 하며 최소두께 이상이어야 한다. 또한 강관 제작상의 두께에 대한 허용오차는 $\pm 50\mu m$ 이하를 기준으로 하고 두께 결정에는 고려하지 않는다.

2. 관두께 결정 시 고려사항

1) 내압, 외압, 부등침하, 지진하중

2) 강관두께의 $\pm$ 오차

3) 외압산정은 현재뿐만 아니라 장래 하중조건을 충분히 감안

3. 최소관 두께

$$t = \frac{D}{288} \text{mm (관의 호칭지름 } D=1,350\text{mm 이하일 경우)}$$

$$t = \frac{D+508}{400} \text{mm (관의 호칭지름 } D=1,350\text{mm 초과할 경우)}$$

4. 내압에 의한 관두께 결정

관경 선정 시 결정된 관내최대수압(동수압, 수격압, 정수압) 중 큰 값

즉, 관내수압(동수압＋수격압, 혹은 정수압) 2가지 중에서 큰 값을 적용하여 산출한다.

$$t = \frac{p \cdot d}{2\sigma_{sa}}$$

여기서, t : 관두께(mm), p : 관내수압(kg/cm²)
d : 관의 내경(mm), σ_{sa} : 관의 허용응력(1,400kg/cm²)

5. 외압에 의한 관두께 결정

5.1 외압산정

1) Marston 공식 적용

이 공식의 연직토압은 굴착도랑 위에 흙기둥 전체가 관에 전달되지 않고 굴착면에 인접하는 흙 기둥 사이의 전단마찰력을 상쇄한 하중이 관에 작용한다.

2) 피토압(토압에 의한 관의 압력)

$$W_s = C_1 \cdot Y \cdot B^2$$

여기서, W_s : 상재하중(t/m), C_1 : d/B에 따른 상수, Y : 피토의 밀도(t/m²)
   B(m) : 도랑의 폭(3d/2 + 0.3), d : 관의 내경(m)

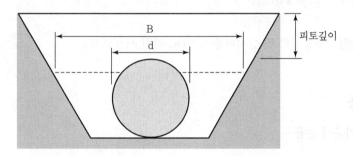

3) 상재하중에 의한 관의 압력(상재하중의 피토환산)

$$W_p = C_2 \cdot P$$

여기서, W_p : 관에 작용하는 하중(t/m)
   C_2 : 계수(장기 또는 단기하중에 의해 결정되는 계수)
   P : 상재하중(t/m)

따라서 외압 $= W_s + W_p$

4) 차량하중 충격계수 : 50% → $(W_s + W_p) \times 1.5$

5.2 관두께 산정

1) 내부도장의 손상을 막기 위해 관변형의 범위를 규제한다.

① 에나멜 도장 강관 : 관경의 3~5% 미만

② 콘크리트라이닝 강관 : 관경의 2% 미만

2) 대기압, 수격압에 노출되는 경우 외압규제

① t/d < 0.023, P(파괴외압) < 41kg/cm²(좌굴파괴), $P = 3,500,000(t/d)^3$

② t/d > 0.023, P(파괴외압) < 41kg/cm²(소성파괴), $P = 6,100(t/d) - 98$

6. 부등침하

1) 관로의 휨에 의한 응력, 내압에 의한 응력 및 온도변화에 의한 응력 등 축방향 총응력에 대한 변형률을 검토하여야 한다.

2) 변형률 검토 결과에 따라 해당 구간에 대해 관두께 변경, 신축이음, 지반개량 등을 통한 지지력 보강 등 유형별로 대책을 수립하여야 하며, 다음 식(변형률)에 의한 총응력에 대한 축방향 변형률이 0.1% 이내여야 한다.

3) 변형률

$$\varepsilon = \frac{\sigma}{E}$$

여기서, ε : 변형률(kg/cm²)
σ : 응력(kg/cm²)

4) 허용변형량 : 부등침하 및 상시하중 < 0.1%, 지진 시 < 0.3%

7. 지진하중

내진설계 기준에 준용

8. 최종관경두께 결정

1) 이상의 여러 조건하에서 구해진 관의 두께 중 가장 큰 값을 택하고
2) 안전을 고려하여 이 값에 1.5~2.0 정도의 안전율을 곱하여 관의 두께를 결정한다.

Key Point *

출제 빈도는 낮으나, 88회 면접고사 출제문제로 향후 10점 또는 25점 계산문제와 함께 출제될 가능성이 있는 문제임

내면부식

1. 서론

1) 상수도관 부식
   ① 내면부식 : 물의 산화작용에 의해 발생 → 적수와 흑수 발생 → 관내통수능력 저하
   ② 외면부식 : 토양부식, 전기부식 → 누수의 직접적인 원인

2) 우리나라의 수원의 특성을 볼 때 수돗물의 부식특성에 미치는 알칼리도와 경도가 낮은 등 원수 자체가 부식성이 높으며

3) 정수처리과정에서 사용되는 응집제, 액화염소 등에 의해 수돗물의 부식성이 더욱 커지고 있어 송·배수 과정에서 수도관의 부식을 촉진시키는 주요 원인이 되고 있다.

4) 우리나라 원수의 LI가 −2.0으로 낮을 경우 LI지수를 0 이상으로 유지하기 위해서는
   ① 약품이 과다하게 주입되어야 하고 이에 따라 탁도 문제가 야기
   ② 동시에 잔류염소농도 유지가 어렵고 미생물 재성장과 같은 또 다른 수질문제를 유발할 우려가 매우 높다.

2. 내면부식의 문제점

1) 적수와 흑수 발생
2) 관의 내구연한 단축
3) 관의 통수능력 저하
4) 누수
5) 지하수 유입
6) 교차연결(Cross−connection) 우려
7) After−Growth 발생 우려
8) 부식생성물의 축적
   ① 부식생성물의 축적은 펌핑비용 증가에 따른 경제적 비용 증가
   ② 세균, 효모 등 미생물의 보호막을 제공하게 되어 미생물의 재성장에 기인하여 맛, 냄새, 슬라임 등의 수질문제를 일으킬 수 있다.
   ③ 미생물은 또한 부식자체를 촉진시킬 수 있다.

3. 내면부식의 원인

3.1 pH : pH 8 이하에서 내면부식 발생

1) 수소이온은 금속이 부식될 때 방출한 전자를 받는 중요한 물질 중 하나이기 때문에 pH는 부식에 중요한 인자로 작용

2) pH 5 이하 : 강관과 동관은 빠르고 균일하게 부식

3) pH 9 이상 : 대개 보호막이 형성된다.

3.2 알칼리도 : 알칼리도 200mg/L 이하 → 내면부식 발생

3.3 유리탄산

1) 유리탄산 20mg/L 이상 : 내면부식 발생, 침식성 유리탄산

2) 유리탄산 20mg/L 이하 : 종속성 유리탄산

3.4 수온

수온이 높을수록 부식 증가 : 1℃ 증가에 약 30% 증가

3.5 DO

1) DO가 높을수록 부식 증가 : DO > 2.0mg/L

2) 수중의 용존산소에 의한 산화작용

3.6 전기전도도

전기전도도가 높을수록 부식 증가

3.7 잔류염소

유리잔류염소 1mg/L 이상일 때 부식 증가

3.8 철박테리아

철박테리아가 Ca, Mn과 결합하여 $CaCO_3$, MnO_2 스케일 형성 시 하부는 혐기성 상태가 되어 황산염 존재 시 환원성 황산염 박테리아에 의해 부식 발생

3.9 유속

유속이 빠를수록 부식증가 우려

3.10 LI < 0인 경우

4. 대책

4.1 수질제어 방법

1) 관부식방지를 위한 수질제어방법에는

    ① pH만 조절하는 방법(CO_2 Stripping 등)

    ② pH와 알칼리도 조절하는 방법($NaHCO_3$, NaOH 등 주입)

        ㉮ pH와 총무기탄산농도(Total Inorganic Carbonate Concentration) 등 수질의 안정성을 가져와 내면부식 제어는 물론 전체적인 수질의 안정성을 도모할 수 있다.

        ㉯ 또한, pH 및 알칼리도 동시 조절방법은 기존 정수장에 적용하기 쉽고

        ㉰ 우리나라 배수관의 80% 이상을 점하고 있는 시멘트 모르타르 라이닝 덕타일 주철관의 보호에도 효과적이다.

        ㉱ pH 증가에 의한 금속용출의 용해도를 감소

    ③ pH, 알칼리도 및 칼슘경도를 조절하는 방법($Ca(OH)_2$ 및 CO_2 병행주입 등)이 있다.

    ④ 이 중에서 pH, 알칼리도 및 칼슘경도를 동시 조절하는 방법은 경도가 낮은 국내수질에 적합하며

    ⑤ 탄산칼슘 침전에 의한 보호막 형성으로 부식방지효과를 높이는 장점이 있으므로 가장 효과적으로 적용할 수 있을 것으로 판단된다.

4.2 pH 조절

1) 알칼리제 주입 : $Ca(OH)_2$, CaO, Na_2CO_3, NaOH 등

2) 석회법이 일반적으로 사용되고 있으며

    ① 소석회는 방식효과 및 경제성(주입량이 소다회나 가성소다에 비해 절반 이하)에서 우수하다.

    ② 소석회는 알칼리도 및 Ca^{2+}의 농도를 동시에 증가시킬 수 있으며, 용해도가 낮아 수처리에 주의가 필요하나

    ③ CO_2 병행주입 등의 방법을 통하여 용해도 향상이 가능하다.

    ④ 따라서 관내면 부식방지를 위한 알칼리제는 소석회가 유리

3) NaOH는 알칼리도 및 경도가 높은 수질 여과지 및 정수지 유출수에 적용 가능

4.3 폭기

1) 유리탄산(침식성 유리탄산)의 제거를 위해 폭기 실시

2) 단, 과대하면 DO 증대에 의한 부식 증가 우려

4.4 잔류염소

1) 철박테리아 사멸을 위해 주입

2) 과대하게 주입하면 산화작용에 의한 부식 증가 우려

3) 잔류염소 0.2mg/L 정도(유리잔류염소)

4.5 부식억제제 주입

1) 영구적인 방법이 아닌 일시적인 방안

2) 경제성 비교 후 주입여부 판단

3) 부식억제제는 수중에 소량 첨가하여 금속의 부식성을 억제하는 물질을 말함

　① 무기질 부식억제제와 유기질 부식억제제로 구분된다.

　② 우리나라는 인산염 및 규산염계 방청제가 부식억제제로 고시

4) 인산염계 부식억제제의 투여가 금속부식문제에 있어 효과적이지만 음용수의 수질에 인산염은 관로 내 철부식률, 적수, 박테리아를 증가시킬 우려가 있다.

5) 국내 부식억제제 사용의 문제점

　① 정수장에서 사용되지 않고, 아파트 등의 대형 건물에서 부분적이고 무분별하게 사용되고 있다.

　② 국내에서 주로 사용하고 있는 부식억제제는 결정체로 된 인산염계 방청제로서, 적정량의 투입이 곤란하고 용해되는 과정에서 관 막힘이 발생할 가능성이 있다.

　③ 계절적인 온도변화에 의해 적정 잔류농도 유지가 어려워 과다투입의 우려가 있으며, 적정량 이상 용해된 수돗물을 장기 복용할 경우 인체에 유해하다. 특히, 규산염계 부식억제제에 함유되어 있는 나트륨의 과량섭취는 심장병을 유발시킬 수 있기 때문에 USEPA에서 20mg/L 이하로 사용을 규제하고 있다.

　④ 수돗물에 부식억제제(방청제)를 투입하는 것에 대한 일반 시민의 거부감이 예상

4.6 관세척 및 라이닝 실시

1) 관세척 : Scraper, Rotary, A/S. Polly−pig 등

2) 라이닝 : 모르타르라이닝, 수지모르타르라이닝, 액상에폭시수지라이닝

3) 관세척 후 라이닝을 하지 않을 경우 관부식이 가속화되므로 반드시 관세척 후 라이닝을 실시

4.7 내식성 재질의 관 사용 : 스테인리스 등 내식성 재질 사용

5. 결론

1) pH 및 알칼리도 등 수질인자를 조절하는 부식방지대책이 가장 기본적인 방법으로 기존의 정수 시설에 적용이 가능하며 운영관리가 용이하고 경제적이다.

2) 수질인자 조절에 의한 관내면 부식방지기법을 정수처리공정에 적용하기 위해서는 수질관리 목표를 설정하는 것이 바람직하다.

　① 관부식방지를 위해 pH를 조절하는 것은 다른 정수처리공정과 연관이 많으므로 세심한 주의를 기울여 목표를 선정하되

② pH : 7.0~7.8, 부식지수(LI) : −2.0 이상을 우선 적용하여 실시하고 정수장의 수질특성에 따라 상향 조정하여 관리하는 것이 바람직할 것으로 판단된다.

3) 정수처리공정 적용 시에는 pH, 알칼리도 및 경도를 동시에 조절하는 수질제어방법이 가장 효과적인 것으로 판단된다.

① pH 조절에 사용되는 알칼리제는 경제성이 우수하고, Na^+ 농도의 상승이 없으며, 알칼리도와 칼슘경도를 함께 제어할 수 있는 소석회가 유리하며

② NaOH는 알칼리도가 높은 수질에서 여과지 및 정수지 유출측에서 선택적으로 사용이 가능하다.

③ 소석회를 알칼리제로 사용할 경우에는 소석회를 단독주입하는 방법과 CO_2와 병행주입하는 방법이 있으며, 소석회를 CO_2와 병행주입하는 경우에는 소석회 주입량이 늘어나 알칼리도와 경도 개선에 유리하고, Ca^{2+} 농도 증가와 탄산칼슘 피막형성에도 효과적이므로 관부식방지에 유리할 것으로 판단된다.

4) 주기적으로 관로의 상태점검과 보수보강공법의 병행이 필요

5) 정수장에서 송수 시 pH와 DO를 적절한 범위로 조절하여 송수함이 바람직

① 관의 내면부식은 이전까지 주로 pH에 의해 발생되는 것으로 알려져 왔으나

② 최근 연구논문에서 우리나라의 부식의 가장 큰 원인은 과도한 DO에 의한 것이라는 연구결과가 보고

Key Point +

• 110회, 113회, 114회, 128회 출제
• 상수관의 부식도 하수관의 부식(관정부식)과 함께 자주 출제되는 문제임
• 특히 내면부식과 외면부식의 차이점을 숙지하기 바람
• 내면부식의 원인과 대책은 반드시 숙지하기 바람

침식성 유리탄산 제거

1. 개요

1) 침식성 유리탄산 농도가 높을 경우 물의 부식성이 높아져 수도시설에 장애를 미치므로 제거해야 함

2) 제거방법 : 폭기처리, 알칼리처리

2. 침식성 유리탄산의 생성 원인

1) 지하수와 호소수의 저층수

2) 전염소와 응집제를 다량으로 사용한 경우

3) 유리탄산 농도가 약 20mg/L를 초과하는 경우

3. 침식성 유리탄산의 문제점

1) 적 · 흑수 발생

2) 관의 내구연한 단축, 관의 통수능 저하

3) 누수, 지하수 유입, 교차연결 우려

4) After Growth 발생 우려, 부식 생성물 축적

4. 침식성 유리탄산의 제거방법

1) 폭기처리

① 기액비 약 20배 이상

② 과도한 폭기 시 DO농도 증가로 부식성이 증가하므로 주의 필요

2) 알칼리처리

알칼리제 종류 : 소석회, 소다회, 수산화나트륨

5. 제안사항

1) 부식성 제어방법 중 수질인자를 조절하는 방법이 가장 용이하고 경제적임
2) 약품을 과다하게 주입할 경우 탁도 유발, 잔류염소 유지 곤란, After Growth 등의 문제 발생
3) 우리나라 관 부식의 가장 큰 원인은 과도한 DO에 따른 것이라는 보고가 있음. 따라서 급·배수 시 pH는 증가시키고, DO와 잔류염소는 낮추는 방안 검토 필요

콘크리트 하수관 부식(Crown Corrosion)

관련 문제 : 관정부식

1. 서론

1) 하수관거의 경우 내구연한이 증가됨에 따라 수압, 토압, 활하중에 의해 관파손이 일어남

2) 콘크리트관의 경우 관정부식이 발생할 수 있다.

3) 콘크리트관의 부식에 의해 관의 균열, 파손이 발생되고 이 부분을 통하여 지하수 유입과 관내토
사퇴적 등 여러 가지 문제점을 유발하므로 적절한 관리가 필요하다.

4) 하수관거의 부식사례는 압송관의 출구, 역사이펀, 맨홀의 단락부, 관내저류를 이용하여 유량조
절운전을 하는 펌프의 주변부에서 많이 발생

2. 콘크리트관 부식의 종류

1) **화학적 부식** : 산이나 알칼리 폐수가 하수관 내로 유입하여 부식 발생

2) **생물학적 부식**

① 혐기성 상태에서 H_2S의 발생이나 호기성 상태에서 발생된 H_2SO_4에 의한 부식

② 관정부식이라 하며 콘크리트 하수관거 부식의 대부분을 차지

3) **콘크리트 자체의 중성화**

① 콘크리트 자체의 중성화에 의해 부식 발생

② 관거매설지점의 내외면적인 요인에 의해 콘크리트 자체의 중성화 발생

3. 관정부식(그림 참조)

3.1 Ⅰ단계

1) 하수가 정체하는 부분에서 혐기성 상태가 되면 하수 중에 포함된 황산염이 황산염환원세균에
의해 환원되어 H_2S 발생

2) 즉, 하수관 내 정체부에서 유기물, 황화물, 단백질 등이 유입되어 혐기성 상태하에서 H_2S 발생

3) 발생된 H_2S는 관상부로 솟아오른다.

$SO_4^{2-} \rightarrow S^{2-}$ (혐기성 상태)

$S^{2-} + 2H^+ \rightarrow H_2S \uparrow$ (하수관 내 공기 중으로 상승)

3.2 Ⅱ단계

호기성 미생물에 의해서 H_2S는 SO_2, SO_3로 변함 : 즉, 산화 발생

$H_2S + O_2 \rightarrow SO_2, SO_3$

3.3 Ⅲ단계

1) 콘크리트 표면에 황산이 농축되고 pH가 1~2로 저하되면 콘크리트의 주성분인 수산화칼슘이 황산과 반응하여 황산칼슘이 된다.
2) 생성된 SO_2, SO_3는 관상부의 수증기에 용해되어 H_2SO_4가 된다.

   $SO_3 + H_2O \rightarrow H_2SO_4$
3) 생성된 H_2SO_4는 콘크리트의 Fe, Ca, Al과 결합하여 이수석고를 형성하며 관정부식이 발생하게 된다.

4. 영향요인

4.1 퇴적물질

1) 관내퇴적물질은 혐기성 상태에서 영양물질로 작용하므로
2) 관내퇴적물의 퇴적방지가 필요
3) 필요에 따라 하수관거의 준설 필요
4) 퇴적물이 많을수록 관정부식은 심하게 일어남

4.2 유속과 구배

1) 유속이 빠른 경우 관내 퇴적물의 생성을 방지, 용존산소 증가, 생물과 기질의 접촉시간 감소
2) 부가적으로 하수관 내 산소를 공급하여 혐기성 상태 유발을 방지
3) 오수의 적정유속 0.6~3.0m/sec 유지가 어려워 관정부식이 일어날 확률이 높음
4) 관경사나 역구배에 의해 관정부식의 유발 우려

4.3 DO

1) 관내 산소가 풍부할 경우 혐기성 상태 발생 방지
2) 따라서 하수관 내 통풍 및 환기에 의해 호기성 조건의 유지가 필요

4.4 지장물 관통

4.5 적절한 준설을 하지 않은 경우

5. 문제점

1) 관의 파열, 균열 발생

2) 지하수 유입(Infiltration) 우려

   ① 관거용량 부족 우려

   ② 하수처리장 처리능력 부족

   ③ 하수처리장 내 저농도 하수 유입으로 처리효율 저하

3) 지하수 오염 우려

4) **토사퇴적 우려** : 유하능력 부족 초래

5) 관의 부등침하

6) 지반함몰 우려

7) 교차연결(Cross Connection) 우려

8) 유출된 황산염에 의해 외면부식의 가속화

9) 발생된 가스에 의해 작업자의 안정성 결여

6. 방지대책

1) 하수관거의 갱생, 라이닝 실시

2) 하수관 내 퇴적물 준설

3) 통풍, 환기시스템 구축에 의해 호기성 조건을 유지

4) **염소, 과산화수소 주입** : 살균제 주입(혐기성 미생물의 사멸을 위해)

5) **철염, 과망간산칼륨 주입** : 산화제 주입(혐기성 미생물의 사멸을 위해)

6) 유속증가

   ① 퇴적물 발생방지

   ② 산소공급에 의한 호기성 조건 유지

   ③ 방법 : 관경축소, 관경사 조절, 조도계수 조절에 의해

7) **경사조정** : 경사불량관거의 경사조정에 의해 퇴적물 발생 방지

8) **관거재질 교체** : 부식에 강한 관거재질로 교체

7. 결론

1) 하수관거, 특히 콘크리트 관거의 부식은 주로 관정부식에 의해 발생되므로 이에 대한 대책이 절실하다.

2) 무엇보다 하수관거 내의 혐기화를 방지하여야 한다.

3) 관거 내 유기물의 퇴적방지를 위한 노력이 필요하다.

4) 각 지역별 실태파악을 통해 주기적인 준설작업을 실시해야 한다.

5) 부실시공에 의해 적정유속과 통수능력부족이 발생하지 않도록 철저한 감시 감독이 필요하다.

6) 또한 하수관거뿐만 아니라 맨홀에서도 부식이 발생할 수도 있으므로 이에 대한 대책이 필요하다.

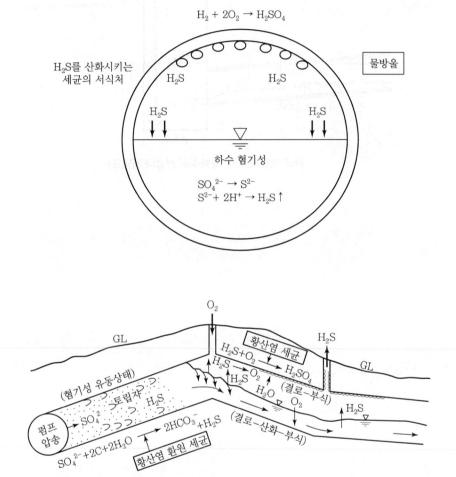

[하수 압송에 의한 황화수소 생성 영역과 부식 영역의 개념도]

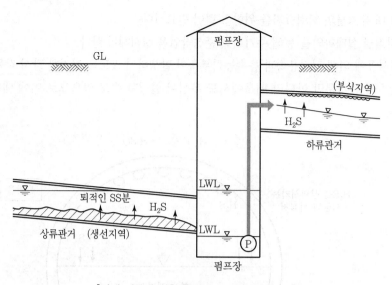

[관내 저류에 의한 황화수소 생성의 개념도]

Key Point

• 71회, 76회, 80회, 84회, 86회, 113회, 114회, 120회, 121회, 128회 출제
• 상기 문제는 10점 문제 또는 25점 문제로도 자주 출제되는 아주 중요한 문제임
• 출제될 경우 반응식과 원리 및 그림을 반드시 기술하기 바람

관의 외면부식

1. 개요

1) 상수도관 부식

① 내면부식 : 물의 산화작용에 의해 발생 → 적수와 흑수 발생 → 관내통수능력 저하

② 외면부식 : 토양부식, 전기부식 → 누수의 직접적인 원인

2. 토양부식(자연부식)

2.1 발생우려지역

1) 지하수에 염분을 다량 함유한 해안지역에서는 용해염류에 의한 국부전지 작용

2) 산성의 공장폐수가 침투한 곳에서는 화학작용

3) 매립지나 하수부근에서는 혐기성 박테리아 작용 등에 의해 급속히 부식 진행

4) 유황분 함유가 많은 석탄재를 성토한 곳

5) 이탄지대

2.2 부식인자

1) **흙의 비저항**

① 부식에 가장 큰 영향을 미치는 인자

② 토양비저항이 높은 지역 : 부식전류의 흐름이 용이하지 않기 때문에 부식의 위험도가 감소

2) pH

① pH 4 이하 : 부식성이 높다.

② pH 4 이하에서 금속표면의 $Fe(OH)_2$ 보호피막이 파괴되어 부식성이 높다.

3) **염화물, 황화물** : 황산염 박테리아에 의한 피해

4) 지하수질

5) 함수율

6) 박테리아

7) 산화 환원 전위

8) 통기성

2.3 부식성이 강한 토양

1) 점토, 실트질토, 니탄, 소택지토, 해수를 함유한 토양
2) 이러한 토질에 금속관을 포설하는 경우에는 방지대책을 수립하여야 한다.

2.4 방지대책

1) **부식성 토양에 철관부설 시** : 관외면을 콘크리트 피복, 아스팔트 도장, 에폭시 도장, 폴리에틸렌 피복
2) **강관의 접합부** : 부식되기 쉬우므로 방식테이프 피복, 방식도료로 피복
3) **이음부분의 볼트 너트 부분** : 부식 정도가 상당히 빠르므로 방식피복 처리, 에폭시 도장, 스테인리스제를 사용
4) **알칼리성 토양에서의 연관**
   ① 현저히 침식당하므로 사용을 금하며
   ② 합금연관을 매설하는 경우에도 방식테이프, 방식도료로 처리하여야 한다.
5) **경질염화비닐관(PVC)을 포설하는 경우** : 자외선의 영향, 온도변화가 심한 곳, 유기용제에 의한 침식 우려가 있는 지역에서는 사용을 금한다.
6) 부식에 강한 재질 선택
7) **해안지역** : 염분에 의한 부식에 강한 재질 선택
8) 90년대 이전에 매설된 회주철관은 반드시 교체

3. 전기부식

3.1 개요

1) 직류전철의 경우 레일이 전류가 변전소로 들어가는 귀로로 이용된다.
2) 이때 수도관 등의 금속관이 이 통로로 존재하면 저항이 작기 때문에 이 관으로 전기가 유입하여 관로를 통하여 변전소 부근에 전류가 유출되는데, 이 유출부 부근에서 격심한 국부전식이 발생하게 된다.
3) 전기부식은 주철관에서는 피해가 크지 않으나 강관의 경우 대단히 심하다.

3.2 방지대책

1) **전류 방출 측**
   ① 레일과 변전소의 연결전선의 강화
   ② 레일은 이음부를 용접부로 하여 연결부의 접속강화
   ③ 레일과 대지 간의 절연증가를 위해 침목 및 노상개량

2) 금속관 부설 측

① 절연피복법 : 아스팔트, 콜타르계 도복장으로 피복

② 절연물차단법 : 관과 레일 간에 아스팔트, 콘크리트판 등 절연물로 차폐

③ 절연접속법 : 관로에 전기적 절연 이음을 삽입

④ 선택배류법

㉮ 선택 배류기 삽입

㉯ 구조가 간단, 고장도 적으며 공사비가 저렴해 많이 사용

⑤ 외부전원법 : 관(−)과 양극 접지체(+) 간에 직류전원을 설치하여 관을 항상 음극상태로 유지

⑥ 희생양극법(음극보호법) : 저전위 금속 Al, Zn, Mg을 관에 절연도선으로 접속하여 저전위금속이 항상 양극(+)으로 되어 소모되는 동안 관을 음극(−) 상태로 유지시키는 방법

참/고/자/료

부식의 종류

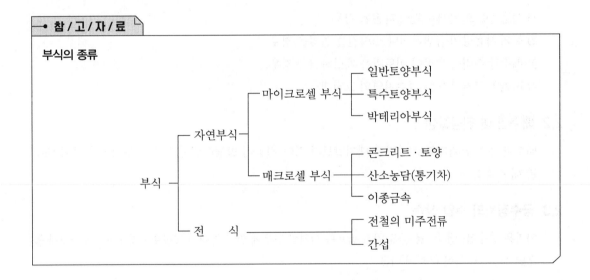

Key Point +

• 77회, 104회 출제
• 자주 출제되는 문제는 아니지만 관의 내면부식과 연관지어 숙지하기 바람
• 경우에 따라서는 내면부식과 함께 상수관 부식으로(25점) 변형되어 출제되는 경우도 있음

교차연결(Cross Connection)

1. 정의

음용수로 사용하는 공공수도시설과 음용수로 사용이 불가한 오수관, 우수관 사이에서 직·간접으로 연결되어 오수가 수도관으로 유입될 수 있는 연결을 교차연결이라 한다.

2. 발생원인

2.1 배수관 내 수압저하

1) 이음불량 또는 배수관이 파손된 경우
2) 물의 사용량이 급변하거나 소화전을 열었을 경우
3) 배수관 수리를 위하여 이토관을 개방하였을 경우
4) 지반의 고저차가 큰 급수지역의 고지대

2.2 배수관 내 진공발생

배수관 내의 압력저하로 압력이 대기압보다 작아 진공이 발생하면 음용수로 부적절한 물이 배수관 내로 흡입

2.3 급수장치의 수압 상승

여과용, 온수용, 냉각수용 등을 위한 펌프를 설치할 경우에 펌프 압력이 공공수도압($1.5kg/cm^2$)보다 높으면 제수밸브 등을 통하여 역류

2.4 급수기구와 오염원 간의 간격 미확보

배수관 내 부압발생 시 오염된 물이 흡입

3. 방지대책

1) 수도관과 하수관은 같은 위치에 매설하지 않는다.
2) 수도관과 하수관은 직접 연결하지 않는다.
3) 수세식 화장실의 Flush Valve는 진공방지기를 부착하거나 진공 발생 시 제수변이 스스로 닫히는 피스톤형을 사용

4) 수도관 진공발생 시 제거하기 위한 공기밸브 설치

5) 급수전과 급수받는 건물 월류면 사이는 관경 이상의 충분한 안전 공간을 확보

   관경이 50mm 이하인 경우는 최소한 50mm의 공간을 유지

6) 특히, 공장에서 Cross Connection이 많이 발생

   공장의 경우 공업용수 전용 저수조를 설치하여 이 저수조에서 직접 공급하도록 함

Key Point ✦

• 114회 출제
• 교차연결의 출제 빈도는 상당히 높으며 중요한 문제이므로 원인과 대책에 대해서는 확실한 숙지가 필요함

비굴착공법

1. 서론

    1) 부설된 관거의 경우 토압, 수압, 활하중 등으로 인해 관거의 구조적 손상을 가져오며, 관거의 침하, 균열 및 파괴를 가져올 수 있다.

    2) 기존관로의 보수공법 시행이나 신설관로의 부설 시 굴착법의 경우 교통혼잡이나 민원문제를 야기할 수 있다.

    3) 비굴착공법은 이러한 문제점을 해결할 수 있는 공법의 하나이며 굴착깊이, 발생토량, 경제성, 공법의 난이도 등을 고려한 선택이 필요

    4) 향후 신설관로 또는 관거보수보강공법 중 비굴착공법의 활용이 증가할 것으로 판단되며

    5) 비굴착공법은 크게 관추진공법과 Shield 공법으로 나누어지며

    6) 철도, 궤도 및 간선도로 등과 같이 굴착공법에 의한 공사가 어려운 지역에서 주로 실시

2. 관추진공법

2.1 정의

    1) 수직압입갱을 파고 추진용 칼날을 붙인 선도관을 앞세우고 추진용 Jack으로 압입하면서 발생된 토량을 배제시키고 순차적으로 관을 연결해서 형성하는 공법

    2) 굴진단면적이 작다.

    3) 굴진연장길이 : 50~100m 정도

2.2 종류

    1) 이중관방식 : 외부관 추진방식

        ϕ800mm 이상의 원심력철근콘크리트를 추진시키고 그 내부에 수도관을 부설한 후 원심력철근콘크리트와의 사이에 모래를 충진하는 방식

    2) 철관추진방식

        ① 강관이나 덕타일주철관을 직접 추진시키고 그 관을 수도관으로 사용하는 방식

        ② 내부는 재도장을 실시

2.3 공사 전 고려사항

    1) 공사 전 연약지반이나 지하수위가 높을 경우 : 연약지반에 대한 조치와 지하수에 대한 대책이 필요

2) 전술한 대책이 세워지지 않을 경우 부등침하나 지반침하를 초래할 수 있다.

2.4 특징

1) 장점

① 발생토량이 적다.(굴착부분이 수직압입갱뿐이므로)

② 소음발생이 적고 주민통행이나 교통장애 저해가 적다.

③ 흙덮기에 필요한 토량이 적을 경우 공사비가 저렴하다.

④ 수밀성이 향상된다.

⑤ 굴진단면적이 작다.(작업인원이 작고 공사기간이 단축)

2) 단점

① 방향수정이 어렵고, 오차가 발생하기 쉽다.

② 오차발생 시 오차수정이 어렵다.

③ 흙덮기 공사 시 토량이 많이 필요할 경우 공사비 증가

④ 연약지반, 지하수위가 높을 때는 지반침하나 부등침하의 우려

⑤ 공사구간의 연장이 짧다.(50~100m)

3. Shield 공법

3.1 정의

Shield의 추진에 의해 Segment를 형성하여 터널을 형성

3.2 Shield 공법의 순서

1) 추진용 칼날에 의해 터널을 형성하면서 토사를 배제

2) 내부에서 1차 복공의 Segment를 조립하여 안전하게 지탱

3) 뒤채움을 반복하면서 1차 복공을 완료

4) 2차 복공으로 콘크리트를 쳐서 관거를 축조한다.

3.3 종류

1) 콘크리트 충진방식

① 부설한 관경보다 600~800mm 더 큰 1차 복공을 전 구간에 행한 후 부설관을 매설하고 그 사이에 콘크리트를 충진하는 방식

② 공사비는 적게 드나, 보수 · 점검 시 단수를 해야 하므로 유지관리가 불리하다.

2) 검사통로방식

① 부설한 관경보다 1,200~1,500mm 더 큰 2차 복공을 전 구간에 형성한 후 관을 부설하고 그 사이는 검사 통로로 활용하는 방식

② 공사비는 많이 드나 보수·점검 시 단수가 필요 없어 유지관리가 편리

3) Segment형 강관방식

공법은 검사통로방식과 비슷하나, 검사통로의 활용뿐만 아니라 전화 Cable, 기타 용도로 활용 가능

3.4 특징

1) 장점

① 굴착연장이 길다 : 500~1,000m

② 외압에 대해 강하다.

③ 방향수정이 쉽고, 평면경사 20% 공사 가능

④ Shield의 조립 및 분해가 쉽다.

⑤ Shield의 추진 중 Rolling에 대해서도 단면 이용상 지장이 없다.

2) 단점

① 법적규제를 많이 받는다.

② 굴진단면적이 크다.

4. 결론

1) 향후 신설관로 및 관거의 보수보강공법으로서의 비굴착공법은 굴착공법과 비교하여 다음과 같은 장점을 가지고 있기에 그 적용이 늘어날 것으로 판단된다.

① 주민민원문제 해결, 교통혼잡이 없으며

② 이음부 없는 일체형 관의 구성이 가능하므로

㉮ 수밀성 확보

㉯ I/I 차단

㉰ 토양오염방지

㉱ 하수처리장 효율증대

㉲ 주변침하 방지

2) 비굴착공법의 시행 시 굴착공법과의 비교를 통한 경제성, 굴착심도, 공사의 난이도, 주변환경과의 조화 등을 고려하여 선정

3) 굴착심도가 2.5m(일본의 경우 0.7m) 이상일 경우 비굴착공법이 유리하므로 비굴착공법의 적용이 바람직하다.

4) 또한 기존관거의 불량비(맨홀 간 불량개수/맨홀 간 연장)가

① 0.2 이상 : 비굴착전체보수, ② 0.2 미만 : 비굴착부분보수가 바람직

5) 기존하수관거의 문제점인 ① 통수능력 부족, ② 역경사, ③ 최저유속 미확보의 조절을 위해 ① 관경확대, ② 조도계수 조정, ③ 경사조정, ④ 병용관거 부설 등의 방법이 시행되고 있으나 비굴 착공법에서는 관경확대와 경사조정은 불가능하다.(기존 관거)

참/고/자/료

유입식 강관추진공법		TPS 공법	
전진구 내 장비투입		전진구 내 장비투입	
선단보강 및 스티어링 헤드 제작		선단보강 및 스티어링 헤드 제작	
레일 설치		레일 설치, 마스터, 확장트랙 동시설치	
가이드빔 설치 및 레벨 체크		주새들(인장) 설치 및 레벨체크	
유압장비 및 강관장착		TPS보링머신 오거설치 및 경관장착	

Key Point

- 81회, 87회, 92회, 100회 출제
- 상기 문제는 아주 중요함. 출제 빈도(면접 포함)가 다소 높음
- 기존 관거의 보수보강공법과의 연계성도 숙지하기 바람

누수판정법

1. 개요

1.1 누수의 발생원인

1) 내면부식 : 물의 산화작용에 의해 발생

2) 외면부식 : 토양부식, 전기부식 → 누수의 직접적인 원인

3) 관내 수압변동 : 특히 수격작용 시(유속변화 → 수압변화)

4) 토층운동과 부등침하

5) 관의 노후화

6) 저질의 관자재 사용

7) 접합, 시공불량 및 부실공사

1.2 누수 시 문제점

1) 급수시설의 유효수량 감소 → 유수율 저하

2) Cross-connection 발생 우려

3) 관 파손

4) 지반침하, 부등침하 발생 우려

5) After-Growth 발생 우려

6) 외면부식 가속화

2. 누수판정법

2.1 정성적 방법

1) 잔류염소에 의한 방법 : 수돗물은 잔류염소를 함유 → 염소와 Orthotolidine과 반응하여 발색

2) 전기전도도에 의한 방법 : 지하수 등의 불순물을 함유한 경우는 수돗물의 전기전도도($200\,\Omega/cm$) 보다 높게 나타남

3) pH에 의한 방법 : 물은 각각의 pH를 가지므로 수돗물(pH 5.8~8.5) 여부 판별

4) 수온에 의한 방법 : 수돗물, 지하수, 하수 등의 수온이 각각 상이

5) 수압측정

6) 누수조사기기(탐지기)에 의한 방법 : 청음봉, 누수탐지기, Boring 기기, 전도율 측정기, 탄성식 압력계 등

2.2 정량적 방법

1) 직접측정법

① 측정구역 내 모든 지수전, 급수전을 폐쇄하여 사용수량을 완전 차단하여 순수한 누수량만을 측정하는 방법

② 정밀도가 높으나 준비작업에 많은 시간과 인력이 소요

2) 간접측정법

① 야간에 사용수량이 가장 적은 시간대를 선택하여 각 급수전을 폐쇄하지 않고 측정하는 방법

② 측정범위를 자유롭게 선택할 수 있지만 그 범위가 커지면 정밀도가 떨어짐

3) 사용수량에 의한 방법

① 배수량과 유효수량의 차이를 구하여 추정하는 방법

② 누수량 = 생산량 − 유효수량(측정수량 + 인정수량)

③ 이 방법은 배수관망이 Block별로 구획되어 있는 경우에 유효하다.

④ 측정된 누수량에 계량기 불감수량이 포함되어 오차발생이 크기 때문에 누수방지작업의 초기단계에 유효하다.

Key Point

- 81회, 95회, 99회, 102회, 114회, 115회 출제
- 출제될 경우 누수량과 유수율과의 관계를 기술할 필요가 있음
- 특히 정성적 누수판정법은 반드시 숙지하기 바람

상수관의 수압시험

1. 개요

1) 관로를 매설한 후에는 원칙적으로 수압시험 또는 기밀시험(산소압축시험)으로 수밀성과 안정성을 확인한다.

① 관매설이 끝나면 200~1,000m 단위로 수압시험을 실시하여 매설관 접합부의 수밀성을 확인

② 배수관 및 급수장치 설치 후 수압시험을 행하여 누수의 유무와 안전성을 확인하고

③ 기존관의 누수유무 판정 시에도 수압측정에 의하여 추정할 수 있다.

2) 수압시험이 끝나고 나면 세관 및 소독한 후 통수한다.

2. 수밀시험 전 고려사항

1) 수압시험을 위하여 물을 주입하기에 앞서 어느 정도 관로를 임시로 되메워서 관로가 수압시험 중에 이동하는 것을 막아야 한다.

2) 수압시험에서는 급격한 가압으로 관로를 파괴하는 일이 없도록 충분한 시간을 두고 천천히 충수한다.

3) 관로에 물을 주입할 경우에는 관내의 공기를 배제하면서 천천히 주입해야 한다.

4) 또한 충수 중에 공기밸브 등에서 공기가 배제되고 있는지 또는 관로에 이상이 있는지를 확인해야 하며 누수장소에는 적절한 조치를 취한다.

3. 매설 전 수압시험

3.1 배수관로

1) 관로에 물을 충수한 다음 하루 정도 경과 후 관내 공기를 완전히 배제한 후 시험하는 것이 바람직하다.

2) 일정(시험, 설계 사용수압) 수압까지 가압한 다음 일정시간(24시간 정도)을 유지하면서

3) 관로의 이상 유무와 누수량을 측정한다.

4) 허용누수량은 관종, 접합방법, 수압, 부대설비 등에 따라 차이가 있다.

$$\text{허용누수량 : 주철관, } L = \frac{nd}{660}\sqrt{P}$$

여기서, L : L/hr, n : 접합수, d : 관경(cm), P : 시험수압(kg/cm²), 강관, $L=9.3$L/km/cm/d

3.2 접합부의 수압시험

1) 사람 출입이 가능한 800mm 이상의 대구경관에 대해서는 통수 전에 개개의 접합부의 내부에 수압시험밴드를 부착하여 누수 유무를 조사하는 것이 바람직하다.

2) $5kg/cm^2$의 수압을 부하하여 5분 경과 후 $4kg/cm^2$ 이상 유지되면 합격으로 하여도 좋다.

3.3 급수 전의 수압시험

1) 시험수압($17.5kg/cm^2$)을 2분 이상 걸어 누수 유무를 확인한다.

2) 일반적으로 테스트 펌프가 사용된다.

3.4 기타

용접이음구조의 강관인 경우에는 용접부에 대하여 방사선투과검사 또는 초음파탐사시험을 실시함으로써 수압시험을 대신하는 경우도 있다.

4. 매설 후 수압시험

1) 시험구간 관로의 제수변을 닫고 물을 넣어 자연압에서 누수 여부를 확인한다.

2) 최대허용정수두의 1.5배 압력으로 1시간 동안 압력을 가하여 누수 여부를 확인한다.

3) 최대허용정수두의 압력으로 가압한 상태에서 누수량을 측정하여 시간당 누수량이 허용누수량($1m^2/km\ hr$) 이하가 되어야 한다.

4) 수압시험 후 관의 소독 실시

① 관로의 소독은 10ppm의 염소수를 관의 일단으로 주입하여 관을 만수시키고

② 약 1시간 경과 후 잔류염소가 5ppm 이상 검출되면 소독하고 배출한다.

Key Point +

• 78회, 115회 기출문제
• 매설 전과 매설 후로 나누어 설명할 필요가 있음
• 하수관거의 수밀시험과 비교하여 숙지하기 바람

상수도관 갱생방법

1. 서론

1) 상수도관 갱생 : 관세척, 라이닝, 관재생

2) 상수도관의 경우 수압, 토압, 활화중 등에 의해 노후화되기 쉬우며 또한 관내부식에 의해 적수와 흑수의 문제를 유발할 우려가 있다.

3) 관갱생공법은 관갱생의 난이도, 관의 노후화, 공사의 난이도 등을 바탕으로 적정한 공법을 선택해야 한다.

4) 일련의 관갱생을 통하여 통수능력의 확보와 내구연한을 증가시킬 수 있다.

5) 관갱생은 배수관 정비계획의 일환으로 배수관 전체를 계획적으로 시행할 필요가 있다.

6) 주철관 또는 강관을 대상

2. 관갱생의 목적

1) 부등침하의 방지 : 관의 구조적 결함을 향상

2) 관의 통수능력 확보 : Scale의 제거, 조도계수 향상

3) 관누수방지, 균열방지

4) 적수와 흑수 문제 해결 : 관내면 부식방지

5) 관의 내구연한 증가

6) 유수율 증대

7) 주철관 또는 강관을 대상

3. 관세척 공법

3.1 Scraper 공법

1) 가동축 주위에 탄력성이 좋은 Scrape 부착에 의한 세척

2) 종류

   ① 수압식 : 관경 ϕ250mm 이하, 사용수압 2kg/cm^2 이상, 연장길이 100m 이상

   ② 견인식 : 피아노선에 의한 견인에 의해, 관경 ϕ300mm 이상, 연장길이 100m 전후

3.2 Rotary 공법

1) 오거의 회전에 의해 스케일 등을 긁어내는 공법

2) 관경 $\phi 150mm$ 이하, 관석의 퇴적이 많은 곳

3.3 Jet 공법

1) 고압의 노즐을 통해 물을 분사(선회류 형성)하여 스케일 등을 제거하는 공법

2) 노즐을 상하류에 경사지게 진행

3) 사용수압 : $250kg/cm^2$

3.4 Polly-pig 공법

1) 포탄형 물질을 집어넣어 세척하는 공법

2) 관연장길이가 길다.(세척연장 1km 이상)

3) 작업시간과 경비절감이 가능

4) 압축성이 있어 다굴곡 이음부분의 세척 가능

3.5 A/S(Air/Sand) 공법

1) 고압의 압축공기와 모래와 같은 연마재 주입에 의해 세척 : 관말의 집진기에서 모래와 관석 제거

2) 연속된 S자 굴곡관의 세척 가능

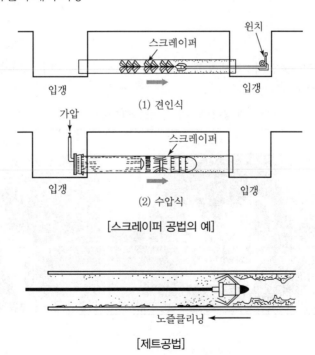

[스크레이퍼 공법의 예]

[제트공법]

[폴리픽공법]

[Jet 공법 예]

4. 라이닝

1) 관세척 후 라이닝을 실시 : 관세척 후 라이닝을 실시하지 않을 경우 오히려 적수나 관내면 부식을 초래할 우려가 있다.

2) 모르타르, 수지모르타르, 액상에폭시수지, 폴리에틸렌수지 사용

구분	모르타르라이닝공법	에폭시라이닝공법
개요		

구분	모르타르라이닝공법	에폭시라이닝공법
공사원리	세관작업 후 모르타르를 관표면에 분사하고 미장용 인두로 표면을 매끈하게 도막을 형성시키는 라이닝공법	세관작업 후 에폭시수지의 주제와 경화제를 혼합시켜 관표면에 분사하여 라이닝하는 공법
적용범위	ϕ100mm 이상	ϕ200~3,000mm
내구연수	50년 이상	20년 이상
특징	• 관체표면조도의 영향이 적음 • 습기가 있는 곳에서 시공이 가능 • 장비구성이 복잡하여 넓은 면적이 요구됨	• 관체표면조도의 영향이 적음 • 습기 제거가 필수적으로 필요 • 장비구성이 모르타르보다 적은 면적이 요구됨

5. 관재생

5.1 관교체공법

1) 관경 ϕ800mm 이하의 소구경관이나 석면관에 적용

2) 가장 확실한 공법

3) 공사기간이 길고, 공사비가 많이 소요

4) 토지굴착이 많으며, 도로통행에 방해가 되는 단점 존재

5.2 Pipe-in-pipe

1) 기존 관의 구조적 문제가 있는 경우에 적용

2) 중구경 이상의 관거에 적합

3) 기존 관보다 한 구경 또는 반 구경 작은 Ductile 주철관을 끌어들인 후 그 사이를 콘크리트 모르타르로 충진

4) 관교체보다 공사기간이 짧고 공사비가 저렴

5) 굴곡부에는 관교체를 해야 한다.

6) 기존 관보다 통수단면적이 줄어듦(통수능 확보가 가능해야 함)

5.3 Pipe Rebirthing

1) 기존 관이 구조적으로 문제가 있는 경우에 적용

2) 기존 관보다 한구경 또는 반구경 작은 폴리에틸렌관을 끌어들인 후 그 사이를 콘크리트 모르타르로 충진

3) 관교체보다 공사비가 적고 기간 단축

4) 굴곡부는 관교체를 해야 한다.

5) 통수단면적은 줄어드나 유속계수는 상승(조도계수의 상승)

6) 전식문제는 어느 정도 해결 가능

5.4 Hose Lining

1) 기존 관이 구조적으로 문제가 없는 경우 채택
2) 기존 관 내부에 Seal Hose를 접착제를 사용하여 고착
3) 굴곡부 시공 가능
4) 전식에 강하다.

6. 관갱생 후 소독

1) 관내 토사, 협잡물을 물로 씻어냄
2) Cl_2, NaOCl 10ppm의 물을 통수시켜 1시간 후 농도가 5ppm 이상 유지 필요
3) 물을 완전히 배제시키고 청소 후 물을 통수시킴

7. 결론

1) 관의 재생은 관의 수명연장과 통수능력 확보, 누수방지의 측면에서 꼭 필요한 공법이며
2) 관의 누수로 인한 피해와 지하수, 기타 불명수의 유입에 의한 수인성 전염병을 사전에 예방하여 공중위생향상의 측면에서 꼭 필요하다고 판단된다.
3) 관의 노후화 정도, 공법의 적용 난이도, 지역적 특성, 경제성을 고려하여 각 지역별로 합리적이고 경제적인 계획을 수립함이 바람직하다고 판단된다.
   ① 공법 선택 시 현장조건 및 관로상황을 충분히 고려
   ② 관의 내면상태를 확인하여 노후관 교체 및 경제성 검토 후 채택
4) 관갱생은 배수관정비계획의 일환으로 배수관 전체를 계획적으로 시행할 필요가 있다.

하수도 압송관거 클리닝시스템(Pigging System)

1. 개요

Pig라는 발포수지제 청소기구를 펌프장의 펌프압력을 이용하여 관내에 주입시켜 관내 퇴적물, Slime, 가스, 공기를 배출하는 시스템

2. 특징

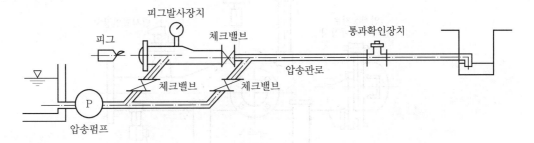

1) Pig 발사장치의 밸브조작으로 이루어지므로 통수에 지장이 없다.
2) 공기밸브, 배니설치 개소를 줄일 수 있다.
3) 별도의 동력이 필요 없다.
4) 조작에 어려운 기술을 요하지 않는다.
5) 상용구경은 $\phi 50 \sim 600$ DCIP를 사용한다.

3. 장단점

3.1 장점

1) 하수뿐만 아니라 상수의 적수대책에도 적용이 가능하다.
2) 압송관로의 유지관리에 용이
3) 장거리 관거를 한 번에 클리닝할 수 있다.

3.2 단점

1) 외국기술이므로 국내에 적합한 연구 개발이 필요
2) Pig의 관리가 제대로 이루어지지 않아 분실 등의 우려가 있다.

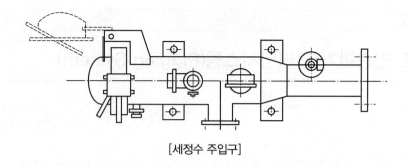

[세정수 주입구]

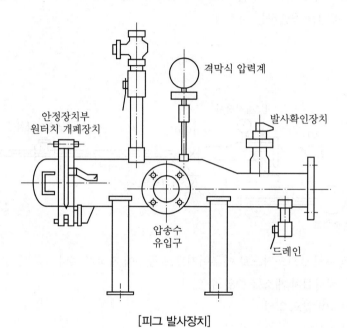

격막식 압력계

안정장치부
원터치 개폐장치

발사확인장치

압송수
유입구

드레인

[피그 발사장치]

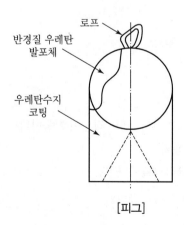

로프

반경질 우레탄
발포체

우레탄수지
코팅

[피그]

관로의 수리특성곡선(Hydraulic Statistic Curve)

관련 문제 : 수리학상 가장 유리한 단면, 최대통수능력단면

1. 개요

1) 하나의 관거단면에서 수시로 변하는 유속과 유량의 변화를 각각 만관유속, 만관유량에 대한 비율로 나타낸 것을 수리특성곡선이라 한다.

2) 즉, 암거나 터널 같은 폐수로에 대하여 전단면에 물이 차서 흐를 때의 단면적(A_1), 경심 (R_1), 평균유속(V_1), 유량(Q_1) 등과 일부만 차서 흐를 때 임의의 수심에 대하여 A, R, V, Q의 비 H/H_1, A/A_1, R/R_1, V/V_1, Q/Q_1 등을 표시한 곡선을 말한다.

3) 수리특성곡선을 이용하면 각 수위에 대한 양을 쉽게 구할 수 있다.

2. 관거 형태별 최대유속 및 유량

2.1 원형관 마제형 관

1) 유속 : 수심이 81%일 때 최고

2) 유량 : 수심이 93%일 때 최고

3) 안정성 고려

① 원형관거는 안전을 위해 만관류를 설계유량으로 한다.

② 마제형관거는 안전을 위해 수심의 80%에 해당하는 유량을 설계유량으로 한다.

③ 말굽형거는 높이의 80%로 하여 정해진 계획유량을 충분히 유하시킬 수 있도록 단면을 결정한다.

2.2 직사각형 관

1) 유속, 유량 : 만류 직전에 최대이나

2) 만류가 되면 유속, 유량이 급격히 감소

3) 안정성 고려 : 사각형관거는 안전을 위해 수심의 90%에 해당하는 유량을 설계유량으로 한다.

2.3 계란형 관

유량이 감소되어도 원형관에 비해 수심 및 유속이 유지되므로 토사 및 오물 등의 침전방지에 유리

3. 관거의 단면형상 선정기준

1) 수리학적으로 유리할 것

2) 하중에 대해 경제적일 것

3) 시공비 저렴

4) 유지관리 용이

5) 시공장소 상황에 잘 적응할 것

6) 윤변(P)이 최소

  ① 동일 단면적을 갖는 관에서 유량이 최대가 되려면 유속이 최대가 되어야 하고

  ② Manning 공식에서 유속은 경심(동수반경)에 비례하며

  ③ 동일 단면적에서 경심(R＝A/P)이 최대가 되려면 윤변(P)이 최소가 되어야 한다.

→ 참 / 고 / 자 / 료

관거 형태별 수리특성곡선

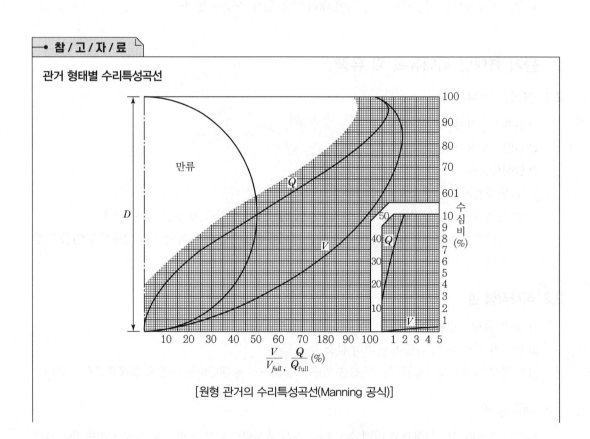

[원형 관거의 수리특성곡선(Manning 공식)]

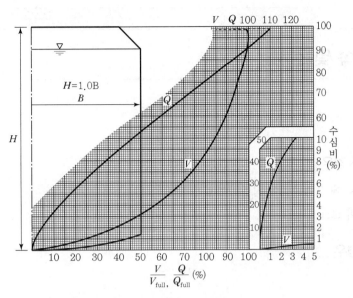

[정사각형 관거의 수리특성곡선(Manning 공식)]

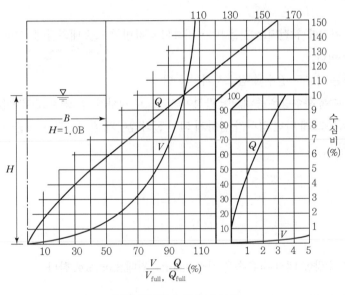

[U형 관거의 수리특성곡선]

Key Point +

- 125회 출제
- 최근 집중호우에 의한 관거용량과 관련한 숙지가 필요하며
- 1차 시험뿐만 아니라 면접고사에서도 가끔 출제되는 문제이므로 숙지하기 바람

관거의 유속 및 경사

1. 개요

1.1 유속이 작을 경우

1) 관거의 저부에 오염물질이 침전하여 준설 필요

2) 유지관리비 소요

1.2 유속이 클 경우

1) 관거 손상

2) 내용연수 경감

1.3 고려사항

1) 오염물질이 관거에 침전되는 것을 막기 위하여 하류방향으로 내려감에 따라 유속이 점차 증가하도록 해야 한다.

2) 그러나 경사는 하류로 갈수록 감소시켜야 한다.

① 하류로 갈수록 하수량은 증대되어 관경이 커지므로 경사가 감소되어도 유속을 크게 할 수 있다.

② 유속을 너무 크게 하면 경사가 급하게 되어 굴착깊이가 깊어지므로 시공이 곤란하고 공사비가 증대된다.

2. 적정 유속

2.1 오수관거

계획시간최대오수량에 대하여 유속을 최소 0.6m/s, 최대 3.0m/s로 한다.

2.2 우수관거 및 합류관거

계획우수량에 대하여 유속을 최소 0.8m/s, 최대 3.0m/s로 한다.

2.3 이상적인 유속

오수관거, 우수관거 및 합류관거의 이상적인 유속은 1.0~1.8m/s이다.

3. 오수관거

1) 오수의 최소유속이 유지되지 않으면 오염물질이 침전되고 관거 내의 유하시간이 길어져 침전물 부패로 인한 황화물질 및 악취 등이 발생할 수 있다.

2) 지표경사가 심하면 관거경사가 급하게 되어 최대유속이 3.0m/s를 넘게 될 때에는 적당한 간격으로 단차를 설치하여 경사를 완만하게 하고 유속을 작게 해야 한다.

   ① 지형 등에 따라서 단차의 설치가 곤란한 경우에는 급경사에서 완경사로 변화하는 구간에 월류수나 감압에 대처하기 위해 감세공의 설치, 관경이나 맨홀의 종별을 1단계 올리는 등의 감세 조치를 고려한다.

   ② 또한 맨홀에 수격에 의한 파손을 방지하기 위한 조치를 고려할 필요가 있다.

3) 처리구역이 크거나 관망정비에 시간을 요하는 경우에는 사용 개시 후에도 유량이 적어 여러 문제점을 유발할 우려가 있다.

   ① 간선관거는 적당한 유속을 유지하도록 복단면의 구조로 하거나

   ② 관을 2개로 분할하여 단계시공하는 방법 등을 검토

   ③ 상기와 같은 경우에는 시공성 및 경제성 등을 종합적으로 판단하여 결정한다.

4) 압송관의 경우 유속 증가에 따라 관내 마찰손실수두가 증가하므로 경제적인 압송펌프의 선정을 위해 압송관경과 유속과의 관계를 고려할 필요가 있다.

5) 오수관로의 시점부에서 다른 지선관로에 접합하지 않는 구간에 설치된 관로의 계획하수량이 적어 최소유속 확보가 불가능한 경우는 현장여건을 반영하여 최소경사 5‰이상을 확보한다.

4. 우수관거 및 합류관거

1) 우수관거 및 합류관거에서 최소유속이 더 큰 이유는 토사류 등의 유입에 따라 침전물의 비중이 오수관거보다 크기 때문이다.

2) 합류관거에서 목표연도가 긴 경우 건설초기 최속유속을 유지하지 못하는 경우가 있으므로 적당한 유속을 유지하도록 하여야 한다.

3) 급경사지 등에서 유속이 크면 관거의 손상뿐만 아니라 유수의 유달시간이 단축되어 하류지점에서의 유량이 크게 되므로 단차 및 계단을 두어 경사를 완만하게 하여야 한다.

Key Point +

130회 출제

Manning 공식

1. 하수에서 일반적으로 사용하는 수리계산식

1.1 자연유하

1) Manning(관거, 개거) : 구형관

2) Kutter : 원형관

1.2 압송식 : Hazen – Williams 식을 사용

1) Manning 공식(암거)

$$Q = A \cdot V$$

$$V = \frac{1}{n} \times R^{\frac{2}{3}} \times I^{\frac{1}{2}}$$

2) Kutter 공식(원형관)

$$V = \frac{23 + \dfrac{1}{n} + \dfrac{0.00155}{I}}{1 + \left(23 + \dfrac{0.00155}{I}\right) \cdot \dfrac{n}{\sqrt{R}}} \cdot \sqrt{R \cdot I}$$

3) Hazen · Williams 공식(압송)

$$Q = A \cdot V$$

$$V = 0.84935 \times C \times R^{0.63} \times I^{0.54}$$

여기서, Q : 유량(m³/초)

A : 유수의 단면적(m²)

V : 평균유속(m/sec)

n : 조도계수

I : 동수경사(h/L)

R : 경심(m)(= A/P)

h : 마찰손실수두(m)

관종	C값	비고
주철관 도복장강관	110	부설 후 15~20년
원심력철근콘크리트관 PS콘크리트관	130	굴곡부, 손실 등을 고려하여 110~130 정도가 안정
경질PVC관	110	

1.3 배수관망 유량계산 시 관경에 따른 마찰계수(f)를 구하는 공식

$$f = 124.6 \frac{n^2}{D^{1/3}}$$

여기서, f : 마찰계수

$\quad\quad n$: 조도계수

$\quad\quad D$: 관경

Key Point +

119회, 121회, 129회, 130회 출제

수리계산 적용공식

1. 마찰손실수두

1) 콘크리트관 또는 BOX(Manning 공식 적용)

$$h_f = \left(\frac{n \times V}{R^{2/3}}\right)^2 \cdot L \quad \cdots\cdots\cdots\cdots\cdots\cdots\cdots\cdots\cdots\cdots\cdots\cdots\cdots\cdots \text{(식 1)}$$

여기서, h_f : 마찰손실수두(m)

   n : 조도계수(0.013)

   R : 동수반경(m)$= \dfrac{\text{유수단면적}(\text{m}^2)}{\text{윤변}(\text{m})} = \dfrac{A}{P}(\text{m})$

   V : 유속$= \dfrac{\text{유량}(\text{m}^3/\text{sec})}{\text{유수단면적}(\text{m}^2)} = \dfrac{Q}{A}(\text{m/sec})$

   L : 관연장(m)

2) 주철관(Darcy-Weisbach 공식 적용)

$$h_f = f \times \frac{V^2}{2 \times g} \quad \cdots\cdots\cdots\cdots\cdots\cdots\cdots\cdots\cdots\cdots\cdots\cdots\cdots\cdots\cdots\cdots \text{(식 2)}$$

여기서, h_f : 마찰손실수두(m)

   f : 손실계수$= \left(0.04 + \dfrac{1}{1,000 \times D}\right) \times \dfrac{L}{D}$

   D : 관경(m), L : 관연장(m)

   V : 유속(m/sec), g : 중력가속도(9.8m/sec²)

2. 유입손실수두

$$h_i = f_i \times \frac{V^2}{2 \cdot g} \quad \cdots\cdots\cdots\cdots\cdots\cdots\cdots\cdots\cdots\cdots\cdots\cdots\cdots\cdots\cdots \text{(식 3)}$$

여기서, h_i : 유입손실수두(m), f_i : 손실계수(0.5)

   V : 유속(m/sec), g : 중력가속도(9.8m/sec²)

3. 유출손실수두

$$h_o = f_o \times \frac{V^2}{2 \cdot g} \quad \cdots\cdots\cdots\cdots\cdots\cdots\cdots\cdots\cdots\cdots\cdots\cdots\cdots\cdots\cdots \text{(식 4)}$$

여기서, h_o : 유출손실수두(m), f_o : 손실계수(1.0)

V : 유속(m/sec), g : 중력가속도(9.8m/sec²)

4. 곡관에 의한 손실수두

$$h_o = f_{b1} \times f_{b2} \times \frac{V^2}{2 \cdot g} \quad \cdots\cdots\cdots\cdots\cdots\cdots\cdots\cdots\cdots\cdots\cdots\cdots\cdots\cdots\cdots\cdots\cdots\cdots \text{(식 5)}$$

여기서, h_o : 곡관손실수두(m)

f_{b1}, f_{b2} : Anderson $-$ Straub(아래 그림)에 의한 손실계수

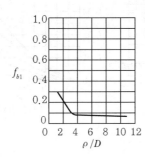 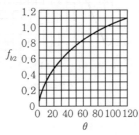 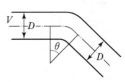

5. 굴절에 의한 손실수두

$$h_r = f_r \times \frac{V^2}{2 \cdot g} \quad \cdots\cdots\cdots\cdots\cdots\cdots\cdots\cdots\cdots\cdots\cdots\cdots\cdots\cdots\cdots\cdots\cdots\cdots\cdots\cdots \text{(식 6)}$$

여기서, h_r : 굴절에 의한 손실수두(m)

f_r : Weisbach식에 의한 손실계수(아래 그림 및 표 참조)

θ	15	30	45	60	90	120
f_r	0.022	0.073	0.183	0.365	0.99	1.85

6. 점확에 의한 손실수두

$$h_{ge} = f_{ge} \frac{(V_1 - V_2)^2}{2 \cdot g} = f_{ge} \left\{ 1 - \left(\frac{A_1}{A_2} \right) \right\}^2 \frac{V_1^2}{2g} \quad \cdots\cdots\cdots\cdots\cdots\cdots\cdots\cdots \text{(식 7)}$$

여기서, h_{ge} : 점확에 의한 손실수두(m)

f_{ge} : 점확손실계수

V_1 : 점확 전의 평균유속(m/sec)

V_2 : 점확 후의 평균유속(m/sec)

7. 점축에 의한 손실수두

$$h_{gc} = f_{gc} \times \frac{V_2^2}{2 \cdot g} \quad \text{..} \text{(식 8)}$$

여기서, h_{gc} : 점축에 의한 손실수두(m)

f_{gc} : 점축손실계수

V_2 : 점축 후의 평균유속

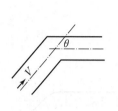

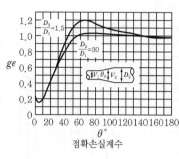

점확손실계수

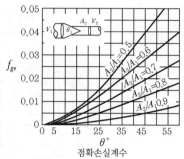

점확손실계수

8. 월류 트러프(Trough) Tomas-Camp 공식

1) 트러프 하단에서 자유낙하할 경우

$$h_o = \sqrt{2h_{cl}^2 + \left(h_{cl} - \frac{il}{3}\right)^2} - \frac{2}{3}il \quad \text{............................} \text{(식 9)}$$

2) 트러프 하단에서 잠겨 합류되는 경우

$$h_o = \sqrt{\frac{2h_{cl}^3}{h_l} + \left(h_{cl} - \frac{il}{3}\right)^2} - \frac{2}{3il} \quad \text{............................} \text{(식 10)}$$

여기서, h_o : 트러프 상단의 수심(m)

h_d : 임계 깊이에서의 수심 $h_{cl} = \sqrt[3]{\dfrac{\alpha \times Q^2}{g \times b^2}}$ (m)

α : 부하계수(1.1)

Q : 유량(m³/sec)

g : 중력가속도(9.8m/sec²)

b : 트러프 폭(m)

i : 트러프 경사도(%)

l : 트러프 길이(m)

h_l : 수중월류의 경우 트러프 말단의 수심(m)

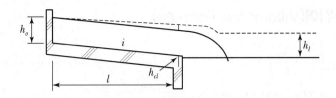

9. V-형 위어(Strick Land Formula)

$$\Delta h = \left(\frac{Q}{1.334 + \dfrac{0.0205}{\Delta h}}\right)^{2/5} \fallingdotseq \left(\frac{Q}{1.42}\right)^{2/5} \quad\cdots\cdots\cdots\cdots\cdots\cdots\cdots\text{(식 11)}$$

여기서, Q : 유량(m³/sec)

Δh : 물마루점부터의 수심

10. 폭위어(Francis Formula)

$$\Delta h = \left(\frac{Q}{1.838 \times B}\right)^{2/3} \fallingdotseq \left(\frac{Q}{1.84 \times B}\right)^{2/3} \quad\cdots\cdots\cdots\cdots\cdots\text{(식 12)}$$

여기서, Δh : 물마루점부터의 수심

Q : 유량(m³/sec)

B : 위어 폭(m)

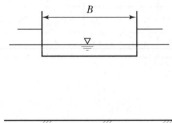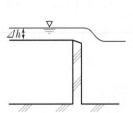

11. 수문

$$\Delta h = \left(\frac{V}{2.75}\right)^2 \quad\cdots\cdots\cdots\cdots\cdots\cdots\cdots\cdots\cdots\cdots\cdots\cdots\cdots\cdots\cdots\text{(식 13)}$$

여기서, Δh : 오리피스에 의한 손실수두(m)

V : 유속(m/sec)

12. 예연수중위어(Villemonte Formula)

$$Q = Q_1 \left\{ 1 - \left(\frac{h_2}{h_1} \right)^n \right\}^{0.385} \quad \text{...} \text{(식 14)}$$

여기서, Q : 수중위어에 의한 월류 유량
Q_1 : h_1으로 자연유하 시 월류량

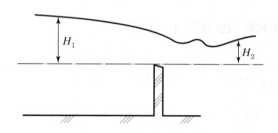

13. 합류에 의한 손실수두

$$h_b = K_b \times \frac{V_t^2}{2 \cdot g} \quad \text{...} \text{(식 15)}$$

여기서, Q_t : 합류관 유량(m³/sec)
Q_a : 분지관 유량(m³/sec)
V_t : 합류관 유속(m/sec)
K_b : 분지관의 손실계수
K_r : 합류관의 손실계수

$\dfrac{Q_a}{Q_t}$	0	0.1	0.2	0.3	0.4	0.5	0.6	0.7	0.8	0.9	1.0
K_b	(−)0.60	(−)0.37	(−)0.18	(−)0.07	0.26	0.46	0.62	0.78	0.94	1.08	1.20
K_r	0	0.16	0.27	0.38	0.46	0.53	0.57	0.59	0.60	0.59	0.55

하수관의 최소관경

1. 오수관거

1) 200mm를 표준으로 한다.

① 150mm

㉮ 오수관거는 국지적으로 장래에도 하수량의 증가가 예상되지 않는 경우

㉯ 장래에도 공장이나 공동주택의 입지 등 토지이용의 변경이 전혀 예상되지 않는 지역

② 오수관로에서 장래 하수량증가 계획이 없는 경우, 유지관리 하는 데 지장이 없는 범위 내에서 초기관로에 국지적으로 150mm를 제한하여 사용할 수 있다.

2) 소규모 공공하수도 : 150mm

3) 진공식 또는 압송방식 : 최소관경에 대해서는 펌프구경, 유속, 마찰손실, 오수의 종류 등을 종합적으로 판단하여 결정한다.

2. 우수관거 및 합류관거

1) 250mm

2) 소규모 공공하수도 : 200mm

3. 고려사항

1) 배수면적이 작으면 계획하수량도 적게 되어 필요한 관거의 내경이 작아도 충분히 배수할 수 있다.

2) 하지만, 관경이 너무 작으면

① 관거 내의 청소나 점검 곤란

② 관부설 후 새로운 부착관의 설치 등 유지관리에 지장을 초래

③ 계산상 200mm 이하로 충분하더라도 200mm 또는 250mm의 관경을 사용

3) 단, 오수관거의 경우 국지적으로 장래에도 하수량의 증가가 예상되지 않을 경우에는 150mm로 하고

4) 다음 요건을 모두 만족시킬 경우에는 100mm로 할 수 있다.

① 장래에도 연결관의 접속추가가 예상되지 않을 것

② 순간최대하수량이 소류작용에 의해 하수 중의 고형물을 100mm 이상, 150mm 미만의 관거에서 150mm 이상의 관거까지 유하할 수 있을 것

㉮ 100~150mm로 할 경우 장래에 공장이나 집합주택의 입주 등 토지이용의 변경이 전혀 예상되지 않는 지역에 한정하는 등 충분한 검토가 필요

㉯ 압송방식의 최소관경에 대해서는 펌프구경, 유속, 마찰손실, 오수의 종류 등에 대한 종합적인 검토가 필요

5) 분류식 오수관거

6) 계획시간최대오수량에 대해 예비용량 및 여유율을 고려한다.

① 우수첨두유량을 감안

② 여유율

㉮ 소구경 관거(ϕ250~600mm) : 약 100%

㉯ 중구경 관거(ϕ700~1,500mm) : 약 50~100%

㉰ 대구경 관거(ϕ1,650~3,000mm) : 약 25~50%

Key Point

131회 출제

하수관거 관종 선정

1. 서론

1) 하수관거는 지하에 매설되어 반영구적으로 사용되는 시설물로서

2) 토압 및 차량하중 등 큰 외압이 작용하게 되므로 외압에 대하여 충분히 견딜 수 있는 재질의 관이어야 하며

3) 생활하수 및 공장폐수는 부식성 물질을 발생시키므로 내식성이 고려되어야 할 뿐만 아니라

4) 관내면이 평탄하고 수밀성이 있어야 하며, 충격에 강하고 변형이 적어야 한다.

5) 따라서, 주어진 하중조건 및 하수의 수송에 관한 제반조건을 가지도록 관정이 선정되어야 한다.

6) 또한 하수관거의 관종 선정과 더불어 맨홀관의 접합 또는 관종과의 접합성이 우수한 관종을 선택하여 침입수를 사전에 방지하여 하수관거 원래 목적(통수능 확보, 수밀성 확보)을 충분히 수행할 수 있도록 할 필요가 있다.

2. 하수관거의 선정 시 고려사항

항목	고려사항	관련인자
내구성	외부하중에 대한 구조적 안정성 확보	• 강성관 : 균열하중에 의한 외압강도 검토 • 연성관 : 변형하중 및 휨강도에 의한 외압강도 검토
내식성 및 내열 · 내한성	황화수소(H_2S)에 의한 부식성이 없을 것	• 부식 및 마모에 강한 재질 사용 검토 • 온도변화에 의한 대응성
부등침하	부등침하 시 관기초 부실에 따른 관파손 방지	지질조건에 적합한 관종 선정
통수능	• 관의 내면이 평활할 것 • 마찰이 적을 것	조도계수
수밀성	접합방법의 수밀성과 연결부의 내구성	접합방법 및 관의 용도
시공성	• 현장에서의 운반, 취급 설치가 용이 • 연결관, 배수관 설치가 용이	• 관 규격 및 제조방식 • 안정성 검토
경제성	• 시공비 및 유지관리비 저렴 • 공기단축 • 균일한 품질로 대량생산 가능 여부	• 관자재비, 부설 및 접합비 • 관수명에 따른 감가상각비

3. 관종별 특징

3.1 흄관(원심력 철근콘크리트관)

1) 개요

원심력 회전으로 조성된 콘크리트관으로 벽체 내에 종선 및 나선 등의 철선을 삽입하여 제조한 관

2) 관연결 : 고무링 소켓접합, 칼라이음, Butt and Joint 이음

3) 장점

① 접합시공이 간단

② 시공실적이 다수

③ 가격이 저렴하고 시공 기술이 용이

4) 단점

① 중량이 무거워 현장관리가 불리

② 부등침하 시 수밀성 보장이 어렵다.

③ 주로 우수관으로 사용(차집관거 및 일반하수관으로는 거의 사용하지 않는다.)

④ 부식성이 약함

3.2 PC관

1) 개요

프리스트레스방식을 도입하여 만든 코어식 콘크리트로 벽체 내에 종·횡단방향으로 PC강선을 사용하여 강도를 높인 관

2) 관연결 : 고무링 소켓접합

3) 장점

① 시공실적이 다수

② 내마모성이 대체로 좋음

③ 외압강도 우수

④ 관 자체의 조직이 치밀하고 외압강도가 커서 차집관로로 많이 사용

4) 단점

① 중량이 흄관보다 무겁다.

② 가격이 비교적 고가이다.

③ 미리 압축응력이 가해진 상태이므로 운반, 시공 시 충격 등에 의한 균열이 발생할 우려가 있다.(외부충격에 약함)

④ 산, 알칼리, 염분 등 각종 유기물에 대해 부식 우려

⑤ 신축성이 적음

⑥ 곡관부 및 분기점 시공이 어려움

3.3 VR(Vibrated and Rolled Reinforced Concrete Pipe)관

1) 개요

롤러를 사용하여 콘크리트 표면을 단단히 굳혀서 만든 철근콘크리트관

2) 관연결 : 흄관과 동일

3) 장점

① 내압강도가 크며 수밀성 면에서도 안전
② 외압강도가 흄관에 비하여 상당히 크며
③ 공사비는 PC관에 비하여 저렴
④ 소구경관에 경제적

4) 단점

① 중량이 무거우므로 운반 및 취급에 장비가 필요
② 미리 압축응력이 가해진 상태이므로 운반, 시공 시 충격 등에 의한 균열이 발생할 우려가 있다.

3.4 DCIP관(Ductile Cast Iron Pipe : 덕타일 주철관)

1) 개요

강도와 절연성을 높이기 위하여 용융상태에서 특수원소(마그네슘)를 첨가하여 원심주조하고 시멘트로 내부 라이닝하여 제조한 관

2) 관연결 : 메커니컬접합, 플랜지접합

3) 장점

① 내압성 및 내식성이 우수하여 일반적으로 압력관으로 사용
② 강도가 크고 내구성이 크다.
③ KP접합 등 이음방법이 많아 여건에 따라 시공성이 높다.
④ 이형관의 종류가 다양하고 수밀성을 확실히 보장되고 누수탐사가 용이
⑤ 압송관 및 소구경 차집관거용으로 적합
⑥ 매설심도가 깊고 중차량의 통행이 많은 곳에 적합
⑦ 부력이 작용하거나 내·외부의 수압이 작용하는 곳에 적합

4) 단점

① 중량이 비교적 무거워 취급 시 장비 사용이 필요
② 토질이 부식성일 때에는 외면방식, 이음방식이 필요
③ 가격이 고가
④ 해수 및 염분에 부식 우려
⑤ 관노후 시 관갱생 필요
⑥ 소구경관은 타관에 비해 경제성 및 시공성이 떨어지나 대형관은 경제성이 있다.

3.5 HDPE관(High Density Poly Ethylene)

1) 개요

고밀도 PE수지로 제조한 관으로 관의 외압강도를 높이기 위하여 관벽을 T형으로 압출 성형한 관

2) 특징

① 내구성은 PE수지에 함유되어 있는 탄소의 함량에 영향을 크게 받는다.

② 선팽창계수가 커서 매설 후 온도변화에 의한 수축팽창이 클 것으로 예상

③ 가볍고 시공성이 우수

④ 내산, 내알칼리성이 우수하며 전식에 대한 내구성이 있다.

3.6 유리섬유복합관

1) 개요

① 불포화폴리에스테르수지를 기반으로 중심부에 모래를 사용하여 강화하고 내외층에 유리섬유로 내압성능을 향상시킨 관

② 강성관과 연성관의 특성을 모두 가짐

2) 관연결 : 스틸밴드, 특수 커플링, 고무링을 이용한 소켓접합, 수밀밴드접합

3) 장점

① 조도계수가 우수 : 통수능 우수

② 부식 및 방식의 염려가 없다.

③ 관접합이 매우 간단

④ 중량이 가벼워서 운반 및 취급이 용이

⑤ 현장가공이 좋다.

⑥ 시공공기가 짧다.

⑦ 부등침하나 지진에 대한 적응력이 우수하다.

⑧ 내·외압, 수압 등이 작용하는 곳에 적용 가능하다.

⑨ 관제품이 영구적이므로 유지관리비가 거의 들지 않는다.

⑩ 산, 알칼리 및 염분에 강하다.

4) 단점

① 타관과의 접합은 맨홀을 통해서 가능하다.

② 부력에 약하다.

③ 접합부속이 다양하지 않다.

3.7 이중벽 PE관

1) 개요

① 폴리에틸렌을 압출하여 이층구조로 제조한 관으로

② 내·외관 사이에 'I'자 빔이 일정한 간격으로 중심층을 형성되도록 제조한 관

2) 관연결

① 회사별 접합방법이 다양

② OT, SUS 밴드, 플랜지, 전기융착, 열융착, 수밀밴드접합

3) 장점

① 내부식성이 좋다.

② 중량이 가벼워서 현장 취급성이 우수

③ 접합시공 간단

④ 조도계수가 우수하고 전신에 강함

4) 단점

① 주입된 Carbon Black 양에 따라 품질이 좌우

② 강선관에 비하여 현장에서의 손상 우려가 높다.

③ 회사별 접합방법이 다양

④ 부설심도가 깊을 경우 토압 및 차량통행에 의한 변형우려와 변형률 검사 시 불합격 우려가 존재

⑤ 타 관종과의 연결은 맨홀을 설치하거나 천공 후 분기관을 사용

⑥ 맨홀과의 연결은 지수단관을 사용해야 함

3.8 PVC 이중벽관

1) 개요

PVC Resin에 내충격제 및 첨가제를 첨가하여 외피를 동시 압출성형하여 만든 관

2) 관연결 : 고무링소켓접합

3) 특징

① 흄관보다 중량이 가벼움

② 접합시공이 간단

③ 최근 개발된 관으로 사용실적이 증가하는 추세

④ 부식에 강함

⑤ 수밀성이 우수

⑥ 부력에 대한 적응력이 약함

⑦ 되메움, 다짐불량 시 변형발생 우려

3.9 내충격용 PVC관

1) 개요

내·외부의 내충격 PVC 경질층과 중심부의 고밀도 PVC 경질층 구조로 압출성형

2) 관연결 : 이중고무링소켓접합

3) 특징

　① 관이 가볍고 접합이 확실하며 연결부위 누수가 적음

　② 절단, 절개가 용이하고 운반 및 취급이 용이하므로 시공성 우수

3.10 추진용 강관

1) 개요 및 특징

　① 추진용 구간의 시공

　② 내 · 외압강도가 뛰어남

　③ 압입 시 변형률 최소

　④ 접합이 용이하고 수밀성이 우수

4. 결론

1) 하수관종의 선택 시 처리수량, 유속, 관거의 작용하는 외압, 접합방법, 강도, 형상, 공사비 및 장래의 유지관리비 등을 종합적으로 검토하여야 하며

2) 특히 분류식 지역에 하수관을 매설하는 경우 침입수 및 누수가 발생하지 않도록 수밀성이 보장되는 관종과 관종별 접합방법을 검토하여 선정할 필요가 있으며

3) 관종에 대한 수밀성, 시공성, 경제성을 고려한 연결방법의 선정이 필요하며

4) 하수관거의 본관부, 연결관부, 맨홀접속부 등 취약한 관연결부의 수밀성이 확보되는 관종이나 수밀성 확보방안을 검토해야 한다.

5) 상기 조건을 만족하는 관종을 검토하여 향후 관준설 등의 유지관리비와 부설비 등을 종합적으로 분석(VE/LCC)하여 관종선택 및 부설을 할 필요가 있다.

6) 끝으로 관부설 후 I/I 발생량의 분석을 통한 수밀성을 검토할 필요가 있다.

Key Point　✛

- 하수관종에 대한 특징의 이해가 필요하며 특히, BTL 공사 등에서 많이 적용되는 관종(이중벽 PE, 유리섬유복합관, PVC 이중벽관)을 중심으로 이해할 필요가 있음
- 출제자의 의도에 따라 중요 관종에 대한 기술과 함께 전체 4Page 분량으로 간략히 기술할 필요가 있음
- 인터넷 검색을 통해 여러 관종비교표를 입수하여 전체적인 형태와 특징을 숙지할 필요가 있음

하수관거의 접합

1. 관거의 접합 : 맨홀을 중심으로 관거를 접합

1) 관거의 설계는 관거의 방향, 경사, 관경이 변화하는 장소 및 관거가 합류하는 장소에는 맨홀을 설치하도록 고려하여야 한다.

2) 관거 내의 물의 흐름 : 수리학적으로 원활하게 흐르기 위해서는 원칙적으로 에너지 경사선에 맞출 필요가 있다.

3) 흐르는 물이 충돌이나 심한 와류, 난류 등을 일으키면 손실수두가 증가되어 유하능력이 저하되고, 아울러 합류점 또는 지형이 험한 경우에는 접합 방법이 올바르지 못하면 맨홀로부터 하수가 분출할 수 있다. 따라서 관거의 접합 시 충분한 주의가 필요하다.

2. 관거접합 시 고려사항

1) 관거의 접합은 배수구역 내 노면의 종단경사, 다른 매설물, 방류 하천의 수위, 관거의 매설 깊이를 고려하여 가장 적합한 방법 선정

2) 관거의 관경이 변화하는 경우 또는 2개의 관거가 합류하는 경우 : 원칙적으로 수면접합 또는 관정접합

3) 지표의 경사가 급한 경우
   ① 관경변화에 대한 유무에 관계없이 원칙적으로 지표의 경사에 따라 단차접합 또는 계단접합
   ② 즉, 관내의 유속조절과 최소 흙두께를 유지하며 상류 쪽의 굴착깊이를 줄이기 위하여 적당한 간격으로 맨홀을 설치

3. 관거접합

3.1 수면접합 : 가장 이상적

1) 물이 흘러가는 수면을 기준

2) 수위차에 의해 물이 흘러가는 수면을 기준

3) 수리학적으로 에너지 경사선이나 계획 수위를 일치시켜 접합시키는 방법

4) 수리학적으로 정류를 얻을 수 있는 이점이 있으나 계산이 번잡한 단점이 있다.

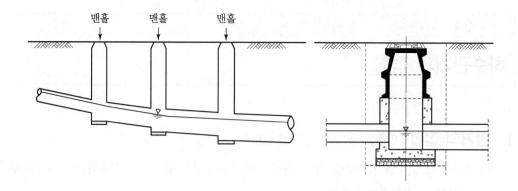

3.2 관정접합

1) 관거의 내면정부(→ 윗부분)를 일치시켜 접합하는 방법

2) 수리학적으로 정류를 얻는 데는 수면접합보다 못하나 유수는 원활한 흐름이 되고 계산이 비교적 쉽다.

3) 굴착 깊이가 증가되므로 공사비가 증대

4) 펌프로 배수하는 지역에서는 양정이 높게 되는 단점

5) 수위의 저하가 크고 지세가 급한 곳에 적당

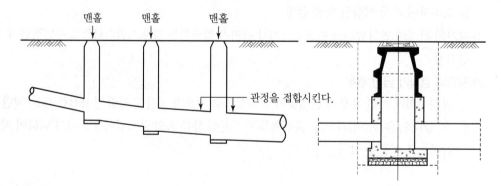

관정을 접합시킨다.

3.3 관중심접합

1) 관중심을 일치시키는 방법으로 수면접합과 관정접합의 중간적인 방법

2) 계획하수량에 대응하는 수위의 산출을 필요로 하지 않으므로 수면접합에 준용

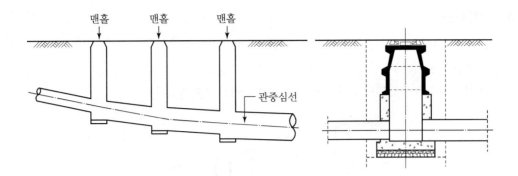

3.4 관저접합

1) 관거의 내면 바닥이 일치되도록 접합하는 방법

2) 굴착깊이를 얕게 함으로써 공사비용 절감

3) 수위 상승을 방지하고 양정고를 줄일 수 있어 펌프로 배수하는 지역에 적합

4) 상류부에서는 동수경사선이 관정보다 높이 올라갈 우려가 있다.

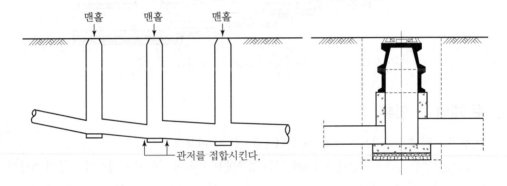

4. 급한 경사

지표의 경사가 급한 경우 관내의 유속 조정과 하류 측의 최소 흙 두께를 유지하기 위해서, 또 상류 측 굴착 깊이를 줄이기 위해서 지표경사에 따라서 단차접합 또는 계단접합으로 한다. 그러나 지형 현황에 따로 단차접합이나 계단접합의 설치가 곤란한 경우 유속의 억제를 목적으로 할 때에는 감 세공을 설치하기도 한다.

4.1 단차접합

1) 지표의 경사에 따라 적당한 간격으로 맨홀 설치

2) 맨홀 1개당 단차는 1.5mm 이내로 하는 것이 바람직

3) 단차가 0.6m 이상일 경우에는 부관을 설치 : 맨홀 저부의 세굴방지 및 초기 우수의 비산방지

4.2 계단접합

1) 통상 대구경관거 또는 현장타설식 관거에 설치

2) 계단의 높이는 1단당 0.3m 이내로 하는 것이 바람직

3) 지표의 경사와 단면에 따라 계단의 깊이와 높이를 변화시킬 수 있다.

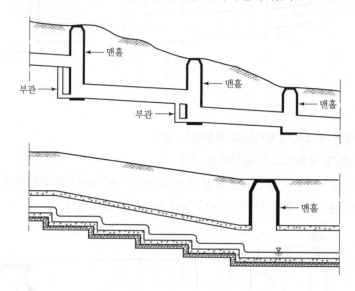

5. 두 개의 관 합류

1) 두 관거의 중심교각은 $60°$ 이하로 한다.($30 \sim 45°$가 이상적)

　① 대구경관거에 소구경관거가 합류하는 경우에는 유속이 적은 소구경관거의 물의 흐름이 대구
　　경관거의 큰 유속에 지장을 받아 소구경에는 가능한 한 작은 중심교각을 갖도록 합류시킨다.

　② 대구경관거에 소구경관거가 합류하는 경우 소구경관거의 지름이 대구경관거 지름의 1/2 이
　　하이고, 수면접합 혹은 관정접합에 의한 접합 이상으로 낙차를 붙이는 경우 중심교각은 $90°$
　　까지도 무방하다.

2) 곡선을 갖는 합류일 경우 곡률반경은 내경의 5배 이상으로 한다.

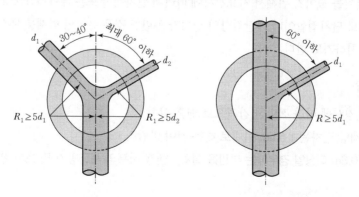

6. 관이 곡절하는 경우

반대방향의 관거가 곡절하는 경우나 관거가 예각으로 곡절하는 경우의 접합도 이와 같은 사항을
고려하며, 이상적으로는 2단계로 곡절하는 것이 바람직하다.

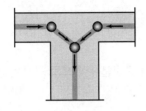

[반대 방향의 관거가 합류하여 곡절하는 경우]

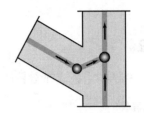

[관거가 예각으로 곡절하는 경우]

Key Point ✦

110회, 121회, 125회 출제

하수배제방식의 특징

1. 개요

1) 하수배제방식은 크게 합류식과 분류식(완전분류식, 불완전분류식)으로 구분된다.

2) 합류식
① 합류식은 우수와 오수를 동일 관로로 배제하는 방식으로
② 건기 시 : 하수를 전량 차집하여 하수처리장으로 이송
③ 우천 시
㉮ 하수처리장의 계획시간최대하수량(Q)의 3배까지만 이송하여 1차 처리 후 방류하고
㉯ 3Q 이상의 하수는 우수토구나 펌프장을 통하여 하천에 방류하는 방식

3) **분류식** : 분류식은 오수와 우수를 별도의 관으로 배제하여 오수는 하수처리장으로 우수는 하천으로 직접 방류하는 방식이다.

4) 현재 대부분의 지역이 합류식 배제방식으로 오수배제보다는 우수배제에 주안점을 두고 설치된 관거이기 때문에

5) 기존의 관거를 통한 오수배제를 원활히 하기 위하여 합류식 관거를 이용할 경우 관거시설 전반에 걸친 정비가 필요하다.

2. 특징

검토사항		합류식	분류식	
			불완전분류식	완전분류식
건설면	관로계획	우수를 신속하게 배제하기 위한 자연유하식 관망	경사에 상관없이 노선 선정이 용이, 기존의 측구 및 개거를 활용하므로 경제적	우·오수를 별도 관거로 배제하는 것이 가능
	시공	대구경관이기 때문에 좁은 도로에서는 곤란하나 완전분류식보다는 유리	소구경관이기 때문에 용이하나 오수관의 경사가 급해져서 매설심도가 깊어짐	2개의 관을 동일 도로에 매설하므로 어렵고 특히 교차점 부근이 복잡하며 오수관이 깊어짐
	특수공법 채용	추진공법의 채용 용이 (대구경관을 대상)	추진공법, 실드공법의 채용이 곤란(소구경관을 대상)	우수계통은 추진공법이 용이, 오수계통은 좌동
	건설비	비싸다.	싸다.	가장 비싸다.

검토사항		합류식	분류식	
			불완전분류식	완전분류식
유지관리면	관거오접	없다.	가정오수가 측구로 배제되어 수질을 오염시킬 우려가 있다.	우·오수의 오접가능성이 높다.
	관거 내 퇴적	• 청천 시 수위가 낮고 유속이 작아 오물의 퇴적이 쉽다. • 우천 시 Wash-out으로 청소빈도는 적다.	오수관 내 퇴적은 적으나 측구에 유기물을 포함한 오니가 퇴적하기 쉽다.	비교적 관내 퇴적은 적은 편
	처리장으로의 토사유입	우천 시 하수처리장으로 다량의 토사유입 및 관 내 토사 퇴적이 많다.	측구에 토사퇴적, 청소 곤란, 통수능 부족	오접에 의한 토사의 유입은 있으나 합류식에 비해 심하지 않음
	관거 내의 보수	• 폐쇄의 염려가 적다. • 검사, 수리가 용이, 청소 소요 시간이 길다.	오수관은 비교적 소구경이기 때문에 폐쇄의 염려는 있으나 청소는 용이 단, 측구의 관리는 시간이 걸리고 불충분하여 하수의 정체 우려	오수관에 대해서는 좌동
	기존수로 이용	원칙적으로 재래수로를 통폐합하여 하수배제 계통을 일원화할 수 있다.	재래수로를 이용할 수 있으나 자칫 하수도화될 소지가 많다.	합류식과 동일
수질보전면	우천 시의 월류	우천 시 일정량 이상의 하수가 월류하므로 월류수 대책이 필요	없음	없음
환경면	쓰레기 등의 투기	없음	측구 또는 개거로 쓰레기의 불법투기로 비위생적, 오물퇴적, 하수정체 및 악취발생	없음

3. 제안사항

1) 합류식 하수도에서는 우천 시 우수토실에서 하수가 월류되어 하천의 용존산소 고갈과 수질악화 등 방류수역의 수질오염에 큰 영향을 미침

2) 또한 우수와 함께 차집된 하수는 차집관거, 중계펌프장, 하수처리장의 시설비 및 처리비용을 증가시키는 반면 처리효율은 저하

3) 따라서, 이러한 문제점을 해결하기 위해 분류식화 사업의 추진이 필요

4) 그러나, 합류식 지역에서 분류식화 시행과정에서 다음의 문제점을 유발
  ① 오접합
  ② 경제적인 문제
5) 따라서, 전면적인 분류화, 즉 완전분류식화보다는 불완전분류식의 추진이 합리적이라 사료됨
  분류식화 대상지역 : 재개발지구, 신개발지구, 기존합류식 지역 중 관거노후로 교체가 필요한
  지역
6) 관거매설상태가 양호한 합류식 관거보급지역에서는 무리한 분류식화보다는 초기우수(First Flush)
  처리에 주력하는 것이 효과적이라 판단

하수관거의 배치방식

1. 개요

1) 하수관거의 배치는 배수구역 내의 지형에 따라 차이는 있지만 가능한 한 자연유하가 가능하도록 관거를 배치

2) 부득이 펌프장을 설치해야 하는 경우 과도한 수두손실의 발생을 억제하고 동력비가 적게 소요되는 배치방식을 강구한다.

3) 전체적인 배치구조는 다음과 같이 다양하며

4) 배수구역의 지형적인 요건 및 경제성을 검토하여 결정할 필요가 있다.

2. 직각식(수직식, Perpendicular System)

1) 하수관을 방류수면에 직각으로 배치하는 방식

2) 하천이 도시의 중심을 지나거나 해안을 따라 발달한 도시에 하수처리장이 없는 경우 방류수역에 거의 직각으로 하수관을 배치하는 방법

3) 하수관의 길이는 짧지만 토구의 수가 많고

4) 수역의 오염과 역류에 대한 대책이 필요한 방식

3. 차집식(Intercepting System)

1) 직각식을 개량한 방식

2) 수역의 오염을 막기 위해 방류수역과 평행하게 차집관거를 설치하여 차집간선에 따라 방류하는 방법

3) 건기 시는 하수를 차집관거에 의해 처리장으로 보내어 처리 후 방류하고

4) 강우 시는 하수가 빗물로 충분히 희석되면 방류한다.

5) 방류수역의 유량이 하수량을 배출하기에는 부족하여 오염이 심할 것으로 예상되면 차집관거를 설치하여 간선 하수거로 유하하는 하수를 차집관거에 모아 처리장으로 이송

4. 선형식(편상식, 부채꼴식, Fan System)

1) 지형이 한쪽 방향으로 경사질 때 중앙의 간선관로를 중심으로 지선관거를 수지상으로 배치하여 하수를 집수하고 처리장으로 이송하는 방식

2) 지세가 단순하여 쉽게 한 지점으로 하수를 집결할 수 있는 지역은 경제적이지만

3) 시가지 중심의 밀집지역으로 하수간선이나 펌프장이 집중된 대도시에는 부적합

5. 방사식(Radial System)

1) 지역이 광대해서 하수를 한 곳으로 배수하기가 곤란할 때 배수지역을 여러 개 또는 그 이상으로 구분해서 중앙에서 방사형으로 배관하여 각 계별로 배치하는 방법

2) 도시의 중앙이 높고 주변에 방류수역이 분포되어 있으며 방류수역 방향이 경사져 있는 경우에는 경제적이지만

3) 관거의 길이가 짧고, 단면이 작아도 가능하고 도심하천의 건천화를 방지하는 장점이 있으나

4) 하수처리장의 수가 많아져 처리장 설치비와 유지관리비가 많이 소요되는 단점이 있다.

6. 평행식(Parallel System)

1) 계획구역 안의 높이 차가 심할 때 고저에 따라 각각 독립의 간선을 만들어 배수하는 방식으로 대상식(Zero System)이라고도 한다.

2) 고지대에는 자연유하식에 의하고 저지대는 펌프배수로 하여 적당한 배수계통으로 나누어 처리장까지 이송

7. 집중식(Centralization System)

도심지 중심부가 낮은 경우 사방에서 한 곳으로 하수를 집중 유하시킨 뒤 중계펌프장을 이용하여 하수처리장으로 수송하는 방식

합류식 하수도의 분류식화

1. 서론

1) 하수배제방식은 크게 합류식과 분류식(완전분류식, 불완전분류식)으로 구분된다.

2) 합류식
　① 합류식은 우수와 오수를 동일 관로로 배제하는 방식으로
　② 건기 시 : 하수를 전량 차집하여 하수처리장으로 이송
　③ 우천 시
　　㉮ 하수처리장의 계획시간최대하수량(Q)의 3배까지만 이송하여 1차 처리 후 방류하고
　　㉯ 3Q 이상의 하수는 우수토구나 펌프장을 통하여 하천에 방류하는 방식

3) **분류식** : 분류식은 오수와 우수를 별도의 관으로 배제하여 오수는 하수처리장으로 우수는 하천
　으로 직접 방류하는 방식이다.

4) 현재 대부분의 지역이 합류식 배제방식으로 오수배제보다는 우수배제에 주안점을 두고 설치된
　관거이다.

5) 기존 합류식 관거의 경우 다음과 같은 여러 문제점을 가지고 있기 때문에 합류식 관거의 정비와
　더불어 분류식화가 필요하다.
　① 관거의 노후 및 시설불량
　② 유지관리의 소홀
　③ 오수배제기능의 결여
　④ 오수차집기능의 결여
　⑤ 하수처리장의 처리효율 저하
　⑥ First Flush에 의한 수역오염

2. 완전 분류화

기존의 합류식 하수도를 분류하는 방안은 다음의 2가지 방법이 있다.

2.1 기존관거를 우수관으로 이용

1) 개요
　① 기존 관거를 우수관거로 이용하고 오수관거를 새로 포설하는 방법
　② 우수는 기존 합류식 하수도의 우수토실에서 직접 방류되고

③ 오수는 새로이 포설된 오수관거 또는 기존 합류식 관거의 간선을 이용하여 처리장으로 이송
④ 오수 : 전 구간 신설
⑤ 우수 : 능력부족구간에 증보관의 신설
⑥ 침수피해가 없는 지역에 적합하다.

2) 특징
① 오수관거의 대부분은 소구경관으로, 우수관거를 신설하는 경우와 비교하여 건설비가 저렴하다.
② 시공이 용이하기 때문에 분류화 진행이 빠르다.
③ 소구경 관거이므로 보도에 포설이 가능하여 강도가 큰 재질의 관을 사용할 필요가 없다.
④ 오수관을 신설하는 분류식 하수도가 많아 기술과 경험이 축적되어 있다.
⑤ 압력식 하수도 등의 새로운 방법을 적용할 수 있다.
⑥ 관거 내에서의 오탁물을 막을 수 있는 경사로 우수관로를 포설할 수 있다.
⑦ 오탁부하저감효과로서의 투자효과가 나타남
⑧ 오수를 설치할 관의 전환이 필요하기 때문에 전환 중 주민생활에 주는 영향이 크다.
⑨ 오수관이 신설되기 때문에 지하수 유입수 대책상 유효하지만, 노후화된 차집간선을 설치하고 관의 개량이 필요
⑩ 각 가정에서 연결관을 새로 오수관에 접속시켜야 한다.
⑪ 연결관의 교체비용이 필요하고 교체의 누락이 발생할 우려가 있다.

2.2 기존 관거를 오수관거로 이용

1) 개요
① 기존 관거를 오수관거로 이용하며, 우수관거를 새로이 포설하는 방법
② 오수 : 기존 관거 이용
③ 우수 : 전 구간 신설

2) 특징
① 수로 등의 용수로를 우수거로 이용할 수 있다.
② 유역배분이 용이하다.
③ 주민의 생활에 미치는 영향이 적다.
④ 오수량이나 우수량 산출의 증대에 따라 관거의 용량부족을 해결할 수 있다.
⑤ 가정의 오수받이와 연결관을 교체할 필요가 없다.
　　우수관거에 오수가 유입되는 것을 막을 수 있다.
⑥ 대구경 관거 부분이 길어서 커팅엣지 원압공법이나 압입 등의 추진공법, 실드공법 등의 특수공법의 적용이 가능하다.

⑦ 분류식화와 침수대책을 동시에 행할 수 있어 총괄사업비는 저렴하지만 초기투자비가 많이 소요

⑧ 사업초기에 오탁부하저감효과가 나타나기 쉽다.

⑨ 기존 합류식 관거를 오수관으로 그대로 사용하면 관거 내의 유속이 부족하여 관거 내에 토사가 축적되기 쉽기 때문에 유속확보를 포함한 개량의 검토가 필요

⑩ 합류식 관거를 오수관에 전용하여 침입수 대책이 필요하다.

⑪ 분류 우수에 의한 비점오염대책을 강구할 필요가 있다.

⑫ 시가지 등의 좁은 구역에 대구경관을 포설해야 하므로 지역에 따라 실시가 불가능할 수도 있다.

3. 불완전분류화(부분분류화)

1) 불완전분류식이란 우수를 기존의 측구 및 개거를 통해 배수하고, 오수배제를 위한 오수관을 신설하는 하수배제방식

2) 실시지역

① 대규모 실시 : 재개발 및 구획정비 구역

② 소규모 실시 : 도로, 공원과 학교 등의 공공시설

3) 불완전분류식은 하류부에서 기존의 합류식 관거의 유하능력이 부족할 경우 침수대책으로서 유효한 시책

4) 불완전분류화는 분류화를 실시하기 쉬운 반면 오탁부하저감과 침수대책효과를 기본적으로 하기 때문에 분리한 우수의 방류대책을 마련할 필요가 있다.

4. 결론

1) 합류식 하수도에서는 우천 시 우수토실에서 하수가 월류되어 하천의 용존산소 고갈과 수질악화 등 방류수역의 수질오염에 큰 영향을 미침

2) 또한 우수와 함께 차집된 하수는 차집관거, 중계펌프장, 하수처리장의 시설비 및 처리비용을 증가시키는 반면 처리효율은 저하

3) 따라서, 이러한 문제점을 해결하기 위해 분류식화 사업의 추진이 필요

4) 그러나 합류식 지역에서 분류식화는 전술한 여러 문제점이 있기 때문에

5) 전면적인 분류화, 즉 완전분류식화보다는 불완전분류식의 추진이 합리적이라 사료

분류식화 대상 지역 : 재개발지구, 신개발지구, 기존합류식 지역 중 관거노후로 교체가 필요한 지역

6) 관거매설 상태가 양호한 합류식 관거 보급지역에서는 무리한 분류식화보다는 초기우수(First Flush) 처리에 주력하는 것이 효과적이라 판단

① 기존 합류식 지역 : 분류식(불완전분류식)

② 신개발지역 : 분류식(완전분류식)

7) 끝으로 분류식화는 경제성, 시공성, 유지관리성, 도로 상황(폭) 등을 종합적으로 비교 검토하여 채택하여야 한다.

• 참 / 고 / 자 / 료

합류식	분류식

Key Point +

• 116회, 127회 출제
• 완전분류식의 형태별 특징의 이해가 필요함
• 현재 합류식 관거의 분류식 또는 초기강우처리라는 측면에서의 접근이 필요함

하수관거의 분류식화 사업의 성과보증방법 및 효과

1. 서론

1) 하수관거정비사업 시행 시 부실공사는 오수가 지하로 유출되어 지하수 및 토양을 오염시키고,

2) I/I 발생으로 불명수가 하수관으로 유입되어 하수처리장의 용량부족 및 원수의 C/N비 저하로 인한 처리효율 저하 등을 가져오고 있다.

2) 따라서 최근 BTL 방식으로 추진되는 하수관거 분류식화 사업 추진 시, 위와 같은 문제점을 최소화하기 위하여 준공 전에 성과보증을 실시하고 있다.

3) 성과보증이란 사업시행자가 시공한 하수도시설에 대해 협약에 따라 적정하고 확실하게 제공되고 있는지의 여부를 확인하는 수단으로

4) CCTV 검사, 육안검사, 수밀검사, 연막검사 등이 있으며, 구체적인 절차는 다음과 같다.

2. I/I(Infiltration/Inflow) 문제점

2.1 유입량 증가

1) 하수처리장 용량 부족
2) 관거의 유하능력 부족

2.2 유입수질 저하

1) 하수처리장 처리효율 감소
2) 낮은 C/N비로 N, P 처리효율 저하

2.3 토사유입

1) 관내 토사퇴적 → 유하능력 저하
2) 관로 부등침하, 도로 침하

2.4 CSOs, SSOs 발생으로 공공수역 오염

3. 성과보증 방법

3.1 준공검사

1) 다음과 같이 준공검사 실시

2) 준공조건 불만족 시 사업시행자 부담으로 재시공

구분	준공 검사 범위	비고
최초 준공검사	대상관거의 5%	준공조건 만족시 준공처리, 만족하지 못한 경우 2차 준공검사 실시
2차 준공검사	대상관거의 10%	준공조건 만족시 준공처리, 만족하지 못한 경우 3차 준공검사 실시
3차 준공검사	대상관거의 20%	3차 준공검사를 만족하지 못한 경우 전체관거를 대상으로 실시

3.2 준공 시 평가지표

1) 침입수(Infiltration) – 검사수량 : 대상관거의 5%

대상	항목	평가지표 및 검증방법		허용률
		평가지표	검증 방법	
본관	신설	관거조사	CCTV검사 + 수밀검사	허용누수량 이하
	전체보수	관거조사	CCTV검사 + 수밀검사	허용누수량 이하
	부분 보수	지하수위 낮은 구간	CCTV검사 + 부분수밀검사	관거정비 등급 기준을 만족 허용누수량 기준이하
		지하수위 높은 구간	CCTV검사 7, 8월(우기시)	침입수의 연속유입개소가 없어야 하며, 불연속유입개소는 맨홀 대 맨홀 기준으로 3개 이하
배수 설비	전체	연결부 조사	내시경조사 또는 소구경 CCTV, 육안검사	이상개소가 없어야 함

2) 유입수(Inflow)·누수(Exfiltration) – 검사수량 : 대상관거의 5%

대상	항목	평가지표 및 검증방법		허용률
		평가지표	검증 방법	
본관	전체	맨홀부	육안검사 + 연막시험	이상개소가 없어야 함
	전체관거	본관오접	연막시험	이상개소가 없어야 함
배수 설비	전체	오수받이 뚜껑	육안조사	이상개소가 없어야 함
	전체관거	배수설비 오접	연막 또는 염료시험	이상개소가 없어야 함

3.3 수밀검사

1) 원칙적으로 누수시험(양수시험) 실시

2) 누수시험이 불가한 구간은 연결부 시험(패커시험)으로 대체

3) 필요에 따라 공기압시험 등으로 대체 실시

4. 결론 및 제안사항

1) 전술한 바와 같이 관거 부실공사는 I/I로 인한 각종 문제점을 유발하게 되며, 일단 준공된 후에는 I/I 조사 및 보수가 어려우므로, 준공 전에 철저한 성과보증을 실시할 필요가 있다.

2) 현재, 최초 준공검사 시 전체 관거의 5%를 대상으로 하고 있으나, 5%만으로는 충분한 성과보증이 곤란하므로 대상범위를 확대할 필요가 있다.

3) 지하수위가 높은 구간은 누수시험이 불가하여 우기 시 CCTV 조사를 실시하고 있으나, 우기에 맞춰 조사하는 것이 어려우므로

4) 침입수 시험, 공기압시험, 수질시험 등 지하수위에 관계없이 시행할 수 있는 수밀시험 방법 도입이 필요하다.

5) 오접의 가장 큰 원인인 배수설비는 설치완료 후 연결상태를 파악하기 곤란하므로 준공 시 연결상태를 지자체 하수관망도에 전산화할 필요가 있다.

6) 또한, 유로변경형 오수받이는 시공 후 우수의 오수관 유입경로의 변경이 용이하므로 설계 시 적용을 검토할 필요가 있다.

7) 운영적 측면에서 하수관거에 유량계 설치 등 유지관리시스템을 구축하여 실시간 유량의 분석으로 I/I의 발생지점을 관리하는 방안을 검토할 필요가 있다.

Key Point ◆

116회, 127회 출제

하수관거시스템

관련 문제 : 자연유하식, 진공식, 압력식

1. 개요

1) 하수관거시스템은 크게 자연유하식, 진공식, 압력식 System으로 구분

2) 도입 장소의 지형, 지질, 하수처리장까지의 거리, 유지관리비, 건설비, 유지관리의 난이도 등을
   종합적으로 검토하여 선정

2. 자연유하식

1) 개요

   중력에 의한 자연유하로 하수를 이송하는 방법

2) 장점

   ① 동력이 소모되지 않는다.

   ② 이용 가능한 관종의 선택이 자유롭다.

   ③ 적용실적이 많다.

   ④ 관로의 청소, 준설 등 유지관리가 용이

   ⑤ 추가 접속이 용이

3) 단점

   ① 관거의 연장이 길거나 지세의 기복이 심한 지역에서는 매설심도가 깊어져 관부설비 증가

   ② I/I의 발생으로 여러 문제점 야기 : CSOs, SSOs, 처리장 효율저하

   ③ 적정 유속의 미확보로 First Flush와 같은 문제점 야기 : 하수관거 내 퇴적문제

3. 압력식

1) 개요

   GP(Grind Pump Unit)로 가정하수 내 협잡물을 Grinding한 후 중계펌프장으로 이송하고 다시 중
   계펌프장에서 처리장으로 압송하는 방식

2) 장점

　① 관경을 작게 할 수 있다.

　② 관의 매설깊이를 얕게 할 수 있다.

　③ 건설비가 저렴

　④ 불명수의 발생 방지 : 비굴착 공법 등에 의한 시공 시(일체형 관거 형성)

　⑤ 내면부식의 발생이 적다.

3) 단점

　① 적절한 관의 재질 연결 구조를 선정할 필요가 있다.

　② 공기밸브 설치 및 이형관 보호가 필요하다.

　③ 정전에 대한 대책 필요 : 단수에 대비

　④ 높은 전력비 필요

　⑤ 배관의 접합부의 누수발생의 위험

　⑥ 적용실적이 적음

4. 진공식

1) 개요

　진공력을 이용하여 하수와 공기를 관로 내로 흡입하여 이송하는 방법

2) 장점 및 단점 : 압력식과 동일

Key Point

- 122회 출제
- 진공식과 압력식의 검토대상지역은 '압력식 하수도 System' 참조

참 / 고 / 자 / 료

구분	개요도	장단점
자연유하식	맨홀 / 자연유하	• 시공 및 유지관리 용이 • 매설심도 깊음 • 지장물에 대한 대응 곤란 • 소유량 시 최소유속 확보 불리 • 유량변동에 따른 대응 가능
압송식	맨홀 / 자연유하 / 펌프장 / 압송	• 지형변화에 대응 용이 • 공기단축 및 민원의 최소화 • 지속적인 유지관리 필요 • 정전 등 비상대책 필요 • 적정 매설심도 유지 가능

구분	자연유하식	압송식	진공식
개요도	맨홀 / 자연유하	맨홀펌프장 / 압송 / 자연유하	진공펌프실 / 진공밸브실 / 진공관로
	지형의 형상에 맞추어 물흐름 방향대로 하수를 수집하는 방식	그라인더 펌프를 이용하여 하수를 처리장 또는 자연유하 관거까지 압송하는 방식	관거 내에 진공을 발생시켜 오수를 공기와 혼합하여 진공의 힘에 의해서 압송
장점	• 기기류가 적어 유지관리 용이 • 하수의 도중 유입이 용이 • 일반구간의 경우 공사비 저렴 • 유량변동에 따른 대응 가능	• 지형변화에 따라 얕게 매설 가능 • 자연유하에 비해 소구경관 거 사용 가능 • 불명수 유입 우려가 없음	• 지형변화에 따라 얕게 매설 가능 • 자연유하에 비해 소구경관 거 사용 가능 • 하수의 외부유출 위험이 없음
단점	• 평탄지의 경우 매설심도가 깊음 • 최소유속 확보 곤란	• 유량변동 시 대응 곤란 • 시설복잡, 정전 시 비상대책 필요	• 국지적 저지대가 많은 지역 • 소규모 처리구역

압력식 하수도 System

1. 개요

하수의 운송은 자연유하식을 원칙으로 하지만 지형, 지질조건 및 하수의 유입상황 등에 따라 펌프에 의하여 처리장 또는 자연유하관까지 압송할 System을 구축할 필요가 있다.

2. 검토 대상

1) 오름경사지

2) 운송거리가 긴 경우

3) 하천 횡단 및 지역적 조건에 의해 매설깊이가 변하는 경우

4) 지질이 나쁘고 깊은 매설이 곤란한 경우

5) 도로상황이나 지하매설상황이 나쁜 경우

6) 지형적, 지리적, 토질 조건에 따라 하수도정비가 지연되는 곳

7) 급격한 인구증가로 설계유량 이상의 수량이 발생하고, 관의 유하능력이 부족한 곳

8) 계절적 인구변동이 심한 지역

9) 대구경관거 매설이 곤란한 지역

10) 인구밀도가 낮은 지역

11) 초기투자를 피하고 단계적 건설계획을 수립한 곳

3. 장점

1) 관경을 작게 할 수 있다.

2) 관의 매설깊이를 얕게 할 수 있다.

3) 건설비가 저렴하다.

4) **불명수의 발생 방지** : 비굴착 공법 등에 의한 시공 시(일체형 관거 형성)

5) 내면부식의 발생이 적다.

4. 단점

1) 적절한 관의 재질 연결구조를 선정할 필요가 있다.
2) 공기밸브설치 및 이형관보호가 필요하다.
3) 정전에 대한 대책 필요 : 단수에 대비
4) 높은 전력비 필요
5) 배관의 접합부의 누수발생의 위험

압력식 및 진공식 하수도 수집시스템

1. 수집시스템의 비교검토

수집시스템은 자연유하방식을 원칙으로 하지만, 다음과 같은 상황에서는 압력식 및 진공식하수도 수집시스템도 검토대상으로 한다.

1) 지형적 · 지리적 조건, 지반 및 토질특성에 따라 하수도정비가 지연되고 있는 곳

2) 급격한 인구증가에 의해 설계유량 이상의 수량이 발생하고, 관의 능력이 부족한 곳

3) 지하매설물이 포주하고 있고 자연유하관의 부설이 어려우며 부설가능하더라도 건설비가 고가인 곳

4) 휴양지와 같은 계절적인 인구변동이 격심한 곳

5) 경관, 자연보호 때문에 대구경관을 매설할 수 없는 곳

6) 초기투자를 피하고 단계적인 건설계획을 세우는 곳

7) 하수도를 조기에 사용개시하고자 하는 곳

8) 인구밀도가 낮은 곳

9) 합류식 하수도를 분류식화할 필요가 있는 곳

❍ 각 수집시스템의 특징

구분	자연유하방식	진공식	압력식
수집원리	하수를 중력에 의해 자연유하시킨다.	하수를 진공 부압을 이용하여 반송한다.	하수를 그라인드 펌프에 의해 압송한다.
표준적 시설배치	각 가구 설치의 받이, 부착관과 관거 및 맨홀	각 가구 또는 복수 가구를 대상으로 한 진공밸브 유닛과 진공관거 및 중계펌프장	각 가구 또는 복수 가구를 대상으로 한 그라인더 펌프 유닛과 압송관로
관경	$\phi150mm$ 이상	$\phi100\sim250mm$	$\phi32\sim150mm$
매설심도	지형, 장애물 등에 의해 깊게 되는 경우가 있다.	얕은 층에 거의 일정한 심도에 매설할 수 있다.	얕은 층으로 매설할 수 있다.
지형조건 등	영향이 크다.	흡입가능한 진공도를 유지할 수 있는 평탄한 지역에 적합하다.	광범위한 지형조건 등에 대응할 수 있다.
전원	압송식으로 하기 위한 중계펌프장(맨홀펌프장 포함)을 설치하는 경우에는 필요	중계펌프장에 필요	지형조건에 따라 타 방식보다 저렴해지는 경우가 있다.

구분	자연유하방식	진공식	압력식
건설비용	지형조건 등에 의해 크게 변화한다.	지형조건에 따라 타 방식보다 값싼 것이 있다.	지형조건에 따라 타 방식보다 저렴해지는 경우가 있다.
유지관리 비용	유지관리가 비교적 간편하고 동력비도 불필요하며 일반적으로는 저렴	진공밸브 유닛, 중계펌프장 등의 유지관리와 동력비가 필요하며, 자연유하 방식에 의해 일반적으로 고가이다.	그라인더 펌프 유닛 등의 유지관리와 동력비가 필요하며, 자연유하방식보다 일반적으로 고가이다.

2. 압송식 하수도 수송시스템

다음과 같은 경우에 검토하여야 한다.

1) 정비대상구역의 지형이나 지질, 사회적 조건을 고려하여 자연유하방식과 비교 검토한다.
   ① 한 배수구역의 오수를 다른 배수구나 처리장 등에 운송하는 경우 낮은 지역의 오수를 자연유하로 모은 후 높은 지역의 처리장으로 보내는 경우
   ② 운송거리가 길어지는 경우
   ③ 하천횡단 등에 따라 매설깊이가 변화하는 경우(역사이펀이나 사이펀 등에서 횡단)
   ④ 기복이 많은 처리구가 연속하지 않는 경우
   ⑤ 지질이 나쁘고, 깊은 매설이 곤란한 경우
   ⑥ 도로상황(도로폭, 교통량 등)이나 지하매설상황이 나쁜 경우
2) 관거노선의 선정이나 펌프장의 배치계획은 시공성, 유지관리성, 경제성 등을 고려한다.
3) 압송관거에는 내압이 작용하기 때문에 수격압을 포함한 설계수압에 대해 충분히 견디는 구조로 한다.
4) 유량계산은 Hazen Williams 식을 사용하고 유속은 최소 0.6m/sec, 최대 3.0m/sec를 원칙으로 한다.
5) 관거의 적절한 장소에 역지밸브, 공기밸브 등을 설치한다.
6) 황화수소가스대책을 검토한다.

3. 진공식 하수도 수집시스템

1) 진공밸브유닛

진공밸브유닛은 오수와 일정한 비율의 공기를 흡입하는 시설로서 진공밸브, 컨트롤러 및 저수탱크 등에서 구성되는 진공밸브유닛은 각 항을 고려하여 정한다.
   ① 진공밸브
      ㉮ 진공밸브의 구경은 이물질에 의한 막힘에 대해 안전한 구경으로 한다.
      ㉯ 진공밸브의 흡입능력은 시설 전체의 진공도의 유지를 고려하여 정한다.

② 진공밸브유닛

㉮ 진공밸브유닛의 구조는 가옥 등으로부터의 오수의 유입량, 유입형태, 설치장소 등을 고려하여 적절하게 정한다.

㉯ 진공밸브유닛으로의 접속 호수는 가옥 등의 배치, 유입 오수량, 저수탱크의 용량 등을 검토하여 정한다.

2) 진공관거

진공관거는 진공식 특성이 충분히 발휘할 수 있도록 다음 각 항을 고려하여 정한다.

① 진공관거의 관경, 경사

㉮ 진공관거의 관경은 수리계산 및 진공밸브 유닛의 접속상황을 거쳐 기능성, 경제성을 고려하여 정한다.

㉯ 진공관거는 일정한 내리막 경사와 리프트라 불리는 짧은 오르막 경사의 반복에 의한 「톱날상」의 종단형상으로 부설한다.

② 관재의 종류와 이음

㉮ 진공관거에 사용하는 부재는 관거에 작용하는 부압 및 외압에 충분히 견디는 구조 및 재질로 한다.

㉯ 진공관거의 이음은 기밀성이 높고 안전하고 기능적이고 경제적인 구조로 한다.

3) 중계펌프장 시설

① 중계펌프장은 설치장소, 시설규모 등의 조건을 통해 시공성, 경제성, 유지관리성 등을 고려하여 정한다.

② 진공발생장치는 시설규모, 경제성, 유지관리성 등을 고려하여 방식을 선정한다.

③ 오수펌프는 집수탱크 내의 진공도가 가장 높고 실양정이 가장 높은 경우에 설계 대상 오수량을 배출할 수 있는 능력을 갖는 것으로 한다.

④ 집수탱크의 용량은 오수펌프의 운전빈도를 고려하여 정한다.

⑤ 전기·계장설비는 중계펌프장이 안전하게 소정의 능력·기능을 유지하도록 적절하게 정하고 이상을 통보하는 감시설비를 설치한다.

⑥ 관련 설비의 설치를 필요에 따라 검토한다.

4. 압력식 하수도 수집시스템

1) GP(Grinder Pump) 유닛

GP 유닛은 펌프와 저수탱크 등으로 이루어지는 GP 유닛 본체와 부속시설로 구성된다.

① 펌프

㉮ 펌프는 GP를 사용한다.

　　　　　⑭ 펌프의 토출량은 GP 유닛에 유입하는 오수량, 펌프의 운전시간, 운전빈도를 고려하여 결정한다.

　　　　　⑮ 펌프의 전양정은 실양정과 압송관거의 손실수두 및 유닛 내 배관, 밸브류의 손실수두를 고려하여 결정한다.

　　② GP 유닛

　　　　　㉮ GP 유닛으로의 접속 호수는 입지조건, 지반의 상황 등을 고려하여 정한다.

　　　　　㉯ 저수탱크의 용량은 유입오수량, 펌프능력, 운전시간 및 운전빈도를 고려하여 결정한다.

　　　　　㉰ GP 유닛 내에는 수위계를 설치하고 수위에 의한 펌프의 자동운전을 원칙으로 한다.

2) 압송관거

　　① 압송관거의 설계유량은 각 펌프의 토출량과 펌프의 동시 운전대수를 고려하여 정한다.

　　② 압송관거는 내압 및 외압에 충분히 견디는 구조 및 재질로 한다.

역사이펀

1. 정의와 개요

역사이펀이라 함은 하천, 궤도, 지하철 등 이설 불가능한 지하매설물로 인해 평면교차로서 접속이 되지 않을 때 설치하는 관

2. 설계 시 고려사항

2.1 역사이펀실

1) 지하매설물의 양 끝에 수직으로 역사이펀실을 설치

2) 역사이펀실의 깊이가 5m 이상일 경우 배수펌프 설치대를 설치

3) 역사이펀실에는 0.5m 깊이의 이토실 설치

2.2 역사이펀관

1) 역사이펀관은 2계열 이상으로 역사이펀실에 연결

　① 역사이펀관을 경사지게 설치하는 V자형

　② 역사이펀관을 평형 설치하는 U자형

　③ 역사이펀관과의 연결부분은 경사를 완만하게 설치

　④ 비상 시에 대처하기 위해

　⑤ 되도록 분리설치

2) **역사이펀관은 Flexible 이음으로 설치** : 연약지반이거나 휨의 우려가 있을 경우에 대비

3) 역사이펀관 곡관, T자관, 콘크리트 지지대에 의해 이음탈출방지

4) 유출입부는 손실수두의 감소를 위해 Bell−mouse형으로 한다.

$$손실수두\ H = iL + 1.5\frac{V^2}{2g} + 3 \sim 5\text{cm}$$

　　여기서, H : 손실수두(m)
　　　　　　I : 유속에 대한 동수경사
　　　　　　g : 중력가속도(9.8m/sec^2)
　　　　　　L : 관거길이(m)
　　　　　　V : 관내유속(m/초)

5) 역사이펀관의 유속은 상류의 유속보다 20~30% 증가

　① 침전물 퇴적방지

　② 단면축소에 의해(방법 : 관경축소)

6) 상류부에 우천 시 발생되는 우수를 처리하기 위한 우수 토실이 없는 경우 비상 방류관거 설치

7) V자형 역사이펀관은 침전물의 제거를 위해 Wire Rope 설치

8) 호안에 식별이 가능하게 부착 : 식별물, 표지판

9) 역사이펀 관거의 흙 두께는 하저 최심부로부터 1m 이상

10) 역사이펀 관거는 일반적으로 복수로 하고, 호안, 기타 구조물의 하중 및 그들의 부등침하에 영향을 받지 않도록 한다.

　① 복수로 하는 경우 계획하수량은 복수관으로 유하시키는 것으로 하지만 소구경관거 또는 유지관리상에 특별한 이유가 있을 때에는 1개의 관거를 완전한 예비로서 설계할 수 있다.

　　㉠ 역사이펀 관거를 실드(Shield)공법으로 시공하는 경우에는 대단면의 역사이펀 관거를 우선 매설한 후에 격벽을 설치하여 소정의 단면을 분할하여 복수관으로 하는 경우가 있다.

　　㉡ 합류식에서는 청천시 유량이 우천시 유량에 비하여 몹시 적으므로 청천시용과 우천시용을 병렬로 하여 각각의 최소유량 시에도 충분한 자체소류력을 유지하도록 하는 경우도 있다.

　② 3개 이상의 역사이펀 관거를 각각 다른 높이에 설치하면 관거 내 유속을 빠르게 유지할 수 있어 역사이펀 관거의 효율적인 유지관리를 할 수 있다.

3. 결론

1) 역사이펀의 경우 침전물의 침전에 의해 토사의 퇴적 및 부패우려가 있다.

2) 공사물의 하중이 크고, 경우에 따라 압력관이 될 수 있어 시공에 주의를 요한다.

3) 따라서, 역사이펀의 경우 가능한 한 설치하지 않는 것이 바람직하다.

4) **최소관경**

　① 우수관거 : $\phi 300mm$

　② 오수관거 : $\phi 200mm$

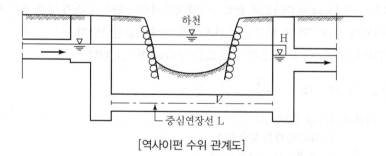

[역사이펀 수위 관계도]

하수관거의 수밀검사

1. 서론

1) 수밀시험은 시공된 관로의 부실공사로 인하여 오수가 지하로 유출되어 지하수나 주변 토양을 오염시키는 문제점을 예방하고

2) 지하수 등 불명수가 하수관으로 유입되어 발생되는 하수처리장의 용량부족 및 처리효율 저하현 상 등을 사전에 방지할 목적으로 실시

3) 하수관의 오수 유출을 확인하고 하수관의 설치 완료 후 성과보증을 실시할 목적으로 우리나라 의 경우 물을 사용한 수밀시험을 실시하고 있다.

4) 따라서 시공된 하수관거의 수밀검사를 통해 수역의 오염방지와 하수처리장의 처리효율 향상 및 하수관거의 적절한 유지관리대책을 수립할 필요가 있다.

5) 특히 BTL 공사로 부설된 하수관거의 경우에도 I/I의 발생으로 하수관거의 제 기능을 발휘하지 못하는 경우가 빈번하므로 준공 전에 반드시 수밀검사를 실시할 필요가 있다.

수밀검사 : 관경 1,000mm 미만의 하수관을 대상, 설계물량의 50% 이상

되메우기 전에 수밀검사를 실시하고 그 결과를 준공서류에 명시

2. 수밀검사의 필요성

1) I/I의 발생을 사전에 차단

2) 불명수 유입으로 인한 하수처리장 용량 부족 및 저농도 유입수질에 따른 처리효율의 저하 방지

3) 관거용량의 확보

4) 부등침하 방지

5) 토양 및 지하수 오염방지

6) 부실시공에 따른 도로굴착 및 복구에 따른 경제적, 시간적인 손실을 예방

3. 수밀시험의 분류

3.1 누수시험

1) 지하수위가 관거의 하부에 있는 경우에 유효 : 지하수 수위가 기준수위(0.5m)보다 낮게 유지하 도록 조치 후 시험을 한다.

2) 물로 가득 찬 관거에서 누수량을 일정시간 동안 측정하는 방법

3) 되도록 맨홀과 본관을 동시에 시험하여 맨홀의 수밀성 검사를 병행하는 것이 좋다.

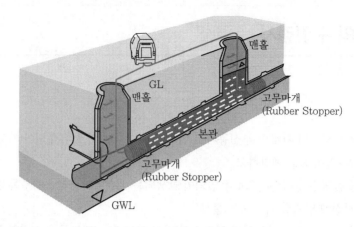

[본관 및 맨홀 누수시험]

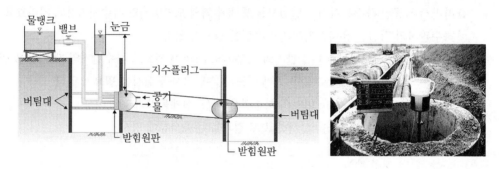

[본관 누수시험]

3.2 침입수시험

1) 지하수위가 관거보다 상류에 있고 현재 침입수가 있는 경우에 유효
2) 맨홀 사이의 상류 측과 연결관을 지수 Air Plug로 지수하고, 하류 측의 맨홀에 Weir를 설치하여 수면이 안정된 후에 바로 유량을 계측

3.3 공기압시험

1) 맨홀 및 본관에 물을 주입하는 대신 저압공기(0.2~0.4kgf/cm²)를 관거 내에 불어넣어
2) 일정압을 유지시키면서 관거의 기밀성을 조사
3) 공기압시험은 공기가압을 통해 관거의 경간 및 이음부의 수밀성을 검사하기 위하여 수행하며, 맨홀의 경우는 파손 등을 우려하여 공기압시험에서는 제외한다.
4) 관거시험은 동일한 압력하에서도 물과 공기의 특성 차이 때문에 공기압시험 결과와 수압시험결과를 동일하게 볼 수 없다.
5) 공기압시험은 관거의 공극, 수분함량 및 관 두께에 영향을 많이 받는다.

6) 대형관거의 경우(1,000mm 이상)는 이음부를 위주로 시험한다.

7) 지수플러그는 기밀을 유지하여 시공이 되어야 하며, 시험구간에서는 공기압이 대기압으로 떨어질 때까지 제거해서는 안 된다.

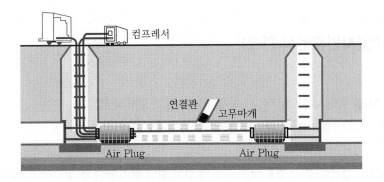

3.4 송연(연막, Smoke)조사

1) 시험대상 관거에 연기를 유입시켜 연기발생을 통해 관거현황을 조사 평가

2) 관파손, 맨홀 결손에 의한 누수, 분류식 하수관거의 오접 등을 조사

3) 연장이 다소 긴 구간에 한꺼번에 송연시험을 하는 것은 삼가는 것이 좋다.(송연시험 시 연기발생시간이 한정적이고 작업자가 전 구간을 조사하기 힘들기 때문)

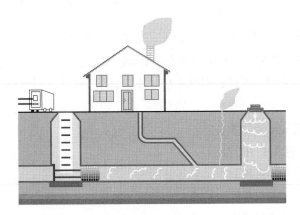

3.5 연결부시험

1) 연결부 또는 일부분의 수밀성을 조사하고자 할 때 실시

2) 패커를 관거이음부 또는 시험하고자 하는 특정부위에 정지시켜 공기 또는 물을 분사하여 일정 시간 동안 압력을 측정

3) 연결부 또는 이음부에 대한 시험은 일반적으로 대형관경(1,000mm)의 관거에서 연결부 또는 부분보수구간과 같은 일부분의 수밀성을 조사하고자 할 때 실시한다.

4) 관거이음부 또는 시험하고자 하는 특정부위에 기밀을 유지하도록 기구를 장착하고 공기 또는 물을 가압하여 일정시간 동안 압력 또는 누수량을 측정하여 기준치와 수치를 비교한다.

5) 허용누수량 및 허용감압량은 누수시험 및 공기압시험 규정의 이음부에 해당하는 기준에 따른다.

4. 수밀시험(자연유하식 관로)

4.1 개요

1) 수밀검사를 위한 누수시험 대상 : 분류식 오수관과 합류식 관
  ① 관경 1,000mm 미만에 대하여 실시
  ② 다만 필요시 맨홀 등 구조물에 대하여 실시

2) 1개 시험구간은 맨홀과 맨홀 사이로 하며 검사 전에 관거 내부를 청소하고 지하수위가 관거바닥보다 낮게 유지하도록 조치한 다음 시험을 실시

3) 개착공법에 의하여 부설된 하수관은 되메우기 전에 누수시험에 의한 수밀검사를 실시한다.

4) 누수시험결과 합격수준에 미치지 못한 구간은 누수지점을 조사하여 보수하거나 재시공한다.

5) 누수시험구간은 감독관이 선정하되 어느 한 곳에 국한하지 말고 전 지역에 대하여 골고루 실시하여야 한다.

4.2 방법

1) 관로의 낮은 쪽 끝은 필요에 따라 지관에도 전 수압에 견딜 수 있는 마개(지수플러그)를 끼운다. 파이프의 이동을 방지하기 위해 버팀목이 필요할 수도 있다.

2) 높은 쪽의 끝에도 이와 유사한 마개나 버팀목을 설치하되, 호스나 수직파이프를 용이하게 세울 수 있도록 한다.

3) 기포가 차지 않도록 물을 채운다.

4) 수직시험관에 필요 수위까지 물을 채운다.

5) 관로가 포화될 때까지 최소한 30분 동안 방치

6) 30분 후 다시 수직시험관의 수두가 1.0m를 유지하도록 물을 채운 후

7) 10분 이상에 걸쳐 수직시험 간의 수두 1.0m를 유지하는 데 필요한 물의 양을 측정

8) 관경, 관종에 따른 허용누수량과 비교

5. 수압시험(압송관거)

1) 관길이 : 300m 기준

2) 제수밸브와 제수밸브 사이를 기준

3) 관은 임시적으로 되메움하고 양 끝에 버팀목 설치

4) 공기를 배제하면서 물을 천천히 채우고 24시간 이상 방치

5) 규정수압을 가하여 1시간 동안 유지

① 0.2kg/cm² 이상의 압력저하가 있으면 안 된다.

② 관경 10mm당 1L 이상의 누수가 있으면 안 된다.

6. Test 밴드시험

1) 관이음 부분에 대해 실시

2) 5kg/cm² 이상의 압력으로 5분간 유지하여

3) 4kg/cm² 이상의 압력을 유지하여야 한다.

7. 맨홀 수밀시험 : 부공기압시험, 부압시험

1) 기존에는 맨홀과 맨홀 간의 수밀시험을 실시

2) 최근 진공모터를 이용하여 맨홀 내부의 공기를 빼내어 진공상태로 만든 후

3) 공기가 맨홀로 유입되는지의 여부를 검사하여 수밀성을 판단

8. 결론

1) 우리나라에서 시행되고 있는 수밀시험은 「하수관거의 설계시공 및 인수지침」에서 제시하고 있는 누수시험 및 수압시험을 사용한다.

2) 우리나라의 경우 물을 이용한 누수시험법은 다음과 같은 단점을 가지고 있다.

① 정밀도에 문제

② 다량의 물 필요(물처리도 필요)

③ 맨홀과 연결관 존재 시 시험 불가능

④ 누수부위의 정확한 조사 불가능

⑤ 장시간 소요

⑥ 지하수위가 아래에 존재해야 함

3) 따라서 이런 시험법의 문제점을 해결하기 위해 다음과 같은 대책이 필요하다.

　① 맨홀과 연결관의 수밀시험 필요

　② 지하수위를 고려한 수밀시험 필요

　③ 공기를 이용한 수밀시험

　④ 허용누수량 개선

4) 특히 실제로 관이 부설될 지역의 현황을 고려하여 지하수위에 상관없이 시험을 실시하여 관 부설 후 발생될 가능성이 있는 유입수를 포함한 수밀시험의 도입이 필요하다.

5) 외국과 같이 공기를 이용한 수밀시험의 도입도 필요하다고 사료된다.

6) 또한 맨홀에서의 수밀성의 확보가 가장 저렴하고 효과적인 I/I 방지대책 중의 하나이므로 맨홀 공사 시

　① 지수단관 설치

　② 기계적 천공작업

　③ 고강도무수축모르타르 처리

　④ 장대관로 사용

　⑤ 수팽창지수재 사용

　⑥ 맨홀재질의 개선 등과 같은 대책이 필요하다.

7) 끝으로 하수관거 정비사업의 추진과 더불어 철저한 수밀검사와 수밀성 확보를 위한 여러 대책을 적절히 세워 하수관거의 효율향상과 하수관거의 최적의 유지관리방안이 필요하다.

Key Point ✦

상당히 중요한 문제이며 수밀검사의 필요성, 절차, 종류, 물을 이용한 수밀검사의 문제점에 대한 숙지는 반드시 필요하며 출제자의 의도에 따른 답안기술도 필요함

오접방지

1. 서론

1) 하수를 배제하는 방식에는 크게 합류식과 분류식이 있다.

2) **합류식** : 오수와 우수를 동일관로를 통해 청천 시 하수는 처리장으로, 강우 시에는 계획하수량에서 우천 시 계획오수량을 뺀 양을 우수토실을 통해 방류수역으로 배제하고 처리장으로 수송하는 형태

3) 우수를 신속하게 배제하기 위해서는 합류식이 유리

   ① 그러나 하수처리장에서 처리용량부족, 처리수질악화가 발생되는 단점이 있음

   ② 상기의 문제점으로 인해 우수와 하수를 분리한 분류식을 적용

4) 분류식 하수관거의 가장 큰 문제점의 하나가 오접이며, 이로 인해 수역의 수질오염과 처리장 효율저하를 가져올 수 있다.

5) 따라서 분류식 하수관거의 오접을 사전에 방지할 필요가 있다.

2. 오접의 원인

2.1 오수관이 우수관에 오접

1) 오수관에 대한 접속시공이 다소 어려우므로 접속이 용이한 우수관거에 오수관 연결

2) 시공업자의 부실시공

3) 오접원인 중 가장 큰 원인으로 작용

2.2 우수관이 오수관에 오접되어 우수가 혼입

1) 분류식 오수관로의 배수설비, 오수받이, 맨홀뚜껑 등의 위치 및 구조불량 등 시상에 개방된 부분으로 강우 시 우수가 오수관에 혼입

2) 우수관이 유하하다가 주위의 차집관로에 연결

3. 오접의 문제점

1) 오수관을 우수관에 연결

   오수가 처리장을 거치지 않고 방류수역으로 배출 → 수역의 오염 유발

2) 우수관을 오수관에 연결
   ① 관거용량 부족
   ② 하수처리장 능력 부족
   ③ 하수처리효율 저하

4. 관거의 오접검사방법

4.1 염료조사

1) 관거 내 염료를 주입하여 이동경로와 농도를 파악
2) 오접판단에 유효한 방법
3) 유하용량, 유속측정 가능
4) 불명수 유입 여부, 누수 여부 판별

4.2 CCTV 조사

1) 이동가능한 카메라에 의해 지상에서의 관측과 자료저장 가능
2) 관경 ϕ800mm 이하의 소구경관거에 적합 : 육안검사가 불가능한 지역
3) 접합 여부, 균열 여부, 불명수 유입, 누수 여부 판단
4) CCTV에 부착된 기능에 따라 천공작업과 장애물 제거 가능

4.3 육안조사

1) 주로 관경 ϕ800mm 이상의 대구경관거에 적용 : 사람의 접근이 용이한 관거
2) 반사경과 라이트를 이용하여 사진촬영을 통해 정밀도 향상
3) CCTV 조사의 사전조사로 활용

4.4 음향조사

1) 음향발생장치와 수신장치를 이용
2) 관로의 연결 및 접합여부 판단 : 오접 여부만 판단

5. 오접방지대책

5.1 시공 시 대책

1) 관거의 형상구분 : 오수, 우수관거의 형상을 달리함
2) 우수관거의 매설심도 증대 : 오수관에 비해 우수관의 매설심도를 깊게 하여 오수관의 오접을 사전 예방
3) 오수 · 우수관거의 동시 시공

4) 향후 개별 건축주의 부실시공을 방지하기 위해 오수연결관을 설치

5) 필요한 경우 오수전용 간이접속구를 설치

6) 관 도색 및 표식 : 형태 및 색깔 구분

7) 준공 전 CCTV 검사를 철저히 시행

8) 관리 · 감독 철저

5.2 시공 전의 대책 : 제도상 대책

1) 시공실명제 도입 : 시공내역서 문서화, 사후책임, 과태료 징수

2) 시공감리제 도입 : 일선 관청의 감리허가, 사후문제 시 연대 책임 부여

3) 도면 보관 : 향후 발생될 오해의 소지에 대비

4) 주민 홍보 : 주민에게 오접의 문제점과 오접방지의 중요성 홍보

5.3 시공 후 대책

1) 재시공

2) 오수관거와 우수관거의 용도를 서로 변경 : 유하용량의 충분한 여유가 있을 경우

3) 폐쇄

6. 결론

1) 분류식 하수관거의 경우 합류식 하수관거가 불명수의 유입과 우수로 인해 처리장으로 유입되는 유입수의 농도 저하에 따른 문제점을 해결하기 위해서

2) 계획단계에서부터 시공에 이르기까지 오접을 방지할 수 있는 대책을 수립하여야 한다.

3) 하수 · 오수관거 부설 후 최종적인 매설이 끝나기 전에 오접검사를 함이 바람직하다.

4) 설계 시 오접방지를 위한 조사경비를 포함시킴이 바람직하다고 판단된다.

5) 시공구간의 일정구간의 오접검사를 의무화 할 필요가 있다.

Key Point +

- 오접방지의 원인과 대책에 대한 확실한 숙지가 필요함
- 오접의 검사방법도 면접고사에서 자주 출제되는 문제임
- 오접에 관한 문제는 출제 빈도도 높고 상당히 중요한 문제이므로 전반적인 이해와 숙지가 필요함

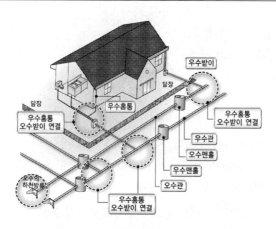

[오접유형]

■ 옥내 배수설비 오접

구분	유형	문제점	개요도
배수 설비	• 우수배관이 오수받이에 연결(지붕홈통 또는 지하실 배수 등) • 오수배관이 우수받이에 연결	• 오수관 용량부족으로 오수월류수(SSOs) 발생 • 방류수역의 오염	
연결관	• 우수받이의 오수관 연결 • 오수받이의 우수관 연결	• 교차 연결로 인한 오수관 용량 부족 • 하수처리장 운영효율 저하	
하수 관거	• 우수지선관거의 오수관거 연결 • 오수지선관거의 우수관거 연결	• 유입수 발생에 따른 유입 수질 및 처리장 운영효율 저하 • 심미적 불쾌감 유발 및 방류 수역의 오염	

■ 단계별 오접방지방안

구분	적용방안	
설계	• 우 · 오수관의 관종을 구분하여 적용 • 매설관거 상부 → 오수 식별 테이프 설치 • 향후 연결관 부설이 용이하도록 오수관거의 심도를 우수관보다 깊게 부설 • 도로폭이 넓은 경우 → 오수관 2열 부설계획 수립	글씨는 백색　폭20cm 흑갈색 테이프 오수관 000년　오수관 000년
시공	• 우 · 오수관 동시시공 → 오접발생 방지 • 배수설비 공사의 전문시공업체 수행으로 완벽한 시공 수행 • 오접시험(연막시험 등)을 수행 → 준공 전 오접 확인	
유지 관리	• 배수설비 설치도 작성 및 배수설비 대장의 주기적 관리 • 건축 인허가시 행정절차 → 우 · 오수관 위치 관리 • 하수도대장의 전산화 → 우 · 오수관 위치 관리 및 공사관리 기록 DB 구축 • 유지관리시스템 구축 결과 활용 → 관거의 지속적 모니터링	

■ 오접교정을 위한 개선방안

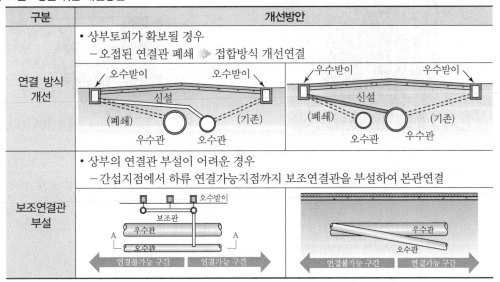

구분	개선방안
연결 방식 개선	• 상부토피가 확보될 경우 　– 오접된 연결관 폐쇄 ➡ 접합방식 개선연결
보조연결관 부설	• 상부의 연결관 부설이 어려운 경우 　– 간섭지점에서 하류 연결가능지점까지 보조연결관을 부설하여 본관연결

■ 오접방지시험

구분	연막시험 (Smoke Test)	염료시험 (Dying Test)	음향시험 (Sounding Test)
조사 방법	연기발생기를 이용, 폐쇄된 관거 내 연기 투입 후 발생연기의 경로 추적 	추적자(Tracer)를 유하시켜 경로 및 농도 등을 분석함으로써 관거의 상태를 조사	발신기에 의해 음을 생성시켜 측정지점에서 그 음의 수신 정도를 분석 
용도	연기가 새는지의 유무로 오접 판단	• 하수 배수 경로의 추적조사 시에 쓰임 • 유하상황, 누수 및 침입수 조사 및 유속평가	관로시설의 정확한 접속 여부 조사
장점	포장상태, 흙의 종류, 관매설 심도에 무관	주민 사전홍보 불필요	주민 사전홍보 불필요
단점	사전 홍보 필요	조사구역 내 포괄적인 조사 불가	조사구역 내 포괄적인 조사 불가

[관로조사용 CCTV]

불량관거 개 · 보수 정비

1. 서론

1) 기존 관거의 경우 노후화 또는 파손 등으로 인해 여러 가지 문제점을 야기

2) 이런 불량관거로 인해 하수처리장의 효율저하, 하수배제 기능의 저하, I/I의 발생 등의 문제점을 야기하고 있는 실정이며

3) 이러한 이유로 불량관거의 점검을 통하여 우 · 오수배제기능의 향상과 하수관거의 기능을 회복할 필요가 있다.

2. 필요성

1) I/I 발생량 저감

2) 침수방지

3) 하수처리장 효율향상을 위한 적정 하수량 및 유입수질 확보

4) 하수관거의 원활한 하수배제기능 회복 및 확보

3. 기본방향

1) 기존 관거정비대상 선정 시 최소유속 미달관거 및 역경사 관거정비기준은 관거별 사용 특성을 고려하여 선정

2) 통수능 부족 및 역경사 관거정비는 상하류 관거 현황, 경제성 및 시공성을 고려하여 개량공법을 선정한다.

3) 정비대상에서 제외되는 유예관거는 유지관리 대상관거로 선정

4) 기존 관거에 대한 수리계산을 통하여 최소유속 미달관거는 최소유속을 확보하도록 개량한다.

4. 정비대상관거 선정기준

구분		선정기준
통수능부족관거	대상관거	• 수리 · 용량 계산결과 통수능력 부족관거 • 침수, SSOs 발생으로 방류수역, 지하수, 토양오염 등의 환경피해 발생 　→ 통수능 부족관거는 우선정비
	계획하수량	• 오수관거, 차집관거　　　→ 목표연도 계획시간최대오수량 • 우수관거　　　　　　　→ 계획우수유출량
	관거제원	• 관경, 관저고, 연장　　　→ 기본설계 조사자료 활용
	수리용량 계산	• 오수관거 : Manning 공식 $$V = \frac{1}{n} R^{\frac{2}{3}} I^{\frac{1}{2}} \quad Q = A \cdot V$$　　　　• 우수관거 : 합리식 $$Q = \frac{1}{360} \cdot C \cdot I \cdot A$$
역경사관거	대상관거	• 관거현황조사 결과 역경사가 허용오차 ±3cm를 초과하는 관거 　→「하수도공사 시공관리요령('99. 7 환경부)」상의 검사기준 준용
	개량대상 예외기준	• 오수관거 → ①, ② 조건을 동시에 만족하는 경우 • 우수관거 → ① 조건을 만족하는 경우 ① 상류측관거가 최소유속이 확보되는 관 ② 축소단면 A'로 통수능 확보가 가능한 관
최소유속미달관거	대상관거	• 기존관거 수리계산을 통한 최소유속 미달관거
	적용기준	<table><tr><th>구분</th><th>최소유속기준</th><th>적용 유예</th><th>개량 대상</th></tr><tr><td>오수관거</td><td>0.6m/s</td><td>0.45m/s~0.6m/s</td><td>0.45m/s 미만</td></tr><tr><td>우수관거</td><td>0.8m/s</td><td>–</td><td>–</td></tr></table> **유지관리 대상관거** • 오수관거 　→ 최소유속 0.45~0.60m/s의 적용유예 관거(개량관거 제외) • 우수관거 　→ 최소유속 미달관거는 개량대상에 포함하지 않으나 토사퇴적의 우려가 예상되는 관거는 유지관리 대상관거로 선정
설계반영		<table><tr><th>구분</th><th>선정기준</th><th>정비방안</th></tr><tr><td>통수능부족관거</td><td>통수능력</td><td>굴착교체</td></tr><tr><td rowspan="2">최소유속 미달관거</td><td>V=0.45m/s 이상</td><td>유지관리</td></tr><tr><td>V=0.45m/s 미만</td><td>굴착교체</td></tr><tr><td rowspan="2">역경사관거</td><td>통수능확보, 최소유속확보</td><td>유지관리</td></tr><tr><td>통수능확보, 최소유속부족</td><td>굴착교체</td></tr></table>

5. 정비방안

5.1 통수능 부족관거

1) 조도계수개선

① 조도계수의 개선으로 적정 통수능이 확보 가능하고 굴착공법과 비교하여 경제성과 시공성이 유리한 구간

② 조도계수를 0.01까지 개선하여 증가하는 통수능력은 관경별로 15~40% 정도이므로 통수능력 부족이 이 범위를 초과할 경우 굴착에 의한 전체교체 적용을 검토

2) 관경확대

① 기존 상·하류관거 및 주변관거에 영향이 없는 경우

② 상류의 관경이 하류부 관경보다 커지는 경우 미적용

③ 공간확보 및 시공성에 문제가 없는 경우

3) 관경사 조정

① 상·하류관거와의 연결 가능한 경우

② 경사조정에 의해 관저고 변경 시 해당 맨홀 교체

4) 유료변경 및 병용관거부설

① 유료변경 혹은 병용관거부설로 하류관거의 수리적 부하가 충족되는 경우

② 주변관거에 대한 수리검토 시행

5.2 최소유속 미달 관거

1) 조도계수개선

통수능부족관거의 대책과 동일

2) 관경축소

관거용량에 여유가 있으면서 상·하류 관거에 미치는 영향이 적은 구간

3) 경사조정

① 상·하류 관거와의 연결 가능한 경우

② 경사조정에 의해 관저고 변경 시 해당 맨홀 교체

③ 대상 관로에 유입되는 모든 관거의 관저고를 검토하여 적정 관저고 선정

5.3 역경사 관거

굴착에 의한 경사 조정

5.4 내부이상 관거

1) 선정기준

불량비(맨홀 간 불량개소 수/맨홀 간 연장)

2) 정비방안

① 불량비 0.2 이상 : 전체보수

② 불량비 0.2 이하 : 부분보수

6. 결론

1) 불량 하수관거의 정비를 위해서는 우선 관거내부조사 및 수리계산을 통한 관거의 실태 파악이 우선적으로 이루어져야 하며

2) 이를 통하여 기존 관거의 문제점을 파악할 필요가 있다.

3) 또한 지역별 상황이나 경제성을 고려하여 정비계획의 우선순위를 결정할 필요가 있으며

4) 이를 통하여 하수처리장 효율 향상, 적정하수량 확보, 유입수질의 확보 및 하수관거의 기능을 회복할 수 있으며

5) 나아가 지역별로 경제적이고 합리적인 하수관거시스템 및 유지관리계획을 적절히 수립하여야 할 필요가 있다.

❶ 연결관 돌출

문제점
- 연결관 파손 또는 돌출부 발생
- 지하수 및 불명수 유입원인
- I/I 유입 → 목표수질 저하

개선방안
- 부분보수에 의한 수밀성 확보
- 돌출관 보수 → 로봇 Cutter 이용
- 굴착 교체시 연결관은 T형관 사용

❷ 토사퇴적

문제점
- 통수능 부족으로 관거기능 저하
- 유속미달 구간 집중 퇴적
- 퇴적물 발생 및 악취발생

개선방안
- 신설관거계획시 최소유속 확보
- 준설시행 및 유지관리대상 선정
- 토사유입 차단을 위한 방안 수립

❸ 이음부 불량

문제점
- 이음부 불량부분의 침입수 유입
- 시공불량 및 상재하중에 의한 침하
- 매설시 이음부 및 접합 불량

개선방안
- 불량률에 의한 전체 및 부분보수
- 접합부 수밀성 우수한 관종 선정
- 토질을 고려한 관기초 선정

❹ 관파손 및 균열

문제점
- 누수로 인한 토양오염 발생
- 도로침하 및 I/I 발생 원인
- 토사유입으로 인한 관 유속저하

개선방안
- 관종 선정시 강성관 선정
- 불량률에 의한 전체 및 부분보수
- 현황파악 및 유지관리방안 수립

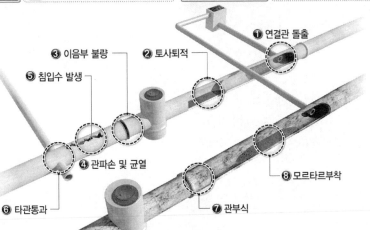

- ❸ 이음부 불량
- ❺ 침입수 발생
- ❷ 토사퇴적
- ❶ 연결관 돌출
- ❹ 관파손 및 균열
- ❻ 타관통과
- ❼ 관부식
- ❽ 모르타르부착

❺ 침입수 발생

문제점
- 연결관 이상, 이음부불량, 관파손 등 접합부 불량이 원인
- 하수처리시설 부하율, 처리효율 저하

개선방안
- 굴착 및 비굴착보수 시행
- 접합부 수밀성 우수한 관종 선정
- 준공전 CCTV촬영으로 확인

❻ 타관통과

문제점
- 장애물로 인한 통수능 저하
- 장애물에 퇴적물 발생 및 단면축소
- 타관의 부식으로 인한 기능 상실

개선방안
- 해당관리청과 협의 후 이설
- 장애물 제거 후 보수계획 수립
- 지장물 관련 대장 작성

❼ 관부식

문제점
- 유기성, 산성하수에 의한 관거부식
- 관거 부식에 의한 강도약화
- 관거 함몰에 의한 2차사고 발생

개선방안
- 기존관 전체 및 부분보수 시행
- 내식성에 강한 관종 선정
- 부식방지 및 유지관리계획 수립

❽ 모르타르부착

문제점
- 관거 공사 중 방치된 콘크리트로 인한 하수 흐름 방해 및 단면축소
- 퇴적물 발생 및 악취발생

개선방안
- 공사시 확인 및 파쇄준설 시행
- 준공 전 CCTV촬영으로 이상 유무 확인 후 조치계획 수립

[문제점 및 개선방안]

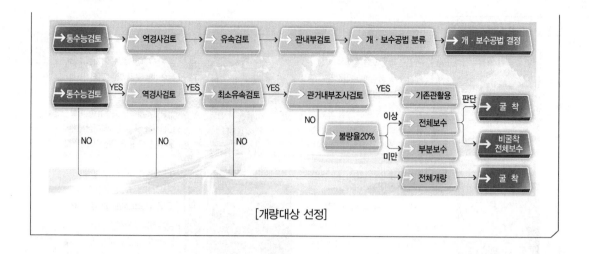

[개량대상 선정]

하수관거 진단

1. 개요

1) 목적

기존 하수처리장 기술진단과 연계한 하수관거 기술진단을 통해 처리장 유입수질 향상과 방류수역의 수질개선에 효과적으로 기여

2) 근거

① 하수도법
   - 제2조(정의) : "하수도"의 정의에 하수관거 명시
   - 제20조(기술진단 등) : 공공하수도에 대한 기술진단 실시

② 공공하수도시설 운영관리 업무 지침('07. 12. 26)
   - 계획수질 대비 유입수질에 따른 관거진단실시시기규정

③ 공공환경시설 기술진단 업무처리규정(환경부 훈령 제760호)

④ 공공환경시설의 기술진단비용(환경부 고시 제2008-56호)

3) 하수도 관련 주요정책 추진 경과

① 1966년 : 하수도법 제정

② 2001년 : 전국 하수관거정비 타당성 조사('04년 완료)

   한강수계 하수관거정비 시범사업 추진('10년 완공 예정)

③ 2002년 : 하수관거정비 원년 선포, 댐 상류지역 하수처리계획 수립

④ 2005년 : 하수관거정비 민간투자사업(BTL) 시작

⑤ 2007년 : 하수도법 전부 개정(하수도법과 오분법 통합, '07. 9. 28 시행)

2. 하수도 관리현황

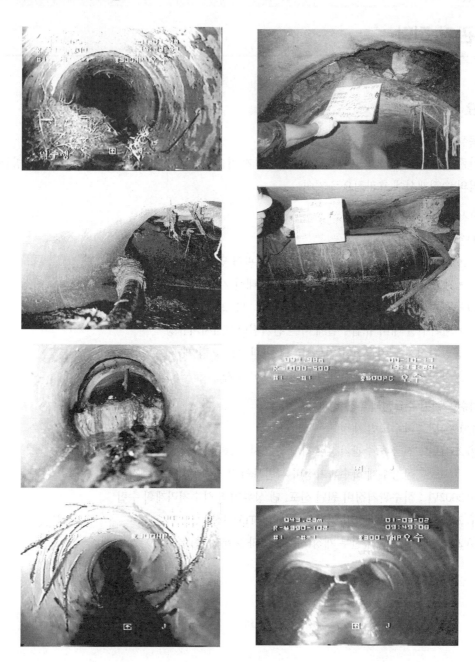

3. 기관별 역할

1) 환경부(유역청)
① 하수관거 정비사업 총괄
② 예산편성 및 배정

2) 환경관리공단
① 하수관거 기술진단
② 정책지원

3) 지자체
① 하수관거 정비계획 수립
② 예산수립 및 국고 신청

4. 하수관거 진단시기

1) 설계대비 유입수질(BOD 기준) 정도에 따라 실시
① 50% 미만 : 처리장 기술진단 시행연도 내 실시
② 50~80% : 처리장 기술진단 후 1년 이내 실시
③ 80% 이상 : 관거진단이 필요하다고 판단하는 경우

5. 하수관거진단 수행절차

1) 기초자료 조사 · 분석
① 하수도정비 및 하수처리장 계획 등 관련자료
② 하수관거 관련도서 및 준설, 보수 등의 유지관리자료
③ 유하계통 파악, 유량 · 수질조사를 고려한 소유역 분할

2) 현황조사
① 자료조사 결과와 현황의 일치 여부 확인
　　하수도대장도를 기초로 현황 일치 여부 샘플조사
② 상세조사 구간 선정을 위한 현장파악
③ 유량 · 수질조사지점 현황파악

3) 유량 및 수질조사
① 유량조사에 의한 정량적 관거상태 진단
② 청천일 : 약 7~17일 범위 내에서 측정

③ 강우일 : 도로에 물이 흐르는 정도의 강우 시 측정

　　　　　　 수질(BOD)조사에 의한 하수특성파악(2시간 간격)

④ 청천일 2일 이상, 강우일 1일 이상 조사

4) 샘플조사 상세조사

① 관거연장대비 5~10% 정도 물량에 대한 상세조사

② 관거내부조사(CCTV)에 의한 관거불량도 진단

③ 송연조사에 의한 오접상황 진단

④ 일부구간에 대한 공기압시험으로 수밀성 평가

5) 문제점 도출, 개선대책 수립

① 현황조사 및 현상진단 결과를 기초로 관거상태 분석, 문제점 도출 및 개선대책 수립

② 관거정비 우선 필요지역 판단

③ 개략사업비 추정

6) 시설유지관리 방안수립

점검, 청소주기 및 중점관리사항 등 관거 유지관리 방안 제시

6. 진단결과 활용 및 기대효과

6.1 진단결과 활용

1) 샘플조사를 통하여 관거의 전반적 관리현황 파악 가능
2) 관거정비사업 시 국고보조금 신청자료로 활용(우선 배정)
3) 하수처리장 운영관리실태 평가 시 감점(2점) 미적용

6.2 기대효과

1) 저농도 처리장의 유입수질 향상 및 운영효율 개선

한강수계 사업 : '04년 91.9 ⇒ '07년 140.2mg/L

2) 우선순위에 따른 정비사업시행으로 비용경제적 효과

Key Point +

110회, 113회, 118회 출제

하수관거 정비 기본방향

오수관거정비	·기존 및 장래 계획관거와의 연결을 고려한 관거계획 수립 ·지역특성 및 효율성을 고려한 이송방식 선정 ·내구성, 경제성, 유지관리성, I/I 저감효과를 고려한 관종 및 맨홀 선정 ·관거내부조사 및 수리계산을 통한 기존 오수관거문제점 파악 및 대책 수립
우수관거정비	·강우 특성을 반영한 강우강도 및 우수유출량 산정 ·관거내부조사 및 수리계산을 통한 기존 관거의 문제점 파악 및 대책 수립 ·침수방지대책 및 배수체계를 고려한 우수배제계획 수립 ·기존 합류식 관거는 정비 후 우수관거로 활용 ·분류식화에 따른 초기우수대책 제시
배수설비정비	·현장조사 및 설문조사를 통한 배수설비 문제점 분석 ·발생오수 배제를 위한 표준화된 배수설비 정비방안 수립 ·수세변소수 직투입을 고려한 합리적인 배수설비 개선방안 수립 ·배수설비 공사에 따른 민원최소화 대책 및 홍보방안 수립 ·저지대, 취락지역 등 특이지역에 대한 대책 수립
기타정비	·기존 중계펌프장 시설의 정비방안 수립 ·관거내부조사, 유량 및 수질조사를 통한 기존 차집관거 시설의 문제점 파악 및 대책 제시 ·우수토실 폐쇄계획 및 활용방안 강구 ·유지관리 모니터링 시스템 계획 ·하수도대장 전산화 계획 ·오수관거 악취발생 저감계획 수립

→ 하수관거체계구축

하수관거정비달성목표	·하수처리장 처리효율 향상을 위한 적정하수량 및 유입수질 확보 ·하수관거의 용량부족 및 불량관거 개·보수를 통한 원활한 하수배제 기능 ·우·오수배제 및 기능상 문제점 해결로 하수관거의 기능 회복

합리식에 의한 계획우수량 산정

1. 개요

1) 우수량을 계산하기 위한 공식에는 합리식과 경험식이 있으나, 합리식이 널리 사용

2) 합리식에 의한 우수유출량

$$Q = \frac{CIA}{360}$$

여기서, Q : 최대우수유출량(m³/sec)
C : 유출계수(Run Off Coefficient)
A : 배수면석(ha)
I : 강우강도(mm/hr)

3) 합리식의 경우 유달시간을 강우 지속시간으로 한다.

4) 합리식의 경우 배수면적

① 0.4km² 이상 : 적용주의

② 5km² 이상 : 적용삼가

2. 강우강도식 산정

1) 강우강도는 어느 일정기간 중에 내린 강우량을 1시간으로 계산한 비의 강도이며, 이 시간을 강우지속시간이라 한다.

2) 강우강도식은 강우강도(→ 단위시간에 내린 비의 깊이로써 mm/h)와 강우지속시간과의 관계를 표시

3) 지역에 따라 다르며, 같은 지역이라도 확률연수에 따라 상이

① 배수지역의 크기, 지역의 중요도에 따라 결정

② 하수관거의 계획우수량 결정을 위한 확률연수 : 10~30년

③ 빗물펌프장의 계획우수량 결정을 위한 확률연수 : 30~50년을 적용한다.

4) 강우강도곡선은 20년 이상의 단시간 강우자료(강우지속시간) 최저 8조(5, 10, 20, 30, 40, 60, 80, 120분)를 기초로 작성

3. 유달시간(Time of Concentration)

유달시간(T) = 유입시간(t_1) + 유하시간(t_2)

3.1 유입시간(Time of Inlet)

1) 강우가 배수구역의 최원격 지점에서 관거의 최상류단에 유입할 때까지의 시간

2) 지표상태, 구배, 면적에 따라 상이

3) 보통 5~10분 정도

    ① 간선오수관거 : 5분

    ② 지선오수관거 : 7~10분

$$t_1(\min) = 1.44 \left(\frac{L \cdot Tn}{\sqrt{S}}\right)^{0.467}$$

        여기서, L : 지표면 거리(n)

                 S : 사면구배

                 n : 지체계수(매끄러운 나대지 : 0.1, 잔디 : 0.4)

                 t_1 : 표준값 : 간선오수관거 : 5분, 지선오수관거 : 7~10분

3.2 유하시간

하수거에 유입한 우수가 관길이 (L)을 흘러가는 데 소요되는 시간($t = L/V$(유속))

$$t_2(\min) = \frac{L}{60\,\alpha \cdot v}$$

        여기서, L : 관거길이(m)

                V : Manning 공식에 의한 유속(m/sec)

                α : 홍수의 이동속도에 의한 보정계수

3.3 유달시간과 강우지속시간과의 관계

1) T(유달시간) $> t$(강우지속시간) : 지체현상(Retardation)

    ① 전 배수면적의 우수가 동시에 하수관 시점에 모이는 일이 없다.

    ② 즉, 최원격지점의 우수가 최후로 그 점을 통과할 때는 이보다 하류에서 유입한 우수는 이미
       그 지점을 통과한 후이다.

    ③ 실제 경우이므로 지체현상이 생기지 않는다는 가정에서 계획한다.

2) $T < t$: 최대우수유출량 발생

    ① 전배수면적에서 우수가 동시에 하수관 시점에 모일 때가 있다.

    ② 이 경우에 전배수구역으로부터의 우수가 동시에 관거말단에서 모이는 때가 최대우수유출량
       이 발생하는 경우

4. 유출계수

1) 하수관거에 유입되는 우수유출량과 내린 강우량의 비

2) 유출계수의 영향인자 : 지형, 지질, 기후, 지표상태, 강우지속시간, 강우강도, 배수면적, 배수시설

3) 산출법

   ① 토지이용도별 기초유출계수로부터 총괄유출계수를 구한다.

   ② 유출계수 $= \dfrac{\text{최대우수유출량}(m^3/hr)}{\text{강우강도}(mm/hr) \times \text{면적}(m^2)}$

5. 배수면적

1) 경사지역 : 지형도에 의해 구한다.

2) 평탄한 지역 : 답사에 의해 배수경계 확정이 필요(측량면적 구함)

3) 합리식 우수유출량 인자 중 배수면적의 실측이 가능하므로 가장 신중하게 고려

Key Point +

- 111회, 125회 출제
- 최근 빗물 관련 출제 빈도가 높은 문제로 반드시 전체의 내용을 확실히 숙지하기 바람
- 최근 서울시 침수, 이상강우와 연관된 답안기술이 필수적임
- 유달시간과 강우지속시간과의 관계를 묻는 변형된 문제도 많이 출제되니 전반적인 내용의 숙지가 필요함
- 1교시 변형된 문제로 출제될 확률이 상당히 높은 문제임

합리식에 의한 계획우수량 산정 흐름도

합리식에 의한 계획우수량 산정과정은 다음과 같다.

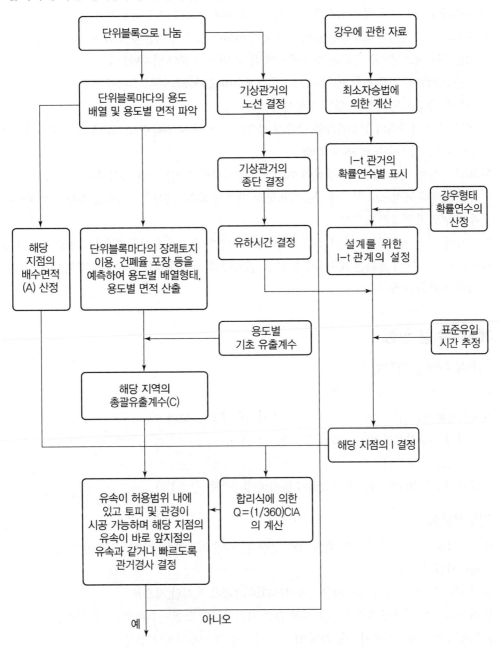

우수배제계획

1. 서론

1) 우리나라 하수도의 경우 하수관거는 합류식과 분류식으로 크게 나누어진다.

2) 현재의 하수관거의 대부분은 합류식으로 구성되어 있으며 이는 하수와 오수를 동일관거 내로 이송하는 시스템으로 우수배제를 신속히 할 수 있는 장점이 있지만

3) 최근 도시화에 따른 침투면적의 감소, 유출계수의 증가, 최대우수유출량의 증가 등으로 인해 그 기능을 충분히 발휘할 수 없는 상황이며

4) 이로 인해 저지대의 침수피해와 합류식 하수도의 우천 시 월류량(CSOs)에 의한 피해가 커지고 있다.(분류식 하수도의 SSOs 포함)

5) 또한 강우에 의한 비점오염물질의 이동력이 증가하여 수질오염을 야기하고 있으며

6) 우수배제를 목적으로 설치한 빗물펌프장의 빈번한 침수로 인해 제 역할을 수행하지 못하는 경우가 빈번히 발생하고 있다.

7) 따라서, 이러한 문제를 해결하기 위해 지역별로 적합한 우수배제 계획을 수립 추진할 필요가 있다.

8) 이러한 우수배제 계획은 계획우수량 산정, 관거계획, 펌프장계획, 우수유출량억제계획, 우수조정지 계획을 포함

2. 계획우수량 산정

2.1 계획우수량 산정절차

1) 해당 지역의 강우강도식 산정

2) **계획확률연수 결정** : 배수구역의 크기 및 지역의 중요도 고려

3) 유달시간을 산정하여 강우의 지속시간으로 한다.

4) 강우강도를 구한다.

5) 유출계수와 배수면적을 강우강도에 곱하여 유출량을 산정한다.

2.2 강우강도식

1) 강우강도는 어느 일정 기간 중에 내린 우량을 1시간으로 계산한 비의 강도이며 이 시간을 강우 지속시간이라 한다.

2) 강우강도식은 강우강도와 강우지속시간과의 관계를 표시한 것으로

3) 지역에 따른 강우량 차이가 달라지며 같은 지역이라도 확률연수에 따라 달라진다.

4) 일반적으로 강우지속시간을 짧게 할수록 강도가 큰 강우가 얻어진다.

5) 해당 지역의 강우강도가 없을 시 인근지역의 강우강도식을 사용하거나 강우자료로부터 구한다.

① 강우강도곡선은 20년 이상의 단시간 강우자료(강우지속시간)를 활용

② 강우의 지속시간은 5, 10, 20, 30, 40, 60, 80, 120분의 최저 8조를 기초로 작성

2.3 계획확률연수

1) 배수구역의 크기, 지역의 중요도에 따라 결정된다.

2) 하수관거의 계획우수량 결정을 위한 확률연수 : 10~30년

3) 빗물펌프장의 계획우수량 결정을 위한 확률연수 : 30~50년을 적용한다.

4) 우수관의 크기 결정에는 단시간 강하게 내린 비를 대상으로 하여야 하나 몇 십 년에 한번 내릴지 모르는 비의 강도를 대상으로 하는 것은 비경제적이고 무의미하다.

2.4 유달시간(Time of Concentration)

유달시간(T) = 유입시간(t_1) + 유하시간(t_2)

1) 유입시간(Time of Inlet)

① 강우가 배수구역의 최원격 지점에서 관거의 최상류단에(배수관로 시작지점) 유입할 때까지의 시간을 유입시간이라 한다.

② 지표상태, 지표의 거칠기, 구배, 면적, 토지이용에 따라 다르다.

③ 보통 5~10분 정도이다.

㉮ 간선오수관거 : 5분, 지선오수관거 : 7~10분

㉯ 시가지 : 7분, 녹지 : Kerby 공식

$$t_1(분) = 1.44(\frac{Ln}{\sqrt{S}})^{0.467}$$

여기서, L : 지표면 거리(m)

　　　　S : 사면구배

　　　　n : 조도계수와 유사한 지체계수

2) 유하시간

① 하수거에 유입한 우수가 관길이(L)를 흘러가는 데 소요되는 시간

② 즉, 계획유량이 배수로의 시작지점부터 하류의 집수지점까지 유하하는 데 소요되는 시간

$$t_2(분) = \frac{L}{60\alpha v}$$

여기서, L : 관거길이(m)

　　　　α : 홍수의 이동속도에 의한 보정계수

　　　　v : Manning공식에 의한 유속(표준 0.8~3.0m/s, 최적유속 : 1.0~1.5m/sec)

3) 유달시간과 강우지속시간과의 관계

① T(유달시간) > t(강우지속시간) : 지체현상 발생

㉮ 전배수면적의 우수가 동시에 하수관 시작점에 모이는 일이 없다.

ⓝ 즉, 최원격지점의 우수가 최후로 그 점을 통과할 때는 이보다 하류에서 유입한 우수가 이미 그 지점을 통과한 후이다.

ⓒ 강우의 지체현상은 강우강도와 우수유출량 산출에 영향을 미친다.

ⓡ 넓은 배수구역에서 최대우수유출량 산정 : 지체현상을 고려하는 경우와 고려하지 않는 경우를 비교하여 큰 쪽을 선택한다.

ⓜ 지체현상을 고려한 유출량＝우수유출량×지체계수

② T(유달시간) < t(강우지속시간)

㉮ 전배수구역에서의 우수가 동시에 하수관 시작점에 모일 때가 있다.

㉯ 이 경우에 전배수구역으로부터의 우수가 동시에 관거말단에서 모이는 때가 최대우수유출량이 발생하는 경우

2.5 유출계수

1) 하수관거에 유입되는 우수유출량과 내린 전강우량의 비를 말함

2) 최근 도시화로 인해 유출계수가 증가하는 추세

3) 하수도의 설계 시
   ① 하수도 설계 시 사용되는 유출계수는 5~10분 정도의 단시간에 내린 전강우량에 대하여 하수관거에 유입되는 우수유출량의 비를 말함
   ② 하천의 경우는 1년간의 강우자료를 이용

4) 유출계수 영향인자
   지형, 지질, 기후, 지표상태, 경사, 식생상태, 강우지속시간, 강우강도, 배수면적 배수시설에 영향을 받는다.

$$유출계수(C_i) = \frac{최대우수유출량}{강우강도 \times 배수면적}$$

$$총괄유출계수(C) = \frac{\sum_{i=1}^{n} C_i A}{\sum_{i=1}^{n} A_i}$$

여기서, C_i : 지역별 유출계수, A_i : 지역의 면적

5) 강우강도의 정확한 산출이 곤란한 경우 : 토지이용도별 기초유출계수로부터 총괄유출계수를 구한다.

2.6 강우강도

1) 단위시간에 내린 비의 양 : 통상 mm/hr의 단위로 나타냄

2) 일반적으로 강우강도는 강우지속시간(유달시간)에 반비례 : 강우강도가 클수록 그 강우가 지속
되는 시간이 짧고 빈도가 적다.

3) 강우강도 산출식은 여러 가지 유형의 경험식이 있으므로 지역여건에 가장 적합한 식을 적용

2.7 배수면적

1) 배수면적은 정확히 구할 수 있는 유일한 요소이며, 유량에 비례적으로 영향을 미치므로 신중히
검토한다.

2) **경사지역** : 지형도에 의해 구함

3) **평탄지역** : 답사에 의한 실측

2.8 우수유출량 산정

1) 합리식에 의하여 우수유출량을 산출한다.

2) 하수도시설의 설계 시 계획우수량의 산정은 합리식을 이용하는 것을 원칙으로 한다.

3) 합리식은 계획대상지역의 도시계획, 강우특성 등을 계산과정 중에서 고려하므로 현재로는 가장
많이 이용되고 있다.

$$Q = \frac{1}{360} CIA$$

여기서, Q : 최대우수유출량(m^3/sec), C : 유출계수, A : 배수면적(ha)
I : 유달시간 내 평균강우강도(mm/hr)

4) 합리식 적용 시 고려사항

① 합리식의 경우 지체현상이 발생하지 않는다는 가정 하에 우수량을 산정

② 따라서 배수구역이 $0.4km^2$ 이상일 때는 주의해서 적용

③ $5km^2$ 이상일 때는 사용을 삼가야 한다.

3. 관거계획

1) **오수관거** : 계획시간최대오수량

2) **우수관거** : 계획우수량

3) **합류식 관거** : 계획시간최대오수량 + 계획우수량

4) **차집관거** : 청천 시 계획시간최대오수량 + 차집우수량(2mm/hr)

5) 유속과 구배

① 우수관거 : 0.8~3.0m/sec, 오수관거 : 0.6~3.0m/sec

② 최적유속 : 1.0~1.8m/sec

③ 유속은 하류로 갈수록 빠르게, 구배는 하류로 갈수록 완만하게 한다.

㉮ 이 조건이 맞지 않으면 반복 작업

ᄖ 적정유속 확보에 의해 관내 퇴적물이 발생하지 않도록 한다.

6) 관거의 배치

① 손실수두를 최소화하도록 고려

② 지형, 지질, 도로폭원 및 지하매설물을 고려하여 결정

③ 급격한 방향전환이나 관경변화를 주지 않는다.

④ 관거의 분 · 합류점, 굴곡부 및 맨홀 등에서의 에너지 손실 최소화

7) 기존배수로 이용을 고려

8) 우수관거 유량설계 : Manning, Kutter, Hazen-williams

4. 빗물펌프장 계획

1) 빗물 펌프장 위치

① 방류수면 가까이 설치

② 펌프로부터 직접 배수하거나 관거를 사용하더라도 관거를 짧게

2) 합류식 오수관거의 경우 토사의 유입 등에 대한 대책 마련

3) 침수가 되지 않는 위치에 선정하여 저지대 침수방지를 원활히 수행

4) 펌프장의 이상운전상태(서어징, 공동현상, 수격작용)에 대한 대책마련

5) 방류수역이 고수위일 때도 배수기능을 확보

6) 유수지와 연계 설치 운영을 검토

7) 펌프장 발생 진동, 소음, 악취대책

8) 관내저류를 고려하지 않고 계획우수량을 배제함을 원칙

9) 우수펌프

① 분류식 : 계획우수량

② 합류식 : 계획하수량-우천 시 계획오수량

5. 우수유출량 억제

5.1 저류형

1) 유출량을 평균화시켜 첨두유출량을 감소시키는 효과

① On-site : 우수발생원에서 저류

운동장 내 저류, 아파트 단지, 건물 내 저류

② Off-site : 우수발생원에서 따로 분리배출하여 저류

우수조정지, 우수저류관, 우수체수지, 다목적유수지, 치수녹지, 방재조정지, 인공
습지

5.2 침투형

1) 우수를 지중에 침투시켜 우수유출총량을 감소
2) 도시지역의 지하수 함양대책으로 사용 가능
3) 침투통, 침투측구, 침투트렌치, 투수성 포장

5.3 토지이용 제한

6. 우수조정지

6.1 설치위치

1) 하류관거의 유하능력이 부족한 지역
2) 하류펌프장의 능력이 부족한 지역
3) 방류수역이 홍수 시 고수위로 인하여 침수될 우려가 있는 지역
4) 대규모 신시가지 개발에 의한 우수유출량 제어가 필요한 지역
5) 지형의 경사가 급한 지역에서 평탄한 지역으로 변하는 지점에서의 침수대책

6.2 형식

댐식(제방높이 15m 미만), 지하식, 굴착식, 현지저류식

6.3 빗물펌프장과 연계설치 운영

1) 펌프장의 용량이 클 경우 : 우수조정지를 작게 설치 가능
2) 펌프장의 용량이 작을 경우 : 우수조정지의 용량을 크게

6.4 필요조절용량 확보

우천 시 발생하는 첨두유량을 수역의 허용부하량(Q_c)까지 배출하기 위한 조절용량 확보

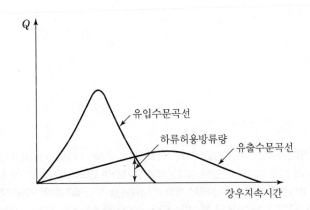

$$V_t = 60t_i \times \frac{CA\left(I_i - \dfrac{I_c}{2}\right)}{360}$$

여기서, V_t : 필요한 조절용량(m³), I_i : t_i에 대응하는 강우강도(mm/hr)

I_c : 하류 허용방류량 Q_c에 상당하는 강우강도

t_i : 임의의 강우지속시간(min), A : 유역면적(ha), C : 유출계수

6.5 기타

합류식 하수도에서 우수조정지를 설치할 경우 취기대책, 침전슬러지대책, 배수방법 등에 대해서 종합적으로 고려

7. 결론

1) 최근 도시화에 따른 유출계수 증가, 유달시간 단축, 최대우수유출량 증가 등에 의한 침수

2) CSOs 증가에 의한 하수처리장 효율저하를 방지하기 위해 각 지역 설정에 적합한 계획 수립이 필요

3) 기존 하수관거의 실태파악을 통한 우선순위를 결정하고 우선순위에 따라 하수관거 정비 및 관거의 용량증대 등을 결정

4) 신설관로의 경우 분류식을 원칙으로 하며 기존 합류식 하수관거의 경우 불완전 분류 하수도로의 전환도 검토

5) 우수유출에 의한 비점오염물질의 유출에 대한 대책 수립 필요

① 우수배제계획, CSOs, SSOs의 대책과 연계하여 계획수립

② 초기강우 처리를 위한 BMP 처리기술과도 연계

6) 또한 최근의 이상기후 및 관로의 확률연수를 초과하는 집중강우로 인해 서울시 및 기타지역의 침수가 빈번히 일어나고 있기 때문에 우수관거 용량 재검토, 확률연수 조정 및 소방청에서 추진 중인 우수저류시설과의 연계된 우수배제 계획의 수립이 절실히 필요하다고 판단됨

Key Point

• 70회, 74회, 75회, 76회, 77회, 78회, 79회, 81회, 84회, 88회, 92회, 113회, 114회, 119회, 121회, 130회 출제
• 아주 중요한 문제이며 최근 강우와 관련된 출제문제와 연계하여 반드시 숙지하여야 함
• 또한, 변형출제에 대비하여야 하며, 우수배제 계획의 대제목을 우선 숙지하여 기술하기 바람
• 최근 게릴라성 집중호우로 인한 서울시 침수와 연관된 답안기술 및 서론, 결론의 기술이 필요함

Kerby식

관련 문제 : 홍수도달시간

1. 홍수 도달시간

1) 도달시간(Time of Concentration)

① 강우발생시 유역의 최상류점에서 최하류부까지 강우가 도달하는 데 소요되는 시간

② t_c(도달시간) = t_s(유입시간) + t_t(유하시간)

2) 일반적으로 강우사상에 의한 유역 최하류부에서의 첨두유량은 도달시간만큼 지체되어 발생

3) 첨두유량은 치수를 위한 시설물의 설계기준이 되므로 홍수도달시간의 정확한 산정은 유출모형의 적용에 가장 중요한 인자가 된다.

2. 유입시간

2.1 Kerby 공식

1) 하도길이가 0.4km 이하인 도시유역 중 유역면적 0.04km² 이하, 하도의 경사가 1% 이하인 유역에 대한 적용공식

① 지표면과 하도유출의 복합유역

$$t_s = 36.264 \times (\frac{L \cdot n}{S^{1/2}})^{0.467}$$

여기서, t_s : 유입시간(min), L : 표면류의 길이(km)

S : 표류수의 시점과 종점 간 표고차(H)를 거리(L)로 나눈 무차원 경사

n : Manning의 표면 조도계수

② 지표면 유출이 지배적인 유역

$$t_s = 1.44 \times (\frac{L \cdot n}{S^{1/2}})^{0.467}$$

○ Kerby공식에서의 n값 변화

유역의 표면 형태	n 계수
매끄러운 불투수면	0.02
매끄러운 나대지	0.10
경작지나 기복이 있는 나대지	0.20
활엽수	0.50
초지 및 잔디	0.40
침엽수, 깊은 표토층을 가진 활엽수림 지대	0.80

2.2 미국 연방항공청 공식

$$t_s = \frac{0.994(1.1 - C)L^{0.5}}{S^{1/3}}$$

여기서, t_s : 유입시간(min), C : 합리식의 유출계수

L : 표면류의 길이(m), S : 지표면의 경사(%)

2.3 SCS의 평균유속 방법

유입시간과 유하시간을 산정함으로써 집중시간(도달시간)을 산정

$$t_c(집중시간) = t_s(유입시간) + t_t(유하시간)$$

$$t_s = \frac{1}{60}\left(\frac{L}{V}\right)$$

$$t_t = \sum_{i=1}^{N} \frac{n_i L_i}{R_i^{2/3} S_i^{1/2}}$$

여기서, L : 표면류의 연장, V : 평균유속

L_i : 하도구간별 길이, S_i : 하도구간별 경사

S_i : 경심(A/P), n_i : Manning 공식의 조도계수

3. 유하시간

3.1 Kirpich 공식

1) 지표면 흐름이 지배적인 농경지 유역에 적합하며,

2) 하도경사가 3~5%, 유역면적 0.453km² 이하의 소유역에 적용하는 것이 적절하다.

$$t_c = 3.976\frac{L^{0.77}}{S^{0.385}}$$

여기서, t_c : 도달시산(min)

L : 유역의 주 유로를 따라 측정한 유로연장(km)

S : 유역출구점과 최원점의 표고차(H)를 유로연장(L)으로 나눈 평균경사(m/m)

3.2 Rziha 공식

지표면 흐름이 지배적인 상류지역으로 하도 경사가 1/200 이상인 유역에 적합

$$t_c = 0.833\frac{L}{S^{0.6}}$$

3.3 Kraven 공식

지표면 흐름이 지배적인 중하류 유역 중 하도경사가 1/200 이하인 유역에 적합하며, 다음 2가지 형태로 표시할 수 있다.

1) Kraven – 1공식

$$t_c = 0.444 \frac{L}{S^{0.515}}$$

2) Karven – 2공식(평균경사 S에 따른 유속결정공식)

$$t_c = 16.667 \frac{L}{V}$$

S=H/L	0.01 이상	0.01~0.005	0.005 이하
V(m/sec)	3.5	3.0	2.1

3.4 SCS 지체시간공식(SCS Lag)

주로 농경지 유역에 적용하며, 0.8km² 이하의 도시유역도 적용이 가능하다.

$$t_p = \frac{L^{0.8}(S+1)^{0.7}}{1,900\,Y^{0.5}}$$

$$t_p = 0.6 t_c$$

여기서, t_p : 유역의 지체시간(hr)

Y : 유역 지표면의 평균경사(%)

L : 하천유역의 총 연장(f_t)

t_c : 집중시간

$$S = \frac{25,400}{CN} - 254$$

3.5 도시 우수관거를 통한 유하시간 산정

$$t_c = \frac{1}{60} \sum_{i=1}^{N} \frac{L_i}{V_i}$$

여기서, t_c : 유하시간(min)

L_i : 관로 직경별 관의 길이(m)

V_i : 관로 직경별 관 내 평균유속(m/sec), Manning 공식으로 유도

Key Point ✦

122회 출제

SCS 유효우량 산정방법

1. 개요

1) 강우 시 강우량 중 일부는 흙의 표면을 통하여 침투하고, 그 초과분은 흙의 표면으로 흘러 유출하게 된다.

2) 이와 같이 강우량으로부터 침투에 의한 손실을 뺀 값을 유효우량(직접 유출량)이라 한다.

3) 산정방법으로는

① ϕ지표법(ϕ − index Method)

② W 지표법(W − index Method)

③ S.C.S 방법(Soil Conservation Service Method) 등 여러 가지 방법이 있다.

2. S.C.S 방법

1) 이 방법은 미국 토양보존국이 제안한 방법으로 총우량 − 유효우량(혹은 직접 유출량) 간에는 다음과 같은 관계가 있다.

$$Q = \frac{(P - 0.2S)^2}{(P + 0.8S)}$$

여기서, Q : 유효강우량(직접유출량 혹은 초과강우량)(mm)

P : 누가 강우량(mm)

S : 토양의 최대잠재 보류수량(저류량)(mm)

또한

$$CN = \frac{25,400}{S + 254} \text{ 혹은 } S = \frac{25,400}{CN} - 254$$

$$CN(\text{I}) = \frac{4.2\,CN(\text{II})}{10 - 0.058\,CN(\text{II})}$$

$$CN(\text{III}) = \frac{23\,CN(\text{II})}{10 + 0.130\,CN(\text{II})}$$

CN(I), CN(II), CN(III)는 각각 AMC − I , II , III 조건하의 유출곡선지수이다.

CN값 : 무차원 변수(0~100), 불투수면의 CN값은 100

2) 고려사항

① 상기식은 P > 0.2S인 경우에만 적용

② CN값 : 토양의 종류, 토지이용 및 식생피복처리 상태, 토양의 수문학적 조건에 영향을 받음

● 유역의 선행토양함수조건

구분	내용
AMC - I	• 유역의 토양은 대체로 건조상태에 있으나, 농작물 재배에는 지장이 없는 수분상태 • 침투율이 대단히 커서 유출률은 대단히 낮은 상태(Lowest Runoff Potential) • CN값이 낮음
AMC - II	• 유역의 토양이 0에서 최대잠재보류수량(Maximum Potential Retention) S 사이의 평균 수준의 수분을 함유한 상태 • 침투율이 보통이어서 유출률도 보통인 상태(Average Runoff Potential)
AMC - III	• 선행하는 5일 동안 강우량이 많아서 유역의 토양은 거의 포화상태 • 침투율이 대단히 작아서 유출률이 대단히 큰 상태(Highest Runoff Potential) • CN값이 높음

● 유역의 선행토양함수조건5일 선행강수량(P_5)에 의한 유역 선행토양함수조건의 분류

AMC별	비성수기		성수기	
	P_5(in)	P_5(mm)	P_5(in)	P_5(mm)
AMC - I	$P_5 < 0.5$	$P_5 < 12.70$	$P_5 < 1.4$	$P_5 < 35.56$
AMC - II	$0.5 < P_5 < 1.1$	$12.70 < P_5 < 27.94$	$1.4 < P_5 < 2.1$	$35.56 < P_5 < 53.34$
AMC - III	$P_5 > 1.1$	$P_5 > 27.94$	$P_5 > 2.1$	$P_5 > 53.34$

● 수문학적 토양군의 분류(SCS)

흙의 분류	토양의 성질	침투율(mm/hr)
A	• 유출률이 매우 낮음 • 침투율이 대단히 큼 • 배수(排水) 매우 양호 • 모래질 및 자갈질 토양	7.62~11.43
B	• 침투율이 대체로 크다. • 배수(排水) 대체로 양호 • 세사(細沙)와 자갈이 섞인 모래질 토양	3.81~7.62
C	• 침투율이 대체로 작다. • 배수(排水) 대체로 불량 • 대체로 세사질(細沙質) 토양	1.27~3.81
D	• 유출률이 매우 높음 • 침투율이 대단히 작음 • 배수(背水) 매우 불량 • 점토질 종류의 토양	0~1.27

○ 논의 유출곡선지수 CN값 추정치

추정방법	AMC－Ⅰ	AMC－Ⅱ	AMC－Ⅲ
강우량－유출량 관계분석	63	78	88
물 수지분석모형	70	79	89

○ 농경지역 및 신림지역의 유출곡선지수(AMC－Ⅱ조건)

식생피복 및 토지이용상태	피복 처리 상태	토양의 수문학적 조건	토양형			
			A	B	C	D
휴경지(Fallow)	경사경작(Straight Row)	－	77	86	91	94
이랑 경작지(Rowcrops)	경사경작	배수 나쁨	72	81	88	91
	경사경작	배수 좋음	67	78	85	89
	등고선 경작(Contoured)	배수 나쁨	70	79	84	88
	등고선 경작	배수 좋음	65	75	82	86
	등고선, 테라스 경작	배수 나쁨	66	74	80	82
	등고선, 테라스 경작	배수 좋음	62	71	78	81
조밀경작지(Small Grains)	경사경작	배수 나쁨	65	76	84	88
	경사경작	배수 좋음	63	75	83	87
	등고선 경작	배수 나쁨	63	74	82	85
	등고선 경작	배수 좋음	61	73	81	84
	등고선, 테라스 경작	배수 나쁨	61	72	79	82
	등고선, 테라스 경작	배수 좋음	59	70	78	81
콩과식물(Close Seeded Legumes) 또는 윤번 초지(Rotation Meadow)	경사경작	배수 나쁨	66	77	85	89
	경사경작	배수 좋음	58	72	81	85
	등고선 경작	배수 나쁨	64	75	83	85
	등고선 경작	배수 좋음	55	69	78	83
	등고선, 테라스 경작	배수 나쁨	63	73	80	83
	등고선, 테라스 경작	배수 좋음	51	67	76	80
대초지(Pasture) 또는 목장(Range)		배수 나쁨	68	79	86	89
		배수 보통	49	69	79	84
		배수 좋음	39	61	74	80
	등고선 경작	배수 나쁨	47	67	81	88
	등고선 경작	배수 보통	25	59	85	83
	등고선 경작	배수 좋음	6	35	70	79
초지(Meadow)		배수 좋음	30	58	71	78
삼림(Woods)		배수 나쁨	45	66	77	83
		배수 보통	36	60	73	79
		배수 좋음	25	55	70	77
관목숲(Forests)	매우 듬성 듬성	－	56	75	89	91
농가(Farmsteads)		－	59	74	82	86

○ 도시지역의 유출곡선 지수(AMC-Ⅱ 조건)

피복상태	평균 불투수율 (%)	토양형 A	B	C	D	비고
〈완전히 개발된 도시지역〉						
(식생처리됨)						
• 개활지(잔디, 공원, 골프장, 묘지)						
– 나쁜 상태(초지 피복률이 50% 이하)		68	79	86	89	
– 보통상태(초지 피복률이 50~75%)		49	69	79	84	
– 양호한 상태(초지 피복률이 75% 이상)		39	61	74	80	
• 불투수지역						
– 포장된 주차장, 지붕, 접근로		98	98	98	98	
(도로 경계선을 포함하지 않음)						
– 도로와 길 : 포함						
– 포장된 곡선길과 우수거(도로 경계선을		98	98	98	98	
포함하지 않음)						
– 포장길 : 배수로 (도로 경계선을 포함)		83	89	92	93	
– 자갈길 : (도로 경계선을 포함)		76	85	89	91	
– 흙 길 : (도로 경계선을 포함)		72	82	87	89	
• 도시지역 : 상업 및 사무실 지역	85	89	92	94	95	
• 공업지역	72	81	88	91	93	
• 생활지역(구획지 크기에 따라)						
– 150평 이하	65	77	85	90	92	
– 300평	38	61	75	83	87	
– 400평	30	57	72	81	86	
– 600평	25	54	70	80	85	
– 1,220평	20	51	68	79	84	
– 1,440평	12	46	65	77	82	
〈개발 중인 도시지역〉		77	86	91	94	

강우유출해석모형에 의한 산정

1. 개요

1) 국내에서 침수현황 및 침수 대응방안 검토에 활용되고 있는 강우유출해석 모형의 특징 및 장단점을 비교 · 분석하여 적합한 모형을 선정하여야 한다.

2) 각 해석 모형별 표면유출 및 관로유출 해석방법별 특성, 침수대응시설 등 침수상황에 대한 재현의 정확성, 하수도시스템 기능의 세밀한 평가의 가능성, 대응시설 설치에 따른 침수저감의 정량적인 효과분석이 가능성 등을 평가하여 적합한 해석기법을 적용하여야 한다.

3) 특히 강우유출해석 모형별 해석방법별 필요한 자료 확보의 용이성 여부 등 사용적인 면도 고려하여 선정할 필요가 있다.

2. 강우유출해석모형의 종류

도시지역 강우유출해석에 활용되는 대표적인 모형으로는 RRL, ILLUDAS, SWMM 모형이 있으며 각 모형별 개요는 다음과 같다.

2.1 RRL 모형

구분	모형개요
개요	• 1962년 영국에서 도시 소유역의 강우 – 유출자료를 사용한 도시배수망 설계를 위해 고안
유출량 산정	• 유역에 내리는 강우 중 우수관로와 직접 연결된 불투수 지역만 고려 • 유출량 산정 　– 대상유역을 유하시간별로 분할하여 등도달시간 – 집수면적곡선(Time – area Curve) 작성 　– 유입구에 대한 유입수문곡선 합성 : 등도달시간 – 집수면적 곡선에 강우강도를 적용하여 각 소유역의 시간별 유출량을 지체 및 합산하여 산정
흐름추적 (관내)	• 저류량을 고려한 Kinematic Wave 이론에 근거하여 연속방정식 및 Manning 공식 적용

2.2 ILLUDAS 모형

구 분	모형개요
개요	• 1974년 미국에서 Stall과 Terstriep 등(1974)에 의해 RRL 모형을 기초로 개발
유출량 산정	• 대상유역을 4개 지역으로 구분 ㅡ직접연결 불투수 지역, 직접 연결되지 않은 불투수 지역, 유출에 기여하는 직접연결 투수 지역, 유출에 기여하지 않는 투수지역 ㅡ각 유역특성에 따라 고려되는 손실량을 보정한 후 유출해석 실시 • 유출량 산정 ㅡ유입구에 대한 유입수문곡선 합성 : 등도달시간ㅡ집수면적 곡선에 강우강도를 적용하여 각 소유역의 시간별 유출량을 지체 및 합산 ㅡ유입구별 유입수문곡선을 관망에 따라 저류추적을 함으로써 주관로에 대한 유출량 산정
흐름추적 (관내)	• 저류량을 고려한 Kinematic Wave 이론에 근거하여 연속방정식 및 Manning 공식 적용

2.3 SWMM 모형

구 분	검토 사항
개요	• 1971년 미국 EPA의 지원 아래 Metcalf & Eddy사가 Florida 대학 및 Water Resources Engineers사와 공동연구하여 개발한 SWMM을 기초로 함 • 상업용으로 SWMM모형을 이용한 XPㅡSWMM 및 MOUSE 프로그램이 개발됨
유출량 산정	• 대상유역을 3개 지역으로 구분 ㅡ지면저류가 발생하는 투수지역, 지면저류가 발생하는 불투수지역, 지면저류가 발생하지 않는 불투수지역 • 유출량 산정 ㅡ지면저류 침투 및 증발(투수지역), 증발(불투수지역)에 의해 손실 고려 유출해석 ㅡ강우손실모형, 비선형저류법, 시간면적방법, 단위유량도법 등 다양한 방법 적용 ㅡ유출량 산정 외에 수질 시뮬레이션 가능
흐름추적 (관내)	• Kinematic Wave 외에 1차원 부정류 점변류방정식(St. Venant eq.)인 Dynamic 방정식

2.4 강우유출해석모형의 장단점 및 수행기능

구분	1차원 유출해석모형		2차원 유출해석모형
	RRL 모형	ILLUDAS 모형	SWMM 모형
장점	• 계산과정 간편 • 소규모 배수영향이 크지 않은 지역에 대한 유출수문 검토시 간편하게 적용가능	• 저류방정식 적용 • RRL방식에 비해 정확한 결과 기대	• 도시유역 특성(토지이용, 관망)에 대한 시뮬레이션 가능 • 각종 수공 구조물의 수리학적인 흐름 추적 가능, 배수효과의 추적 가능 • 수질 시뮬레이션 가능, 2D 시뮬레이션 가능
단점	• 유역내 관로 저류효과 고려 되지 않음 • 시간-면적곡선에 따라 산정 결과가 좌우됨 • 연속강우 시뮬레이션 불가	• 홍수추적방법의 한계성 내포 : 각종 수리구조물에 대한 시뮬레이션 제한성, 배수효과 시뮬레이션 불가 • 연속강우 시뮬레이션 불가	입력변수 산정 및 시뮬레이션 수행에 많은 시간과 노력이 요구됨

수행기능	홍수추적	압력류계산	저류효과	배수영향	침수모의	수질모의	홍수추적	압력류계산	저류효과	배수영향	침수모의	수질모의	홍수추적	압력류계산	저류효과	배수영향	침수모의	수질모의
	×	×	×	×	×	×	○	○	○	○	○	×	×	○	○	○	○	○	○

4. 강우유출해석모형 적용성

검토 기준	RRL 모형	ILLUDAS 모형	SWMM 모형
국내 유역특성 반영성	• 산지의 비율이 높고, 주거밀집지, 취락지, 상업지역 등 여러 토지이용 혼재 → 투수지역 침투에 의한 강우손실 고려 필요 → 토지이용을 반영한 소유역 분할 및 토지이용별 유출특성 고려 필요		
국내 유역특성 반영성	• 불투수 지역의 유출만을 고려하며, 다양한 토지이용 고려 불가	• 시간-면적 곡선방식으로 토지이용별 특성 고려 불가	• 투수 및 불투수 지역, 토지이용 특성 고려 가능
국내 강우특성 반영성	• 하절기(6~8월)에 강우가 집중되며, 연속강우 발생 → 단기간 호우에 의한 침수 발생 후 후속강우에 대한 배수여건 고려 필요		
국내 강우특성 반영성	• 단일강우만 시뮬레이션만 가능 • 후속강우 영향 검토 불가	• 단일강우만 시뮬레이션만 가능 • 후속강우 영향 검토 불가	• 연속강우사상 시뮬레이션을 고려 가능 • 후속강우 영향 검토 불가
모형 구축자료 확보 용이성	• 소유역, 맨홀, 관망 자료 확보는 모든 모형이 용이함		
모형 구축자료 확보 용이성	• 세부 입력인자가 적어 구축자료가 단순함	• 세부 입력인자가 적어 구축자료가 단순함	• 침투인자, 지면저류 인자는 관련문헌, 기존 유사지역 적용사례, 모형 보정을 통해 확보 가능
매개변수 불확실성의 민감도	• 표면 유출량 산정에 적용되는 매개변수에 대한 국내 규정 및 연구결과 부족 → 문헌, 기존 사례 및 모형 보정을 통해 산정		
매개변수 불확실성의 민감도	• 민감도 적음	• 민감도 적음	• 민감도가 큰 편이나 실측 자료 및 침수현황을 이용한 검·보정을 통해 정도 확보
국내 하수도시스템 반영 가능성	• 개수로, 복개천, 암거, U형 측구, L형 측구, 차집웨어 등의 시설 존재 • 우수는 하천, 해양 등의 방류수역으로 배출됨에 따라 홍수위, 조위 영향 발생 • 빗물펌프장, 저류시설, 우수유출 저감시설 등 각종 수리구조물 존재 → 다양한 관로 형상 및 수리구조물, 배수위 영향에 대한 시뮬레이션 필요		
국내 하수도시스템 반영 가능성	• 원형 관로 이외의 형상 및 배수위 영향 시뮬레이션 불가	• 원형 관로 이외의 형상 및 배수위 영향 시뮬레이션 불가	• 각종 단면 및 수리구조물, 배수위 영향 시뮬레이션 가능
이중배수체계 적용 가능성	• 표면유출 및 관로유출의 종합적인 수행(이중배수체계-2차원 시뮬레이션) 필요		
이중배수체계 적용 가능성	• 이중배수체계 수행 불가	• 이중배수체계 수행 불가	• 이중배수체계 수행 가능

5. 강우유출 해석방식의 비교

구분		기존 방식 (합리식에 의한 방법)	강우유출해석 모형	비고
대상 유출량		첨두유출량	강우의 시간분포를 고려한 유입, 유출수 문곡선 작성	
부등류 해석		일부 가능	가능	
부정류 해석		불가능	가능	
저류지 계획		저류효과 계산 불가능	우수유출량에 대한 저류량 계획 가능	
빗물펌프장 계획		용량의 제한적 추정	우수유출량에 대한 배수량 계획 가능	
침수 영향	침수 여부	간접적 추정	직접적, 시각적 침수 여부 확인 가능	
	침수면적	불가능	이중배수체계 모형인 경우 가능	
	침수심	불가능	이중배수체계 모형인 경우 가능	

6. 강우유출해석 시뮬레이션 수행절차

수행절차	수행내용 및 필요자료		
모형구축을 위한 기초자료 수집	• 상위 및 관련 계획, 지형자료, 유역의 유출특성 자료, 침수이력 등 • 수리 · 수문 조사 : 기상 및 강우자료, 하수도시설 현황, 방류수역 계획홍수위 등		
관로유출모형 구축	• 관로유출모형 구축		
	맨홀자료	맨홀명, 지반고, 관저고, 소유역 정보	
	관로자료	관로명, 상 · 하류 맨홀명, 관형상, 관제원(직경, 폭, 높이), 관로연장, 관경사, 상 · 하류 지반고, 상 · 하류 관저고, 조도계수	
	유역자료	소유역명, 유역면적, 유역 폭, 유역경사, 불투수 면적비율, 지면저류(투수, 불투수 지역), 조도계수(투수, 불투수 지역), 침투인자	
표면유출모형 구축	• 표면유출모형 구축 : 지표면 표고, 건물 및 도로 표고, 표면 조도계수 • 배수계통 및 토지이용을 고려한 소유역 분할		
이중배수체계 모형 구축	• 관로유출모형 + 표면유출모형		
시뮬레이션 검 · 보정	• 유량조사 및 최근 침수이력을 통한 검증 및 보정		
	유량조사	관로에서의 유출량 보정	
	침수이력	침수면적을 통한 보정	
기존시설 배수능력 평가	• 기왕 강우 또는 설계강우 적용 : 통수능, 침수발생 여부, 침수대응시설 성능평가		
침수 대응방안 시뮬레이션	• 관로개량, 빗물펌프시설, 하수저류시설 등 시나리오별 침수 저감효과 평가		

Key Point ✦

123회 출제

침수방지대책(Ⅰ)

1. 서론

1) 최근 가속화되는 도시화로 인해 강우 시 우수의 유달시간이 짧아지고

2) 방류수역의 수위가 홍수 시 토구, 방류구, 우수토실의 수위보다 높아져 저지대의 침수가 빈번이 발생하고 있는 실정

3) 침수방지를 위해서는 지역별 발생형태별, 원인별로 적절한 대책이 필요하다.

4) 침수의 원인은 하나의 원인에 의해 발생되는 지역도 있지만, 각각의 원인들이 복합적으로 작용하여 일어나는 경우가 많다.

5) 또한 CSOs, SSOs도 침수의 한 원인으로 작용하고 있다.

6) 이러한 복잡한 원인으로 발생하는 침수방지를 위해서는 적절한 대책이 요구되고 있는 실정이다.

2. 침수의 원인

2.1 기상이변

1) 지구온난화, 라니냐, 엘니뇨 현상

2) 게릴라성 집중호우

3) 집중적인 강우 시 첨두유출량 증가

2.2 도시화

1) 도시화에 의해 도로포장률 증가 → 유출계수 증가 → 지체시간 감소 → 최대우수유출량 증가

2) 유달시간이 짧아져 강우 시 단시간에 유입

3) 우수저류능력의 저하

4) 지리적으로 낮은 저지대의 배수불량

2.3 기존시설의 문제점

1) 빗물펌프장의 용량부족 및 침수

2) 방류수로의 유하능력 부족

3) 차집관거의 용량부족

4) 우수받이의 용량부족

5) 하수관거의 경사불량

6) 관내퇴적물에 의한 배수불량

7) 연결관 접합부의 돌출

8) 관침하

9) 오접 : 특히 우수관을 오수관에 접합 시나 우수받이를 오수관에 접합 시

3. 대책

3.1 차집관거의 용량증대

1) 가장 현실적으로 쉽게 접근 가능하고 가장 많이 사용하는 방법

2) 용량증대에 따른 공사비 증대

3) 주민통행에 불편 초래

4) 하수처리장으로 유입되는 유입수량이 많아져 처리효율 악화

3.2 차집방식의 개선

합류식 관거는 직접 차집관거에 접속시키지 않고 우수토실을 통해 방류 후 차집관거와 접속시킴

3.3 우수조정지

1) 적당한 지역에 우수조정지를 설치, 우수를 저류시켜 하류의 허용부하량까지 조절하여 침수방지

2) 형식 : 댐식(15m 미만), 지하식, 현지저류식, 굴착식

3) 배수방법 : 자연유하식, 배수펌프식, 수문조작식

4) 빗물펌프장과 상호 연계하여 설치

3.4 우수체수지

1) 강우 시 우수를 일시적으로 저류한 다음 강우종료 후 처리장으로 이송하여 처리

2) 우수토실, 빗물펌프장 뒤에 설치

3) 침수에 대비하여야 하며 가능한 한 고지대에 설치

3.5 스월조정지

1) 소유역에 적합한 방법

2) 각 지역 실정에 맞게 차집관거, 우수조정지 계획과 연계하여 설치함이 바람직

3) 기능 : 저류기능, 유량조절 기능, 침전성 물질의 농축, 부상가능 물질의 제거

4) 유입관과 유출관의 수위차가 커야 효율적인 운영 가능

3.6 펌프장 용량 증대

1) 기존 빗물펌프장의 용량은

① 분류식 : 계획우수량(합리식에 의해 산출)

② 합류식 : 계획하수량−우천 시 계획오수량

2) 기존 펌프장의 용량부족 시 펌프장의 용량 증대

3) 우수조정지와 연계하여 계획

① 우수조정지가 크면 : 펌프장 용량 감소 가능

② 우수조정지가 작으면 : 펌프장 용량 증대 필요

3.7 우수저류지

1) 우수토실 후방 또는 전방에 설치

2) 차집관거의 용량보조 및 우천 시 방류량 감소

3.8 우수저류터널 설치

3.9 도로포장 재질 : 투수성 포장재질 사용

3.10 저류시설 확충

3.11 관내 퇴적물의 준설 실시

3.12 방류하천의 준설 : 방류하천의 수위가 높아지면 역류발생

3.13 계획확률연수의 상향조정

기존 계획확률연수 간선 하수관거 : 10년, 지선하수관거 : 5년의 상향조절

3.14 빗물재이용시설 설치

3.15 빗물펌프장의 침수 방지

1) 펌프장의 지반고를 홍수수위 이상으로 높여 펌프장의 침수를 방지

2) 수배전반, 원동기, 조작반 등을 최고수위를 감안하여 설치

3) 단전에 대비하여 2회선 수전방식, 비상발전기 설치 등을 강구

4) 자동차단 수문을 설치하여 펌프의 정지 시 유입수를 자동으로 차단

5) 펌프는 입축펌프의 사용이 유리

6) 우수조정지와 연계하여 운전

4. 결론

1) 도시화에 따른 저지대의 침수방지를 위해서는 각 지역별 특성을 고려하여 침수방지 대책을 수립하여야 하며

2) 단일방법으로 불가능할 때에는 여러 가지 방법을 조합하여 실시

3) 침수방지를 위한 하수관거 준설은 우기 전에 반드시 실시

4) 하수관거 준설에 대한 지자체별 예산확보, 전담부서 설치 및 주기적인 준설계획 및 기준 설정이 필요

5) 침수방지대책은 초기강우대책 및 CSOs, SSOs 제어대책과 연계하여 계획

6) 하수관거의 주기적인 점검 및 개량이 필요

7) 또한 최근의 이상기후 및 관로의 확률연수를 초과하는 집중강우로 인해 서울시 및 기타지역의 침수가 빈번히 일어나고 있기 때문에 우수관거 용량 재검토, 확률연수 조정 및 소방청에서 추진 중인 우수저류시설과의 연계된 우수배제 계획의 수립이 절실히 필요하다고 판단됨

Key Point +

- 71회, 73회, 88회, 93회, 94회, 96회, 97회, 102회, 104회, 105회, 113회, 114회, 117회, 124회, 126회 출제
- 상기 문제는 침수방지뿐만 아니라 초기강우 대책 및 CSOs, SSOs와 연관지어 숙지하기 바람
- 특히 면접시험이나 1차 시험에서 빗물펌프장과 우수조정지의 관계에 대하여 많이 출제됨(77회 면접)
- 침수방지대책은 각 대책별 기능에 대해 숙지하기 바람

침수방지대책(Ⅱ)

1. 서론

1) 기상이변, 기존 강우빈도를 뛰어넘는 집중호우 빈발

① 시간최대 50mm 이상 강우량 발생 빈도 점차 증가

② 2010. 9. 수도권 집중 호우(최대 98mm)로 광화문 침수

2) 하수관거의 우수배제능력 이상의 강우로 인해 침수피해 증가

연평균 약 2조원의 재산피해 발생

3) 강우 시 CSOs(합류식 하수관거 원류수), SSOs(분류식 오수관거 월류수), 및 SW(분류식 우수관거 유출수)에 의한 수역오염 발생

4) 새로운 강우 패턴에 대비한 하수관거 정비 등 침수방지대책 마련 절실

2. 침수피해의 유형

2.1 외수침수

1) 강, 하천 범람

2) 내수침수(주요 원인)

2.2 빗물배제능력 부족

1) 관거유입 지연

2) 관거이송능력 부족

3) 관거역류

3. 침수피해의 원인

3.1 자연적 요인

1) 강우패턴의 변화(전 세계적 기상이변)

① 강우량 및 강우일수 증가

② 국지적 집중호우의 급격한 증가

2) 조위 및 하천수위 상승으로 인한 배수배제 불량

3.2 사회적 요인

1) 도시화로 인한 도로포장률 증가 → 유출계수 증가

2) 하천변 저지대 인구 집중(반지하 주택 피해 집중)

3) 산업화로 인한 자산집중 및 증가

3.3 시설적 요인

1) 노면 우수배제시설(우수받이 등) 불량

2) 집수시설 및 펌프장 용량 부족

3) 하수관거 용량 부족 등 배수능력 부족

2009년 현재 하수도 보급률은 89.4%로 선진국 수준이나, 오수관을 중심으로 시설설치가 이루어져 우수관의 시설 증가 미비

4) 관거불량, 오접

4. 침수피해 대책방안

4.1 구조적 대책

1) 하수도시설 개량

① 하수관거 용량 증대

우수관 설계 시 여유율(25~100%) 및 침수대비율 설정

② 빗물펌프장 및 우수조정지 적정설계 및 증설

③ 빗물펌프장 침수방지

㉮ 펌프장 지반고 홍수수위 이상으로 증고

㉯ 수배전반, 원동기, 조작반 등 최고수위 고려 설치

㉰ 단전 대비 : 2회선 수전, 비상발전기 설치

㉱ 자동차단 수문설치 : 펌프 정지 시 유입수 차단

④ 부실차집관거 단계적 개선

과거 관거사업이 지선 위주로 이루어짐

⑤ 기후변화에 따른 목표설계강우량 상향

㉮ 현재 하수관거 확률연수 10~30년, 빗물펌프장 확률연수 30~50년으로 상향 조정됨(2011년 개정 하수도시설기준)

㉯ 하수관거의 경우 1시간 이내의 강우가 중요하므로 지속시간을 1시간(되도록 30분)으로 산정할 필요가 있음

⑥ 우수토실의 최소화(통합)

⑦ 우수관거에 계곡수, 하천수 등 불명수 유입차단

⑧ 관거 내 퇴적물 준설 및 청소

2) 도시유출저감시설 설치 및 증설

① 하수저류시설

㉮ 유수지, 지하우수 저류조

㉯ 저류조에 RTC 설치

㉰ 대심도 하수저류 터널

㉱ 생물학적 저류지

㉲ 목적에 따라 침수방지, 비점오염원(CSOs와 SW) 저감, 수자원 확보 및 다기능 저류조로 구분

㉳ 하수도정비기본계획 수립 이후 접속하는 저류시설 기본계획 변경승인

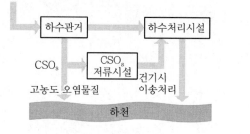

[합류식 하수도]

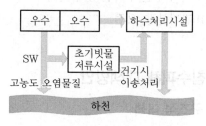

[분류식 하수도]

② 우수침투시설

㉮ 녹지공간 확보

㉯ 침투트렌치

㉰ 투수콘포장

3) 하수재이용시설 확충

4) 상습저지대의 개인 수방시설 보급 및 지원

5) 하천정비 강화

6) 스월조절조 설치 – 저류, 유량조절, 부유물질 제거

4.2 비구조적 대책

1) 체계적이고 지속적인 하천조사사업 추진

2) 유역단위 하천관리체계 구축 및 수방조직 강화

3) 계획강우 및 계획홍수량 주기적 평가

4) 지형정보를 이용한 하천관리

5) 침수지역 기준 설정

6) 도시홍수 예 · 경보체제 수립

7) IT를 이용한 홍수 RTC 구축

8) 도시계획을 연계한 수방계획 수립

9) 적정배수체계 모델 개발 및 도입(이중배수체계 모델 등)

5. 도시유형별 대책

5.1 신규개발지역

1) 하수도시설의 확률연수 상향 적용

   ① 하수관거 : 10~30년

   ② 빗물펌프장 : 30~50년

5.2 기존 도시

1) 하수도시설의 침수대응능력을 고려하여 결정

   ① 기존관거의 확률연수 상향조정 검토

   ② 하수저류시설(대심도 하수저류터널) 설치

   ③ 우수침투시설 설치

6. 대심도 하수저류시설

6.1 국내도입 타당성

1) 기존시설 개량 시 대규모 사업비 및 기간 소요

2) 도시지역 대책시설 설치부지 확보 곤란(지가상승 등)

3) 대도시의 경우 CSOs, SSOs 처리시설 설치부지 확보 곤란

4) 구시가지 합류식 하수도 존치 불가피

5) 광역단위의 빗물재이용시설 설치 시 장거리 관로설치로 비용 증가

6.2 운영방안

1) 청천 시

   ① 정기점검

   ② 하수도시설 이상 발생 시 유입

   ③ 저류수 적정처리 후 재이용

2) 우천 시

   ① 초기우수 및 CSOs 저류, 첨두유량 저류

   ② 시설 초과유량에 대한 대책수립

3) 강우 종료 후

　　① 저류수 공공하수처리시설 연계처리

　　② 잔류 퇴적물 처리, 환기 및 탈취대책 수립

7. 결론 및 제안사항

1) 하수처리시설, 하수관거 등 인프라의 지속적 확충과 더불어, 기후변화에 대응가능하고 녹색성
   장에 기여하는 순환형 하수도로 전환 필요
2) 오수처리 중심의 하수도 시설 확대로 상대적으로 취약한 우수관리대책 수립 필요
3) 하수도 설치기준 강화 및 정부지원 확대
4) 집중강우에 대응가능한 하수도시설 유지관리방안을 수립하고, 유지관리업무를 체계화할 필요
   있음

   　① 정기적인 하수관거 퇴적물 준설

   　② 관거, 빗물받이, 역사이펀, 우수토실, 스크린 등 청소 등
5) 하수관거, 저류시설, 펌프시설의 최적활용을 위해 선진화된 RTC 도입 검토 반드시 필요
6) 우수유출량 산정 시 유역면적가중법(RRL)만으로는 부족하므로, SWMM, 이중배수체계 모델 등
   을 활용해 최적의 빗물펌프장 위치, 관거증설위치 등을 결정할 필요 있음
7) 저류조가 다기능인 경우 저류대상이 달라 시설용량이 거대해질 수 있으므로 각 부처가 협의하
   여 통합운전방안 마련 필요
8) 내수침수의 경우 하수도시설이 주된 원인이므로 치수과가 아닌 하수과에서 조사, 대책 마련을
   실시하는 것이 타당함
9) 국토부, 환경부, 소방청 등으로 분산되어 있는 업무를 통합관리할 수 있는 조직 및 정책마련
   필요

Key Point　✛

117회, 121회 출제

SSO & CSO

1. 서론

1) CSO(Combined Sewer Overflows)는 합류식 하수관거에서 우천 시에 차집관거의 용량 이상(시간최대오수량의 3배)이 되는 우수, 오수, 혼합수가 월류되는 것을 말한다.

2) SSO(Sanitary Sewer Overflows)는 분류식 하수관거에서 관거용량 부족 또는 부실관거에의 지하수 침투, 우수의 유입으로 인하여 관거 유하능력을 초과하게 되고 이로 인하여 맨홀 등에서 하수가 월류하여 유출되는 현상을 말한다.

3) 이들 CSOs와 SSOs는 기존 하수처리장의 유입수질 저하, 처리효율저하 공공수역의 수질방지를 위해 중요하다.

4) 최근 비점오염물질과 오수량이 증가함에 따라 공공수역의 수질보전이라는 관점에서 CSOs와 SSOs의 처리가 필요

2. 개요

1) CSOs가 발생되는 주요한 원인은 불명수의 원인이 되는 I/I에 의해서이다.

2) I/I는 Infiltration과 Inflow로 구성된다.

① Infiltration : 관의 파손, 이음부 불량, 연결관 접속불량 등으로 관내로 지하수가 침입하는 것을 말함

② Inflow : 맨홀부의 불량 우수받이의 불량 등으로 우수가 유입되는 현상을 말한다.

2.1 I/I 발생원인

1) Infiltration : 침입수

① 관거의 접합부분 및 연결관과 본관의 접합부

② 관거와 맨홀 및 관거와 오수받이와의 접합부

③ 관거시설의 파손부, 시공불량부

④ 연결관 접속불량

2) Inflow : 유입수

① 맨홀이나 오수받이의 뚜껑이 노면보다 낮은 경우

② 오수관에 우수관을 오접합하였을 경우

③ 오수맨홀에 우수맨홀뚜껑 설치 시

3) 기타

① 공사에 따른 배수와 공장 등의 무허가 배수

② 우천 시 하천수의 역류

③ 차집관거 미설치로 인한 계곡수의 유입

3. I/I의 문제점

3.1 유입량 증가

1) 하수처리시설의 수리학적 과부하로 인한 처리효율 감소

2) 관거의 유하능력 부족

3) 하수처리장의 유지관리비 증대

4) 처리장의 유입펌프 용량부족 시 하수의 지체현상으로 토사 및 유기물의 퇴적 증가

3.2 유입수질 저하

1) 하수처리장 처리효율 감소

2) 낮은 유기물 함량으로 인해 N, P의 처리효율 저하

3.3 토사유입

1) 관내 토사퇴적으로 유하능력 저하

2) 관로의 부등침하, 도로 및 보도의 침하

3) 하수관거 유지관리비 증대

3.4 공공수역의 오염

1) 초기강우 시 First-flush에 의한 수역의 오염

2) CSOs, SSOs의 발생으로 미처리 오수·우수의 방류로 공공수역의 오염

4. 대책

4.1 기존 시설의 개선책

1) 차집관거의 용량 증대

2) 차집관거의 개선 : 차집관거의 증설, 우회관 신설

3) 차집방식의 개선 : 우수관거의 분리

4) 우수토실의 개선 : 우수토실의 통폐합, 월류위어 높이 상향 조절

5) 분류관 : 완전분류화, 부분분류화

4.2 우수유출량 억제

1) 저류

① 관내저류, 현지저류, 우수체수지

② 초기강우 유출수를 저류하여 오염물질의 일부를 처리한 후 공공수역으로 방류하거나 하수처리장으로 이송하여 처리하는 시설

③ On-site 저류시설 : 우수발생원에서 저류, 운동장 내 저류, 아파트 단지 내 저류, 건물 내 저류

④ Off-site 저류시설

㉮ 우수발생원에서 따로 분리 배출하여 저류

㉯ 우수조정지, 우수저류관, 우수체수지, 다목적 유수지, 치수녹지, 방배조정지, 인공습지

4.3 발생원 관리

노면 및 관거청소, 우수받이 청소, Screening, 마을하수도, 시비법 개선

4.4 처리

1) 하수처리형 시설은 처리효율은 양호하나 설치 및 운영비용이 커서 비경제적

2) 따라서, 하수처리장 설치계획과 연계하여 검토함이 바람직

3) 물리적 처리 : 침강, 부상, 스크린, 여과, Flow Concentrators

4) 물리적 · 화학적 처리 : 응집침전, 여과, 활성탄, High Hradient Magnetic Separation

5) 생물처리 : 활성슬러지, 살수여상, RBC, Treatment Lagoons

6) 살균 : 화학적 방법, Radiation

4.5 식생형

1) 비점오염물질을 처리하고 동식물의 서식공간을 제공하며 녹지경관을 조성

2) 종류 : 식생여과대, 식생수로, 인공습지

4.6 장치형 시설

1) 관말에 설치하여 초기우수를 직접적으로 처리

2) 즉, 초기우수(5~10mm)에 포함된 고농도 오염물질을 물리화학적 장치를 이용하여 직접 처리한 후 방류하는 시설

3) 종류 : Stormceptor, Storm Filter, Sand Filter, Swirl 장치, 수유입장치(Oil/Grit 분리), CDS(Cyclone Disc Screen), CDF(Cyclone Disc Filter)

4.7 완충저류시설

1) 낙동강수계 물관리 및 주민지원에 관한 법률

2) 산업단지 개발사업 시행자는 초기 우수 등의 저류를 위한 완충저류시설 설치 의무화

3) 최근 도로포장률 증가에 따라 강우 시 유출되는 첨두유출량 제어

4.8 빗물이용설비의 확대 보급 및 설치 의무화

4.9 맨홀의 수밀성 확보 : 지수단관, 장대관로, 고강도 무수축모르타르 처리, 수밀시트

4.10 기존 정화조 : 우수침투조로 활용

5. 결론

1) I/I 조사 실시
   ① 육안조사(800mm 이상), CCTV 조사, 염료조사, 연막조사, 음향조사를 통해 파손지점 조사
   ② 일최저유량기법, 일평균 최저유량 – 수질평가기법, 물소비량 평가기법, 유입수 산정기법 등을 통하여 유입량을 산정

2) **보수공사 순위결정** : 등급 및 점수 등의 판단기준을 수립하고 기준에 의해 총괄 평가하여 보수 순위 결정

3) **보수방법 결정** : 부분 보수공법, 전체보수공법, 완전 교체방법 중 현장 여건에 맞는 공법 선정

4) 비점오염원 관리방안, 저지대 침수 방지 등과 비교 · 검토하여 결정

5) 차집관거 및 하수관거의 하천 쪽 부설을 피하고 도로 측 부설

6) **맨홀공사 시 수밀성 확보를 위한 대책 필요** : 지수단관, 장대관로, 고강도무수축모르타르 처리, 수밀시트사용 등

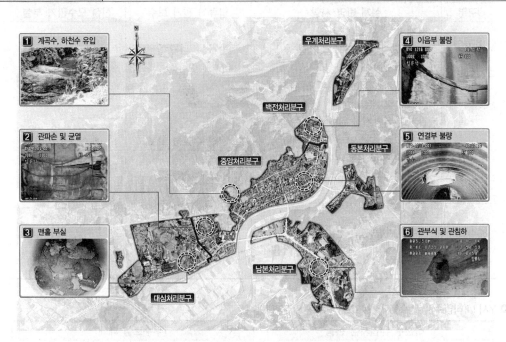

[[Y시 I/I(침입수/유입수) 발생원인 분석(예)]]

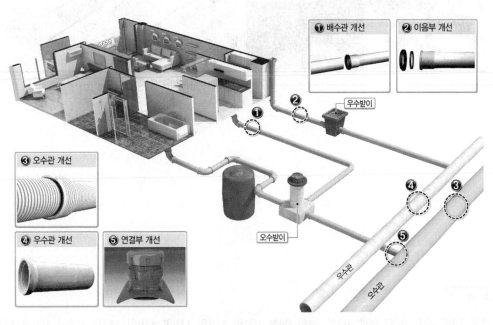

[Y시 관거시설별 개선방안(예)]

○ Y시 설계반영 사항(예)

구분	설계 반영 사항	합류식 관거 보수	신설 오수관거 부설
합류식 관거 보수	• 전체 및 부분보수 실시 → 수밀성 고무링 소켓연결 등 • 본관 접합부위 수밀성 확보	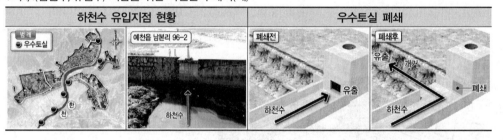	
신설 오수관거 부설	• 내구성, 내부식성 및 수밀성 관종 선정 • 연결부 및 본관 접합부 수밀성 확보 • 관거 부식방지를 위한 최소 유속 확보		
맨홀 수밀성 확보	• 맨홀 뚜껑부 수밀성 확보 • 일체형 맨홀 적용 • 본체 연결부 고강도 무수축 그라우트 보강	맨홀 수밀성 확보	배수설비 정비
배수설비 정비	• 배수설비 연결관 정비 • 내충격 설비 및 일체형 시설 적용		

○ Y시 I/I(침입수/유입수) 저감을 위한 하천관리 계획(예)

하천수 유입지점 현황	우수토실 폐쇄

Key Point ⁺

• 71회, 75회, 82회, 84회, 88회, 89회, 94회, 98회, 104회, 113회, 115회, 116회, 117회, 119회, 120회, 121회, 122회, 125회, 126회 출제
• 빗물 및 침수대책과 관련하여 아주 중요한 문제임
• 침수대책, 비점오염원대책, CSOs 대책이 서로 유사하므로 함께 연계해서 숙지하기 바람

I/I 발생량 분석

1. 서론

1) 우수의 신속한 배제는 합류식이 유리하나 합류식의 경우 유량이 증가되어 건설비가 많이 소요되고 저농도 하수유입으로 하수처리효율을 저하시키며

2) 특히 합류식 하수관거에서 I/I로 인해 발생되는 CSOs를 하수처리장의 용량부족, 수역의 오염을 유발시키고 있는 실정이다.

3) 최근 이러한 합류식 하수관거의 CSOs 문제점을 해결하기 위해 하수관거의 분류화 사업 및 하수관거 BTL 사업을 시행 중에 있다.

4) 그러나, 하수관거의 분류식화를 포함한 BTL 하수관거 정비지역에서도 분류식 관거에서 I/I의 발생으로 인해 여러 문제점을 야기하고 있다.

5) 따라서, BTL 하수관거정비사업이나 기존의 하수관거의 I/I 발생량을 조사 분석하여 적절한 대책을 강구할 필요성이 있으며

6) BTL 하수관거정비사업의 성과지표로서도 I/I 발생량을 조사할 필요가 있다.

2. I/I

2.1 정의

1) Infiltration : 침입수

관의 파손, 이음부 불량, 연결관 접속불량 등으로 관내로 지하수가 침입하는 것

2) Inflow : 유입수

맨홀부의 불량, 우수받이의 불량 등으로 우수가 관내로 유입되는 현상

2.2 발생원인

1) Infiltration : 침입수

① 관거의 접합부분 및 연결관과 본관의 접합부

② 관거와 맨홀 및 관거와 오수받이와의 접합부

③ 관거시설의 파손부, 시공불량부

④ 연결관 접속불량

2) Inflow : 유입수

① 맨홀이나 오수받이의 뚜껑이 노면보다 낮은 경우

② 오수관에 우수관을 오접합하였을 경우

③ 오수맨홀에 우수맨홀 뚜껑 설치 시

3) 기타

① 공사에 따른 배수와 공장 등의 무허가 배수

② 우천 시 하천수의 역류

③ 차집관거 미설치로 인한 계곡수의 유입

2.3 유입수(Inflow)의 종류

1) 지속적 유입수(Steady Inflow)

지하실, 기초배수구, 냉각수 배출, 샘이나 습지의 배수구 등의 유입수

2) 직접유입수(Direct Inflow)

① 강우 유출수가 하수관거에 직접 연결된 형태로 거의 즉시 하수량을 증가

② 발생원 : 지붕물받이, 정원 및 마당의 배수구, 맨홀뚜껑, 우수관거와 집수관거의 교차연결부, 합류식 하수관거

3) 지연유입수(Delayed Inflow)

하수관거를 통해 배출되기까지 여러 날 또는 그 이상의 시간이 소요되는 우수

3. I/I의 문제점

1) 유입량 증가

① 하수처리시설의 수리학적 과부하로 인한 처리효율 감소

② 관거의 유하능력 부족

③ 하수처리장의 유지관리비 증대

④ 처리장의 유입펌프 용량부족 시 하수의 지체현상으로 토사 및 유기물의 퇴적 증가

2) 유입수질 저하

① 하수처리장 처리효율 감소

② 낮은 유기물 함량으로 인해 N, P의 처리효율 저하

3) 토사유입

① 관내 토사퇴적으로 유하능력 저하

② 관로의 부등침하, 도로 및 보도의 침하

③ 하수관거 유지관리비 증대

4) 공공수역의 오염

① 초기강우 시 First-flush에 의한 수역의 오염

② CSOs, SSOs의 발생으로 미처리 오수 · 우수의 방류로 공공수역의 오염

4. I/I 조사 및 분석과정

1) 개요
① 조사와 분석 방법의 절차는 조사지점 선정 → 유량 및 수질조사 → I/I의 분석으로 구분
② 조사대상 지역의 현황조사 → 조사대상 예비지역 선정 → 현장조사 → 예비지역 타당성 조사 → 최종조사 대상지역 선정
③ 선정된 조사지역에서 일정기간 동안 유량 및 수질측정을 수행하고 수집된 데이터를 통해 I/I 등의 분석결과를 도출

2) 조사지점의 선정
① 해당지역의 기본현황 자료를 검토하여 배수구역을 대표할 수 있는 지역을 선정하고 이를 세부블록으로 구분한다.
② 세부블록
  ㉮ 1차 가지형 블록 : 지선관거를 중심
  ㉯ 2차 가지형 블록 : 간선관거를 중심
  ㉰ 3차 가지형 블록 : 차집관거를 중심
③ 각 가지형 블록의 최하류 부분에 유량계를 설치하고 블록의 적정 지점에 강우계를 설치하여 강우량을 측정

3) 유량조사
① 플룸, 위어 등을 이용하여 수위를 측정하고 이를 유량공식에 대입하여 산정
② 자동측정센서를 이용하여 유속과 수위를 측정하고 이 값을 연속방정식($Q=AV$)에 적용하여 유량을 산정
  ㉮ 유속측정 : 초음파식, 전자식, 레이더식 등
  ㉯ 수위측정 : 초음파식, 압력식

4) 수질조사
① 건기 시 : 2시간마다 1회 측정, 1일 12회 채수를 실시
② 강우 시
  ㉮ 월류 초기 → 10~30분 간격으로 실시
  ㉯ 월류 이후 → 1~2시간 간격으로 채수를 실시
    이는 강우 시 발생특성이 월류 초기에는 First-flush의 영향으로 수질농도가 매우 높고, 시간이 지날수록 수질농도가 점차로 낮아져 일반하수 수질보다 낮은 상태를 일정하게 유지하기 때문
③ 측정항목 : DO, BOD, COD_{Mn}, CODcr, SS, T-N, T-P

5) 강우자료 조사

　강우량, 강우강도, 강우지속시간

5. 결론

1) 기존 하수관거에서 발생되는 CSOs, SSOs의 문제점을 해결하기 위해서는 우선적으로 관거 내의 I/I의 분석이 필요하다.

2) 특히, BTL 사업으로 시행되는 하수관거의 분류식화 사업의 경우 소기의 목적을 달성하기 위해서는 관거 내로 유입되는 I/I 양으로 준공 여부(성과지표)를 결정할 필요가 있다.

3) 기 설치된 하수관거에 대해서도 주기적인 I/I 분석계획에 의한 조사와 이 결과를 바탕으로 하수관거 준설, 유지관리방안, 보수보강 등의 기초자료로 활용함이 바람직하다.

4) 또한, 수질조사를 통하여 고농도 오염물질 유입이 되는 지점에는 말단에 장치형 처리시설 등을 설치하여 오염물질의 제거를 통한 수역의 오염방지도 도모할 필요가 있다.

참 / 고 / 자 / 료

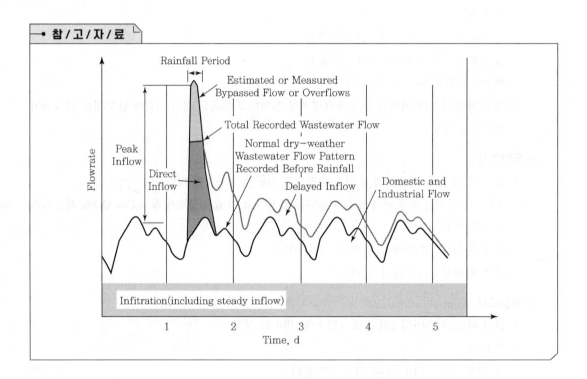

침입수/유입수(I/I)의 개요

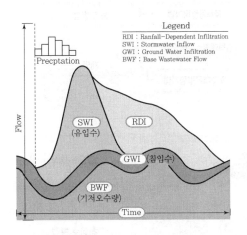

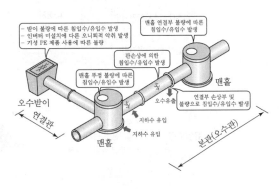

1. 유입수의 종류

침입수(Infiltration)	파손된 관, 연결부 또는 맨홀벽체를 통하여 지하에서 관거 내로 침입하는 물
유입수(Inflow)	우천 시 가정배수설비, 우수관의 오접, 맨홀뚜껑의 불량에 의해 유입되는 물
지속적 유입수 (Steady Inflow)	지하실, 기초배수구, 습지배수구 등에서 배출된 물
직접유입수 (Direct Inflow)	지붕물받이, 정원마당 배수구, 맨홀뚜껑, 우·오수오접으로 유입되는 물
지연유입수 (Delayed Inflow)	우수가 하수관거를 통해 완전히 배출되기까지 여러 날 동안 유입되는 우수

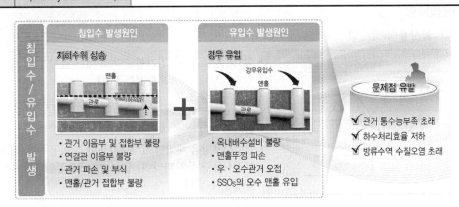

2. 침입수/유입수 분석 흐름도

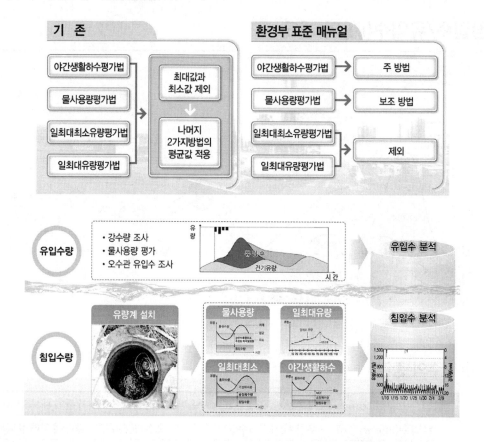

3. 침입수/유입수 산정방법 검토

I/I(침입수/유입수) 분석은 기존 보정방법과 표준 매뉴얼에 의한 방법이 있다.

3.1 기존 보정방법

1) 침입수량

① 물사용량 평가법

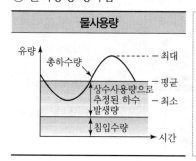

- 침입수량(m^3/d) = 건기평균량(m^3/d) − 물사용량(m^3/d) × 오수전환율(%)
- 상수사용량 조사
- 간이상수도 사용량 조사
- 지하수 사용량 조사
- 상수사용량을 제외한 지하수사용량, 소방용수량, 청소용수량, 부정사용량 등의 파악이 어려우며, 오수전환율 적용시 오차가 발생할 수 있다.

② 일최대유량 평가법

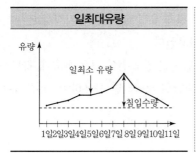

일최대유량

- 침입수량(m³/d)＝Max(Qmin)－Min(Qmin)
  - Max(Qmin):측정기간 중 일최소유량 중 최대값
  - Min(Qmin):측정기간 중 일최소유량 중 최소값
- 장기간의 하수발생패턴을 기준하여 측정 시 정확성 향상
- 계절별 영향 고려 필요
- 야간의 하수발생량은 없다고 가정됨

③ 일최대－최소 평가법

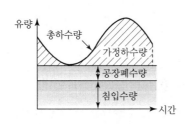

일최대유량

- 가정하수량 $= \dfrac{\sum (Q_i - Q_{\min})}{n}$
- 침입수량 $= \dfrac{\sum Q_i - \sum (Q_i - Q_{\min}) - \sum Q_E}{n} = Q_{\min} - Q_E$
  - Q_i ＝ 전체 발생하수량(m³/d)
  - $Q_{\min}$ ＝ 일최소유량(m³/d)
  - Q_E ＝ 24시간 조업하는 공장폐수량(m³/d)
  - n ＝ 측정일수
- 지점별 공장폐수량 조사
- 유지관리 시 개별공장의 폐수 발생패턴 고려
- 야간 배출업소 관리
- 침입수량 및 공장폐수량은 일정하다고 가정됨

④ 야간생활하수 평가법

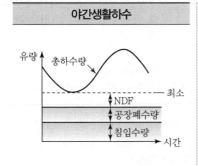

야간생활하수

- 침입수량(m³/d) $= Q_{\min} - Q_{NDF} - Q_E$
  - $Q_{\min}$ ＝ 일최소유량(m³/d)
  - Q_{NDF} ＝ 야간생활하수량(m³/d)
  - Q_E ＝ 공장폐수량(m³/d)
- 야간에 발생하는 생활하수량 산정
- 지점별 공장폐수량 조사
- 야간 배출업소 조사
- 야간생활하수 발생비율 산정식은 외국에서 개발된 식으로 국내 적용시 오차발생 가능성이 있음

2) 유입수량

기존 보정방법의 유입수 분석은 강우시 측정유량에 건기 평균 유량을 감하여 유입수를 산정하며, 최종 단위는 일평균 유입수(m³/d)으로 나타낸다.

- 유입수＝강우시 측정유량－건기평균 유량
  - 건기평균 유량 : 동일 요일의 건기 하수량을 평균

3.2 표준 매뉴얼에 의한 방법

- I/I(침입수/유입수) 분석에 사용할 유효데이터 확보시 전체 유량 데이터 중 비정상 데이터(계측불량, 기기 오작동 등)를 분석에서 제외하는 방법을 사용한다.
- 또한, 정상 데이터의 일단위 유효데이터 확보율을 판단하여 침입수의 경우 유효데 확보율 80% 이상, 유입수의 경우 유효데이터 확보율 70% 이상인 일단위 데이터만 사용하여 I/I(침입수/유입수)분석을 실시한다.
- 유효데이터 확보율 $= \dfrac{\text{정상 데이터 수}}{\text{일 전체 데이터의 수}} \times 100$

1) 침입수 분석방법

침입수 분석은 야간생활하수 평가법, 유사사례 확인을 통한 침입수 전환율(%)을 적용하는 방법을 사용한다.

2) 유입수 분석방법

- 유입수 = 강우시 측정유량 − 건기평균 유량 × 잔차(%)
  - 건기평균 유량 : 강우 전 동일 요일의 건기 하수량을 평균
  - 잔차 : 강우 발생일 전·후 유량과 건기평균 유량을 중첩시킨 요율(±5% 이내)

3.3 기존 보정방법/표준 매뉴얼에 의한 방법 비교

구분	기존 보정방법	표준 매뉴얼에 의한 방법
유효 데이터 확보	• 유효데이터 확보시 비정상 데이터는 보정을 통해 새로운 데이터로 생성 　− 유량 중심의 보정 　− 1일 144개(10분 단위 기준)의 데이터(정상＋보정)를 이용함	• 유효 데이터 확보시 비정상 데이터는 분석에서 제외 　− 확정성, 판정성 기준에 의한 데이터 판정 　− 유효 데이터 확보율은 침입수 80% 이상, 유입수 70% 이상
침입수 분석	• 물사용량 평가법 • 일최대 − 최소 평가법 • 일최대유량 평가법 • 야간생활하수 평가법	• 야간생활하수 평가법 • 유사사례를 통한 침입수 전환율(%) 적용
강우일	강우 1mm 이상(강우 해당일)	강우 3mm 이상(강우일＋강우영향일)
유입수 분석	• 산정식 : 일평균 유량(강우) − 기저유량 　− 기저하수량 : 건기 4주 평균(동일 요일) 　− 단위 : m³/d	• 산정식 : 강우시 측정유량 − 건기평균 유량 × 잔차(%) 　− 건기시 유량 : 건기 2주 평균(동일 요일) 　− 잔차 : 강우 전·후 유량과 건기시 유량을 중첩시킨 요율(± 5% 이내) 　− 단위 : m³/min

---

Key Point +

113회, 115회, 116회, 119회, 120회, 125회, 126회 출제

단계별 침입수/유입수(I/I) 저감방안

침입수/유입수(I/I) 저감방안은 다음 단계로 이루어진다.

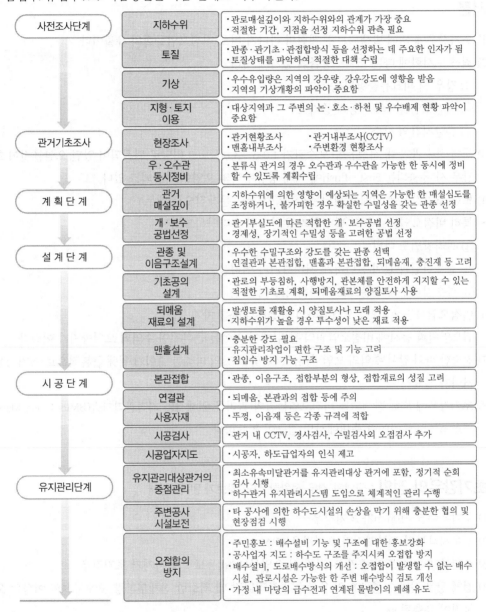

사전조사단계	지하수위	・관로매설깊이와 지하수위와의 관계가 가장 중요 ・적절한 기간, 지점을 선정 지하수위 관측 필요
	토질	・관종・관기초・관접합방식 등을 선정하는 데 주요한 인자가 됨 ・토질상태를 파악하여 적절한 대책 수립
	기상	・우수유입량은 지역의 강우량, 강우강도에 영향을 받음 ・지역의 기상개황의 파악이 중요함
	지형・토지 이용	・대상지역과 그 주변의 논・호소・하천 및 우수배제 현황 파악이 중요함
관거기초조사	현장조사	・관거현황조사 ・관거내부조사(CCTV) ・맨홀내부조사 ・주변환경 현황조사
	우・오수관 동시정비	・분류식 관거의 경우 오수관과 우수관을 가능한 한 동시에 정비 할 수 있도록 계획수립
계획단계	관거 매설깊이	・지하수위에 의한 영향이 예상되는 지역은 가능한 한 매설심도를 조정하거나, 불가피한 경우 확실한 수밀성을 갖는 관종 선정
	개・보수 공법선정	・관거부실도에 따른 적합한 개・보수공법 선정 ・경제성, 장기적인 수밀성 등을 고려한 공법 선정
설계단계	관종 및 이음구조설계	・우수한 수밀구조와 강도를 갖는 관종 선택 ・연결관과 본관접합, 맨홀과 본관접합, 되메움재, 충진재 등 고려
	기초공의 설계	・관로의 부등침하, 사행방지, 관본체를 안전하게 지지할 수 있는 적절한 기초로 계획, 되메움재료의 양질토사 사용
	되메움 재료의 설계	・발생토를 재활용 시 양질토사나 모래 적용 ・지하수위가 높을 경우 투수성이 낮은 재료 적용
	맨홀설계	・충분한 강도 필요 ・유지관리작업이 편한 구조 및 기능 고려 ・침입수 방지 가능 구조
시공단계	본관접합	・관종, 이음구조, 접합부분의 형상, 접합재료의 성질 고려
	연결관	・되메움, 본관과의 접합 등에 주의
	사용자재	・뚜껑, 이음재 등은 각종 규격에 적합
	시공검사	・관거 내 CCTV, 경사검사, 수밀검사와 오접검사 추가
	시공업자지도	・시공자, 하도급업자의 인식 제고
유지관리단계	유지관리대상관거의 중점관리	・최소유속미달관거를 유지관리대상 관거에 포함, 정기적 순회 검사 시행 ・하수관거 유지관리시스템 도입으로 체계적인 관리 수행
	주변공사 시설보전	・타 공사에 의한 하수도시설의 손상을 막기 위해 충분한 협의 및 현장점검 시행
	오접합의 방지	・주민홍보 : 배수설비 기능 및 구조에 대한 홍보강화 ・공사업자 지도 : 하수도 구조를 주지시켜 오접합 방지 ・배수설비, 도로배수방식의 개선 : 오접합이 발생할 수 없는 배수 시설, 관로시설은 가능한 한 주변 배수방식 검토 개선 ・가정 내 마당의 급수전과 연계된 물받이의 폐쇄 유도

[Key Point] ✛

113회, 115회, 116회, 119회, 120회, 125회, 126회 출제

초기강우

1. 서론

1) 초기강우에 의해 발생되는 문제점의 하나가 바로 비점오염물질의 유출이다.

2) 최근 도시화에 따른 도로포장률의 증가에 따라

    ① 강우 시 피크유출량의 증가

    ② 비점오염물질의 이동력 증가

    ③ 유달시간의 감소

3) 특히 하수관거 내 적정유속(오수관거 : 0.6~3.0m/sec) 미달로 퇴적되어 있던 오염물질이 초기강우 시 유출되는 First-flush에 의해 방류수역의 오염이 가중되고 있다.

4) 또한 초기강우에 의해 발생되는 CSOs, SSOs도 문제점으로 대두

5) 특히 비점오염물질은 그 발생원과 운반과정이 다양하므로

    ① 관리방법도 다양

    ② 점오염원과 같이 간단하게 처리하기가 어려움

    ③ 하수처리수의 수준으로 처리하기도 어렵다.

6) 비점오염물질은 4대강 오염부하의 약 20~40%를 차지

    점오염원과 동시에 비점오염원의 관리(제어)없이는 근본적인 수역의 오염방지가 어렵다.

7) 전술한 바와 같이 수역의 오염방지, CSOs 및 SSOs의 피해를 줄이기 위해 근본적으로 초기강우의 처리가 필요하며

8) 초기강우에 의해 발생되는 비점오염물질의 관리를 위해서는 최적관리기술(BMPs : Best Manage-ment Practies)이란 측면에서의 접근이 필요하다.

2. 초기강우의 정의 : 국내의 경우 정확한 정의 확보가 안 된 상태

1) 초기우수 5~10mm가 초기강우

2) 강우시작부터 30분까지가 초기강우(EPA)

3) 오염물(TSS) 농도가 증가 후 건기 시 오염물(TSS) 농도 회복까지가 초기강우

4) 전체 강우 유출수 중 30%의 유출수가 흘러나갈 때 최소한 전체부하량 중에서 80% 이상의 오염물질이 유출될 때

3. 초기강우 처리의 필요성

3.1 유입량 증가

1) 하수처리시설의 수리학적 과부하로 인한 처리효율 감소

2) 관거의 유하능력 부족

3) 하수처리장의 유지관리비 증대

4) 처리장 유입펌프의 용량부족 시 하수의 지체현상으로 인한 토사 및 유기물질의 퇴적 증가

3.2 유입수질의 저하

1) 유입수질 저하로 인한 처리효율 감소

2) 낮은 유기물 함량으로 인해 n, p의 처리효율 저하

3.3 토사유입

1) 관내토사퇴적으로 인한 유하능력 저하

2) 관로의 부등침하, 도로 및 보도의 침하 우려

3) 하수관거의 유지관리비 증대

3.4 공공수역의 오염

1) CSOs, SSOs의 발생으로 미처리 우수, 오수의 방류로 공공수역 오염

2) 초기강우 시 First-flush에 의한 수역의 오염

4. 비점오염원 저감방안

비점오염원에 대해서는 최적관리기술(BMPs : Best Management Practices)이란 측면에서 접근이 필요

4.1 최적관리기술의 분류

1) 토지이용 규제를 통한 오염발생의 원천적 관리

    ① 방법

        ㉮ 집수지로 흘러가는 오염원의 이동 중 처리

        ㉯ 유달률 저감

        ㉰ 초기우수의 직접처리

    ② 특징 : 비점오염원의 규제능력은 큰 반면, 비용이 많이 소요

2) 각종 처리시설

    비용은 적게 소요되나 효율이 낮고 민원발생의 소지가 높다.

5. 비점오염원 관리방안

5.1 기존시설의 개선책

1) 차집관거의 용량 증대

2) 차집관거의 개선 : 차집관거의 증설, 우회관 신설

3) 차집방식의 개선 : 우수관거의 분리

4) 우수토실의 개선 : 우수토실의 통폐합, 월류위어 높이 상향 조절

5) 분류관 : 완전분류화, 부분분류화

5.2 우수유출량 억제

1) 저류 : 관내저류, 현지저류, 우수체수지

　초기강우 유출수를 저류하여 오염물질의 일부를 처리한 후 공공수역으로 방류하거나 하수처리장으로 이송하여 처리하는 시설

　① On-site 저류시설 : 우수발생원에서 저류

　　운동장 내 저류, 아파트 단지 내 저류, 건물 내 저류

　② Off-site 저류시설 : 우수발생원에서 따로 분리 배출하여 저류

　　우수조정지, 우수저류관, 우수체수지, 다목적 유수지, 치수녹지, 방배조정지, 인공습지

5.3 발생원관리

노면 및 관거청소, 우수받이 청소, Screening, 마을하수도, 시비법 개선

5.4 처리

하수처리형 시설은 처리효율은 양호하나 설치 및 운영비용이 많이 들어 비경제적

따라서 하수처리장 설치계획과 연계하여 검토함이 바람직

1) 물리적 처리 : 침강, 부상, 스크린, 여과, Flow Concentrators

2) 물리적·화학적 처리 : 응집침전, 여과, 활성탄, High Gradient Magnetic Separation

3) 생물처리 : 활성슬러지, 살수여상, RBC, Treatment Lagoons

4) 살균 : 화학적 방법, Radiation

5.5 식생형

비점오염물질을 처리하고 동식물의 서식공간을 제공하며 녹지경관을 조성

종류 : 식생여과대, 식생수로, 인공습지

5.6 장치형 시설

1) 관말에 설치하여 초기우수를 직접적으로 처리

2) 즉, 초기우수(5~10mm)에 포함된 고농도 오염물질을 물리화학적 장치를 이용하여 직접처리한 후 방류하는 시설

3) 종류 : Stormceptor, Storm Filter, Sand Filter, Swirl 장치, 수유입장치(Oil/Grit 분리), CDS(Cyclone Disc Screen), CDF(Cyclone Disc Filter)

5.7 완충저류시설

1) 낙동강수계 물관리 및 주민지원에 관한 법률

2) 산업단지 개발사업 시행자는 초기우수 등의 저류를 위한 완충저류시설 설치 의무화

3) 최근 도로포장률 증가에 따라 강우 시 유출되는 첨두유출량 제어

5.8 빗물이용 설비의 확대 보급 및 설치 의무화

5.9 맨홀의 수밀성 확보 : 지수단관, 장대관로, 고강도무수축모르타르 처리, 수밀시트

5.10 기존 정화조 : 우수침투조로 활용

6. 결론

1) 공공수역의 수질보전을 위해서는 점오염원의 관리에는 한계가 있다. 따라서 공공수역의 수질보전을 위해서는 비점오염원의 관리대책이 필요하며

2) 특히, 초기강우 시 고농도로 유출되는 비점오염물질의 관리가 절실히 필요

3) 또한 초기강우에 대한 대책수립 시 CSOs, SSOs, 비점오염물질 및 저지대 침수대책 등과 연계하여 계획함이 바람직

4) 농촌지역의 경우

① 마을하수도 설치 : 영양염류 제거공법 도입

② 시비법 개선, 농약사용의 억제

③ 토지이용의 제한

④ 다목적 상수댐 상류지역의 하수정비사업의 조기 착공

5) 도시지역의 경우

① 도로포장률 증대에 의한 유달률 증가, 저지대 침수대책 등과 연계

② 공장지역의 경우 유해물질처리를 위한 장치형 시설의 설치가 바람직

③ 완충저류시설의 설치 검토

6) 또한 현재 전국적으로 추진하고 있는 하수관거 정비사업 시행 시 구조적인 문제가 없는 합류식 하수관거의 무리한 분류식화보다는 초기강우 처리에 많은 투자를 할 필요가 있다.

BMP	원리	장점	단점
Infiltration System	우수중의 일부를 지하로 침투시켜 토양을 이용하여 오염된 우수를 정화하고 부족한 지하수 양을 맞춤	유량조절과 수질개선을 동시에 이룰 수 있음	• 지하수를 음용수로 사용하는 지역과 토양의 투수성이 낮은 지역에서는 적용이 불가능 • 잦은 보수를 요구, 2차 토사오염의 가능성
Retention System	우수를 다음 강우까지 간직하는 구조물로서 강우 사이에도 영구적으로 물을 보관하는 구조물	• 우수의 양과 질을 동시에 관리 • 인공적으로 조성된 연못에서 식물군들에 의해 우수의 생물학적 처리 자연친화, 미적 아름다움	높은 Capital Cost
Retention System	우수의 일부를 임시보관 하였다가 점진적으로 방출하여 우수의 유속을 유지하는 구조물로 강우가 내리지 않는 기간 중에는 비어 있음	초기강우강도를 줄여 홍수예방 및 수로의 보호에 일조	• 높은 Capital Cost • 우수의 수질을 개선하는 데는 큰 영향을 끼치지 못하는 한계
Constructed Wetland	Retention System 그리고 Detention System과 비슷한 구조물이지만 호수바닥에 습지식물들이 식생하는 구조물	유량조절과 수질개선을 동시에 이룰 수 있음	• 높은 Capital Cost • 습지생물이 식생하기에 알맞은 수심을 늘 유지해야 한다.
Sand Filter	모래를 이용 직접 초기우수 내의 부유물을 걸러냄	도심지역에서 지하매설 등으로 효율적인 공간이용 가능	• 지속적인 유지관리 필요 • Dissolved Contaminant의 처리효율 한계
상업적 Modified Filter System	기업에서 도시의 초기우수 관리를 위하여 다양한 디자인과 흡착재질로 개발된 구조물	• 지속적인 유지관리가 필요 도심지역에서 지하매설 등으로 효율적인 공간이용 가능 • Sand Filter보다 우수한 Dissolved Contaminant의 처리효율 가능	지속적인 유지관리 필요

[경기도 광주시 비점오염저감시설]

[식생여과대]

[식생수로]

분류	볼텍스를 이용한 장치	스크린을 이용한 장치	필터를 이용한 여과장치
시설명	우수용 와류형 분리기	스크린 처리장치	필터처리장치
주처리 시설도			
주처리원리	수동력학적 침전	스크린	저류침전 + 필터링
주요시설	• 유입조(Hydro−brake 포함 선택) • DD(초기우수처리장치)	• 처리수조 • 차집용 위어 • 스크린, 오물수거망, 흡착포	• 초기우수저류조 (Catch Basin) • 자연정화식맨홀(스크린, 식생대, 메디아층) • 필터카트리지(스톰필터)
처리대상 및 제거효율	• 미세침전물 및 부유물(Oil 등) • BOD 10~30% • TSS 30~60% • T−N 10~20%, T−P 10~20% • 150μm 직경입자 90% 이상 제거	• 협잡물 및 Oil(흡착포 필요) 제거 • 조대부유물 제거 • 150~300μm 직경입자 30% 이상 제거	• 협잡물, 부유물 및 오염용존물질 • BOD 90% • TSS 60~90% • T−N 90%, T−P 90% (한강유역관리청에 제출한 내용)
처리유량 및 부지소요	• 처리유량범위가 넓음 • 부지소요 적음	• 처리유량범위가 넓음 • 부지소요 적음	• 저유량에 적합 • 부지소요 많음 • 높은 손실수두
시공성	• Precast 제품으로 1~2시간 내 빠른 시공(도심에 적합)	• 비교적 빠른 시공	• 별도의 토목구조물인 우수저류지 필요 • 시공 기간이 길게 소요 • 설치 부지가 크고, 자재 및 시공비 고가
유지관리 항목	• 퇴적물 및 부유물 준설 • 소모품교환 없이 유지관리 용이	• 퇴적물 준설 • 스크린 세척 • 흡착포 교환 • 소모품(흡착포) 주기적으로 교체	• 비교적 많은 유지관리와 고비용이 요구 • 오물수거망 준설 • 저류조 준설 • 메디아 교체 · 식생관리

분류	볼텍스를 이용한 장치	스크린을 이용한 장치	필터를 이용한 여과장치
시설명	우수용 와류형 분리기	스크린 처리장치	필터처리장치
장점	• 초과유량 안정적으로 우회시킬 수 있는 구조 (Hydro Brake 설치 시) • 유지관리 가장 간편, 관리비 저렴 • 설치비용이 저렴하며, 시공 후 소모품 발생 없음 • 처리유량범위가 탄력적이며, 시공성 우수 • 침전을 이용한 시설 중 가장 높은 제거 효율 • 다른 BMPs의 전처리시설로 연계 가능하며, 가장 작은 설치면적 • 해외에 사용실적 다수, 효과 입증	• 처리유량범위가 탄력적이며, 시공성 우수 • 다른 BMPs의 전처리시설로 연계가능 • 광범위한 지역에 협잡물 제거에 효과적 • 시공비 저렴 • 미국, 호주 등에 사용 실적 다수	• 수질정화 효과 비교적 우수 • 상부식생에 의한 경관창출효과(도심지에는 부적합)
단점	• 용존성 오염물질 제거 곤란 • T-N, T-P 제거 제한적 • 국외 기술	• 과도한 유입유속을 제어할 수 없어 처리효율 유동적이며 침전협잡물 재부상 가능성 • 주기적 흡착포 교환, 스크린 세정 등 유지관리의 번거로움 • 용존성 오염물질 제거 곤란 • T-N, T-P 제거 제한적 • 국외 기술	• 별도의 우수저류조 설치로 토목구조물 건설비용 및 소요부지 증대, 시공비 및 유지관리비 가장 과다 • 자연정화식 맨홀 폐색 시에는 초기우수 월류 • 최적의 조건에서 효율기대, 점차 효율이 급격히 떨어지며, 유지관리 미흡할 경우 혐오시설 우려 • 메디아층의 폐색정도 측정 곤란 • 소모품 교환 필요(독점적)

Key Point

- 129회 출제
- 초기강우, 비점오염물질에 관련된 문제는 10점, 25점 문제로 출제 빈도가 아주 높으므로 꼭 숙지하기 바람
- 면접시험에서도 자주 출제되는 문제이므로 1차 준비뿐만 아니라 2차 면접을 위해서라도 꼭 숙지하기 바람
- 25점으로 출제 시 5.1항, 5.4항 및 5.7항을 좀 더 간략히 하여 최대 4페이지 분량으로 기술하는 요령이 필요함
- 10점 문제로는 초기강우 또는 도시지역과 비도시지역별 처리대책으로 출제될 수 있으니 출제자의 의도에 맞게 답안을 변형 기술하는 요령도 필요함
- 또한 이 문제의 경우 CSOs, SSOs와 밀접한 관계가 있으므로 이 문제가 출제될 경우 비점오염원과 연계하여 기술하기 바람

First - flush

관련 문제 : 초기탁질누출현상

1. 개요

1) 합류식 하수관거의 경우 청천 시 0.6~3.0m/sec의 유속을 만족시키지 못하는 경우가 많으며, 관 내 토사퇴적물들이 많이 퇴적되어 있다.

2) 이와 같은 상태일 경우, 강우 시 특히 초기강우 시 침전된 오염물질이 배출되는 현상을 유발하는 데 초기강우 시 고농도의 침전물(오염물)이 강우와 같이 유출되는 현상을 First - flush라 한다.

3) First - flush와 합류식 하수관거의 CSOs는 방류수역으로 방류되어 수역의 수질오염을 유발할 수 있다.

4) 또한 First - flush 발생 시 비점오염원의 유입에 의해 그 농도는 증가할 우려가 있다.

5) 따라서 초기강우에 따른 First - flush와 CSOs의 제거가 필요하다.

2. 원인

1) 관내유속저하 : 하수관 내 적정유속 0.6~3.0m/sec의 미확보

2) 관경사와 역경사

① 관거 내의 경사불량으로 정체부가 생기고 이에 따라 고농도 침전이 발생

② 특히 역경사(± 3cm 이상) 발생 시

3) 주기적인 준설이 없는 경우

4) 연결관 돌출, 타관통 통과 시

3. 문제점(원인과 결과에 의한)

1) 수역의 오염 : 고농도의 오염물질 배출에 기인

2) 하수처리효율 저하

3) 퇴적물에 의한 하수관거 부식 유발

4) 균열이나 파열된 하수관거의 경우 고농도오염물질 유출에 의해 토양오염, 지하수 오염 유발

5) 퇴적물에 포함된 황화물에 의해 관외면 부식의 촉진

6) 토사유입

7) 부등침하

8) Cross-connection 발생 우려

4. 대책

1) 하수관거의 정비
   ① 역경사 조정(±3cm 초과 관거)
   ② 관거 내 침전물 제거 : 준설 실시
   ③ 유속확보 : 조도계수 조정, 관경축소, 경사조정 등
   ④ 오수받이의 청소 및 용량 증대
   ⑤ 받이의 주기적인 준설

2) 스월조정조 설치
   ① 부유물의 제거
   ② 침전물 침전 제거
   ③ 유량조절 기능

3) 차집관거의 용량 증대

4) 관거의 분류식화 : 완전분류화, 부분분류화

5) 우수체수지 설치

6) 빗물저류시설 설치

Key Point +

• 상기 문제도 중요한 문제이므로 반드시 숙지하기 바람
• 원인과 결과에 대한 숙지가 필요함

우수토실

1. 개요

1) 원래 합류식 하수관거의 목적은 우수의 신속한 배제에 있다.
  ① 이 경우 대용량 관거가 필요 → 건설비 증가
  ② 저농도 고유량의 하수가 처리장으로 유입 → 처리효율 저하

2) 전술한 문제점 해결방법
  우수토실을 설치하여 강우 시에 차집관거 도중에서 강우를 배제
  ① 하류부 차집관거의 단면 절약
  ② 배수 혹은 중계펌프장, 하수처리장의 시설비 절약

3) 우수토실
  ① 차집관거 중간에서 강우 시 우수를 방류하천으로 배수시키는 구조물로서
  ② 청천 시 : 발생하수량 전량 차집
  ③ 우천 시 : 계획차집하수량(시간최대오수량의 3배)만 차집하고 나머지는 우수토실을 통하여 하천으로 방류

2. 설치 시 고려사항

1) 위치 : 되도록 방류수역 가까이 충분히 방류되는 지역을 선정
2) 유출수위 : 방류수역이 고수위인 경우에도 방류가 가능하도록 설치 → 역류방지
3) 방류수로 인하여 하천 등에 오염을 유발할 수 있으므로 하천, 해역 및 호소 등의 흐름방향, 상수원 등에 영향을 주지 않도록 위치 선정
4) 도로, 교대, 지하매설물에 지장을 주지 않는 지역 선정
5) 우수토실은 너무 많은 수를 설치하는 것보다 어느 정도 통합 설치하여 방류부하량을 다량으로 만들어 방류하는 것이 건설, 유지관리 면에서 유리
6) 강우 시에도 자연배수가 되도록 위치 선정

3. 우수월류량

우수월류량＝계획하수량－우천 시 계획오수량(시간최대오수량의 3배 이상)

4. 우수월류위어의 길이(L)

완전월류위어 길이

$$L = \frac{Q(\text{m}^3/\text{sec})}{1.8H^{\frac{3}{2}}}$$

여기서, L : 위어길이(m)
Q : 우수월류량(m³/sec)
H : 월류수심(m)

5. 우수월류위어 설치 시 고려사항

1) 오수유출관의 수위는 월류위어 높이보다 낮게
2) 월류위어는 완전월류를 원칙
3) 오수유출관거의 관저고는 유입관거 관저고보다 높지 않게
4) 오수유출관거에는 소정의 유량 이상 흐르지 않도록 한다.
   우수토실의 수위가 상승하면 압력관거가 될 수 있으므로 오리피스 등의 적절한 방법으로 유량을 조절
5) 우수토실에는 출입구를 만들어 월류위어, 오수유출관거의 상태를 점검 : 지름 600mm 정도의 원형으로 하는 것이 좋다.
6) 우천 시 우수토실 우수유입차단장치 설치 : 우수유입과 함께 토사, 오염물질의 유입 방지를 위해

6. 구조

1) 오수유출관거
   ① ϕ200mm 이하 : 고정식 수직오리피스형
   ② ϕ250~800mm : 수동식 수문형
   ③ ϕ900mm 이상 : 전동식 수문형

우수토실의 형태

형태	항목	개요	설치부지	비고
고정식	횡월류 위어	기존 합류식 관거 내의 흐름방향에 평행하게 위어를 설치하여 차집량 이상의 오수는 측면으로 월류하도록 고안된 형태로 구조가 간단하다.	부지가 협소한 곳에도 시공 가능	
	수직 오리피스	분류위어에 의해 차집된 오수를 수직 오리피스를 통해 차집하는 방식으로 구조가 간단하나 우수토실 내 수위 증가에 의한 차집량 조절이 불가능하다.	비교적 작은 부지에 시공 가능	
기계식	수동식 수문	수직 오리피스형에 수동식 수문을 설치한 형태로서 수직 오리피스 입구에 설치된 수문을 수동으로 조작하여 오리피스의 통수면적을 가감함으로써 차집량을 조절한다.	수직오리피스와 같으나, 수문실을 우수토실 내 또는 지상에 설치	
	부표연동식 수문	수동식 수문과 같은 형이나 수동식 수문 대신 부표연동식 수문을 설치하여 유량을 조절하도록 되어 있으나 복잡한 기계부품으로 되어 있어 하수 중의 이물질에 의한 기능장애가 빈발하는 단점이 있다.	오리피스 외에 부표 설치를 위한 추가 부지가 필요	
자동식	중앙집중 제어식 전동수문	수동식 수문 대신 전동모터에 의해 작동되는 수문을 설치하여 유역 내 우수토실을 한 곳에서 통제하는 형태로서 가장 효율적인 방식이나, 막대한 공사비, 고도의 유지관리 기술 및 특수 기술요원 확보 등의 어려움이 있다.	전동모터실 및 비상동력(디젤엔진 등)실 설치로 큰 부지 필요	

Key Point +

- 과거 출제 빈도가 높았지만 분류화 진행에 따라 출제 빈도가 떨어지는 문제임
- 하지만 우수토실과 관련된 공식은 반드시 숙지하기 바람

TOPIC 63

스월조절조(Swirl Regulator)

1. 개요

1) 스월조절조는 합류식 하수도에서 우천 시 방류 부하량을 저감하기 위해 설치하며

2) 기존의 우수토실을 대신하는 시설물로 사용 가능

3) 스월조절조는 유입하는 하수의 유속으로 선회류를 일으켜 관성력에 의한 고액분리, 즉 고형물을 조의 중앙부에 모아서 처리

2. 스월조절조의 기능

1) 저류

2) 유량조정

3) 침전성 물질의 농축

4) 수면 부상성 물질의 제거

5) 수면 부상성 물질의 제거

6) 방류부하량의 저감

3. 고려사항

1) 스월조절조는 합류식 하수도에서 우천 시 방류부하량의 저감을 위한 시설로서 비교적 소유역에 적합한 시설이다.

2) 스월조절조의 설계제거율은 하수처리시설의 간이처리와 같은 정도의 30% 정도

3) 따라서, 차집관거의 용량 증대나 우수체수지 등 비교적 대유역을 대상으로 하는 시설의 우천 시 방류부하량의 저감대책과 조합시킬 경우

4) 방류부하량의 저감효과 및 경제성을 고려하여 적용할 필요가 있다.

4. 스월조절조의 수위차

1) 스월조절조는 우수토실과 비교하여 오수유입지점과 방류지점의 수위차가 많이 필요

① 유입 오수는 조 아래 부분의 오리피스에서 차집관거에, 우수는 집수구역에서 공공수역으로 유출되므로

② 조 내의 손실수두가 증가하기 때문

2) 따라서, 스월조절조의 설치 시 충분한 수위차가 확보되는 지점을 선정할 필요가 있다.

펌프장

1. 서론

1) 빗물펌프장 설치 이유

① 저지대의 경우 자연유하에 의한 우수배제가 곤란

② 따라서 배수구역 내 우수를 방류지역으로 배제할 필요가 있음

③ 저지대 침수방지를 위해 설치

④ 분류식 하수관거에서 SSOs 발생 시 우수가 월류할 우려가 있기 때문

⑤ 우수조정지의 용량이 부족한 경우

2) 중계펌프장 설치 이유

① 관로가 긴 경우 관거의 매설깊이가 깊어져 비경제적이기 때문에

② 유입구역의 오수를 다음 펌프장 또는 처리장으로 수송하는 목적으로 설치

3) 처리장 내 펌프장 설치 이유

유입하수를 자연유하로 처리해서 하천이나 해역으로 방류시킬 수 있도록 처리장 내 설치

2. 설치위치

2.1 빗물펌프장

1) 방류수역 가까이 위치

2) 펌프로부터 직접 방류하거나 방류관거를 사용하더라도 단거리인 것이 유리

2.2 중계펌프장

1) 되도록 낮은 장소에서 높은 장소로 양수할 수 있는 지역에 설치

2) 가능한 한 설치 수가 적도록 위치를 선정 : 펌프장 이후 관거의 매설비용 절감을 위해

2.3 처리장 내 펌프장

유입관거, 처리시설의 배치, 방류관거 등을 종합적으로 검토하고 합리적인 배제계획에 기초하여 정한다.

3. 계획하수량(Q)

1) 빗물펌프장

① 빗물펌프장의 용량은 계획우수량(계획우수유출량)을 신속하게 배제하도록 계획

② 미리 우수저류관으로 계획한 경우를 제외하고는 관내저류는 고려하지 않는다.

③ 또한 합류식 하수도의 경우에는 차집량을 고려한다.

④ 계획우수량의 산정은 합리식의 사용을 원칙으로 하되, 도시지역의 유출현상을 잘 나타내는 것으로 알려진 강우유출산정방법/모델(수정합리식, RRL법, ILLUDAS, SWMM, STORM, MOUSE 등)을 사용하여 지역특성에 맞도록 산정할 수 있다.

하수배제방식	펌프장	계획하수량
분류식	중계펌프장 처리장 내 펌프장	계획시간최대오수량(Q)
	빗물펌프장	계획우수량($Q = \dfrac{CIA}{360}$)
합류식	중계펌프장 처리장 내 펌프장	우천 시 계획오수량($3Q$)
	빗물펌프장	계획하수량 − 우천 시 계획오수량

3.1 분류식

1) 중계펌프장, 처리장 내 펌프장

① 계획시간최대오수량 = 계획1일최대오수량 × 1/24×1.3~1.8

㉮ 중소규모 : 1.5~1.8

㉯ 대규모 : 1.3

② 오수관거 : 계획시간최대오수량에 대해 예비용량 및 여유율을 고려한다.

㉮ 소구경관거(ϕ250~600mm) : 약 100%

㉯ 중구경관거(ϕ700~1,500mm) : 약 50~100%

㉰ 대구경관거(ϕ1,650~3,000mm) : 약 25~50%

2) 빗물펌프장

① 계획우수량 기준

② 합리식 : 최대우수유출량 $Q = \dfrac{CIA}{360}$

3.2 합류식

1) 중계펌프장, 처리장 내 펌프장

① 오수로 취급하는 하수를 수송

② 우천 시 계획오수량 : 계획시간최대오수량의 3배 이상($3Q$ 이상)

2) 빗물펌프장

합류식 관거의 계획하수량(시간최대하수량 + 계획우수량) − 우천 시 계획오수량

4. 흡입수위

4.1 오수펌프의 흡입수위

1) 원칙적으로 유입관거의 일평균오수량이 유입할 때의 수위로 정한다.

2) 흡입관 위치 : 유입관거 최저수위를 유지시키는 위치

4.2 빗물펌프의 흡입수위

1) 흡입수위 : 유입관거의 계획하수량이 유입할 때의 수위

2) 펌프흡수정의 수위를 일정 이상으로 올라가지 않도록 펌프흡입관을 깊게 하거나 펌프흡수정 바닥을 내릴 필요가 있다.

5. 배출수위

5.1 중계펌프장, 처리장 내 펌프장

1) 방류수역의 수위를 고려하여 결정

2) 최고 빈도수위를 배출수위로 한다.

5.2 빗물펌프장

배수구역의 중요도에 따라서 최고배출수위를 정한다.

6. 펌프설치대수(합류식)

오수 Pump		우수 Pump	
계획오수량 (m³/sec)	설치대수(대)	계획우수량 (m³/sec)	설치대수(대)
0.5 이하	2~4대(예비 1대 포함)	3 이하	2~3대
0.5~1.5	3~5대(예비 1대 포함)	3~5	3~4대
1.5 이상	4~6대(예비 1대 포함)	5~10	4~6대

※ 분류식 오수펌프는 합류식 오수펌프와 같다.

7. 펌프장 대책

1) 펌프장의 위치는 용도에 가장 적합한 수리조건, 입지조건 및 동력조건을 고려하여 정한다.
2) 펌프장은 빗물의 이상유입 및 토출 측의 이상 고수위에 대하여 배수기능 확보와 침수에 대비해 안전대책을 세운다.
3) 펌프장의 설계 시에는 펌프운전 시 발생할 수 있는 비정상현상(공동현상, 서징, 수격작용)에 대하여 검토
4) 펌프장에서 발생하는 진동, 소음 및 악취에 대해서 필요한 환경대책을 세운다.
5) 펌프장 침수장지를 위한 대책을 강구한다.(빗물펌프장 침수방지대책 참고)

8. 펌프의 선정

전양정	형식	펌프구경(mm)
5m 이하	축류펌프	400mm 이상
3~12m	사류펌프	400mm 이상
5~20m	원심사류펌프	300mm 이상
4m 이상	원심펌프	80mm 이상

9. 결론

1) 빗물펌프장의 침수방지대책을 강구
　① 펌프장의 지반고를 홍수수위 이상으로 높여 펌프장의 침수를 방지
　② 수배전반, 원동기, 조작반 등을 최고수위를 감안하여 설치
　③ 단전에 대비하여 2회선 수전방식, 비상발전기 설치 등을 강구
　④ 자동차단 수문을 설치하여 펌프의 정지 시 유입수를 자동으로 차단
　⑤ 펌프는 입축펌프의 사용이 유리
　⑥ 우수조정지와 연계하여 운전
2) 원활하고 신속한 대처를 위한 원격감시시스템(TM/TC) 구축
3) 최근 이상강우의 영향으로 발생된 서울시의 침수발생의 예가 같이 계획우수량 산정시 소방청에서 제시한 기준(강우량 산정시 FARD 모델링, SWMM의 적용 등)의 적용과 우수저류시설을 포함한 방재시설과 우수관거의 종합적인 검토 및 계획이 필요하다고 판단됨

Key Point +

- 110회 출제. 상기 문제는 출제 빈도가 높은 문제임(최근 서울시 침수로 인해 향후 출제가 예상됨)
- 특히 펌프장의 설치 목적과 설치위치, 표에 있는 펌프설치대수 및 설계기준(Q)에 관련된 내용은 반드시 숙지하기 바람
- 소방청에서 제시한 우수저류시설 설치 업무지침에세 제시한 기준들의 비교 · 검토가 필요함

펌프장 침사지 및 파쇄장치

1. 침사지 설비

1) 침사지는 하수 중의 직경 0.15mm 정도 또는 0.2mm 이상의 무기물, 비부패성 무기물 및 입자가 큰 부유물을 제거하여 방류수역의 오염 및 토사의 침전을 방지하고 또는 펌프 및 처리시설의 파손이나 폐쇄를 방지하여 처리작업을 원활히 하도록 펌프 및 처리시설 앞에 설치한다.

2) 침사지 방식을 선정할 경우에는 중력식, 포기식, 기계식(선회류식, 선와류식 등) 등에 대해서 경제성, 기술성, 환경성 및 유지관리 측면 등을 종합적으로 비교·검토한 후 선정하고 그 결과를 설계보고서에 반드시 제시하여야 한다.

3) 침사세정기는 대부분 기능이 불확실하고 효율성이 떨어지므로 특별한 경우가 아니면 설치하지 아니하여야 한다.

2. 침사지의 형상 및 구조 등

1) 중력식 침사지

침사지 설계는 다음 사항을 표준으로 한다.

평균유속(m/sec)	체류시간(sec)	표면부하율(m³/m²·d)
0.3	30~60	오수 : 1,800 우수 : 3,600

① 침사지의 형상은 직사각형, 정사각형 또는 원형 등으로 하고, 지수는 2지 이상으로 하는 것을 원칙으로 한다.

② 침사지는 견고하고 수밀성 있는 철근콘크리트구조로 한다.

③ 유입부는 편류를 방지하도록 고려한다.

④ 침사지의 청소, 부속기계시설의 유지 및 보수 등을 위한 배수를 용이하게 하기 위하여 침사지 바닥의 저부경사는 보통 1/100~2/100로 하나, 그리트 제거설비의 종류별 특성에 따라서는 이 범위가 적용되지 않을 수도 있다.

⑤ 합류식에서는 청천 시와 우천 시에 따라 오수전용과 우수전용으로 구별하여 설치한다.

⑥ 유효수심은 침전효율에 관계없으며, 표면부하율, 평균유속 및 체류시간에 따라 정한다.

2) 포기침사지

포기침사지는 바닥에 산기관을 설치하여 침사지 내의 하수에 선회류를 일으켜, 원심력으로 무거운 토사를 분리시키는 것이다.

① 형상, 침사지수 및 구조는 중력식 침사지 기준에 따른다.

② 체류시간은 1~2분으로 한다.

③ 유효수심은 2~3m, 여유고는 50cm를 표준으로 하고, 침사지의 바닥에는 깊이 30cm 이상의 모래퇴적부를 설치한다.

④ 송기량은 하수량 1m³에 대해 1~2m³/hr의 비율을 표준으로 한다.

⑤ 필요에 따라 소포장치를 설치한다.

3) 원형침사지

① 지수 및 구조는 중력식 침사지 기준에 따른다.

② 유입부의 형상은 와류가 자연적으로 형성될 수 있는 원형을 원칙으로 하고, 편류나 사수가 생기지 않도록 한다.

③ 하부에는 침사퇴적부를 설치한다.

4) 일체형 기계식 침사설비

강판제 탱크 내에 중력식 침강을 이용한 침전부에서 침강처리한 후 수평식 및 경사식 스크류 콘베이어의 조합에 의하여 고형물을 스크리닝 – 이송 – 압착 – 탈수하여 수거 처리될 수 있는 구조로 제작되고, 이러한 모든 공정은 단일 탱크 안에서 이루어질 수 있는 구조이다.

① 대수는 원칙적으로 2대 이상을 설치한다.

단, 1대의 처리용량이 Screw 치수를 고려하면 최소 2,000m³/일이므로 소규모 하수처리시설 및 마을하수도에서는 과다하게 설계되므로 By – pass관을 이용하는 등 경제성 및 유지관리 편의성을 고려하여 설계에 반영하여야 한다.

② 평균유속 및 체류시간은 중력식 침사지에 따른다.

③ 별도의 침사 세정장치 없이 반출이 가능한 구조이어야 한다.

5) 수문

침사지의 조작, 불시의 정전 및 펌프장의 보수 등을 위하여 침사지 유입구에 수문을 설치하고, 유출구에는 수문 또는 각락(Stop Log)을 설치한다.

① 수로의 유입 및 유출구의 수문은 원칙적으로 수동조작을 원칙으로 한다.

② 무인 원격감시운전 등을 위한 자동화시스템이 도입된 경우에는 현장조사 및 중앙조작이 가능하도록 하여야 한다.

③ 자중강하식 수문은 비상 정전 시 등 펌프장 내 급격한 하수유입이 우려될 경우를 제외하고는 설치하지 않는 것을 원칙으로 한다.

6) 스크린

스크린(Screen)은 다음 사항을 고려하여 정한다.

① 침사지 앞에는 세목스크린, 뒤에는 미세목스크린을 설치하는 것을 원칙으로 하며, 대형하수처리장 또는 합류식인 경우와 같이 대형협잡물이 발생하는 경우는 조목스크린을 추가로 설치한다.

② 스크린 전후의 수위차 1.0m 이상에 대하여 충분한 강도를 가지는 것을 사용한다.

③ 협잡물 제거장치는 오수용 및 우수용으로 구분하며, 협잡물의 양 및 성상 등에 따라 적절한 방식을 사용한다.

④ 인양장치는 기종(조목, 세목 및 미세목), 스크린 협잡물의 양, 그 형상 스크린을 통과하는 하수량 등에 따라 큰 차가 있으며, 또 사용조건이 특히 나쁘므로 사용재료, 강도 등 여유를 보고 능력을 결정토록 하는 것이 안전하다.

⑤ 스크린에서 인양된 협잡물은 콘베이어 등으로 한곳에 수집하여 조기에 처분한다.

7) 침사제거설비

① 침사지에는 침사제거설비를 설치하고 탈취에 대한 대책을 세워야 한다.

② 소규모 또는 마을하수도에 침사지를 설치할 경우 기계일체형 침사제거기를 설치할 수 있도록 한다.

8) 침사 및 협잡물의 처리

① 침사지에는 침사세정장치의 설치를 고려하고, 협잡물은 탈수장치를 설치할 수 있다.

② 운반 및 저류장치에는 침사 및 협잡물의 비산 및 낙하를 방지하여야 하며, 탈취시설을 설치하는 것이 좋다.

3. 파쇄장치

1) 계획하수량은 계획시간최대오수량으로 한다.

2) 파쇄장치는 침사제거 설비의 유출 측 및 펌프설비 유입 측에 설치하는 것을 표준으로 한다.

3) 파쇄장치는 반드시 스크린이 설치된 측관을 설치하여야 한다.

4) 파쇄장치는 유지관리를 고려하여 유입 및 유출 측에 수문 또는 Stop Log를 설치하는 것을 표준으로 한다.

5) 파쇄기의 설치대수는 1~2를 표준으로 하나, 1대를 설치하는 경우 By-pass 수로를 설치한다.

4. 연결관거

1) 침사지와 펌프흡입실이 떨어져 있는 경우에는 연결관거로 연결하고 관거 내의 유속은 1m/sec를 표준으로 한다. 연결관거와 펌프흡입실과의 접속은 가능한 한 직각으로 한다.
2) 수위가 낮을 때에는 자연방류를 위하여 스크린을 거친 뒤의 적당한 장소에 측관을 설치하는 것이 좋다.

5. 안전시설

침사지 및 스크린에는 다음 사항을 고려하여 안전시설 및 환경보전시설을 설치한다.
1) 보수점검용 통로 및 작업상 위험한 장소에는 원칙적으로 위험방지용 난간 또는 울타리를 설치한다.
2) 실내에 침사지를 두는 경우에는 환기에 유의한다.

TOPIC 66

빗물펌프장 침수방지

1. 개요

1) 최근 가속화되는 도시화로 인해 강우 시 우수의 유달시간이 짧아지고

2) 방류수역의 수위가 홍수 시 토구, 방류구, 우수토실의 수위보다 높아져 저지대의 침수가 빈번이 발생하고 있는 실정

3) 침수방지를 위해서는 지역별 발생형태별, 원인별로 적절한 대책이 필요하다.

4) 침수의 원인은 하나의 원인에 의해 발생되는 지역도 있지만, 각각의 원인들이 복합적으로 작용하여 일어나는 경우가 많다.

5) 이러한 복잡한 원인으로 발생하는 침수방지를 위해서는 적절한 대책이 요구되고 있는 실정이다.

6) 특히 빗물펌프장이 침수되면 인명피해와 막대한 재산상의 피해를 발생할 수 있고 복구에 장시간이 소요되므로 펌프장의 설치 시 침수방지대책을 반드시 고려하여야 한다.

2. 빗물펌프장의 침수원인

1) 홍수로 인하여 강우량이 계획우수량을 초과한 경우

2) 홍수 시 하천의 수위가 상승하여 배수가 배제되지 못하고 내수위가 상승되는 경우

3) 홍수로 인하여 호안, 제방 등이 붕괴되는 경우

4) 펌프의 고장, 단전 등에 의한 펌프의 정지

5) 기상이변

  ① 지구온난화, 라니냐, 엘니뇨

  ② 게릴라성 집중호우

  ③ 집중적인 강우 시 첨두유출량 증가

6) 도시화

  ① 도시화에 의해 도로포장률 증가 → 유출계수 증가 → 지체시간 감소 → 최대우수유출량 증가

  ② 유달시간이 짧아져 강우 시 단시간에 유입

3. 빗물펌프장의 침수대책

1) 펌프장의 지반고를 홍수수위 이상으로 높여 펌프장의 침수를 방지

2) 수배전반, 원동기, 조작반, 펌프실 등 중요 설비실의 외부 개구부, 환기 구멍 등은 구내 지반보다 높게 하거나 수밀화 등으로 보호해야 한다.

3) 단전에 대비하여 2회선 수전방식, 비상발전기 설치 등을 강구

4) 자동차단 수문을 설치하여 펌프의 정지 시 유입수를 자동으로 차단

5) 펌프는 입축펌프의 사용이 유리

6) 우수조정지와 연계하여 운전

7) 구내 지반은 주변 지반보다 높게 한다.

8) 방류관거에 연결하는 토출 수조 등의 상부 개구부 위치는 방류수역의 계획 고수위 및 하천 등의 제방 높이 이상으로 한다.

저류조

1. 서론

1) 초기강우에 의해 발생되는 문제점 중 하나가 바로 초기강우에 의해 발생되는 비점오염물질의 유출이다.

2) 특히 하수관거 내(합류식 관거)에서 평상 시 적정유속(0.6~3.0m/sec) 미달로 퇴적되어 있던 오염물질이 초기강우 시 유출되는 First-flush에 의해 수역의 오염이 가중화되고 있음

3) 또한 초기우수에 의해 발생되는 CSOs, SSOs의 문제도 중요하다.

4) 특히 비점오염물질은 그 발생원과 운반과정이 다양하므로 관리방법도 다양하며 점오염원과 같이 간단하게 처리하기는 매우 곤란

5) 초기우수를 하수처리 수준으로 처리한다는 것은 매우 어렵다.

6) 즉, 처리에 있어서도 어느 한가지의 처리방법을 이용하여 제어하기는 어렵다.

7) 이와 같이 수역의 오염방지, CSOs, SSOs에 의한 피해를 줄이기 위해 근본적으로 초기강우의 처리가 필요하며

8) 초기강우에 의해 발생되는 비점오염물질의 관리를 위해서는 최적관리기술(BMPs : Best Manage-ment Practices)이란 측면에서의 접근이 필요하다.

2. 초기강우의 정의

1) 초기우수 5~10mm가 초기강우

2) 강우시작부터 30분까지가 초기강우(EPA)

3) 오염물(TSS) 농도가 증가 후 건기하수농도 회복까지 초기강우

4) 전체 강우 유출수 중 30%의 유출수가 흘러나갈 때 최소한 전체부하량 중에서 80% 이상의 오염물질이 유출될 때의 현상

3. 초기강우 처리시설

1) 초기강우의 처리시설은 비점오염물질의 처리대책, CSOs, SSOs의 저감대책과 연관지어 생각할 수 있다.

2) 도시지역에 적용 가능한 기술은 다음과 같다.

　① 저류형 : 저류에 의해 오염물질을 제거

② 침투형 : 강우유출수의 지하침투를 촉진

③ 식생형 : 식생조성에 의한 여과와 지하침투효과

④ 장치형 : 관말에 설치하여 초기우수를 직접적으로 처리

⑤ 완충저류시설

4. 저류형 처리시설의 장단점

4.1 장점

1) 강우유출수의 수질과 수량 모두를 조절하는 가장 저렴한 수단

2) 기존의 홍수조절용 유수지 건설비에 10% 정도만 더 소요

3) 기존의 유수지를 개선해 사용 가능

4) 건식저류조 바닥은 위락용으로 사용 가능

5) 우수유출량은 변하지 않으나 유출량을 평균화시켜 첨두유출량을 저감시키는 효과

4.2 단점

1) 비교적 대규모의 토지를 필요로 함 : 토지비용이 고가인 지역에서는 적용 곤란

2) 적절한 관리 필요

3) 용존성 오염물질은 제거효율 저조

4) 침전물이 제거되지 않았을 경우 대규모 강우 시 침전물 재부상 우려가 있음

5) 침전물 제거(준설)에 비교적 높은 비용 소요

5. 저류조의 운영방안

1) 기존 : 우천 시 강우유출수를 저류하는 단순한 방재기능을 수행

2) 최근 : 효율적인 토지이용과 미관을 고려

   도시공원으로서의 기능과 방재시설로서의 기능을 모두 갖도록 고려

5.1 청천 시

1) 환경친화적인 수변(水邊) 공간을 조성하여 시민들에게 휴식공간을 제공

2) 도시공원으로서의 기능을 수행

3) 국토부 권고사항

4) 환경친화적인 수변공간 기능 수행의 곤란한 문제점 야기

   저류시설의 수원은 강우유출수로서 오염정도가 매우 높기 때문

5) 토사침전에 따른 유지관리의 문제점 야기

  ① 따라서 청천 시는 토사를 제거한 후 활용함이 바람직

  ② 농구장, 자전거 운동장 또는 상부시설 설치 후 골프연습장 등으로 활용

6) 따라서 청천 시 활용은 제반문제를 해결하고 난 후 시도함이 바람직

5.2 강우 시

1) 강우 시는 첨두(Peak) 유출량을 저감시키는 본래의 방재기능을 수행

  ① 관리의 효율화를 위해 자동화 시설을 설치 관리

  ② 평소에도 펌프점검을 주기적으로 실시하여 비상시에 대비

2) 저류지의 수질개선이 필요한 경우

  강우유출수가 저류조로 유입되기 전에 적절한 처리시설을 설치함이 바람직

5.3 강우종료 시

1) 기계상태 점검, 수리보수

2) 토사제거 대책 수립 : 도시공원으로의 활용을 위해

3) 저류조의 수질로 인한 주위오염에 대비한 대책 수립

6. 결론

1) 저류조는 대규모의 토지를 필요하므로

  ① 도시지역 내의 설치보다는 농어촌지역 또는 도시 상류지역 위주로 설치함이 바람직

  ② 도시지역의 경우 침투시설과 도시지역 오염물질별 처리를 위한 장치형 시설의 설치를 검토
   함이 바람직

2) 저류조에서 발생하는 제반 문제점을 적절히 해결하여 수변공간과 도시공원으로의 활용이 바람직

3) 방재기능을 수행할 때는 하천의 수위, 도시침수대책, 비점오염물질의 제어, CSOs의 대책과 연관
 지어 활용

4) 산업지역에 설치 시는 완충저류시설의 설치를 우선 검토

5) 도시지역의 수변공간 활용계획과 연관성 있게 추진함이 바람직

6) 도시하수처리장과의 연계된 시스템의 구축이 필요(그림 참조)

7) **소규모 저류조 설치** : 분산형 빗물이용 시스템 구축과 연계함이 바람직

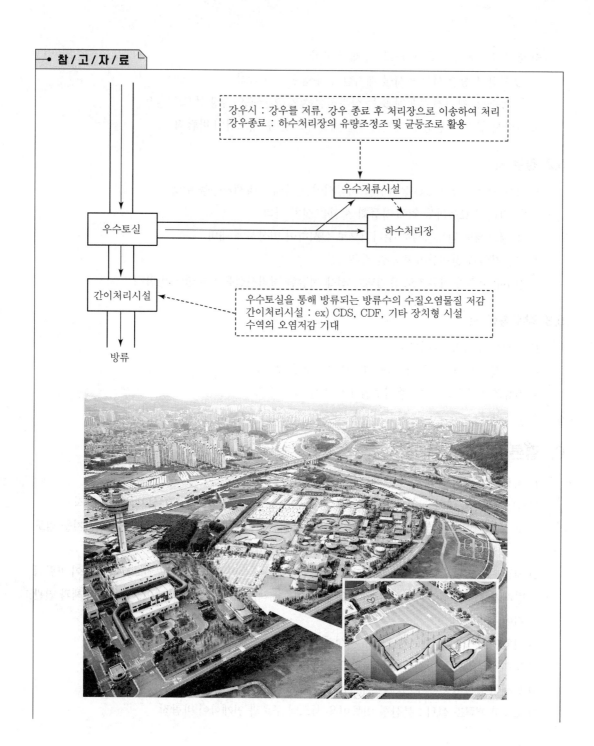

강우시 : 강우를 저류, 강우 종료 후 처리장으로 이송하여 처리
강우종료 : 하수처리장의 유량조정조 및 균등조로 활용

우수저류시설

우수토실

하수처리장

간이처리시설

우수토실을 통해 방류되는 방류수의 수질오염물질 저감
간이처리시설 : ex) CDS, CDF, 기타 장치형 시설
수역의 오염저감 기대

방류

[간이처리시설]

저류시설

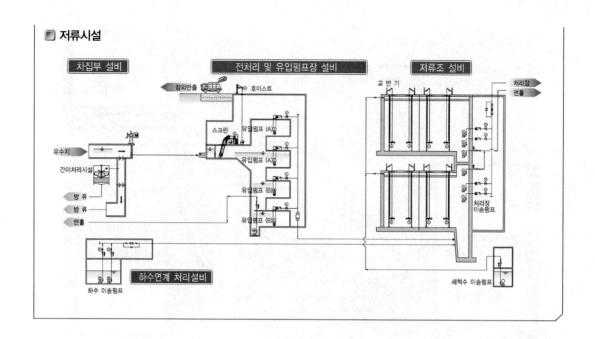

하수저류시설

1. 정의 및 목적

1.1 정의

하수저류시설은 집중호우 시 침수가 발생하지 않도록 하수관거의 통수능을 초과하지 않고 하류지역으로 원활하게 유출될 수 있도록 하수의 일정 부분을 일시적으로 저장하여 아래의 목적을 달성하는 시설을 말한다.

1.2 목적

1) **침수방지** : 첨두유출량의 일정부분을 일시적으로 저류
  ① 첨두유출량을 저감하여 침수를 예방

2) **수질관리** : 강우 시 범람 우려가 있는 미처리 하수를 일정부분 저류
  ① 오염물질로 인한 방류수역의 수질오염을 저감

3) **재이용** : 강우 시 하수도로 유입되는 우수를 저류한 후 재이용

2. 설치위치

1) **침수방지**
  ① 침수지역의 상류에 설치하는 것이 가장 바람직하다.

2) **수질관리**
  ① 하류에 위치하여 상류유역에서 발생하는 오염부하를 최대한 차집 저류하는 것이 효과적이다.

3) **재이용**
  ① 수요처에 설치하는 방안과 현지에 저류하는 방안 등을 다각적으로 검토하여 적정 위치를 결정한다.

3. 첨두유출량 결정

합리식에 의해 산정하는 것을 원칙으로 한다.

4. 용량 산정

1) 침수방지
① 가급적 강우종료 후 5시간 이내에 배수할 수 있도록 방류구 규모를 결정한다.

2) 수질관리
① 강우로 인한 하수의 범람 시 유출될 수 있는 오염부하량과 오염된 하수의 저류를 통해 저감할 목표 방류부하량을 결정을 통해 용량을 결정한다.

3) 재이용
① 수요처의 물사용계획을 파악 → 항시 안정적으로 용수를 공급할 수 있는 용량으로 계획한다.

5. 형식

5.1 설치위치에 따른 분류

1) 배수구역 내 : 분산형 하수저류시설
① 해당지역에서 발생한 하수유출량을 해당지역에서 저류할 수 있는 시설
② 강우에 의한 첨두유출량 제어로 관로용량의 확대를 최소화할 수 있다.
③ 지역 내 토지이용 여건 및 기상조건 변화에 대처 가능하다.

2) 배수구역 외 : 집중형 하수저류시설
① 해당지역 및 해당지역 외부에서 발생한 우수유출량을 해당지역에서 저류할 수 있는 시설
② 시설의 규모가 대규모
③ 배수구역의 하류부에서 하수를 집수 저류시켜 유출을 억제하기 때문에 현지저류시설이라고도 한다.

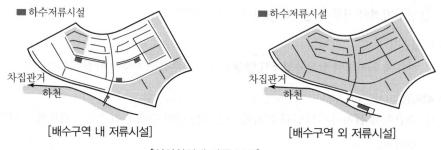

[배수구역 내 저류시설]　　　　[배수구역 외 저류시설]

[설치위치에 따른 분류]

5.2 구조에 따른 분류

1) 일반지하식
① 하수를 일시적으로 저장하는 시설 → 공공하수도와 연결된 시설
② 침수방지형 : 첨두유출량 저류
③ 수질관리형 : CSOs저류, 초기우수 저류

2) 지하터널식

① 도심 고밀화로 인하여 지상부에 부지확보가 불가능하거나, 지하매설물로 인해 설치공간이
   없을 경우

② 대심도 : 심도 40m 이하 공간에 설치

③ 천심도 : 소형 시설로 적용, 심도 10m 이내 공간에 설치

5.3 연결형식에 따른 분류

1) 직렬연결형식

① 항상 저류지로 직렬 유입되므로 모든 빈도에 대해 저감 가능

　⑦ 수리학적 안정성이 상대적으로 높음

　⑭ 유입과 배제가 동시에 이루어지므로 연속강우 시 상대적으로 안정

　⑭ 병렬연결형식에 비해 상대적으로 큰 설치규모가 요구됨

② 상대적으로 많은 면적이 소요되므로 토지이용 측면에서 비경제적

③ 저류지로 활용빈도가 높기 때문에 청소 등 유지관리비가 높음

④ 우천 시 하류수위가 높아서 방류가 원활하지 않을 경우 규모 증대 영향이 높음

⑤ 방류조건 : 자연방류

⑥ 대규모 시설용량에 적용
   부지확보에 대한 제약조건이 없을 경우

2) 병렬연결형식

① 두유출량이 관로의 유입시설(위어, 수문 등 횡월류)을 통해 저류시설로 유입되는 방식

② 직렬연결형식에 비해 설치규모가 작고 유지관리비가 낮음

③ 하류 수위가 낮아지기 이전에 저류하므로 연속강우 시 저감효과 미미

④ 방류조건 : 펌프 압송에 의한 방류

⑤ 소규모 시설용량에 적용

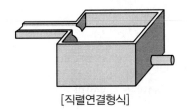
[직렬연결형식]

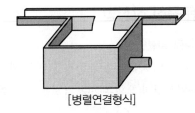
[병렬연결형식]

[연결형식에 따른 분류]

Key Point ✦

129회, 130회 출제

유수지 조절용량 간이산정식

1. 개요

1) 유수지라 함은 강우 시 일시적으로 강우를 저류시킨 후 하천으로 방류하기 위한 시설로서

2) 설치장소

① 하류관거의 유하능력이 부족한 지역

② 하류펌프장의 유하능력이 부족한 지역

③ 방류수로의 유하능력이 부족한 지역 : 홍수 시 방류관거의 높이보다 수역의 수위가 높아 침수의 우려가 있는 지역에 설치

④ 도시화로 인해 유출계수증가, 유달시간이 짧아져 우수유출량이 증대되는 곳

2. 종류

1) 구조형식

① Dam식 : 제방높이 15m 미만

② 지하식

③ 굴착식

④ 현지저류식

2) 방류방식 : 자연유하식, 배수펌프식, 수문조작식

3. 유입수문곡선 작성법

1) 계획우수량 확률연수

① 하수관거의 계획우수량 결정을 위한 확률연수 : 10~30년

② 빗물펌프장의 계획우수량 결정을 위한 확률연수 : 30~50년을 적용한다.

2) 강우강도곡선

장시간 강우자료(10, 20, 30, 40, 60분, 2, 3, 6, 12, 24시간 : 10조)를 기초로 작성

3) 유입수문곡선 작성

① 강우강도(I) 곡선

② 누가유량(R) 곡선

③ 연평균강우량 곡선

④ 연평균 강우량으로부터 합리식(Q=CIA/360, 유출계수 0.9 적용)을 사용하여 유입수문곡선을 구한다.

4. 유출수문곡선

4.1 기본식

$$\frac{dV}{dt} = Q_i - Q_o$$

여기서, Q_i : 우수조정지로부터 유입되는 유량(m³/sec)

Q_o : 방류되는 유량(m³/sec)

4.2 유출수문곡선 작성

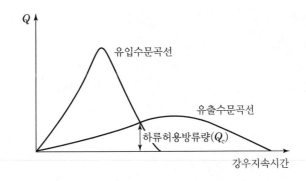

5. 조절용량

5.1 정의

1) 조절용량이란 강우 시 하류수역의 허용용량까지 첨두된 유량을 방류하기 위한 용량

2) 계획강우에 따라 발생하는 첨두유량을 우수조정지로부터 하류로 허용되는 방류량까지 조절하기 위하여 필요한 용량으로 산정

5.2 간이식

$$V_t(\mathrm{m}^3) = 60t_i \times \frac{C\left(I_i - \dfrac{I_c}{2}\right)A}{360}$$

여기서, V_t : 필요한 조절용량(m^3)

I_i : t_i에 대응하는 강우강도(mm/hr)

I_c : 하류 허용방류량 Q_c에 상당하는 강우강도

t_i : 임의의 강우지속시간(min)

A : 유역면적(ha)

C : 유출계수

펌프에 의한 배수의 경우

펌프의 배수능력이 I_c이면 상기식의 $I_c/2$를 I_c로 치환하여 계산한다.

완충저류시설

1. 개요

1) 관련 법규
낙동강 수계 물관리 및 주민지원에 관한 법률

2) 완충저류시설
① 산업단지와 공업지역같이 공장이 밀집한 지역에서 사고로 인한 유독물질과 오염물질을 함유한 초기우수가 하천으로 바로 유입되는 것을 차단하기 위해 설치
② 환경오염사고에 대비한 안전시설이자 비점오염원 관리시설
③ 환경부는 수질오염사고를 근원적으로 예방하기 위해 산업단지와 공업지역에 완충저류시설 20개소를 단계별로 확대하여 설치하기로 함
④ 공업지역에 위치한 공업지역에서 페놀오염사고가 발생함에 따라 산업단지뿐 아니라 공업지역에 대해서도 완충저류시설을 설치해야 할 필요성이 대두
⑤ 향후 유독물질 유출 등으로 인한 수질오염사고를 예방하고, 안전한 상수원수를 공급하기 위해 4대강 살리기 사업의 일환으로 완충저류시설을 계속 확대할 계획

2. 완충저류시설

1) 완충저류시설이란 수질오염사고가 발생하는 경우 누출된 독성물질을 저류조에 임시적으로 저장하여 독성물질을 처리하거나 감소시킨 후 방류
① 오염된 폐수가 직접 하천으로 유입되는 것을 방지
② 상수원오염 방지
2) 평상시에는 저류조의 자연정화기능을 이용하기 위하여 방류수를 일시 저류시킨 후 방류
3) 완충저류시설은 환경부령이 정하는 산업단지의 개발사업시행자는 환경부령이 정하는 바에 따라 그 산업단지에서 배출되는 오수 폐수 등을 일정기간 담아둘 수 있는 완충저류시설을 설치하여야 한다.
4) 환경부령에 따라 국가산업단지 또는 지방산업단지 및 공업지역에 설치

3. 설치기준

1) 산업단지조성면적이 150만m² 이상으로

   당해 산업단지에서 발생하는 오수 폐수 소화수 및 빗물 등이 폐수종말처리시설 또는 하수종말처리시설로 유입되지 아니하는 산업단지

2) 특정수질유해물질이 포함된 폐수를 200m³/일 이상 배출하는 산업단지

3) 폐수의 배출량이 5,000m³/일 이상인 산업단지로서 상수원의 상류지역에 위치한 산업단지

   ① 상수원보호구역 경계로부터 상류 15km 이내의 지역과

   ② 배출시설 설치제한지역에 입지한 유해물질을 배출하는 사업장에서는 유출차단시설을 설치

4) 가동 중인 산업단지 또는 지정이 완료된 공업지역에 대해 환경부장관이 수질오염사고 발생가능성 등을 조사하여 완충저류시설을 설치하여야 하는 산업단지 및 공업지역을 정하여 고시하고 5년 이내에 설치하여야 함

4. 설치 및 운영기준

1) 산업단지에서 배출되는 오수 폐수 등의 특성, 배출량 및 입지조건 등을 고려하여 적정한 구조를 갖추어야 한다.

2) 폐수 및 빗물 등(강우량 5mm를 기준으로 한다)을 2일 이상 체류할 수 있는 시설용량

3) 수중폭기 장치와 펌핑시설이 필요할 경우 이를 설치하도록 하여야 한다.

   ① 평상시에는 방류수가 1일간 체류하도록 하고

   ② 유사시에 1일분을 추가 저장할 수 있게 운영

4) 유해물질을 배출하는 사업장의 유출차단시설

   ① 자연유하식으로 유입되는 구조로 설치

   ② 평상시에는 비워 놓음

5) 유출차단시설, 저류시설과 그밖에 수질오염사고 방지시설을 갖추어야 하며, 필요한 경우 자연정화 기능을 갖추어야 한다.

6) 일정한 경사가 되도록 하여 오폐수 등의 정체와 침전이 없도록 하여야 하며, 필요한 경우 침전물을 제거할 수 있는 설비를 갖추어야 한다.

7) 완충저류시설 유입부에 수질자동측정기를 설치하여 유해물질오염 여부를 상시측정 감시하도록 하여야 한다.

8) 수압 토압 지진 그밖의 압력을 고려하여 설치하되, 차수층은 투과일수가 5일 이상 되도록 하여야 한다.

9) 전담 관리인을 지정하여 시설을 효율적으로 관리하여야 한다.

10) 시설의 운영관리 및 수질측정에 관한 사항을 기록하고 1년간 보존하여야 한다.

5. 기대효과

1) 수계에서 유입되는 오염물질 부하저감 및 수계의 수질개선
2) 산업단지에서 수질오염사고 시 유해물질의 하천 직유입을 차단하여 수질오염사고를 사전에 예방
3) 오염물질 부하 저감으로 쾌적한 생활 및 자연환경에 기여
4) 수계의 상수원 보호로 하류의 취수지역 주민 불안감 해소 및 신뢰성 확보
5) 수질오염저감시설 기술축적 및 장기적으로 수질오염 처리비용의 절감

6. 향후방안

6.1 확대설치 검토대상

1) 현재 가동 중인 산업단지 및 공업지역 중 60개소를 중점 검토대상으로 선정
2) 선정기준
   ① 조성면적 10만m² 이상
   ② 특정수질유해물질 배출 및 유해화학물질 취급량이 많은 순으로 선정
   ③ 수질오염사고 발생 가능성, 부지 및 입지여건, 기술적 조건, 경제성 등을 평가하여 설치타당성이 큰 순으로 우선순위를 검토

6.2 완충저류시설 설치지역 지정 · 고시

상기결과를 바탕으로 우선순위 상위 10개소를 1차 설치대상지역으로 고시하고 2014년까지 설치를 완료

Key Point ✦

- 110회, 112회, 129회 출제
- 초기강우, 비점오염물질, 저류시설과 관련된 문제가 출제될 경우 차별화된 답안을 위해 완충저류시설을 간략히 언급할 필요는 있음

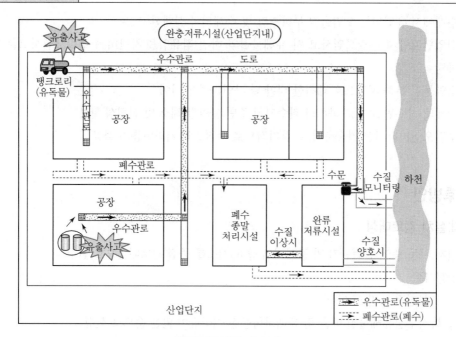

[완충저류시설 개념도]

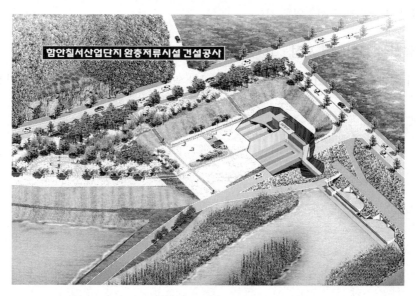

[완충저류시설 조감도]

하수도 맨홀의 기능

1. 설치목적(기능)

1) 맨홀은 하수관거의 청소, 점검, 보수 등을 위하여 사람이 출입 가능하도록 공간을 확보
2) 관거의 통기 및 환기를 위해 설치
3) 관거의 연결, 다른 관거의 접합 등을 하기 위해

2. 구성

뚜껑, 뚜껑틀, 사벽, 직벽, 상판슬래브, 높이 조절용 콘크리트, 발디딤쇠, 벽세움부, 부관, 인버트, 바닥 슬래브, 잡석기초

3. 설치 장소

1) 관거의 기점, 방향, 경사 및 관경이 변하는 곳
2) 관거의 합류지점
3) 단차가 발생하는 곳
4) 유지관리상 필요한 곳
5) 맨홀은 관거의 직선부에서도 관경에 따라 설치

4. 맨홀 관경별 간격

관경(mm)	600 이하	1,000 이하	1,500 이하	1,650 이하
최대 간격(m)	75	100	150	200

5. 맨홀의 종류

5.1 표준맨홀

유입관의 크기와 접속관의 수에 따라 원형 1~5호

명칭	치수 및 형상	용도
1호 맨홀	내경 900mm 원형	관거리의 기점 및 600mm 이하의 관거 중간지점 또는 내경 450mm 까지의 관거 합류지점
2호 맨홀	내경 1,200mm 원형	내경 900mm 이하의 관거 중간지점 및 내경 600mm 이하의 관거 합류지점
3호 맨홀	내경 1,500mm 원형	내경 1,200mm 이하의 관거 중간지점 및 내경 800mm 이하의 관거 합류지점
4호 맨홀	내경 1,800mm 원형	내경 1,500mm 이하의 관거 중간지점 및 내경 900mm 이하의 관거 중간지점
5호 맨홀	내경 2,100mm 원형	내경 1,800mm 이하의 관거 중간지점

5.2 특수맨홀

1) 주로 각형이며 원형맨홀 설치가 곤란한 경우와 토피가 적은 경우 각형 특1호~특5호

2) 현장타설 관리용 맨홀 : 직사각형, 말굽형거 및 실드공법에 의한 하수관거의 중간지점

3) 부관붙임 맨홀 : 관거의 단차가 0.6m 이상으로 되는 경우

5.3 낙하맨홀

1) 급한 언덕 또는 지관과 주관과의 낙차가 클 때 그 접합에 사용되는 맨홀로 부관을 설치한다.

2) 분류식의 우수관거에서는 부관을 사용하지 않는 것이 통례

5.4 측면맨홀

전차궤도나 교통이 빈번한 도로 아래 하수관거가 있어서 바로 위에 설치가 곤란한 경우 설치하는 맨홀로 가능하면 설치하지 않는 것이 좋다.

5.5 계단맨홀

1) 대관거로서 관저차가 클 경우에는 유량도 많고 또 유수작용도 심해서 수축작용에 의해서 우수가 지상으로 토출할 위험이 있는 경우 수쇄를 감쇄하기 위해 관저에 계단을 붙임

2) 계단의 높이는 1단에 대하여 30cm를 둔다.

6. 등공(Lamp Hole)

1) 관거의 방향이 변하는 장소

2) 맨홀의 설치가 필요 없는 경우나 맨홀설치가 불가능한 장소

3) 우수관거에 통기목적으로 맨홀 간격이 100m를 초과할 때 그 중간에 설치

Y시 맨홀 수밀성 확보방안(예)

구분	맨홀 뚜껑부		맨홀과 본관 접합	맨홀 상부
내용				
	• 뚜껑에 고무패킹 설치 • 뚜껑 개폐용 Hole을 밀폐형으로 개선	잠금식 주철재 원형뚜껑으로 교체(차도 측)	방수시트 및 무수축 몰탈 채움	도로포장 시 상부 슬래브 및 중간벽체 연결부와 포장층의 일체화

Key Point +

119회 출제

맨홀형식 비교

맨홀의 형식에 따른 특징은 다음과 같다.

구분	현장타설 맨홀	프리캐스트원형 맨홀	복합맨홀(GRP)	P.E 맨홀
형상				
특징	단면 형상에 대한 적합성과 재료운반의 용이성, 지역적 조건의 영향을 받지 않음	공장에서 규격제품이 제작되어 현장도착 시공이 단시간에 이행	유리섬유 복합관체로 제조되며, 1체형 구조체로 구성되어 현장에서 설치가 간편	PE하수관과 동일한 방법으로 제작되며 주문자의 요구에 따라 맨홀의 높이를 공장에서 정하고 가지관을 미리 설치함
시공성	• 현장 타설이므로 약 1개월 정도 공기소요 • 특수한 형태의 맨홀제작이 가능	• 공장에서 제작되므로 시공기간(2~3일 이내) • 맨홀의 형태에 대한 제약이 많음	• 공장에서 사출하여 제작(공장제작 및 조립식) • 맨홀의 형태에 대한 제약이 많음	• 공장에서 사출하여 제작(공장제작 및 조립식) • 맨홀의 형태에 대한 제약이 많음
장점	• 모든 형태의 맨홀 제작 가능 • 재료운반이 용이 • 지역적 조건의 영향을 받지 않음 • 일체형의 타설로 인한 수밀성 확보 • 현장 여건의 변화에 따른 품질관리 용이	• 공장생산에 의한 균질제품 제작 • 수중 및 한중공사 용이 • 이동과 해체 용이 • 설치장소와 매설깊이에 상관없이 시공 가능 • 시공기간이 대폭 단축	• 맨홀 벽체 두께가 얇아(콘크리트 맨홀의 1/6) 현장에서 천공이 용이 • 산, 염 및 염류 등에 대한 내약품성이 뛰어남 • 미생물의 번식으로 발생하는 황화수소에 의한 부식의 염려가 없음 • 방수성이 뛰어나고, 동결 융해 저항성이 높음 • 자중이 가볍고 시공성이 우수(2~3시간)	• 방수 및 수밀성이 우수함 • 산, 알칼리 등의 염류에 대한 내약품성이 뛰어남 • 자중이 가벼워 설치시공 및 운반이 용이함 • 주문제작이므로 대량 주문 가능 • 관거와의 연결 시 동일재질이므로 일체성이 뛰어남
단점	• 균질한 제품생산 곤란 • 관거접합부에서의 수밀성 확보 곤란 • 시공기간이 길어 교통장애 등의 불편사항 발생 • 해체이동 불가 • 수중공사 시 특수한 재료를 사용	• 규격제품 이외의 특수형태 생산 곤란 • 일체형이 아닌 조립식 연결방법으로 인한 이음부의 누수 및 토사유입 발생 • 현장여건으로 인한 계획변경 시 품질관리 곤란 • 산악지역 등의 특수한 지역으로의 운반 곤란	• 가벼운 자중으로 부력에 의한 부상의 위험이 있음 • 규격제품 이외의 특수형태 생산 곤란	• 탄성계수가 상대적으로 낮아 도로와 같은 큰 외부 하중이 작용하는 곳에는 부적합 • 현장천공에 의한 가지관 설치가 어려움 • 가벼운 자중으로 부력에 의한 부상의 위험이 있음 • 조정링 및 인버트 설치가 어려움 • 변형이나 열적 안정성이 약함

인버트(Invert)

1. 정의

인버트는 맨홀부속물로서 하수의 유하를 원활하게 하기 위해서 맨홀 및 오수받이 등의 저부에 설치하는 반원형의 수로를 말한다.

2. 설치목적

1) 맨홀 내부의 수리학적 조건을 관거 내부와 유사하게 유지

2) 오수맨홀에서 고형물의 침전을 방지

3) **부패에 의한 악취발생 방지** : 작업자의 안정성 유지

4) **우수맨홀** : 수두손실의 최소화

5) 고형물의 부패에 의한 관정부식의 방지

6) 하수처리장의 유입수질 저하 방지

7) 하수관거 준설비용의 증가 방지

8) 초기강우(우천 시) 시 First-flush에 의한 방류수역의 오염방지

3. 구조

1) **인버트의 관경 및 경사** : 하류관의 관경 및 경사와 동일

2) **인버트의 종단경사** : 하류관의 종단경사와 동일

3) **인버트의 발디딤부** : 10~20%의 횡단경사를 둔다.

   작업자의 안전성과 편리성을 확보

4) **인버트의 폭** : 하류관거의 폭을 상류관거까지 같은 넓이로 연장

5) **인버트의 낙차** : 상류관의 저부와 인버트 저부에는 일정한 낙차를 확보해야 한다.

6) 목적

   ① 인버트의 재질변화에 따른 조도계수의 증가를 감안

   ② 하수가 인버트 위로 흐를 때 발생하는 수두손실을 감안

   ③ 낙차

     ㉮ 중간맨홀 : 3cm

     ㉯ 합류맨홀 : 3~10cm

4. 결론

1) 맨홀 내 인버트의 설치는 CSOs의 방지대책 중 비용, 효과 면에서 가장 저렴하고 효과적인 방안의 하나

2) 따라서, 기존 맨홀 내 인버트 미설치 맨홀의 현황 파악과 인버트 설치가 필요하며

3) 신설 맨홀의 경우 맨홀 내 수밀성 확보와 더불어 인버트 설치를 의무화할 필요가 있다.

4) 또한 필요에 따라 하수관거공사 시 수밀성을 확보하기 위하여 인버트 일체형 맨홀을 사용할 필요도 있다.

참/고/자/료

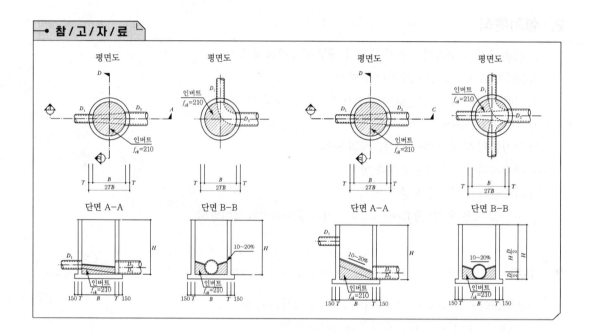

Key Point

- 과거 출제 빈도가 높았으나 최근에는 거의 출제되지 않고 있음
- 또한 최근 인버터 일체형 맨홀로 인해 향후 출제 빈도는 낮을 것으로 판단됨
- 하지만 상기 문제 출제 시 인버트는 하수관거의 부식(관정부식), CSOs, I/I와 같은 문제가 출제될 경우 결론에서 언급한 내용을 기술하여 다른 수험자와 차별화된 답안을 작성할 필요가 있음

빗물받이

1. 설치목적

1) 정의 : 도로 내 우수를 모아서 공공하수도로 유입시키는 시설
2) 원칙적으로 공공도로 내 설치하지만 분류식의 경우는 기존 우수관거 또는 도로측구를 사용할 수 있다.
3) 따라서, 빗물받이는 지역의 실정, 유지관리 등을 고려하여 설치하는 것이 바람직

2. 빗물받이 설치방법

1) 빗물받이는 도로 옆의 물이 모이기 쉬운 장소나, L형 측구의 유하방향 하단부에 반드시 설치(단, 횡단보도 및 가옥의 출입구 앞에는 가급적 설치하지 않는 것이 좋다.)
2) 설치위치
    ① 보 · 차도 구분이 있는 경우 : 그 경계
    ② 보 · 차도 구분이 없는 경우 : 도로와 사유지의 경계
    ③ 합류식의 경우
        ㉮ 사유지 내 우수배제는 차도측 도로배수와 별도로 고려하며
        ㉯ 택지 내 우수도 택지 내에 설치된 빗물받이에 연결하여 유하하는 것이 바람직
        ㉰ 종단경사가 큰 경우(약 5% 이상) : 우수의 차집능력을 고려하여 낙수공 면적이 큰 2호 우수받이를 설치하도록 한다.
3) 노면배수용 빗물받이 간격
    ① 약 10~30cm 정도
    ② 도로폭 및 경사별 설치기준을 고려하여 설치

3. 형상 및 구조

1) 형상 및 재질
    ① 원형 및 각형의 콘크리트, 철근콘크리트, 플라스틱
    ② 감독관의 승인하에 프리캐스트 공장제품 사용 가능

2) 빗물받이의 규격 : 내폭 30~50cm, 깊이 80~100cm 정도

   ① 너무 작으면 : 토사의 제거 등 유지관리나 작업곤란 우수의 유입량에 따라 선정

   ② 너무 크면 : 교통통행에 지장

   ③ 일반적으로 차도 측 2호 우수받이 많이 사용 : 낙수공의 면적이 큼

      ㉠ 도로가 5% 이상의 급경사

      ㉡ 교차로, 광장 등

명칭	내부치수	용도
차도 측 1호 빗물받이	300×400mm	• L형 측구의 폭이 50cm 이하의 경우
차도 측 2호 빗물받이	300×800mm	• L형 측구의 폭이 50cm 이하의 경우 • 교차로나 도로의 종단경사가 큰 지역
보도 측 빗물받이	500×600mm	• 도로의 종단경사가 급하지 않은 지역 • 차도측 1호 및 2호 빗물받이의 설치가 곤란한 지역

3) 이토실 설치 : 토사유입 방지

   빗물받이 저부에 깊이 15cm 이상의 이토실 설치

4) 빗물받이 뚜껑 : 강제, 주철제(Ductile 포함), 철근콘크리트제 및 견고하고 내구성 있는 재질

5) 개량형 우수받이 설치 : 협잡물 및 토사유입 방지

   침사조(혹은 여과조) 및 토사받이 설치

▶ 참/고/자/료

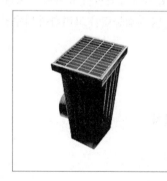 

[PE 우수받이]

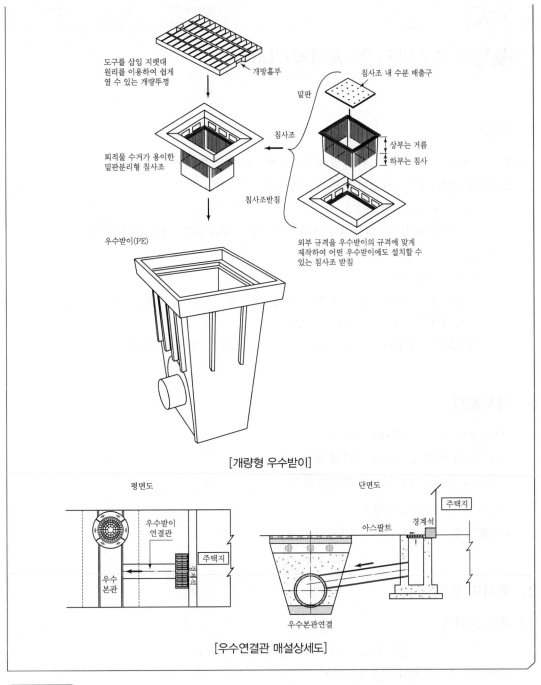

도구를 삽입 지렛대
원리를 이용하여 쉽게
열 수 있는 개량뚜껑

개방홈부

침사조 내 수분 배출구

밑판

침사조

상부는 거름
하부는 침사

퇴적물 수거가 용이한
밑판분리형 침사조

침사조받침

우수받이(PE)

외부 규격을 우수받이의 규격에 맞게
제작하여 어떤 우수받이에도 설치할 수
있는 침사조 받침

[개량형 우수받이]

평면도

우수받이
연결관

주택지

우수
본관

단면도

주택지

아스팔트

경계석

우수본관연결

우수본관연결

[우수연결관 매설상세도]

빗물받이 악취방지 및 퇴적방지대책

1. 개요

1) 강우 시 발생되는 비점오염원 및 협잡물 등에 의해 빗물받이 내 퇴적이 발생

2) 빗물받이 내 퇴적이 발생될 경우 다음의 문제점을 야기

   ① 퇴적물에 의한 악취발생

   ② 퇴적물 및 협잡물에 의한 유수의 흐름방해 및 공공하수도의 관거용량 부족 초래

   ③ 침수발생

   ④ 퇴적물의 유실 시

      ㉮ 합류식 : 우수토실을 통해 방류 시(계획오수량－우천 시 계획오수량) 수질오염

        처리장으로 유입 시 처리효율 저하

      ㉯ 분류식 : 우수관거를 통해 바로 수역으로 방류되므로 방류수역의 수질악화

2. 악취방지

1) 빗물받이 입구 악취방지시설 설치

   ① 빗물받이 뚜껑의 바로 아래에 설치

   ② 본관에서 발생된 악취의 발산을 방지

2) 연결부 악취방지시설 설치

3) 이토실 준설 및 청소 : 냄새발생원의 제거

3. 토사의 퇴적방지

3.1 이토실 설치

1) 빗물받이 저부에 깊이 15cm 이상의 이토실을 반드시 설치

2) 토사가 본관에 유입되는 것을 방지

3.2 빗물받이의 뚜껑

강제, 주철제(Ductile 포함), 철근콘크리트 및 견고하고 내구성이 있는 재질 선택

3.3 개량형 빗물받이 설치

1) 목적 : 협잡물 및 토사유입을 방지하기 위해

2) 구성 : 침사조(혹은 여과조) + 토사받이로 구성

3) 침사조나 토사받이를 빗물받이 상부 또는 외부에 설치(일반적으로 상부에 설치)

4) 토사, 협잡물이 하수관거에 유입되기 전에 상부에서 손쉽게 제거 가능

3.4 빗물받이의 주기적인 준설 및 청소

3.5 비점오염원의 관리대책 마련

비점오염원이 강우 시 빗물받이로 유입되어 토사퇴적 및 악취발생의 원인물질로 작용하기 때문

Key Point ✛

- 124회 출제. 주로 10점 문제로 출제될 가능성이 높음
- 오수받이의 악취발생 방지대책과 함께 25점 문제로 출제될 가능성이 높음
- 따라서 빗물받이의 악취발생방지대책과 토사퇴적방지에 관련된 내용은 반드시 숙지하기 바람

오수받이

1. 설치목적

1) 오수받이는 공공도로와 사유지경계 부근의 유지관리상 지장이 없는 장소에 설치
2) 분류식과 합류식의 수용가에서 발생되는 오수를 공공하수도로 유입

2. 오수받이의 설치

1) 오수받이는 목적 및 기능상 공공도로와 사유지의 경계 부근에 설치
2) 부득이하게 사유지에 설치하는 경우 사유지 소유자와 협의하여 정함
3) **분류식** : 오수만을 수용하도록 하고 우수의 유입을 방지할 수 있는 구조
4) **합류식** : 택지 내의 우수, 오수를 분류시켜 우수, 오수받이에 연결하여 배제
5) 단독주택의 설치간격은
   ① 유지관리상 1필지당 하나가 바람직하나
   ② 도로상황에 따라 2필지당 하나를 설치할 수도 있다.

명칭	내부치수	용도
1호 오수받이	내경 300mm 원형	• 연결관 내경 150mm, • 물받이 깊이 0.7m 미만의 경우
2호 오수받이	내경 500mm 원형	• 연결관 내경 150mm, • 물받이 깊이 0.7m 이상의 경우
3호 오수받이	내경 700mm 원형	• 연결관 내경 200mm 이상의 경우

3. 형상 및 구조

1) 형상 및 재질
   ① 원형 및 각형의 콘크리트 또는 철근콘크리트, 플라스틱
   ② 일반적으로 원형을 많이 사용
      ㉮ 구조적인 안정성
      ㉯ 물받이로 연결되는 오수관의 연결을 용이하게 하기 위해
   ③ 감독관의 승인하에 프리캐스트 공장제품을 사용할 수도 있다.

2) 오수받이의 규격 : 내경 30~70cm, 깊이 70~100cm 정도

    ① 원활한 유지관리, 오수의 지체현상 등 수리학적 문제점을 최소화하기 위해

    ② 너무 작으면 : 유지관리가 불편

    ③ 너무 크면 : 다른 지하매설물에 지장 초래, 통행에 불편 초래

    ④ 일반적으로 2호 오수받이가 보편적으로 사용

3) 오수받이 저부 : 인버트를 반드시 설치

    ① 오수받이로 유입되는 하수의 유하를 원활히 하기 위해

    ② 오수받이 바닥에 침전물이 퇴적되지 않도록 하기 위해

    ③ 설치 후 : 유입관과 인버트 재질변화에 따른 손실수두의 감소와 파손을 방지하기 위해 →
       1 : 2 모르타르 또는 콘크리트로 덧씌운다.

4) 오수받이 악취차단

    ① 오수받이에서 가장 문제가 되는 것이 악취발생이다.

    ② 악취차단대책이 필요

       ㉮ 이중뚜껑구조

       ㉯ 봉수형 악취차단기 설치

       ㉰ 뚜껑재질 : 견고하고 내식성 재질(주철제 및 철근콘크리드제, 플라스틱재질)

       ㉱ 높이조절 가능받이 설치

       ㉲ Flap Valve 설치

       ㉳ 방취 U트랩 설치

       ㉴ 가정잡배수관과 수세식 변소관의 분리(수세식 변소관의 길이를 길게 하여 가정잡배수의
        유속에 의한 퇴적방지)

       ㉵ 주기적인 청소 및 준설

[내충격성 PVC 오수받이]

오수받이 악취방지

1. 개요

1) 하수설비의 관로 및 접속부(오수받이, 빗물받이)의 악취발생민원 유발

2) 따라서, 악취발생원별 조사를 통해 우선순위별 악취방지계획, 시설 및 방취시설을 설치할 필요가 있다.

2. 악취발생 주요지점

1) 하수본관 및 차집관거에서 오수받이 및 맨홀로 악취 유입

2) 1)지점과 배수설비관에서 오수받이로 악취 유입

3) 1), 2)지점과 옥내배수설비로 악취 유입

3. 악취방지대책

1) 받이뚜껑
   ① 원형의 주철제 : 내구성 및 강도 확보
   ② 밀폐형 뚜껑 : 악취의 외부발산 방지
   ③ 이중뚜껑구조의 뚜껑 설치

2) 높이조절가능받이 설치
   도로포장 공사 시 표고 증가, 파손방지

3) 고강도 재질 선택
   예 고강도 PVC 오수받이

4) 받이 저부에 인버트 반드시 설치
   ① 받이 내 유입 하수의 원활한 유하를 위해
   ② 오수받이 내 침전물의 퇴적방지

5) 인버트 일체형 오수받이 설치

6) 가정배수와 화장실 배관의 별도 연결
   ① 분뇨로 인한 악취가 주방 내로 유입되는 것을 방지

② 가정배수관을 화장실 배수관보다 뒤쪽에 배치 : 가정 내 잡배수 유출 수류를 이용하여 분뇨
의 배관 내 정체현상을 방지

7) **방취U트랩 설치** : U트랩 내 오수에 의해 기밀을 유지

8) **Flap Valve 설치**

① 관말단에 Valve을 설치

② 오수받이 내부로 Valve가 돌출되는 형상

③ 이격거리확보 : 유지관리를 위해 Valve와 맞은편 벽체, Valve와 Valve 사이에는 최소 150mm
이상의 이격거리를 확보

9) **봉수형 배수트랩** : 곡관 말단부를 물에 잠기게 하여 악취 차단

10) **거름장치 설치** : 배출 전 거름장치에 의해 협잡물을 제거하여 악취방지

11) **보온기능** : 하부에 보온장치를 설치하여 동절기 결빙을 방지(경제성 검토 필요)

12) **유지관리** : 주기적인 청소 및 준설 필요(수동 및 전동, 고압살수방법)

→ **참/고/자/료**

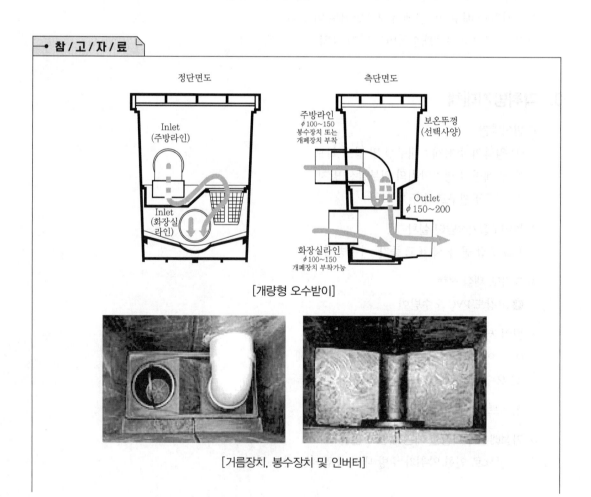

[개량형 오수받이]

[거름장치, 봉수장치 및 인버터]

 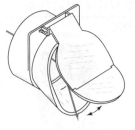

(a) 배수량이 적을 경우 　(b) 배수량이 많을 경우

[Flap Valve의 작동원리]

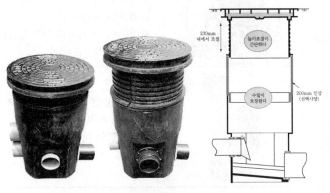

[높이조절 가능한 오수받이]

(a) 속뚜껑을 덮은 모습 　(b) 내부 악취차단장치 모습
(옥외악취차단)

[이중뚜껑구조 오수받이]

● 악취발생원 및 경로

발생원 및 경로	악취발생 원인분석
	• 배수관 및 오수받이 불량에 의한 배수 불량 • 오수받이 인버트 및 밀폐 뚜껑 미설치 　→ 퇴적물 부패로 악취발생 • 정화조 내 악취발생 및 옥내 트랩 미설치 　→ 욕실바닥 악취발생
	기존 배수설비 문제점 분석
	• 배수설비 인식부족 → 옥내 우·오수 배수관 오접 • 가정내 악취 역류 → 주거환경 훼손 • 오수받이, 정화조 등 옥외 배수설비의 악취발생 • 옥내 및 옥외 트랩 미설치 → 악취발생

○ Y시 배수계통 개선을 통한 악취 및 역류제어(예)

구분		개선 후
가정잡배수 · 분뇨의 별도배관 계획	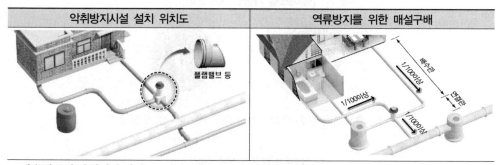	• 가정잡배수와 화장실 배관을 별도 연결(주방 내 악취유입 방지) • 수밀성 곡관을 철저한 관리하에 접합 실시 • 내구성이 확보되는 관종을 부설하여 관 파손 방지
오수받이 내 배수관 설치 인버트 설치 밀폐형 뚜껑 사용		• 부엌에서 배출되는 배수관을 화장실 배수관보다 뒤쪽에 배치하여 가정잡배수 유출수류를 이용 분뇨의 지체현상 보완 • 오수받이 내 인버트 설치 및 밀폐형 뚜껑 사용으로 악취발생 차단
배수관 및 연결관 적정경사 확보		• 배수관 및 연결계획시 적정경사 확보로 지체현상 및 침체, 퇴적방지 • 오수본관의 하수가 가정 내로 역류되지 않는 구배 확보 → 1/100 이상 경사로 시공

악취방지시설 설치 위치도	역류방지를 위한 매설구배
플랩밸브 등	배수관 1/1000이상 연결관 1/1000이상 1/1000이상

• 배수계통의 악취제어 방안 → 배관분리, 인버트 설치, 밀폐형 뚜껑 설치 등
• 악취방지시설로 플랩밸브 설치 → 악취발생원의 성상과 설치여건에 따른 다양한 방취시설 추가
• 역류방지를 위해 연결관의 적정구배 확보 → 1/100 이상 경사로 시공

● 오수받이 악취방지시설

구분	봉수 트랩형	개방 원통형	U트랩형
개요			
원리	트랩 내 봉수에 의한 악취역류 방지	반원형 인버트 개방 원통형 시설로 유수정체 방지	U트랩내 봉수에 의한 기밀 유지
통수성	• 최적 수류형성 및 통수능 단면 확보 • 1.0D인버트로 수두손실 최소화	최적 수류형성 및 통수능 단면 확보	만곡부에 진공상태 발생시 통수성 불량
유지관리	관거, 봉수받이에 퇴적물 침전시 청소 용이	이물질 침착방지 및 유량변동 시 능동적 대처	U트랩 내부에 퇴적물 침전시 청소 등 유지관리 불량

구분	PVC제품		GRP 오수받이	현장타설 오수받이
	PVC 오수받이	우·오수 일체형 받이		
형상				
개요	PVC계열에 내충격에 강한 부원료 첨가하여 사출공정으로 제작		유리섬유와 불포화 폴리에스테르 수지를 사용	현장에서 레미콘을 타설 후 양생 제작
장단점	• 중량이 가벼워 시공성 우수 • 다양한 이형관 보유 • 사용실적 많음	• 중량이 가벼워 시공성 우수 • 다양한 이형관 보유 • 우·오수 동시배제 가능	• 내한성, 내충격성 우수 • 유리섬유 제품으로 우·오수 일체형 • 사용실적이 적음	• 현장 적응력이 우수 • 관정부식 우려 • 양생기간이 길어 공기 지연으로 민원발생

Key Point +

- 오수받이의 악취방지에 관련된 문제는 10점 or 25점 문제로 출제 빈도가 높음
- 또는 물받이의 문제점과 대책 등으로 25점 문제로 변형 출제될 수도 있음
- 따라서 앞의 오수받이, 빗물받이 등과 연계하여 10점 or 25점 문제로 변형 숙지할 필요가 있음
  → 25점으로 출제될 경우 오수받이, 빗물받이의 형상 설치위치 등과 더불어 오수받이 악취방지대책, 빗물받이의 퇴적방지대책을 포함한 내용으로 3~4페이지 분량으로 기술

하수관로 악취저감

1. 개요

1) 합류식 지역에 정화조 설치로 하수관로 악취 민원 다발

2) 하수관로 악취 원인물질은 황화수소와 암모니아 등으로 맨홀, 받이, 토구 등을 통해 배출됨

3) 국민 삶의 질 향상을 위해 하수관로 악취 저감 필요

2. 하수관로 악취발생 원인

1) 발생원 : 정화조 · 오수처리시설 · 빌딩배수조(80~90%), 하수관로 퇴적물(10%), 관벽 생물막 등

2) 발산원

  ① 난류에 의해 악취물질 수중에서 대기 중으로 발산

  ② 개인하수처리시설 연결관, 하수관로 내 단차 및 낙차, 압송관 토출부 등

3) 배출원 : 맨홀 및 받이, 토구 등

4) 악취물질 : 황화수소, 암모니아, 메르캅탄류, 아민류, 유기산 등

3. 악취 저감방안

1) 발생원 제어

  ① 정화조

    ㉮ 방법 : 공기공급, 캐비테이터, 공기주입식 SOB(황산화 미생물) Media

    ㉯ 원리 ┌ 방류조 혐기화 방지 → 수중 황화수소 산화, 탈기
           └ 부패조 호기성 전환

    ㉰ 특징 : 설치 간단, 전기비 발생

  ② 하수관로

    ㉮ 세정 및 준설 : 생물막 제거(피그 세관)

    ㉯ 최소유속 확보 : 복단면 적용(비굴착 공법), 중계펌프장 설치(중장기)

    ㉰ 환기 : 관내 배기능력 향상

    ㉱ 약품주입 : 질산염, 관산화수소수, 철염, 염소 등

    ㉲ 오접 개선 : 오접검사(연기시험, 음향시험, 염료시험)

    ㉳ 분류식화 : 개인하수처리시설 폐쇄

③ 맨홀 : 인버트 → 퇴적물 생성 방지

2) 발산원 제어

① 맨홀 : 낙차완화시설 또는 부관 설치 → 하수 비산 방지

② 하수관로

㉮ 낙차완화시설

㉯ 스프레이 악취저감 시설(대형 관로, 토구) : 물 분사로 황화수소 용해

㉰ 지주형 악취제거시스템(대형 관로) : 악취 흡착제거, 흡착제 교체 필요

㉱ 포토존 탈취시스템(대형 관로, 토구) : 광산화, 오존 산화, 촉매 산화, 부분 산화반응으로 악취 저감, 소모품 교체 필요

3) 배출원 제어

① 맨홀

㉮ 악취차단장치 : 이물질 부착, 우수 배제 기능 저하

㉯ 맨홀 탈취기 : 금속 흡착활성촉매 필터로 악취 제거

② 빗물받이

㉮ 악취차단장치(받이 설치형) : 이물질 부착, 우수 배제 기능 저하

㉯ 악취차단장치(연결관 설치형) : 협잡물 막힘 없음, 우수 배제 기능 저하

4. 제안사항

1) 하수관로 악취의 주원인이 합류식 하수도에 존치하고 있는 정화조이므로 분뇨 직투입을 고려한 하수관로 정비 시행 필요

2) 하수관로 악취 저감을 위해 하수관로에 ICT 기반 실시간 악취 모니터링 및 제어시스템을 구축한 스마트 하수관로 구축 필요

Key Point ✳

124회, 127회, 128회 출제

연결관

1. 재질

도관, 철근콘크리트관, 경질염화비닐관 또는 이것과 동등 이상의 강도 및 내구성이 있는 재질을 사용
1) 연결관은 지하수 침입 및 다른 지하매설물 공사에 의한 파손의 위험이 가장 크기 때문에
2) 재질은 내구성, 내식성 및 수밀성이 있는 것을 사용한다.

2. 평면배치

1) 부설 방향 : 본관에 대하여 직각으로 부설
2) 본관 연결부 : 본관에 대하여 60° 또는 90°로 한다.
   ① 연결관은 관거 내의 유수를 원활하게 하기 위하여 흐름방향에 대하여 원칙적으로 60°로 하지만
   ② 본관이 대구경관거인 경우 90°로 연결하여도 된다.

3. 경사 및 연결위치

1) 연결관의 경사는 1% 이상으로 한다.
   경사는 부유물질 등이 침전 및 퇴적이 생기지 않도록 1% 이상이 적절
2) 연결위치 : 본관의 중심보다 위쪽으로 한다.
   ① 연결관의 관저고가 본관의 중심보다 낮게 되면 유수에 저항을 일으켜 소정의 유량을 흐르게
      할 수 없다.
   ② 또한 평상시 연결관 내에 본관으로부터의 배수를 받아 그 부분에 부유물질 등이 침전 및 퇴적
      하여 연결관을 폐쇄시킬 우려가 있으므로 본관의 중심보다 위쪽에 연결한다.

4. 관경

1) 연결관의 최소관경 : 150mm
   국소적인 하수량의 증가가 장래에 걸쳐 예상되지 않는 경우는 본관관경을 150mm로 하고 연결
   관경은 100~150mm로 한다.

5. 연결부의 구조

1) 본관이 도관 및 철근콘크리트관일 경우 : 지관 또는 가지 달린 관
2) 합성수지관인 경우 : 접속용 이형관 등을 사용

6. 고려사항

1) 연결관의 접합부분은 침입수가 발생하기 쉽고 관거준설 등 유지관리 시 많은 문제가 발생할 뿐만 아니라 시공장소가 많고 복잡하기 때문에 설계 및 시공에 철저한 주의가 필요하다.
2) 맨홀 등에 연결관을 직접 접속하는 경우에는 천공기를 사용하여 접속할 관거의 구경에 따라 정확히 천공을 하고 고무커넥터 등의 연성재질을 사용하여 관거를 연결할 수도 있다.
3) 연결 시에는 연결관 및 모르타르가 본관 내에 침입하지 않도록 주의하며, 시공 후 이음부분에 대한 검사를 한다.
4) 본관 매설과 연결관의 매설의 시차가 있을 경우에는 지관을 설치한 후 끝을 막고 그 위치와 깊이 그리고 지관의 종류 등을 정확히 기록하여 추후 연결 시 정확한 시공이 되도록 한다.

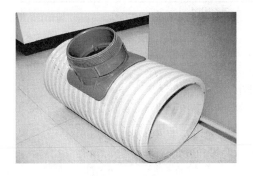

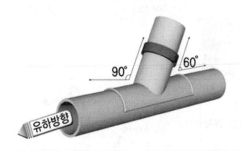

J시 연결관 및 배수관 설치방안

1) 관종 및 이음관

구분	제품특성		
고강성 PVC 이중벽관	• PVC레진에 내충격 및 첨가제를 배합 → 내·외면을 동시에 압출·성형하여 만든 관 • 고무링을 이용한 소켓 접합 → 수밀성 및 시공성 우수 • 중량이 가볍고, 절단 및 절개가 용이 • 내산 및 내부식성, 내충격성 우수		
이음관	엘보	엘보(90°)	티	소켓
	다양한 이형이음관 적용 → 현장특성에 대응성 우수			

2) 관종 및 이음관

구분	연결방법	
받이연결	• 고무링을 이용한 소켓접합 → 누수 및 침입수 방지 • 다양한 각도 구현 • 소켓캡에 의한 미 사용부 편리한 마감 • 소켓사용 → 다양한 관종에 연결 가능	 소켓에 의한 배수관 접합방식 소켓캡에 의한 미사용 부의 편리한 마감 다양한 각도 구현 가능 유출관에 VG2 및 VG1 적용 가능
연결관 연결	• 천공 접속 시 누수, 침입수, 본관의 통수능 방해 등 문제점 발생 • 본관 손상방지 및 수밀성 확보 → 분기관 및 이형관 접속	
	기존연결방안	개선안
		이경티 / 분기관
연결관 접속방향 및 각도	• 관정접속 → 오수의 운동에너지 유지 • 유하방향 접속→ 와류발생 억제로 흐름 원활	 유하방향

하수관거의 준설

1. 서론

1) 하수관거 내 적정유속의 미확보 등으로 인해 퇴적이 발생할 경우 하수관거 내의 통수단면적을 감소시켜 여러 가지 문제점을 야기

2) 하수관거 내의 통수단면적을 감소시키는 관거 내 퇴적의 근본적인 해소를 위해서는 불량관거의 개량과 더불어 관거 내 적정유속을 확보할 필요가 있다.

3) 따라서, 이와 같은 문제점을 해결하기 위해서는 관거정비사업을 지속적으로 시행함과 동시에 계획적인 준설계획을 수립하여 지속적으로 관거 내 준설 및 청소를 시행하여야 한다.

2. 하수관거 내 퇴적원인

2.1 하수관거 내 최저유속 미확보

1) 오수(0.6~3.0m/sec) → 적정유속 : 1.0~1.8m/sec

2) 우수(0.8~3.0m/sec) → 적정유속 : 1.0~1.8m/sec

3) 원인 : 조도계수 부족, 역경사

2.2 타관통 및 연결관 도출

1) 관내에 협잡물이나 찌꺼기 등이 걸리게 되어 토사의 퇴적속도를 가속화

2) 통수단면적을 감소시켜 관거의 기능유지를 저하

2.3 관거의 파손

2.4 역경사

2.5 부등침하

2.6 우수받이나 맨홀을 통한 협잡물 투기

3. 하수관거 준설의 목적(필요성)

1) 하수관거의 내구연한을 증대

2) 하수관거의 수리적 기능을 향상

3) 하수관거의 관정부식 감소(하수관이 콘크리트관일 경우)

4) 하수관거 내 불명수 유입량을 감소시켜 하수처리시설의 처리효율 증대

5) 하수관거 내 하수의 누출량을 감소시켜 주변토양 및 지하수 오염을 방지

6) 악취발생의 감소

7) 초기강우 시 발생되는 First-flush에 의한 방류수역의 오염을 방지

8) 하수관거의 통수능력 증대

4. 하수관거 준설 및 청소방법

하수관거의 준설은 관거의 구조 및 상태에 따라 적합한 사용기구와 청소방법을 선택하여 실시한다.

4.1 소구경관거의 준설(ϕ800mm 미만)

1) 인력식

① 인력식 Bucket

㉮ Bucket을 부착한 Wire Rope를 관거 내 투입 후

㉯ 인력으로 관내를 왕복시켜 토사 등을 맨홀로 배출시켜 제거

2) 기계식

① Bucket Machine

개폐되는 Bucket을 부착한 와이어를 윈치에 연결하고 맨홀 사이의 관거 내에 투입하여 관거 내를 왕복시켜 토사 등을 제거

② 고압수 세정차

㉮ 고압수(200L/min) 세정차를 이용하여 관로를 세정하는 방법 : 관경 ϕ300mm 전후의 중소 구경관에 사용

㉯ 관거 내 퇴적물을 맨홀부로 인출하는 작업이 신속

㉰ 사용수압 : 100~170kg/cm²

㉱ 소구경하수관거에서는 청소효율이 좋으나

㉲ 대구경관거에서는 효율이 저하

③ 진공식 흡입차 : 진공식 흡입차를 이용하여 관거 내부에 퇴적된 토사 등을 호스 끝단에 금속성 관을 연결한 흡입호스를 흡입시켜 제거

④ Blow식 흡입차

㉮ 작업은 퇴적 토사류 등을 흡입호스에 의하여 지상으로 퍼 올림

㉯ 이 경우 수분이 적게 포함되면 작업의 효율이 좋다.

⑤ 특수소제기

㉮ 수동식과 동력식이 있다.

㉯ 수동식 : 핸들의 운전에 의해 추진 및 인장이 행해져 토사를 제거

㉰ 관 내부로의 삽입은 가이드를 이용한다.

4.2 대구경관의 준설(ϕ800mm 이상)

1) 대구경관의 준설 및 청소에는 소구경관용의 기계, 기구로는 충분하지 못하다.

2) 따라서, 각 단면에 상당하는 크기의 소형차 또는 작은 배에 Wire Rope를 연결시키고

3) 관 내부로 삽입시켜 인력으로 오니를 싣고 이것을 인력과 윈치로 맨홀까지 운반한 다음 지상으로 끌어올려 제거

4.3 역사이펀 및 우수토실의 청소

1) 역사이펀 청소는 관거의 종류에 관계없이 적어도 연 1회 실시하여야 한다.

2) 역사이펀의 저부에 설치된 토실에 퇴적된 토사를 인력 또는 진공식 흡입차를 사용하여 제거한다.

3) 또한, 역사이펀관의 청소는 관거의 개수 및 물막이 설비의 유무에 의해 작업난이도의 차이는 있지만 관거의 청소에 준한 방법으로 한다.

4.4 연결관 청소

1) 비닐, 종이, 나무 등으로 인하여 곡관부 및 접합부가 폐쇄되기도 하며, 유지류가 부착하여 유수 단면이 축소되거나 폐쇄되기도 한다.

2) 작업순서

① 물받이의 뚜껑을 연다.

② 폐쇄되어 있는 내용을 판단

③ 물받이와 본관의 거리 측정

④ 미니젯(Mini Zet) 고압수 세정기를 사용하여 제거

⑤ 만약, 물받이의 입구가 물에 차 있어 내부를 볼 수 없는 경우 흡입차를 이용하여 물을 배제한 후 연결관을 확인하고 청소작업을 실시

4.5 물받이 청소

1) 관내 토사퇴적의 최대원인 중의 하나는 우수받이 청소를 소홀히 한 데 있다.

2) 물받이 청소는 통상 인력으로 준설

3) 진공식 흡입차 또는 Blow식 흡입차를 사용하여 청소

5. 결론

1) 관거 내 퇴적되어 있는 퇴적물을 적시에 준설 및 청소를 하지 않을 경우 관내 통수능력이 저하될 뿐만 아니라

2) 악취발생의 원인과 펌프장 및 하수처리장의 유지관리에 많은 지장을 초래한다.

3) 따라서, 관거청소 및 준설 시에는 문제가 발생된 지역의 국부적인 토사퇴적 지역에 치중할 것이 아니라 지역의 실정 및 시설 등의 상황에 따라서 계획적으로 실시할 필요가 있다.

4) 또한, 지역별로 실시 중인 하수관거정비사업(BTL 공사 포함)과 더불어 지자체별로 주기적인 하수관거 준설, 청소 계획의 수립이 필요하다. 지자체별로 준설 인원 및 예산의 부족으로 정기적인 준설계획이 수립되지 못한 실정이다.

5) 지자체별 하수관거 준설 예산 편성 및 전담 부서를 설치

6) 하수관거의 준설 시 관거 내 CCTV 조사를 통해 필요시 노후관 갱생 등의 사업과 동시에 실시하여 이중투자를 방지

7) 인력식의 경우 관거 내 유해 가스 등에 의한 작업자의 안정성 확보 필요
이 경우 기계식(로봇이용 등)의 적용이 필요

▶ 참/고/자/료

맨홀(준설/세척 전)　　흄관내부 Jet-nozzle　　U형 하수구(준설/세척 전)

맨홀(준설/세척 후)　　THP관(준설/세척 후)　　U형 하수구(준설/세척 후)

[흡입차를 이용한 하수관거 준설]

진공흡입 장비차량

유압 구동시스템 장비

[로봇을 이용한 하수관거 준설]

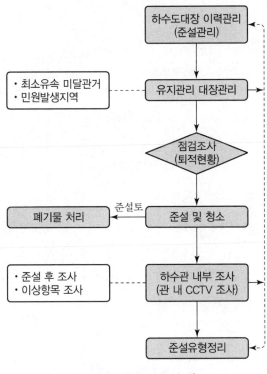

[Y시 준설작업 흐름도(예)]

하수도대장 이력관리
(준설관리)

· 최소유속 미달관거
· 민원발생지역

유지관리 대장관리

점검조사
(퇴적현황)

폐기물 처리 ←준설토 준설 및 청소

· 준설 후 조사
· 이상항목 조사

하수관 내부 조사
(관 내 CCTV 조사)

준설유형정리

○ Y시 준설 및 세정방안(예)

구분	준설방법
D800mm 미만	• 인력식 – 버켓식 • 기계식 – 버켓 머신식 : D250mm~600mm에 적합 　– 고압세정식(Jet식) : D150mm~450mm에 적합 　– 고압세정＋흡입식
D800mm 이상	인력식＋버켓 머신식, 진공펌프식
박스관/측구	관경의 크기에 따라 관거의 청소방법에 준함
연결관	미니젯 고압수 세정식
물받이	인력식, 진공 흡입식, 블로어 흡입식

진공 흡입식	버켓 머신식	미니젯

유량계

1. 개요

유량계는 계측목적, 측정장소의 환경조건, 계측정도, 재현성 및 응답성, 관리성 등을 고려하여 선정한다.

2. 전자유량계

2.1 원리

Faraday의 전자유도법칙을 이용한 것이며 코일을 사용해서 자계방향에 직각인 방향으로 기전력이 생기므로 이를 측정하여 유량측정

2.2 특징

1) 유체의 점도, 밀도, 온도에 관계없이 높은 정밀도 유지
2) 유체의 부유물질의 농도에 관계없이 안정적으로 유량 측정
3) 검출 지연이 없고 정확한 측정 가능
4) 축소부가 없어 압력손실이 적으므로 운전비용 절감
5) 전기전도도가 없거나 무시할 정도로 작은 기체(가스), 오일류 등의 유량은 측정할 수가 없다.
6) 구경이 커짐에 따라 가격이 급격히 증가

3. 초음파유량계

3.1 원리

관의 측벽에 초음파 수신기와 발신기를 달아 발신기에서 발생한 초음파가 수신기에 도달하는 전파속도가 관로 내의 유체 유속에 비례하는 것을 이용한다.

3.2 특징

1) 마모되는 부품이 없다.
2) 유체 흐름에 장애가 되는 부분이 없어 압력손실이 적다.
3) 모든 유체(기체, 액체)의 유량 측정
4) 가격은 직경의 증가에 거의 무관하다.

5) 초음파 변환기들만 관에 설치되므로 이미 배관되어 있는 파이프 관에서는 단수를 하지 않고 설치가 가능하다.

6) 대구경용 유량계로서는 초음파 유량계의 경쟁력이 현재로서는 가장 높다.

4. 차압식 유량계

4.1 종류 : 노즐, 오리피스, 벤투리

4.2 특징 : Venturi-meter 참조

5. 위어

5.1 원리

수로의 도중에 또는 유출부에 판벽을 설치하여 삼각형, 사각형 등의 위어를 설치하여 유량을 측정

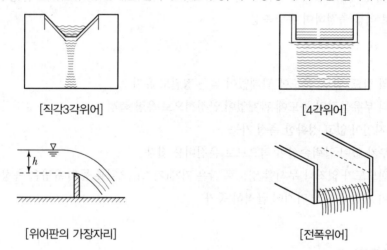

[직각3각위어]   [4각위어]

[위어판의 가장자리]   [전폭위어]

5.2 유량측정

1) 직각삼각위어

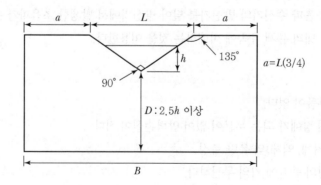

직각삼각위어(1~4m³/min)

$$Q(\text{m}^3/\text{min}) = Kh^{5/2}$$

유량계수$(K) = 81.2 + 0.24/h + (8.4 + 12/\sqrt{D}) \times (h/B - 0.09)^2$

여기서, K : 유량계수

B : 수로의 폭(m)

h : 위어의 수두(m)

D : 수로 밑면에서 위어의 유로면까지의 높이

2) 사각위어

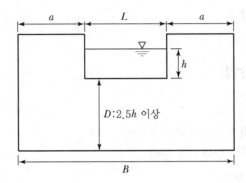

4각위어(4m³/min 이상)

$$Q(\text{m}^3/\text{min}) = Kbh^{5/2}$$

4각위어 유량계수$(K) = 107.1 + \dfrac{0.177}{h} + 14.2\dfrac{h}{D} - 25.7 \times \dfrac{\sqrt{(B-b)h}}{DB} + 2.04\dfrac{\sqrt{B}}{D}$

여기서, K : 유량계수, b : 사각위어의 유로 폭(m)

B : 수로의 폭(m), h : 위어의 수두(m)

D : 수로 밑면에서 위어의 유로면까지의 높이

5.3 장점

1) 구조가 간단

2) 대유량 측정 가능

3) 비교적 정확한 유량측정

4) 한번 설치로 영구적으로 사용 가능

5.4 단점

1) 압력손실이 크다.

2) 침전물의 퇴적 염려 및 영향이 있다.

3) **상류측 폭은 위어폭의 4~5배 필요 : 전폭위어는 제외**

4) 월류수는 자유낙하하여야 한다.

6. Parshall Flume

6.1 원리

Flume을 수로의 도중에 설치하고 수로 폭을 좁힌 부분을 만들어 그 전후에 수위차를 발생시켜 상류 측의 수심으로부터 유량공식에 의해 유량을 구한다.

6.2 특징

1) 부유물질이 많은 수질에 측정이 가능하다.
2) 수두손실이 극히 작다.

7. 유속계에 의한 방법

7.1 원리

1) 유속계를 유수 중에 설치하여 유속을 측정
2) 유속측정 지점의 통수 단면적을 구함
3) Q=유속×통수 단면적

7.2 적용

중·소하천, 소규모 하수관

7.3 특징

1) 별도의 장치설치가 불필요하다.
2) 간단하고 신속하다.
3) 수심 및 측정지점에 따라 유속이 다르므로 Q는 유속의 정확도에 달려 있다.

8. 기타

1) 유입수의 조건, 장치의 사용조건 및 설치장소의 환경에 적합하고 유지관리가 용이한 유량계의 선택이 필요
2) 유입유량계, 생오니 유량계, 반송·잉여오니 유량계, 농축 유량계, 초음파유량계, 전자유량계
3) 방류유량계 : Parshall Flume, Weir가 적당

■ 고정식 유량계

구분	초음파식	전자식	벤투리 타입	레이더식
외형도				
측정원리	• 초음파 도플러 방식 • 유속은 초음파 방식 • 수위는 압력 방식	• 페러데이 법칙 • 기전력을 이용한 유량산정	• 관로 전후의 수두차를 이용 • 수두차로 유량 환산	• 레이더 원리 이용 • 유속은 레이더 적용 • 수위초음파/압력 적용
저장용량	512KB 이상	512KB	256KB	512KB 이상
유속측정 범위	−1~6m/s	−10~10m/s	유속은 측정하지 않음	0.23~6.1m/s
수위측정 범위	0~3m	0~5m	0~8m	0.63~4.5m
정밀도 (유속)	±2% 이내	±1.5~4%	수위만 측정	±1%(수위) ±0.5%(유속)
특징	• 야간저유량, 역류, 만관/비만관 측정 가능 • 모든 관로형태에 가능	• 전도성 유체 측정가능 • 역류 측정도 일부가능	• 역류측정가능 • 세정장치 내장으로 퇴적물 세정기능 우수	• 월류시 유량측정 불가 • 유체와 비접촉(퇴적물 영향 없음)

■ 이동식 유량계

구분	초음파식			전자기식
외형				
유속측정	초음파식	초음파식	초음파식	전자기식
수위측정	압력식	압력식	압력식	압력식
유속	−1.5~6.1m/s ± 2%	−1.5~6.1m/s	−1.5~6.1m/s	−1.5~6.1m/s
수위	0.01~3.05m	0.5~3.5m	0.01~3.5m	0.01~3.5m
방수등급	• 변환기 : IP67 • 검출기 : IP68	• 변환기 : IP67 • 검출기 : IP68	• 변환기 : IP67 • 검출기 : IP68	• 변환기 : IP67 • 검출기 : IP67
특징	• 역류, 만관측정 가능 • 관거의 형태에 무관하게 적용 가능 • 설치 및 유지보수 용이	• 정확도 낮음 • 지속적인 유지관리 필요 • 설치 간편	• 설치 간편 • 정확도 낮음 • 지속적인 유지관리 필요	• 설치 간편 • 역류측정 곤란 • 정확도 낮음 • 지속적인 유지관리 필요

■ 유량계 정밀도 향상방안

구분	상세내용	예시도
정도관리	• 초음파 유량계 자동 세정(공기 세정)을 통한 유량 측정 정밀도 향상 • 검교정을 필한 이동식 유량계(초음파식)를 활용하여 현장에서 고정식 유량계(초음파식 및 전자식)와 비교측정으로 유량계 교정 가능	초음파 유량계 설치

Venturi - meter

1. 개요

1) 관수로 내 유량측정

2) 관로 내 단면축소 기구를 삽입하고 흐름에 저항을 주어 상류측과 하류측에 발생하는 압력차를 계측하여 유량측정

3) 압력차는(유량)^{2}에 비례함

2. 원리

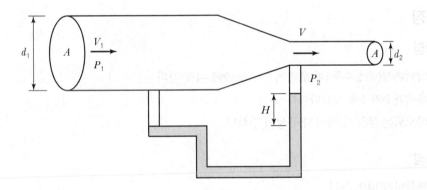

$$Q = \frac{C A_2}{\sqrt{1 - \left(\dfrac{d_2}{d_1}\right)^4}} \sqrt{2gH}$$

여기서, Q : 유량(m³/sec)

C : 유량계수

A_2 : 목(Throat) 부분의 단면적$\left(\dfrac{\pi d^2}{4}\right)$

H : 마노미터의 수두차($H_1 - H_2$)

H_1 : 유입부 관 중심에서의 수두(m)

H_2 : 목(Throat)부의 수두(m)

g : 중력가속도(9.8m/sec²)

d_1 : 유입부의 직경(m)

d_2 : 목부분 직경(m)

1) 관로의 중간에 통로면적을 줄이면 그 부분의 정압력은 유량에 비례하여 상류측보다 저하된다.

2) 이 압력차를 측정하여 베르누이정리로부터 위 식에 의해 유량을 구한다.

3) 차압을 발생시키는 줄임부에는 오리피스 노즐이 있다.

4) 압손이나 유수의 장애가 비교적 적어 상수도에 적합하다.

3. 측정조건

1) 관내에 만류하여 흐를 것

2) 수류 중에 기포 등이 부유하지 않을 것

3) 흐름이 정상류일 것

4) 줄임부 전후에 필요한 길이의 지관을 설치할 것(상류측 10d, 하류측 5d)

5) 부유물질이 많은 수질측정에는 부적합

4. 특징

4.1 장점

1) 압력손실(손실수두)이 오리피스나 노즐에 비해 적다.

2) 유속계수가 1에 가깝다.

3) 마모되는 부분이 적어 내구성이 강하다.

4.2 단점

1) 제작비가 많이 든다.

2) 설치장소가 넓어야 하며 설치가 어렵다.

3) 실유량을 측정한 후 교정하여 사용하여야 한다.

4) 직관부가 필요(상류측 10d, 하류측 5d)

도시침수 예방을 위한 하수도정비 시범사업 정비모델

1. 합류식 시지역 정비모델

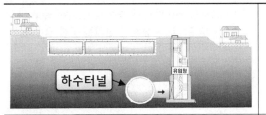

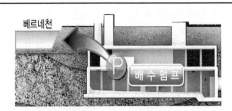

- 부지확보 및 지중공간 부족 문제
  - → 간선계통 중심의 침수대책
  - → 하수터널을 통한 이중 간선체계 마련

- 침수에 취약한 저지대 내 반지하 가구
  - → 간선 하수관로의 적극적 수위저하 계획
  - → 빗물펌프장을 통한 안정적 배수체계 마련

- 관로 내 통수능 저해 이상항목에 의한 수위상승
  - → 시뮬레이션시 이상항목 손실계수 적용
  - → 복개천 내 침수 유발 장애물 개량계획 수립

- 하수도 악취, CSOs 유출
  - → 주거 밀집지역 우수토실의 악취 개선
  - → 악취차단막 등 개선계획 적용

2. 합류식 군지역 정비모델

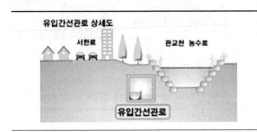

- 자연발생적 저심도 하수배수시스템 문제
  - → 간선 중심의 침수대응 하수도 시스템 마련
  - → 농수로 등 용수시설과 하수도 분리

- 저유량 우수토실의 비효율적 운영
  - → 합류식 차집시설의 효율개선을 위한 통폐합
- 유지관리인력 부족
  - → 변단면 하수도를 통한 유지관리 최소화

3. 분류식 시지역 정비모델

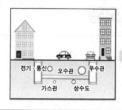

• 지하매설물 포화로 인한 지중공간 부족   → 우회관로 매설을 통한 통수능 확보
• 도시성장에 따른 유출량 증가, 부지확보 곤란   → 도로하부 저류시설 설치를 통한 침수해소

4. 분류식 전환지역 정비모델

• 우·오수관 동시 정비를 통한 공사비 절감
  → 동시시공을 통한 도로의 이중굴착 방지
  → 배수설비 연결 용이성 확보

• 분류식 오수관 신설 및 오접개선
  → 연결관 적정유속 확보로 악취저감
  → 오접개선을 통한 방류수역 수질개선

5. 분류식 군지역 정비모델

• 집중호우에 취약한 우수배제 하수도
  → 빗물펌프장과 연계한 우수관로 정비
  → 유역변경 관로를 통한 침수해소

• 개거 및 측구 중심의 우수배수체계
  → 우수배제 하수도 시스템 재구축
  → 빗물받이 확대 설치를 통한 집수성능 개선

Key Point ✚

130회, 131회 출제

이중배수체계(Dual Drainage)

1. 서론

1) 최근 기후변화로 인해 국지성 집중호우의 발생빈도 증가 및 도심지 불투수면적 증가로 인해 다음과 같은 문제를 유발하고 있음

   ① 강우유출량 급증

   ② 도시침수로로 인한 인적·물적 피해 증가

   ③ 단시간 내 집중유출이 발생하여 침수피해를 더 증가시킴

   ④ 기존 관로의 대응능력 저하로 집중강우 발생 시 내수침수 발생

2) 환경부의 침수예방사업

   ① 주요내용 : 하수도시설 계획, 환률연수 강화, 하수저류시설 및 빗물펌프장의 확장사업 추진

   ② 도시침수예방 시범사업 실시 → 하수도정비 중점관리지역으로 지정, 관리하고 있다.

2. 이중배수체계의 개요

1) 기존 침수예측모델은 하수관망으로 유입된 하수만을 표현하여 침수현상을 재현하는 데 한계가 있다.

2) 이중배수체계는 강우 시 유출수의 지표면 흐름과 하수관거 내 유입수의 흐름을 분석하는 시뮬레이션 기법이다.

3) 지표와 관로의 유출현상을 동시에 모의가 가능하여 보다 현실적이고 정확한 침수해석이 가능하다.

3. 이중배수체계 시뮬레이션

1) 이중배수체계의 구성 : 마이너시스템 + 메이저시스템

   ① 마이너시스템

     ㉮ 일반적으로 우수를 배제하는 구조물 : 우수받이, 맨홀, 관로 등

   ② 메이저시스템

     ㉮ 지표면에서의 홍수량 이동경로를 의미 : 도로, 통행도로 등

2) 이중배수체계는 대상지역의 하수도 시스템에 대한 표면유출 및 관로유출을 각각 관련 방정식과 매개변수들을 통해 해석

   ① 우천시 우수유출 발생 특성을 분석

   ② 하수도 시스템의 우수배제능력을 검증 및 평가

3) 이중배수체계 Process

강우 → 지표유출 → 관거흐름 → 홍수발생 시뮬레이션 → 침수대응시설 도입

4) 활용

① 현실적인 침수대응시설 계획

② 침수피해지역 침수원인 규명

③ 침수위험지도 작성

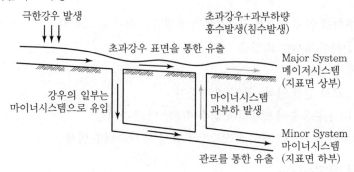

4. 기존모델(합리식)과 이중배수체계 모형 비교

구분		합리식	SWMM 이중배수체계 모형
대상유출량		첨두유출량	강우시간 분포에 따른 유입, 유출 수문
강우유출, 지체효과		불가	가능
저류지 계획		저류효과 확인 불가	가능
펌프장 계획		별도작성	가능
침수 영향	동수두 시간변화	불가	확인 가능
	침수여부	간접추정	확인 가능
	침수면적	불가	이중배수체계 모형 가능
	침수능	불가	이중배수체계 모형 가능

5. 결론

1) 도시지역의 침수는 하수배제체계에서 흐름양상과 지형적 요인이 결합된 복잡한 구조이므로 이중배수체계 모형의 도입과 활용이 필요

2) 하수관망시스템 차원의 우수배제능력 성능개선으로 강우유출수를 신속히 배제하여 침수를 예방할 수 있음

3) 최근 XP-SWMM을 대체할 새로운 프로그램으로 이중배수체계 모형의 현장적용이 필요하다고 판단됨

4) 또한 설계 후 시공과정에서 노선변경 및 관로제원 변경 등이 발생한 경우에는 이를 모델에 반영하여 공사완료 후 상황과 동일한 조건이 되도록 모델을 구축하여 사전 검토할 필요하다.

Key Point ✦

129회 출제

하수도정책의 변화(침수 방지)

1. 하수도정책의 변화 개요

1) 그동안 대형 하수도사업으로 추진된 한강수계 하수관로정비사업, 댐상류하수도사업, BTL 사업 등에서 알 수 있듯이 지금까지의 하수도정책은 하수관로 분류식화와 하수처리시설 확충을 통한 오수처리능력 확대 위주의 투자였으며, 이로 인해 우수관로가 가지는 생명 및 개인재산 보호를 위한 도시기반시설로서의 기능 확보에는 미흡했던 것이 사실이다.

2) 이에 따라 집중호우로 인한 침수피해를 최소화하기 위하여 총리실 '재난관리 개선 민관합동 T/F' 주관으로 "기후변화 대응 재난관리 개선 종합대책(2011년 12월 9일)" 수립과 더불어 하수도시설 의 설계빈도를 상향 조정(하수도 시설기준(환경부, 2011))하는 등의 제도개선을 통한 하수도의 침수예방능력을 강화할 수 있는 토대가 마련되었다.

3) 이러한 토대를 기본으로 6개 시범지역(부천시, 천안시, 안동시, 김해시, 서천군, 보성군)을 선정 하여 2015년을 목표로 도시침수예방을 위한 하수도정비시범사업이 추진되고 있으며, 시범사업 의 성과를 분석한 후 전국적으로 확대 적용될 예정이다.

1.1 정책 변화 내용

1) 공공하수도 우수관리 강화

지난 2010년 9월 21일의 수도권 침수가 게릴라성 집중호우로 인한 단기간 우수유출의 증가에 기존 하수도 시설의 대응능력이 부족하였다는 인식에 따라 현행 오수처리 중심의 공공하수도를 개선 하여 집중호우에도 우수를 신속히 배제할 수 있도록 장·단기 계획을 수립

단기	• 하수관로 유지관리가 가능토록 "침수에 대비한 하수관로 관리지침" 조속 제정 및 시행 • 상습침수구역 긴급지원대책 마련
장기	공공하수도의 우수관리기능 강화를 위한 제도 정비	• 하수처리구역을 침수피해의 위험도 및 예상 재산피해 등을 감안하 여 일반·특별구역 등으로 지정하여 관리 • 도심 내 각종 시설의 우수 저류·침투기능 강화 • 침투·저감시설에 대한 조례 표준안 및 국가 가이드라인 제정 • 각종 행정계획 및 개발사업의 수립단계부터 빗물 유출 저감방안 제시 • 국내 실정에 맞는 침수 시뮬레이션 프로그램 개발
	공공하수도의 우수 배제·저류능력 확대	• 하수관로 및 빗물펌프장의 우수 배제능력 강화 • 도심 내 하수 저류시설 설치 확대 추진
	공공하수도의 유지관리 강화	• 하수관로 및 도로상 빗물받이 등의 유지관리기준 강화 • 공공하수도의 정보화 관리체계 구축 • 내수침수 백서 발간

출처 : 공공하수도 우수관리 강화 기본계획(안) 보고자료(환경부, 2010.11)

2) 다기능 하수도 구축

도시지역에서 발생하는 CSOs 및 초기우수는 강우 초기에 도로 등에 있는 고농도 오염물질을 포함한 상태로 유출되어 수계 및 생태계에 악영향을 주고 있으며 기후변화에 따른 침수피해 발생 위험이 증가함에 따라 비점오염물질을 저감하고 침수피해를 방지할 수 있으며 또한 물 재이용을 통한 물순환 회복에도 기여할 수 있도록 다기능 하수저류시설 도입계획을 수립하였다.

추진방향	• 고농도 오염물질을 포함한 초기우수를 저류 후 공공하수처리시설에서 연계처리 • 초기우수 저류시설은 강우 시 · 청천 시에 따라 다목적으로 이용할 수 있도록 계획 • 하수관로 확대 및 하수저류시설의 설치가 곤란한 대도시는 대형 하수터널 설치
기대효과	• 비점오염원의 방류부하량을 삭감하여 공공수역의 수질개선 및 수생태계 회복, 물 재이용을 통한 물순환 회복 기여 • 상습침수지역의 우수배제능력 향상으로 주민 생활환경 개선 및 인명 · 재산 보호

출처 : 다기능 하수도 구축 기본계획(안) 보고자료(환경부, 2010.12)

3) 비점오염원 관리

불특정 장소에서 불특정하게 주로 빗물과 함께 배출되는 비점오염원은 하천 등에 유입될 경우 녹조현상, 물고기 폐사, 정수과정에서의 어려움 등을 초래하므로 비점오염물질의 배출을 줄여 수질개선에 기여하고자 다양한 분야에 대해 비점오염을 저감할 수 있는 대책을 수립하고 있으며, 도시비점과 관련해서는 발생 억제와 사후처리로 나누어 대책을 수립하였다.

발생억제	• 개발사업에 저영향개발(LID) 기법의 적용이 활성화될 수 있도록 가이드라인을 마련하고 적용을 법제화 • 주기적인 도로 청소 등을 통해 강우 시 비점오염물질 유출을 사전에 차단 • 비점오염원 주요 배출 업소 등에 대해 홍보 · 계도 실시
사후처리	• 초기 빗물처리시설에 대해 국고보조율을 상향 조정하여 초기우수 저류시설의 설치 확대 • 유수지, 저류지 등의 기존 시설을 활용하여 비점오염 저감 • 기존의 화단, 도로, 주차장 등에 대해 식물 식재, 투수성 포장, 침투 저류지 등을 설치하여 침투 · 저류기능 향상 • 「자연재해대책법」상의 우수유출 저감시설의 설치 및 유지관리기준을 내실화하여 효율적 설계 · 운영 방안 추진

출처 : 비점오염원 관리 종합대책(안) 부처 협의자료(관계부처 합동, 2011. 8)

4) 도시침수 대비 하수도정비대책 수립(2012. 5. 25.)

총리실 '재난관리 개선 민관합동 T/F' 주관으로 2011년 12월에 "기후변화 대응 재난관리 개선 종합대책"이 확정되었으며, 하수도 분야에는 하수관로 정비사업 등 4개의 과제가 선정되었다.

하수도 확충을 통한 상습 침수지역 해소	• 10년(2013~2022)간 전국 90개 상습 침수지역에 대하여 하수관로, 하수저류시설 및 빗물펌프장 설치 • 광역시는 4회, 일반시군은 2회 이상 침수된 하수처리구역에 대하여 우선 투자 • 하수관로 예산의 오수관로와 우수관로 투자 배분을 현행 80 : 20에서 2022년까지 60 : 40으로 전환

첨단 설계 · 운영 기법 적용	• 침수 대응 이중배수체계 시뮬레이션을 적용하여 지역 특성에 맞는 시뮬레이션 기법을 개발하고 강우 수준별로 시설물의 규모, 배치, 연계방안을 결정 • 기상정보와 각종 계측장비 그리고 자동조절시스템을 연계하여 하수처리시설을 실시간으로 감시 · 제어할 수 있는 시스템(Real Time Control)을 도입 • 계절에 따른 강우특성에 맞추어 침수대응 및 수질관리 모드로 운영
침수피해 예방을 위한 제도 개선	• 하수관로 및 빗물펌프장의 확률연수를 상향 조정하여 하수관로의 역할을 오수이송 중심에서 빗물 배제 중심으로 전환 • 도시침수에 대한 안전도와 대처능력을 함께 나타낼 수 있는 침수대응지표를 개발하여 집중호우에 대비하는 하수도의 역할 강화

5) 하수도정비 중점관리지역 지정

하수도법이 2012년 2월에 개정됨에 따라 집중호우로 인해 침수 피해가 자주 발생하거나 공공수역의 수질이 악화될 우려가 있는 지역을 "하수도정비 중점관리지역"으로 지정할 수 있도록 하였다.

하수도법(제4조3항) 하수도정비 중점관리 지역의 지정 등 (2013. 2 .2)	환경부장관은 하수의 범람으로 인하여 침수피해가 발생하거나 발생할 우려가 있는 지역, 공공수역의 수질을 악화시킬 우려가 있는 지역에 대하여는 관할 시 · 도지사와 협의하여 하수도정비 중점관리지역으로 지정할 수 있다.

2. 설계기준 강화

증가하는 우수유출량에 대응할 수 있는 하수도시설 건설과 초기우수로 인한 방류수역의 수질보전을 위하여 하수도시설기준에서는 계획빈도를 상향 조정하고 우수유출저감계획을 수립하도록 하였으며 하수도법 시행규칙에서는 방류수의 수질기준을 명시하였다.

2.1 설계기준 강화 내용

1) 계획빈도 상향

2011년도에 하수도시설기준이 개정되면서 계획우수량 산정을 위한 확률연수 상향 조정이 있었는데 시설별로 다음과 같은 기준적용을 원칙으로 하되, 지역의 특성 또는 방재상 필요성에 따라 이보다 크게 또는 작게 정할 수 있도록 하였다.

항목	계획빈도	비고
하수관로	10~30년	하수도시설기준(환경부, 2011)
빗물펌프장	30~50년	

2) 우수유출량의 저감계획

하수도 시설기준에서는 최근의 우수 침투면적 감소에 따른 우수유출량 증가에 대응하여 우수를 저류 또는 침투시켜 되도록이면 우수를 천천히 유출시키거나 감소시키기도 하는 우수유출억제대책에 대한 검토를 명시하고 있으며, 하류시설의 유하능력이 부족한 경우에는 필요시 우수조정지를 설치할 수 있도록 하고 있는데 우수유출량의 저감(억제)을 위한 시설은 우수저류형과 우수침투형으로 나누어진다.

3) 월류수 수질기준

하수도법 시행규칙에서는 합류식 하수관로지역에서 하수관로가 밀폐형이고 월류수를 BOD 기준 40mg/L 이하로 관리할 수 있는 경우에는 하수관로정비구역으로 지정할 수 있도록 다음과 같은 내용이 2007년 10월 1일 신설되었다.

법령(시행일)	관련 조항	주요 내용
하수도법 시행규칙 (2012. 7. 4)	제2절 개인하수처리시설 제25조(하수관거정비구역의 공고 기준 · 절차 등)	① 법 제34조 제1항 제3호에 따라 공공하수도관리청이 하수관거정비구역을 공고하려는 경우에는 다음 각 호의 기준에 맞아야 한다. 1. 하수관거는 하수의 흐름이 보이지 아니하는 밀폐형 구조일 것 2. 월류수 수질의 생물화학적 산소요구량이 1리터당 40밀리그램 이하로 관리될 수 있을 것

미생물 부식(Biological Corrosion)

1. 개요

1) 미생물 신진대사 활동의 직·간접적인 영향을 받아서 금속이 부식되거나 부식이 가속화되는 현상
2) 일반 산화부식에 비해 부식속도가 수십~수백 배 빠름
3) 자연부식 중 마이크로셀 부식으로 대부분 국부 부식 형태로 나타남

2. 원인

1) 황산염환원세균의 대사작용에 의해 황화물 생성과정에서 부식 발생
2) 황산염환원세균의 환경인자
   ① 혐기성 환경 : 낮은 산화환원전위
   ② pH 중성
   ③ 수분함량이 높은 토양 : 낮은 비저항
   ④ 유기질 풍부
   ⑤ 염분 및 황 함유 토양, 산성토

3. 대책

1) 주기적인 검사
2) 황산염환원세균 환경인자 개선
3) 수분 제거
4) 화학처리(환경친화적 살균제)
5) 콘크리트보호공
6) 각종 방식테이프 감기, 폴리에틸렌슬리브 관 내에 쒸움, 아스팔트계 도장, 에폭시계 도장, 플라스틱 피복 특수방식방법 채택
7) 이음부 볼트, 너트류 STS 사용 또는 합성수지 피복 등 방식 처리

4. 결론

1) 관의 부설에 앞서 토양 검사를 반드시 시행하고, 토양의 평가는 미국의 ANSI/AWWA, 한국수자원공사, 한국건설기술연구원, 대한환경공학회 등의 자료를 참고할 필요 있음

2) 수도관을 다량의 염 또는 황 성분을 함유한 석탄재로 성토한 곳, 토탄지대, 폐기물매립지 등에 부설할 경우 콘크리트보호공 또는 특수방식공법 적용

계획하수량과 펌프대수

1. 계획하수량과 펌프대수

펌프대수는 계획오수량 및 계획우수량의 시간적 변동과 펌프의 성능을 기준으로 정하며, 수량의 변화가 현저한 경우에는 용량이 다른 펌프를 설치하도록 한다.

1) 펌프는 가능한 최고효율점 부근에서 운전하도록 대수 및 용량을 정하며, 현장여건을 고려한다.

2) 펌프의 설치대수는 유지관리상 가능한 적게 하고 동일용량의 것으로 한다.

3) 펌프는 용량이 클수록 효율이 높으므로 가능한 대용량의 것으로 하며, 유입오수량에 따라 대응 운전이 가능한 대·중·소 조합운전이 되도록 한다.

4) 건설비를 절약하기 위해 예비는 가능한 대수를 적게 하고 소용량으로 한다.

5) 건설 중의 일부 통수시나 청천시 등 수량이 적은 경우 또는 수량의 변화가 현저한 경우 오수변동 량에 따른 효율적 운영과 유지관리상 경제적으로 운전하기 위하여 용량이 다른 펌프를 설치하 거나 동일용량의 펌프회전수를 제어한다.

6) 과잉운전방지와 과잉운전에 따른 에너지소비량이 절감될 수 있도록 한다.

2. 펌프대수

펌프의 설치대수는 계획오수량과 계획우수량에 대하여 각각 2~6대를 표준으로 한다.

1) 오수펌프의 설치대수는 분류식의 경우는 계획시간오수량을 기준으로, 합류식의 경우는 강우시 계획오수량을 기준으로 정한다.

2) 오수펌프는 펌프장 운전초기 유입량과 시간 변동에 의한 수량변화에 대하여 용량이 다른 2~3 종류의 펌프의 설치를 고려하거나 펌프의 잦은 기동을 방지하며 에너지 절감 및 수처리운전의 균일화를 위하여 일부 속도제어시스템을 고려한다.

3) 빗물펌프의 설치대수는 빈도가 많고 적은 양의 강우일 때를 고려하면, 운전대응의 용이성으로 동일형식의 대소펌프의 조합이 바람직하다. 그러나 대수가 많은 대규모 배수펌프장에는 동일 형식, 동일용량의 것을 설치하는 것이 좋다.

4) 빗물펌프는 예비기를 설치하지 않는 것을 원칙으로 하지만, 강우시 펌프의 고장이 발생하여 펌 프장의 기능이 저하하고 그 지역의 특성에서 침수가 일어나 사회적 영향이 크다고 판단되는 경 우에는 예비기의 설치를 검토한다.

◉ 오수펌프의 설치 예

설치대수 \ 구분	case	소	중	대
2대	1	−	$1/2 \cdot Q \times 2$대	−
3대	1	$1/4 \cdot Q \times 2$대	−	$2/4 \cdot Q \times 1$대
3대	2	$1/6 \cdot Q \times 1$대	$2/6 \cdot Q \times 1$대	$3/6 \cdot Q \times 1$대
4대	1	$1/8 \cdot Q \times 2$대	$2/8 \cdot Q \times 1$대	$4/8 \cdot Q \times 1$대
4대	2	$1/8 \cdot Q \times 1$대	$2/8 \cdot Q \times 2$대	$3/8 \cdot Q \times 1$대
5대	1	$1/10 \cdot Q \times 2$대	$2/10 \cdot Q \times 2$대	$4/10 \cdot Q \times 1$대
5대	2	$1/13 \cdot Q \times 1$대	$2/13 \cdot Q \times 2$대	$4/13 \cdot Q \times 2$대

펌프의 특성곡선(Pump Characteristics Curve)

관련 문제 : 펌프의 특성곡선과 운전점, 펌프의 성능곡선

1. 정의 및 특성

1) 펌프의 특성곡선

펌프의 규정회전수(N)에서 토출량(Q)과 전양정(H), 펌프효율(E_{ff}) 및 소요동력(kW)과의 관계를 나타낸 것을 펌프특성곡선이라 한다.

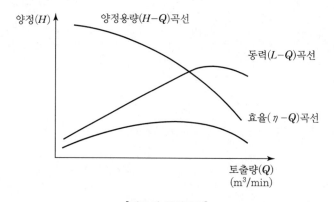

[펌프의 특성곡선]

2) 펌프의 특성곡선의 횡축상의 임의의 점으로부터 $H-Q, L-Q, \eta-Q$ 곡선과 만나는 점이 각각 그 유량에서의 전양정, 축동력, 효율이 된다.

3) 토출량이 큰 범위에서 운전되면 : 펌프가 낼 수 있는 전양정은 감소

4) 토출량이 작은 범위에서 운전되면 : 펌프가 낼 수 있는 전양정은 증대

5) 토출량이 0인 체절점

① H_0의 양정을 나타내며

② 이때의 소요동력은 유효한 것이 아니라 대부분 열로 낭비되어 버리므로 체절점에서 장시간 운전하게 되면 펌프의 과열을 가져온다.

③ 토출량이 0일 때의 양정 H_0을 체절양정이라고 한다.

2. 운전점

1) 펌프효율은 설계유량 Q에서 최고값을 가지므로 그 부근에서 운전하는 것이 가장 합리적이다.

2) 또한, 펌프는 효율뿐만 아니라 과열, 과부하, 진동, 공동현상 등이 없이 광범위한 조건에서 운전이 가능해야 한다.

3) 운전점

   ① 펌프의 선정을 위해서 펌프특성곡선과 시스템수두곡선을 이용

   ② 일반적으로 규정회전수에 따른 펌프특성곡선을 시스템수두곡선에 중복시켜 그 교차점이 운전점이 된다.

   ③ 운전점이 펌프최고 효율점에 근접하도록 하여 최적의 펌프를 선정한다.

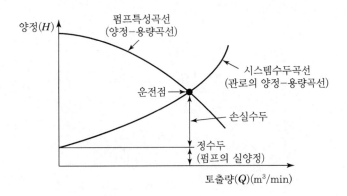

3. 단독운전의 저항이 변하는 경우

1) 사용연수 경과 후 배관에 녹 또는 스케일이 형성될 경우
   관내통수저항 증가로 관로저항곡선이 ③ → ④로 이동

2) 따라서 운전점은 A에서 B로 이동하고 토출량은 Q에서 Q'로 감소하게 된다.

3) 밸브의 개도조절, 즉 밸브를 잠그는 경우도 관내통수저항이 증대되어 앞과 같은 결과를 초래

4) 이와 같은 문제점 해결을 위해 : 펌프성능곡선을 ①곡선과 같이 미리 여유를 둔다.

   ① 이렇게 하면 관로저항곡선이 ③ → ④로 이동하여도 운전점은 점 C가 되어 토출량 Q를 양수할 수 있다.

   ② 그러나 과도하게 여유를 줄 경우 : 공동현상이 발생하기 쉽다.

   ③ 초기에는 운전점 D에서 Q보다 많은 Q''의 과대토출이 될 우려가 있으므로 밸브제어를 실시하여야 한다.

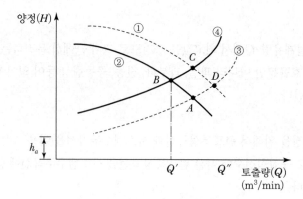

[관로의 저항이 바뀌는 경우의 운전점]

Key Point

- 87회, 89회, 91회, 100회 출제
- 매회 펌프에 관련된 문제는 1문제 이상 나오는 경향
- 상기의 문제는 아주 중요한 문제이므로 항시 숙지하기 바람
- 펌프의 유량제어, 시스템수두곡선과 같은 문제가 출제될 경우에도 변형해서 기술할 필요가 있음
- 또한 3개의 그래프도 모두 숙지하고 답안작성 시 필히 기재 바람

시스템 수두곡선(System Head Curve)

1. 펌프특성곡선

1) 펌프의 회전속도를 일정하게 고정한 펌프에 있어서 양정, 효율, 동력이 수량의 변동에 따라 어떻게 변하는지를 곡선으로 표시한 것

2) 토출량이 큰 범위에서 운전되면 펌프가 낼 수 있는 전양정은 감소하고

3) 반대로 토출량이 적은 범위에서 운전되면 펌프가 낼 수 있는 전양정은 증대한다.

4) 펌프의 효율은 설계유량 Q에서 최고값을 가지므로 그 부근에서 운전하는 것이 가장 합리적이다.

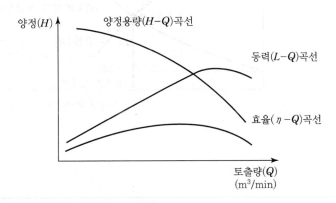

[펌프의 특성곡선]

2. 총동수두(TDH : Total Dynamic Head)

총동수두＝정수두(H_L)＋마찰수두(H_F)＋속도수두(H_V)

속도수두(H_V)＝$\dfrac{V^2}{2g}$

3. 시스템수두곡선

1) 펌프의 회전수를 고정하고 토출량을 변화시키면서 주어진 관로 내를 양수할 때 소요되는 총양정을 계산하여 그 토출량과 총양정과의 관계를 그림으로 표시한 것

2) 즉, 총동수두(TDH)와 양수량(토출량 Q)의 관계를 그래프로 나타낸 것

3) 펌프선정 시 펌프특성곡선과 시스템수두곡선을 중복시켜서 선정한다.

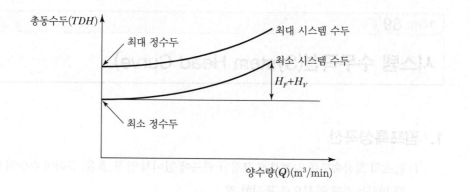

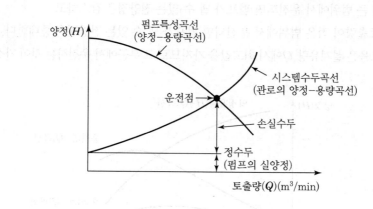

펌프의 유효흡입수두(NPSH : Net Positive Suction Head)

1. 개요

1) 유효흡입수두란 펌프 시스템에서 액체를 흡입하면서 흡상높이를 높일 수 있는 여유를 말하며

2) 공동현상의 방지를 위해 펌프가 수증기를 증발시키지 않고 이용할 수 있는 유효흡입수두(NPSH$_{av}$) 가 펌프의 회전차 입구에서 발생하는 손실 등으로 인하여 펌프가 필요로 하는 최소한의 유효흡입수두(NPSH$_{re}$)보다 커야 한다.

2. 펌프가 필요로 하는 유효흡입수두(Available NPSH : H$_{av}$, NPSH$_{av}$)

$$H_{av} = H_a - H_{vp} - H_s - H_f(\text{m})$$

여기서, H_a : 대기압(10.33m), H_{vp} : 포화증기압(20℃에서 0.24m)
H_s : 흡입 실양정(m), H_f : 흡입관의 손실수두(m)

3. 펌프가 필요한 유효흡입수두(Require NPSH : H$_{sv}$, NPSH$_{re}$)

1) 펌프의 회전차 입구에 유입된 액체는 회전차 입구에서 가압되기 전에 일시적인 압력강하가 발생하는데, 이때 공동현상이 발생하지 않는 수두를 펌프의 요구(필요) 흡입수두라고 한다.

2) 흡입비 속도법

$$H_{re} = \left(\frac{N \cdot Q^{1/2}}{S} \right)^{4/3} (\text{m})$$

여기서, N : 펌프의 회전수(rpm)
Q : 펌프의 토출량(양흡입은 $Q/2$: m³/min)
S : 흡입비 속도(일반펌프 : 1,200m³/min · m · rpm)

3) Thoma 계수법

$$H_{re} = \sigma \cdot H$$

여기서, σ : Thoma의 Cavitation계수(Ns와 관계있음)
H : 펌프의 전양정(다단펌프는 1단 임펠러가 부담하는 양정)

4. 공동현상 방지

4.1 펌프가 이용할 수 있는 유효흡입수두(Available NPSH)의 증가

1) 공동현상의 방지를 위해 가능한 한 펌프가 이용할 수 있는 유효흡입수두를 크게 한다.

① 즉, $NPSH_{av} - NPSH_{re} = 1.0 \sim 1.5m$ 이상이어야 하며

② 또는 $NPSH_{av} \geq 1.3 NPSH_{re}$을 유지

2) Available NPSH의 증가 : 펌프의 흡입조건의 개선

① 펌프의 설치고를 낮추어 흡입실양정을 감소

② 흡입배관의 수두손실 감소

4.2 펌프가 필요로 하는 유효흡입수두(Require NPSH)의 감소

1) 공동현상의 방지를 위해 Require NPSH를 적게 유지해야 한다.

2) Require NPSH의 감소

① 관련인자 : 펌프의 구조, 비회전도 등 펌프의 고유 성능에 관계

② 대책 : 펌프 임펠러의 형상 개선, 회전수의 조절, 비회전도(Ns)의 감소, 양흡입펌프의 채택

펌프의 전양정

1. 정의

1) 펌프가 물에 주는 에너지의 총합
2) 펌프토출구의 전수두(토출정수두＋토출속도수두)에서 흡입구의 전수두(흡입구의 전수두＋흡입속도수두)를 뺀 값
3) 펌프의 실양정＋흡입관로와 토출관로의 모든 손실수두＋관로말단의 잔류속도 수두

$$H = h_a + \sum h_f + h_o$$

여기서, H : 전양정(m)

h_a : 실양정(정수두(m))

$\sum h_f$: 관로손실수두의 합계(m)

h_o : 관로말단의 잔류속도수두(m)

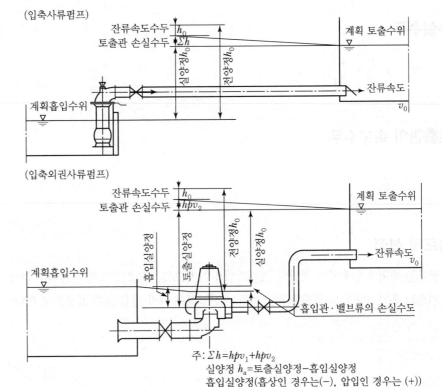

주: $\sum h = h p v_1 + h p v_2$
실양정 h_a＝토출실양정－흡입실양정
흡입실양정(흡상인 경우는(－), 압입인 경우는 (＋))

[전양정의 예]

2. 실양정(전수두)

1) 흡입수면과 펌프임펠러 중심과의 높이차 : 흡입수두

임펠러 중심고와 펌프토출수면과의 차 : 토출수두

토출수면과 흡입수면과의 높이차 : 실양정 또는 정수두라고 함

2) 실양정은 토출수면의 계획최고수위와 흡입수면의 계획최저수위와의 차를 최대치(h_{max})라 하고 토출수면의 계획최저수위와 흡입수면의 계획최저수위와의 차를 최저치(h_{min})로 한다.

3) 실양정은 최대, 최소치에 계획된 관로의 손실수두로부터 각 수량에 따른 관로의 저항곡선을 구하여 각각의 실양정을 더하면 최대시스템수두곡선과 최소시스템곡선을 구할 수 있다.

최대토출량에 대한 최대시스템수두곡선(관로저항곡선)의 운전점이 이 펌프의 최고양정이며 최소수량에 대한 최소시스템수두곡선의 운전점이 최소양정이 된다.

이 범위에서 가장 경제적인 펌프의 사양을 결정한다.

4) 실양정은 펌프의 흡입수위, 배출수위의 변동과 범위, 계획하수량, 펌프특성, 사용목적 및 운전의 경제성 등을 고려한다.

하수도용 펌프는 펌프의 흡입수위와 배출수위의 변동이 많기 때문에 펌프의 실양정 산정 시 특히 고려할 필요가 있다.

3. 손실수두

$$H_f = f \frac{l}{D} \cdot \frac{V^2}{2g}$$

4. 토출관의 속도수두

$$h_o = \frac{V^2}{2g}$$

5. 펌프의 선정

1) 펌프는 계획조건에 가장 적합한 표준특성을 가지도록 비교회전도를 정하여야 한다.

2) 펌프는 흡입실양정 및 토출량을 고려하여 전양정에 따라 다음 표를 표준으로 한다.

● 전양정에 대한 펌프의 형식

기종	Casing 형식	양정(개)
원심	와류펌프	10~200
	터빈펌프	50~200
사류	와권사류펌프	5~30
	사류펌프(Diffuser)	5~60
축류	축류펌프	1~8

3) 침수될 우려가 있는 곳이나 흡입실양정이 큰 경우에는 입축형 혹은 수중형으로 한다.

4) 펌프는 내부에서 막힘이 없고, 부식 및 마모가 적으며, 분해하여 청소하기 쉬운 구조로 한다.

5) 펌프의 효율은 일반적으로 제시된 효율 이상의 것으로 한다.

Key Point
- 76회, 88회, 92회, 123회 출제
- 펌프의 공동현상과 같이 숙지하기 바람

비교회전도(N$_S$: Specific Speed)

관련 문제 : 비회전도, 비속도

1. 정의

1) N$_S$는 펌프의 형상, 형식, 성능상태를 나타내는 값

2) 1m³/min의 유량을 1m 양수하는 데 필요한 펌프의 회전수를 비속도(비교회전도)라 한다.

3) N$_S$가 같으면 펌프의 대소에 관계없이 대체로 형식과 특성이 같다.

4) N$_S$가 적으면 Q가 적은 고양정펌프 : N$_S$↓ → Q↓, H↑

　　N$_S$가 크면 Q가 많은 저양정펌프 : N$_S$↑ → Q↑, H↓

5) N$_S$가 높아질수록 흡입성능이 나빠지고 공동현상이 발생하기 쉽다.

6) N$_S$가 커짐에 따라 소형이 되어 펌프값이 저렴

7) N$_S$는 최고의 펌프를 제작·설계하는 척도

2. 비교회전도

$$N_S = N \times \frac{Q^{1/2}}{H^{3/4}}$$

　　　여기서, N : 펌프의 규정회전수(rpm, 회/분)

　　　　　　　Q : 펌프의 정규토출량(m³/min) → 양흡입의 경우 1/2

　　　　　　　H : 펌프의 정규양정(m) → 다단의 경우 1단의 양정

3. 펌프의 형식과 Ns와의 관계

1) 비속도는 세 개의 요소(Q, H, N)에 의해 결정되고

2) N$_S$가 정해지면 이것에 해당하는 펌프의 형식이 대략 정해진다.

　① 원심력 펌프 : 터빈펌프(100~300rpm)

　　　　　　　　　볼류트펌프(100~700rpm)

　② 사류펌프 : 700~1,200rpm

　③ 축류펌프 : 1,200~2,000rpm

4. Ns의 특징

4.1 양정(H) 특성

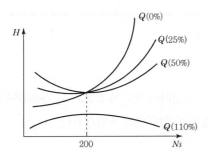

① Ns가 커짐에 따라 Q(토출량)가 작을수록 H(총양 정)가 높아진다.

② Ns가 200보다 커지면 토출량 Q(0%)가 최고 양정 이 된다.

③ Ns가 적은 펌프 : Q변화가 큰 용도에 유리

④ Ns가 큰 펌프 : H변화가 큰 용도에 유리

4.2 축동력(P) 특성

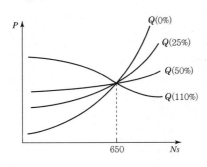

① Ns가 650보다 작으면 Q가 0%일 때 최소가 된다.

② Ns가 650 부근일 때 Q 변화에 대해 P는 거의 불변

③ Ns가 650보다 높으면 Q가 작아짐에 따라 P가 증 가하여 과부하가 된다.

4.3 효율(η) 특성

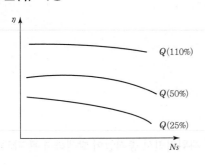

① Ns가 작을수록 각 토출량(Q)의 차가 작아진다.

② Ns가 작을수록 η곡선이 완만하다.

③ Ns가 클수록 Q 25% 곡선의 경사가 커진다.

Key Point ✚

• 73회, 77회, 85회, 112회, 113회 출제
• 상기 문제는 매우 중요함
• 수격작용이나 공동현상과 연관지어 생각해야 할 문제임
• 비교회전도 공식과 공식에 따른 펌프의 특성을 반드시 숙지하기 바람

수격작용(Water Hammer)

1. 개요

1) 관로의 수류가 밸브의 급개폐, 펌프의 급정지 등으로 인하여 수류가 감소 또는 가속되면 물의 관성력에 의해 관로 내에서 급격한 유속변화에 대응하여 압력변화가 발생한다.

2) 이러한 과도한 현상을 수격작용이라 한다.

2. 수격작용의 원인

1) 밸브의 급개폐 : 대개 통수 시에 발생

2) 펌프의 급가동, 급정지 : 관로 내 수주분리현상 발생

3) 관로 내 다량의 공기가 존재할 경우

4) 펌프의 회전수 제어

3. 수격작용의 문제점

3.1 압력 상승 시

1) 관로이음새, 펌프, 밸브 등 기기 파손

2) 역류로 인해 원동기 피해

3.2 압력 저하 시

1) 관이 찌그러진다.

2) 수주분리 발생 : 펌프 가동 시 이 공동부분에 물이 채워지면서 충격압이 발생하여 관 파괴

3.3 소음발생

4. 수격작용의 분석을 해야 하는 경우(경험적)

1) 관내유량이 115m³/br 이상이고, 동력학적 수두가 14m 이상인 경우

2) 체크밸브를 가지고 있는 고양정 펌프시스템

3) 수주분리가 일어날 수 있는 설비

① 즉, 고위점이 있는 시설

② 압력관으로 자동공기배출구나 공기진공밸브가 있는 시설과 관길이가 100m 이상인 경우

5. Water Hammer의 압력

1) 밸브 급개폐 시의 최대수격압

$$t > \frac{2l}{a}$$

$$\Delta H_{\max} = \frac{av}{g}$$

여기서, $\Delta H_{\max}$: 최대압력상승수두, a : 압력파의 전파속도(m/sec), v : 관내유속

2) Water Hammer의 압력은 위 식에서 보듯이 유속에 비례해서 커진다.

6. 수격작용 방지대책

6.1 압력상승의 방지 : 역류방지

1) 펌프토출부에 완폐형 체크밸브(소용량펌프), 또는 측관(By-pass)이 있는 완폐형 체크밸브(중 급용량 이상 펌프) 설치

① 역류하는 물을 서서히 차단하여 압력상승을 적게 함

② 관로가 비교적 짧은 경우에 적당하다.

2) 급히 폐쇄하는 체크밸브(소용량펌프의 경우), 안전변 설치

① 하수의 경우 부적합

② 관내 상승압을 외부로 유출하는 방법

③ 순간적인 급상승에 민감하지 못해서 유효하지 못한 방법

3) 체크밸브를 설치하지 않고 펌프의 토출측 밸브를 수압에 의해 서서히 폐쇄(대용량, 고양정 펌프 에 적합)

4) 물을 역류시키는 방법 : 원동기의 역전과 펌프흡입부의 크기를 고려해야 한다.

6.2 압력저하의 방지 : 수주분리방지법

1) 펌프에 Fly-wheel을 설치

① 펌프의 회전속도가 급격히 저하하여 압력저하가 일어나는 것을 방지한다.

② 소용량펌프에 유리하다.

③ 압축펌프, 수중펌프, 관로가 긴 경우에는 부적합하다.

2) 토출측 관로에 Surge Tank(조압수조) 설치

　① 부압 발생장소에 물을 공급하고, 압력상승을 흡수한다.

　② 건설비는 크지만 가장 확실한 방법이다.

　③ 설치지점에 제약이 따른다.

3) 토출측 관로에 일방향 Surge Tank 설치

　① 압력 강하 시 물을 공급하여 부압발생을 방지

　② 평상시에는 체크밸브에 의해 분리됨

　③ 양방향 Surge Tank에 비해 소형으로 경제적이나 유량범위가 한정

　④ 하수의 경우 체크밸브에 이물질이 낄 우려가 있다.

4) 압력공기탱크 설치

　① 부압 발생지점에 필요한 물을 압축공기에 의해 공급하고 상승압력은 회수한다.

　② 공기압축기, 수위검지 장치 등 부속기기와 전원공급이 필요하다.

　③ 설치지점의 제약이 따른다.

5) 자동공기밸브 설치

　① 간편하다.

　② 관내 공기가 도입되는 경우 추후 공기 배제가 안 되어 2차적인 장애가 발생할 수 있다.

6.3 펌프가동 시의 대책

펌프가동 시 펌프로부터 수류에 의하여 관내의 공기를 밀어내면서 관내 물이 채워지는데 관에 개폐가 덜된 밸브가 있을 때 수충압이 발생하므로 펌프의 토출면을 조절하여 관내를 낮은 유속으로 물을 채운 뒤 정류의 운전상태로 가동한다.

Key Point +

- 70회, 80회, 82회, 85회, 93회, 96회, 103회, 110회, 114회, 116회, 124회, 126회, 130회 출제
- 상기 문제는 매우 중요한 문제임
- 조압수조편과 함께 공부하면서 숙지하기 바람
- 또한 면접고사에서도 자주 출제됨
- 1차 시험에서는 10점 또는 25점으로 출제가 가능하니 간략히 하여 10점 답안기술능력도 필요함

역류방지(Anti – reverse Flow)

1. 개요

1) 역류란 정상 또는 의도하는 흐름의 방향과 반대의 흐름을 말한다.

2) 폐회로나 개방회로에서 모두 발생
   ① 폐회로 : 난방이나 냉방시스템
   ② 개방회로 : 급수나 급탕설비

3) 특히 기존 저수조방식을 직결급수할 경우 역류발생에 의한 피해발생 우려가 높다.

4) 가압장치를 사용하는 급수계통에서 발생될 우려가 높다.

2. 역류발생의 원인

1) **역압**(역압역류 : Back Pressure Backflow)
   ① 단수 시 급수장치 쪽으로부터 역압이 커질 경우
   ② 감압 시 역압이 가해질 경우
   ③ 펌프가 정지될 경우

2) 종래의 급수장치에 비해 급수전의 위치가 높을 경우

3) 급수기구 수가 많고 사용용도가 다양한 경우

4) 역사이펀 작용

5) **부압발생** : 관의 어느 부분이 파열되었거나 압력변동 등에 의해서 부압이 발생할 경우

6) 수압의 변동으로 배관 내 압력에 이상이 발생할 경우

7) 펌프 이후 배수관의 수압이 상승할 경우

3. 역류로 인한 문제점

1) **위생적인 측면**에서 수질오염

2) **시설물 손상** : 역류에너지에 의해 발생하는 높은 충격압력 발생

4. 역류방지장치

1) 감압밸브 설치

2) Water Hammer 흡수기 : 역류에너지에 의한 워터해머를 흡수

3) 역류방지장치 설치

4) 진공브레이크 : 역사이펀 현상에 의해 오염된 물이 역류되는 현상을 방지

5. 역류방지장치 설치 시 유의사항

1) 작동확인에 필요한 공간 확보

2) 위치

　① 수몰의 영향 배제

　② 역류방지밸브가 수몰되어 있거나 기구의 고장 등일 경우 외부의 오염된 물이 흡인될 우려

3) 수질사고 시 재해대책 수립

4) 급수장치 계획 시 필요기준 설정

Key Point ✳

110회, 114회, 116회, 124회, 126회 출제

조압수조(Surge Tank)

1. 수격작용(Water Hammer)

1.1 정의

1) 관로의 수류가 밸브의 급개폐, 펌프의 급정지 등으로 인하여 수류가 감소 또는 가속되면 물의 관성력에 의해 관로 내에서 급격한 유속변화에 대응하여 압력변화가 발생한다.

2) 이러한 과도한 현상을 수격작용이라 한다.

1.2 발생원인

1) 밸브의 급개폐 : 대개 통수 시에 발생

2) 펌프의 급가동, 급정지 : 관로 내 수주분리현상 발생

3) 관로 내 다량의 공기가 존재할 경우

4) 펌프의 회전수 제어

1.3 피해

1) 압력상승 시
   ① 관로이음새, 펌프, 밸브 등 기기 파손
   ② 역류로 인해 원동기 피해

2) 압력저하 시
   ① 관이 찌그러진다.
   ② 수주분리 발생 : 펌프 가동 시 이 공동부분에 물이 채워지면서 충격압이 발생하여 관 파괴

3) 소음발생

2. 조압수조

2.1 정의

펌프의 급가동, 급정지 밸브의 급개폐로 인하여 발생되는 수격작용의 피해를 감소시키기 위해 관 내의 압축된 흐름을 큰 수조 내에 유입시켜 수조 내에서 물이 진동함으로써 압력에너지가 마찰에 의해 차차 감소되도록 하는 목적으로 설치된 수조

2.2 형태적 분류

1) 양방향 조압수조

   ① 부압발생 장소에 물을 공급하고 압력상승을 흡수

   ② 건설비는 크지만 가장 확실한 방법

   ③ 설치지점의 제약성 존재

2) 일방향 조압수조

   ① 압력강하 시 물을 공급하여 부압발생의 감소

   ② 소형으로 경제적이나 유량범위가 한정

2.3 Surge Tank의 종류

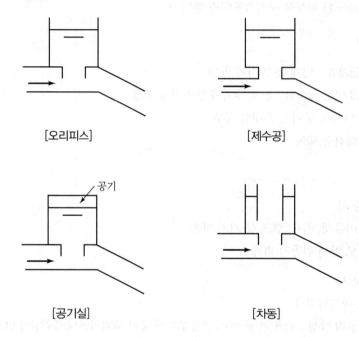

[오리피스]   [제수공]

[공기실]   [차동]

1) 상부가 개방된 조압수조

   비교적 저수두에 적합하나 고수두일 경우 구조물이 커져서 공사비가 많이 소요

2) 차동조압수조

   ① 수조 내에 관경과 동일한 연직원통을 세운 형태

   ② 원통 내의 수면 진동은 수조에서보다 심해지나 수조에서의 진동파는 그 운동이 서로 엇갈리므로 진동이 빨리 감쇄

3) 공기실 조압수조
① 수조의 상부를 폐쇄하여 수조 내의 상부에 공기가 들어 있어서 수격파에 의한 진동을 공기의 완충으로 흡수함으로써 수조의 높이를 감소
② 고수두에 적합

4) 오리피스 및 제수공 조압수조
수격파의 감쇄작용을 증가시키고 초기의 수면상승고를 감소시킨다.

펌프의 서징현상(Surging)

1. 개요

1) 펌프의 서징현상이란 펌프운전 시 주기적으로 어떤 운전상태에서 압력 · 유량(流量) · 회전수 · 소요동력 등이 주기적으로 변동해서 일종의 자려진동(自勵振動)을 일으키는 현상

2) 펌프의 맥동현상이라고도 하며

3) 유량계가 진동하고 유량을 변화시키지 않는 한 이 상태가 지속되는 현상을 유발

2. 발생원인

1) 유량 – 양정곡선의 펌프 토출밸브의 과도한 폐쇄 등에 의해 펌프의 운전점이 유량 – 양정곡선이 나타내는 그래프의 y축 상에서 우측으로 상승하는 곡선상의 위치에 있는 경우

2) 송출관로 중에 외부와 접촉할 수 있는 수조 등이 있을 경우

3) 송출유량의 조절이 수조의 후방에서 행해지는 경우

4) 배관 중 공기가 체류하는 부분이 있는 경우

5) 배관 중의 기상부분 뒤에 조정밸브가 있는 경우

3. 방지대책

1) 송출밸브를 사용하여 펌프 내의 양수량을 맥동현상 때의 양수량 이상으로 증가시키거나, 회전차의 회전수를 변화

2) 관로에 불필요한 공기조나 잔류공기를 제거하고, 관로의 단면적, 액체의 유속, 저항 등을 조정

3) **종래의 방법** : 깃 출구각을 작게 하여 우향 상승 기울기의 양정곡선을 만드는 이러한 방법은 펌프의 효율을 저하시키는 단점이 있다.

Key Point +

출제 빈도는 낮으나 89회, 128회 기출문제임

펌프의 흡입구경과 토출구경 산정식

펌프의 흡입구경과 토출구경의 산정식은 다음과 같다.

$$D = 146\sqrt{\frac{Q}{V}}$$

$$※ \; 146 = \sqrt{\frac{4}{\pi} \times 1,000,000 \text{mm}^2/\text{m}^2 \div 60\text{sec/min}}$$

여기서, D : 펌프의 흡입 또는 토출구경(mm)
Q : 펌프의 토출량(m³/min)
V : 흡입 또는 토출구의 유속(1.5~3.0m/sec : 2.0m/sec를 표준으로 함)

공동현상(Cavitation)

1. 개요

1) 펌프의 회전차(Impeller) 입구에서 포화증기압 이하로 압력이 저하되면 양수되는 액체가 기화하여 공동이 생기게 되며

2) 이 공동부분이 수류를 따라 이동하여 고압부에 도달하면 순식간에 소멸되어 주위의 액체가 유입되어 충격이 발생되는 현상

3) 이 결과 충격이 발생하여 회전차가 파손되거나 소음 및 진동이 발생하여 양수량 감소 또는 양수 불능상태까지 이르게 된다.

2. 문제점

1) 회전차(Impeller)의 파손

2) 소음 및 진동 발생

3) 펌프의 성능저하 및 양수불능 : 압력저하가 커지게 되어

4) 장시간 사용 시 발생부분의 재료를 부식시켜 펌프 수명을 단축 또는 사용불능

3. 발생원인

1) 흡입양정이 너무 높을 때

2) 유로의 급변, 와류발생, 유로의 장애

3) 공기의 흡입

4) $h_{sv} \geq H_{sv}$를 만족시키지 못할 때

4. 발생장소

1) 펌프의 회전차 부근

2) 관로 중 유속이 큰 곳이나 수류의 방향이 급변하는 장소

3) 공기가 밀폐된 관로의 상부에 유속 및 유량변동이 있을 경우

5. 공동현상에 영양을 주는 요소

1) 수온
수온에 따라 포화증기압이 변하며 특히, 고수온일 경우에 유의하여야 한다.

2) 액체의 성질
양수되는 액체의 성질에 따라 포화증기압이 변한다.

3) 흡수면에 작용하는 압력
흡수면의 개폐상태, 펌프 설치높이 등에 따라 유효흡입수두가 달라져 공동현상이 발생할 수 있다.

6. 대책

1) 공동현상은 일반적으로 Ns가 크거나 흡입양정이 클 경우에 쉽게 발생하므로 Ns값을 작게 하고 흡입양정을 5m 이하로 제한하는 것이 좋다.

2) 그러나 공동현상은 펌프의 종류, 수온, 유량, 전양정, 액체의 성질 등에 따라 영향을 받으므로 펌프에 이용되는 유효흡입수두(H_{sv}＝NPSHavailable)가 펌프가 필요로 하는 유효흡입수두(h_{sv}＝NPSHreq)보다 항상 크게 하는 것이 좋다.

3) 즉, 공동현상 없이 펌프를 운전하려면 펌프 입구 직전의 전압력을 액체의 포화증기압보다도 필요흡입수두×$(1+\alpha)$에 상응하는 압력 이상으로 높여야 한다.

4) 유효흡입수두를 가능한 한 크게 하기 위하여 펌프 설치 위치를 낮게, 흡입 배관을 짧게, 관내 유속을 작게 한다.

5) 흡입실양정을 작게 : 펌프설치고를 낮게

6) 흡입관 내 손실수두 최소화 : 흡입관 짧게, 관경을 크게

7) 유효흡입수두($NPSH_{av}$)＞1.3×필요흡입수두($NPSH_{re}$)

8) 흡입수조 형상과 치수는 과도한 와류, 편류가 발생되지 않도록 한다.

9) 편흡입펌프로 NPSHre가 만족되지 않는 경우에는 양흡입펌프를 사용한다.

10) 대용량펌프 또는 흡상이 불가능한 펌프는 흡수면보다 펌프를 낮게 설치할 수 있는 압축 펌프를 사용하여 회전차 위치를 낮게 한다.

11) 펌프의 흡입 측 밸브는 유량조절 불가

12) 펌프의 전양정에 과대한 여유를 주면 실제 운전은 과대 토출량의 범위에서 운전되므로 전양정은 실제와 적합하도록 결정한다.

13) 계획토출량보다 현저히 벗어나는 범위의 운전은 피하여야 한다.
양정변화가 큰 경우 저양정지역에서의 필요흡입수두가 크게 되어 공동현상이 발생될 수 있다.

14) 양정변화가 클 때는 상용의 최대양정에 대하여 공동현상이 생기지 않도록 고려

15) 공동현상을 피할 수 없을 때는 임펠러 재질을 공동현상에 견딜 수 있는 재질(스테인리스강)을 이용

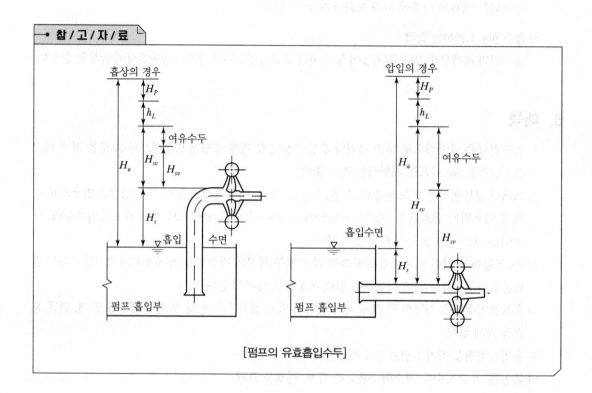

→ 참 / 고 / 자 / 료

[펌프의 유효흡입수두]

펌프의 종류

1. 개요

1) 펌프의 사용 : 취수펌프, 도송수펌프, 배수펌프, 빗물펌프, 하수처리장펌프

2) 펌프의 선정 시 유량과 양정을 고려하여 형식을 결정

3) 상수도에서 양정이 큰 경우 : 볼류트밸브를 주로 사용

4) 우수펌프 : 양정이 작으면 주로 사류나 축류펌프를 사용

2. 원심펌프(Centrifugal Pump) 또는 와권펌프

2.1 개요

1) 원심펌프는 한 개 또는 여러 개의 임펠러를 밀폐된 케이싱 내에서 회전시킴으로써 발생하는 원심력을 이용한 액체의 펌프작용

2) 즉 액체의 수송작용을 하거나 압력을 발생시키는 펌프를 말한다.

2.2 분류

1) 안내깃의 유무

① 볼류트펌프(Volute Pump)

㉮ 임펠러 둘레에 안내깃이 없이 스파이럴 케이싱이 있다.

㉯ 양정 15m 이하의 저양정펌프

② 터빈펌프(Turbine Pump)

㉮ 임펠러와 스파이럴 케이싱 사이에 안내깃이 있는 펌프

㉯ 디퓨저펌프(Diffuser Pump)라고도 함

㉰ 양정 20m 이상의 고양정 펌프

2) 단(Stage) 수에 의한 분류

① 단단펌프(Single Stage Pump)

임펠러가 1개만 있는 펌프로서 저양정에 사용한다.

② 다단펌프(Multi Stage Pump)

1개의 축에 임펠러를 여러 개 장치하여 순차적으로 압력을 증가시켜가는 펌프로서 고양정에 사용한다.

3) 흡입구의 수에 따라

    ① 편흡입펌프(Single Suction Pump) : 흡입구가 한쪽에만 있는 펌프

    ② 양흡입펌프(Double Suction Pump) : 흡입구가 양쪽에 있는 펌프로서 대유량 펌프

4) 축의 방향에 따른 분류

    ① 횡축펌프(Horizontal Pump) : 펌프의 축이 수평일 때

    ② 입축펌프(Vertical Pump)

       ㉮ 펌프의 축이 수직일 때

       ㉯ 설치장소의 면적이 좁을 때 유리하며

       ㉰ 양정이 높아서 Cavitation이 일어날 우려가 있을 때 사용하면 좋다.

2.3 특징

1) 소형, 경량으로 운전되며 유지관리가 용이하다.

2) 맥동이 적으며 흡입성능이 우수하다.

3) 구조가 간단하고, 가격이 저렴하다.

4) 고속회전이 가능하고 효율이 높다.

5) 흡입성능이 우수하나 양정변화에 따른 축동력과 효율의 변화가 크다.

6) 소유량 또는 고양정용으로 많이 사용한다.

7) 대형펌프의 경우 양흡입 볼류트펌프가 일반적이다.

3. 축류펌프(Axial Flow Pump)

3.1 개요

1) 임펠러가 프로펠러형이고 물의 흐름이 축방향인 펌프로서

2) 저양정(보통 10m 이하), 대유량에 사용한다.

3) 농업용수의 양수펌프, 배수펌프, 상·하수도용 펌프에 이용

3.2 분류

1) 가동익 축류펌프

    운전 중에 임펠러 깃의 각도를 조정할 수 있는 장치가 설치

2) 고정익 축류펌프

    ① 운전 중에 임펠러 깃의 각도를 조정할 수 없다.

    ② 고정익 축류펌프를 단순히 축류펌프라 부른다.

3.3 특징

1) 비교회전도가 커서 임펠러의 회전수가 크므로 펌프를 원동기에 직결할 수 있어 원심력펌프와 사류펌프보다 소형

2) 전양정이 4m 이하인 경우에 유리

3) 양정변화에 따른 수량변화와 효율변화가 적으나 흡입성능이 나빠 공동현상을 일으킬 우려가 있다.

4) 주로 대용량 저양정으로 사용

4. 사류펌프(Mixed Flow Pump)

4.1 개요

1) 축류펌프와 구조가 거의 같으나 임펠러의 모양은 물이 축과 경사방향으로 흐르도록 되어 있음

2) 저양정 대유량에 사용

3) 원심펌프와 축류펌프의 중간

4.2 특징

1) 원심펌프와 축류펌프의 중간형

2) 양정 : 3~15m, 주로 대유량 저양정에 사용

3) 수량변동에 대해 동력의 변화도 적으므로 수위변동에 의한 양정변화가 없는 경우에 적합

4) 축류펌프보다는 흡입양정을 크게 할 수 있어 공동현상이 적게 일어난다.

[단단펌프]

[다단펌프]

[양흡입펌프]

펌프의 종류별 특징

구분＼형식	양흡입 볼류트펌프	다단터빈펌프	수중펌프
형상			
성능 특성	• Q-H곡선이 우향 하강곡선으로 그 구배는 Q가 사양점 이상으로 크게 될 경우 축, 사류펌프에 가까운 기울기가 된다. • 체절점 부근에서 Q-H곡선이 터빈펌프보다 기울기가 약간 높게 된다. • 양정변화에 대한 토출량 변동이 터빈펌프보다는 작으나 수중펌프보다는 크다. • Q=0일 때 축동력이 작다. • 최고효율점 부근에서 축동력이 크다. • 유량의 변화에 대비한 효율변화가 적다. • 축동력은 체절상태에서 적고 유량이 커짐에 따라 크게 된다.	• Q-H곡선이 우향 하강곡선으로 그 구배는 Q가 사양점 이상으로 크게 될 경우 양흡입 원심펌프보다는 완만하다. • 체절점 부근에서 Q-H곡선이 양흡입 펌프에 비해 기울기가 약간 낮다. • 양정변화에 대한 토출량 변동이 가장 크다. • Q=0일 때 축동력이 가장 작다. • 최고효율점 부근에서 축동력이 크다. • 유량의 변화에 대비한 효율 변화가 적다. • 축동력은 체절상태에서 가장 적고 유량이 커짐에 따라 크게 된다.	• Q-H곡선이 우향 하강곡선으로 그 구배는 가장 작다. • 체절점 부근에서 Q-H곡선의 기울기가 가장 평탄하다. • 양정변화에 대한 토출량 변동이 가장 작다. • Q=0일 때 축동력이 원심펌프보다 크다. • 최고효율점 부근에서 축동력이 가장 크다. • 유량의 변화에 대비한 효율변화가 적다. • 축동력은 체절상태에서 크고 유량이 커짐에 따라 상승률이 완만하다.
가격	100%	115%	120%
장점	• 주요부분이 펌프실에 설치되므로 보수가 용이하다. • 하중분포가 균등하고 단위면적당 기계하중이 적다. • 분해 시 원동기를 이동할 필요가 없다. • 수중 B.R.G이 없어 보수 및 유지관리 면에서 우수하다. • 양수량의 조정이 용이하고 제철운전이 가능하다. • 구조가 간단하다. • 규정 양수량이 많은 경우 소리나 진동이 적다. • 흡입성능이 우수하다.	• 주요부분이 펌프실에 설치되므로 보수가 용이하다. • 유량 및 양정이 광범위에 걸쳐 효율이 높다. • 분해 시 원동기를 이동할 필요가 없다. • 수중 B.R.G이 없어 보수 및 유지관리 면에서 우수하다. • 효율의 변동이 비교적 적다. • 40m 이상의 고양정에서 높은 효율을 발휘한다.	• 주요부분이 수중부에 있으므로 펌프실 면적이 작다. • 유량 및 양정변화에 대한 대응력이 가장 우수하다. • 중양정, 대유량이 가장 유리하다. • Cavitation에 대해 안전하다. • 펌프 및 모터가 수중에 있기 때문에 소음 및 진동이 가장 적다.

구분 \ 형식	양흡입 볼류트펌프	다단터빈펌프	수중펌프
단점	• 설치면적이 크다. • 필요흡입수두보다 유효흡수수두가 작을 경우 진공프라이밍 설비가 필요하므로 부대설비가 요구되고 자동화가 복잡해진다. • 터빈 및 수중펌프에 비해 효율의 변동 및 변화가 크다.	• 설치면적이 가장 크다. • 필요흡입수두보다 유효흡수수두가 작을 경우 진공프라이밍 설비가 필요하므로 부대설비가 요구되고 자동화가 복잡해진다. • 구조가 양흡입에 비해 복잡하고 동체가 크다. • 유량 및 정격량보다 많으면 과부하가 되기 쉽다.	• 모터, 임펠러 등의 주요부가 수중에 있어 유지, 보수가 어렵고, 부식의 염려가 있다. • 초기 가동부하가 크다. • 가격이 비싸다.

Key Point

• 123회 출제
• 출제 빈도는 높지 않은 편이나 원심펌프에 대한 이해와 각 펌프의 특징에 대한 개략적인 이해는 필요함

배수펌프의 형식 및 장단점 비교

배수펌프의 형식별 특징은 다음과 같다.

항목 \ 형식	입축사류펌프	횡축사류펌프	수중펌프
구조도			
일반사항	• 양정변화에 대해 유량변동이 적고 유량변화에 대해 동력변화가 적어 수위변동이 큰 곳에 적합하다. • 펌프와 모터가 분리되어 구조가 복잡하고, 중량이 무거워 유지관리가 힘들다. • 펌프와 모터의 연결축이 길어 소모품의 교환주기가 짧아 유지보수가 힘들다. • 임펠러가 수중에 위치하므로 캐비테이션의 우려가 없다.	• 펌프중심이 수위보다 높게 위치하므로 유해한 캐비테이션 현상이 발생할 우려가 크다. • 초기 운전 시, 진공펌프에 의해 흡입 배관 내로 우수를 끌어올려야 함 • 펌프 및 모터가 분리되므로 구조가 복잡하며, 설치면적을 넓게 차지한다.	• 모터와 펌프가 일체형으로 펌프가 수중에 설치되므로, 진동, 소음이 적고, 캐비테이션 현상에 안전하다. • 모터가 수중에 있으므로 비상시의 침수에 안전하며 운전이 가능하다. • 모터와 펌프가 일체형으로 구조가 간단하고, 설치면적이 비교적 작다. • 정상운전 상태에서는 안정적이고 효율이 좋다.
용 도	우수, 하수, 상수, 관개용수 등	우수, 관개용수 등	우수, 하수, 상수, 관개용수 등
설치 구조물	펌프와 모터의 연결축이 수직선상에 있어 구조물의 면적은 좁아지나, 천장고가 높아진다.	펌프와 모터의 연결축이 수평선상에 있으므로, 구조물의 면적이 넓어진다.	모터와 펌프의 연결축이 수직 직결형으로 면적을 작게 차지하고 천장고가 낮다. 상부구조물을 생략할 수 있다.
초기운전	운전 중, 축봉수의 공급이 필수적이다.	• 운전 전, 진공설비에 의한 흡입관의 충수가 필수적이다. • 운전 중, 축봉수의 공급이 필수적이다.	운전 전, 예비동작 없이 판넬에서 ON만 시키면 바로 운전된다.
동력전달	모터-모터축-커플링-펌프축-임펠러 순으로 되므로, 거리가 상대적으로 길어 동력손실이 가장 크다.	모터-모터축-커플링-펌프축-임펠러 순으로 되므로, 거리가 길어 동력손실이 비교적 큰 편이다.	모터-축-임펠러 순으로 되어 동력손실이 거의 없다.

형식 \ 항목	입축사류펌프	횡축사류펌프	수중펌프
운전 중 상태	• 축의 한쪽만 지지하므로 진동이 심하고, 축이 길어짐에 따라 진동에 의한 베어링 및 씰의 교환주기가 짧아진다. • 운전 중에 효율, 유량의 변화가 적다.	• 축의 한쪽만 지지하므로 진동이 심하고, 축이 길어짐에 따라 진동에 의한 베어링 및 씰의 교환주기가 짧아진다. • 운전 중에 효율, 유량의 변화가 적다.	• 축이 직결형으로 짧아 진동 및 소음이 없고, 베어링 및 씰의 수명이 길다. • 운전 중에 효율, 유량의 변화가 적다.
설치방법	• 임펠러 및 펌프축이 컬럼파이프 내부에 위치하고 모터가 수직으로 설치되므로 설치가 다소 까다롭고, 유지보수 또한 힘들다. • 별도의 흡입 배관이 필요 없다.	• 임펠러 및 펌프축이 컬럼파이프 내부에 위치하고 모터가 수평으로 설치되므로 설치가 다소 까다롭고, 유지보수 또한 힘들다. • 별도의 흡입 배관이 필요하다.	• 모터 및 펌프 일체형으로 자동 탈착장치와 1식으로 설치되므로 설치가 쉬운 편이다. • 별도의 흡입 배관이 필요 없다.
효율	70~80%	70~75%	80% 이상
적응성	Metal Bearing 구조로 장시간 정지 후, 운전 시 부식에 의한 구속현상이 발생하기 쉬워, 그리스 윤활이 필요하다.	Metal Bearing 구조로 장시간 정지 후, 운전 시 부식에 의한 구속현상이 발생하기 쉬워, 그리스 윤활이 필요하다.	내부 Ball Bearing 구조이므로 장시간 정지 후, 운전시키더라도 축의 구속현상이 적음
축봉장치	그랜드패킹 Type으로 별도의 축봉수 장치가 필요하다.	그랜드패킹 Type으로 별도의 축봉수 장치가 필요하다.	메커니컬 Type으로 별도의 축봉장치가 필요 없다.
유지관리	• 모터와 펌프가 수직으로 설치되어 유지관리의 어려운 점이 있다. • 펌프 보수 시, 모터를 분리한 후, 축을 분리해야 하므로 보수가 어렵다.	• 모터와 펌프가 동층에 설치되어 유지관리가 간편하다. • 베어링 및 씰의 교환이 빈번하여 유지보수의 어려움이 있다.	모터 및 펌프가 일체형으로 설치 및 분해가 쉬우나, 보수 시 현장 보수가 어렵다.
설치실적	• 국내 실적이 가장 많은 편임 • 고유량, 저양정에 주로 사용	• 국내 우수 배수 펌프장에 많이 사용함 • 고유량, 저양정에 주로 사용함	• 국내 우수 배수 펌프장에 많이 사용함 • 중·저유량, 중·저양정에 주로 사용함
캐비테이션 검토	임펠러가 수중에 있으므로 캐비테이션 현상이 없음	펌프 중심이 수위보다 높을 경우, 캐비테이션이 일어날 수 있다.	임펠러가 수중에 있으므로 캐비테이션 현상이 없다.

수중펌프

1. 개요

1) 수중펌프란 수중에서 사용할 수 있는 모터(Motor)를 장착한 펌프를 수중에 침적시킨 채 양수하는 펌프를 말함

2) 축류, 사류, 반경류형의 모든 펌프를 사용할 수 있다.

2. 장점

1) Cavitation 발생이 없다.

   ① 모터와 펌프가 일체형으로 펌프를 수중에 설치한다.

   ② 임펠러가 수중에 있으므로 Cavitation 현상이 없다.

2) 펌프가 수중에 설치되므로 진동, 소음이 작다.

3) 모터가 수중에 있으므로 비상시의 침수에 안전하며 운전 또한 가능하다.

4) 모터와 펌프가 일체형으로 구조가 간단하고, 설치면적이 비교적 작다.

5) 정상운전상태에서는 안정적이고 효율이 좋다.

6) 모터와 펌프의 연결축이 수직직결형으로 면적을 작게 차지하고 천장고가 낮으며 상부구조물을 생략할 수 있다.

7) 운전 전, 예비동작 없이 판넬에서 ON만 시키면 바로 운전이 가능하다.

8) 모터 – 축 – 임펠러 순으로 되어 동력손실은 거의 없다.

9) 축이 직결형으로 짧아 진동 및 소음이 적고, 베어링 및 Seal의 수명이 길다.

10) 운전 중 효율 및 유량의 변화가 적다.

11) 모터 및 펌프 일체형으로 자동 탈착장치와 1식으로 설치되므로 설치가 쉽다.

12) 별도의 흡입배관이 필요 없다.

13) 내부 Ball Bearing 구조이므로 장시간 정지 후 운전하더라도 축의 구속현상이 적다.

14) 메커니컬 Type으로 별도의 축봉장치가 필요 없다.

3. 단점

1) 모터 및 펌프가 일체형으로 설치 및 분해가 쉬우나 보수 시 현장보수가 어렵다.

2) 모터의 회전차가 액(물 또는 기름) 중에서 회전하므로 모터효율이 감소한다.

3) 수중모터는 농형이므로 전원용량에 주의가 필요하다.

4) 모터가 수중에서 가동되므로 장시간 사용하면 절연이 파괴되어 고장 나는 사례가 많다.

4. 용도

1) 우수, 하수, 상수, 관개용수 등

2) 국내 빗물펌프장에 많이 사용함

3) 중ㆍ저유량, 중ㆍ저양정에 주로 사용함

Spurt Pump

1. 개요

1) 완전 무폐쇄, 무손상으로 이송 가능한 효율 높은 펌프

2) 공동현상(Cavitation)에 대한 내성과 내마모성이 매우 높다.

3) 마모성 고형물이나 슬러지에 의해 국부적인 마모가 없으며 마제도 극히 적다.

4) 기계적으로 상대 유송물에 대한 손상이 적다.

5) 펌프 내에서 발생되는 난류가 극히 적다.

6) 큰 고형물에 의해 막힐 염려가 없다.

7) 원심펌프의 임펠러처럼 복잡하지 않고 단순하며 고장발생이 적다.

8) 분뇨의 이송, 생오니의 이송에 적합하다.

9) 가격이 고가

10) 모터와 펌프를 벨트로 구동

2. 적용

1) **화학공업** : 슬러지 및 슬러리 이송용

2) **제지공업** : 처리액, 펄프액, 폐기물처리 이송용

3) **건설업** : 골재플랜트, 모래플랜트, 토사처리, 배수처리, 정화조 청소용

4) **슬러지용** : 하수슬러지, 생슬러지, 분뇨, 축산, 침출수, 오/폐수

5) **상수도용** : 배출수, 농축슬러지, 잉여슬러지, 반송슬러지, 청소용

6) **기타** : 식품, 해초, 피혁, 과실 등의 무 손상 이송 – 협잡물이 많은 곳에 이송 효율성이 높음

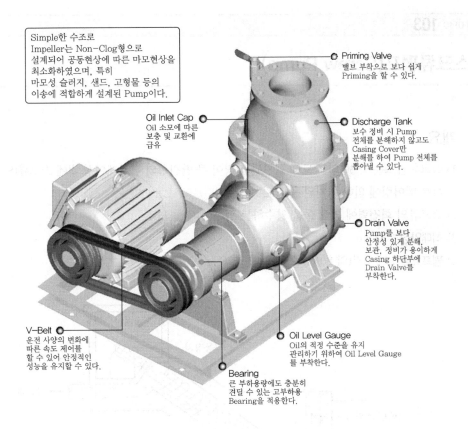

Simple한 수조로
Impeller는 Non-Clog형으로
설계되어 공동현상에 따른 마모현상을
최소화하였으며, 특히
마모성 슬러지, 샌드, 고형물 등의
이송에 적합하게 설계된 Pump이다.

Oil Inlet Cap
Oil 소모에 따른
보충 및 교환에
급유

Priming Valve
밸브 부착으로 보다 쉽게
Priming을 할 수 있다.

Discharge Tank
보수 정비 시 Pump
전체를 분해하지 않고도
Casing Cover만
분해를 하여 Pump 전체를
뽑아낼 수 있다.

Drain Valve
Pump를 보다
안정성 있게 분해,
보관, 정비가 용이하게
Casing 하단부에
Drain Valve를
부착한다.

V-Belt
운전 사양의 변화에
따른 속도 제어를
할 수 있어 안정적인
성능을 유지할 수 있다.

Bearing
큰 부하용량에도 충분히
견딜 수 있는 고부하용
Bearing을 적용한다.

Oil Level Gauge
Oil의 적정 수준을 유지
관리하기 위하여 Oil Level Gauge
를 부착한다.

Material
• 주철계열 : GC, GCD
• 스테인리스계열 : SSC13, SSC14, SCS13, SCS14
• 알루미늄계열 : AL7A, AC7A
• 크롬계열 : 24CrGC, CD4MCU
• 라이닝계열 : 연질 및 경질 Rubber, 우레탄, Teflon
• 기타합금강제 및 특수계열의 재질은 상담 제작

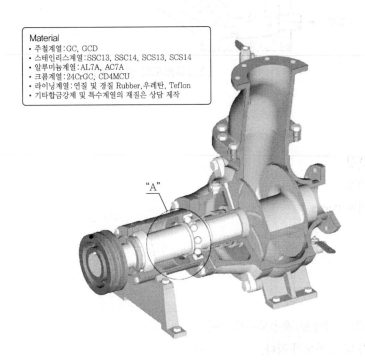

"A"

스크류펌프(Screw Pump)

1. 개요

1) 스크류펌프는 약 30°의 각도로 설치된 직경이 큰 반원형의 펌프케이싱 내에 스크류(Screw)가 상하부 베어링에 의해 지지된 구조로

2) 스크류의 회전력에 의해 물을 양수하는 펌프이며

3) **최대양정** : 약 8m

4) **펌프효율** : 대구경(약 80%), 소구경(약 75%)

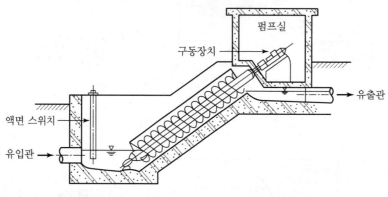

[스크류펌프의 설치 예]

2. 적용

1) 중계펌프장

2) 하수처리장

3) 반송슬러지 Pump

3. 특징

3.1 장점

1) 구조가 간단, 개방형, 운전보수가 용이

2) 회전수가 낮아 마모가 작다.

3) 폐쇄가 적다.

　① 수중의 협잡물이 같이 떠오름

　② 스크류의 간격이 커서 협잡물에 의한 막힘현상이 적다.

4) 침사지, Pump 설치대가 없어도 된다.

5) Pump 기동을 위한 부대시설이 없다.

6) 호스장치, 밸브 등의 부대설비가 없으므로 자동화가 용이

7) 펌프실이 작아도 된다.

8) 펌프의 운전 및 정지의 빈도가 적다.

9) 동력비나 건설비가 적어서 경제적이다.

3.2 단점

1) 스크류 1본에 의한 양정이 5~8m로 양정이 제한적이다.

2) 일반 Pump에 비해 Pump가 크게 된다.

3) 토출 측의 수로를 압력관으로 할 수 없다.

4) 양수작업 시 하수가 공기 중에 개방되어 악취가 발생한다.

펌프유량제어

1. 서론

1) Pump의 유량제어는 그 목적에 따라서 수위조절, 유량조절, 동력제어로 나눌 수 있다.

2) 이 목적을 수행하기 위해 보통 유량제어를 하게 된다.

3) Pump의 유량제어 방법 : 펌프대수조절, 밸브의 개도조절 및 펌프의 회전수 제어 등이 있다.

4) 특수한 경우 축류 Pump 각도를 조절하는 방법도 있다.

5) 경제성, 유지관리의 난이도, 효율, 펌프의 특성, 제어의 안정성

2. 펌프의 유량제어

2.1 임펠러의 외경변화

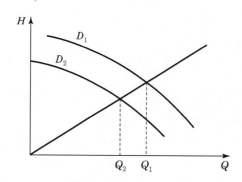

1) 펌프임펠러 외경을 D_1에서 D_2로 변화시키면 유량은 Q_1에서 Q_2로 변하게 된다.

2) 펌프의 외경을 변화시키고 펌프 토출구의 외경이 변하지 않았다면 일정한 상사법칙에 의해 다음과 같이 변하게 된다.

① $(Q/Q') = (D_1/D_2)^2$

② $(H/H') = (D_1/D_2)^2$

2.2 펌프의 운전대수 제어

1) 펌프의 운전대수 변경 시

① 1대 운전 시 : $Q < Q_1$

② 2대 운전 시 : $Q_1 < Q < Q_2$

③ 3대 운전 시 : $Q_2 < Q < Q_3$

2) 펌프의 운전대수 제어방법은 가장 간단한 방법이며

3) 펌프의 운전대수 제어 시 유량의 변동과 수위변화가 클 경우 : 펌프의 가동과 정지가 반복되어 펌프의 가열, 벨트손상, 펌프의 손상을 가져오는 Hunting 현상이 발생할 우려

4) 유량의 변화가 심하지 않을 경우 : 대규모 펌프를 사용하는 편이 소규모 펌프 여러 대를 운전하는 것보다 경제적

5) 유량의 변화가 심할 경우 : 펌프용량을 달리 선택하여 여러 대의 펌프를 운전함이 바람직

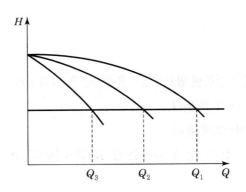

2.3 밸브의 개도조절

1) 밸브의 개도조절은 구조 및 특성에 따라 차단과 유량조절용이 있다.

2) 유량조절을 위해서는 유량조절용을 사용

3) 효율이 떨어지고, 소음발생이 우려되나 펌프운전대수조절과 병용하여 많이 사용

4) 밸브개도조절은 정격용량의 70% 이하에서 운전함이 바람직

5) 밸브를 조이면 관로저항곡선이 R_1에서 R_2로 이동되고 유량은 Q_1에서 Q_2로 변하게 된다.

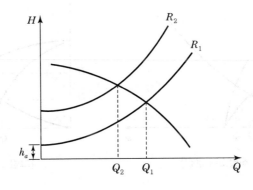

2.4 펌프의 회전수 제어

1) 펌프의 회전수제어는 실양정보다 관로저항이 큰 경우에 적합

2) 배수펌프제어에 유리

3) 회전수제어기의 가격이 비싸므로 소용량 Pump보다 대용량 Pump에 유리

4) 밸브의 개도조절보다 회전수 변경에 의한 유량조절이 우수하고 동력비도 절감

5) 펌프 정격용량의 20% 내에서 회전수를 제어하면 일정한 상사법칙에 의해 Q, H, P가 변함

① $Q' = (n'/n)$, ② $H' = H(n'/n)^2$, ③ $P' = P(n'/n)^3$

2.5 직렬과 병렬운전

1) 직렬운전

① 펌프 2대를 직렬운전하면 펌프양정 – 용량곡선은 [그림 1]과 같이 되며 유량은 $Q_1 \rightarrow Q_2$으로 되며, H는 $H_1 \rightarrow H_2$로 된다.

② 직렬운전은 양정변화에 유리

③ 펌프를 직렬로 운전 시 2번째 Pump는 압입운전이 되므로 펌프케이싱 및 축봉수에 주의해야 한다.

2) 병렬운전

① 펌프 2대를 병렬운전하면 펌프양정 – 용량곡선은 [그림 1]과 같이 되며 유량은 $Q_1 \rightarrow Q_2$으로 되며, H는 $H_1 \rightarrow H_2$로 된다.

② 병렬운전은 유량변화에 유리

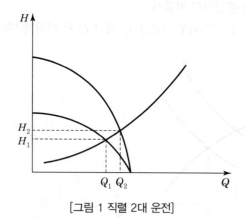

[그림 1 직렬 2대 운전]

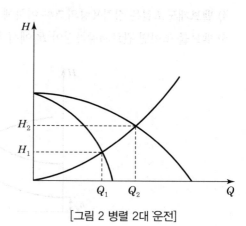

[그림 2 병렬 2대 운전]

3. 결론

1) 유량조절방식 선택은 경제성, 유지관리 난이도, 제어효율, 펌프특성 등을 고려해야 한다.

2) 유량의 변동이 심할 경우 대용량 펌프 여러 대의 회전수를 제어함으로써 유량변화에 신축적으로 대응함이 바람직하다.

3) 대용량 펌프 설치가 소용량 펌프 여러 대를 설치하는 것보다 소요부지나 경제적인 면에서 유리하다고 판단된다.

4) 건설단계의 일부 통수 시 또는 청천 시 등 수량이 적을 경우와 수량변화가 현저한 경우 경제적으로 운전하기 위해서는 용량이 다른 펌프를 설치 또는 동일용량의 펌프를 설치하여 회전수 제어함으로써 처리공정의 안정화 및 자동화를 도모

5) 펌프의 관로특성과 펌프의 성능 등을 고려하여 제어의 안정성, 확실성, 운전효율 및 보수의 용이도 등을 충분히 고려하여야 한다.

Key Point ✛

- 77회, 117회, 125회 출제
- 유량제어방법에 관련된 그래프의 이해와 기술이 필요함
- 주로 25점 문제로 출제되기 때문에 각 방법의 특성과 그래프를 이용한 기술이 필요함
- 매회마다 펌프에 관련된 문제는 출제되는 경향이므로 펌프에 관련된 전반적인 이해가 필요함